工业和信息化部“十四五”规划教材

# 新材料概论

陈光　徐锋　张士华　郑功　等　编著

科学出版社

北京

## 内 容 简 介

任何重要的新材料得到广泛应用，进而给人类生活、国家安全乃至整个经济和社会发展带来重大影响，都是建立在人们对其全面了解和正确认识基础之上的。为了使读者全面了解和掌握材料的概念、分类、功能、原理、应用和发展趋势，本书在第 1 章综论材料科学与工程之后，从结构材料和功能材料等分类角度，结合近年的最新进展，分 15 章介绍金属材料、无机非金属材料、高分子材料、复合材料、运载动力材料、半导体材料、磁性材料、超导材料、光学材料、智能材料、新能源材料、环境材料、生物医用材料、热电材料、纳米材料。本书内容系统全面，语言通俗易懂，力避繁难艰深，突出材料性能及应用。本书内容新颖，涵盖面广，信息量大，可读性强。

为了使读者更清晰地理解各种材料，本书在 100 多处知识点(标下划横线的内容)设置了二维码，关联相应的彩色图片，便于读者使用。

本书既适于科技工作者和管理人员阅读，也可作为非材料类专业通识教育基础课程和材料类专业导论课程的教材。

图书在版编目(CIP)数据

新材料概论 / 陈光等编著. —北京：科学出版社，2023.8

工业和信息化部“十四五”规划教材

ISBN 978-7-03-076233-7

Ⅰ. ①新…　Ⅱ. ①陈…　Ⅲ. ①材料科学—高等学校—教材　Ⅳ. ①TB3

中国国家版本馆 CIP 数据核字(2023)第 156812 号

责任编辑：邓　静 / 责任校对：王　瑞

责任印制：吴兆东 / 封面设计：迷底书装

科 学 出 版 社 出版

北京东黄城根北街 16 号

邮政编码：100717

http://www.sciencep.com

北京建宏印刷有限公司印刷

科学出版社发行　各地新华书店经销

*

2023 年 8 月第　一　版　开本：787×1092　1/16

2024 年 8 月第三次印刷　印张：27

字数：690 000

**定价：98.00 元**

(如有印装质量问题，我社负责调换)

# 序

材料是人类赖以生存和发展的物质基础，是所有科技进步的核心，是高新技术发展和社会现代化的先导，是一个国家科学技术和工业水平的反映与标志。先进材料及先进材料技术对人类的生活水平、国家安全及经济实力起着关键性的作用。新材料的出现和使用往往会给技术进步、新产业的形成，乃至整个经济和社会的发展带来重大影响。不断开发和有效使用材料的能力是衡量社会技术水平和未来技术发展的重要尺度。

20 世纪 70 年代，人们把信息、材料和能源誉为当代文明的三大支柱。20 世纪 80 年代，以高技术群为代表的新技术革命又把新材料、信息技术和生物技术并列为其重要标志，世界各先进工业国家都把材料作为优先发展的领域。

要想使新材料和新材料技术切实充分发挥推动社会和科技进步的作用，就不仅仅是靠材料科技工作者就能实现的。这是因为合理选择和使用材料是所有工程的各个领域及其设计部门的任务，而准确判断与资助优先发展方向又是政府的职能。所有这些都应建立在相关工作人员对材料的总体把握和正确认识的基础上。显然，这就要求从政府官员到所有工程领域的专业人员都要对材料的全貌有比较正确的了解。

南京理工大学经过全校教育教学思想大讨论，于 2001 年在非材料类专业培养计划中设置了“新材料概论”通识教育基础课。这在国内是值得称道的战略性举措，具有示范价值，随着时间的推移，必将显示出其推动我国科技进步和社会发展的重要作用。

《新材料概论》力求全面、通俗，避免烦琐、艰深，突出性能、应用，内容新颖，涵盖面广，信息量大，可读性强。该书可作为各非材料类理工科专业概述课程的首选教材；也可作为政府公务员、企事业单位管理人员、非材料类专业科技工作者对材料科学与工程建立整体和全貌的认识，了解现有材料的分类、特性、应用范围及其与相关学科领域的关系，把握高技术新型先进材料发展趋势的读物；对于文科人士的知识结构也是有益的补充；所涉及专题的深度与广度适度，作为材料科学与工程专业的导论课程也是很好的选择。

《新材料概论》的出版是对我国材料领域文献著作的有益补充，必将对我国材料科学与工程教育和知识的普及做出贡献。

师昌绪

2003年8月

# 前 言

材料是人类生存、社会发展、科技进步的物质基础，是现代科技革命的先导，是当代文明的三大支柱之一。每一种重要的新材料的发现和应用都把人类支配自然的能力提高到一个新水平，给社会生产和生活面貌带来巨大改观，将物质文明与精神文明程度向前推进。党的二十大报告指出，建设现代化产业体系，要“推动战略性新兴产业融合集群发展，构建新一代信息技术、人工智能、生物技术、新能源、新材料、高端装备、绿色环保等一批新的增长引擎”。可以看出新材料对现代化产业体系构建的重要性。

新材料研究开发的择优支持，已有材料的正确选择、合理利用，不仅仅是材料科技工作者所能完成的，还涉及政府、工程的各个领域及其设计管理部门等。为此，南京理工大学自2001年起，在非材料类专业培养计划中设置了“新材料概论”通识教育基础课。20多年来，该课程一直是南京理工大学所有通识教育基础课中最受欢迎、选修率最高的课程之一，已发展成“一类精品课程”，入选首批国家级线上一流本科课程和国家精品视频公开课等。

为满足教学需要，我们编写了《新材料概论》一书，2003年8月由科学出版社出版后，被国内20多所院校选用，受到广大师生的好评。2012年，应国防工业出版社之邀进行了改写，于2013年4月出版发行。

社会发展日新月异，科技进步突飞猛进，材料成果不断涌现。我们再次重新编写了《新材料概论》，充实了最新的材料科技成果，以充分体现科研先于教学，科研成果进课堂、进教材的理念。本书入选工业和信息化部“十四五”规划教材。

全书由陈光、徐锋、张士华、郑功主持编著并统稿。参加本书编著的作者还有（不分先后，按姓氏笔画排序）：丁锡锋、石爽、兰司、吉庆敏、朱和国、刘二、李永胜、李沛、汪尧进、张玉晶、张锦鹏、陈军、陈旸、昝峰、徐桂舟、唐国栋、谈华平、曹月德、龚元元、赖建中等。

由于本书涉及多学科交叉，内容广泛，信息量大，加之新成果不断涌现，作者水平有限，难免存在疏漏及不当之处，敬请广大读者批评指正。

作　者

2022年12月于南京理工大学

# 目　录

# 第 1 章 材料科学与工程综论

材料是人类赖以生存和发展的物质基础，是高新技术发展和社会现代化的先导。新材料的出现和使用往往会促使技术进步和新产业的形成，给人类生活、社会发展乃至国家安全带来重大影响。20 世纪 70 年代，人们把信息、材料和能源誉为当代文明的三大支柱。80 年代，以高技术群为代表的新技术革命又把新材料、信息技术和生物技术并列为其重要标志。不断开发和有效使用材料的能力是衡量一个国家科学技术和工业水平、未来技术发展潜力的重要尺度和标志。

本章主要介绍材料及其分类、材料在人类社会进步和现代化进程中的作用、材料科学与工程学科的形成与内涵、材料的合理选择与正确使用等。

## 1.1 材料及其分类

材料是人类用于制造物品、器件、构件、机器或其他产品的那些物质。材料是物质，但不是所有物质都可以称为材料。例如，燃料和化学原料、工业化学品、食物和药物一般都不算是材料[1]。材料总是和一定的应用场合相联系，可由一种或若干种物质构成。同一种物质，由于制备方法或加工方法的不同，可成为用途迥异的不同类型和性质的材料。

材料除了具有重要性和普遍性，还具有多样性，分类方法也就没有统一的标准。依物理化学属性，材料通常分为金属材料、无机非金属材料、高分子材料和由不同类型材料所组成的复合材料，高等学校的材料类本科专业基本上按此划分(第 2～5 章分别介绍这些材料)。从应用行业上，材料可分为建筑材料、冶金材料、电子信息材料、生物医用材料、能源材料、汽车材料、超导材料、宇航材料、军工材料等。本书从第 6 章开始，依用途分别介绍运载动力材料、半导体材料、磁性材料、超导材料、光学材料、智能材料、新能源材料等及其最新进展。常见的材料分类还有结构材料与功能材料、传统材料与新型材料。结构材料是以强度、塑性、韧性等力学性能为基础，用以制造受力构件所用的材料，其对物理或化学性能也有一定要求，如光泽、热导率、抗辐照、抗腐蚀、抗氧化等。功能材料则主要是利用物质独特的光、电、磁、声、热等物理、化学性质或生物功能等而形成的一类材料，如磁性材料、光学材料、催化材料、环境材料、生物材料等。一种材料往往既是结构材料又是功能材料，如铁、铜、铝等。传统材料是指那些已经成熟且在工业中已批量生产并大量应用的材料，如钢铁、水泥、塑料等。这类材料用量大、产值高、涉及面广，是很多支柱产业的基础，又称为基础材料。新型材料(也称先进材料)是指那些具有优异性能和应用前景且正在发展的一类材料。新型材料与传统材料之间并没有明显的界限。传统材料通过采用新技术，提高技术含量和材料性能，大幅度提高附加值可以成为新型材料；新型材料发展成熟且在工业中批量生产并大量应用之后也就成了传统材料。传统材料是发展新型材料和高技术的基础，而新型材料又往往能推动传统材料的进一步发展[1]。

## 1.2　材料——人类社会进步的里程碑

众所周知，人类社会的发展分成若干阶段：100 万年以前进入旧石器时代；1 万年以前进入新石器时代；5000 年以前进入青铜器时代；3000 年以前进入铁器时代(我国始于公元前 9～公元前 8 世纪的西周晚期)。显然，材料是人类社会进步的里程碑。

事实上，人类从猿人发展为现代人、有文字记载的文明人的历史，就是一部材料和技术的演变史。我国是一个文明古国，中华民族在材料的开发应用方面也谱写了世界史中的光辉篇章。丝绸之路闻名世界，至今为人称道，它就是把中华民族发现、发展的丝绸材料和制品推向世界的见证。相传 5000 年前黄帝时期便发明了养蚕造丝。比丝绸更早，在史前文化中便有了陶器的制作，并逐渐发展为世界闻名的中国瓷器文化。我国的青铜器文化也很有名，相传蚩尤就曾炼铜制剑。

从图 1.1 中可以看到人类人口增长、材料技术进步和人类文明发展之间的密切关系。人类从利用自然界的石块，经过炼铜、制铁，发展到制作合金材料、半导体材料和高分子材料等；技术上从直接用手到用骨、陶器、蒸汽机直至利用计算机；知识上从各种直观认识发展到自然科学和社会科学的各门学科[2]。

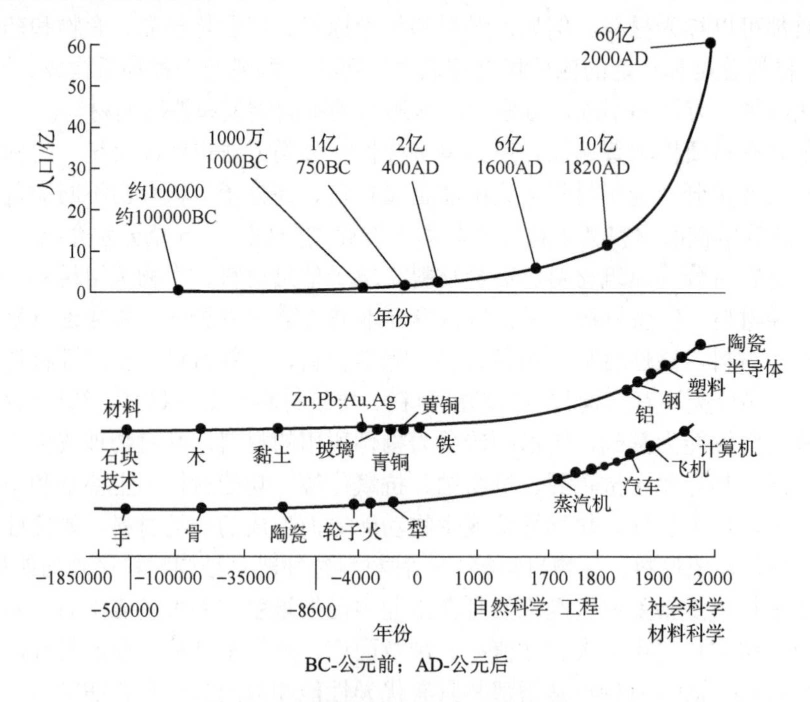


图 1.1　人类、材料和技术的演变史

纵观人类发现材料和利用材料的历史，每一种重要材料的发现和广泛利用都会把人类支配和改造自然的能力提高到一个新水平，给社会生产力和人类生活水平带来巨大的变化，把人类的物质文明和精神文明向前推进一步[2, 3]。

早在 100 万年以前，人类开始用石头做工具，使人类进入旧石器时代。1 万年以前，人类知道对石头进行加工，使之成为精致的器皿或工具，从而使人类进入新石器时代。在新石器时代，人类开始用皮毛遮身。8000 年前中国就开始用蚕丝做衣服，4500 年前古印度开始种植棉花，这些都标志着人类使用材料促进文明进步。

在 8000～9000 年前，人类还处于新石器时代，发明了用黏土成型，再火烧固化而形成的陶器(有考古学家证明陶器技术还略早于新石器时代)。历史上虽无陶器时代的名称，但其对人类文明的贡献不可估量[4, 5]。史学家认为陶器是人类文明史前最重大的发明创造之一。

陶器被誉为“土水火的文明结晶”，是人类在进化历程的早期，用自然界中已有的物质“水”调和自然界中已有的物质“土”，再以火烧相结合创造出来的自然界中没有的人工制品。经过火的焙烧，泥土发生陶化，改变了属性，可以盛水、烧水、煮饭、蒸饭。蒸煮食物时，水在常压下 100℃是相变点，沸腾而保持恒温，食物的营养成分不但不被破坏，而且更易于消化吸收。人类的饮食习性由烧烤发展为蒸煮，由食肉为主发展为食草为主。这样，人类就不必为生存获得食物去打猎，去和那些体能比人类大得多的飞禽猛兽战斗，生存状况彻底改善。

人类学会用火制陶，是第一次改变物质的自然属性的伟大尝试。制陶改变了人与自然的关系，催发了人类改造自然和利用自然的聪明才智，加快了人类走向文明的进程，并催发了此后的一系列发明创造。陶器可以盛装食物，由此促进了从采集到原始农业的发展；储存食物又使人们得以定居，建筑也开始出现，并有条件驯化动物，形成原始畜牧业；用火制陶开拓了冶炼领域，为此后青铜器时代、铁器时代开辟了道路；而且陶器帮助人们创造了食品发酵的滥觞，为发酵及酿酒的出现创造了条件等。古代华夏称为“礼仪之邦”，所谓“礼以酒成”，无酒不成礼。“礼(禮)”字的本义就是以“酒(醴)”举行的仪式。古代社交礼仪中伴有饮酒礼，所以有学者把肇始于龙山时代、兴盛于夏商时代的礼制概括为“酒礼”。有酒则必有酒器，酒器是礼仪制度的重要载体。黑陶和白陶质地高雅、尊贵，一般不做日用，而成为最初的礼器，也是青铜礼器的先驱。礼器是中华古代文明的重要标志，外观和质料独特的白陶礼器和黑陶礼器则是华夏礼制文明起源的最初物质表现。

用火使泥土陶化烧成陶器，必须烧够“火候”。低于陶化温度，泥土不能陶化，只能得到硬化土的泥器；保温时间不足，泥土不能完全陶化，得到的则是夹生陶。无论是公元前 4800～公元前 2900 年仰韶文化的彩陶、公元前 5000～公元前 4000 年河姆渡文化的黑陶，还是公元前 4400～公元前 3300 年大溪文化的白陶和薄胎彩陶，都是完全陶化的质地非常好的陶器，既不是硬化土的泥器，也不是没有烧透的夹生陶。这说明在那个时代，我们的先民已经掌握了烧制陶器的两个基本技术要素。而这样的基本技术要素——温度和时间，一个属于热力学范畴，一个属于动力学范畴，到今天仍然是材料科学与工程中必不可少的两个基本技术要素。

史前时代最早的技术装备之一是由陶钧和陶窑复合成的制陶装备。陶钧和陶窑是人类最早突破手持工具的技术装备，使人类社会生产力实现飞跃。

陶窑由燃烧室(火膛)和加热室(窑室)两大部分组成，不仅妥善地解决了燃烧技术和加热技术问题，还可以合理调节火膛和窑室进气，得到氧化或还原性气氛，分别烧成红陶或灰陶。显然，陶窑烧制的火控技术已经达到炉火纯青的地步。

为了获得不同性能的陶器，人们发明了先进、科学、合理的“料土”配制和预处理技术。例如，制造钵、釜、鼎、鬲等炊煮陶器，要求陶器能经受火的反复炙烧而不炸不裂，则在泥土中掺入砂粒配制成夹砂陶；为了控制泥坯的变形或皴裂而加进不同比例的其他羼料；追求造型细致美观，兼有摆设作用的装盛类容器，则采用淘洗对泥土进行纯净化预处理……通过陶土成分配比调控陶器性能，不仅为青铜等金属材料冶炼、掌握“金有六齐”的生产技能和理性知识奠定了基础，也是现代材料学的核心内容。

显然，现代世界的科学技术很多都是从陶器这最“土”、最“简陋”的原始发明起源的。陶器技术是冶金技术里火控技术、造型技术、铸造技术的基础。陶器的制作方法、装备为青铜器制作奠定了技术基础。事实上，青铜器正是采用“陶范”铸造出来的。绝大多数青铜器的原型是陶器，或由陶器形制发展而来。

在烧制陶器过程中，人们偶然发现金属铜和锡，尽管当时还不明白这是铜、锡的氧化物在高温下被炭还原的产物。继而发展出色泽鲜艳、能浇铸成型的锡青铜合金，使人类进入青铜器时代。这是人类大量利用金属材料的开始，也是人类文明发展的重要里程碑。世界各地开始青铜器时代的时间各不相同，古希腊在公元前 3000 年前，古埃及在公元前 2500 年前，古巴比伦在公元前 19 世纪中叶，古印度大约在公元前 3000 年已广泛使用青铜器。我国在公元前 2700 年已经使用青铜器了，至今约 5000 年的历史，历经夏、商、西周、春秋、战国，大约发展了 15 个世纪，贯穿了我国的奴隶社会。青铜器时代历时之长，由原始社会发展到奴隶社会，对生产力发展起到了重大的作用。到商周(公元前 17～公元前 3 世纪)进入了鼎盛时期，如出土的河南安阳重达 875kg 的鼎、湖北隋县的编钟、陕西西安的青铜车马等都充分反映了当时我国高超的青铜器冶金技艺。

公元前 13～公元前 14 世纪，人类已开始用铁，3000 年前铁工具比青铜工具更为普遍，人类开始进入铁器时代。钢铁材料的生产和使用是人类文明和社会进步的一个重要标志。铁器的推广与使用是古代历史上的一件大事。铁作为耕器使用，提高了农业的生产力，促进了井田制的崩溃，从而加速了奴隶制的崩溃，对当时的社会经济具有重要的意义。中国最早出土的人工冶铁制品约在公元前 9 世纪。

值得一提的是，我国是世界上最早发明并使用生铁的国家，始于公元前 8 世纪，到春秋(公元前 770～公元前 476 年)末期，生铁技术有较大突破，遥遥领先于世界其他地区。而欧洲工业国家在文艺复兴时才掌握了生铁冶炼技术，比我国晚了 2000 多年。我国钢铁技术发展的特点与其他各国不同。世界上长期采用固态还原的块炼铁和固体渗碳钢，而我国铸铁和生铁炼钢一直是主要方法。从块炼铁到生铁是冶铁技术史上的巨大飞跃。

生铁冶炼的实现得益于鼓风方法的革新。通过多设送风管和四面八方鼓风来强化鼓风效果，鼓风设备也从人力鼓风发展到畜力鼓风和水力鼓风(水排)。《吴越春秋·阖闾内传》上说，吴王阖闾铸造“干将”“莫邪”两把宝剑时，曾使用“童男童女三百人鼓橐装炭”，“金铁乃濡，遂以成剑”。据《中华百科要览》记载：中国是最早用煤炼铁的国家，汉朝时已经试用，宋朝、元朝时期已普及，到明朝(1368～1644 年)已能用焦炭冶炼生铁。14～15 世纪，铁的产量曾超过 2000 万斤。西方最先开始工业革命的英国约晚两个世纪才达到这个水平[6]。

我国在西汉早期已发明并使用了生铁炼钢技术——炒钢技术。炒钢是两步法炼钢的开始，是具有划时代意义的重大事件。18 世纪中叶，英国发明了炒钢法，在产业革命中发挥了很大作用。马克思怀着极大热情给予其很高的评价，曾称不管怎样赞许也不会夸大这一革新的重要意义。

由于铸铁和生铁炼钢法的发明和发展，我国的冶金技术在明朝中叶以前一直居于世界领先水平，受到各国普遍赞扬。公元 1 世纪时，古罗马博物学家普林尼在其名著《自然史》中说："虽然铁的种类很多，但没有一种能和中国来的钢相媲美"[7]。我国钢铁年产量在唐朝已达到 1200t，宋朝为 4700t，明朝最多达到 4 万 t。在 13 世纪，我国是世界上最大的钢铁生产国和消费国，直到 18 世纪中叶工业革命之前，中国钢铁工业的生产规模和技术水平一直领先。

随着世界文明的进步，18 世纪发明了蒸汽机，19 世纪发明了电动机，对金属材料提出了更高要求，同时对钢铁冶金技术产生了更大的推动作用。1854 年和 1864 年先后发明了转炉和平炉炼钢，使世界钢产量飞速发展。例如，1850 年世界钢产量为 6 万 t，1890 年达 2800 万 t，促进了机械制造、铁道交通及纺织工业的发展。

由于钢产量迅速增长与广泛应用，钢逐渐代替铁作为机械制造、铁路建设、房屋桥梁、建筑和军事武器制造等方面的新材料。随着钢这种新材料的重要性的提升，钢铁工业的发展也导致了重工业在工业中的比重直线上升。从此，人类由"纺织时代"迈入了"钢铁时代"，开始了以电与钢铁为物质技术基础的第二次工业革命。

19 世纪 70 年代兴起的第二次工业革命促成了生产力的巨大飞跃，推动了社会经济的快速发展，加快了生产关系内部的变革，使人类社会的文明掀起了又一次现代化的浪潮。

随着电炉冶炼技术的应用，不同类型的特殊钢相继问世，如 1887 年高锰钢、1900 年 18-4-1(W18Cr4V)高速钢、1903 年硅钢及 1910 年奥氏体镍铬(Cr18Ni8)不锈钢，把人类带进了现代物质文明。在此前后铜、铝也得到大量应用，而后镁、钛和很多稀有金属都相继出现，金属材料在整个 20 世纪占据了结构材料的主导地位。

现代钢铁冶金流程(图 1.2)如下：由铁矿石还原成铁水(铁矿石处理—焦化—炼铁)；铁水经过预处理再经过氧化冶炼成钢水(炼钢)；被氧化了的钢水(或者经过初步脱氧的钢水)经过二次冶金(二次精炼)及时地成为洁净的、含有特定成分的、保持特定温度的钢水；这种定时、定温、定品质的钢水经过凝固过程连续地(主要是连续铸钢方式，极少量模铸方式除外)转变为预定尺寸的、表面无缺陷的、内在组织和温度受控的连铸坯；各类连铸坯再加热后经过连续热轧过程中的形变-相变而被加工成性能、形状、尺寸、表面符合用户使用要求而且成本及价格有市场竞争力的各类钢材[8,9]。

钢铁冶金技术的发展使冶金技术整体水平得到提升，也带动了其他金属材料冶金流程的不断发展和完善。例如，钛合金类似的冶金过程如下：先将钛矿石还原生成钛单质(海绵钛)，再将海绵钛与其他合金元素混合熔铸成钛合金锭，加工而成钛材或钛部件。从采矿到制成钛合金的主要工艺流程为：钛矿—采矿—选矿—钛精矿—富集—富钛料—氯化—粗 $TiCl_4$ 精制—纯 $TiCl_4$—镁还原—海绵钛—熔铸—钛合金锭—加工—钛材或钛部件。

世界近代史上，钢铁是国力最重要的标志。1949 年中华人民共和国成立时，我国钢产量只有 15.8 万 t。1996 年起，我国钢产量突破了 1 亿 t，跃居世界第一。据国家统计局公布的数据，2020 年，我国粗钢产量达到 10.53 亿 t。我国虽然是钢铁大国，但不是钢铁强国，在品种、质量上还有差距，由钢铁大国变为钢铁强国任重而道远。国家工业化、信息化、国防现代化建设对航空航天航海、轨道交通、火电核电、军工武器、装备制造等特种钢、高性能合金、新型金属材料具有重大和迫切的需求，国家已经将包括高性能金属材料在内的新材料列为战略性新兴产业，为国家经济转型、为我国由钢铁大国变为钢铁强国而不懈努力是当代材料人光荣而神圣的历史使命。

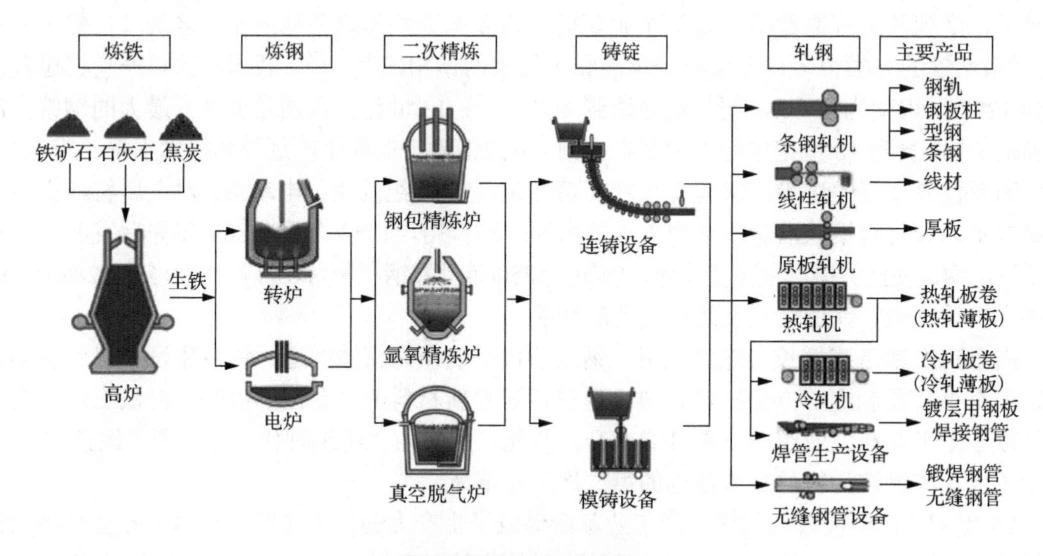


图 1.2 钢铁冶金流程图

无机非金属材料(水泥、玻璃、陶瓷等)本来用作建筑材料、容器或装饰品等，由于其资源丰富、密度小、模量高、硬度高、膨胀系数小、耐高温、耐磨、耐腐蚀等特点，到 20 世纪中叶，通过合成及其他制备方法，做出各种类型的先进陶瓷(如 $Si_3N_4$、SiC、$ZrO_2$ 等)，成为近几十年来材料中非常活跃的研究领域，有人甚至认为“新陶器时代”即将到来。

随着有机化学的发展，19 世纪末，西方科学家仿制中国丝绸发明了人造丝，这是人类改造自然材料的又一里程碑。20 世纪初，人工合成有机高分子材料相继问世，如 1909 年的酚醛树脂(电木)、1920 年的聚苯乙烯、1931 年的聚氯乙烯及 1941 年的尼龙等，以其性能优异、资源丰富、建设投资少、收效快而得到迅速发展。目前世界三大有机合成材料(树脂、纤维和橡胶)年产量早已逾 1 亿 t。有机高分子材料的性能不断提高，附加值大幅度增加，特别是特种聚合物正向功能材料各个领域进军，显示出巨大潜力。

复合材料是 20 世纪后期发展的另一类材料。众所周知，很多天然材料是复合材料，如木材、皮革、竹子等。事实上，人类很早就制造使用复合材料，如泥巴中混入碎麻或麦秆用以建造房屋，钢筋水泥是脆性材料和韧性材料的复合。近几十年来，人们利用树脂的易成型和金属高韧性，无机非金属的高模量、高强度、耐高温，做成了树脂基复合材料或金属基复合材料。为了改善陶瓷的性能，也制成陶瓷基复合材料。碳是使用温度最高的材料(可达 2500℃)，为了克服其抗热震性能差的问题并提高其力学性能而发展的碳-碳复合材料已广泛用于军工，并扩展到民用。

功能材料自古就受到重视，早在战国时期(公元前 3 世纪)已利用天然磁铁矿来制造司南，到宋朝用钢针磁化制出了罗盘，为航海的发展提供了关键技术。功能材料是信息技术及自动化的基础，特别是半导体材料出现以后，加速了现代文明的发展，1948 年发明了第一只具有放大作用的晶体管，10 余年后又研制成功集成电路，使以硅材料为主体的计算机的功能不断提高，体积不断缩小，价格不断下降，加之高性能的磁性材料不断涌现，激光材料与光导纤维的问世，人类社会进入了信息时代。因为硅是微电子技术的关键材料，所以有人称之为“硅片为代表的电子材料时代”，再一次说明材料对人类文明起了关键的作用。

## 1.3　先进材料——人类社会现代化的基础和先导

材料既是人类赖以生存和发展的物质基础，是人类社会进步的里程碑，也是所有科技进步的核心，是高新技术发展和社会现代化的物质基础与先导[1]。

先进材料及先进材料技术对人类的生活水平、经济实力乃至国家安全都起着关键性的作用。新材料的出现和使用往往会给技术进步、新产业的形成，乃至整个经济和社会的发展带来重大影响。先进材料的研究、开发与应用是一个国家科学技术和工业水平以及国防实力的反映和标志。不断开发和有效使用材料的能力是衡量社会技术水平和未来技术发展的重要尺度。

综观现代科技发展史，充分证明，高新技术的发展紧密依赖于新材料的发展。没有半导体材料的发现和发展，就不可能有今天的计算机技术；没有高强度、耐高温、轻质的结构材料，现代航空航天技术不会这样发达；相反，有些技术却由于材料开发存在的问题没有得到解决而无法实现。

材料是一切科学技术的物质基础，是高新技术发展和社会现代化的先导，是一个国家科学技术和工业水平的反映和标志，也是改善人民生活质量、推进人类物质文明与精神文明进步的必要基础，世界各先进工业国家都把材料作为优先发展的领域[10,11]。

下面仅就现代科学技术的发展与先进材料的关系举几个典型事例来进一步说明。

### 1.3.1　电子技术的发展

从电子技术的发展可以看出材料所起的作用。1906 年发明了电子管，从而出现了无线电技术、电视机、电子计算机。1948 年半导体晶体管的发明，使得电子设备小型化、轻量化、节能化，并降低了成本，提高了可靠性，延长了寿命。1958 年出现了集成电路，计算机及各种电工设备发生再一次飞跃。以 1946 年电子管计算机与 1976 年微机的一些指标来对比，由于采用了集成电路，计算机体积缩小到原来的 1/300000，功耗降低到不足原来的 1/50000，重量降低到原来的 1/60000，平均故障率也大为减少，而且价格大幅度下降，为计算机的普及创造了条件。

随着芯片集成度的不断提高，单元体积和价格不断下降。图 1.3 说明芯片发展历程及与硅晶片尺寸的关系。可以看出，40 年间(1958～1998 年)，芯片集成度提高了 100 万倍，单元价格下降到原来的 100 万分之一，单元价格与特征尺寸的平方呈正比，与晶片直径的平方呈反比。特征尺寸的缩小，一方面与制作技术有关，另一方面与相关材料的不断改进有直接关系。为了适应集成度的不断提高，特征尺寸不断缩小，晶片尺寸就要不断增加，对硅单晶的质量要求也要不断提高。由于芯片密度的大幅度提高，用其制造计算机的性能大为提高，20

世纪末计算机的计算速率已逾 1 万亿次每秒。信息存储是现代化的另一重要标志，其要求是容量大、密度高、易于快速随机存取、可擦除和反复使用，这就要求材料不断改进。迄今已出现磁存储、半导体存储和光存储等，如一张蓝光光盘储存量可以达到 100GB。计算机是工业自动化的关键，计算机控制的精度取决于传感器的敏感程度。因此，高精度、高灵敏度、性能稳定的各种类型的敏感材料便成为关键。

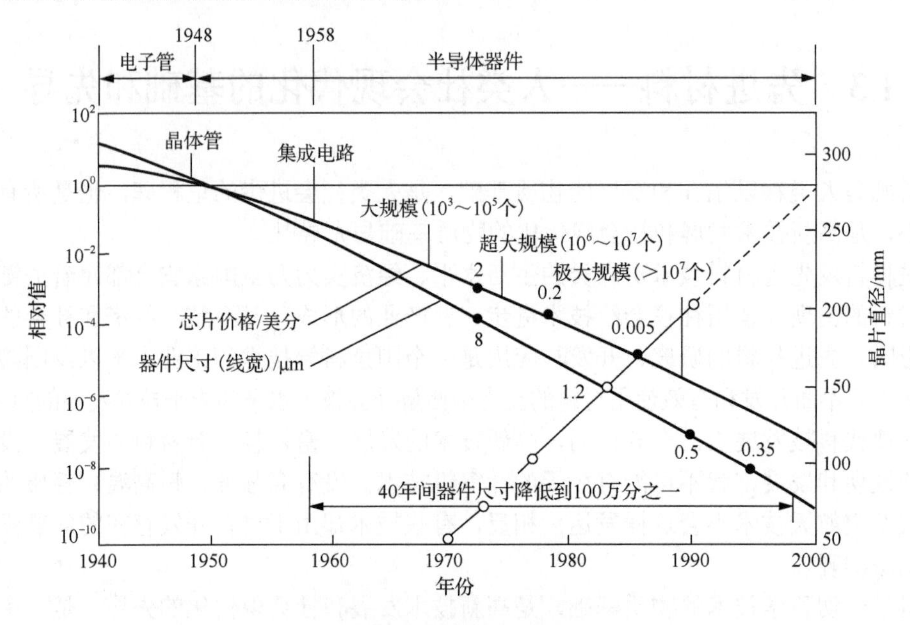


图 1.3　集成电路发展历程

## 1.3.2　光纤通信的诞生

1966 年，高琨提出当光纤传输的损耗小于 20dB/km 时可实现光通信。1970 年采用石英掺杂氧化锗等，达到了这一指标，而后光纤比集成电路发展更快，代替了同轴电缆。这是因为光纤的信息容量比同轴电缆大几个量级(高出千百倍)，而且重量轻，原材料消耗少(每公里用石英光纤只有 10g，而金属电缆用铜和铅需若干吨)，保密性强，抗电磁干扰，中继距离大(光纤中继距离大于 10km，而同轴电缆只有 1.5km)。仅仅几十年，从连接各大陆的海底到很多家庭，都遍布了光缆，成为现代信息高速公路与信息网络化的重要组成部分。光纤通信除光导纤维以外，还要有激光器和探测器，这些都是化合物半导体。表 1.1 为光纤通信的发展历程。

**表 1.1　光纤通信的发展历程**

| 技术指标 | 第一代(短波长) | 第二代(长波长) | 第三代(长波长) | 第四代(超长波长) |
|---|---|---|---|---|
| 波长/μm | 0.83 | 1.3 | 1.55 | 2～5 |
| 光纤 | 熔石英 | 熔石英 | 熔石英(+铒) | 氟化物玻璃 |
| 激光器 | GaAlAs | InGaAsP | InGaAsP | GaInAsSb |
| 探测器 | Si | Ge, InCaAsP | InGaAsP | InAsGaSb |
| 损耗/(dB/km) | 2～3 | 0.5～1 | <0.1 | 0.001～0.1 |
| 传输距离/km | 约 10 | 约 30 | 约 400 | >500 |

### 1.3.3 航空航天技术的进步

21 世纪全球经济一体化，一是靠信息网络的大发展，形成全球性的电子商业；二是靠运输工具的高效、远程、大容量。前者是电子及光电技术发展的结果，后者是航空技术与水上、地面运输工具不断改进的结果，这些都与材料有着密切联系。

航天技术的发展是科学技术现代化的重要标志之一，对材料的要求除更苛刻的高比强度和高比刚度之外，还需要耐超高温、抗辐射、耐粒子云以及原子氧侵蚀等。航天飞机减重 1g 的经济效益将近 100 美元；洲际导弹弹头减轻 1g，可增加射程 15m 或减少运载火箭重量 50g[12-14]。

继承发扬“两弹一星”精神，我国航天事业取得了辉煌成绩。北斗三号全球卫星导航系统正式开通，我国成为世界上第三个独立拥有全球卫星导航系统的国家；天和核心舱成功发射，我国载人空间站建设进入了一个新纪元；嫦娥五号携带 1731g 月球“土特产”成功返回地球，我国探月工程“绕”“落”“回”三步走规划如期完成；天问一号着陆巡视器成功降落火星，我国成为继美国之后世界上第二个实现火星探测器安全着陆和巡视探测的国家；神舟系列飞船顺利完成至少 10 次载人航天任务，特别是长达 183 天的神舟十三号载人飞行任务圆满成功，完成了空间站关键技术验证阶段任务，中国空间站开始进入建造阶段，标志着我国跻身太空俱乐部，确立了航天开发大国的地位。

弘扬“航空报国”精神，我国航空事业取得了快速发展。运 20 大型运输机服役，标志着我国正式步入战略空军时代；歼 20 隐形战机正式列装部队，标志着我国跨入了五代战机时代，我国战机和世界上先进军事国家战机之间不再存在代差；直 20 通用直升机研制成功，意味着我国直升机工业和技术水平上升到了一个新台阶；C919 国产干线客机飞上蓝天，标志着我国成为世界上少数几个具备研发制造大型客机能力的国家。

发动机是飞机的“心脏”，在飞机的发展过程中起着关键的作用，是推动飞机快速发展的原动力。没有好的发动机，就不可能有先进的飞机。人类在航空领域的每一次重大革命性进展无不与航空发动机技术的突破和进步密切相关。航空发动机的研制水平充分体现了一个国家的工业基础、经济实力和科技水平等综合国力[15]。习近平强调：“加快实现航空发动机及燃气轮机自主研发和制造生产，为把我国建设成为航空强国而不懈奋斗。”

有人对歼击机的发展有一个估计，飞机性能的改善有 2/3 依赖于材料，航空发动机性能的提高在很大程度上也依赖于材料的改进。在现代航空发动机中，高温合金重量占发动机重量的 40%～60%，甚至更高。随着材料技术的发展，高温合金经历了锻造—铸造—定向凝固—单晶的发展历程，承温能力不断提高(图 1.4)，发动机的推力、寿命和燃油效率也不断提高。没有高温合金，就不可能有高速、高效率、安全可靠的现代航空事业。高比强度、高比刚度结构材料的不断进步使得今天大型客机的安全性及有效载荷大为提高，续航时间不断延长，飞机发动机寿命显著延长，油耗不断下降。

美国联邦航空管理局(FAA)的报告指出，航空发动机减重 1g，飞机可减重 4～8g[16]。因此，轻质耐热是高温合金的发展方向。2011 年和 2012 年美国 GE 公司成功将密度不到镍基高温合金 1/2 的 TiAl 合金(TiAl-4822)应用于波音 747 和波音 787 飞机发动机低压涡轮叶片，使波音 787 飞机的 GEnx$^{TM}$-1B 发动机单台减重约 200lb(1lb=0.453592kg)，结合设计，实现了节油 20%、降噪 50%、减排 80%的巨大经济效益和社会效益[17]。南京理工大学发明的 PST TiAl

单晶较 TiAl-4822 的强度、塑性同步成倍提高，900℃以上高温抗蠕变性能提高近 100 倍，攻克了 TiAl 合金室温脆性大和服役温度低两大世界难题，为 TiAl 合金在更高温度的广泛应用做出重大贡献[18,19]。

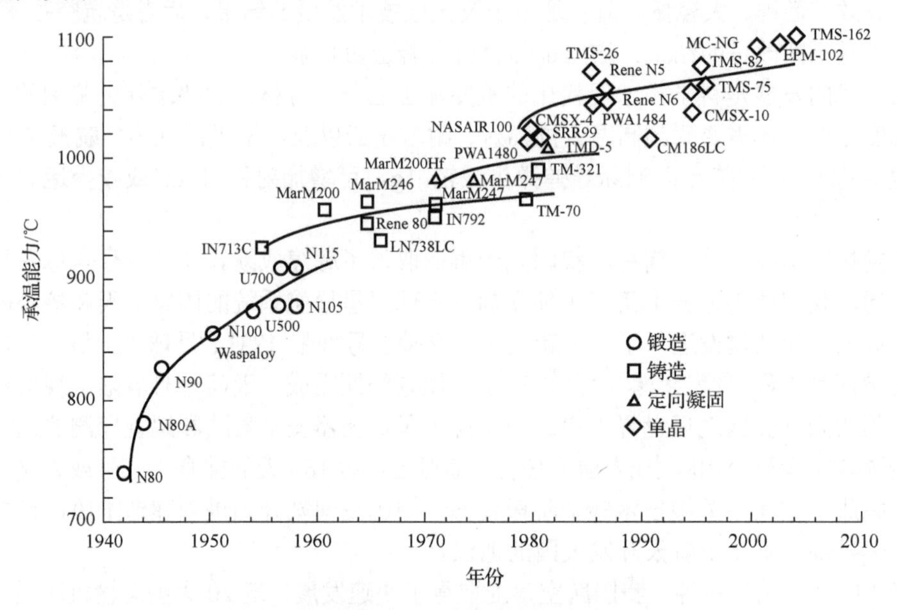


图 1.4　高温合金及其承温能力的发展历程

综上所述，没有半导体和其他功能材料，就不会有今天的信息社会，没有高温和超高温高比强度、高比刚度结构材料，就不会有今天的航空航天技术，全球经济的一体化就缺乏实现的基础。

## 1.4　材料科学与工程学科的形成与内涵

“材料”是早已存在的名词，但“材料科学”的提出只是 20 世纪 60 年代初的事。1957 年，苏联人造卫星上天，美国朝野为之震惊，认为自己落后的主要原因之一是先进材料落后，于是在一些大学相继成立了十余个材料研究中心。采用先进的科学理论与实验方法对材料进行深入的研究，取得重要成果。从此，“材料科学”这个名词便开始流行[1,20,21]。

材料科学的形成实际是科学技术发展的结果。

首先，固体物理、无机化学、有机化学、物理化学等学科的发展，对物质结构和物性的深入研究，推动了对材料本质的认识；同时，冶金学、金属学、陶瓷学、高分子科学等的发展也加强了对材料本身的研究，对材料的制备、结构与性能，以及它们之间的相互关系的研究也越来越深入，这为材料科学的形成打下了比较坚实的基础。

其次，在“材料科学”这个名词出现以前，金属材料、高分子材料与陶瓷材料都已自成体系，研究也逐步深入。它们之间存在着颇多相似之处，对不同类型材料的研究可以相互借鉴，从而促进学科的发展。例如，马氏体相变本来是金属学家提出来的，而且广泛地被用来作为钢热处理的理论基础；但在氧化锆陶瓷中也发现了马氏体相变现象，并用作陶瓷增韧的一种有效手段。又如，材料制备方法中的溶胶-凝胶法是利用金属有机化合物的分解而得到纳米级高纯氧化物粒子，进而成为改进陶瓷性能的有效途径。虽然不同类型的材料各有其专用测试设备与生产装置，但各类材料的研究检测设备与生产手段有颇多共同之处，如光学显微镜、电子显微镜、表面测试及物性与力学性能测试设备等。在材料生产中，加工装置的原理也有颇多相通之处，可以相互借鉴，从而加速材料的发展。

最后，许多类型的材料可以相互替代、补充与复合，以充分发挥各种材料的优越性，扬长补短、物尽其用。但长期以来，金属、高分子及无机非金属材料自成体系，缺乏沟通，不利于发展创新，更不利于复合材料的发展。

此外，材料科学的形成有益于人才培养。由于扩大了专业知识面，学习本专业的青年专家的综合素质、创新精神和应变能力得以全面提高，进而有利于材料科学与工程学科乃至科学技术与经济建设的整体发展。

从材料发展需要和共性来看，有必要形成一门材料科学与工程学科。

材料科学所包括的内容往往被理解为研究材料的组织、结构与性质的关系，探索自然规律。这属于基础研究。实际上，材料是面向实际、为经济建设服务的，研究与发展材料的目的在于应用。只有通过合理的工艺流程才能制备出具有实用价值的材料，通过批量生产才能成为工程材料。因此，在“材料科学”这个名词出现后不久，就提出了“材料科学与工程”。工程是指研究材料在制备过程中的工艺和工程技术问题。由美国麻省理工学院的科学家主编，英国培格曼出版公司自 1986 年陆续出版的《材料科学与工程百科全书》对材料科学与工程下的定义为：材料科学与工程是研究有关材料的组成、结构、制备工艺流程与材料性能和用途的关系的知识[22]。换言之，材料科学与工程研究材料组成、结构、生产过程、材料性能与使用效能以及它们之间的关系。因此，组成与结构、合成与加工、性质及使用效能称为材料科学与工程的四个基本要素。把四要素连接在一起，便形成一个四面体，如图 1.5(a)所示。

考虑在四要素中的组成和结构并非同义词，即相同成分或组成通过不同的合成或加工方法，可以得出不同结构(同质异构或称同素异构)，从而材料的性质或使用效能都不相同。因此，我国有人提出一个五个基本要素的模型，即成分、合成/加工、结构、性质和使用效能。如果把它们连接起来，则形成一个六面体，如图 1.5(b)所示。

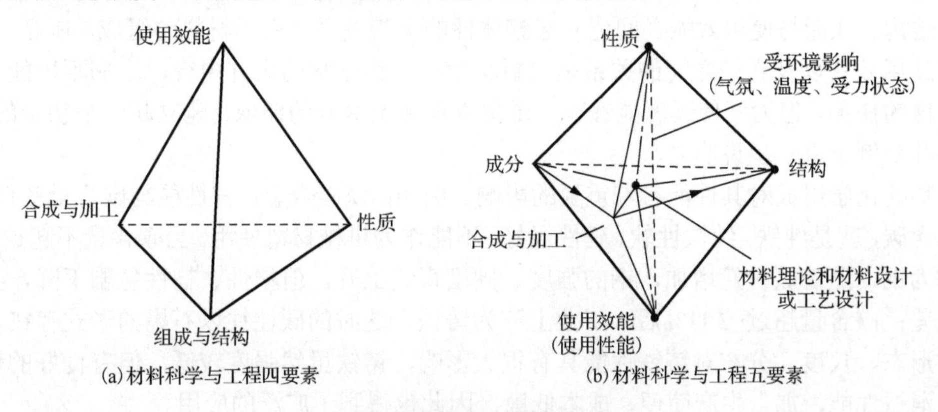


图 1.5　材料科学与工程要素图

材料科学与工程五要素模型的特点主要有两个：一是性质与使用效能有一个特殊的联系，材料的使用效能便是材料性质在使用条件下的表现。环境对材料性能的影响很大，如受力状态、气氛、介质与温度等。有些材料在一般环境下的性能很好，而在腐蚀介质下性能下降显著；有些材料在光滑样品时表现很好，而在有缺口的情况下性能急剧下降，有些高强度材料表现尤为突出，但凡有一个划痕，就会造成灾害性破坏。因此，环境因素的引入对工程材料来说十分重要。二是材料理论和材料设计或工艺设计有了一个适当位置，它处在六面体的中心。因为这五个要素中的每一个要素或几个相关要素都有其理论，根据理论建立模型，通过模型可以进行材料设计或工艺设计，以达到提高性能及使用效能、节约资源、减少污染或降低成本的最佳状态。这是材料科学与工程最终努力的目标。有人设想提出性能指标或使用效能要求，通过材料配方，采用最佳工艺，就可制备出符合要求的材料或器件。应该说明，目前国际流行的仍是四要素模型，五要素模型在国际同仁中也有人引用。

综上所述，材料科学有三个重要属性：一是多学科交叉，它是物理学、化学、冶金学、金属学、陶瓷、高分子化学及计算科学相互融合与交叉的结果，如生物医用材料要涉及医学、生物学及现代分子生物学等学科；二是与实际使用结合非常密切，发展材料科学与工程的目的在于开发新材料，提高已有材料的性能和质量，合理使用材料，同时降低材料成本和减少污染等；三是正在发展中，不像物理学、化学已经有一个很成熟的体系，材料科学与工程将随各有关学科的发展而得到充实和完善。

美国工程与技术认证委员会(ABET)对工程的定义如下：工程是这样的专业，其将通过学习、经验和实践获得的数学和自然科学的知识，依据判断来用于建立经济地利用材料和自然力以造福于人类的方法[23]。可以说，没有材料就没有工学，材料科学与工程学科是工学领域的基础学科。事实上，现代技术社会的所有领域都充满了各种材料制成的设备和机器，材料科学与工程和现代社会的关系密不可分。

## 1.5 材料组成、制备、结构、性能与使用效能的关系

通过 1.4 节关于材料科学与工程四要素模型和五要素模型的讨论，试图在材料的组成、制备、结构、性能与使用效能之间建立起整体性的全貌关系。由于材料的组成、制备、结构、性能与使用效能以及它们之间的关系是材料科学与工程学科的研究内容，本书不可能承担和完成这样的任务。但为了使读者能够有一个更直观和更深刻的印象，建立起一个初步的认识，现列举几个例子进一步说明之。

材料的化学组成对其性能有着重要的影响。例如，铁碳合金，其性能与碳含量密切相关。如果不含碳，就是纯铁。纯铁性软、延性极好，不能作为机械材料使用。当碳含量不超过 2.11%时，称为钢，随着碳含量增加，钢的强度、硬度直线上升，但塑性、韧性急剧下降，工艺性能也变差；碳含量超过 2.11%后，工业上称为铸铁，这时的碳往往以石墨的形式存在，因此石墨的形态、尺度、分布对铸铁性能具有很大影响，铸铁虽然强度较低，但有良好的切削、减磨、消振性能，加上生产简便，成本低廉，因此也得到了广泛的应用。

同样，结构也是导致材料性能差异的重要因素。金刚石和石墨都是由碳元素构成的，然

而两者内部结构不同，也就是碳原子的排列方式不同，造成了彼此性能上很大的差异。金刚石是自然界中最硬的物质，绝缘、透明、折射光的能力极强，把它磨成一定的形状就成为钻石，放射着夺目的光辉，是一种装饰珍品。工业上，绝大多数金刚石正在发挥它优异的“硬”的性能。在钻探机钻头上的金刚石可以穿透十分坚硬的岩层。用金刚石做成刀具，可以加工最硬的金属。刻划玻璃，金刚石几乎成为独一无二的工具。石墨与金刚石正好相反，它是最软的矿物之一，用指甲就能在它上面刻划，颜色深灰，也不透明，铅笔芯就是用石墨做成的。石墨是电的良导体，常被用作电极、电刷。石墨有良好的润滑作用，用手摸它也有滑腻的感觉，常被用作固体润滑剂。

在材料的制备过程中，出于不同的目的，人们常常将材料以不同的速率冷却、凝固。随着冷却速率的提高，材料内部结构会改变，从平衡态过渡到亚平衡态，甚至成为非平衡态，材料性能因此显著改变。快冷非平衡凝固技术为新型金属材料的发展开辟了一条新途径。通过快冷发现了准晶，由此改变了晶体学的传统观念；发明了金属玻璃，成倍提高了强度、硬度；通过快速凝固细化晶粒，获得超细晶甚至纳米晶材料。又如，采用真空冶炼技术的铸造高温合金使用温度比变形高温合金提高 30℃以上。利用定向凝固技术制备的定向柱晶高温合金消除了有害横向晶界，比常规铸造高温合金的承温能力提高 20～30℃，疲劳强度提高 8 倍，持久寿命提高 2 倍。没有晶界的单晶高温合金比定向柱晶高温合金的承温能力进一步提高 25～30℃。20 世纪 80～90 年代，单晶高温合金相继发展了第二代和第三代，每代单晶高温合金的承温能力都比上一代提高 25～30℃，寿命提高 3 倍，燃油效率提高 30%。第三代单晶高温合金使用温度比定向柱晶高温合金提高近 90℃，达到 1060℃。使用第二代单晶高温合金 René N5 的 GE90 发动机是目前世界上推力最大的发动机，用于波音 777 飞机。使用第三代单晶高温合金的 F119 发动机推重比达到 10，应用在第四代战机 F-22 上。因此，材料及其制备方法的研究与开发成为材料科学与工程的重点。

当然，材料效能的发挥与服役环境条件也是密不可分的。例如，碳石墨材料在真空或惰性气体环境中是难得的加热材料和隔热材料，可以应用在 2000℃的真空炉中。一旦处于氧化环境中，碳石墨材料将被烧蚀，故无法在普通加热炉中应用。由于碳石墨材料具有良好的隔热性质，而且在高温真空或惰性气体环境中不会烧蚀、熔化、解体，可应用在航天器前端，防止高速运动时高热对航天器的损害。

# 1.6 材料的合理选择与正确使用

开发和使用材料的能力是衡量社会技术水平和未来技术发展的尺度。开发新材料是材料科技工作者的任务，但仅仅研制出具有优异性能的材料还远远不够，只有新材料被广泛应用，才能真正发挥其应有的作用。正确选择与合理使用材料是所有工程领域及其设计部门的职责[1,21]。

在为工程选择材料时，设计师和工程师将面临几乎是无限多种可供选择的材料，最好的方法是先确定所需要的性能，再看满足这些性能要求的所有材料中哪一种成本最低。

这里所指的成本绝不是产品的原始价格，而是包括材料价格、制造费用、可靠性、使用费用、运行中断的损失、环境清理或处理费用等所有因素在内的部件整体寿命的总成本，或称终身成本。

此外，材料的选择是一个系统工程。在一个部件或者装置中，所选用的各种材料要能够在一起使用，而不能因相互作用而降低对方的性能。

在大多数情况下，材料的选择是一个反复权衡的复杂过程。在某种意义上，其重要性不亚于材料本身的研究开发。

由于长期以来我国高校本科专业划分过细，即使是材料专业的本科毕业生，学习金属的不了解陶瓷和聚合物，学习聚合物的对金属和陶瓷一无所知，更不用说非材料专业的本科毕业生对材料的了解和掌握情况了。这就是各行各业的设计师只能凭手册上单一的性能来选择材料的根本原因，也是我国材料研究水平高、应用效益差的根源所在。

为了真正发挥材料对人类生活水平、国家安全、经济实力应有的作用，根本的措施就是对原有的窄专业进行调整，培养面向各类材料、具有材料科学与工程专业比较全面的综合知识的高素质人才；为所有理工科甚至文科专业的大学生设置材料概述课程；对各行各业在岗工程师、设计师、管理者普及材料知识。

## 本章小结

综上所述，本章从材料及其分类入手，以一些对人类社会生活和科技进步产生重要影响的典型材料为例，阐述了材料对人类文明发展和社会现代化进程产生的巨大推动作用，以此说明材料在国民经济、国防建设和人民生活中的基础作用，使读者对材料及材料学科有一个全面的认识，为后面章节关于具体材料论述的展开起到提纲挈领的作用。

## 思考题

1-1　什么是材料?

1-2　材料是如何分类的?

1-3　结构材料和功能材料有哪些区别?

1-4　材料科学与工程的内涵是什么?

1-5　结合实例说明材料组成、制备、结构、性能和使用效能之间的关系。

1-6　如何合理正确地进行材料选择?

1-7　为什么说材料是人类社会进步的里程碑?

1-8　为什么说材料是社会现代化的基础和先导?

## 参考文献

[1]　冯端, 师昌绪, 刘治国. 材料科学导论[M]. 北京: 化学工业出版社, 2002.

[2]　马如璋, 蒋民华, 徐祖雄. 功能材料学概论[M]. 北京: 冶金工业出版社, 1999.

[3] 陈光, 崔崇. 新材料概论[M]. 北京: 科学出版社, 2003.

[4] 金岷彬, 陈明远. 没有陶器技术就没有青铜器时代[J]. 社会科学论坛, 2012, 2: 4-21.

[5] 叶维廉. 陶器之发明系旧石器后期之重大突变[J]. 社会科学论坛, 2012, (4): 108-114.

[6] 石泉长. 中华百科要览[M]. 沈阳: 辽宁人民出版社, 1993.

[7] [古罗马]普林尼. 自然史[M]. 李铁匠, 译. 上海: 上海三联书店, 2018.

[8] 殷瑞钰. 冶金流程工程学[M]. 2 版. 北京: 冶金工业出版社, 2009.

[9] [日]万谷志郎. 钢铁冶炼[M]. 李宏, 译. 北京: 冶金工业出版社, 2001.

[10] 曾汉民. 高技术新材料要览[M]. 北京: 中国科学技术出版社, 1993.

[11] 朱丽兰. 世纪之交: 与高科技专家对话[M]. 沈阳: 辽宁教育出版社, 1995.

[12] 傅恒志. 航空航天材料定向凝固[M]. 北京: 科学出版社, 2015.

[13] 师昌绪. 材料与机械制造[C]. 青岛: 中国(青岛)材料科技周论文集, 2004:7-18.

[14] 郭德伦, 韩野, 张媛. 航空发动机的发展对制造技术的需求[J]. 航空制造技术, 2015, 58(22): 18-25.

[15] 刘大响, 陈光. 航空发动机：飞机的心脏[M]. 北京：航空工业出版社, 2003.

[16] CLARK A F, Titanium Combustion in Turbine Engines[R]. Washington, DC: FAA, 1979.

[17] BEWLAYB P, NAG S, SUZUKI A, et al. TiAl alloys in commercial aircraft engines[J]. Materials at High Temperatures, 2016, 33(4-5): 549-559.

[18] CHEN G, PENG Y B, ZHENG G, et al. Polysynthetic twinned TiAl single crystals for high-temperature applications[J]. Nature Materials, 2016, 15(8): 876-881.

[19] SCHÜTZE M. High-temperature alloys: Single-crystal performance boost[J]. Nature Materials, 2016, 15(8): 823-824.

[20] ASKELAND D R, WRIGHTW J. Essentials of Materials Science and Engineering(影印版)[M]. 北京：清华大学出版社, 2005.

[21] CALLISTER W D. Materials Science and Engineering: An Introduction[M]. NewYork: Wiley, 1985.

[22] BEVER M B. Encyclopedia of Materials Science and Engineering[M]. Oxford: Pergamon Press, 1986.

[23] ACCREDITATION BOARD FOR ENGINEERING AND TECHNOLOGY, INC., 1998. ABET Accreditation Yearbook[M]. Baltimore, MD: ABET, 1998.

# 第2章　金属材料

人类的生存和发展离不开金属材料，继石器时代之后的青铜器时代、铁器时代均以金属材料的应用作为时代发展的显著标志。当今，金属材料已成为人类社会发展的重要物质基础，在工程建设、交通运输、生产制造和人们的日常生活中都有着广泛的应用。

本章阐述金属材料的分类、性质及应用，介绍纯铁、钢和铸铁等钢铁材料，铝、镁、铜、钛及其合金等有色金属材料，纳米相强化超高强度钢、高强高导铜合金、非晶合金及其复合材料、高熵合金等先进金属结构材料。运载动力用耐热金属及合金材料在第6章专门介绍。

## 2.1　金属与金属材料

### 2.1.1　金属的概念

提起金属，大家都能说出很多种类，但真要给金属提出一个严格的定义，却一时之间难以总结。自青铜器时代以来，人类接触并使用金属的历史已超过5000年，但何谓金属，至今尚无统一、明确和严格的定义。

物理学上认为，金属是在0K时能够导电的物质。通常认为的许多非金属在一定压力条件下也能转变为金属。例如，碘在40～170个大气压的条件下将转变为金属碘，而早在1926年英国物理学家贝纳尔更是预言，在足够高的压力下，任何物质都将转变为金属，因此这种定义方式过于宽泛。

化学上，根据元素所处元素周期表的位置，分为金属元素、准金属元素和非金属元素。其中准金属元素为硼、硅、锗、砷、锑、碲、钋，氢元素与位于准金属元素右侧的元素为非金属元素，除氢元素以外位于准金属元素左侧的元素为金属元素，然而这种定义方式对于合金与化合物不适用。

此外，也有人试图从延展性、导热性、光泽、氢氧化物的酸碱性与价键类型等角度对金属进行定义，但不管以何种方式，许多材料都存在反常现象或难以界定的问题。由此可见，相比于追求金属的准确定义，更重要的是了解金属的基本性质，进而在研究新材料时判断其是否具有“金属性质”。

通常来说，金属具有金属光泽，同时具有较高的导电性、导热性和延展性。元素周期表里的100多种元素，金属元素占了3/4，常温常压下除汞为液态以外，其余金属均为固态。自然界中，绝大多数金属以化合物形式存在，少数金属(如金、银、铂)以单质形式存在。由于各种金属元素的原子结构不同，其性质存在很大差异，如密度、硬度、熔点等。部分金属元素之最如表2.1所示。

表 2.1 部分金属元素之最

| 金属 | 特点 | 金属 | 特点 | 金属 | 特点 |
|---|---|---|---|---|---|
| 钨 | 熔点最高 | 锇 | 密度最大 | 钙 | 人体中含量最高 |
| 汞 | 熔点最低 | 锂 | 密度最小 | 铝 | 地壳里含量最高 |
| 铬 | 硬度最高 | 金 | 展性最好 | 铁 | 年产量最高 |
| 钛 | 比强度最大 | 铂 | 延性最好 | 银 | 导电性最好 |

## 2.1.2 金属的结构与特性

当我们讨论金属材料的性能时，其材料结构是最需要了解的属性。从尺度上划分，材料的结构可以分为原子结构(atomic structure)、化学键(chemical bonding)、晶体结构(crystal structure)、显微组织(microstructure)及宏观组织(macrostructure)。

金属元素原子结构的主要特征体现在其最外层电子数为1～3个，且最外层电子与原子核结合力弱，易挣脱原子核束缚使金属原子变为正离子。这些易挣脱原子核束缚并在化学反应中参与成键的最外层和次外层电子，统称为价电子。

价电子易挣脱原子核束缚的特性使金属原子形成了特殊的成键方式。原属于各原子的价电子挣脱原子核束缚后成为自由电子，它们不再只围绕单个原子核运动，而成了整个原子集团共有，在整个晶体内运动，称为电子云或电子气。贡献出价电子的原子则成为正离子，沉浸在电子云中，并依靠和电子云的静电作用结合在一起。这种由金属中自由电子与金属正离子相互作用所构成的键合类型称为金属键，不具有方向性和饱和性，图2.1为金属键示意图。

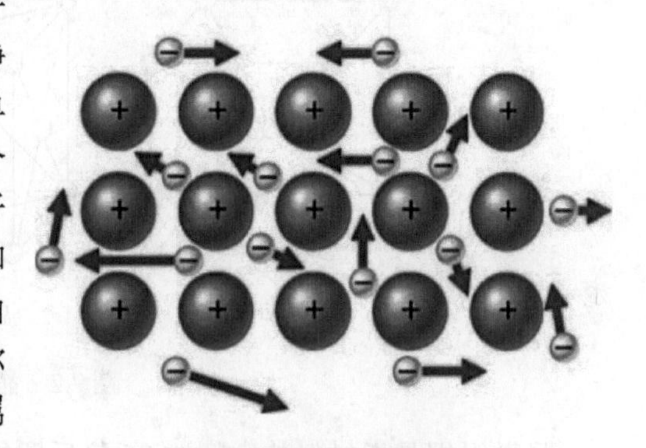

图 2.1 金属键示意图

金属的许多重要特性都源自这种特殊的原子结构与价键结构。

(1) 金属晶体中自由电子在金属正离子间做穿梭运动，在外电场作用下，自由电子定向运动，产生电流，表现出良好的导电性。金属受热时，正离子振动加剧，阻碍了自由电子运动，因而金属电阻率一般和温度呈正相关。

(2) 温度是反映分子平均动能的物理量，而金属正离子和自由电子的振动很容易接续传导，金属局部分子的振动能很快传至整体，所以金属导热性一般很好。

(3) 当金属晶体受外力作用而变形时，尽管金属正离子发生了位移，但自由电子的连接并没改变，金属键没有被破坏，故金属晶体具有延展性。

(4) 自由电子很容易被激发，可以吸收光电效应截止频率以上的光从而激发到较高能级，并在跳回原能级时发射可见光，所以金属不透明且具有金属光泽。

(5) 过渡金属原子相比于主族金属原子通常具有更多的价电子，因此电子云密度更高，原子间结合力更强，宏观表现为熔点和硬度更高。

除上述性能外，金属材料的许多其他重要物理性能也由其晶体结构与微观组织结构所决定。金属中原子在价键的作用力约束下并不是杂乱无章的，而是有规则地排列，原子在三维空间周期性排列组成的固体称为晶体。原子的排列规律不同，晶体结构相应不同，力学性能和理化性能也存在差异，因此晶体结构对金属的性质具有重要影响。由于晶体中原子排列具有周期性，可以从中选取一个能够反映晶体空间结构特征的最小几何单元，来分析晶体中原子排列的规律性，这个最小几何单元称为晶胞。晶体的空间点阵总共可以分为 7 个晶系和 14 种点阵，其中最典型、最常见的金属晶体结构为体心立方、面心立方和密排六方 3 种结构。前两种属于立方晶系，最后一种属于六方晶系，其晶胞结构如图 2.2 所示。

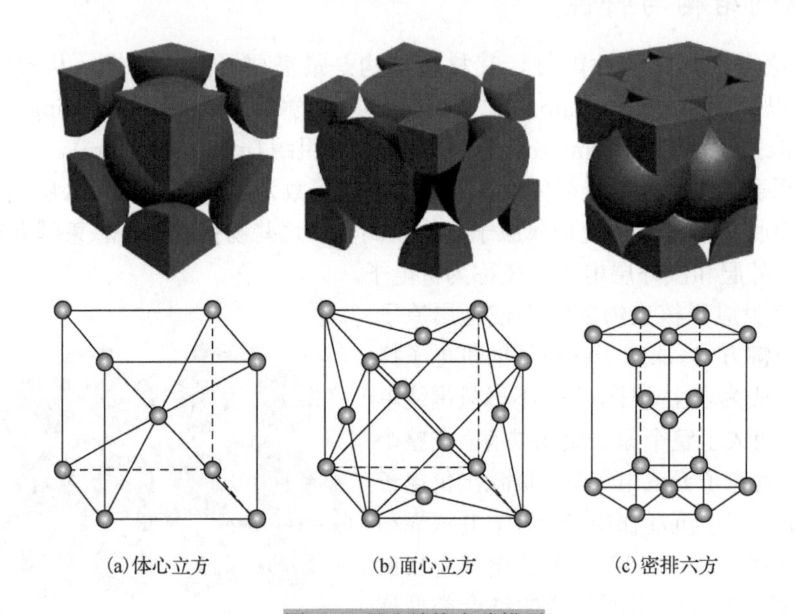

(a)体心立方　　(b)面心立方　　(c)密排六方

图 2.2　晶胞结构点阵模型

显微组织是指材料放大超过 25 倍后所能看到的微观形貌特征。具体来讲，晶粒、晶界、析出相、夹杂物等都是显微组织。材料的显微组织很大程度上决定了材料的力学和理化性能，如强度、韧性、塑性、硬度、抗腐蚀性等。图 2.3 列举了一些常见金属材料中的典型显微组织。

(a)钢中的马氏体组织

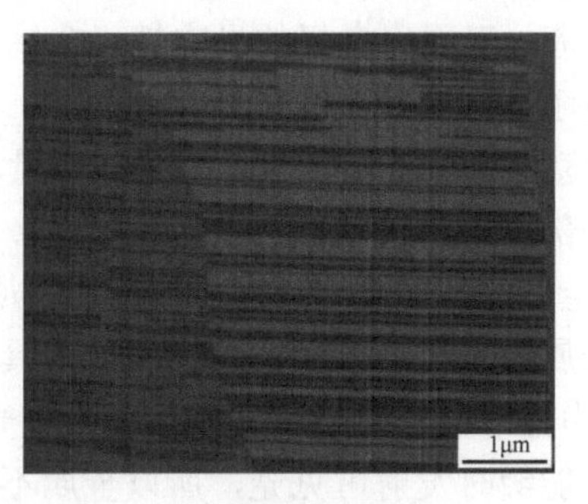


(b)纯铜中的孪晶组织

图 2.3　钢中的马氏体组织和纯铜中的孪晶组织

### 2.1.3 金属材料的分类

金属材料通常按照元素周期表和工业生产进行分类。依据元素周期表，可分为碱金属、碱土金属、过渡金属、镧系金属、锕系金属等。工业生产中通常将金属材料分为铁类金属(ferrous metals)和非铁类金属(non-ferrous metals)。铁类金属是人类生产活动中应用最多、最广泛的金属材料，且种类繁多，因而将其单独划分为一大类，并将除此之外的金属材料归为另一大类。我国在20世纪50年代工业发展规划中，巧妙地将其翻译为黑色金属与有色金属，含义也产生了细微的差别。黑色金属除包含铁及其合金之外，也包括铬和锰及其合金，铬和锰在合金钢冶炼中应用较多，因此也将其归为钢铁材料。有色金属则包括轻有色金属、重有色金属、贵金属、稀有金属等[1]，如表2.2所示。

表2.2 金属在工业生产中的分类

| 类别 | 金属名称 |
| --- | --- |
| 黑色金属 | 铁、铬、锰 |
| 轻有色金属 | 密度小于4.5g/cm$^3$的有色金属，包括铝、镁、钠、钙、锶、钡 |
| 重有色金属 | 密度大于4.5g/cm$^3$的有色金属，包括铜、铅、锌、镍、钴、锡、镉、铋、锑、汞 |
| 贵金属 | 地壳中含量少、开采和提取都比较困难、价格比一般金属贵的有色金属，包括金、银、铂、铑、铱、钌、锇 |
| 稀有金属 | 在地壳中分布稀散、开采冶炼较难、工业应用较晚的有色金属，包括钨、钼、钛、铼、钽、锆、镓、铟、锗、锂、铍 |

本章将依次介绍钢铁材料中的纯铁、钢和铸铁，有色金属中最常用的铝、镁、铜、钛及其合金，并介绍部分材料学科前沿的先进金属材料。

## 2.2 钢铁材料

钢铁材料主要包括纯铁、钢和铸铁。其中工业纯铁的铁含量(质量分数)应大于 99.8%，钢和铸铁都是铁碳合金，其主要区别在于碳含量不同，碳含量(质量分数)大于 2.11%的铁碳合金为铸铁，碳含量(质量分数)小于2.11%的铁碳合金则为钢。钢铁材料均以铁为主要成分，比其他任何一种金属的产量都要大，在国民经济中占有极其重要的地位[2,3]，目前我国是世界上最大的钢铁生产国。钢铁材料的广泛使用主要有三个原因：①含铁化合物在地壳中大量存在；②可以采用相对经济的开采、冶炼和加工制造技术进行生产；③通过选取适当的合金成分、热处理工艺和塑性加工工艺，可以定制出极为广泛的物理和力学性能。本节主要介绍不同钢铁材料的成分、显微组织和性能。

### 2.2.1 纯铁

铁是一种最常见的金属元素，通常以矿石的形式分布于地壳，在地壳元素含量中占比约4.75%，是地壳中含量第四高的元素，仅次于氧、硅、铝，其消耗量约占金属总消耗量的95%。铁的原子序数为26，平均相对原子质量为55.845，密度为7.874 g/cm$^3$，常压下熔点为1538℃。纯铁为银白色，有金属光泽，但由于其表面通常形成一层$Fe_3O_4$(四氧化三铁)而呈灰黑色，这也是黑色金属这一称呼的由来。纯铁质软，具有强度低、塑性高和深冲性能好等力学特性，以及电阻率低、矫顽力低和磁导率高等物理性能，广泛用于低电阻通信线、发电机和电动机铁心等电工领域。

## 2.2.2 钢

钢是一种铁碳合金。纯铁具有很好的延展性和塑性，但强度较低，加入百分之零点几的碳元素可大幅提高其强度。钢铁强度高、成本低，至今仍是应用最广泛的金属材料，虽然已经被人类使用了上千年，但其首次大规模工业制造始于 17 世纪的高炉炼钢，第二次产量激增则出现在 19 世纪中期的工业革命，受惠于平炉与贝塞麦转炉炼钢法的发明。

随着冶炼技术的提升，以及对材料性能要求的提高，人们对于钢铁成分的掌控也愈加熟练。根据使用要求，目前已开发的钢种达数千种。根据碳含量及其他合金元素含量，可将钢铁大致分为低碳钢(碳含量小于 0.25%)、中碳钢(碳含量为 0.25%～0.60%)和高碳钢(碳含量大于 0.60%)，以及低合金钢(合金元素含量小于 5%)、中合金钢(合金元素含量为 5%～10%)和高合金钢(合金元素含量大于 10%)。按照用途可将钢铁分为工程结构用钢、机器零件用钢、工具钢和特殊性能钢等。工程结构用钢包括建筑及工程用钢或构件用钢，如用作钢架、桥梁、钢轨、车辆、船舶等，这类钢大部分做成钢板和型钢。机器零件用钢包括轴承钢、弹簧钢等。工具钢包括量具钢、刃具钢、模具钢和耐冲击用钢等。特殊性能钢包括不锈钢、耐热钢、耐磨钢、电工用钢等。

为了便于读者综合了解钢铁材料成分、组织、性能与应用之间的关系，本节将依据碳含量及碳元素强化效果，依次介绍低碳钢、中碳钢、高碳钢和特殊性能合金钢，并穿插介绍各子类钢种的组织、性能特点及其应用领域。

### 1. 低碳钢

低碳钢在钢铁中产量最大，其碳含量小于 0.25%，显微组织由铁素体和珠光体组成。低碳钢具有强度适中，塑性和韧性好，且易于成型和焊接等特性，同时由于其淬透性低，不易形成马氏体，通常无须进行热处理，热轧后空冷即可直接工程应用，在所有钢材中生产成本最低。低碳钢典型应用包括汽车车身部件、结构形状件(如工字梁、槽钢和角铁)以及用于管道、建筑、桥梁的板材。低碳钢中占比最大的为碳素结构钢，其按屈服强度可分为五个等级，即 Q195、Q215、Q235、Q255 和 Q275(Q 代表屈服强度，单位为 MPa)，如表 2.3 所示。

表 2.3 碳素结构钢的牌号、化学成分、力学性能及应用

| 牌号 | 等级 | 化学成分(质量分数)/% | | | 力学性能 | | | 应用举例 |
|---|---|---|---|---|---|---|---|---|
| | | C | S≤ | P≤ | $\sigma_s$ / MPa≥ | $\sigma_b$ / MPa | $\delta$ / %≥ | |
| Q195 | — | 0.06～0.12 | 0.050 | 0.045 | 195 | 315～430 | 33 | 承受小载荷的结构件、冲压件和焊接件 |
| Q215 | A | 0.09～0.15 | 0.050 | 0.045 | 215 | 335～450 | 31 | |
| | B | | 0.045 | | | | | |
| Q235 | A | 0.14～0.22 | 0.050 | 0.045 | 235 | 355～500 | 26 | 薄板、螺纹钢筋、型钢、螺栓、螺母、铆钉、拉杆、齿轮、轴、连杆等，Q235C、D 可用作重要焊接结构件 |
| | B | 0.12～0.20 | 0.045 | | | | | |
| | C | ≤0.18 | 0.040 | 0.040 | | | | |
| | D | ≤0.17 | 0.035 | 0.035 | | | | |
| Q255 | A | 0.18～0.28 | 0.050 | 0.045 | 255 | 410～550 | 24 | 承受中等载荷的零件，如键、链、拉杆、转轴、链轮、链环片、螺栓及螺纹钢筋等 |
| | B | | 0.045 | | | | | |
| Q275 | — | 0.28～0.38 | 0.050 | 0.045 | 275 | 490～630 | 20 | |

随着工业交通和科学技术的发展，普通碳素结构钢的强度已无法满足重要工程结构和新型机器设备的需要，于是人们在碳含量低于0.02%的碳素结构钢基础上，加入少量合金元素，发展出了高强度低合金钢。合金元素的加入提高了淬透性，可以形成低碳马氏体，因此大多数高强度低合金钢可通过热处理强化，抗拉强度可达480MPa。由于强度高，工程上1t高强度低合金钢可以抵得上1.2～2t的碳素结构钢，因此可大幅减轻构件重量，实现节能减材。

高强度低合金钢在保持低碳钢良好塑性、韧性、焊接性和加工性能的基础上，主要通过加入低成本的锰元素，对铁素体产生显著固溶强化作用、降低韧脆转变温度并增加珠光体含量，实现合金强度的提高。另外，加入少量钒、钛、铌等元素还可以细化晶粒，同步提高强度和韧性；加入稀土元素可提高韧性和疲劳极限，并降低韧脆转变温度。在正常大气环境下，高强度低合金钢比普通碳素结构钢更耐腐蚀，许多对结构强度要求较高的关键场合中(如桥梁、塔、高层建筑支撑柱、压力容器)，高强度低合金钢已经取代了普通碳素结构钢。表2.4列举了常见高强度低合金钢的牌号、成分和力学性能。

**表2.4 高强度低合金钢的牌号、化学成分和力学性能**

| 牌号 | 等级 | 化学成分(质量分数)/% | | | | | | | 力学性能 | | |
|---|---|---|---|---|---|---|---|---|---|---|---|
| | | C≤ | Mn | Si≤ | P≤ | S≤ | V | Al≤ | $\sigma_s$/MPa≥ | $\sigma_b$/MPa≥ | $\delta$/%≥ |
| Q295 | A | 0.16 | 0.80～1.50 | 0.55 | 0.045 | 0.045 | 0.02～0.15 | — | 295 | 390～570 | 23 |
| | B | 0.16 | 0.80～1.50 | 0.55 | 0.040 | 0.040 | 0.02～0.15 | — | 295 | 390～570 | 23 |
| Q345 | A | 0.20 | 1.0～1.60 | 0.55 | 0.045 | 0.045 | 0.02～0.15 | — | 345 | 470～630 | 21 |
| | B | 0.20 | 1.0～1.60 | 0.55 | 0.040 | 0.040 | 0.02～0.15 | — | 345 | 470～630 | 21 |
| | C | 0.20 | 1.0～1.60 | 0.55 | 0.035 | 0.035 | 0.02～0.15 | 0.015 | 345 | 470～630 | 22 |
| | D | 0.18 | 1.0～1.60 | 0.55 | 0.030 | 0.030 | 0.02～0.15 | 0.015 | 345 | 470～630 | 22 |
| | E | 0.18 | 1.0～1.60 | 0.55 | 0.025 | 0.025 | 0.02～0.15 | 0.015 | 345 | 470～630 | 22 |
| Q390 | A | 0.20 | 1.0～1.70 | 0.55 | 0.045 | 0.045 | 0.02～0.20 | — | 390 | 490～650 | 19 |
| | B | 0.20 | 1.0～1.70 | 0.55 | 0.040 | 0.040 | 0.02～0.20 | — | 390 | 490～650 | 19 |
| | C | 0.20 | 1.0～1.70 | 0.55 | 0.035 | 0.035 | 0.02～0.20 | 0.015 | 390 | 490～650 | 20 |
| | D | 0.20 | 1.0～1.70 | 0.55 | 0.030 | 0.030 | 0.02～0.20 | 0.015 | 390 | 490～650 | 20 |
| | E | 0.20 | 1.0～1.70 | 0.55 | 0.025 | 0.025 | 0.02～0.20 | 0.015 | 390 | 490～650 | 20 |
| Q420 | A | 0.20 | 1.0～1.70 | 0.55 | 0.045 | 0.045 | 0.02～0.20 | — | 420 | 520～680 | 18 |
| | B | 0.20 | 1.0～1.70 | 0.55 | 0.040 | 0.040 | 0.02～0.20 | — | 420 | 520～680 | 18 |
| | C | 0.20 | 1.0～1.70 | 0.55 | 0.035 | 0.035 | 0.02～0.20 | 0.015 | 420 | 520～680 | 19 |
| | D | 0.20 | 1.0～1.70 | 0.55 | 0.030 | 0.030 | 0.02～0.20 | 0.015 | 420 | 520～680 | 19 |
| | E | 0.20 | 1.0～1.70 | 0.55 | 0.025 | 0.025 | 0.02～0.20 | 0.015 | 420 | 520～680 | 19 |
| Q460 | C | 0.20 | 1.0～1.70 | 0.55 | 0.035 | 0.035 | 0.02～0.20 | 0.015 | 460 | 550～720 | 17 |
| | D | 0.20 | 1.0～1.70 | 0.55 | 0.030 | 0.030 | 0.02～0.20 | 0.015 | 460 | 550～720 | 17 |
| | E | 0.20 | 1.0～1.70 | 0.55 | 0.025 | 0.025 | 0.02～0.20 | 0.015 | 460 | 550～720 | 17 |

### 2. 中碳钢

中碳钢碳含量为0.25%～0.60%，比低碳钢淬透性好，可以通过奥氏体化、淬火、回火来改善力学性能，通常在回火条件下使用，具有回火马氏体或回火索氏体组织。退火状态钢的屈服强度与抗拉强度之比(屈强比)为0.5～0.6，而淬火成马氏体并回火后的钢材屈强比为0.8～0.9，因此在抗拉强度相等的条件下，淬火回火钢的屈服强度比退火钢高约50%。

经过热处理的中碳钢可以充分发挥钢材的性能潜力，尤其是淬火成马氏体并在 500～650℃高温回火后可达到强度、塑性和韧性配合良好的目的，这种淬火后高温回火的热处理工艺称为调质处理，适用于这种调制处理的钢种称为调质钢。调质钢是应用最广泛的一类中碳钢，主要用于火车车轮、铁轨、齿轮、曲轴等零件。

轴类零件是各种机械中的关键零件，直接影响机械的精度和寿命。大多数轴类零件服役的条件是：传递扭矩，受力具有交变性且时常伴有弯曲和拉压载荷；能承受一定的冲击或过载；轴承支承的轴颈处需要高硬度、高耐磨性。失效形式主要为断裂、疲劳断裂和过量变形。因此，轴类零件的选材主要参考强度，同时考虑一定的韧性和耐磨性。

齿轮类零件工作时，齿根部位主要承受大的交变弯曲应力，齿面主要承受大的接触疲劳应力、强烈的摩擦和一定的冲击力。失效形式主要为疲劳断裂、表面损伤和过载断裂。因此，齿轮类零件对力学性能的要求为高弯曲疲劳强度、高接触疲劳应力、足够的塑性/韧性/耐磨性。

调质钢可通过调整钢材合金成分及淬透性，产生各种力学性能组合，以满足不同零部件对力学性能的要求。例如，中等碳含量的普通碳素钢淬透性一般，只有在非常薄的截面和非常快的淬火速率下才能获得马氏体，添加铬、镍和钼等合金元素后可显著提高其淬透性和热处理能力。

**3. 高碳钢**

高碳钢碳含量大于 0.60%，具有强度高、硬度高、韧性小的特性。碳素工具钢是基本不加合金元素的高碳钢，其成本较低，冷热加工性能较好。碳素工具钢淬火后硬度不再增加而过量碳化物增多，耐磨性略有增大，但塑、韧性降低。此外，碳素工具钢的淬透性不足，而塑、韧性降低会导致淬火变形和开裂的倾向增大。因此高碳钢通常会添加合金元素以改善力学性能。合金元素的添加不仅可以改善高碳钢的淬火回火组织和性能，还可以利用其高碳的特性，形成钨、钒、铬、钼等碳化物，显著提高硬度、耐磨性和热硬性，这是高碳钢区别于中碳钢的合金化特点。高碳钢以其高强度、高硬度和高耐磨性，广泛用作轴承钢、量具钢、刃具钢和模具钢等。

滚动轴承由内、外套圈，滚动体(滚珠、滚柱和滚针)和保持器组成，除保持器外，均由轴承钢制成。套圈和滚动体之间除了滚动，还存在滑动，接触表面承受着剧烈的摩擦磨损。因此，轴承钢需具备高而均匀的硬度和耐磨性、高弹性极限和高接触疲劳强度、适当的韧性、良好的尺寸稳定性以及一定的耐蚀性。高碳铬轴承钢是应用最广的轴承钢，表 2.5 列出了其常用牌号的成分和退火硬度。

**表 2.5　高碳铬轴承钢的牌号、化学成分及退火硬度**

| 牌号 | 化学成分(质量分数)/% | | | | | | | | | | 退火硬度/HBW |
|---|---|---|---|---|---|---|---|---|---|---|---|
| | C | Si | Mn | Cr | Mo | P | S | Ni | Cu | Ni + Cu | |
| | | | | | | ≤ | | | | | |
| GCr4 | 0.95～1.05 | 0.15～0.30 | 0.15～0.30 | 0.35～0.50 | ≤0.08 | 0.025 | 0.020 | 0.25 | 0.20 | — | 179～207 |
| GCr15 | 0.95～1.05 | 0.15～0.35 | 0.25～0.45 | 1.40～1.65 | ≤0.10 | 0.025 | 0.025 | 0.30 | 0.25 | 0.50 | 179～207 |
| GCr15SiMn | 0.95～1.05 | 0.45～0.75 | 0.95～1.25 | 1.40～1.65 | ≤0.10 | 0.025 | 0.025 | 0.30 | 0.25 | 0.50 | 179～217 |
| GCr15SiMo | 0.95～1.05 | 0.65～0.85 | 0.20～0.40 | 1.40～1.70 | 0.30～0.40 | 0.027 | 0.020 | 0.30 | 0.25 | — | 179～217 |
| GCr18Mo | 0.95～1.05 | 0.20～0.40 | 0.25～0.40 | 0.65～1.95 | 0.15～0.25 | 0.025 | 0.020 | 0.25 | 0.25 | — | 179～207 |

量具钢是用以制造卡尺、千分尺、快规等各种度量工具的钢种，在使用和存放过程中保持尺寸精度是量具钢最基本和最重要的性能要求。热处理后的钢由于残余奥氏体转变、马氏体分解和残余应力作用会导致尺寸变化，因此量具钢必须具有高的组织稳定性和低的内应力。量具使用中常与被测工件紧密接触贴合，易发生磨损和碰撞，因此量具钢还需要组织纯净、致密，表面光洁，硬度和耐磨性高，并具有一定的韧性。

刃具钢是用以制造各种切削加工工具的钢种，在切削过程中受到弯曲、剪切、冲击、扭转、振动、摩擦等力的作用。为了防止磨损和卷刃，要求刃具钢具有高硬度、高耐磨性和一定的塑/韧性。除此之外，切削加工中工件和切屑强烈的摩擦作用会产生显著的热量，因此刃具钢还需要具有优良的热硬性。常用的部分低合金刃具钢牌号、化学成分、热处理和应用如表2.6所示。

**表2.6 低合金刃具钢的牌号、化学成分、热处理与应用**

| 牌号 | 化学成分(质量分数)/% | | | | | 淬火 | | 交货状态 | 应用举例 |
|---|---|---|---|---|---|---|---|---|---|
| | C | Si | Mn | Cr | 其他 | 温度/℃ | 硬度/HRC≥ | 硬度/HBW | |
| 9SiCr | 0.85～0.95 | 1.20～1.60 | 0.30～0.60 | 0.95～1.25 | — | 820～860(油) | 62 | 241～197 | 丝锥、板牙、钻头、铰刀、齿轮、铣刀、冷冲模、轧辊 |
| 8MnSi | 0.75～0.85 | 0.30～0.60 | 0.80～1.10 | — | — | 800～820(油) | 60 | ≤ 229 | 木工凿子、锯条或其他刀具 |
| Cr06 | 1.30～1.45 | ≤0.40 | ≤0.40 | 0.50～0.70 | — | 780～810(水) | 64 | 241～187 | 剃刀、刀片、刮片、刻刀、外科医疗刀具 |
| Cr2 | 0.95～1.10 | ≤0.40 | ≤0.40 | 1.30～1.65 | — | 830～860(油) | 62 | 229～179 | 低速、材料硬度不高的切削刀具、量规、冷轧辊等 |
| 9Cr2 | 0.80～0.95 | ≤0.40 | ≤0.40 | 1.30～1.70 | — | 820～850(油) | 62 | 217～179 | 冷轧辊、冷冲头及冲头、木工工具等 |
| W | 1.05～1.25 | ≤0.40 | ≤0.40 | 0.10～0.30 | W0.80～1.20 | 800～830(水) | 62 | 229～187 | 低速切削硬金属的工具，如麻花钻、车刀等 |
| 9Mn2V | 0.85～0.95 | ≤0.40 | 1.70～2.00 | — | V0.01～0.25 | 780～810(油) | 62 | ≤ 229 | 丝锥、板牙、铰刀、小冲模、冷压模、料模、剪刀等 |
| CrWMn | 0.90～1.05 | ≤0.40 | 0.80～1.10 | 0.90～1.20 | W1.20～1.60 | 800～830(油) | 62 | 255～207 | 拉刀、长丝锥、量规及形状复杂精度高的冲模、丝杠等 |

模具钢根据工作状态可分为热作模具钢、冷作模具钢和塑料模具钢。热作模具用于加工炽热金属和液态金属，模具温度周期升降过程中，除受到热疲劳作用，还需承受巨大压力、冲击、磨损和冲刷，因此对钢种高温下的硬度、强度、韧性和抗热疲劳性能有较高的要求。热作模具钢中锤锻模钢的牌号主要有5CrMnMo、5CrNiMo、3Cr2MoWVNi等；挤压及压铸模具钢的牌号主要有45Cr5MoSiV、5Cr5MoSiV、3Cr3MoVNb等。冷作模具如冷冲模、冷镦模、剪切片和冷轧辊等，要求钢种具有高硬度、高耐磨性和一定韧性。冷作模具钢中高铬钢和中铬钢的牌号主要有Cr12MoV、Cr6WV、Cr5MoV等；基体钢和低碳高速钢的牌号主要有6W6Mo5Cr4V、65Cr4W3Mo2VNb等；新型冷作模具钢有8Cr8Mo2V2Si、Cr8Mo2V2WSi、7Cr7Mo2V2Si等。塑料制品大部分用模压成型，所以塑料模具钢也逐渐发展成专用钢系列。

4. 特殊性能合金钢

如前所述，按照碳以外其他合金元素含量，钢可以分为低合金钢(合金元素含量小于 5%)、中合金钢(合金元素含量为 5%～10%)和高合金钢(合金元素含量大于 10%)。少量合金元素的添加可以在保持碳素钢原有组织性能特点的同时显著提高钢的力学性能，如高强度低合金钢和部分中低合金工具钢等。随着合金元素含量的继续提升，大量合金元素固溶到基体中，同时大量碳化物、金属间化合物开始析出，这将使合金钢获得许多特殊性能。下面选取几类典型的特殊性能合金钢进行重点介绍，包括不锈钢、耐热钢、马氏体时效钢和高速钢。

**1) 不锈钢**

不锈钢在各种环境(尤其是空气)中具有很高的耐腐蚀(耐锈)能力。其主要合金元素是铬，一般添加量不低于 11%，添加镍和钼也可提高耐腐蚀性。腐蚀会使金属零件丧失工作性能，其不仅损耗材料，而且导致机械精度和寿命降低。据统计，全世界每年由于腐蚀而失效的钢铁材料达到 15%，其中仅 2/3 能回收。钢的腐蚀以氧化化学腐蚀和电解质作用下的电化学腐蚀为主。人们通过添加铬、铝、硅等元素形成表面氧化膜，同时控制金属显微组织，减少微电池数，提高金属电极电位、降低电位差来提高金属或钢的耐腐蚀性。不锈钢根据显微组织可分为马氏体不锈钢、铁素体不锈钢和奥氏体不锈钢三类。

大量合金元素的加入会使铁-碳相图发生剧烈变化，如奥氏体不锈钢的奥氏体相区扩展到了室温、铁素体不锈钢变成主要由 α-铁素体组成。三种不锈钢中，马氏体不锈钢能够以马氏体为主要显微组织进行热处理，而奥氏体不锈钢和铁素体不锈钢由于不能热处理，只能采用冷加工硬化和强化；奥氏体不锈钢由于添加高铬和镍含量，耐腐蚀性最好且不具有磁性，因此用量最大，马氏体不锈钢和铁素体不锈钢都具有磁性，用量相对较少。此外，一些不锈钢可在将近 1000℃的氧化环境中保持抗氧化性和机械强度，因此被广泛用于燃气轮机、高温蒸汽锅炉、热处理炉、飞机、导弹及核电机组等场合。

**2) 耐热钢**

在高温下工作的钢称为耐热钢，耐热钢应具备高温化学稳定性和高温强度两方面的性能。随着燃气轮机、航空航天产业的发展，以及化工、石油等工业部门中高温高压技术的发展，耐热钢有着广泛的应用需求。

耐热钢合金元素的选择与铁的氧化特性密切相关。铁与氧可以生成 FeO、$Fe_2O_3$ 和 $Fe_3O_4$ 三种氧化物，在 570℃以下时，氧化膜由 $Fe_2O_3$ 和 $Fe_3O_4$ 组成；在 570℃以上时，氧化膜由 FeO、$Fe_2O_3$ 和 $Fe_3O_4$ 组成，且 FeO 的厚度远远高于另外两种氧化物，而 FeO 的抗氧化性最差，此时铁的氧化速度大大加快。因此，耐热钢的合金元素选择一方面要能形成致密的合金元素氧化膜，另一方面要能抑制 FeO 的生成，或提高 FeO 生成的温度。铬和铝是提高耐热钢抗氧化性的理想元素，同时添加铬、铝、硅的合金化效果要优于单独添加，表 2.7 显示了不同含量的铬、铝、硅对生成 FeO 的温度影响。由于过多的铝和硅会引起钢的脆性，铬是提高耐热钢抗氧化性的主要元素，也正因如此，许多耐热钢是在不锈钢的基础上发展而来的。

根据显微组织，耐热钢可分为珠光体耐热钢、铁素体耐热钢、马氏体耐热钢和奥氏体耐热钢四类。珠光体耐热钢是低合金钢，抗氧化合金元素含量不高，工作温度为 350～620℃，常用于锅炉、汽轮机的耐热部件。铁素体耐热钢、马氏体耐热钢和奥氏体耐热钢则均在对应组织的不锈钢上发展而来。其中马氏体耐热钢的工作温度为 550～600℃，常用于汽轮机叶片，以及汽油机或柴油机的排气阀等。奥氏体耐热钢具有最高的热强性和抗氧化性，最高工作温度可达 850℃(制作强度要求不高，主要是抗氧化的零件，如气阀)，这类钢中除了铬还会大量加入镍、钨、钼、钛、钒、铝等元素，促进碳化物沉淀硬化和金属间化合物沉淀硬化，进一步提高热强性，因此可用于燃气轮机、航空发动机、工业炉耐热构件等。

表 2.7 合金元素对生成 FeO 的温度影响

| 合金成分 | 出现 FeO 的下限温度/℃ | 合金成分 | 出现 FeO 的下限温度/℃ |
|---|---|---|---|
| 纯铁 | 575 | +1.14%Si | 750 |
| +1.03%Cr | 600 | +0.4 %Si<br>+1.1%Al | 800 |
| +1.5%Cr | 650 | +0.5%Si<br>+2.2%Al | 850 |

**3) 马氏体时效钢**

马氏体时效钢是一种以铁镍为基础的高合金钢。当镍含量大于 6%时，高温奥氏体冷却至室温将转变为马氏体，并且重新加热至 500℃时，马氏体也能保持稳定。马氏体可以在高于时效处理的温度保持稳定，并且镍元素可以与铝、钛、钼等元素形成丰富的金属间化合物，因此马氏体时效钢可以通过时效处理促进金属间化合物沉淀硬化，进一步提高强度。已正式应用于工业生产的马氏体时效钢的基本成分是极低的碳含量(≤0.03%)、18%～25%的镍，以及其他能够产生时效硬化的合金元素。常见的马氏体时效钢化学成分和力学性能如表 2.8 所示。

表 2.8 马氏体时效钢的化学成分和力学性能

| 类别 | | 化学成分(质量分数)/% | | | | | | 力学性能 | | |
|---|---|---|---|---|---|---|---|---|---|---|
| | | Ni | Co | Mo | Ti | Al | Nb | $\sigma_s$ / MPa | $\sigma_b$ / MPa | $\delta$/% |
| 18%Ni | 140 级 | 17～19 | 8～9 | 3～3.5 | 0.15～0.25 | 0.05～0.15 | — | 1350～1450 | 1400～1550 | 14～16 |
| | 170 级 | 17～19 | 7～8.5 | 4.6～5.2 | 0.3～0.5 | 0.05～0.15 | — | 1700～1900 | 1750～1950 | 10～12 |
| | 210 级 | 18～19 | 8～9.5 | 4.6～5.2 | 0.55～0.8 | 0.05～0.15 | — | 2050～2100 | 2100～2150 | 12 |
| 20%Ni | | 18～20 | — | — | 1.3～1.6 | 0.05～0.35 | 0.3～0.5 | 1750～1850 | 1800～1900 | 11～12 |
| 25%Ni | | 25～26 | — | — | 1.3～1.6 | 0.15～0.35 | 0.3～0.5 | 1800～1900 | 1900～2000 | 12～13 |

马氏体时效钢对碳和杂质元素含量有严格的限制，这也是该类超高强度钢的设计目的。通过降低碳等非金属元素含量，提高金属间化合物时效硬化，可以在保持超高强度的同时，降低缺口敏感性，提高塑性和韧性。马氏体时效钢的基体组织是低碳或无碳的板条马氏体，在低温下也能保持良好的塑性和韧性。除了力学性能，降低碳含量也能够极大改善马氏体时效钢的工艺性能：非金属元素夹杂减少，大幅提高了冶金质量；低碳或无碳马氏体硬度不高，冷变形能力和切削性能良好；焊后无须固溶处理，直接时效硬化即可，焊接性能良好；热处理不存在脱碳问题，变形也小，马氏体容易生成，淬火无须急冷，淬火开裂危险也小。可以说，马氏体时效钢是一种综合性能极为理想的超高强度钢，其最大的缺点是合金元素含量高、价格昂贵，因此目前主要应用于飞机和火箭发动机部件等高端制造领域。

**4) 高速钢**

高速钢是一类耐磨钢，也是一类特殊的高碳高合金刃具钢，它是为了满足高速切削的需要而发展起来的刃具钢。高速切削加工时，刀具刃部的温度可达 600℃以上，此时一般的碳素工具钢和中低合金工具钢由于红硬性(指材料在经过一定温度下一定时间后所能保持其硬度的能力)不足已无法胜任。高速钢在高碳的基础上添加了大量的钨、钼等元素，大量高硬度碳化物颗粒使得高速钢具有很高的红硬性，淬火回火后硬度一般高于 63HRC，高的可达 68～70HRC，后者称为超硬型高速钢。高速钢在 600℃时硬度依然能保持在 55HRC 以上，切削速度比普通工具钢增加 1～3 倍，耐用性增加 7～14 倍，被广泛应用于车刀、锉刀、铣刀、刨刀、钻头等高速切削的机加工刃具。

由于添加大量强碳化物形成元素进行合金化，相比于普通工具钢，高速钢需要更复杂的制备工艺进行显微组织调控。以应用广泛的高速钢之一 W18Cr4V 为例，钨、钼元素含量合计将近 20%，使得铸态组织中产生高达 25%～30%(体积分数)的粗大共晶碳化物，这种共晶碳化物不仅脆性大，而且分布极不均匀，特别是钨碳化物熔点很高，1325℃也无法完全熔化，热处理也无法消除组织的不均匀性。因此铸态的高速钢无法直接使用，必须经过反复多次的锻、轧变形后，破碎粗大的共晶碳化物，改善组织的均匀性，再通过固溶、淬火和多次回火，形成回火马氏体和均匀弥散的细小碳化物。为了进一步提高高速钢的切削能力和使用寿命，还可以采用物理气相沉积、化学热处理等表面强化工艺，在刃具表面获得碳化钛或氮化钛的覆层，从而得到极高的硬度。

### 2.2.3　铸铁

铸铁是一类碳含量在 2.11%以上的铁合金，生产实践中大多数铸铁含有 3.0%～4.5%的碳和 1.0%～3.0%的硅，并且磷、硫等杂质元素含量较多。力学性能上，铸铁与钢最明显的区别是前者难以承受轧锻变形，其中的自由碳(石墨)无论以何种形式存在，对抗拉强度、塑性、韧性等都有削弱作用。铸铁最鲜明的优点是铸造性能优良，熔炼设备简单，工艺操作简便，生产成本低廉。铁-碳相图(图 2.4)显示，铸铁在 1150～1300℃完全变为液态，比钢要低得多，因此很容易熔化，也便于铸造[4]。铸铁具有优良的减振性能、减摩性能和切削加工性能，被广泛应用于机械制造、冶金、石油化工、交通和国防工业等领域。

石墨是铸铁中的一个基本相，而且比渗碳体更稳定。石墨可以通过液相直接析出、奥氏体析出和渗碳体分解产生。渗碳体是一种亚稳态化合物，在某些情况下，根据反应可以使其分解形成α-铁素体和石墨，即

$$Fe_3C \longrightarrow 3Fe(\alpha) + C(石墨) \tag{2-1}$$

这种形成石墨的趋势是由成分和冷却速率所调节的。当碳含量大于 1%时，硅促进了石墨的形成。此外，在凝固过程中较慢的冷却速率有利于形成石墨。根据碳的存在形式，铸铁可分为白口铸铁(碳全部或大部分以渗碳体形式存在)、灰口铸铁(碳全部或大部分以游离石墨形式存在)和麻口铸铁(碳既以渗碳体形式又以游离石墨形式存在)。其中，灰口铸铁根据石墨的形态又可分为普通灰铸铁(石墨呈片状)、球墨铸铁(石墨呈球状)、可锻铸铁(石墨呈团絮状)和蠕墨铸铁(石墨呈蠕虫状)。

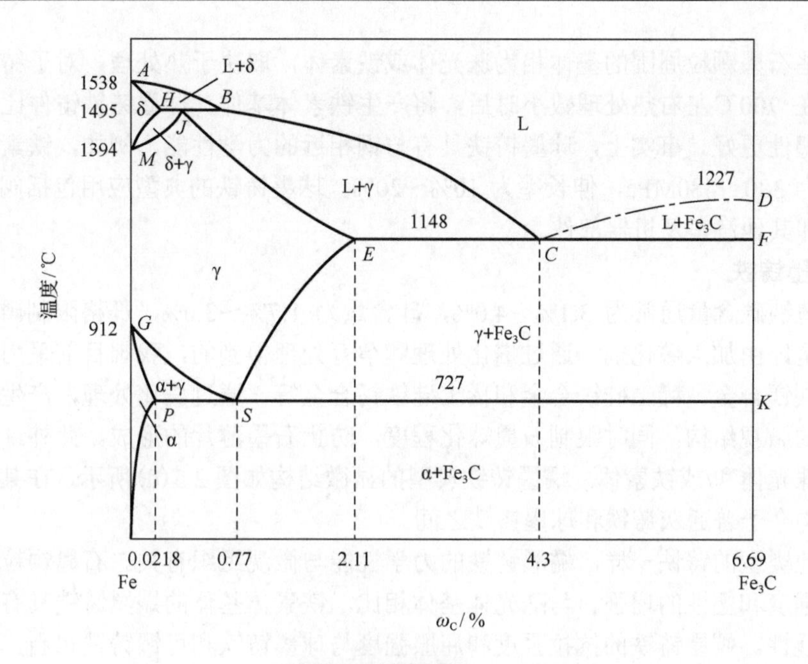


图 2.4　铁-碳相图

## 1. 灰口铸铁

灰口铸铁的碳、硅含量分别为 2.5%～4.0% 和 1.0%～3.0%。对于普通灰铸铁，石墨以片状的形式存在，被铁素体或珠光体基体包围。典型灰口铸铁的微观结构如图 2.5(a)所示。由于这些石墨薄片的存在，断口表面呈灰色，因此得名。力学性能上，灰口铸铁相对较脆，这是由于其显微组织中石墨片尖端较为尖锐，施加外部拉伸应力时，将成为应力集中点。在压缩载荷作用下，其强度和塑性要高得多。灰口铸铁具有很高的耐磨性和良好的铸造性能，在铸造温度条件下，熔体具有较高的流动性，可以铸造复杂形状构件，凝固收缩率低。此外，或许也是最重要的一点，灰口铸铁是最便宜的金属材料。

## 2. 白口铸铁和可锻铸铁

低硅铸铁(硅含量小于 1.0%)在高冷却速率条件下，大部分碳以渗碳体的形式存在，而不是石墨。这种合金的断口表面呈白色，因此称为白口铸铁。对于厚截面铸件可能只有表层是白口铸铁，而心部区域由于冷却速率较慢，形成灰口铸铁。由于大量的渗碳体存在，白口铸铁非常硬，也非常脆，几乎无法加工，仅限于需要高硬度、高耐磨性表面而没有塑性要求的应用，如轧钢机轧辊。一般来说，白口铸铁被用作可锻铸铁生产的中间体。

将白口铸铁在 800～900℃中性气氛中(以防止氧化)加热较长时间，使渗碳体分解，形成团絮状石墨，被铁素体或珠光体基体包围，形成可锻铸铁，图 2.5(b)为可锻铸铁的典型显微组织照片。可锻铸铁比普通灰铸铁具有更高的强度、塑性和冲击韧性，尽管称之为“可锻”，但可锻铸铁并不能进行锻造，其具有代表性的应用包括连杆、传动齿轮和汽车工业的差速器，也包括铁路、船舶和其他重型机械的法兰、管件和阀门部件。

## 3. 球墨铸铁

在铸造前向灰口铸铁中加入少量的镁、铈，会产生明显不同的组织和力学性能，石墨会以球状颗粒的形式存在，而不是薄片，得到的合金称为球墨铸铁，其典型的组织如图 2.5(c)

所示。这些石墨颗粒周围的基体相为珠光体或铁素体，取决于热处理，对于铸件而言通常为珠光体，在 700℃左右热处理数小时后，将产生铁素体基体。球墨铸铁铸件比普通灰铸铁强度更高，塑性更好。事实上，球墨铸铁具有与钢相近的力学性能，例如，铁素体球墨铸铁的抗拉强度为 380～480MPa，伸长率为 10%～20%。球墨铸铁的典型应用包括阀门、泵体、曲轴、齿轮和其他汽车及机器部件。

**4. 蠕墨铸铁**

蠕墨铸铁碳含量通常为 3.1%～4.0%，硅含量为 1.7%～3.0%，严格限制磷和硫的含量。蠕墨铸铁是经由加入蠕化剂，通过蠕化处理和孕育处理得到的，我国目前采用的蠕化剂主要有稀土硅铁镁合金、稀土硅铁合金和稀土硅铁钙合金等。通过蠕化处理，产生由蠕虫状石墨颗粒组成的微观结构，同时限制石墨球化程度，防止石墨薄片的形成。此外，根据热处理，基体相为珠光体和/或铁素体。蠕墨铸铁典型的显微结构如图 2.5(d)所示，在某种意义上，这种微观结构介于普通灰铸铁和球墨铸铁之间。

与其他类型的铸铁一样，蠕墨铸铁的力学性能与微观组织有关。石墨颗粒球化程度的增加导致了强度和塑性的增强。与珠光体基体相比，铁素体基体的蠕墨铸铁具有较低的强度和较高的延展性。蠕墨铸铁的抗拉强度和屈服强度与球墨铸铁和可锻铸铁相当，但高于普通灰铸铁。此外，蠕墨铸铁的延展性介于普通灰铸铁和球墨铸铁之间，弹性模量为 140～165GPa。与其他类型铸铁相比，蠕墨铸铁的理想特征包括高热导率、更好的抗热震性(即由于温度迅速变化而导致的断裂)和高温抗氧化性。蠕墨铸铁在柴油发动机缸体、变速箱外壳、高速列车的制动盘和飞轮等部件上有重要应用。

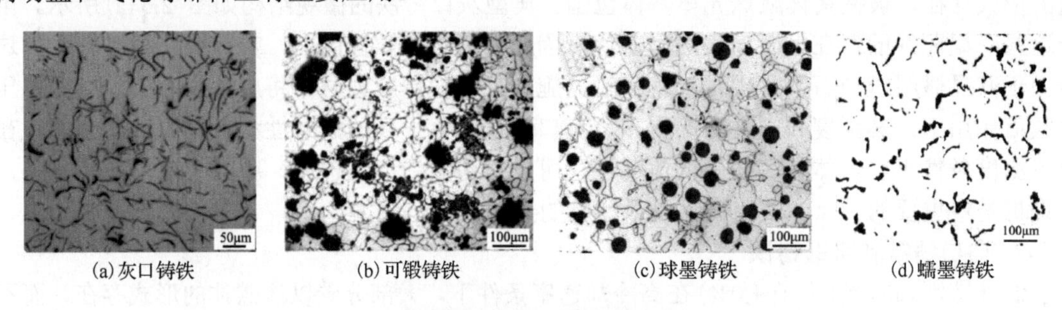

(a)灰口铸铁　(b)可锻铸铁　(c)球墨铸铁　(d)蠕墨铸铁

图 2.5　各种铸铁光学显微照片

## 2.2.4　先进钢铁材料发展趋势

钢铁材料既是传统材料，又是先进材料。今后钢铁材料的发展肯定还会有质的飞跃，还将会有更多的钢铁材料变为先进材料。钢铁材料的发展趋势有以下七个方面[3]。

(1)钢铁材料性能的超级化。采用超洁净度冶炼、超细化组织控制和超高精度制备技术，使钢铁材料强度提高 1～4 倍，使用寿命提高 1～4 倍，其中包括超级钢铁材料，高纯净度不锈钢以及耐高温、耐低温性能优异的钢铁材料。

(2)钢铁匀质材料的复合化。包括轻金属、陶瓷以及工程塑料与钢铁复合，铝(钛)及其合金-钢铁材料，陶瓷-钢铁材料和塑料-钢铁材料及其经济性的制备工艺和性能测试技术。

(3)钢铁结构材料的功能化。虽然目前金属功能材料大部分是非铁金属，但钢铁材料的力学性能和制造工艺上的优势可以使其发展成为集结构与功能于一身的钢铁功能材料，如高强的阻尼钢铁材料、超高强度磁极钢板。

(4)钢铁材料的智能化。智能材料具有感知机能、处理机能和传动机能。从材料的物理、化学等基本性能和构造来发现智能性的基本机理，以及构建各个基本机能间的相互关系是研究探索的热点。

(5)钢铁材料的环境协调化。为解决人类面临的资源短缺、能源匮乏和环境污染问题，在钢铁材料设计和使用等方面进行观念更新，追求产品加工和使用性能的同时，赋予材料良好的环境协调性。

(6)钢铁材料的计算机设计。实现按需求设计材料是人类长期追求的目标。根据现代材料科学的理论基础和生产实践，在微观、介观和宏观尺度上，采用不同方法，对材料的成分、组织、结构、性能和制备工艺进行设计是钢铁材料发展的主要内容和热点之一。

(7)钢铁材料绿色生产新工艺、新技术和新装备开发与实现。把合金化特别是微合金化与新工艺、新技术和新装备结合起来，是钢铁材料发展的必由之路。

今后亟待开发的先进钢铁材料有：能源开发用先进钢铁材料，包括石油天然气开发用钢，煤炭开发及加工用钢，热电与核电设备用钢；交通运输用钢铁材料，包括航空发动机轴承钢，汽车用钢，高速及重载铁路用钢，大型桥梁用钢和造船用钢；石油化工、建筑、工程机械及农业机械用先进钢铁材料；电力及信息产业用电工钢；以及提高生活水平用先进钢铁材料。

## 2.3 有色金属材料

钢铁材料虽然是产量最大、用得最多最广的金属材料，但存在明显的局限性，主要包括：①相对较高的密度；②相对较低的电导率；③在普通大气环境下固有的腐蚀敏感性。因此，在许多应用场合，采用有色金属材料是必要的。特别是在经济持续高速增长的发展中国家，大量新的基础设施建设促进了活跃的工业生产，使有色金属材料的消耗大幅增加。近年来，高科技电子和信息技术以及航空、航天、航海、汽车、石油化工等领域对有色金属材料的需求也不断增长。

在航空飞机制造中，为了提高运载能力、提高速度、减轻自身重量，要求材料的强度高、密度小。在飞机制造用材中轻有色金属质量约占总质量的 80%。在汽车制造中，采用铝合金或镁合金制造发动机壳体、汽缸盖等部件，以此减轻重量，节约油耗，提高速度。石油化工工业中耐腐蚀、耐酸、耐碱零件采用铜合金、钛合金制造。因此，有色金属材料在国防、高新技术以及人类日常生活中应用广泛，占据重要地位。本节主要介绍铝、镁、铜、钛及其合金的成分、性能特点和用途。

### 2.3.1 铝及铝合金

铝是一种轻金属，在地壳中的含量仅次于氧和硅，密度约 $2.7g/cm^3$，约为铁的 1/3。铝的熔点与其纯度有关，并随铝的纯度提高而升高。当铝的纯度为 99.996%时，熔点为 660.24℃，低的熔点限制了它可以使用的最高温度。铝具有优良的导电、导热性，其导电性仅次于银和铜，居第三位，约为纯铜电导率的 62%。

铝为面心立方结构，即使在很低的温度下也能保持良好的延展性，但强度较低。铝的力学性能与纯度有关，纯度越高，塑性越好，但强度越低。纯度为99.996%铝的伸长率为45%，但抗拉强度只有50MPa左右。由于纯铝机械强度低，铸造性能差，不适宜用作承受较大载荷的结构零件，故主要用它来制造合金、涂料、颜料、电线、电缆和电容器等。

在纯铝中加入少量金属或非金属元素制成铝合金可改变其组织结构，提高力学性能和工艺性能。常用的合金元素有Si、Mg、Cu、Mn、Zn等，这些元素在Al中形成Al基有限固溶体。根据合金元素和加工工艺特性，将铝合金分为变形铝合金和铸造铝合金两大类。表2.9为铝合金的分类及性能特点。

**表2.9　铝合金的分类及性能特点**

<table>
<tr><th colspan="2">分类</th><th>合金名称</th><th>合金系</th><th>性能特点</th><th>牌号举例</th></tr>
<tr><td colspan="2" rowspan="9">铸造铝合金</td><td>简单铝硅合金</td><td>Al-Si</td><td>铸造性能好，不能热处理强化，力学性能较低</td><td>ZL102</td></tr>
<tr><td rowspan="4">特殊铝硅合金</td><td>Al-Si-Mg</td><td rowspan="4">铸造性能良好，能热处理强化，力学性能较高</td><td>ZL101</td></tr>
<tr><td>Al-Si-Cu</td><td>ZL107</td></tr>
<tr><td>Al-Si-Mg-Cu</td><td>ZL105、ZL110</td></tr>
<tr><td>Al-Si-Mg-Cu-Ni</td><td>ZL109</td></tr>
<tr><td>铝铜铸造合金</td><td>Al-Cu</td><td>耐热性好，铸造性能与耐蚀性差</td><td>ZL201</td></tr>
<tr><td>铝镁铸造合金</td><td>Al-Mg</td><td>力学性能高，耐蚀性差</td><td>ZL301</td></tr>
<tr><td>铝锌铸造合金</td><td>Al-Zn</td><td>能自动淬火，宜于压铸</td><td>ZL401</td></tr>
<tr><td>铝稀土铸造合金</td><td>Al-RE</td><td>耐热性能好</td><td>—</td></tr>
<tr><td rowspan="6">变形铝合金</td><td rowspan="2">不可热处理强化变形铝合金</td><td rowspan="2">防锈铝合金</td><td>Al-Mn</td><td rowspan="2">耐蚀性、压力加工性与焊接性能好，但强度较低</td><td>3A21</td></tr>
<tr><td>Al-Mg</td><td>5A05</td></tr>
<tr><td rowspan="4">可热处理强化变形铝合金</td><td>硬铝合金</td><td>Al-Cu-Mg</td><td>力学性能高</td><td>2A11、2A12</td></tr>
<tr><td>超硬铝合金</td><td>Al-Zn-Mg-Cu</td><td>室温强度最高</td><td>7A04</td></tr>
<tr><td rowspan="2">锻造铝合金</td><td>Al-Mg-Si-Cu</td><td>锻造性能好</td><td>2A50、2A14</td></tr>
<tr><td>Al-Cu-Mg-Fe-Ni</td><td>耐蚀性好</td><td>2A80、2A70</td></tr>
</table>

### 1. 变形铝合金

变形铝合金加热时，呈单相固溶体状态，合金塑性好，适宜压力加工。通过冷变形和热处理，可使其强度进一步提高。变形铝合金又可分为可热处理强化变形铝合金和不可热处理强化变形铝合金。

#### 1) 不可热处理强化变形铝合金

这类铝合金主要包括Al-Mn系和Al-Mg系合金。因其主要性能特点是具有优良的耐蚀性，故称为防锈铝合金。此类合金具有良好的塑性和焊接性能，适宜制造需深冲、焊接和在腐蚀介质中工作的零部件。

Al-Mn系防锈铝合金的主要牌号是3A21(LF21)，它是Mn含量为1.0%～1.6%的二元Al-Mn合金，退火状态的组织为α-$MnAl_6$。锰的主要作用是产生固溶强化和提高耐蚀性，并能形成少量$MnAl_6$，起弥散强化作用。该合金的特点是强度较低，塑性很好，耐蚀性和焊接性能优良。主要用于制造各种深冲压件和焊接件。

Al-Mg系防锈铝合金除主要合金元素Mg外，还加入少量Mn、Ti、Si等元素。这类合金的主要性能特点是密度小、塑性高、强度较低、耐蚀性和焊接性能优良。Al-Mg系防锈铝合金常用牌号有5A02、5A03、5A05、5A06。

**2）可热处理强化变形铝合金**

工业上得到广泛应用的可热处理强化变形铝合金不是二元合金，而是成分更复杂的三元系和四元系合金。主要有Al-Cu-Mg系、Al-Cu-Mn系合金(硬铝合金)；Al-Zn-Mg系、Al-Zn-Mg-Cu系合金(超硬铝合金)；Al-Mg-Si-Cu系、Al-Cu-Mg-Fe-Ni系合金(锻造铝合金)。这些合金主要通过时效硬化提高强度。

Al-Cu-Mg系合金是使用最早、用途很广、具有代表性的一种铝合金，由于该合金强度和硬度高，故称为硬铝合金，又称杜拉铝。

Al-Cu-Mn系合金属耐热硬铝合金，主要合金牌号为2A16和2A17。

Al-Zn-Mg-Cu系合金是变形铝合金中强度最高的，因其强度高达588～686MPa，超过硬铝合金，故称超硬铝合金。除强度高外，其塑性比硬铝合金低，但在相同强度水平下，其断裂韧性比硬铝合金高，同时具有良好的热加工性能，适宜生产各种类型和规格的半成品，因此超硬铝合金是航空工业中的主要结构材料之一。

锻造铝合金可以分为两类，一类是Al-Mg-Si-Cu系合金，另一类是Al-Cu-Mg-Fe-Ni系合金。Al-Mg-Si-Cu系合金具有优良的热塑性，适于生产各种锻件或模锻件，故称锻造铝合金。该合金是在Al-Mg-Si系基础上加入Cu和少量Mn发展起来的。Al-Mg-Si-Cu系合金常用牌号有2A02、2A50、2A14等，它们的Si、Mn含量相同，Cu含量则顺序增加。Al-Cu-Mg-Fe-Ni系合金可形成耐热强化相$Al_9FeNi$，为耐热锻造铝合金，常用牌号有2A70和2A80等，这类合金耐热性好，主要用于制造于150～225℃以下工作的零件，如压气机叶片、超声速飞机的蒙皮等。

**2. 铸造铝合金**

铸造铝合金除要求必要的力学性能外，还应该具有良好的铸造性能，为此铸造铝合金比变形铝合金含有较多的合金元素，可以形成较多低熔点共晶体以提高流动性，改善合金的铸造性能。铸造铝合金分为Al-Si系、Al-Cu系、Al-Mg系和Al-Zn系四种，其代号分别用ZL1、ZL2、ZL3和ZL4加两位数字的顺序号表示(ZL分别为“铸”“铝”拼音首字母)。

**1）Al-Si系铸造合金**

Al-Si系铸造合金是航空工业中应用最广泛的铸造铝合金，该合金具有良好的铸造性能、耐蚀性和力学性能。二元Al-Si合金(ZL102)又称硅铝明，Si含量为11%～13%。二元Al-Si合金流动性好，铸件致密，不易产生铸造裂纹，是比较理想的铸造合金。然而即使经过变质处理，二元Al-Si合金的强度仍然较低，通常用来制作力学性能要求不高而形状复杂的铸件。

二元Al-Si合金铸造性能好，热膨胀系数小，但高温强度低。因此，像活塞这种耐热要求高的材料，通常在二元Al-Si合金基础上分别加入一定量的Cu、Mg、Ni、Mn及稀土元素，组成多元Al-Si耐热合金。常用的Al-Si系耐热合金牌号有ZL110、ZL108和ZL109。

**2）Al-Cu系铸造合金**

Al-Cu系铸造合金是应用最早的一种铸造铝合金，其最大的特点是耐热性高，因此适宜铸造高温铸件，但合金铸造性能和耐蚀性较差。航空工业上常用的Al-Cu系铸造合金有ZL201、ZL202和ZL203。

**3) Al-Mg 系铸造合金**

Al-Mg 系铸造合金最大的特点就是耐蚀性高，密度小(2.55 g/cm$^3$)，强度和韧性较高，切削加工性好，表面粗糙度低。该类合金的主要缺点是铸造性能差，容易氧化和形成裂纹，且热强性较低，工作温度不超过 200℃。Al-Mg 系铸造合金的主要牌号有 ZL301、ZL302，用于造船、食品和化学工业。

**4) Al-Zn 系铸造合金**

Al-Zn 系铸造合金的主要特点是具有良好的铸造性、可加工性、焊接性以及尺寸稳定性。铸态下就有时效硬化能力，故称为自强化合金。Al-Zn 系铸造合金具有较高的强度，是一种最便宜的铸造合金，其主要缺点是耐蚀性差。Al-Zn 系铸造合金的常用牌号有 ZL401 和 ZL402，主要用于制造工作温度不超过 200℃、形状复杂的压铸件，如汽车、飞机零件及医疗器械和仪器零件等。

具有高比强度、高比模量、良好的断裂韧性及抗疲劳、耐腐蚀的先进铝合金是航空工业中的主要结构材料。长期以来，民用和军用飞机中铝合金的用量一直占到 70%～80%，如波音 777 飞机中铝合金的用量为 70%，空客 A380 飞机中为 60%，C-17 军用运输机中为 70%，F-16 战斗机中为 64%。由于复合材料和钛合金用量的增加，最新设计的飞机中铝合金用量相对有所减少，但高纯、高强、高韧、耐蚀的高性能铝合金用量仍在增加。图 2.6 显示了波音 777 飞机上使用的先进材料及其应用部位。我国 C919 大型客机采用了第三代铝锂合金，该材料解决了第二代铝锂合金的各向异性问题，材料的屈服强度提高了 40%。C919 大型客机的机身蒙皮、长桁、地板梁、座椅滑轨、边界梁、客舱地板支撑立柱等部件都使用了第三代铝锂合金，其机体结构重量占比达到 7.4%，获得综合减重 7%的收益。

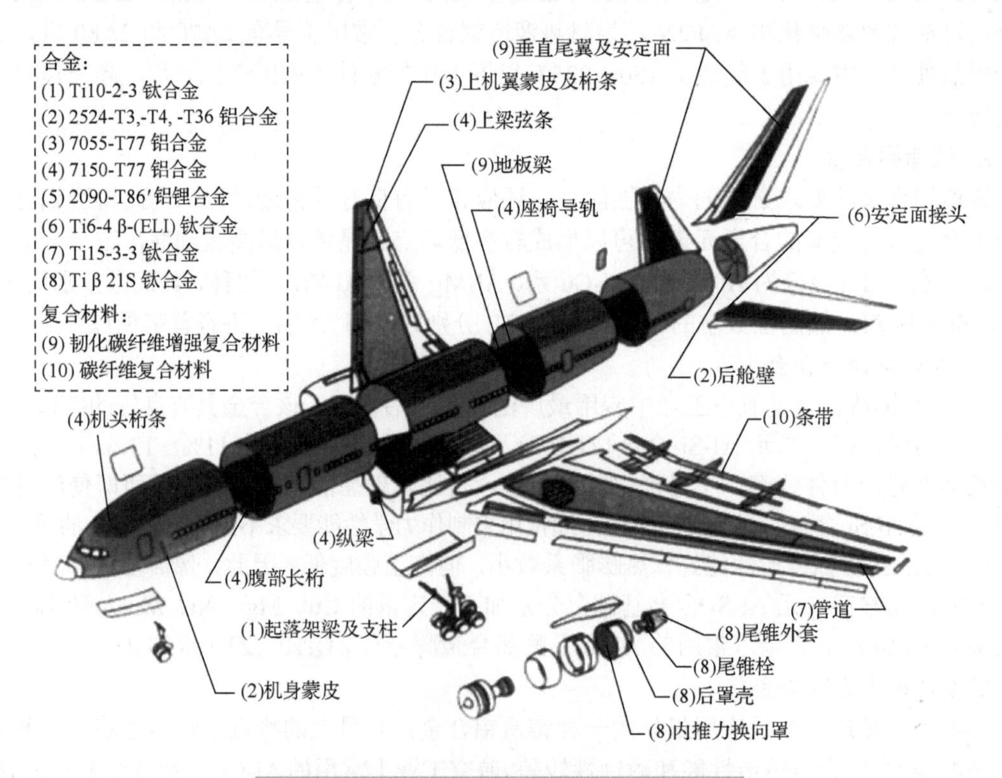


图 2.6　波音 777 飞机使用的先进材料和应用部位

铝合金也是航天工业中运载火箭的主体结构材料，主要应用于推进剂储箱、尾段、箱间段和级间段等部位。例如，美国20世纪80年代研制成功并装备部队的现役洲际导弹MX导弹的一/二级和二/三子级的级间段和末助推器(四子级)的壳体，以及弹头承载等采用2024和7075等铝合金制造。我国CZ-3A运载火箭箭体结构所使用的铝合金包括2A12、2A14、7A04和7A09等。我国神舟飞船由附加舱、轨道舱、返回舱和推进舱等4个舱段组成，其主要结构材料都是铝合金。国外的飞船结构材料主要也是不同品种的铝合金。在今后的相当长时间内，铝合金仍然是运载火箭、宇宙飞船、空间站等航天器及导弹等武器系统的主体结构材料。

## 2.3.2 镁和镁合金

镁是地壳中分布较广的元素之一，占地壳质量的2.1%。其大多以化合物的形态存在，盐湖和海水中也含有大量的镁。镁资源越来越受到人们的青睐，应用也越来越广泛，从航空航天到日常生活用品，无处不见其踪迹。镁是继钢铁、铝之后的第三大金属工程材料，称为“21世纪绿色工程材料”。

镁和铝一样，其熔点较低(651℃)，密度为1.74g/cm$^3$，是所有结构金属中密度最低的，只有铝的2/3、钛的2/5、钢的1/4。镁的发现几乎与铝同时，但由于纯镁的化学性质很活泼，给冶炼带来很大的困难，所以纯镁在工业上的应用比较晚。

镁具有密排六方晶体结构，相对柔软，具有低弹性模量(45GPa)。在室温下，镁及其合金不易变形，在不退火的情况下，只能进行很小程度的冷加工。因此，大多数的加工是在200～350℃进行的。纯镁的力学性能比较低，不适宜用作结构材料，而是主要用于制造镁合金和作为其他合金的合金元素，以及用于烟火、化学、石油等工业部门。

镁合金是以镁为基础加入其他元素组成的合金，主要的合金元素有铝、锌、锰、锆、钍和一些稀土元素。根据加工方式，镁合金主要分为铸造镁合金与变形镁合金两大类。铸造镁合金的牌号采用“铸”“镁”二字的拼音首字母“Z”“M”加顺序号表示，如ZM1、ZM3、ZM5等。变形镁合金的牌号采用“镁”“变”二字的拼音首字母“M”“B”加顺序号表示，如MB1、MB2、MB3等。

目前常用的镁合金主要是Mg-Mn系、Mg-Al-Zn系、Mg-Zn-Zr系合金以及Mg-Th系、Mg-RE系耐热高强度镁合金。其中，Mg-Mn系合金主要用作变形合金，Mg-Al-Zn系和Mg-Zn-Zr系合金既可以用作变形合金又可以用作铸造合金，Mg-Th系和Mg-RE系合金主要用作铸造合金。

### 1. Mg-Mn系合金

Mg-Mn系合金中主要合金元素是Mn，其主要作用是改善镁的耐蚀性，当Mn含量为1.3%～2.5%时，Mn对合金力学性能没有坏的影响，但对镁在海水中的耐蚀性有显著的改善。因此，Mg-Mn系合金的主要特性是具有优良的耐蚀性，无应力腐蚀倾向，焊接性能良好，主要用作生产板材、棒材、带材半成品及锻件，用于制造对力学性能要求不高，但要求高塑性、焊接性能和耐蚀性的飞机零件。Mg-Mn系合金中常用的变形镁合金有MB1和MB8两种牌号。

但是，二元Mg-Mn合金力学性能不高，如MB1合金。为了提高合金的力学性能，在MB1合金的基础上加入少量(0.15%～0.35%)Ce，细化晶粒(MB8合金)，从而提高合金的室温力学性能和高温强度。加入Ce的MB8合金的工作温度可达200℃，而MB1合金只能用于制作在150℃以下工作的零件。MB8合金比MB1合金具有更高的力学性能，主要用于生产板材和带材以及冲压件，用作制造各种中等负荷的零件。

### 2. Mg-Al-Zn系合金

Mg-Al-Zn系合金是应用最早、使用最广的一类镁合金，既可用作铸造合金，又可用作变形合金。与Mg-Mn系合金比较，其主要特点是强度高，可以热处理强化，并具有良好的铸造性能；但耐蚀性不好，屈服强度和耐热性较低。常用的Mg-Al-Zn系合金有MB2、MB3变形合金和ZM5铸造合金三种牌号。

Mg-Al-Zn系铸造合金(如ZM5)Al含量较高，热处理强化效果较显著，故通常在热处理状态下使用。ZM5合金具有较好的铸造性能和较高的力学性能，是目前广泛使用的一种铸造镁合金，主要用作形状复杂的大型铸件和受力较大的飞机及发动机零件。

Mg-Al-Zn系变形合金MB2和MB3具有优良的热塑性变形能力和抗应力腐蚀性能，以及适中的焊接性，主要用于生产形状复杂的锻件和热挤压棒材。

### 3. Mg-Zn-Zr系合金

Mg-Zn-Zr系合金是近期发展起来的高强度镁合金。与Mg-Al-Zn系合金相比较，它形成显微疏松的倾向很小，铸造性能较好，屈服极限比较高，而且热塑性变形能力比较大，故Mg-Zn-Zr系合金可以用作高强度铸造合金和变形合金。常用的Mg-Zn-Zr系铸造合金有ZM1、ZM2，变形合金有MB15等。

Mg-Zn-Zr系变形合金的特点是在室温下有很高的强度(特别是屈服极限很高)、良好的耐蚀性和抗应力腐蚀稳定性，以及良好的热加工工艺性，但熔炼工艺较复杂，铸造性能还不够理想。MB15合金主要用于航空工业中制造受力较大的零件，如机翼长桁等。

Mg-Zn-Zr系铸造合金ZM1的主要特点是强度高，其屈服极限是现有铸造镁合金中最高的，而且壁厚效应小，主要用在航空工业中制造高强度、受冲击载荷大的零件，如飞机轮毂、轮缘和支架等。ZM1合金的主要缺点是铸造性能较差，形成显微疏松与热裂的倾向大，焊接性能很差。为了改善Mg-Zn-Zr系合金的铸造性能，在ZM1合金成分的基础上加入0.7%～1.7%Ce，增加合金中的共晶组织，减少形成显微疏松与热裂倾向，改善铸造性能并提高耐热性，发展成为ZM2合金。ZM2合金主要用于制造航空工业中工作温度较高(200℃以下)的零件，如发动机机座、电机壳体等。

### 4. 耐热高强度镁合金

航空航天领域对轻质、高强、耐热材料需求的增长对耐热高强度镁合金发展起到了重要推动作用。近年来，国内外在创制新的耐热高强度镁合金方面进行了大量工作，并取得了很大进展，如Mg-RE系和Mg-Th系合金的应用。这里简单介绍ZM3、ZM6耐热高强度镁合金牌号的成分、性能特点。

#### 1) ZM3合金(Mg-RE-Zn系合金)

Mg-RE(Ce)合金虽具有优良的耐热性，但其室温强度很低。为了提高室温强度，加入少量的Zn和Zr。ZM3合金具有良好的铸造性能，热裂倾向小，无显微疏松，气密性高，并且可以焊接。但室温力学性能仍然不高。ZM3合金一般只在铸态或退火状态下使用。ZM3合金主要用于制作在250℃以下工作的高气密性零件，如发动机增压机匣、压缩机匣及扩散器壳体等。

**2) ZM6 合金(Mg-Nd-Zr 系合金)**

ZM6 合金的化学成分为 2.0%～3.0%Nd，0.4%～1.0%Zr，这是国内研制的一种耐热高强度铸造镁合金。Nd 在 Mg 中的溶解度比 Ce 大，因此具有较明显的热处理强化效果。与 ZM3 合金相比较，ZM6 合金具有较高的室温力学性能；而高温力学性能与 ZM3 合金相当，可以制造在 250℃以下长期工作的零件。

### 2.3.3 铜及铜合金

铜及铜合金是人类历史上使用最早的金属之一，早在 3000 多年前就已开始使用。铜具有优良的导电性、导热性、延展性和耐蚀性及光亮的色泽，被广泛用于电缆、电子、电器、各种热交换材料以及装饰品等。当前，大规模集成电路、超导电线、超导电磁体、磁悬浮铁路、核聚变装置等中都广泛使用铜及铜合金。

纯铜又称紫铜，属于重金属，密度为 8.9 g/cm$^3$，熔点为 1083℃，无磁性。纯铜最突出的特点是导电、导热性好，仅次于银，居第二位。纯铜具有很高的化学稳定性，在大气、淡水和冷凝水中均有优良的耐蚀性。纯铜具有面心立方晶体结构，无同素异构转变，延展性好，强度低。因此，纯铜具备优良的加工成型性和可焊性。由于纯铜强度低，不宜直接用作结构材料，除用于制作导电、导热材料及耐蚀器件外，多作为配制铜合金的原料。

铜合金是以纯铜为基体加入一种或几种其他元素所构成的合金。常用的铜合金分为黄铜、白铜、青铜三大类。

1. 黄铜

最常见的铜合金是黄铜，其中锌作为一种置换原子，是主要的合金元素。黄铜在干燥的大气和一般介质中的耐蚀性比铁和钢好。二元 Cu-Zn 合金称为普通黄铜，不能热处理强化，一般进行再结晶退火和去应力退火。

锌含量对黄铜的物理、力学与工艺性能有很大影响。随着锌含量的增加，黄铜的导电、导热性及密度降低，而线膨胀系数提高。工业用黄铜的锌含量一般不超过 50%，按其退火组织可分为α黄铜和α+β黄铜。α黄铜又称单相黄铜。它的塑性很好，可进行冷、热压力加工，适宜制造冷轧板材、冷拉线材以及形状复杂的深冲压零件。单相黄铜在铸态下化学成分不均匀，有树枝状偏析，经变形和再结晶退火后可得到带有退火孪晶的多边形晶粒。α黄铜典型牌号有 H80、H70、H68 等。其中，“H”表示黄铜，其后的数字表示平均铜含量(百分数)。α+β黄铜又称双相黄铜。其典型牌号有 H59、H62。由于β相高温塑性好，所以α+β黄铜适宜热加工。α+β黄铜一般轧成棒材、板材，再经切削加工制成各种零件。

在普通黄铜的基础上添加 Al、Fe、Si、Mn、Pb、Ni、Sn 等元素形成特殊黄铜。按添加第二主添加元素不同分别称为铝黄铜、铁黄铜、硅黄铜、锰黄铜、铅黄铜、镍黄铜和锡黄铜。它们具有比普通黄铜更高的强度、硬度、耐蚀性和良好的铸造性能。生产中用得较多的有锰黄铜、铝黄铜、含铁的锰黄铜等，用来制造螺旋桨、压紧螺母等许多重要的船用零件及其他耐蚀零件。

2. 白铜

白铜是以 Ni 为主要添加元素的铜基合金，Ni 含量低于 50%，呈银白色，有金属光泽，故名白铜。Cu 和 Ni 在元素周期表中的位置很接近，其电化学性质和原子半径也相差不大，都是面心立方结构，可以无限互融。镍的加入能提高铜的强度、耐蚀性、硬度、电阻和热电性，并降低电阻温度系数。白铜在各种腐蚀介质(如海水、有机酸和各种盐溶液)中具有高的化学稳定性，优良的冷、热加工工艺性。

工业用白铜根据性能特点和用途分为耐蚀用白铜和电工用白铜两类。例如，含有锰的白铜称为锰白铜，牌号用 BMn 加 Ni 含量再加 Mn 含量表示，如 BMn40-1.5，表示含 40%Ni、1.5%Mn 的锰白铜。其余以此类推。

**1) 耐蚀用白铜**

Cu 中加入 Ni 能显著提高强度、耐蚀性、电阻和热电性。二元 Cu-Ni 合金称为简单白铜或普通白铜，牌号用“B”(“白”字拼音首字母)加 Ni 含量表示。简单白铜的突出特点是在各种腐蚀介质(如海水，有机酸和各种盐溶液)中具有高的化学稳定性，优良的冷、热加工工艺性。常用的简单白铜有 B5、B19 和 B30 等牌号。

含有其他合金元素(Fe、Mn 等)的白铜称为复杂白铜或特殊白铜。在简单白铜中加入少量 Fe 和 Mn 不仅能细化晶粒和提高强度，还能显著改善耐蚀性。因此，含 Fe 的复杂白铜如 BFe30-1-1 和 BFe5-1 铁白铜可用作海船及其他在强烈腐蚀介质中工作的零件。

**2) 电工用白铜**

电工用白铜的特点是具有极高的电阻、热电势和非常低的电阻温度系数，被广泛应用于制造电阻器、热电偶及其补偿导线和精密测量仪器用的电工材料。

电工用白铜除 Ni 含量较低的 B0.6 和 B16 两种简单白铜外，还有不同 Mn 含量的锰白铜。锰白铜的特点是具有高的电阻和低的电阻温度系数。特别是与铜接触热电势小，是制造精密电工测量仪表的理想材料。

### 3. 青铜

铜与锡的合金最早称为青铜，现在则把除黄铜和白铜以外的所有铜合金均称为青铜。青铜具有较好的耐蚀性、耐磨性、铸造性和优良的力学性能，用于制造精密轴承、高压轴承、船舶上耐腐蚀的机械零件等。这里重点介绍锡青铜以及铝青铜、铍青铜等特殊青铜。

**1) 锡青铜**

以锡为主加元素的铜合金称为锡青铜。$\omega_{Sn}$ 低于 6%时，随着锡含量增多，合金强度和塑性均上升。当 $\omega_{Sn}$ 超过 6%以后，因出现硬脆相δ，塑性显著下降。当 $\omega_{Sn}$ 达到 20%以上时，由于δ相过多，合金已完全变脆，强度也显著下降。故工业锡青铜 $\omega_{Sn}$ 大多为 3%～14%。变形用锡青铜塑性要求高，故 $\omega_{Sn}$ 一般应低于 5%～7%。$\omega_{Sn}$ 大于 10%的锡青铜适用于铸造。锡青铜在大气、海水及低浓度的碱性溶液中耐腐蚀性极高，超过纯铜和黄铜，因而应用于航海事业。

**2) 铝青铜**

以铝为主加元素的铜合金称为铝青铜。铝青铜的强度、硬度、耐蚀性都超过锡青铜和黄铜，铸造性能好，但切削性能、焊接性能较差。

工业上应用的有二元铝青铜和多元铝青铜两类合金。QA15 及 QA17 属于二元铝青铜，退火后具有均一的α相组织，塑性好，有较高的强度、弹性和耐腐蚀性，可在压力加工状态下使用，用于制造弹簧及要求耐蚀的弹性元件。

QAl9-2、QAl9-4、QAl10-3-1.5、QAl10-4-4 是航空工业中用得较多的多元铝青铜。这些

合金由于在铜铝基础上又添加了 Fe、Mn、Ni 等元素，使合金的强度、耐磨性及耐蚀性均显著提高，可用来制作在复杂条件下工作的高强度耐磨零件，如齿轮、轴套、螺母等。

**3)铍青铜**

铍青铜是$\omega_{Be}$为1.7%～2.5%的铜合金。铜内添加少量的铍即能使合金性能发生很大变化。铍青铜热处理后，可以获得很高的强度和硬度，$\sigma_b = 1250～1500MPa$，硬度为350～400HBW，远远超过其他铜合金，甚至可以和高强度钢相媲美。与此同时，铍青铜的弹性极限、疲劳极限、耐磨性、耐蚀性也都很优异。此外，它还具有良好的导电性、导热性以及无磁性、受冲击时不产生火花等一系列优点。因此铍青铜在工业上用来制造各种精密仪器、仪表的重要弹性元件、耐磨零件(如钟表、齿轮、高温高压高速工作的轴承和轴套)和其他重要零件(如航海罗盘、电焊机电极、防爆工具等)。

工业铍青铜的主要牌号有 QBe2、QBel.7 和 QBel.9。其中，QBel.7 和 QBel.9 中的$\omega_{Ti}$为0.1%～0.25%，减少了贵重金属铍的质量分数，改善了工艺性能，提高了周期强度，减少了弹性滞后，还保持了很高的强度和硬度。

## 2.3.4 钛及钛合金

钛作为工程材料虽然只有50多年历史，但由于钛及其合金相对密度小、强度高、耐腐蚀，在航空、航天、航海、汽车、石化和建筑等诸多领域已显示出非常广阔的应用前景，称为“太空金属”“海洋金属”。钛及其合金是航空航天领域的理想材料，如第三代战斗机F-15钛合金用量占27%，而第四代战斗机F-22钛合金用量占41%。钛合金另一应用行业是发展势头迅猛的汽车工业，目前，汽车发动机气门、连杆、曲轴、排气管、悬簧、消声器、车体和紧固件等都用上了钛及钛合金，它能够提高汽车性能、档次和舒适性。除此之外，钛合金凭借其高的比强度、低的弹性模量以及较好的生物相容性，被广泛应用于植介入材料、手术器械、医疗装置、制药设备等生物医疗领域。

钛的密度相对较低($4.5g/cm^3$)，比铝重，但比钢轻43%，熔点较高(1668℃)。钛在固态下具有同素异构转变特性，其转变温度因纯度不同而异，高纯钛的转变温度为882℃。882℃以下，钛具有密排六方晶格，用α-Ti表示；882℃以上，钛具有体心立方晶格，用β-Ti表示。

高纯度钛的室温塑性很好，但强度不高。为进一步提高强度，可在纯钛中加入合金元素进行合金化，利用合金元素对α-Ti或β-Ti的稳定作用，改变α和β相的组成，从而控制钛合金的性能。Al是典型的α稳定元素，主要溶入α固溶体，提高钛的同素异构转变温度，扩大α相区。Zr和Sn同属中性元素，对钛的同素异构转变温度影响不大，对α和β相区也无明显影响。Mo和V都属于β-Ti的同晶型元素，稳定β-Ti的体心立方晶格，降低钛的同素异构转变温度、扩大β相区，起到固溶强化作用，并能提高钛合金的热稳定性和蠕变抗力。

工业钛合金按其退火组织可分为三类：α钛合金、β钛合金、α+β钛合金。牌号分别以“钛”字拼音首字母“T”后跟A、B、C和顺序数字表示。例如，TA4～TA8表示α钛合金，TB1～TB2表示β钛合金，TC1～TC10表示α+β钛合金。

### 1. α钛合金

α钛合金的主要合金元素是α稳定元素Al，主要起固溶强化作用。在500℃以下能显著提高合金的耐热性。但$\omega_{Al}$>6%后会出现有序相$Ti_3Al$而变脆，因此，钛合金中的$\omega_{Al}$很少超过

6%。α 钛合金有时也加入少量β稳定元素，因此α钛合金又分为完全由单相α组成的α钛合金和β稳定元素质量分数小于2%的类α钛合金。α钛合金不能通过热处理强化，通常在退火或热轧状态下使用。TA7 是应用较多的α钛合金。

TA7 合金是强度比较高的α钛合金。它是在 $\omega_{Al}=5\%$ 的 Ti-Al 合金(TA6)中加入 $\omega_{Sn}=2.5\%$ 的 Sn 形成的，其组织是单相α固溶体。由于 Sn 在α和β相中都有较高的溶解度，故可进一步固溶强化。其合金锻件或棒材可用于制造在 500℃以下长期工作的零件，如用于冷成型半径大的飞机蒙皮和各种模锻件，也可用于制造超低温用的容器。

**2. α+β钛合金**

α+β钛合金是同时加入α稳定元素和β稳定元素，使α和β相都得到强化，兼有α和β钛合金两者的优点。加入 $\omega=4\%\sim6\%$ 的β稳定元素的目的是得到足够数量的β相，以改善合金高温变形能力，并获得时效强化的能力。因此α+β钛合金的性能特点是常温强度、耐热强度及加工塑性比较好，并可进行热处理强化。此外，α+β钛合金的生产工艺较为简单，其力学性能可以通过改变成分和选择热处理制度在很宽的范围内变化。因此这类合金是航空工业中应用比较广泛的钛合金。

其中，Ti-Al-V 系的 TC4(Ti-6Al-4V)合金应用最广最多。该合金经热处理后具有良好的综合力学性能，强度较高，塑性良好。TC4 合金通常可在退火状态下使用，对于要求较高强度的零件可进行淬火加时效处理。经过淬火和时效处理后，抗拉强度可提高至 1166MPa，伸长率为 13%。TC4 合金在 400℃时有稳定的组织和较高的蠕变抗力，又有很好的抗海水和抗热盐应力腐蚀能力，因此广泛用来制作在 400℃长期工作的零件，如火箭发动机外壳、航空发动机压气机盘和叶片以及其他结构锻件和紧固件。

**3. β钛合金**

β钛合金中含有足够浓度的β稳定元素(V 和 Mo)，在以足够快的速度冷却后，将β相(亚稳态)全部保留到室温。β相为体心立方晶格，故合金具有优良的冷成型性，经时效处理，从β相中析出弥散α相，合金强度显著提高，同时具有高的断裂韧性。β钛合金的另一个特点是β相淬透性好，大型件能够完全淬透。因此β钛合金是一种高强度钛合金，但该合金的密度大、弹性模量低、热稳定性差、工作温度一般不超过 200℃。β钛合金有 TB1 和 TB2 两个牌号。TB2 合金(Ti-5Mo-5V-8Cr-3Al)淬火后得到稳定均匀的β相，时效处理后从β相中析出弥散的α相质点，使合金强度显著提高，塑性大大降低。TB2 合金多以板材和棒材供应，主要用来制作飞机结构零件以及螺栓、铆钉等紧固件。

## 2.4 先进金属材料

经过近现代百余年来工业的迅猛发展，传统钢铁材料和有色金属材料的使用和消耗在人类社会和生活中获得了爆发式的增长，同时也逐渐面临发展瓶颈。金属工业是能源的重要消耗者，也是环境的污染者，多种金属矿产资源在年复一年的大量开采下日渐紧张。更重要的是，随着人类科技和生产力发展进一步迈向星辰大海，传统金属材料的性能已经无法满足复杂应用环境的需求。这使得人类对金属材料提出了更高的要求：一是对已有的金属材料最大限度地提高性能、挖掘潜力，使其产生最大的效益；二是开拓金属材料的新功能，以满足更多的使用要求。先进金属材料的研究与探索便应运而生。

大力发展先进金属材料对我国具有迫切的现实意义。我国钢铁、铝/镁/钛等有色金属以及稀土金属多年来产量位居世界第一，但是金属行业多而不精、大而不强、量多质弱，具体表现为低端产品产能严重过剩，而高端产品严重不足、多依赖进口。以钢铁为例，目前我国钢铁年产量近9亿t(实际产能12.5亿t，人均近1t)，占世界钢铁年产量的一半以上，连续十余年居世界第一位，尽管如此，我国每年仍需要进口特种钢近1000万t。再如钛合金方面，我国是钛矿资源储量大国，但纯度较高的钛精矿仍需依赖进口，航空航天高端海绵钛产能严重不足。在钛材加工领域，高端钛材产能相对匮乏，民机用钛几乎全部进口，较为低端的工业用钛竞争亦日益激烈。

可喜的是，尽管我国在先进金属材料领域起步较晚，但发展迅速，迎头赶上，与发达国家的水平差距日渐缩小，并在一些细分领域上渐成领军之势，卓有建树。本节选取其中部分具有代表性的先进金属材料，介绍其研究背景、性能特点和应用领域。

## 2.4.1 纳米相强化超高强度钢

传统超高强度钢均以增加碳或合金元素Co、Ni等含量作为提高强度的基础，虽在一定程度上获得了超高强度，但高碳不可避免引起较差的焊接性及塑韧性，同时成本较高。近年来，纳米材料的深入研究为超高强度钢的设计和发展开辟了新路径。纳米析出强化使钢铁材料在低碳低合金的基础上兼具超高强度、高塑韧性和优异的耐蚀性与焊接性，可充分满足经济建设中结构和功能的需要，具有广阔的应用前景。

具有面心立方晶体结构的合金元素和碳在体心立方结构的铁素体中溶解度非常低，随着温度的降低，这些元素的固溶度减小。通过热处理工艺，面心立方合金元素和碳过饱和析出，以纳米相的形式均匀分布在铁素体基体上。常见的纳米相种类有纳米碳化物、富Cu纳米相和纳米金属间化合物。纳米析出相通过阻碍位错运动获得强化，纳米相的尺寸越小、体积分数越高，强化效果越好。然而，纳米相在时效或材料服役过程中容易长大，必须对其热稳定性进行控制。多种纳米相同位共沉淀并形成复杂的多重结构是提高热稳定性的有效手段。南京理工大学研究了Fe-Cu-Ni-Mn-Al系低碳合金钢[5-8]，发现通过调控合金成分和形变热处理工艺，可形成以富铜纳米相为核心，由Ni、Al金属间化合物附着或包裹的复相层级结构，达到时效强化峰值的纳米相尺寸仅为6nm。BA-160含铜高强低碳钢中纳米碳化物在纳米铜颗粒上异质形核，使纳米铜的粗化速率低于稳态粗化模型预言的粗化速率[9]。在Fe-Ni-Mn马氏体时效钢中添加1.3%Al，使纳米相种类由单一的NiMn转变为NiMn/$Ni_2AlMn$，尺寸由10～20 nm细化至3～5 nm[10]。

利用纳米Y-Ti-O团簇可显著提高铁素体的室温和高温性能，已开发出抗拉强度为1200MPa以上的超高强度钢。通过Cu/NiAl共沉淀，可达到约1.9GPa的超高强度，同时保持断后伸长率约10%、断面收缩率约40%的优异塑性。在马氏体时效钢中调控共格Ni(Al,Fe)纳米金属间化合物析出，获得了1947MPa的屈服强度和2197MPa的抗拉强度，伸长率达8.2%。香港理工大学以NiAl纳米析出强化钢为模型，探索了纳米相晶界不连续析出机制及调控机理，通过调控Cu元素在纳米尺度的偏析和配分，抑制了晶界不连续析出粗大NiAl相，NiAl

析出相的数量密度增加了 5 倍，析出强化效果提高了 2 倍，并显著改善了材料的抗过时效能力。经 Cu 元素调制后，NiAl 纳米析出强化钢的屈服强度从 925MPa 提高到 1400MPa，并保持 10%的伸长率和 40%的断面收缩率，获得了良好的强塑性匹配[11]。相比传统 P92、P122、T91、12Cr 等钢种，由层级结构 NiAl/$Ni_2AlTi$ 共沉淀相强化的耐热钢在 973K 的稳态蠕变速率低 4 个数量级，蠕变寿命提高 2 个数量级以上。此外，纳米团簇、纳米金属间化合物均可不依赖 C、N 元素独立析出，摆脱了对 C、N 元素的依赖，消除了高 C 含量及粗大碳氮化物对焊接性能和塑韧性的危害。由于纳米相形成元素通常原子直径较大，扩散系数远低于 C，不需要高冷却速率来实现马氏体或贝氏体相变，可以选用韧性良好、生产工艺简单的铁素体为基体，突破了马氏体钢的快冷要求对材料尺寸的限制，可以利用连铸连轧技术生产，节约资源、简化工艺，具有极大的工艺和成本优势。

新型纳米相强化超高强度钢广泛应用于海洋平台、舰船壳体、高压锅炉、反应堆压力容器壳体、石油管道、建筑桥梁、车辆、防弹装甲等，充分满足低温、腐蚀、高温、辐照等严苛环境承力结构件的需求。

(1) 舰船用钢。高强度低合金(HSLA)钢是美国开发出的新一代舰船用钢，用于替代 HY 系列钢。HSLA-100、HSLA-115 钢已成为美国舰船、航母的主要结构用钢。我国舰船用钢主要采用 Ni-Cr-Mo-V 合金体系，如 921 钢，技术水平与美国的 HY 系列钢相当。代表最高强度级别的 HSLA-115 钢的屈服强度仅有 806MPa，且合金含量高，尤其是大量使用了 Ni 元素，增加了成本。纳米钢的强度、塑性和低温韧性，以及成本方面具有明显的优势，是舰船用钢的理想材料。

(2) 系泊链及海洋平台。目前用于深海半潜式钻井平台上的 R5 级系泊链是世界上最高等级的海洋系泊链。据美国船级社(ABS)和挪威船级社(DNV)的规范要求，R5 级系泊链应具有高的强度和韧性，其抗拉强度≥1000MPa，屈服强度≥760MPa，冲击吸收功≥58J，屈强比≤0.92。纳米钢达到了 R6 级系泊链的性能要求，且 C、Si、Mn、Cr、Ni、Mo 等含量更低，价格优势明显。

(3) 汽车用钢。汽车用钢，如无间隙原子(IF)钢和 C-Mn 系等钢种，碳含量很低，难以获得强化，屈服强度不足 400MPa。通过较高 C 合金化的相变诱导塑性(TRIP)钢和汽车高强双相(DP-CP)钢在室温形成复相组织，改善了钢的塑、韧性，使伸长率达 30%，但无法获得强度的显著提升，屈服强度一般不足 800MPa。纳米钢的强度倍增，可节材 1/3～1/2，实现汽车轻量化，并提高车辆安全性。

(4) 压力容器。2.25Cr-1Mo 钢具有较高的抗蠕变性能(材料抵抗缓慢塑性变形的能力)、抗氧化和氢脆性能(金属吸收氢后变得硬脆、韧性降低的现象)，广泛应用于石油裂解、煤液化、反应堆压力壳等。然而此钢种的强度较低，且随服役温度升高不断下降。此外，在反应堆辐照环境中会产生脆性。纳米钢的高温强度更高，在辐照环境中脆性倾向小，可完全替代 2.25Cr-1Mo 钢。

### 2.4.2 非晶合金及其复合材料

非晶态物质是自然界普遍存在的一种物质形态。非晶态，又称为玻璃态，其结构本质一直是凝聚态物理和材料科学中最有趣和最基本的问题之一。非晶合金(amorphous alloys)，又称金属玻璃(metallic glasses)，通过急冷凝固制备而成，是由于凝固时原子来不及有序排列结晶而得到长程无序结构的一类合金固体，如图 2.7 所示。非晶合金不存在晶界、位错、堆垛层错等晶体缺陷，这种独特的原子结构使其具有区别于常规晶态合金的力学、物理和化学性能。

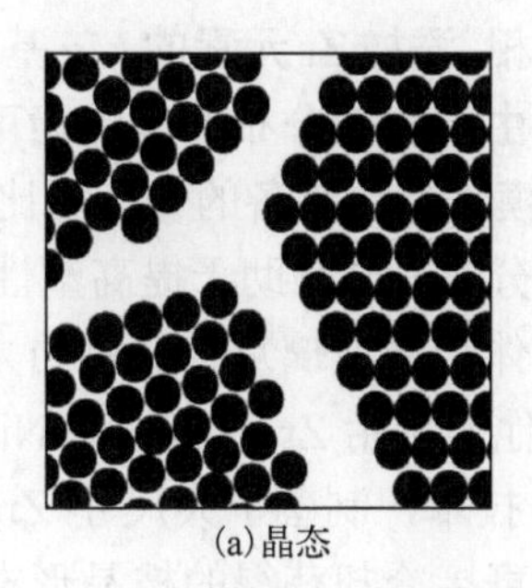
(a)晶态

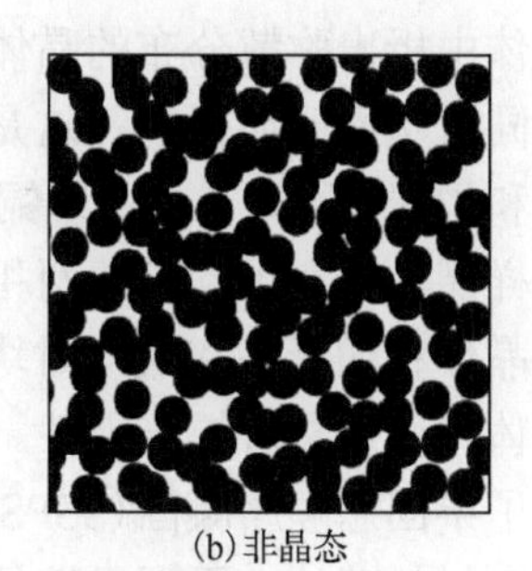
(b)非晶态

图 2.7 晶态和非晶态结构示意图

非晶合金在物理性质方面的应用主要基于其卓越的软磁性。与传统的晶态合金磁性材料相比，其原子排列无序，没有晶体的各向异性，电阻率高，具有高的磁导率。非晶能减少涡流，因而非晶合金可以应用在高频设备中，现代工业多用它制造配电变压器，具有显著的节能效果。非晶合金铁心还广泛地应用在各种高频功率器件、传感器、高耐磨音频视频磁头和高频逆变焊机上，这使得电源工作频率和效率大大提高，焊机的体积成倍减小。非晶合金铁心变压器的铁心是用新型导磁材料——非晶合金制作而成的，它比硅钢片制作的铁心变压器的空载损耗下降 75%左右，空载电流下降约 80%。

在化学性质方面，非晶合金对某些化学反应具有明显的催化作用，可用作化工催化剂；某些非晶合金通过化学反应可吸收和释放出氢，可用作储能材料。由于没有晶粒、晶界等缺陷，非晶合金比晶态合金更加耐腐蚀，可作为腐蚀环境中应用设备的首选材料。

在力学性能方面，非晶合金具有高强度、高硬度、低弹性模量，其强度普遍要高于传统合金，钴基大块非晶合金的强度可达 6GPa，铁基非晶合金的强度也可达 4GPa，均远超同体系晶态合金。利用高强度的特点，非晶合金已经被用于穿甲弹弹头、高尔夫球棒、钻头、手机取卡针等。长久以来，虽然非晶合金的强度具有得天独厚的优势，但其宏观塑性往往不尽如人意，这也限制了非晶合金在实际应用上的进一步发展。非晶合金缺乏塑性的原因在于其弛豫时间较长，在变形过程中，只有局部原子发生剧烈形变，形成了独特的剪切带结构，随着应力进一步加载，剪切带演化为裂纹，最终导致了灾难性的脆性断裂。可以说，如何解决非晶合金的脆性是当前研究的难题之一。

调控非晶合金中程序结构和纳米级异质结构对非晶合金塑性提升具有重要作用。研究发现，脉冲电沉积法制备的纳米结构 Ni-P 非晶合金与传统急冷法制备的非晶合金相比表现出更好的热稳定性和优良的塑性[12]。这种差异的结构根源为区别于传统非晶合金的纳米非晶合金独特的中程序结构堆积模式，以及在纳米尺度上类液相和类固相的共存。利用不同的手段可实现类似的纳米结构。通过向非晶合金体系中引入适量正混合焓元素，并通过恰当的制备参数控制熔体在临界温度以下进入相图的液态混溶间隙，可在其内部形成纳米尺度相分离结构。通过退火处理等方式可调控相分离结构的尺寸，当相分离结构尺寸与剪切带尺寸接近时，主剪切的快速扩展会受到密度较大析出相的阻碍，产生大量次级剪切带，从而导致非晶合金从快速剪切断裂转变为全域的均匀塑性变形，进而促进塑性的提升。

除中程序调控外，还可通过复相组织调控实现非晶力学性能优化，添加元素使得非晶基体中析出弥散分布的晶体相。添加 Zr 元素的 Mg 基块体非晶复合材料抗压强度高达 1039MPa，同时塑性明显提高，这是由于弥散分布的晶体相可以有效地阻止剪切带在非晶基体中的形核和扩展。同时，与传统铜模铸造法制备的合金相比，利用 Bridgman 凝固法制备的合金在整个样品中具有更均匀的两相分布，也有助于提高塑性[13,14]（图 2.8）。陈光、孙国元等[15]发现析出晶体相的形态和尺寸对块体金属玻璃复合材料的力学性能有着重要的影响，粗化和球化的晶体相可以显著提高塑性。他们利用 Zr-Ti-Nb-Cu-Ni-Be 合金具有宽的固液两相区的特性，发明了半固态顺序凝固（SSPS）技术，制备了大尺寸 $Zr_{56.2}Ti_{13.8}Nb_{5.0}Cu_{6.9}Ni_{5.6}Be_{12.5}$ 块体金属玻璃复合材料[16,17]。不同于熔体直接冷却获得的枝晶形态，通过在半固态保温处理后，枝晶转变为粗大的球晶，并结合顺序凝固技术的优点，在实施第二相粗化的同时消除铸造缺陷，实现了 $\phi$11mm 大尺寸试样的制备。与具有相同成分、含有同样 β 相体积分数的枝晶/BMG 复合材料比较，新型复合材料的断裂塑性应变提高了约 20%，屈服强度提高了约 13%。更重要的是，室温单轴拉伸条件下也获得了明显的塑性，拉伸塑性应变达到了 6.2%，其屈服强度为 1080MPa，具有明显的加工硬化行为，抗拉强度达到了 1180MPa。在此基础上，陈光、成家林等进一步研究发现，氧在 Zr 基非晶合金中既不生成氧化物，也不固溶于玻璃基体中，而是促进与氧具有较强结合力及固溶度的晶体相析出，并偏聚于这些析出的晶体相[18-21]，且这些析出的富氧晶体相并不诱发大规模的异质形核，剩余合金熔体仍保持强的玻璃形成能力而形成非晶基体。以此为基础，提出“氧偏聚固溶强化”的大块非晶合金复合材料新思路，即利用氧与 β-Zr 晶体相具有较大亲和力及固溶度的特点，使氧偏聚于先析出的 β-Zr 晶体相中产生固溶强化，从而开辟了低纯原料、低真空条件制备高强高韧 Zr-BMG 复合材料的新途径，对块体金属玻璃复合材料的工程化应用起到重要的推动作用。

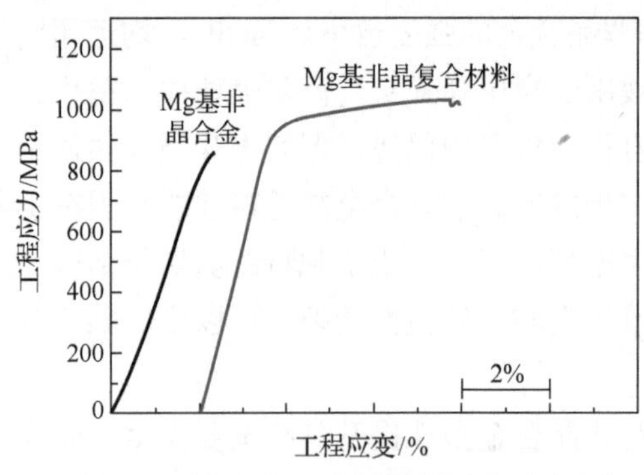


(a) Mg基非晶合金与非晶复合材料压缩应力-应变曲线

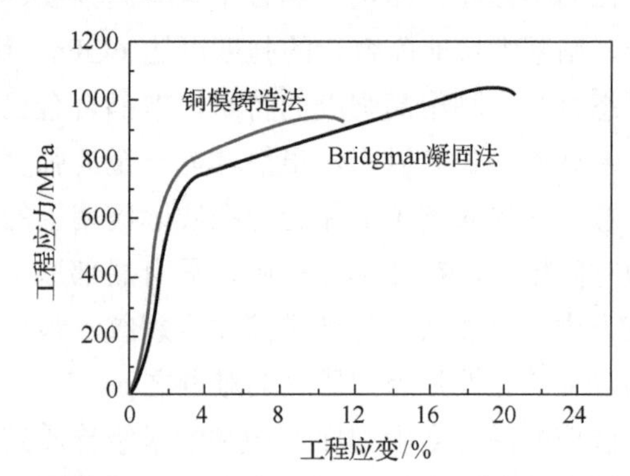


(b) 铜模铸造非晶与Bridgman凝固非晶合金压缩应力-应变曲线

图 2.8　非晶合金与非晶复合材料力学性能[13,14]

## 2.4.3　高强高导铜合金

铜最大的特点就是具有高导电性和高导热性，被广泛用作电线和电缆。我国加快发展的高速铁路正在构建一个越来越密集的铁路网络，也正在编织一条越来越长的电缆网络。作为高速铁路电力传输的重要载体，接触网也因此成为轨道交通的大动脉和生命线。为满足高速铁路安全快速运行要求，其输电线缆的质量和效率也必须得到保证。粗晶纯铜强度偏低（屈服强度 $\sigma_{0.2}\approx$ 50MPa，抗拉强度 $\sigma_{UTS}\approx$ 190MPa）。通过多种强化技术可以提高铜的强度，如合金化、晶粒细化或加工硬化，但这些强化技术往往导致金属材料电导率的降低。其原因在于这些强化技术本质上是在材料中引入各种缺陷，如晶粒细化引入更多晶界、加工硬化引入大量位错，这些缺陷会显著增大对电子的散射，从而降低导电性能。因此，实现金属材料的高强度和高导电性是一项长期以来有待解决的重大科学难题，这便是强度-导电性矛盾。

针对铜及铜合金导电性能和强度相悖的难题，科研工作者开展了卓有成效的研究。南京理工大学是最早开展该研究的单位之一，通过系统研究铜及铜合金形变规律，构建了本构方程，提出了通过变形实现微观组织定向化提高强度、导电性能的新方法。2006 年，团队报道了铜的等径角挤压(equal channel angular pressing，ECAP)变形原理及其影响规律，阐释了模具外角、摩擦状态和变形死区对非均匀变形行为的影响规律[22]。发现纯铜在有摩擦的情况下，剪切变形更加均匀，应变均匀区域明显大于无摩擦情况(图 2.9(a))，与经典金属塑性成型理论“摩擦会引起坯料变形的不均匀”[23]不一致。发现其原因在于摩擦带来的 ECAP 背压作用有利于坯料充填到外角间隙区域，减小变形死区宽度，试样横截面上的等效真应变分布更加均匀。ECAP 模具外角越小，背压作用越显著，剪切变形越均匀(图 2.9(b))。同时考虑摩擦和模具角度，建立了 ECAP 变形力的上限解：

$$\frac{p}{2k} \leqslant 2\cot\left(\frac{\Phi}{2}+\frac{\Psi}{2}\right)+\sin\frac{\Psi}{2}+\frac{\Psi}{2} \tag{2-2}$$

式中，$p$ 为单位面积的载荷上限；$k$ 为剪切屈服极限；$\Phi$ 为模具内角；$\Psi$ 为模具外角。式(2-2)可以有效预测载荷上限和指导模具设计(图 2.9(c))。

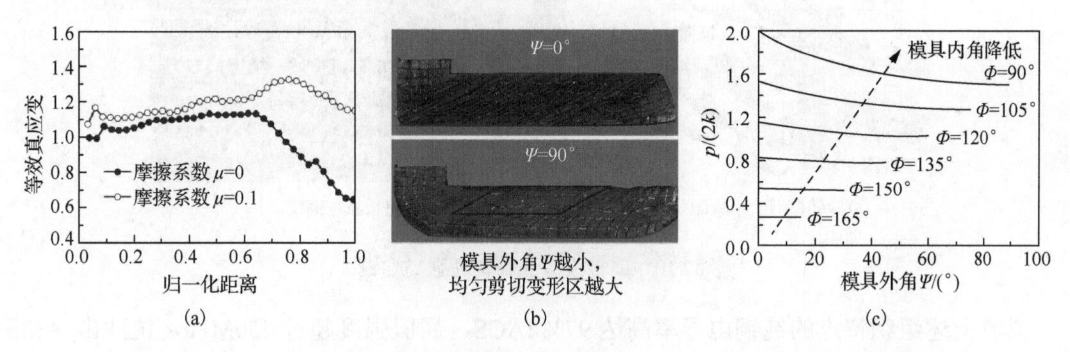


图 2.9　ECAP 模具摩擦系数和模具角度对真应变分布、网格变形和载荷上限的影响

科研人员发现纯铜 ECAP 变形过程中的应变软化现象，定义了应力软化系数 $X_S=\dfrac{\sigma_f-\sigma}{\sigma_f-\sigma_s}$，修正了应变软化动力学方程[24]：

$$X_S=1-\exp\left[-r\left(\frac{\varepsilon}{\varepsilon_p}\right)^q\right] \tag{2-3}$$

式中，$\sigma_s$ 为饱和应力；$\sigma_f$ 为流动应力；$\varepsilon_p$ 为应变峰值；$q$ 为应变软化动力学因子。基于 KME 模型和 Avrami 方程，建立了同时考虑应变强化和应变软化的新型大变形本构关系：

$$\sigma=\sigma_f-\left(\sigma_f-\sigma_s\right)X_S=\sigma_s+\left(\sigma_f-\sigma_s\right)\exp\left[-r\left(\frac{\varepsilon}{\varepsilon_p}\right)^q\right] \tag{2-4}$$

该本构关系适用于面心立方金属，成功预测了 Cu、Al 及 Al 合金的应变峰值 $\varepsilon_p$，可指导 ECAP 工艺设计。当等效真应变为 $\varepsilon_p$ 时，材料强度最高。

ECAP 变形规律和新建的大变形本构关系指导了高强高导铜合金的塑性加工，在 ECAP 基础上进行轧制和时效处理，使具有晶界竞争迁移优势的晶粒长大，形成由含有纳米析出相和高密度位错的超细晶基体和大晶粒组成的“双峰”结构。提出了“ECAP+轧制+时效”制备高强高导铜合金的新方法，攻克了强度和电导率相互对立的难题，Cu-0.5%Cr 合金抗拉强度高达 554MPa，电导率高达 84% IACS，用于点焊电极，寿命超过 2000 次，比典型的 C194 分别提高 23%、40%、150%[25]。

为实现效用最大化，团队提出材料的微观结构应该根据其具体的工作条件进行宏观定向设计(macro directional design of microstructure，MDDM)。这一构想可以通过微观结构调控定向提高铜导线的强度和导电性。使用旋转模锻法，成功制备出组织沿轴向排列的超长晶粒铜线(图 2.10)。当应变量为 2.5 时，微观组织呈现类分形结构：大角晶界(大于等于 15°)构成平均宽度为 2.06 μm、长度为 339μm 的晶界网络，每个大角晶界单元中又包含平均宽度为 220 nm、长度为 25.1 μm 的小角晶界(小于 15°)网络，所有单元的长轴和导线轴向平行[26,27]。

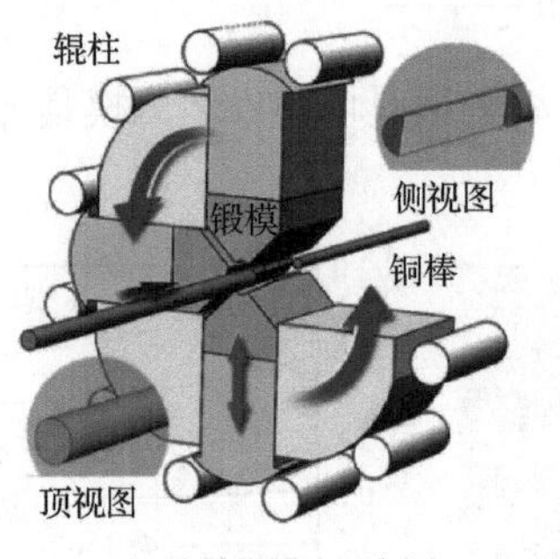


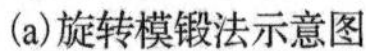
(a)旋转模锻法示意图

(b)超长晶粒铜线

图 2.10 旋转模锻法制备高强高导铜

具有上述组织特点的纯铜电导率高达 97% IACS，屈服强度超过 450MPa，抗冲击性和耐磨性高。由于含有高密度的低能小角晶界，经 573K 退火 1h 后，该类分形组织可以保持稳定，位错密度由 $9.2\times10^{14}\ m^{-2}$ 下降到 $5\times10^{14}\ m^{-2}$。因此退火后导线的电导率提高到 103% IACS，同时将屈服强度保持在 380MPa 以上(图 2.11)。高强高导的本质原因是，长晶粒为自由电子提供了通道，而超细晶粒之间的低角度晶界阻止了位错滑移和裂纹扩展，降低了晶界迁移的能力。类似地，基于位错、晶粒细化、弥散、沉淀以及纤维复合等强化策略，通过 MDDM 技术整合、调控微观结构，团队在 Cu-3.11%Cr(质量分数)复合导线中获得了良好的综合性能：极限抗拉强度为 580MPa，电导率为 81.1% IACS。性能指标明显高于现行《300～350 km/h 电气化铁路接触网装备暂行技术条件(OCS-3)》中的标准(抗拉强度≥500MPa，电导率≥62% IACS 或者抗拉强度≥420MPa，电导率≥74% IACS)。因此，利用该技术制备的接触线可用于更快的高速铁路网络。

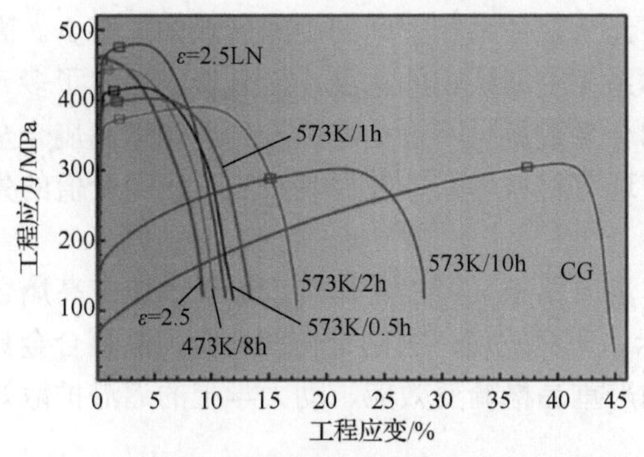


(a) 室温和液氮温度(LN)下旋锻铜及粗晶铜(CG)的拉伸曲线

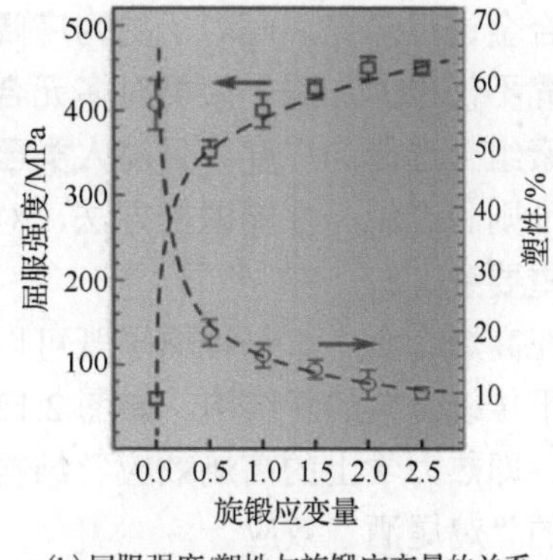


(b) 屈服强度/塑性与旋锻应变量的关系

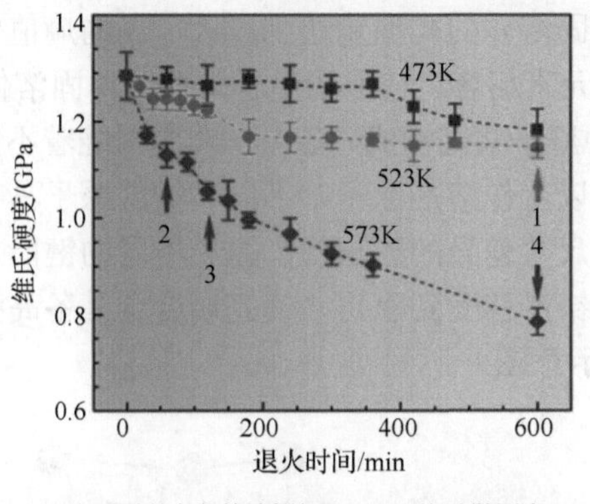


(c) 不同退火条件旋锻铜($\varepsilon=2.5$)的显微硬度

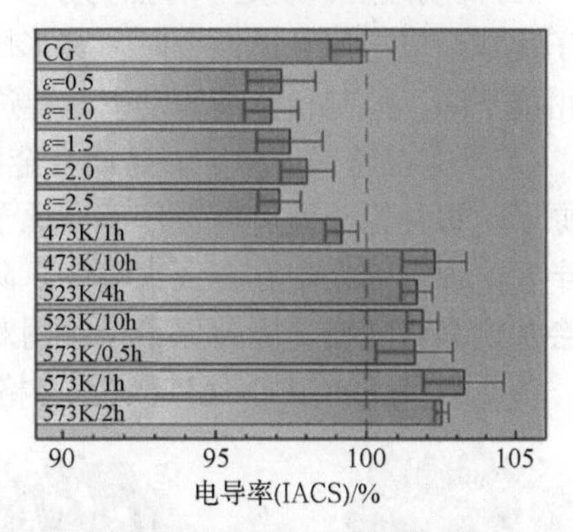


(d) 粗晶、旋锻和退火旋锻铜的电导率

图 2.11 旋转模锻法制备的高强高导铜不同时效工艺性能[26]

## 2.4.4 高熵合金

高熵合金(high entropy alloy，HEA)，又称多主元合金(multi-principal element alloy，MPEA)或者复杂浓缩合金(complex concentrated alloy，CCA)，这一概念最早于 2004 年提出[28]。由于在 FeCoNiCrMn 等原子比的五元合金中并没有产生复杂金属间化合物，反而形成了简单固溶体，这引起了研究者关注，因而高熵合金最早被定义为由五种或以上元素按照等原子比形成的合金。随着研究的深入，这一定义不再局限于等原子比，而被拓宽至每种主要元素的原子分数为 5%～30%，这也是多主元合金的含义。另外，研究者根据多主元合金形成固溶体时的高构型熵来解释其形成简单固溶体的热力学倾向，提出了以理想固溶体的摩尔构型熵定义高熵合金，$<0.69R$ 为低熵合金，$0.69R\sim1.61R$ 为中熵合金，$>1.61R$ 为高熵合金($R$ 为气体常数)，这也是高熵合金这一名称的由来。然而随着高熵合金受到越来越多的广泛关注，大量性能优异的共晶高熵合金、纳米相沉淀强化高熵合金等复相高熵合金，甚至高熵金属间化合物、高熵非晶、高熵陶瓷等陆续被研究者发现，高熵合金的概念不再局限于简单固溶体，也很难有明确的定义囊括和区分这些不同种类的高熵合金，但有一点可以肯定，高熵合金引起研究者兴趣的根本驱动力在于探索多元合金体系相空间中未知的中间区域。对于多元合金体系，已经很难通过合金相图直接进行指导研究，传统合金研究方法也只涉及相空间边缘区域，选取 1～3 种元素为主要元素，将其他元素作为微量合金元素，将多元合金体系退化为伪二元或伪三元合金进行研究，而对于更为广阔的多元合金体系相空间的中间区域知之甚少。高熵合金的研究不仅极大加深了人类对多元合金体系相空间认识的深度，而且极大拓宽了多元合金体系元素组合选择的广度。目前人类已知的合金数量只不过是冰山一角。探索高熵合金的成分设计准则和组织、性能调控方法，对丰富现有材料体系、发掘具有工程应用价值的先进材料具有重要意义。

在高熵合金中，每种原子既可以看作溶质原子又可以看作溶剂原子，这使高熵合金具有不同于传统合金的新结构，如图 2.12 所示。研究发现，区别于传统合金，高熵合金具有四种效应，即热力学上的高熵效应、结构上的严重晶格畸变效应、动力学上的迟滞扩散效应和性质上的“鸡尾酒”效应。

(1) 高熵效应。熵是一种热力学参数，表示系统的混乱程度。当系统中的各主元元素以等原子比或近似等原子比混合时，其形成理想固溶体的构型熵达到最大，高的熵值使得吉布斯自由能下降，抑制相分离的发生，促进主元元素相容，使原子趋于形成简单固溶体结构。

(2) 严重晶格畸变效应。高熵合金由多种原子共同构成，各原子周围围绕着不同种类的其他原子，每种原子既可以看作溶质原子又可以看作溶剂原子，不同种类的原子具有不同的原子半径，使得晶格中存在很大畸变，除原子尺寸差异的影响外，原子不同的键能及晶体结构也会加剧晶格畸变，因此原子迁移困难，位错滑移受到阻碍，使高熵合金具备高强度和高硬度。图 2.13 为 CoCrFeNiAlTi 严重晶格畸变示意图。

(a) 传统合金

(b) 高熵合金

图 2.12　传统合金与高熵合金微观结构示意图

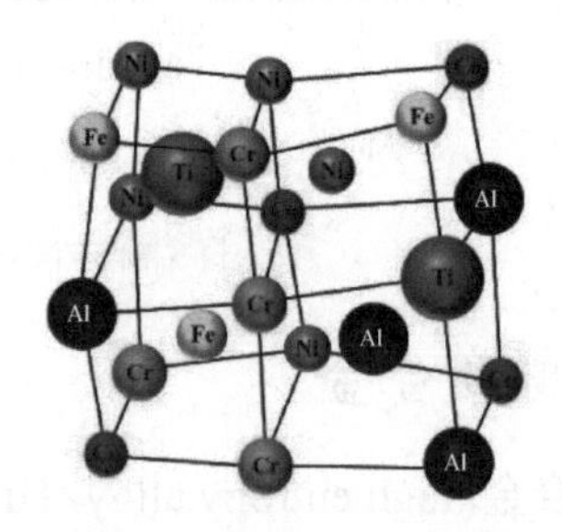


图 2.13　CoCrFeNiAlTi 严重晶格畸变的示意图

(3) 迟滞扩散效应。一般来说，金属单质及传统合金中的原子由于处于相同的能量状态，当受到一定程度能量激发时，会产生定向移动，所以扩散速率相对较快。在高熵合金中，不同原子对应不同的激发能量，因而协同扩散缓慢，扩散速率低，促使高熵合金体系中形成单一的固溶体结构，甚至有非晶和纳米晶的出现。

(4) “鸡尾酒”效应。传统合金表现出来的只是某一种或某两种主要元素的特性。高熵合金具有的则是所有元素原子混合后的整体性能，合金的性能不仅受到每种组元元素的影响，还会受到元素原子间相互作用的影响，这一效应使得高熵合金的设计更为灵活，也更能满足人们的不同需求。例如，使用较多的轻元素，会使合金的密度较低；使用较多的抗氧化元素（如 Al、Si 和 Cr），会使合金的抗氧化性能提高。“鸡尾酒”效应强调元素间的相互作用对合金性质的影响。

单相固溶体高熵合金最具代表性的两种是 FeCoNiCrMn 合金和 VNbMoTaW 合金。FeCoNiCrMn 合金是单相面心立方固溶体，具有优异的变形能力和强塑性匹配，并且随着温度降低，强度和塑性同步提高，在液氮温度(77K)下屈服强度和抗拉强度相比室温分别提高了约85%和70%，达到759MPa和1280MPa，断裂伸长率提高了约25%，达到70%以上，同时FeCoNiCrMn合金具有几乎超越其他所有纯金属和合金的断裂韧性，具有广阔的低温应用前景。VNbMoTaW合金是单相体心立方固溶体，主要元素均为难熔元素，VNbMoTaW合金同样也具有优异的高温强度和组织热稳定性。

多主元的高熵合金并不总是能形成单相固溶体，尤其当选取的合金元素原子半径相差较大时，易发生相分离。相比于单相固溶体只存在固溶强化，复相高熵合金由于存在更为丰富的强化机制，也就拥有更广阔的组织和性能调控空间，近年来吸引了更多研究者的关注，并诞生了一大批综合力学性能优异的复相高熵合金，其中研究较多的两类是共晶高熵合金和纳米相沉淀强化高熵合金。

共晶高熵合金由大连理工大学首次提出，其制备的$AlFeCrCoNi_{2.1}$共晶高熵合金兼具共晶合金和高熵合金的优点。它由高强度的B2相和高塑性的$L1_2$相交替排列的片层组成，兼顾强度与韧性，综合性能优越，同时继承了共晶合金铸造性能良好、热稳定性高的特点，可以直接铸造获得2.5kg的工业级铸锭，并且保持均匀的细小片层组织[29]。随后研究者探索出了多种共晶高熵合金的设计方法，并开发出一大批具有不同成分和组织结构的共晶高熵合金。除了探索新的共晶高熵合金成分，通过调控共晶组织形貌来优化力学性能也是共晶高熵合金的研究热点之一。上海大学使用定向凝固的方法制备$Al_{19}Fe_{20}Co_{20}Ni_{41}$共晶高熵合金，获得了鲱鱼骨状多级结构，这种多级结构可以有效阻碍微裂纹扩展，大幅提高断裂韧性[30]。

纳米相沉淀强化高熵合金是通过向单相固溶体高熵合金中添加有限固溶度的元素，并通过固溶和时效热处理析出纳米相而获得的。目前沉淀强化高熵合金中的纳米析出相主要包括$M_{23}C_6$纳米碳化物、$L1_2$结构的$\gamma'$相、$D0_{22}$结构的$\gamma''$相、B2相和$\sigma$相、$\mu$相等硬质金属间化合物。其中，$\gamma'+\gamma$的双纳米相沉淀强化高熵合金最具高温工程应用前景，其显微组织与镍基高温合金相似。香港城市大学的研究表明，由于高熵合金具有慢扩散效应，纳米相沉淀强化高熵合金的析出相长大速率更慢，尺寸更加细小，强化效果更好。通过合适的固溶时效工艺，Ni-30Co-13Fe-15Cr-6Al-6Ti-0.1B沉淀强化高熵合金在700℃下具有超过1000MPa的抗拉强度和8%以上的伸长率[31]。

# 本章小结

本章阐述了金属材料的主要类型、性能特点及发展应用，包括钢铁材料，如纯铁、钢(低碳钢、中碳钢、高碳钢、特殊性能合金钢)、铸铁；有色金属材料，如铝、镁、铜、钛及其合金。为了便于了解近年来发展的先进金属材料，介绍了纳米相强化超高强度钢、非晶合金及其复合材料、高强高导铜合金、高熵合金的性能特点和应用，探讨了这些材料的发展前景。金属材料作为工业领域大国重器制造、建筑结构、陆海空天领域不可或缺的基础，始终处于国民经济和国防工业的支柱地位。随着科学技术的发展，金属材料的种类不断丰富，性能不断提升，在现代工业中将继续发挥举足轻重的作用。

# 思 考 题

2-1　什么叫金属？金属的基本特性有哪些？

2-2　什么叫黑色金属？什么叫有色金属？

2-3　钢铁材料的分类方式有哪些？为什么钢铁材料在生活中不可或缺？

2-4　简述金属材料的发展方向。

2-5　非晶与晶态金属的本质差异是什么？非晶金属有哪些独特性能？

2-6　高熵合金的基本特性有哪些？

# 参 考 文 献

[1]　陈永. 金属材料常识普及读本[M]. 北京：机械工业出版社, 2011.

[2]　赵建华. 材料科技与人类文明[M]. 武汉：华中科技大学出版社, 2011.

[3]　干勇, 田志凌, 董翰, 等. 中国材料工程大典(第2卷)：钢铁材料工程(上)[M]. 北京：化学工业出版社, 2006.

[4]　ELORZJ A P S, GONZÁLEZ D F, VERDEJA L F. Physical Metallurgy of Cast Irons[M]. Cham: Springer, 2018.

[5]　ZHANG Z W, LIU C T, MILLER M K, et al. A nanoscale co-precipitation approach for property enhancement of Fe-base alloys[J]. Scientific Reports, 2013, 3: 1327.

[6]　ZHANG Z W, LIU C T, WANG X L, et al. Effects of proton irradiation on nanocluster precipitation in ferritic steel containing FCC alloying additions[J]. Acta Materialia, 2012, 60(6-7): 3034-3046.

[7]　KONG H J, XU C, BU C C, et al. Hardening mechanisms and impact toughening of a high-strength steel containing low Ni and Cu additions[J]. Acta Materialia, 2019, 172: 150-160.

[8]　WEN Y R, HIRATA A, ZHANG Z W, et al. Microstructure characterization of Cu-rich nanoprecipitates in a Fe-2.5 Cu-1.5 Mn-4.0 Ni-1.0 Al multicomponent ferritic alloy[J]. Acta Materialia, 2013, 61(6): 2133-2147.

[9]　KRISHNADEV M R, GALIBOIS A, DUBE A. Control of grain size and sub-structure in plain carbon and high strength low alloy (HSLA) steels—The problem and the prospect[J]. Metallurgical Transactions A, 1979, 10(8): 985-995.

[10]　MILLÁN J, SANDLÖBES S, AL-ZUBI A, et al. Designing Heusler nanoprecipitates by elastic misfit stabilization in Fe-Mn maraging steels[J]. Acta Materialia, 2014, 76: 94-105.

[11]　ZHOU B C, YANG T, ZHOU G, et al. Mechanisms for suppressing discontinuous precipitation and improving mechanical properties of NiAl-strengthened steels through nanoscale Cu partitioning[J]. Acta Materialia, 2021, 205: 116561.

[12]　LAN S, GUO C Y, ZHOU W Z, et al. Engineering medium-range order and polyamorphism in a nanostructured amorphous alloy[J]. Communications Physics, 2019, 2: 117.

[13]　CHEN G, ZHANG X L, LIU C T. High strength and plastic strain of Mg-based bulk metallic glass composite containing in situ formed intermetallic phases[J]. Scripta Materialia, 2013, 68(2): 150-153.

[14]　ZHANG X L, SUN G Y, CHEN G. Improving the strength and the toughness of Mg-based bulk metallic glass by Bridgman solidification[J]. Materials Science and Engineering: A, 2013, 564: 158-162.

[15]　孙国元. 铸态内生塑性晶体相/大块金属玻璃复合材料研究[D]. 南京：南京理工大学, 2006.

[16]　SUN G Y, CHEN G, CHEN G L. Comparison of microstructures and properties of Zr-based bulk metallic glass composites with dendritic and spherical bcc phase precipitates[J]. Intermetallics, 2007, 15(5-6): 632-634.

[17]　SUN G Y, CHEN G, LIU C T. Innovative processing and property improvement of metallic glass based composites[J]. Scripta Materialia, 2006, 55(4): 375-378.

[18] CHENG J L, CHEN G, ZHANG Z, et al. Oxygen segregation in the Zr-based bulk metallic glasses[J]. Intermetallics, 2014, 49: 149-153.

[19] CHENG J L, CHEN G, LIU C T, et al. Innovative approach to the design of low-cost Zr-based BMG composites with good glass formation[J]. Scientific Reports, 2013, 3: 2097.1-2097.5.

[20] CHEN G, CHENG J L, LIU C T. Large-sized Zr-based bulk-metallic-glass composite with enhanced tensile properties[J]. Intermetallics, 2012, 28: 25-33.

[21] 成家林. 锆基块体金属玻璃复合材料相选择、氧含量与力学行为研究[D]. 南京: 南京理工大学, 2012.

[22] WEI W, NAGASEKHARA V, CHEN G, et al. Origin of inhomogenous behavior during equal channel angular pressing[J]. Scripta Materialia, 2006,54(11): 1865-1869.

[23] 王祖唐, 关廷栋, 肖景容, 等. 金属塑性成形理论[M]. 北京: 机械工业出版社, 1989.

[24] WEI W, WEI K X, FAN G J. A new constitutive equation for strain hardening and softening of FCC metals during severe plastic deformation[J]. Acta Materialia, 2008, 56(17): 4771-4779.

[25] WEI K X, WEI W, WANG F, et al. Microstructure, mechanical properties and electrical conductivity of industrial Cu-0.5%Cr alloy processed by severe plastic deformation[J]. Materials Science and Engineering: A, 2011, 528: 1478-1484.

[26] MAO Q Z, ZHANG Y S, GUO Y Z, et al. Enhanced electrical conductivity and mechanical properties in thermally stable fine-grained copper wire[J]. Communications Materials 2021, 2: 46.

[27] MAO Q Z, ZHANG Y S, LIU J Z, et al. Breaking material property trade-offs via macro-design of microstructure[J]. Nano Letters, 2021, 21: 3191-3197.

[28] YEH J W, CHEN S K, LIN S J, et al. Nanostructured high-entropy alloys with multiple principal elements: Novel alloy design concepts and outcomes[J]. Advanced Engineering Materials, 2004, 6:299-303.

[29] LU Y P, GAO X Z, JIANG L, et al. Directly cast bulk eutectic and near-eutectic high entropy alloys with balanced strength and ductility in a wide temperature range[J]. Acta Materialia, 2017, 124:143-150.

[30] SHI P J, Li R G, Li Y, et al. Hierarchical crack buffering triples ductility in eutectic herringbone high-entropy alloys[J]. Science, 2021, 373(6557): 912-918.

[31] YANG T, ZHAO Y L, FAN L, et al.Control of nanoscale precipitation and elimination of intermediate-temperature embrittlement in multicomponent high-entrogy alloys[J]. Acta Materialia, 2020, 189: 47-59.

# 第3章　无机非金属材料

在人类发展的历史中，最早应用的材料是无机非金属材料。它是以某些元素的氧化物、碳化物、氮化物、卤素化合物、硼化物以及硅酸盐、铝酸盐、磷酸盐、硼酸盐等物质组成的材料。无机非金属材料涉及范围广泛，种类繁多，通常把它们分为传统无机非金属材料和新型无机非金属材料两大类。传统无机非金属材料是工业和基本建设所必需的基础材料。新型无机非金属材料是20世纪中期以后发展起来的，具有特殊性能和用途的材料。它们是现代新技术、新产业、传统工业技术改造、现代国防和生物医学所不可缺少的物质基础[1]。本章将根据现阶段无机非金属材料的产业发展趋势，介绍传统无机非金属材料的新趋势和新型无机非金属材料的新发展。

## 3.1　水　　泥

水泥是一种粉状水硬性胶凝材料，加水拌和后可均匀形成浆体，能够自然凝结硬化并保持或发展其强度，形成一种坚硬的石状体。水泥是无机非金属材料中使用量最大的一种建筑材料和工程材料，用它胶结碎石制成的混凝土硬化后不但强度较高，而且能抵抗淡水或含盐水的侵蚀。长期以来，它作为一种重要的胶凝材料，广泛应用于土木建筑、水利、国防等工程。

### 3.1.1　水泥的分类与性能指标

水泥的分类方法很多，常按性能和用途及主要水硬性物质进行分类，如表3.1所示。

表3.1　按主要水硬性物质分类的水泥品种

| 水泥种类 | 主要水硬性物质 | 主要品种 |
|---|---|---|
| 硅酸盐水泥 | 硅酸钙 | 绝大多数通用水泥、专用水泥和特性水泥 |
| 铝酸盐水泥 | 铝酸钙 | 高铝水泥、自应力铝酸盐水泥、快硬高强铝酸盐水泥等 |
| 硫铝酸盐水泥 | 无水硫铝酸钙、硅酸二钙 | 自应力硫铝酸盐水泥、低碱度硫铝酸盐水泥、快硬硫铝酸盐水泥等 |
| 铁铝酸盐水泥 | 铁相、硅酸二钙、无水硫铝酸钙 | 自应力铁铝酸盐水泥、膨胀铁铝酸盐水泥、快硬铁铝酸盐水泥等 |
| 氟铝酸盐水泥 | 氟氯酸钙、硅酸二钙 | 氟铝酸盐水泥等 |
| 磷酸镁水泥 | 氧化镁、可溶性磷酸盐 | 磷酸镁水泥等 |
| 以火山灰或潜在水硬性材料及其他活性材料为主要组分的水泥 | 活性二氧化硅、活性氧化铝 | 石灰火山灰水泥、石膏矿渣水泥、低热钢渣矿渣水泥等 |

水泥的主要技术性能指标如下。①密度：水泥的质量与体积比。②细度：水泥颗粒的粗细程度。颗粒越细，硬化得越快，早期强度也越高。③凝结时间：水泥加水搅拌到开始凝结所需的时间称为初凝时间，从加水搅拌到凝结完成所需的时间称为终凝时间。在具体施工中，要选择合适的初凝与终凝时间品种的水泥。④强度：确定水泥强度等级的指标，也是选用水泥的主要依据。强度高、承受荷载的能力强，水泥的胶结能力也大，即可制造性能更加优越的建筑结构。⑤体积安定性：水泥在硬化过程中体积变化是否均匀的性能。水泥中含杂质较多，会产生不均匀变形。⑥水化热：水泥与水作用会发生放热反应，在水泥硬化过程中，不断放出的热量称为水化热。⑦耐久性：水泥材料具备一定的寿命，其强度随使用时间延长而下降。在特定环境(如盐雾、强紫外线、超低气温条件)下，水泥材料的寿命会进一步缩短。因此需要针对使用环境选择不同的水泥品种。

水泥的生产一般可分生料制备、熟料煅烧和水泥制成等三个工序，整个生产过程可概括为“两磨一烧”。其中，硅酸盐类水泥的生产工艺在水泥生产中具有代表性，是以石灰石和黏土为主要原料，经破碎、配料、磨细制成生料，喂入水泥窑中煅烧成熟料，将熟料加适量石膏(有时还掺加混合材料或外加剂)磨细而成。水泥生产随生料制备方法不同，可分为干法与湿法两种。干法生产的能耗低，但车间扬尘相对较大，成分不易均匀。湿法生产的产品质量好，扬尘少，但能量消耗较大。

### 3.1.2　常用水泥的品种

**1. 硅酸盐水泥**

硅酸盐水泥由以硅酸钙为主要成分的硅酸盐水泥熟料添加适量石膏磨细而成。其凝结硬化快，早期及后期强度均高，适用于有早强要求的工程及高强度混凝土工程；抗冻性好，适用于水工混凝土和抗冻性要求高的工程，但水化后氢氧化钙和水化铝酸钙的含量较多，耐蚀性差；水化热高，不宜用于大体积混凝土工程，有利于低温季节蓄热法施工；耐热性差，不适用于承受高温作用的混凝土工程；耐磨性好，适用于高速公路、道路和地面工程。

**2. 掺混合材料的硅酸盐水泥**

为了改善水泥性能、提高水泥的产量，在生产时掺入天然或人工矿物质材料。常用的混合材料可分为活性混合材料和非活性混合材料两大类。活性混合材料在使用时将其磨成细粉掺入水泥中，起化学反应，生成具有胶凝能力的水化产物，且既能在水中又能在空气中硬化。常用的是高炉矿渣(粉)、粉煤灰、火山灰质混合材料。非活性混合材料不具有或只具有微弱的化学活性，在水泥水化中基本不参加化学反应，如磨细石灰石粉、磨细石英砂等。

(1)矿渣硅酸盐水泥。由硅酸盐水泥熟料混入适量粒化高炉矿渣及石膏磨细而成。其具有对硫酸盐类侵蚀的抵抗能力及抗水性较好；水化热较低，耐热性较好；在蒸汽养护中强度发展较快；在潮湿环境中后期强度增进率较大等特点。它被广泛地应用于地下/水中/海水中的工程、高水压的工程、大体积混凝土工程和蒸汽养护的工程。但其抗冻性较差，干缩性较大，有泌水现象。

(2)火山灰质硅酸盐水泥。由硅酸盐水泥熟料和火山灰质混合材料及石膏按比例混合磨细而成。其具有较高的抗渗性和耐水性，可优先用于有抗渗要求的混凝土工程，但其干缩性较大，不宜用于长期处于干燥环境中的混凝土工程。

(3)粉煤灰硅酸盐水泥。由硅酸盐水泥熟料和粉煤灰加适量石膏混合后磨细而成。其干缩性小、抗裂性好，但易产生失水裂缝，不宜用于干燥环境及抗渗要求高的混凝土工程。通过纳米工艺进一步处理粉煤灰，可以进一步提升粉煤灰硅酸盐水泥的早期和后期强度[2]。

## 3.1.3 特种水泥

**1)快硬水泥**

快硬水泥或称早强水泥，通常以水泥的1天或3天抗压强度值确定标号，具有凝结时间短、硬化快、早期强度高等特点。按其矿物组成可分为硅酸盐快硬水泥、铝酸盐快硬水泥、硫铝酸盐快硬水泥和氟铝酸盐快硬水泥[3]。快硬水泥往往用于水利工程、交通工程、应急机场等具有急迫性的施工任务，属于重要的应急物资。

**2)低热水泥和中热水泥**

低热水泥和中热水泥的水化热较低，适用于大坝和其他大体积建筑。按水泥组成可分为硅酸盐中热水泥、普通硅酸盐中热水泥、矿渣硅酸盐低热水泥和低热微膨胀水泥等。低热水泥和中热水泥按水泥在3天、7天龄期内放出的水化热来区别。该水泥是特种建筑必不可少的基本原材料。

**3)抗硫酸盐水泥**

抗硫酸盐水泥是指对硫酸盐腐蚀具有较高抵抗能力的水泥。硫酸盐对混凝土等水泥基材料有严重的侵蚀作用，危害其力学性能和耐久性。其基本原理为，硫酸根离子渗入混凝土内部，与水泥水化产物反应产生钙矾石，造成混凝土膨胀开裂[4]。抗硫酸盐水泥适用于同时受硫酸盐侵蚀、冻融和干湿作用的海港工程、水利工程以及地下工程。按水泥矿物组成可分为抗硫酸盐硅酸盐水泥、铝酸盐贝利特水泥和矿渣锶水泥等。按水泥抵抗硫酸盐侵蚀能力，又可分为抗硫酸盐水泥和高抗硫酸盐水泥。我国有漫长的海岸线，同时也存在大量的内陆盐碱地区，抗硫酸盐水泥的需求量巨大。

**4)油井水泥**

油井水泥是指专用于油井、气井固井工程的水泥，也称堵塞水泥。其流动性好、初凝与终凝时间间隔短，在高温高压环境中凝结硬。油井水泥按用途可分为普通油井水泥和特种油井水泥。普通油井水泥由适当矿物组成的硅酸盐水泥熟料和适量石膏磨细而成，必要时可掺加不超过水泥重量15%的活性混合材料(如矿渣)，或不超过水泥重量10%的非活性混合材料(如石英砂、石灰石)。我国的普通油井水泥按油(气)井深度分为45℃、75℃、95℃和 120℃四个品种，适用于一般油(气)井的固井工程。特种油井水泥通常由普通油井水泥掺加各种外加剂制成。

**5)膨胀水泥**

在硬化过程中，膨胀水泥中的矿物水化生成的水化物在结晶时会产生很大的膨胀能，人们利用这一原理研制成功了无声破碎剂，已应用于混凝土构筑物的拆除及岩石的开采、切割和破碎等方面，得到了良好的效果。按矿物组成，将其分为硅酸盐类膨胀水泥、铝酸盐类膨胀水泥、硫铝酸盐类膨胀水泥和氢氧化钙类膨胀水泥。一般膨胀值较小的水泥可配制收缩补偿胶砂和混凝土，适用于加固结构，灌筑机器底座或地脚螺栓，堵塞、修补漏水的裂缝和孔洞，以及地下建筑物的防水层等。膨胀值较大的水泥，也称自应力水泥，用于配制钢筋混凝土。自应力水泥在硬化初期，由于化学反应，水泥石体积膨胀，混凝土使钢筋受到拉应力，钢筋使混凝土受到压应力，这种预压应力能够提高钢筋混凝土构件的承载能力和抗裂性能。这类水泥的抗渗性良好，适宜于制作各种直径的、承受不同液压和气压的自应力管，如城市水管、煤气管和其他输油、输气管道。

**6) 耐火水泥**

耐火水泥是指耐火度不低于1580℃的水泥。耐火水泥按组成可分为铝酸盐耐火水泥、低钙铝酸盐耐火水泥、钙镁铝酸盐水泥和白云石耐火水泥等。耐火水泥可用于胶结各种耐火集料(如刚玉、煅烧高铝矾土等)，制成耐火砂浆或混凝土，用作水泥回转窑和电力、石化、冶金等工业窑炉的内衬。使用耐火水泥制造的预制件可以实现分段预制安装，较好地提升施工速度。

**7) 白色水泥**

白色硅酸盐水泥是白色水泥中最主要的品种，它以氧化铁和其他有色金属氧化物含量低的石灰石、黏土、硅石为主要原料。白色硅酸盐水泥的物理性能和普通硅酸盐水泥相似，主要用作建筑装饰材料，也可用于雕塑工艺制品。通过合适的配方设计，白色水泥的产品可以做到颜色洁白，表面光滑，同时具备良好的可塑性，具备很高的艺术价值[5]。

**8) 彩色水泥**

彩色水泥通常由白色水泥熟料、石膏和颜料共同磨细而成。所用的颜料要求在光和大气作用下具有耐久性，高的分散度，耐碱，不含可溶性盐，对水泥的组成和性能不起破坏作用。常用的无机颜料有氧化铁(红、黄、褐、黑色)、二氧化锰(黑、褐色)、氧化铬(绿色)、钴蓝(蓝色)、群青蓝(蓝色)、炭黑(黑色)；有机颜料有孔雀蓝(蓝色)、天津绿(绿色)等。在制造红、褐、黑等深色彩色水泥时，也可用硅酸盐水泥熟料代替白色水泥熟料磨制。彩色水泥还可由在白色水泥生料中加入少量金属氧化物作为着色剂，直接煅烧成彩色水泥熟料，磨细后制成。彩色水泥主要用作建筑装饰材料，也可用于混凝土、砖石等的粉刷饰面。

**9) 防辐射水泥**

防辐射水泥是指对 X 射线、γ 射线、快中子和热中子能起较好屏蔽作用的水泥。这类水泥的主要品种有钡水泥、锶水泥、含硼水泥等。钡水泥以重晶石黏土为主要原料，经煅烧获得以硅酸二钡为主要矿物组成的熟料，再掺加适量石膏磨制而成。可与重集料(如重晶石、钢段等)配制成防辐射混凝土。钡水泥的热稳定性较差，只适宜于制作不受热的辐射防护墙。锶水泥以碳酸锶全部或部分代替硅酸盐水泥原料中的石灰石，经煅烧获得以硅酸三锶为主要矿物组成的熟料，加入适量石膏磨制而成。其性能与钡水泥相近，但防辐射性能稍逊于钡水泥。在高铝水泥熟料中加入适量硼镁石和石膏，共同磨细，可获得含硼水泥。这种水泥与含硼集料、重集料可配制成密度较高的混凝土，适用于防护快中子和热中子的屏蔽工程。

**10) 抗菌水泥**

抗菌水泥由在磨制硅酸盐水泥时，通过掺入适量的抗菌剂(如五氯酚、DDT 等)而制得。抗菌水泥可配制抗菌混凝土，用在需要防止细菌繁殖的地方，如游泳池、公共澡堂或食品工业构筑物等。采用新型纳米光催化剂掺入的硅酸盐水泥可以利用光照，产生氧化性很强的自由基，从而实现杀菌除臭的功能[6]。

**11) 防藻水泥**

防藻水泥由在高铝水泥熟料中掺入适量硫黄(或含硫物质)及少量的促硬剂(如消石灰

等），共同磨细而成。防藻水泥主要用于潮湿背阴结构的表面，防止藻类的附着，减轻藻类对构筑物的破坏作用。

# 3.2 玻　璃

玻璃是以石英砂、纯碱、长石、石灰石等为主要材料，在1550～1600℃高温下熔融、成型，经急冷制成的固体材料。在熔融时形成连续网络结构，冷却过程中黏度逐渐增大并硬化而不结晶的硅酸盐类非金属材料。如表3.2所示，玻璃的化学成分主要是二氧化硅、氧化钠、氧化钙和少量的氧化镁、氧化铝[7]。

表 3.2　玻璃的主要化学成分及所起作用

| 化学成分 | 所起作用 | |
|---|---|---|
| | 提高 | 降低 |
| 二氧化硅 | 熔融温度、化学稳定性、热稳定性、机械强度 | 密度、热膨胀系数 |
| 氧化钠 | 热膨胀系数 | 化学稳定性、耐热性、熔融温度、析晶倾向、退火温度、韧性 |
| 氧化钙 | 硬度、机械强度、化学稳定性、析晶倾向、退火温度 | 耐火度 |
| 氧化铝 | 熔融温度、化学稳定性、机械强度 | 析晶倾向 |
| 氧化镁 | 耐热性、化学稳定性、机械强度、退火温度 | 析晶倾向、韧性 |

玻璃是一种透明、强度及硬度颇高、不透气的物料。在日常环境中呈化学惰性，亦不会与生物起作用，故其用途非常广泛。玻璃最初由火山喷出的酸性岩凝固而得，若在玻璃的原料中加入一些辅助原料，或采取特殊工艺的处理，则可以生产出具有各种特殊性能的玻璃。在现代，玻璃已成为日常生活、生产和科学技术领域的重要材料。

## 3.2.1　玻璃的性能

**1）玻璃强度**

玻璃是一种脆性材料，其强度一般用抗压强度、抗拉强度等来表示。玻璃的抗拉强度较低，这是由玻璃的脆性和玻璃表面的微裂纹所引起的。玻璃的抗压强度为抗拉强度的14～15倍。玻璃的强度取决于其化学组成、杂质含量及分布、制品的形状、表面状态和性质、加工方法等。

**2）玻璃硬度**

玻璃的莫氏硬度为5～7，硬度仅次于金刚石、碳化硅等材料，它比一般金属硬，不能用普通刀和锯进行切割。

**3）光学性质**

玻璃是一种高度透明的物质，具有一定的光学常数、光谱特性，具有吸收或透过紫外线和红外线、感光、光变色、光储存和显示等重要光学性能。玻璃品种较多，各种玻璃的性能也有很大的差别，如铅玻璃具有防辐射的特性。一般通过改变玻璃的成分及工艺条件，可使玻璃的性能产生很大的变化。

**4) 电学性能**

常温下玻璃是电的不良导体。温度升高时，玻璃的导电性迅速提高，熔融状态时变为良导体。经过特殊工艺制备的玻璃具备导电性能，可以实现特殊的功能。

**5) 热性质**

玻璃的导热性很差，一般经受不了温度的急剧变化。制品越厚，承受温度急剧变化的能力越差。

**6) 化学稳定性**

玻璃的化学性质较稳定。大多数工业用玻璃能抵抗除氢氟酸以外酸的侵蚀。玻璃耐碱蚀性较差。在大气和雨水的长期侵蚀下，玻璃表面光泽会失去，变得晦暗。

### 3.2.2　玻璃的分类

**1) 按玻璃的用途和使用环境分类**

(1) 日用玻璃，如瓶罐玻璃、器皿玻璃、装饰玻璃等。

(2) 技术玻璃，如光学仪器玻璃、管道玻璃、电器用玻璃、医药用玻璃、特种玻璃等。

(3) 建筑玻璃，如窗用平板玻璃、镜用平板玻璃、装饰用平板玻璃、安全玻璃等。

(4) 玻璃纤维，如无碱纤维、低碱纤维、中碱纤维、高碱纤维等。

**2) 按玻璃的特性分类**

按玻璃的气密性、透光性、光学特性、化学耐久性、电及热特性、强度、硬度、加工性以及装饰性等特性可将玻璃分为平板玻璃、容器玻璃、光学玻璃、电真空玻璃、工艺美术玻璃、建筑用玻璃及照明器具玻璃等。

**3) 按玻璃化学成分分类**

(1) 钠钙硅酸盐玻璃。基本成分中 $SiO_2$ 含量为70%～73%、CaO 含量为10%～12%、$Na_2O$ 含量为12%～15%的玻璃，广泛用于制造平板玻璃、瓶罐玻璃、灯泡玻璃等。

(2) 铅玻璃。含大量氧化铅的玻璃，用于制造光学玻璃、电真空玻璃、艺术玻璃等。

(3) 石英玻璃。$SiO_2$ 含量为99.5%以上，用于制造半导体、电光源等精密光学仪器及分析仪器玻璃等。

### 3.2.3　常见玻璃的品种

**1) 安全玻璃**

普通玻璃是典型的脆性材料，较易破碎，同时破碎后会产生刀状碎片，危险性极大。安全玻璃是通过特殊工艺制造的特殊玻璃，其相对于普通玻璃具有两个特点。首先，安全玻璃相对于普通玻璃具备更高的力学性能，能抵抗更大的载荷，减少材料破碎的可能性。其次，即使玻璃发生了破损，安全玻璃的碎片呈钝角小颗粒，或黏附在夹层上，使得危险性大大降低。常见的安全玻璃有钢化玻璃、夹层玻璃、钢化夹层安全玻璃等[8]。

钢化玻璃又称淬火玻璃，是利用物理化学方法制备的预应力玻璃。钢化玻璃内存在残余张应力，这种张应力可以使得玻璃材料中的裂纹闭合，阻止裂纹进一步生长，进而提高钢化玻璃的强度。一般来说，钢化玻璃的强度是普通玻璃的4～5倍。但由于残余应力的存在，钢化玻璃一旦成型则不可加工，否则其内部的应力平衡将极大地破坏，导致玻璃破碎或失去强

度。由于存在杂质，钢化玻璃有较小的概率(1‰～3‰)发生自爆。因此需要合理控制钢化玻璃中的预应力，以降低自爆的概率。

夹层玻璃是在两片或多片玻璃原片之间，用聚乙烯醇缩丁醛(PVB)树脂胶片，经加热、加压黏合而成的平面或曲面的复合玻璃制品。当玻璃受到载荷而破碎时，玻璃碎片会黏合在黏结胶片上，不会向外飞溅，降低了伤人的风险。这项特点使得夹层玻璃在面对不可抗力式的大载荷(如地震、飓风、防弹等)时比钢化玻璃更具备优势。特别地，可以使用两片或多片钢化玻璃，形成钢化夹层安全玻璃。

**2) 微晶玻璃(玻璃陶瓷或结晶化玻璃)**

微晶玻璃是指在玻璃中加入某些晶核剂，经一定的热处理、光照或化学处理等手段，在玻璃内均匀地析出大量的微小晶体，形成致密的微晶相和玻璃相的多相材料。微晶玻璃比陶瓷的亮度高，比玻璃的韧性强，具有耐磨、耐腐蚀、热稳定性好、使用温度高、机械强度高、膨胀系数可调、电绝缘性优良、介电损耗小、介电常数稳定等优点，被广泛地应用于建筑装饰、航空航天、光学器件及电子工业等领域。

**3) 高铅玻璃**

高铅玻璃又称铅晶质玻璃，即在普通玻璃中加入一定含量的氧化铅，就会得到与人造水晶相近的亮度和透明度。与普通玻璃相比，高铅玻璃的特点主要是密度大，手感沉重；折射率大；硬度高，耐磨。高铅玻璃通过提炼、除杂质、手工吹制、打磨抛光、精细雕刻，可以制成高档优质铅玻璃艺术品，光线通过雕刻的刻画可以折射出五颜六色。

**4) 光致、电致变色玻璃**

光致、电致变色玻璃是由基础玻璃和变色系统组成的装置，利用变色材料在特殊光谱或电场作用下引起的透光(或吸光)性能的可调性，可达到由人的意愿调节光照度的目的，同时，变色系统通过选择性地吸收或反射外界热辐射和阻止内部热扩散，可减少办公大楼和居民住宅等建筑物在夏季保持凉爽和冬季保持温暖而必须耗费的大量能源。目前，在智能窗和大面积显示器应用方面，光致、电致变色玻璃在建筑、飞机、汽车等领域得到了广泛的应用。研究表明，采用变色玻璃能有效地降低建筑能耗和室内眩光的发生概率，提升使用建筑的舒适

程度[9]。使用电致变色玻璃制造的公共厕所可以在人入厕时维持私密状态，而厕所内部没有人时保持透明。

**5) 激光玻璃**

激光玻璃由基础玻璃掺入激活离子构成，在强光激励下产生激光，如稀土掺杂磷酸盐和碲酸盐激光玻璃。目前，激光玻璃主要用于各类激光器中，其中掺 Nd 磷酸盐玻璃制成的大型激光器已用于核聚变研究。这种玻璃材料具备光谱特性好、非线性系数小、激光增益系数大等特殊性质，非常适用于核聚变设备的强激光器[10]。

**6) 生物功能玻璃**

生物功能玻璃是能够满足或达到特定生物、生理功能的特种玻璃。一般要求其耐磨损、耐疲劳、化学稳定性好、与人体组织相容性好。常用材料有非生物活性人工骨生物玻璃(如 $MgO\text{-}Al_2O_3\text{-}TiO_2\text{-}SiO_2\text{-}CaF_2$)、骨组织形成牢固的化学结合的生物活性玻璃(如 $Na_2O\text{-}CaO\text{-}SiO_2\text{-}P_2O_5$)。此外，冰晶石微晶玻璃润湿性好，不引起人体组织过敏炎症反应，是目前世界上性能最佳的义眼材料。

**7) 电子信息玻璃**

随着如今信息产业的高速发展，电子显示产品逐渐成为人们日常生活中不可或缺的一部分。在常见的电子显示产品，如液晶显示器、等离子显示器、触摸屏中，均需要使用电子信息玻璃，又称超薄玻璃。一般来说，超薄玻璃的厚度为0.1～1.1mm，且由于其使用环境的特殊，超薄玻璃需要满足一些特定的要求。超薄玻璃内部需要无气泡、无杂物、无铅锡，同时厚度差小于0.05mm，透光率达到91%以上，具备较好的化学稳定性，不会在电子设备加工和工作过程中失效，并有优秀的可镀膜性，且不会产生严重的眩光现象[11]。

**8) 自洁净玻璃**

自洁净玻璃是一种纳米材料的应用方案。通过在玻璃表面镀上一层或多层纳米材料，如锐钛矿型纳米二氧化钛晶体，达到自洁净的效果。利用纳米材料，可以实现两种自洁净机理。其一，利用光催化作用，自洁净玻璃表面会产生高活性基团，与附着在玻璃表面的污染物(如细菌、病毒、有害气体和有机物等物质)发生化学反应，促进其分解。其二，在自洁净玻璃表面形成超亲水性，并使水在其表面铺展，形成均匀的水膜。在重力作用下，大部分污渍被均匀水膜清洗干净，同时能起到防雾的作用。

## 3.3 陶　　瓷

陶瓷是陶器和瓷器的总称。许多科学工作者将陶瓷、玻璃、耐火材料、砖瓦、水泥、石膏等凡经原料配制、坯料成型和高温烧结而制成的固体无机非金属材料都称为陶瓷。

按化学成分可将陶瓷分为氧化物陶瓷、氮化物陶瓷、碳化物陶瓷及硼化物陶瓷等。按用途可将陶瓷分为工程陶瓷、功能陶瓷、生物陶瓷及卫生陶瓷等。

工程陶瓷高温下作为结构材料使用，常称为高温结构陶瓷，是先进陶瓷中发挥其机械、热、化学等效能的一大类材料，具有较高的室温强度、硬度及耐高温、耐腐蚀、耐磨、耐冲刷等性能，是现代高新技术、新兴产业和传统工业技术改造的物质基础，是发展现代军事技术和生物医学不可缺少的材料，广泛地应用于机械、热机、生物化工及核工业等领域[12]。

陶瓷材料的性能与多种因素有关，波动范围很大，但还是有许多共同的特点。陶瓷材料有很高的弹性模量，一般高于金属材料 2～4 个数量级。由于陶瓷中存在大量的气孔、缺陷，实际材料内有着大量的微小裂纹。陶瓷材料的理论强度虽然很高，但是它的实际强度至少比理论强度小两个数量级。例如，$Al_2O_3$ 的理论断裂强度为 46GPa，几乎无缺陷的 $Al_2O_3$ 晶须的强度约为 14GPa，表面精密抛光的 $Al_2O_3$ 细棒的强度约为 7GPa，而块状多晶 $Al_2O_3$ 的强度只有 0.1～1GPa。

陶瓷材料室温强度测定只能获得一个断裂强度 $\sigma_f$ ，而金属材料则可获得屈服强度 $\sigma_s$ 或 $\sigma_{0.2}$ 和极限强度 $\sigma_b$ 。陶瓷很容易由表面或内部存在的缺陷引起应力集中而产生脆性破坏，这是陶瓷材料脆性的原因所在，也是其强度值分散性较大的原因所在。陶瓷材料尽管本质上应具有很高的断裂强度，但实际断裂强度往往低于金属。陶瓷材料的抗压强度比抗折强度大得多，其差别程度大大超过金属。

陶瓷材料的强度取决于其成分及组织结构，同时也随外界条件(如温度、应力状态等)的变化而变化。气孔是绝大多数陶瓷的主要组织缺陷之一，气孔明显减小载荷作用横截面积，同时气孔也是引起应力集中的地方(对于孤立的球形气孔，应力增加一倍)。当其气孔率达到10%时，陶瓷的强度就下降到无气孔时的一半。为了获得高强度，应制备接近理论密度的无气孔陶瓷材料。从定性的角度上讲，室温断裂强度无疑随晶粒尺寸的减小而增大，所以对于结构陶瓷材料，努力获得细晶粒组织，对提高室温强度是有利而无害的。陶瓷材料的烧结大多要加入助烧剂，形成一定量的低熔点晶界相而促进致密化。晶界相的成分、性质及数量(厚度)对强度有显著影响。晶界相能起裂纹过界扩展并松弛裂纹尖端应力场的作用。晶界玻璃相对强度是不利的，所以应通过热处理使其晶化。对单相多晶陶瓷材料，晶粒最好为均匀的等轴晶粒，这样承载时变形均匀而不易引起应力集中，从而使强度得到充分发挥[13]。

综上所述，高强度单相多晶陶瓷的显微组织应符合如下要求：晶粒尺寸小，晶体缺陷少；晶粒尺寸均匀、等轴，不易在晶界处引起应力集中；晶界相含量适当，并尽量减少脆性玻璃相含量，应能阻止晶内裂纹过界扩展，并能松弛裂纹尖端应力集中；减小气孔率，使其尽量接近理论密度。

## 3.3.1 氧化物陶瓷

### 1. 氧化铝陶瓷

氧化铝陶瓷是以 $Al_2O_3$ 为主要原料，以 $\alpha$-$Al_2O_3$ 为主晶相的陶瓷材料。根据 $Al_2O_3$ 含量，其又可分为 75 瓷、85 瓷、95 瓷和 99 瓷。根据主晶相，也可分为莫来石瓷、刚玉-莫来石瓷和刚玉瓷[14]。1912 年人们已经开始研究氧化铝陶瓷刀具，1931 年德国 Siemens Halske 公司将氧化铝陶瓷应用于火花塞材料，并获得“Sinter Korund”专利。但是其抗热震性能差，长期限制其在刀具材料上的应用，而 $Al_2O_3 \cdot TiO_2$ 复合陶瓷刀具研究的开展使得其应用正成为研究热点。氧化铝为结构陶瓷中的典型材料，通常应用于承受机械应力、腐蚀、高温、绝缘等条件苛刻的环境。氧化铝陶瓷制品的主要用途及要求性能如表 3.3 所示。

表 3.3　各种氧化铝陶瓷制品的主要用途及要求性能

| 用途 | 耐热 | 导热 | 电绝缘 | 强度 | 耐磨 | 耐腐蚀 |
|---|---|---|---|---|---|---|
| 火花塞 | 非常好 | 好 | 非常好 | 好 | 不好 | 好 |
| 集成电路 | 不好 | 非常好 | 非常好 | 非常好 | 不好 | 稍好 |
| 丝轨 | 不好 | 稍好 | 不好 | 好 | 非常好 | 好 |
| 刀具 | 稍好 | 好 | 不好 | 非常好 | 好 | 稍好 |
| 炉芯管 | 非常好 | 好 | 好 | 好 | 不好 | 好 |

#### 1) 氧化铝晶体结构

氧化铝呈白色，莫氏硬度为 9。氧化铝的原材料资源丰富，制造工艺成熟，性能优良，是应用最为广泛的一类陶瓷材料。

$Al_2O_3$ 有 11 种同质异晶体，在 1300℃高温时，几乎完全转化为 $\alpha$-$Al_2O_3$。在这些变体中最为常见的是 $\alpha$-$Al_2O_3$、$\beta$-$Al_2O_3$、$\gamma$-$Al_2O_3$ 等三种结构。$\gamma$-$Al_2O_3$ 是在水铝矿及氢氧化铝矿等氧化铝水化物的脱水过程中生成的过渡氧化铝，属立方晶系，尖晶石型结构，$O^{2-}$ 立方密堆积，$Al^{3+}$ 填充在间隙。高温时不稳定，1100～1200℃缓慢转化为 $\alpha$-$Al_2O_3$，到 1450℃时这一转变才完全完成，在转变时放热 32.8kJ/mol，体积收缩 14.3%。其晶格常数较大，密度低，结构松散，但具有良好吸附力。常用作多孔材料、吸附剂等。

α-$Al_2O_3$ 属六方晶系，刚玉型结构，$O^{2-}$近似六方密堆积，$Al^{3+}$占据 2/3 的八面体空隙，其晶体结构示意图如图 3.1 所示。在所有 $Al_2O_3$ 变体中该结构最紧密，活性最低，温度稳定，电学性能和机电性能优良。

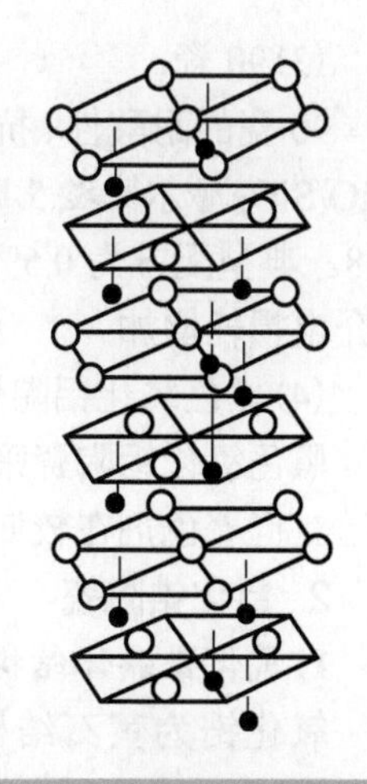

图 3.1　α-$Al_2O_3$ 的晶体结构

β-$Al_2O_3$ 不是 $Al_2O_3$ 的独立变体，而是一种 $Al_2O_3$ 含量很高的多铝酸盐矿物。其化学式常写为 $RO·6Al_2O_3$、$R_2O·11Al_2O_3$，结构可近似看作$[NaO]^-$层和$[Al_{11}O_{12}]^+$类型尖晶石单元交叠堆积而成，$O^{2-}$呈立方密堆积，$Na^+$完全包含在垂直于 *c* 轴的松散堆积平面内，在这个平面内可快速扩散，呈现离子型导电。在 300℃时，钠离子扩散系数达 $1×10^{-5}cm^2/s$，电导率达 $3×10^{-3}S/m$。此材料强度低，不能用于结构材料，介电损耗大，也不能用于机电材料；但常用作钠硫电池和钠溴电池的隔膜材料，广泛地应用于电子手表、电子照相机、听诊器和心脏起搏器。

**2) 氧化铝陶瓷体系**

美国通用电气公司研发出可透过 90%可见光和 80%红外线的氧化铝陶瓷体系。其致密度高，晶界上不存在空隙或空隙大小比光的波长小得多；晶界没有杂质及玻璃相或晶界的光学性质与微晶体之间差别很小；晶粒较小而均匀，其中没有空隙；晶体对入射光的选择吸收小；无光学各向异性；表面光洁度高。采用高纯原料，加入 MgO 添加剂以抑制晶粒长大，形成细晶化结构，热压烧结，充分排出气孔。

(1) 99 瓷。

99 瓷的氧化铝含量达 99%以上，常应用于集成电路基片。制品要求高度平坦光滑、充分致密、晶粒细小、晶界结合性良好。外加 MgO 质量分数为 0.05%～0.25%，可抑制 $Al_2O_3$ 晶粒长大，但原料高温挥发，瓷体表面层晶粒长大，表面粗糙，可采用外加质量分数各为 0.05%的 MgO 和 $Y_2O_3$ 进行调控。

(2) 95 瓷。

95 瓷采用外加黏土、$CaCO_3$、滑石、$SiO_2$ 等原料，氧化铝含量达 95%以上，主要体系如下。

① $Al_2O_3·SiO_2$ 体系，烧成温度偏高。

② $CaO-Al_2O_3·SiO_2$ 体系，烧成温度低，晶粒发育大，耐酸蚀能力差，且在粗大晶粒中易包裹闭气孔。

③ $CaO-MgO-Al_2O_3·SiO_2$ 体系，Si/Ca 摩尔比为 2.16，此时形成钙长石($CAS_2$)。热膨胀系数低得多，在冷却过程中界面上产生应力，出现微裂纹，导致材料介电损耗明显增加。典型的配方 CaO 含量为 1%，Si/Ca 摩尔比为 1.6～0.6，MgO 质量分数不大于 1/3(CaO＋MgO＋$SiO_2$)。

④ $BaO-CaO-MgO-Al_2O_3 · SiO_2$ 体系，可进一步提高陶瓷体积电阻率、细化晶粒和改善表面光洁度。应避免 Si/Ba 摩尔比=2 时，钡长石次晶相的生成；BaO 含量不宜太多，控制钡长石玻璃相含量，防止陶瓷强度下降。

(3) 90 瓷。

90 瓷的耐酸性、抗热冲击性、机械强度均高于 95 瓷。主要有 $MnO-MgO-Al_2O_3·SiO_2$ 体系，$MnO/SiO_2$ 摩尔比>2.5 时，刚玉晶体长大迅速，空隙大，结构不致密，通常 $MnO/SiO_2$ 摩尔比＝1.28。典型配方为 $0.5\%Cr_2O_3·MnO-Al_2O_3·SiO_2$。其烧结范围宽，机械强度更优、热导率更大，但介电损耗增加。

(4) 黑色氧化铝陶瓷。

黑色氧化铝陶瓷采用外加 $Fe_2O_3$、CoO、$Cr_2O_3$、$MnO_2$ 等着色氧化物，可实现 1450℃下烧结。但着色剂在较低温度下具有明显的蒸气压，常引入尖晶石相来抑制着色氧化物挥发。

## 2. 氧化锆陶瓷

### 1) 氧化锆晶体结构

氧化锆为萤石结构，常有 m-$ZrO_2$(单斜晶系，＜1170℃)、t-$ZrO_2$(四方晶系，1170～2370℃)、c-$ZrO_2$(立方晶系，2370～2715℃)三种晶体结构，如图 3.2 所示。

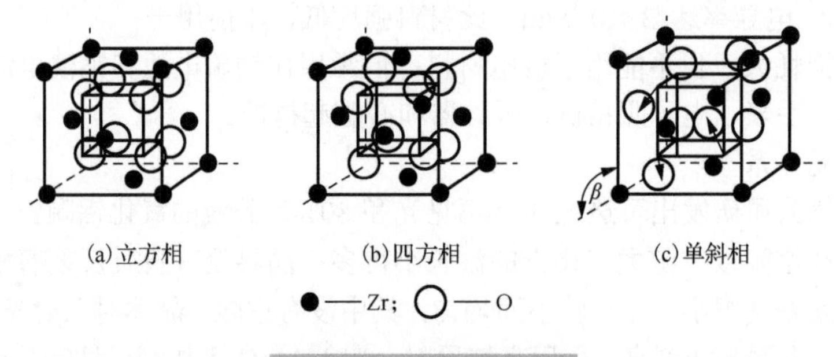


图 3.2　$ZrO_2$ 的三种结构图

四方 $ZrO_2$ 在 1000℃时逆向转变为单斜 $ZrO_2$。这种单斜相和四方相间的转变非常迅速且可逆，引起 7.7%的体积变化，易使制品开裂。立方 $ZrO_2$ 在 2370℃由四方 $ZrO_2$ 转变而成，转变时无明显的体积变化。冷却时，立方 $ZrO_2$ 也不再转变为四方 $ZrO_2$。因此，高温立方相的稳定在 $ZrO_2$ 的生产工艺和应用中有着重要的意义。研究表明，在氧化锆中加入某些氧化物(如 CaO、MgO、$Y_2O_3$ 等)能形成稳定立方固溶体，不再发生相变，具有这种结构的氧化锆称为完全稳定氧化锆(FSZ)。立方 $ZrO_2$ 相基体弥散分布着四方 $ZrO_2$ 相的双组织称为部分稳定氧化锆(PSZ)。亚稳定四方 $ZrO_2$ 相颗粒被立方 $ZrO_2$ 相基体约束不添加氧化物，纯氧化锆呈四方相，称为四方氧化锆(TZP)。四方 $ZrO_2$ 相作为增韧相分散到其他陶瓷基体称为氧化锆增韧氧化铝陶瓷(ZTA)。

### 2) 性能与应用

氧化锆的熔点很高(2715℃)，在单一纯氧化物中，仅次于 $ThO_2$(3300℃)、MgO(2800℃)和 $HfO_2$(2770℃)，因而在新的技术领域有着越来越多的应用。硬度大，耐磨性好，常用于冷成型工具、拉丝模，产品光洁度高，尺寸均匀；作为喷嘴材料使用时，其寿命为 $Al_2O_3$ 陶瓷的 26 倍。也常用于研磨介质和球阀材料。强度高、韧性大，日本特殊陶业生产的“TTZ”陶瓷的常温抗折强度可达 1.1GPa，断裂韧性 $K_{IC}$ 为 $4.3MPa·m^{1/2}$，是切削工具、绝热柴油机的主要候选材料，常用于发动机汽缸内衬、推杆、活塞帽、阀座、凸轮、轴承等。耐火度大于 1800℃，日本旭硝子公司生产的氧化锆陶瓷耐火度可达 2450℃。立方 $ZrO_2$ 是良好的绝缘体，室温电阻

率为 $10^{13}$～$10^{14}$Ω·cm。温度升高，电阻率迅速下降，加入一些稳定剂可进一步降低电阻率。例如，加少量 MgO，1100℃时电阻率为 $10^4$Ω·cm，1700℃时电阻率为 6～7Ω·cm。又如，加 13%CaO，1100℃时电阻率为 13Ω·cm。它是优良的高温发热材料之一，可实现 1800℃下氧化气氛电阻加热，2300℃感应加热。作为一种重要的氧敏感元件(用于检测、报警、监控)，$ZrO_2$ 元件可实现百万分之几到常量氧气气氛检测。测量气体中或熔融金属中氧的含量，监控汽车的排气成分，保持燃料和空气比在最佳值。氧化锆陶瓷还是一种良好的医学材料，可用于义齿和牙冠的制作[15]。

## 3.3.2　碳化物陶瓷

### 1. 碳化硅陶瓷

**1) SiC 晶体结构**

SiC 是共价键很强的化合物，SiC 中 Si—C 键的离子性仅 12%左右。SiC 具有α和β两种晶型[16]。β-SiC 为闪锌矿型晶体结构，立方晶系，Si 和 C 分别组成面心立方晶格；α-SiC 为纤锌矿型晶体结构，六方晶系。SiC 存在着 4H、15R 和 6H 等 100 余种多型体，其中，6H 多型体为工业应用上最为普遍的一种。在温度低于 1600℃时，SiC 以β-SiC 形式存在。当高于 1600℃时，β-SiC 缓慢转变成α-SiC 的各种多型体。4H-SiC 在 2000℃左右容易生成；15R-SiC 和 6H-SiC 均需在 2100℃以上的高温才易生成；即使温度超过 2200℃，6H-SiC 也是非常稳定的。SiC 中各种多型体之间的自由能相差很小，因此，微量杂质也会引起多型体之间的热稳定关系变化。

**2) SiC 陶瓷的性能**

(1) SiC 陶瓷化学稳定性好、抗氧化性强。SiC 陶瓷抗氧化性强，是性能最好的碳化物，在 1000℃时开始氧化，1350℃显著氧化，1500℃形成表面 $SiO_2$ 膜，阻止氧化，而 1750℃强烈氧化，常用的 SiC 棒马弗炉的使用温度不高于 1350℃。

(2) 硬度高，耐磨性能好。其硬度在陶瓷材料中处于第四位，仅低于金刚石、氮化硼和碳化硼，因此具有优良的耐磨性，是常用的研磨介质。

(3) SiC 具有宽能隙半导体性。SiC 材料具有典型的闪锌矿结构特征，有着宽的能隙和高的热导率。在制备高温、高频、高功率、高速度半导体器件方面具有显著的优势，还可用于制备高温高频大功率微波场效应管、肖特基二极管、异质结双极晶体管以及湿敏二极管、α-SiC 蓝光发光二极管。

(4) 导电性优良。高纯 SiC 具有 $10^{14}$ Ω·cm 数量级的高电阻率。当有 Fe、N 等杂质存在时，电阻率可显著减小，电阻率变化范围与杂质种类和数量有关。同时 SiC 具有负温度系数特性，且在 1000～1500℃变化不大，因此可作为发热体材料使用。

(5) 热稳定性好，高温强度大。抗压强度为 1000～1500 MN/$m^2$，在 1400℃时抗弯强度仍保持在 500～600MPa。

(6) 热膨胀系数小，热导率大，抗热震和耐化学腐蚀性优良。

**3) SiC 陶瓷的应用**

碳化硅陶瓷的最大特点是高温强度高，有很好的耐磨损、耐腐蚀、抗蠕变性能，其热传导能力很强，仅次于氧化铍陶瓷。碳化硅陶瓷广泛用于制造火箭喷嘴、浇铸金属的喉管、热电偶套管、炉管、燃气轮机叶片及轴承、泵的**密封圈**、拉丝成型模具等。碳化硅陶瓷已成为1400℃以上最有价值的高温结构陶瓷，在各个工业领域中被广泛应用。特别地，碳化硅陶瓷具备优秀的力学强度，可作为防弹衣的主要防护材料[17]。

2. 碳化硼陶瓷

**1）碳化硼陶瓷的性能**

碳化硼陶瓷呈黑色，其硬度接近金刚石和立方氮化硼，莫氏硬度达9.3，具有耐磨性好，密度低(2.38 g/cm$^3$)、弹性模量高、热导率高、抗热震性好、耐酸耐碱、抗多种腐蚀介质腐蚀等优点。碳化硼陶瓷还具有半导体特性，当碳含量提高时，能够由p型半导体转化为n型半导体。烧结工艺对碳化硼材料的力学性能有着显著的影响，例如，热压烧结碳化硼的弹性模量、抗弯强度均高于无压烧结碳化硼[18]。

**2）碳化硼陶瓷的应用**

(1) 防弹材料。

碳化硼陶瓷可广泛应用于轻型防弹衣材料，其质量为仅为同类型钢质防弹衣的50%，被广泛应用于装甲车辆、武装直升机和战斗机，如AH-64武装直升机和黑鹰直升机。对比其他防弹陶瓷，碳化硼陶瓷在硬度和密度上都具备优势，因此在轻型装甲材料的选取中具备优势[19]。

(2) 机械构件。

碳化硼陶瓷耐磨性好，用来制备喷嘴时寿命长、相对成本低。其寿命是常用的氧化铝陶瓷喷嘴的几十倍甚至数百倍，比WC和SiC喷嘴的寿命也要长。

(3) 半导体元件和高温器件。

基于碳化硼的半导体特性和高的热导率，碳化硼可用于高温半导体器件。$B_4C$和C复合制备的高温热电偶的使用温度可高达2300℃。

## 3.3.3 氮化物陶瓷

1. 氮化硅陶瓷

**1）氮化硅晶体结构**

氮化硅是由$Si_3N_4$四面体组成的共价键固体。常见的有α-$Si_3N_4$和β-$Si_3N_4$两种晶型，均属于六方晶系[20]。其中α-$Si_3N_4$为针状结晶体，呈灰白色，而β-$Si_3N_4$为颗粒状结晶体，呈深色。1200～1600℃，α-$Si_3N_4$不可逆转化为β-$Si_3N_4$，人们开始认为α-$Si_3N_4$为低温相，β-$Si_3N_4$为高温相。但实验表明，高纯α-$Si_3N_4$在2000～2150℃时都不会转化为β-$Si_3N_4$。但少量的杂质如MgO、$Al_2O_3$、$Y_2O_3$高温时形成液相，促使发生溶解-沉积固相反应。然而，在一些无液相的反应中发现不同的实验结论，例如，$SiCl_4$-$NH_3$-$H_2$体系中加入少量$TiCl_4$，1350～1450℃可直接制备β-$Si_3N_4$；$SiCl_4$-$NH_3$-$H_2$体系在1150℃生成沉淀，然后在氩气1400℃热处理6h，仅得到α-$Si_3N_4$。低于相变温度的反应烧结$Si_3N_4$中，α和β相几乎同时出现。因此，研究者认为，低温时，α相对称性低，较容易形成；高温时，β相对称性高，热力学稳定。

**2）氮化硅的性能与应用**

氮化硅于19世纪80年代被发现，20世纪50年代得到大规模研究，我国于20世纪70年代开始研究。$Si_3N_4$结构中硅原子和氮原子间的共价键强，因此其具有高强度、高硬度、耐腐蚀，抗氧化和抗热冲击及机械冲击性良好，综合性能优良的特点[21]。

$Si_3N_4$ 属高温难熔化合物，无熔点，1900℃分解。材料强度大，最高强度可达 1.7GPa，$K_{IC}$ 可达 11MPa·m$^{1/2}$。热膨胀系数小，为 $2.8\times10^{-6}$～$3.2\times10^{-6}K^{-1}$(1000℃)，与 SiC、莫来石相近。导热性好，热导率为 10.9～18.4W/(cm·K)，具有优良的抗热震性能，抗热震性能可达 300～800℃，在结构陶瓷中是最好的。高温蠕变小，特别是加入少量 SiC 后，高温抗蠕变性能优异。

$Si_3N_4$ 材料硬度高，显微硬度为 16～18GPa，仅次于 SiC；耐磨性好，摩擦系数为 0.02～0.35，与涂油的金属表面相似，是极优的耐磨材料，常用作刀具材料和模具材料。可实现高速切削，适于切削镍基、钛基合金。摩擦系数小，特别是具有自润滑性，因此也是一种优良的轴承材料。

$Si_3N_4$ 有优异的电绝缘性能，室温时电阻率为 $1.1\times10^{14}\Omega\cdot cm$，具有高介电常数、低介电损耗等特点，可用作电路基片、高温绝缘体、电容器和雷达天线。化学稳定性好，除氢氟酸外，能耐各种酸、王水和碱液的腐蚀，也能抗熔融金属的侵蚀。抗氧化性好，表面易生成致密的 $SiO_2$ 保护层，最高使用温度为 1670℃，实际使用温度可达到 1400℃。氮化硅陶瓷等代替合金钢制造陶瓷发动机，其工作温度可达 1300～1500℃。1998 年，美国军方曾做过一次实验：在演习场 200m 跑道的起跑线上停放着两辆坦克，一辆装有约 368kW 的钢质发动机，而另一辆装有同样功率的陶瓷发动机。陶瓷发动机果然身手不凡，那辆坦克仅用了 19s 就首先到达终点；而钢质发动机坦克在充分预热运转后，用了 26s 才跑完全程。陶瓷发动机的热效率高，不仅可节省 30%的热能，而且工作功率比钢质发动机提高 45%以上。另外，陶瓷发动机无需水冷系统，陶瓷密度也只有钢的一半左右，这对减小发动机自身重量也有重要意义。

热压烧结氮化硅陶瓷可用于制造形状简单的耐磨、耐高温零件和工具，如切削刀具、转子发动机刮片、高温轴承等。反应烧结氮化硅陶瓷主要用于制造耐磨、耐高温、耐腐蚀，形状复杂且尺寸精度高的制品，如石油化工泵的密封环、高温轴承、热电偶套管、燃气轮机转子叶片等。氮化硅陶瓷的抗摩擦磨损性能优秀，能有效提高被切削材料的加工精度[22]。

**2. 氮化硼陶瓷**

氮化硼陶瓷有六方和立方两种晶体结构。六方氮化硼呈白色，又称为“白色石墨”，其晶体结构和石墨相似，晶体层面间的结合力弱，易于沿层间破坏，因此硬度低，自润滑性好。六方氮化硼陶瓷具有良好的耐热性和导热性，热导率与不锈钢相当，热膨胀系数比金属和其他陶瓷低得多，故抗热震性和热稳定性好(20～1200℃)。高温绝缘性好，2000℃仍是绝缘体，是理想的高温绝缘材料和散热材料。化学稳定性高，能抗 Fe、Al、Ni 等熔融金属的侵蚀。因此，氮化硼陶瓷常用于制作热电偶套管，熔炼半导体、金属的坩埚和冶金用高温容器和管道，高温轴承，制品成型模，高温绝缘材料。此外，它还是核反应堆中吸收热中子的控制棒材料。作为最轻的陶瓷，它在飞船和飞船有着良好的应用前景。

利用碱金属和碱土金属等催化剂，在 6000～9000MPa 和 1500～2000℃下，六方氮化硼可转化为立方氮化硼。立方氮化硼呈黑色、棕色或暗红色晶体，闪锌矿结构。其导热性好，硬度仅次于金刚石，常作为刀具材料和磨料使用。

### 3.3.4　其他陶瓷

赛隆陶瓷即氮化硅($Si_3N_4$)和氧化铝($Al_2O_3$)的固溶体，由 1971 年日本小山阳一和 1972

年英国 Jack 和 Wilson 发现，化学式写作 $Si_{6-x}Al_xO_xN_{8-x}$（$x$ 为铝原子置换硅原子的数目，范围是 0～4.2）。基本结构单元为 $(Si,Al)(O,N)_4$ 四面体。根据结构和组分，又可以分为三种类型：α′赛隆、β′赛隆、O′赛隆。β′赛隆以 β-$Si_3N_4$ 为结构基础，具有较好的强韧性；α′赛隆以 α-$Si_3N_4$ 为结构基础，具有很高的硬度和耐磨性；O′赛隆保留了 $Si_2N_2O$ 结构，抗氧化性非常好，高温下不易氧化。现已形成赛隆材料体系，即某些金属氧化物或氮化物可进入 $Si_3N_4$ 晶格形成一系列固溶体。除 Si-Al-O-N 体系外，还有 Mg-Si-Al-O-N 体系、Ln-Si-Al-O-N 体系（Ln 为钇及稀土金属氧化物等）。

赛隆陶瓷因减少或消除熔点不高的玻璃态晶界而以具有优良性能的固溶体形态存在，常温和高温强度很高，常温和高温化学稳定性能优异，耐磨性能好，热膨胀系数很低，抗热冲击性能好，抗氧化性强，密度相对较小。日本制造的赛隆纤维的使用温度高达 1700℃。赛隆陶瓷还具有优异的抗熔融腐蚀能力，几乎还没有发现它被金属浸润的情况。赛隆陶瓷的硬度也很高，是一种超硬的工具材料。

赛隆陶瓷具有较好的韧性、很高的硬度和耐磨性，以及非常高的高温抗氧化性。赛隆陶瓷已在发动机部件、轴承和密封圈等耐磨部件及刀具材料和铜铝等合金冶炼、轧制和铸造领域得到了应用，还可用于制作轴承、密封件、热电偶套管、晶体生长用坩埚、模具材料、汽车内燃机挺杆、高温红外测温仪窗口、生物陶瓷和人工关节等。其中α′赛隆硬度高，已被用作轴承、滚珠、密封圈等耐磨部件，也可以用作陶瓷粉料的磨球。β′赛隆可耐用 1300℃的高温，已用作轴承、滚珠、密封件、定位销、刀具和有色金属冶炼成型材料。O′赛隆可用作金属连续浇铸的分流环及喷嘴、热电偶保护套管、坩埚、合金管的拉拔芯棒和压铸模具等。

## 3.4 耐火材料

耐火材料是用作高温窑、炉等热工设备，以及高温容器和部件的无机非金属材料，耐火度不低于 1580℃，并在高温下能承受相应的物理化学变化及机械作用[23]。

耐火材料品种繁多，用途广泛，其分类方法多种多样。

根据耐火材料化学矿物组成可以分为八类：硅质材料、硅酸铝质材料、镁质材料、白云石质材料、铬质材料、碳质材料、锆质材料和特种耐火材料。

按化学特性可以分为三类：酸性耐火材料、中性耐火材料和碱性耐火材料。

按耐火度可以分为三类：普通耐火材料（耐火度为 1580～1770℃）、高级耐火材料（耐火度为 1770～2000℃）、特级耐火材料（耐火度高于 2000℃）。

按供货形态可以分为两类：定形耐火材料和不定形耐火材料。

按热处理方式可以分为三类：烧成耐火材料、不烧耐火材料、熔融（铸）耐火材料。

按用途可以分为钢铁行业用耐火材料、有色金属行业用耐火材料、石化行业用耐火材料、硅酸盐行业（玻璃窑、水泥窑、陶瓷窑等）用耐火材料、电力行业（发电锅炉）用耐火材料、废物焚烧熔融炉用耐火材料、其他行业用耐火材料。

耐火材料是高温技术领域的基础材料，应用的部门甚为广泛。其中应用最为普遍的是在各种热工设备和高温容器中起抵抗高温作用的结构材料和内衬。在钢铁冶金工业中，炼焦炉主要是由耐火材料构成的。炼铁的高炉及热风炉、各种炼钢炉、均热炉、加热炉等都绝不可缺少符合要求的各种耐火材料。不仅钢液的模铸要消耗大量耐火材料，连铸更需要一些优质耐火材料。没有优质品种的耐火材料，炉外精炼也无从实现。有色金属的火法冶炼及其热加工也离不开耐火材料。建材工业及其他生产硅酸盐制品的高温作业部门(如玻璃工业、水泥工业、陶瓷工业)中所有高温炉窑和内衬都必须由耐火材料来构筑。其他如化工、动力、机械制造等工业高温作业部门中的各种焙烧炉、烧结炉、加热炉、锅炉以及其附设的火道、烟囱、保护层等都必须使用耐火材料。总之，当某种构筑物、装置、设备或容器在 500℃以上高温下使用、操作时，因可能发生物理、化学、机械等作用，使材料变形、软化、熔融，或被侵蚀、冲蚀，或发生崩裂损坏等现象，不仅可能导致操作无法持续进行，使材料的服役期中断，影响生产，而且污染加工对象，影响产品质量，因此必须采用具有抵抗高温作用的耐火材料。

高温作业部门均要求耐火材料具备抵抗高温热负荷的性能。但作业部门不同，甚至在同一炉窑的不同部位，工作条件也不尽一致。因此，对耐火材料的要求也有所差别。现以普通工业炉窑的一般工作条件为依据，对耐火材料的性能概括地提出以下要求：①形态抵抗高温热负荷作用，不软化，不熔融。要求耐火材料具有相当高的耐火度。②体积抵抗高温热负荷作用，体积不收缩或仅有均匀膨胀。要求材料具有高的体积稳定性；残存收缩及残存膨胀要小，无晶型转变及严重体积效应。③抵抗高温热负荷和重负荷的共同作用，不丧失强度，不发生蠕变和坍塌。要求材料具有相当高的常温强度和高温热态强度，高的荷重软化温度，高的抗蠕变性。④抵抗温度急剧变化或受热不均影响，不开裂，不剥落。要求材料具有好的抗热震性。⑤抵抗熔融液、尘和气的化学侵蚀，不变质，不蚀损。要求材料具有良好的抗渣性。⑥抵抗火焰和炉料、料尘的冲刷、撞击和磨损，表面不损耗。要求材料具有相当高的密实性和常温、高温的耐磨性。⑦抵抗高温真空作业和气氛变动的影响，不挥发，不损坏。要求材料具有低的蒸气压和高的化学稳定性。

## 3.4.1　硅酸铝及刚玉质耐火材料

硅酸铝质耐火材料以 $Al_2O_3$ 和 $SiO_2$ 为基本化学组成。根据制品的 $Al_2O_3$ 含量，可以分为四大类：半硅质制品，$Al_2O_3$ 含量为 15%～30%；黏土质制品，$Al_2O_3$ 含量为 30%～45%；高铝质制品，$Al_2O_3$ 含量＞45%；刚玉质制品，$Al_2O_3$ 含量＞90%[24]。这类耐火材料中主要的杂质氧化物为 $K_2O$、$Na_2O$、CaO、MgO、$Fe_2O_3$、$TiO_2$。杂质可降低熔液的生成温度及其黏度，增大液相的生成量，提高熔液对固相的溶解速度和溶解数量。其中对系统液相形成温度影响最大的是碱金属氧化物，例如，$K_2O$、$Na_2O$ 分别使无变量点温度降低 513～724℃；$TiO_2$ 使无变量点温度降低 101～107℃。

**1) 黏土质耐火材料**

黏土质耐火材料是指用天然产的各种黏土作原料，将一部分黏土预先煅烧成熟料，并与部分生黏土配合制成的 $Al_2O_3$ 含量为 30%～46%的耐火制品。以高岭石矿物为主要成分的黏土作原料，煅烧后的化学成分为 $Al_2O_3$+$TiO_2$ 含量不少于 30%，$Fe_2O_3$ 含量一般不超过 2.5%。黏土质制品生产工艺主要取决于原料的性质、制品的质量要求，以及生产规模。根据我国原料特点，结合黏土以半软质黏土为主，适合采用半干机压成型生产工艺流程。目前常用的为普通熟料制品和多熟料制品两种生产流程。

**2) 半硅质耐火材料**

半硅质耐火材料是指 $Al_2O_3$ 含量＜30%、$SiO_2$ 含量＞65%的半酸性耐火材料。半硅质制品的生产工艺和黏土质制品相同，原料是含有天然石英的 $Al_2O_3$ 含量低的硅质黏土或原生高岭土、高岭土选矿时的尾矿、天然产的蜡石、煤矸石等。利用天然原料时，要根据原料的性质和成品的使用条件，确定是否加入熟料。在烧成时，低温(1250℃以下)阶段石英多晶转变产生体积膨胀，同时黏土烧结收缩，可以互相抵消。高温阶段，易熔物生成熔液，体积收缩大。原料内石英颗粒细小，石英在高温下起强熔剂作用，降低制品的耐火度和抗热震性。利用蜡石($Al_2O_3 \cdot 4SiO_2 \cdot H_2O$)原料时，应根据蜡石原料的特点来确定其工艺要点。

半硅质制品的生产有利于扩大原料的综合利用；它具有不太大的膨胀性，有利于提高砌体的整体性，降低熔渣对砖缝的侵蚀作用。另外，熔渣与砖面接触后，能形成厚度为 1～2mm、黏度很大的硅酸盐熔融物，阻碍熔渣向砖内渗透，从而提高制品的抗熔渣侵蚀能力。

**3) 高铝质耐火材料**

用天然产高铝矾土作原料制造的高铝质耐火材料的 $Al_2O_3$ 含量在 45%以上，通常可分为三类：Ⅰ等，$Al_2O_3$ 含量>75%；Ⅱ等，$Al_2O_3$ 含量为 65%～75%；Ⅲ等，$Al_2O_3$ 含量为 45%～65%。根据矿物组成可分为低莫来石质(包括硅线石质)耐火材料、莫来石质耐火材料、莫来石-刚玉质耐火材料、刚玉-莫来石质耐火材料和刚玉质耐火材料。耐火材料烧成过程可由矿物加热变化综合反映，可分为三个阶段，即分解、二次莫来石化和重结晶烧结过程。影响烧结的主要因素是二次莫来石化，以及在高温下的液相组成和数量。

**4) 硅线石质耐火材料**

硅线石质耐火材料是指用天然硅线石作原料生产的Ⅲ等高铝质制品。这类材料具有荷重软化温度高、抗热震性良好、耐磨性和抗渣性好等特点。制砖工艺与高铝砖生产工艺相同。硅线石和红柱石直接供制砖料使用，通常以粉料加入基质中，再与矾土熟料颗粒料配合成砖料，制成相当于Ⅲ等高铝质制品组成的硅线石质耐火材料。硅线石矿物还可以作为添加剂改善铝硅系耐火材料的性质，亦可以作为生产莫来石质耐火材料的原料。

**5) 莫来石质耐火材料**

莫来石质耐火材料是以天然或工业原料制成的以莫来石为主晶相的耐火制品。按照主要成分，可以分为低铝莫来石、中铝莫来石和高铝莫来石。莫来石质制品主要有两类合成工艺，分别为烧结法和电熔法，对应烧结莫来石质制品和电熔铸莫来石质制品。此外，还存在一些新型方法用于制备超细莫来石粉料，如溶胶-凝胶法、燃烧法等。莫来石质制品荷重软化温度高、高温蠕变率低、抗热震性好，广泛应用于高炉热风炉、玻璃熔窑、加热炉等工业炉窑中。

**6) 刚玉质耐火材料**

$Al_2O_3$ 含量大于 90%的高铝质制品称为刚玉质耐火材料，亦称氧化铝质制品。烧结氧化铝质制品所用原料主要是工业氧化铝。工业氧化铝难以烧结，为改善其烧结性、降低烧结温度，需将其高度细粉碎并预烧，也可加入少量促进烧结的物质。

### 3.4.2　硅石耐火材料

硅石耐火材料以二氧化硅为主要成分，包括硅砖、特种硅砖、石英玻璃及其制品。硅质制品属于酸性耐火材料，对酸性渣抵抗力强，但受碱性渣强烈侵蚀，易被$Al_2O_3$、$K_2O$、$Na_2O$等氧化物破坏，对CaO、FeO、$Fe_2O_3$等氧化物有良好的抵抗性。硅砖荷重软化温度高，为1640～1680℃，接近鳞石英、方石英的熔点(分别是1670℃、1723℃)；残余膨胀保证了砌筑体有良好的气密性和结构强度。其最大的缺点是抗热震性低，耐火度不高。主要用于焦炉、玻璃熔窑、酸性炼钢炉等。鳞石英具有较高的体积稳定性。硅砖中鳞石英具有矛头状双晶相互交错的网络状结构，因而使砖具有较高的荷重软化温度及机械强度。一般希望烧成后硅砖中含大量鳞石英，方石英次之，而残余石英越少越好。在硅砖生产中石英的转变程度用密度衡量，硅砖的密度一般应小于2.38g/$cm^3$，优质硅砖的密度为2.32～2.36g/$cm^3$[25]。

矿化剂的作用是加速石英在烧成时转变为低密度的变体(鳞石英和方石英)而不显著降低其耐火度。它还能防止砖坯烧成时因发生急剧膨胀而产生的松散和开裂。影响矿化作用的因素主要包括所加矿化剂与砖坯中硅氧在高温时所形成熔液的数量和其性质，即液相开始形成的温度，液相的数量、黏度、润湿能力和其结构等。矿化作用以碱金属最强，FeO、MnO次之，CaO、MgO较差。但这只能说明矿化作用的强度，而不是选择矿化剂的标准。在生产中必须根据硅石原料的组成和性质以及矿化剂的作用和性质来选择矿化剂。在生产中广泛采用的矿化剂有CaO。

### 3.4.3　氧化镁-氧化钙系耐火材料

氧化镁-氧化钙系耐火材料是指主要组分为MgO、CaO或二者兼有的耐火材料。按化学组成分类，MgO含量在80%以上，以方镁石为主晶相的耐火材料为镁质耐火材料；主要矿物为氧化钙，CaO含量在95%以上的耐火材料为石灰耐火材料；以天然白云石为主要原料制作的耐火材料属白云石质耐火材料。

氧化镁-氧化钙系耐火材料属于碱性耐火材料，耐火度高，抗碱性渣和铁渣侵蚀的能力强，CaO不与钢水作用，可提高钢水的洁净度，广泛用于氧化转炉、电炉、平炉、钢包、炉外精炼以及有色熔炼等。

**1)镁质耐火材料**

制备镁质耐火制品以C3S为结合物时，荷重变形温度高，抗渣性好，但烧结性差，易形成CaO和晶型转化的C2S；以C3MS2、CMS为结合物时，荷重变形温度低，抗压强度小；以C2S为结合物时，烧结性差，荷重变形温度高，但C2S的晶型转化易造成制品开裂；以C2S或M2S为结合物时，荷重变形温度较高，对碱性或铁质渣的化学稳定性高，抗渣性高。

**2)白云石质耐火材料**

按其化学矿物组成分为两类：含有游离石灰的白云石质耐火材料，矿物组成为MgO-CaO-C3S-C4AF-C2F(或C3A)系，组成中含有难以烧结的活性CaO，极易吸潮粉化，又称不稳定或不抗水的白云石质耐火材料；不含游离石灰的白云石质耐火材料，矿物组成为MgO、C3S、C2S、C4AF、C2FX(或C3A)，CaO全部呈结合态，不会水化粉散，又称稳定性或抗水性白云石质耐火材料。

### 3.4.4 尖晶石耐火材料

尖晶石指的是具有相同结构的一类矿物，化学通式可表示为$AO·R_2O_3$(或$AR_2O_4$)，其中A代表二价元素离子，可以是$Mg^{2+}$、$Fe^{2+}$等；R为三价离子，可以是$Al^{3+}$、$Fe^{3+}$、$Cr^{3+}$等。它们大部分以同晶型固溶体的形式存在。所有尖晶石借晶格膨胀形成固溶体。尖晶石耐火材料按其所用的原料及其组成可分为铬砖、铬镁砖、镁铬砖、镁铝尖晶石耐火材料。它是一类重要的中性或弱碱性耐火材料，广泛地用于高温工业窑炉、平炉、电炉、钢包、炉外精炼、水泥回转窑、玻璃窑蓄热室、炼铜炉等。

**1) 铬尖晶石质耐火材料**

铬尖晶石质耐火材料包括铬砖、铬镁砖和镁铬砖；以铬尖晶石(或其固溶体)和方镁石为主要矿物组成生产铬尖晶石质耐火材料的配料通常是铬矿、苛性镁砂或再加入纯橄榄岩。铬铁矿可用来直接制砖。将铬铁矿细磨碎后与5%的轻烧镁石细粉配合，经成型、干燥后在1550℃下烧成即制得铬砖。

**2) 镁铝尖晶石质耐火材料**

镁铝尖晶石(也称尖晶石)的化学式为$MgO·Al_2O_3$，MgO含量为28.3%，$Al_2O_3$含量为71.7%，熔点为2135℃。与镁铬砖相比，镁铝尖晶石主要优点是对还原气氛、游离$CO_2$、游离$SO_2/SO_3$及游离$K_2O/Na_2O$的抗侵蚀性强，以及具有较好的抗热震性与耐磨性。镁铝尖晶石质耐火材料可分为三类：方镁石-尖晶石耐火材料，$Al_2O_3$含量<30%；尖晶石-方镁石耐火材料，$Al_2O_3$含量为30%～68%；尖晶石耐火材料，$Al_2O_3$含量为68%～73%。

### 3.4.5 含碳耐火材料

含碳耐火材料是指由碳与碳的化合物制成的，以不同形态的碳为主要组分的耐火制品。根据所用含碳原料的成分及制品的矿物组成，含碳耐火材料可分为碳质制品、石墨黏土制品和碳化硅质制品三类。含碳耐火材料属于中性耐火材料，耐火度高，导热性和导电性均好，荷重变形温度和高温强度优异，抗渣性和抗热震性好。但这类制品都有易氧化的缺点[26]。

**1) 碳质制品**

碳质制品是指主要或全部由碳(包括石墨)制成的制品，包括炭砖、人造石墨质炭砖和半石墨质炭砖。炭砖的生产工艺如下。

(1) 炭素原料。无烟煤、焦炭及石墨等。其中无烟煤作骨料，焦炭(气孔率高)作细粉。

(2) 黏结剂。沥青、煤焦油和蒽油等。主要为沥青。

(3) 工艺要点。焦炭干燥、无烟煤煅烧；原料及配比；颗粒组成及临界粒度；沥青与焦油结合；100℃左右混炼；焙烧(还原气氛)；机械加工。

**2) 石墨黏土制品**

石墨黏土制品是以天然石墨为原料，以黏土作结合剂制得的耐火材料。其导热性良好，耐高温、不与金属熔体作用，热膨胀系数小。常用作坩埚、蒸馏罐、塞头砖、水口砖及盛钢桶衬砖。以晶质石墨和土状石墨，黏土熟料、蜡石熟料、硅石熟料，黏土结合剂等为主要原料。其生产工艺特点是仔细混炼，长时间困料，干燥制度比较缓和，1000～1150℃烧成。

**3)碳化硅质制品**

碳化硅质制品是以碳化硅为原料生产的高级耐火材料。其耐磨性和耐腐蚀性好，高温强度大，热导率高，热膨胀系数小，抗热震性好，其需用量正在迅速增加，应用领域不断扩大。

### 3.4.6 不定形耐火材料

不定形耐火材料是由耐火骨料、粉料、结合剂或外加剂以一定比例组成的混合料，不经煅烧能直接使用或加适当的液体调配后使用的耐火材料。该材料能做成无接缝的衬体和构筑物，又称为整体耐火材料[27]。

耐火骨料一般是指粒径大于 0.088mm 的颗粒料，是不定形耐火材料组织中的主体材料，起骨架作用，决定其物理力学和高温使用性质。一般来说，耐火骨料的品种和临界粒径应根据炉衬厚度、施工方法和使用条件的要求选择。

粉料，也称细粉，是指粒径等于或小于 0.088mm 的颗粒料，是不定形耐火材料组织中的基质材料，一般在高温作用下起联结或胶结耐火骨料的作用，使之获得高温物理力学性能和使用性能。细粉能填充耐火骨料的孔隙，也能赋予或改善拌和物的作业性和提高材料的致密度。

结合剂是指能使耐火骨料和粉料胶结起来显示一定强度的材料，可用无机、有机及其复合物等材料。它在一定条件下，通过化学、聚合和凝聚等作用，使拌和物硬化并获得强度。但其中含有较多的低熔点物质，应尽量减少其用量。

外加剂是指强化结合剂作用和提高基质相性能的材料。它是耐火骨料、粉料和结合剂构成的基本组分以外的材料。可分为促凝剂、分散剂、减水剂、抑制剂、早强剂、缓凝剂、快干剂、烧结剂、膨胀剂等。

不定形耐火材料常分为：耐火浇注料，用振动台、振动器、振动-加压或手工捣制等方法成型的耐火材料；耐火捣打料，用风镐或人工捣打成型的耐火材料；耐火可塑料，将塑性坯用捣固机或风镐捣打成型的耐火材料；耐火喷涂料，用喷射机或泵送成型的耐火材料，如用于补炉，又称为耐火喷补料，如用于火焰喷射机补炉，则称为耐火熔射料；耐火涂抹料，用抹灰器和灰浆成型或人工涂抹的耐火材料；耐火投射料，用投射机成型的耐火材料；耐火压入料，用泥浆泵等压力设备成型的耐火材料；不烧砖，用压机成型的制品；预制块、座砖和透气砖等，用振动或捣打成型的制品；耐火泥浆或耐火泥，用瓦刀或类似工具砌筑耐火砖和预制块的填缝材料。

## 3.5 超硬材料

超硬材料是硬度极高的材料，主要是指金刚石和立方氮化硼，或分别以这两种材料为主要成分制备的复合材料及制品[28]。

金刚石是目前世界上已知最硬的物质，而立方氮化硼的晶体结构与金刚石类似，硬度仅次于金刚石。这两种材料的硬度远高于其他材料，包括刚玉、碳化硅、硬质合金、高速钢等四种工业上常用的硬质材料。因此超硬材料适用于对其他材料的加工，特别是硬质材料的加工[29]。

### 3.5.1　金刚石

金刚石，又称钻石，是目前世界上已知最硬的物质，其莫氏硬度为10。金刚石是碳的同素异形体之一，具有独特的物理化学特性，同时也具有重要的经济和科研价值[30]。

金刚石的主要化学元素是碳，但无论是天然金刚石还是人造金刚石或多或少都会含有杂质。科学家研究发现，金刚石中可能含有的杂质元素包括Fe、Ca、Mg、Ti、Si、H、O、N、Ne等，值得注意的是氮(N)杂质的存在会对金刚石产生较大的影响。一般根据金刚石中的氮含量将金刚石分为Ⅰ型金刚石和Ⅱ型金刚石。

金刚石的晶体结构为由5个碳原子构成的正四面体结构，其中每一个碳原子都与其最近相邻的4个碳原子形成共价键。其中4个碳原子位于正四面体的顶点，1个碳原子位于正四面体的中心。

金刚石的主要化学成分是碳，在高温下容易发生氧化或石墨化。但是金刚石的化学稳定性很好，常温下金刚石不会与任何酸碱盐试剂发生反应。此外，金刚石还会和一些过渡金属发生化学反应，元素周期表中ⅦB和Ⅷ族元素(如铁、钴、镍等)会在高温下使金刚石产生溶剂化现象，而ⅣB、ⅤB和ⅥB族元素(如钨、钒、钛等)会和金刚石反应生成稳定的碳化物[30]。

金刚石具有所有材料中最好的耐磨性、研磨性和硬度，这决定了金刚石的工业价值。此外，金刚石的折射率大、色散高，因此切割打磨好的钻石在光线下会呈现出绚丽多彩的模样。金刚石还具有熔点高、热导率高、比热容小、热膨胀系数小、不导电等特点，但金刚石的电学性能会受到晶体中杂质含量的影响，主要是氮元素的影响[28]。

除了自然界中存在的天然金刚石，目前人们在生活生产中使用的金刚石主要是人工合成的。根据合成金刚石粒度，人造金刚石分为工业级金刚石和宝石级金刚石。粒度小于1 mm的为工业级金刚石，粒度大于1 mm的则属于宝石级金刚石。1954年，美国通用电气公司首次实现了工业级金刚石的工业生产，人造金刚石的大规模生产由此拉开帷幕。1963年12月，北京通用机械研究所高压实验室采用两面顶压机合成了金刚石，实现了我国人造金刚石工业史上零的突破。如今，中国已成为人造金刚石的第一生产大国[31]。

人造金刚石的主要合成方法为静压触媒法、动压法和化学气相沉积法。静压触媒法是指石墨在恒定的超高压、高温和触媒参与的条件下转化为金刚石的方法，转化条件一般为5～7GPa，1300～1700℃。该方法通常在高温高压条件下进行，因此又称为高温高压法，是目前最常用的人造金刚石合成方法。动压法是利用炸药爆炸时产生的冲击波直接作用于石墨，从而达到石墨转化为金刚石所需要的高温高压条件，通常应用于金刚石微粉的生产。化学气相沉积法近年来已经获得了工业上的应用，多用于生产金刚石薄膜。

金刚石一般作珠宝首饰或工业用途。宝石级金刚石主要用作钻戒、项链、胸花等饰品和王冠、权杖等特殊品或者原石收藏等方面。工业级金刚石一般用作磨料、磨具、切削刀具、钻探工具、修整工具、拉丝模具等工具或其他功能元器件。金刚石制作的工具在弹性模量、精度、磨削应力和效率上优于其他材料[32]。

### 3.5.2　立方氮化硼

立方氮化硼(cubic boron nitride，CBN)是继人造金刚石后人工合成的又一种超硬材料，硬度仅次于金刚石，它是由美国通用电气公司在 1957 年首次合成的。不同的是，在人造 CBN 出现之前人们并没有发现天然 CBN 的存在，因此很长一段时间里人们都认为天然 CBN 是不存在的。然而在 2009 年，美国加利福尼亚大学河滨分校、劳伦斯·利弗莫尔国家实验室的科学家和来自中国、德国科研机构的同行一起在中国青藏高原南部山区找到了这种矿物，并以中国地质科学院地质研究所方青松教授的名字将新矿物命名为青松矿(qingsongite)。

立方氮化硼的硬度略低于金刚石，它的莫氏硬度为 9.8～10。与金刚石相比，CBN 的热稳定性更好，抗氧化性高，且不易与铁、碳等反应，因此在加工铁系金属及其合金材料时，CBN 的表现要优于金刚石。此外，CBN 具有很好的透光性和电磁性质，适合作为半导体等功能材料。CBN 还具有远高于高速钢和硬质合金的热导率，耐磨性好，适合作为磨具材料。CBN 的晶体结构为闪锌矿型，属于面心立方晶系。CBN 晶体最典型的几何形状是四面体、假六面体(扁平四面体)和假八面体[33]。

立方氮化硼与金刚石共同称为“现代工业的牙齿”，与金刚石的工业用途相似，它主要应用于切削加工、钻探、磨削、铣削等方面，是现代精密加工领域不可或缺的材料。同时，由于 CBN 具有优异的光学性质、电磁性质和热学性质，它也在半导体材料领域有不可替代的地位。

### 3.5.3　新型超硬材料

随着科技的发展和工业技术的进步，人们对于超硬材料提出了更多的要求，现有的超硬材料也越来越难以满足人们的需求。因此，新型超硬材料的研发至关重要，近几十年来人们对于新型超硬材料的探索也从未停止。研究发现超硬材料一般是由碳、硼、氮、氧等元素构成的单质或化合物，以及这些元素和过渡金属元素形成的化合物。另外，纳米结构超硬材料也是一个新的发展方向[34,35]。

富勒石，由富勒烯组成的一种结晶态聚合物，是由莫斯科物理技术学院(MIPT)等机构的研究人员研究合成的一种新型超硬材料。富勒石是 $C_{60}$ 富勒烯在 20GPa 高压和 2000℃高温下合成的，具有比金刚石更好的稳定性和更高的硬度。富勒石可以极大促进超强金属加工业的发展，但还没有大规模应用的条件，需要解决生产过程中的超高压等问题。

金属硼化物中硼原子之间、硼原子与金属原子之间的共价键使得它具有高硬度的可能性，从而引起了超硬材料行业的关注。但目前金属硼化物正在探索研究中，并没有在实际生产中得到应用。在几种金属硼化物中，二硼化锇没有达到超硬材料界定的硬度值，硼化铼的硬度具有明显的各向异性，二硼化钌的硬度还有待进一步确定。

异质金刚石，也称立方硼-碳-氮，是纳米晶粒和超细粉体凝聚成的聚晶材料。2001 年，有报道称在高于 18GPa 压力和 2200K 温度下可以用类石墨 $(BN)_{0.48}C_{0.52}$ 的直接固态相变合成类金刚石结构的立方硼-碳-氮($C\text{-}BC_2N$)。立方硼-碳-氮的硬度介于金刚石和立方氮化硼之间，同时具有好的热稳定性和化学稳定性，可以满足高速切削和精磨加工铁基合金材料的需求。

2013 年，国内燕山大学田永君等合成了纳米孪晶 CBN 材料。与单晶 CBN 相比，纳米孪晶 CBN 具有更高的硬度和更好的热稳定性，进一步延长了超硬刀具的使用寿命。在合成纳米孪晶 CBN 的基础上，田永君课题组又在高温高压条件下成功合成了纳米孪晶金刚石，实验测试发现该金刚石具有超高的硬度和热稳定性，其维氏硬度达到了 200GPa，在空气中的氧化温度比天然金刚石高了 200K[29]。

# 3.6 炭素材料

## 3.6.1 炭素材料的分类

炭素材料是指以碳元素为主要成分的材料。碳元素在构成材料时有不同的成键方式，即 sp 型、$sp^2$ 型和 $sp^3$ 型，因此构成了晶体结构不同的材料，也就是碳的同素异形体。目前，以 sp 型杂化轨道为主的有卡宾碳，以 $sp^2$ 型杂化轨道为主的有石墨、石墨烯、富勒烯等，以 $sp^3$ 型杂化轨道为主的有金刚石等[36,37]。表 3.4 是上述三者的特征对比。其中金刚石在 3.5.1 节中已详细介绍，本节略过。

表 3.4　碳的同素异形体

| 特征 | 卡宾碳 | 石墨 | 金刚石 |
|---|---|---|---|
| 杂化轨道 | sp | $sp^2$ | $sp^3$ |
| 化学键形式 | 三键 | 双键 | 单键 |
| 结构 | 线状 | 六角网面(平面) | 正四面体(立体) |

卡宾碳可以认为是由 sp 杂化轨道构成的，其中碳原子呈直线链，一般用 $R_2C$ 表示。自然界中尚未发现卡宾碳的存在，只能在低温下(77K 以下)捕集，在晶格中加以分离和观察。目前对卡宾碳的研究才刚开始，由于它具有不稳定性，其结构、物性尚不清楚。

石墨(graphite)是一种层状材料，在晶体中同层碳原子间以 $sp^2$ 杂化形成共价键，每个碳原子与另外三个碳原子相连，六个碳原子在同一平面上形成正六边形的环，伸展形成片层结构。石墨的层与层之间以范德瓦耳斯力结合。石墨可用作抗磨剂、润滑剂，高纯度石墨可用作原子反应堆中的中子减速剂，还可用于制造坩埚、电极、电刷、干电池、石墨纤维、换热器、冷却器、电弧炉、弧光灯、铅笔的笔芯等[38]。

石墨烯(graphene)是从石墨材料中剥离出来，由碳原子组成的只有一层原子厚度的二维晶体。由于石墨层与层之间是以较弱的范德瓦耳斯力连接的，因此很容易被解离成薄的石墨片。2004 年，英国曼彻斯特大学物理学家安德烈·盖姆和康斯坦丁·诺沃肖罗夫用微机械剥离法成功从石墨中分离出石墨烯，因此共同获得 2010 年诺贝尔物理学奖。石墨烯中每个碳原子以 $sp^2$ 杂化，形成独特的二维六角蜂窝状的晶格结构，可以看作单原子层的石墨。石墨烯常见的粉体生产方法为机械剥离法、氧化还原法、SiC 外延生长法，薄膜生产方法为化学气相沉积(CVD)法[39]。近年来，石墨烯的研究与应用开发持续升温，石墨和石墨烯有关的材料广泛应用在电池电极材料、半导体器件、透明显示屏、传感器、电容器、晶体管等方面。石墨烯材料的优秀电性能也使其在节能、取热等方面具备优势，具备在航空航天、电子信息领域的应用前景[40]。另外，从石墨烯衍生而来的氧化石墨烯等材料也有巨大潜力，其内部含有的丰富活性基团使其在环境净化、抗菌杀毒、化学催化等领域存在许多应用的可能[41]。

富勒烯(fullerene)是一种完全由碳组成的中空分子，呈球状、椭球状、柱状或管状。与石墨和金刚石不同，富勒烯是以分子形态存在的，可以溶解于某种有机溶液中。1985年英国化学家哈罗德·沃特尔·克罗托和美国科学家理查德·斯莫利在莱斯大学制备出了第一种富勒烯，即 $C_{60}$ 分子或 $C_{60}$ 富勒烯，因为这个分子与建筑学家巴克明斯特·富勒的建筑作品很相似，为了表达对他的敬意，将其命名为巴克明斯特·富勒烯(巴克球)。富勒烯具有抗氧化作用，被应用于护肤品中。图3.3是石墨、石墨烯和富勒烯的结构示意图。

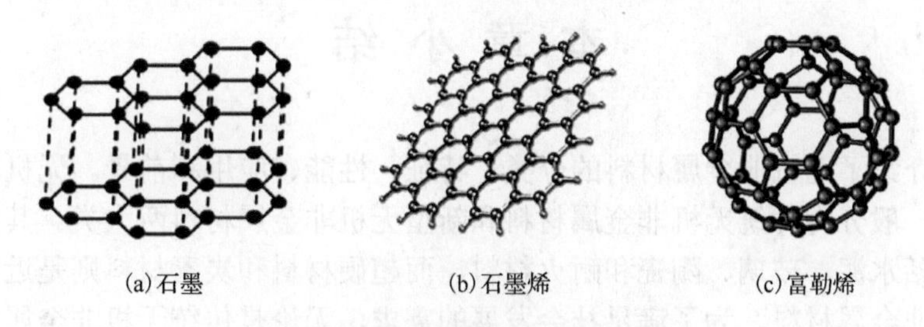


图3.3　石墨及其他碳材料结构示意图

## 3.6.2　炭素材料的研究热点和发展趋势

随着可持续发展、节约能源等概念的提出，人们对传统的炭素材料的性能及使用也提出了更高的要求。目前对多孔碳材料及其在环境应用方面研究最多，清洁能源储存和纳米碳材料方面的研究次之，接下来是对结构碳材料和吸附炭素材料的研究。多孔碳材料、纳米碳材料和含碳复合材料构成了当今炭素材料研究领域的重点[42]。

多孔碳材料是指具有不同孔隙结构的新型炭素材料，其孔隙尺寸处于与吸附分子尺寸相当的纳米级超细微孔至微米级细孔范围内，具有耐高温、耐酸碱、导电、导热等一系列特点[43]。多孔碳材料在能源存储和环境净化方面的应用有着很大的前景，因此其一直是炭素材料之中的最为重要的研究对象。多孔碳材料在能源存储方面主要应用于双电层电容器的电极材料和清洁能源中，是清洁能源氢气和天然气存储的主要载体。前者利用外界电压对金属离子产生作用来完成存储功能，后者则利用多孔原理将能源气体直接吸附来加以存储。在环境净化方面，多孔碳材料主要用于水的净化和气体的净化。

纳米碳材料是指在一维或多维方向上尺寸处于纳米尺度范围内的炭素材料，包括碳纳米管、富勒烯、纳米纤维、纳米石墨片、炭黑等。自富勒烯与纳米碳管出现以来，学者研究了纳米碳材料的诸多性能，包括储氢性能、电化学性能、场发射性能和填充增强性能等。纳米碳材料的应用研究包括用作电子器件、电极材料、催化剂载体、填充物、气体传感器、气体存储载体、贵金属提取吸附剂等。纳米碳材料还具备良好的电子迁移率和光敏性，使其在光电方面亦有应用场景[44]。

含碳复合材料是指由炭素材料(为基体)、增强体、添加剂或涂层构成的复合材料，对其抗氧化性能的研究最多。同时，含碳复合材料具有优异的力学性能和耐热性能，在航空航天领域得到了广泛的应用。含碳复合材料研究的另一个重要内容是其耐磨性，提高含碳复合材料的使用寿命，从而使含碳复合材料能成功地应用于摩擦材料的研究中。

炭素材料的主要研究和应用方向为能源、环境治理和生物医用材料等。炭素材料在能源方面的应用主要包括 EDLC 的电极材料、氢气和天然气的存储载体、燃料电池催化剂载体和双极板、锂离子二次电池的负极材料等。环境治理使用的炭素材料依旧为多孔碳材料，但研究重点已偏向对多孔碳材料的改性和处理。由于炭素材料和生物体(包括人体)具有良好的生物相容性，因此炭素材料成为制造生物材料的一类重要材料[45]。

炭素材料有广泛的组织结构和功能，是非常重要的工业材料，尤其是新型碳材料在今后以纳米技术为尖端科学技术的领域将有广泛的用途。

## 本章小结

本章主要介绍了无机非金属材料的分类、特征、性能、应用和前景。无机非金属材料涉及范围广泛，一般分为传统无机非金属材料和新型无机非金属材料两大类。其中传统的无机非金属材料包括水泥、玻璃、陶瓷和耐火材料，而超硬材料和炭素材料则是近些年来重点研究的新型无机非金属材料。为了满足社会发展的需求，无论是传统无机非金属材料还是新型无机非金属材料都有了新的研究方向和进展。例如，为适应新时代建设需求研发了特种水泥，为满足信息时代的发展产生了电子信息玻璃，为获得新型高温材料制造了精密陶瓷氮化硅等。同时，新型超硬、炭素材料如石墨烯、纳米碳材料、立方氮化硼等更是当下研究的热点。无机非金属材料具有种类繁多、功能多元、性能优异的特点和优势，广泛应用于我国建筑、工业、电子、航空航天和国防等诸多领域，极大地推动了社会和经济的发展。

## 思考题

3-1 常用的水泥品种有哪些？
3-2 玻璃的主要化学成分及所起作用是什么？
3-3 安全玻璃的结构特点是什么？
3-4 电子信息玻璃须满足什么技术指标？
3-5 自洁净玻璃的工作原理是什么？
3-6 陶瓷材料有哪些分类方式？
3-7 氮化硅陶瓷有什么性能特点及应用？
3-8 碳化硅陶瓷有哪些制备方式？
3-9 压电陶瓷有哪些发展方向？
3-10 耐火材料有哪些性能要求？
3-11 不定形耐火材料有哪些使用方式？
3-12 超硬材料一般分为哪几类？
3-13 金刚石的制备方法有哪些？
3-14 炭素材料应用在哪些方面？

# 参 考 文 献


[1] 陈光, 崔崇. 新材料概论[M]. 北京: 科学出版社, 2003.

[2] 崔崇, 江金国, 马碧涛. 湿排粉煤灰的活化及其应用研究[J]. 粉煤灰综合利用, 2005, 18(1):37-39.

[3] 胡曙光. 特种水泥[M]. 2 版. 武汉: 武汉理工大学出版社, 2010.

[4] 章登进, 左晓宝, 李向南, 等. 混凝土中氯离子-硫酸根离子耦合传输模型[J]. 土木工程与管理学报, 2019, 36(3):190-196.

[5] 王会芳, 赖建中, 杨浩若. 超高性能装饰混凝土的制备及性能[J]. 土木工程与管理学报, 2017, 34(2): 123-127.

[6] 杨毅, 姜炜, 刘宏英, 等. 纳米复合技术在新型建材中的应用[J]. 中国粉体技术, 2006, 12(1): 43-47, 50.

[7] 张锐, 陈德良, 杨道媛. 玻璃制造技术基础[M]. 北京: 化学工业出版社, 2009.

[8] 彭寿. 新玻璃概论[M]. 北京: 高等教育出版社, 2013.

[9] 管玲俐, 李苏泷. 夏热冬冷地区百叶外遮阳对建筑能耗及眩光的影响[J]. 暖通空调, 2018, 48(2):93-96.

[10] 秦北志, 杨李茗, 朱日宏, 等. 光学元件精密加工中的磁流变抛光技术工艺参数[J]. 强激光与粒子束, 2013, 25(9): 2281-2286.

[11] 许波晶, 吴杨慧, 蒋锦虎, 等.双喷头静电喷射法制备光滑且致密的二氧化硅薄膜[J]. 电镀与涂饰, 2018, 37(7): 306-309.

[12] 何世禹. 机械工程材料[M]. 哈尔滨: 哈尔滨工业大学出版社, 1995.

[13] 尹衍升, 陈守刚, 李嘉. 先进结构陶瓷及其复合材料[M]. 北京: 化学工业出版社, 2006.

[14] 齐宝森. 新型材料及其应用[M]. 哈尔滨: 哈尔滨工业大学出版社, 2007.

[15] ZHENG K, LIAO W H, SUN L J, et al. Investigation on grinding temperature in ultrasonic vibration-assisted grinding of zirconia ceramics[J]. Machining Science and Technology, 2019, 23(4): 612-628.

[16] 张玉军. 结构陶瓷材料及其应用[M]. 北京: 化学工业出版社, 2005.

[17] 王鹏. 碳化硅陶瓷抗弹性能研究[D]. 南京: 南京理工大学, 2012.

[18] 刘阳, 曾令可, 刘明泉. 非氧化物陶瓷及其应用[M]. 北京: 化学工业出版社, 2011.

[19] 蒋招绣, 高光发. 碳化硼陶瓷的力学特性和破坏行为研究进展[J]. 材料导报, 2020, 34(23): 23064-23073.

[20] 刘维良. 先进陶瓷工艺学[M]. 武汉: 武汉理工大学出版社, 2004.

[21] 肖汉宁, 高朋召. 高性能结构陶瓷及其应用[M]. 北京: 化学工业出版社, 2006.

[22] 孙浩轩, 曹丽燕, 汪振华. 放电等离子烧结氮化硅陶瓷刀具材料的摩擦磨损性能[J]. 硅酸盐通报, 2019, 38(12):3734-3740.

[23] 曹晓明. 先进结构材料[M]. 北京: 化学工业出版社, 2005.

[24] 薛群虎, 徐维忠. 耐火材料[M]. 2 版. 北京: 冶金工业出版社, 2009.

[25] 宋希文. 耐火材料工艺学[M]. 北京: 化学工业出版社, 2008.

[26] 李楠, 顾华志, 赵惠忠. 耐火材料学[M]. 北京: 冶金工业出版社, 2010.

[27] 宋希文, 赛音巴特尔. 特种耐火材料[M]. 北京: 化学工业出版社, 2011.

[28] 张旺玺, 梁宝岩, 李启泉. 超硬材料合成方法、结构性能、应用及发展现状[J]. 超硬材料工程, 2021, 33(1): 30-40.

[29] 王艳辉, 臧建兵. 超硬炭材料——金刚石及立方氮化硼制造与应用[M]. 北京: 化学工业出版社, 2017.

[30] 连东洋, 杨经绥, 刘飞, 等. 金刚石分类、组成特征以及我国金刚石研究展望[J]. 地球科学, 2019, 44(10): 3449-3453.

[31] 韩奇钢. 人造金刚石的制备方法及其超高压技术[J]. 高压物理学报, 2015, 29(4): 313-320.

[32] 曹燕, 程寓, 胡晓, 等. 微波烧结陶瓷结合剂金刚石砂轮磨削硅片性能的研究[J]. 制造技术与机床, 2020, (6): 122-125.

[33] 王光祖. 立方氮化硼(cBN)特性综述[J]. 超硬材料工程, 2005, 17(5): 41-45.

[34] 张太全. 超硬材料发展综述[J]. 超硬材料工程, 2015, 27(3): 40-45.

[35] 谈耀麟. 国际新型超硬材料研发综述[J]. 超硬材料工程, 2015, 27(6): 36-41.

[36] 刘明非. 炭素材料的定义及分类原则[J]. 炭素技术, 2005, 24(1): 1-5.

[37] 李同起, 王俊山, 胡子君, 等. 当今炭素材料的研究热点和发展趋势[J]. 宇航材料工艺, 2006, 36(2): 1-6, 55.

[38] 仇晓丰, 赵桂花. 防腐材料之星——炭与石墨[M]. 北京: 科学出版社, 2017.

[39] 来常伟, 孙莹, 杨洪, 等. 通过“点击化学”对石墨烯和氧化石墨烯进行功能化改性[J]. 化学学报, 2013, 71(9): 1201-1224.

[40] 魏杰, 李昊, 张亚男, 等. 石墨烯复合材料在电热防/除冰领域研究进展[J]. 中国材料进展, 2021, 41(6): 487-496.

[41] 蒋丽丽, 徐帅帅, 夏宝凯, 等. 缺陷调控石墨烯复合催化剂在氧还原反应中的作用[J]. 无机材料学报, 2022, 37(2): 215-222.

[42] 陈明礼. 炭素材料的研究热点和发展趋势[J]. 科技创新与应用, 2016, (4): 102.

[43] 姚七妹, 谭镇, 周颖, 等. 模板法制备多孔炭材料的研究进展[J]. 炭素技术, 2005, 24(4): 15-19.

[44] 汤琴, 孔惠慧, 安蓉, 等. 利用芳香性有机染色分子调控富勒烯聚集体结构[C]. 大连: 中国化学会第 30 届学术年会摘要集-第二十一分会: π-共轭材料, 2016: 34.

[45] 黄先亮. 炭素材料的应用现状及发展[J]. 炭素技术, 2013, 32(1): 30-35.

# 第4章　高分子材料

高分子材料泛指以相对分子质量大于 $10^4$ 的高分子化合物为主所构成的材料。因为不仅可以使用天然高分子，还可以通过分子结构设计获得多样化的合成高分子，所以高分子材料的种类极为丰富。借助各种功能化复合、结构改性以及不同加工成型技术，高分子材料可制备成任意形态(流体、凝胶状、丝状、颗粒状等)、各种结构和具有不同功能的部件，广泛应用在日常生活、石油化工、工农业、尖端科技、国防建设等诸多领域。以下根据高分子材料的应用特性进行概述。

## 4.1　高分子材料的分类

与金属、陶瓷、玻璃、水泥等传统材料相比，高分子合成材料是20世纪才兴起的新型材料，也是材料科学发展研究的重要领域，从某种程度上可以说，高分子材料与国民生活、社会经济和科技发展密切联系，在推动社会生产力的同时，也丰富了广大人民的物质文明和精神文明，成为社会生活中衣、食、住、行不可缺少的材料，应用于服装、汽车、建材、机械、包装、电子信息、生物工程、航空航天、海洋工程等行业。用高分子材料制造出的产品可在-100～350℃温度范围内使用，可实现耐腐蚀、耐辐射、阻燃隔热、消声减振、耐深度真空和超高压等特性，有些高分子材料甚至可以代替金属、木材、玻璃、陶瓷等工程材料，并具有其他材料所不能获取的特殊性能。随着高分子材料的不断发展和创新，更多具有优异实用性的智能型材料也层出不穷[1]。

高分子材料的应用性能与主体高分子化合物的结构特性密切相关。高分子化合物由一种或多种小分子通过共价键相互连接而成，并形成链状的分子网络(体型大分子)。大分子的结构表示式通过最小重复结构单元表达，简称为链节。构成结构单元的小分子称为单体。例如，聚乙烯大分子由乙烯单体通过聚合反应首尾重复连接而成：—$CH_2$—$CH_2$—$CH_2$—$CH_2$—$CH_2$—$CH_2$—$CH_2$—，可缩写成$[CH_2—CH_2]_n$。其中—$CH_2$—$CH_2$—为结构单元(链节)，下标 $n$ 代表重复结构单元数，又称聚合度，是衡量相对分子质量大小的一个指标。高分子材料的独特和优异性能如高弹性、黏弹性、物理松弛行为等都与其相对分子质量相关[2, 3]。

根据聚合方式，高分子化合物可分为：①均聚物，由一种单体聚合而成，如聚乙烯、聚丙烯、聚苯乙烯、聚丁二烯等；②共聚物，由两种或两种以上单体共聚合而成，如丁二烯与苯乙烯共聚合而成丁苯橡胶，乙烯与辛烯等共聚合而成聚烯烃热塑性弹性体等，根据结构单元的排列方式又分成接枝共聚物、嵌段共聚物、交替共聚物、无规共聚物等；③缩聚物，由两种单体通过缩聚反应连接而成，其重复单元由两种结构单元合并组成，如聚酰胺、环氧树脂、聚酯等。例如，尼龙 66(属于聚酰胺的一种)由单体己二胺和己二酸缩聚生成：

$[NH(CH_2)_6NHCO(CH_2)_4CO]_n$，其重复结构单元由—$NH(CH_2)_6NH$—和—$CO(CH_2)_4CO$—组成[4, 5]。

高分子材料有多种分类方法，可按化学结构、来源、性能和用途分类。

根据高分子化学物的化学结构，可分为碳链高分子、杂链高分子、主链不含碳元素的有机高分子以及全无机高分子。根据高分子化合物的原料来源，可分为天然高分子和合成高分子，以及改性天然高分子和改性合成高分子。

基于性能和用途的分类方式更能体现出高分子材料的广泛实用特性。根据材料凝聚态结构、物理和力学性能、材料制备方法，以及在国民经济建设中的主要用途，高分子材料分为通用高分子材料、特种高分子材料和功能高分子材料三大类。通用高分子材料是指能够大规模工业化生产，已普遍应用于建筑、交通运输、农业、电气电子工业等国民经济主要领域和人们日常生活的高分子材料，其中又分为橡胶、纤维、塑料、黏合剂、涂料等类型。特种高分子材料主要是指具有优良机械强度和耐热性能的高分子材料，如聚碳酸酯、聚酰亚胺等材料，已广泛应用于工程材料。功能高分子材料是指具有特定的功能作用，可用作功能材料的高分子化合物，包括功能性分离膜、导电材料、医用高分子材料、液晶高分子材料等[6-8]。

## 4.2 通用高分子材料

通用高分子材料应用面极广，涉及家电、化工、冶金、汽车和电子等国民经济的各个重要领域。大致可分成塑料(和合成树脂)、橡胶、纤维、涂料、黏合剂五大类，其中塑料产量占70%～80%。以下将介绍各类通用高分子材料的特性和主要应用[9]。

### 4.2.1 塑料

塑料是高分子材料中最主要的品种之一，专指以合成树脂或化学改性的高分子材料为主要成分，加入填料、增塑剂和其他添加剂，在一定条件(温度、压力等)下塑化成型为一定形状的制品。塑料同时具有柔韧性和刚性，在常温下具有相当大的力学强度，不似橡胶的高弹性，一般也不构成如纤维的分子链取向排列和晶相结构。

**1. 塑料的主要优点**[6, 10,11]

(1)密度小，比强度高。塑料的相对密度为0.9～2.2，仅为钢铁的1/4～1/8。可代替木材、水泥、砖瓦等工程材料大量应用于房屋建筑、装修、装饰、桥梁、道路等方面。

(2)耐化学腐蚀性优良。多数塑料的化学稳定性好，能耐酸、碱，耐油，耐污和其他腐蚀性物质。

(3)电绝缘性好。大多数塑料的体积电阻率很高($10^{10}$～$10^{20}\Omega\cdot cm$)。具有较好的隔热性，有消声减振作用。

(4)摩擦系数小，耐磨性好。

(5)原料来源广，易于加工成型和着色。制品能耗少、制造成本低、环境污染小。

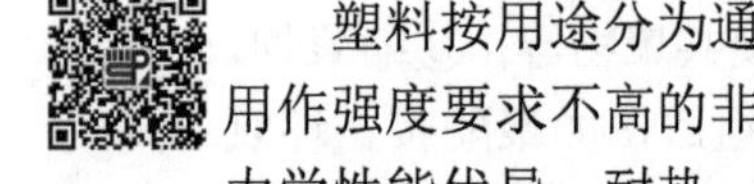

塑料按用途分为通用塑料和工程塑料。通用塑料产量大、价格低、力学性能一般，主要用作强度要求不高的非结构材料，应用最广的有聚乙烯、聚丙烯、聚氯乙烯、聚苯乙烯等。力学性能优异、耐热、耐磨、尺寸稳定性良好、能经受较宽的温度变化和较苛刻环境条件的塑料称为工程塑料，多用作结构材料，工业生产中应用最广泛的五种工程塑料分别是聚酰胺(尼龙，PA)、聚碳酸酯(PC)、聚甲醛(POM)、聚对苯二甲酸丁二醇酯(PBT)以及聚苯醚(PPO)。根据热行为模式，塑料又可分为热塑性塑料和热固性塑料两大类。热塑性塑料是原料加温塑化变软，流动成型后再冷却定型，具有一定强度的制品。热塑性塑料的加工过程简单，可以大规模连续生产。其软化-变硬的过程可以重复、循环进行，即能够反复成型加工，这种特性对塑料制品的再生利用有重要意义。热塑性塑料产量占塑料总产量的70%以上。热固性塑料的原料是相对分子质量较低($10^2$～$10^3$)的线型或支链型预聚体，在一定条件下(通过添加固化剂或/和加热)在模具中发生化学聚合，固化形成网状或体型高分子制品。热固性塑料的聚合过程和成型过程是同时进行的，所形成的交联型高分子材料即使再受热也不会回到可塑状态。因此，热固性塑料制品是不熔的。

**2. 塑料制品的主要添加剂**[3-5]

由单组分制成的塑料制品是极少的，绝大多数塑料制品在制造过程中都需添加各种各样的填料和助剂。添加剂种类很多，按性能需求，有改善加工性能的润滑剂和热稳定剂；有改进力学性能的增强剂、抗冲改性剂、增塑剂和各种填料；有提高使用过程中耐老化性的抗氧剂、光稳定剂等；有改进耐燃性能的阻燃剂；还有着色剂、发泡剂、交联剂、抗静电剂等。这些添加剂的种类和用量配比都需要通过合理的配方和工艺设计来实现优化。

**1)稳定剂**

稳定剂可以防止塑料在加工和使用过程中，在热、力、氧、光等作用下发生过早分解和老化，延长制品的使用寿命。稳定剂种类很多，主要包括热稳定剂、抗氧剂、紫外线吸收剂、光屏蔽剂等。其主要作用是中和聚合物的分解物，阻止分子链进一步发生断裂。

(1)热稳定剂。近年来发展出多种复合热稳定剂，它们是由主、辅热稳定剂和其他助剂组成的协同稳定体系，主要有共沉淀金属皂类复合热稳定剂、液体金属皂类复合热稳定剂、有机锡复合热稳定剂等。特点是与树脂相容性好、透明性好、不易析出、易计量、无污染、加工性能好。

(2)抗氧剂。几乎所有的有机化合物都是氧敏感的。天然和合成高分子材料都会发生氧化，受热或紫外线作用可加速氧化，使高分子材料老化。抗氧剂的作用在于消除老化反应中生成的过氧化自由基，还原烷氧基或羟基自由基等，从而终止氧化的连锁反应。主要抗氧剂有酚类和芳胺类。一般而言，酚类抗氧剂对制品无污染且不引起变色，适用于烯烃类塑料或其他无色及浅色塑料制品。芳胺类抗氧剂的抗氧化效能高于酚类且有光稳定作用，缺点是有污染性和变色性，多用于深色橡胶制品。其他常用辅助抗氧剂有硫代酯类和亚磷酸酯类。变价金属离子钝化剂(如醛和二胺缩合物、草酰胺类、酰肼类、三唑和四唑类化合物等)也常归于抗氧剂，它们能与变价金属离子的盐联结为络合物，从而消除这些金属离子的催化氧化活性。

(3)光稳定剂。紫外线辐射也会加速高分子材料的氧化降解。强辐射足以使大分子主链断裂，发生光降解。此外，也有水、臭氧、微生物等的影响。光稳定剂能吸收紫外线或减少紫外线透射作用，其原理是将紫外线的光能转化成热能或无破坏性的较长光波，将能量释放出来。光稳定剂添加量很少，一般为0.1%～0.5%。由于各种高分子材料对紫外线的敏感波长不同，因此要根据具体体系，选择具有适当吸收光波长范围的光稳定剂，才能实现最佳的稳定效果。常用的光稳定剂有紫外线吸收剂、光屏蔽剂、紫外线淬灭剂、受阻胺光稳定剂等类型。

紫外线吸收剂有邻羟基二甲苯酮类、水杨酸酯类、苯并三唑类、三嗪类等。光屏蔽剂主要是炭黑、氧化锌、钛白粉、锌钡白等颜料类填料，其本身具有反射或吸收紫外线的能力。紫外线淬灭剂是一类较新型高效光稳定剂，主要是一些二价镍的有机螯合物。

**2）增塑剂**

加工玻璃化转变温度较高的高分子材料时，为制得室温下软质的制品和改善加工时的熔体流动性，都需要加入一定量增塑剂。因此，它是塑料工业的一种重要助剂。增塑剂一般为低分子油状物，少数为低熔点固体，其沸点较高(高于 250℃)，不易挥发，与高分子材料有良好的混溶性。增塑剂可降低分子间作用力和缠结程度，提高分子链活动能力，因而能够降低高分子材料玻璃化转变温度以及成型温度，改善加工流动性。增塑剂的加入会提高塑料制品的柔韧性、弹性和耐低温性，但也会降低制品的强度、模量以及刚性和脆性等。工业上主要使用增塑剂的高分子材料有聚氯乙烯、氯乙烯共聚树脂、聚偏二氯乙烯、聚醋酸乙烯酯、聚乙烯醇、ABS 树脂(丙烯腈、丁二烯、苯乙烯三种单体的三元共聚物)以及纤维素树脂等。增塑剂可分为主增塑剂和辅助增塑剂两类。主增塑剂与高分子材料混溶性好、塑化效率高，可单独使用，主要有苯二甲酸酯类、磷酸酯类、多元醇类、二元脂肪酸酯类、环氧化油类、含氯类等。辅助增塑剂与高分子材料的混溶性稍差，通常与主增塑剂一起使用，以获得某些特殊性能(如耐寒性、耐候性、电绝缘性等)或降低成本(故也称增量剂)。

**3）填料及增强剂**

填料的主要功能是提高树脂的利用率，降低成本(增量型填料)，在一定程度上改善塑料基体的某一性能，如赋予材料导电性、阻隔性、阻燃性、防烟性、防黏性，提高尺寸稳定性，降低收缩率，提高刚性和硬度，减缓热固性树脂固化时的发热，防止其龟裂等(功能型填料)。填料是塑料工业中添加量最大的一种助剂，用量可高达 50%。

填料种类繁多，主要可分为无机填料和有机填料两大类。无机填料有金属粉、金属氧化物；二氧化硅质(白炭黑、石英砂、硅藻土等)；硅酸盐(云母、滑石、陶土、石棉、玻璃纤维、玻璃微珠等)；碳酸盐(轻质碳酸钙、重质碳酸钙、石灰石等)；碳质(炭黑、石墨等)；其他(各种矿渣、工厂废灰料等)等。有机填料多数为纤维状物质，天然纤维有机植物性的木粉、壳粉、棉绒、黄麻、亚麻、动物性的蚕丝等；合成纤维有人造丝、尼龙、醋酸纤维素、碳纤维等，都可以用作填料加入树脂基体中去。

能够显著提高塑料制品强度和刚性的填料也称增强剂，包括各种形状、各向异性的片材或纤维状材料，以及短纤维材料。最常用的增强剂有玻璃纤维、石棉纤维，新型的增强剂有碳纤维、石墨纤维和硼纤维等。纤维类增强剂的用量一般为 20%～50%。大多数填料与塑料基体的相容性很差，为提高填料和增强剂的增强效果，必须改善它们与高分子材料之间的相容性，增强两相界面分子间相互作用。最常用的办法是采用某些化学物质或专用偶联剂处理填料及增强剂表面，增加其活性。

**4）润滑剂**

润滑剂作用是改善塑料熔体的加工流动性，防止塑料在热成型加工过程中发生粘模现象。常需要添加润滑剂的树脂是聚氯乙烯(PVC)、聚烯烃、纤维素树脂、聚酰胺、ABS 树脂等热塑性树脂以及酚醛树脂、脲醛树脂、聚氧酯、硅树脂等热固性树脂。根据与高分子熔体的相容性，润滑剂分为内润滑剂和外润滑剂两种。内润滑剂的分子与高分子材料有良好的相容性，可以降低极性高分子材料的分子间内聚力(如PVC、ABS树脂等)，从而降低加工时熔体自身的位移阻力以及内摩擦导致的升温，提高熔体流动速率。常用的内润滑剂有脂肪醇(C14醇、C18醇)、脂肪酸单甘油酯(如硬脂酸单甘油酯)、脂肪酸低级醇酯(如硬脂酸丁酯)等。外润滑剂分子具有较长的非极性碳链，与高分子材料相容性差，其作用主要是降低熔体与加工机械表面间的摩擦，防止熔体与加工设备热金属表面的黏附，提高熔体流动速度。最常用的外润滑剂有固体石蜡、相对分子质量低的聚乙烯(聚乙烯蜡)、硬脂酸及其金属盐类(如硬脂酸铅、硬脂酸钙等)。实际上，内、外润滑剂的区分并非十分严格，如硬脂酸金属皂类，往往兼具内外润滑两种作用。润滑剂用量一般为0.5%～1.5%。

**5) 阻燃剂**

许多高分子材料(如聚乙烯、聚丙烯、聚甲基丙烯酸甲酯、聚苯乙烯等)是极易燃烧的，纯PVC虽不能点燃，但其中所含增塑剂是可燃的。因此，在很多应用领域要求在树脂基体中加入阻燃剂以提高塑料的难燃性，制成不燃性或自熄性塑料制品。根据阻燃剂的使用方法，可分为添加型阻燃剂和反应型阻燃剂两大类。添加型阻燃剂多用于热塑性塑料，按化学结构可分为有机阻燃剂(如磷酸酯、含卤磷酸酯、有机卤化物等)和无机阻燃剂(如三氧化二锑、氢氧化铝或水合氧化铝及其他金属化合物)。反应型阻燃剂都具有反应性基团，可作为共聚单体用于热固性或热塑性树脂的合成以及热固性树脂的固化反应。反应型阻燃剂的优点在于其对塑料制品的力学性能和电学性能影响较小，不易发生迁移，阻燃性持久；缺点是价格较高。

**6) 固化剂**

固化剂是专用于热固性树脂固化，在固化过程中对固化起催化作用或本身直接参加固化反应，使树脂由线型结构转变为体型交联结构的助剂。广义而言，各种交联剂都可视为固化剂。例如，固化剂与环氧树脂混合后，在一定条件(温度、时间)下能与环氧树脂的环氧基或侧羟基发生开环或加成反应，引起环氧树脂交联。用作固化剂的物质有胺类(如二乙基三胺、三乙基四胺、二甲胺基丙胺、六次甲基四胺、间苯二胺等)、酸酐类(如邻苯二甲酸酐、顺丁烯二酸酐、均苯四酸二酐等)、酰胺类(如低分子聚酰胺，它也用作增塑剂)、咪唑类(如2-甲基咪唑、2-乙基-4-甲基咪唑、2-苯基咪唑等)以及三氟化硼络合物。

**7) 发泡剂**

发泡剂在受热时分解放出气体，从而在塑料中形成泡孔结构(气、固相共存)，制成泡沫塑料。按产生气体的方式，发泡剂分为物理发泡剂和化学发泡剂两大类。物理发泡剂主要指压缩气体、可溶性固体和沸点低于110℃的挥发性液体。它们加入塑料熔体后，通过物理状态变化(相变)形成气泡孔。在物理(挥发性)发泡剂中，卤代烃和含5～7个碳的脂肪烃最为常用，其中由于氟氯烃对大气臭氧层有破坏作用，为了保护生态环境，这类发泡剂正受限制甚至禁止生产和使用。化学发泡剂主要有碳酸氢钠、碳酸氢铵、偶氮类化合物、亚硝基化合物、磺酰肼类化合物等，它们加热后易产生氮气、氨气、二氧化碳、一氧化碳、水汽及其他气体。

此外，塑料制品中常用的添加剂还有抗静电剂、着色剂、成核剂、光降解剂、防霉剂、防雾剂等。

### 4.2.2 橡胶

橡胶是指常温下处于高弹态的高分子材料，常称为弹性体材料。橡胶的主体是线型高分子聚合物，其分子链间次价力小，分子链柔性好，在很宽的温度范围(-50～150℃)内具有独特、无可比拟的高弹性，同时具有良好的疲劳强度、电绝缘性、耐化学腐蚀性以及耐磨性等。橡胶工业是许多国家的重要传统产业，涉及国民经济、人民生活、国防军工、尖端高科技等方面。约有 10 万种橡胶制品遍及人类社会，其中有 65%左右用在汽车工业上。

**1. 橡胶的分类**

橡胶按其来源，可分为天然橡胶和合成橡胶两大类。

98%的天然橡胶从自然界含胶植物(三叶橡胶树)中采集得来，基本成分是顺 1,4-聚异戊二烯，相对分子质量为 $3\times10^5$ 左右。天然橡胶制品具有一系列优良的物理力学性能，是综合性能最好的橡胶，如良好的弹性、机械强度、耐屈挠疲劳性能、耐寒性、气密性、电绝缘性和绝热性能。天然橡胶的缺点是耐油性差、耐臭氧和耐热氧老化性差。天然橡胶是用途最广泛的通用橡胶，大量用来制造轮胎和工业橡胶制品(如胶管、胶带)和橡胶杂品(如垫圈、垫片)等。此外，还用来制备雨衣、雨鞋、医疗卫生用品等日常生活用品。

合成橡胶是用人工合成方法制得的高分子弹性材料。合成橡胶品种很多，既包括与人们生产生活息息相关的石化产品，也是重要的国家战略资源。分子结构设计对于橡胶材料的应用性能拓展和优化至关重要。当前在橡胶产品创新方面，主要以可控自由基聚合、可控正离子聚合为基础，开发具有全新结构和性能的橡胶产品以及高性能绿色橡胶制品[11]。例如，2021 年南京理工大学化学与化工学院通过研发全新的动态硬相强化策略，制备出超高韧性的可修复弹性体材料：聚氨酯-脲弹性体材料，可展示出惊人的能量吸收能力，其抗冲击性可与结构材料相媲美[12]。

合成橡胶按其性能和用途可分为通用合成橡胶、特种合成橡胶和其他橡胶(图 4.1)。性能与天然橡胶相近、广泛用于制造轮胎及其他品种橡胶制品(运输带、胶管、垫片、密封圈、电线电缆等)的合成橡胶称为通用合成橡胶。这类代表产品有丁苯橡胶、顺丁橡胶、异戊橡胶、氯丁橡胶、丁基橡胶、丁腈橡胶、乙丙橡胶等。具有耐寒、耐热、耐油、耐腐蚀、耐辐射、耐臭氧等特殊性能，在特定环境条件下使用的合成橡胶称为特种合成橡胶，其代表品种有硅橡胶、氟橡胶、聚硫橡胶、聚氨酯橡胶、聚丙烯酸酯橡胶、氯醚橡胶等[3-5]。

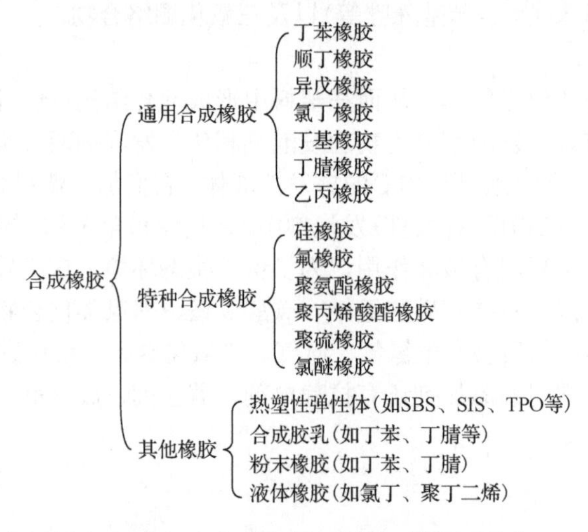


SBS-苯乙烯-丁二烯-苯乙烯嵌段共聚物；SIS-苯乙烯-异戊二烯-苯乙烯嵌段共聚物；TPO-热塑性聚烯烃弹性体

图 4.1 合成橡胶分类及主要品种

### 2. 橡胶配合体系

橡胶制品通常由生胶(天然橡胶或合成橡胶)与多种化合物配合，通过精心设计的生产工艺制成具有不同特性的复合材料。相比塑料制品的生产体系，橡胶的配方与生产工艺要复杂得多，是一项专业性很强的技术工作。配方设计不仅是研究原材料的最佳配比，更重要的是掌握材料中各组分之间存在的复杂物理/化学作用，探讨配合体系与生产工艺对制品性能的影响关系，以获得最佳综合性能，制成价廉物美的产品。通常的橡胶配合体系除生胶外，包括：使橡胶分子链发生交联的硫化体系(硫化剂、促进剂、活性剂、防焦剂等)；提高制品力学强度的补强和填充体系(补强剂、填充剂)；防止橡胶制品老化、延长使用寿命的防护体系(防老剂)；提高橡胶加工性能的增塑体系(增塑剂)。

各配合体系分别简介如下[3,5]。

**1) 硫化体系**

硫化是橡胶制品生产过程中最重要环节之一，生胶只有经过硫化、交联，形成具有三维网状结构的体型大分子，才会获得优异的高弹性和高强度，成为有实际使用价值的材料。由于最早的天然橡胶是采用硫黄进行交联的，橡胶的交联过程因而通常称为硫化。随着合成橡胶的大量出现，硫化剂的品种也不断增加。目前使用的硫化剂有硫黄、碲、硒、含硫化合物、过氧化物、醌类化合物、胺类化合物、树脂和金属化合物等，其中硫黄由于资源丰富、价廉易得、硫化橡胶性能优异，仍然是最佳的硫化剂。硫化反应是一个多元组分参与的复杂化学反应，包含橡胶分子与硫化剂及其他配合剂(促进剂)之间的系列化学反应。促进剂包括无机促进剂(氧化镁、氧化铅等)和有机促进剂(噻唑类、秋兰姆类、次磺酰胺类、胍类、二硫代氨基甲酸盐类、醛胺类、黄原酸盐类和硫脲类)。活性剂能提高硫化橡胶的交联密度及耐热老化性能。现代橡胶工业正朝着自动化、联动化方向发展，多采用较高温度的快速硫化法，使硫化诱导期缩短。为此，在硫化过程中，还常需加入防焦剂(又称硫化延迟剂或稳定剂)防止胶料焦烧，以保证后续生产安全可靠地进行。工业上常用的防焦剂有邻羟基苯甲酸、邻苯二甲酸酐、亚硝基二苯胺等。

**2) 补强与填充体系**

补强是橡胶工业的专有名词，指提高橡胶的抗拉强度、撕裂强度及耐磨耗性能。补强在橡胶制品加工中十分重要，许多生胶，特别是非自补强性的合成橡胶，如果不通过填充炭黑、白炭黑等予以补强，便没有实用价值。补强剂与填充剂并无明显界限。补强通过填充实现，凡能提高橡胶物理力学性能的填充剂都称为补强剂或活性填充剂。在胶料中主要起增加容积、降低成本作用的称为填充剂或增容剂。填料在橡胶工业中用量很大，其中尤以炭黑为甚。炭黑是橡胶工业中最重要的补强剂，炭黑耗量可占橡胶耗量的50%左右。炭黑的补强效果极佳，对于一些合成橡胶，如丁苯橡胶、丁腈橡胶、三元乙丙橡胶等，炭黑的补强倍率达到8～10。另外，炭黑还具有优异的耐磨性，特别适于制作轮胎胎面胶。除炭黑外，常用的补强剂还有白炭黑(水合二氧化硅、硅酸盐类)和某些超细无机填料(如碳酸钙、陶土、滑石粉、硅铝炭黑等)。对于橡胶补强体系，南京理工大学化学与化工学院开展了系统深入的相关理论和应用研究，开发了通过填料表面改性构建橡胶-填料近程相互作用模型、利用橡胶自愈合能力延长使用寿命等系列技术，并在车辆履带挂胶、冷轧钢铁薄板用橡胶辊和大型炼钢炉矿机运输皮带轮等重要大型器械产品中获得了优化的应用效果。

**3）防护体系（防老化体系）**

橡胶在长期储存、加工和使用过程中，受氧、臭氧、光、热、高能辐射及应力作用，逐渐发黏、变硬、弹性降低、龟裂、发霉、粉化的现象称为老化。老化过程中，橡胶分子结构可发生分子链降解、分子链间交联、主链或侧基化学变化。老化使橡胶制品的物理力学性能下降，弹性消失，电绝缘性、耐磨性变差等。由于橡胶老化的原因复杂，有热降解、热氧老化、臭氧老化、金属离子催化氧化、疲劳老化等，因此防老剂品种很多，可分为抗氧剂、抗臭氧剂、有害金属离子作用抑制剂、抗疲劳老化剂、抗紫外线辐射剂等。与塑料的氧化相似，橡胶的热氧化也是一种自由基链式自催化氧化反应，加入防老剂就是要终止自由基链式反应，防止引发自由基产生，以抑制或延缓橡胶氧化反应。防老剂通过截取链增长自由基 R·或 ROO·终止链式反应，抑制橡胶氧化反应，主要有胺类、受阻酚类、酮类化合物、硝基化合物等防老剂。预防性防老剂是指能以某种方式延缓引发自由基产生的化合物，不直接参与自由基的链式循环过程，包括光吸收剂、金属离子钝化剂和氢过氧化物分解剂。石蜡也可以作为橡胶防老剂，通过在表面形成一层薄膜而起到物理屏障作用。

**4）增塑体系**

橡胶增塑剂通常是一类相对分子质量较低的化合物。增塑剂的加入能够降低橡胶分子链间的相互作用力，使粉末状配合剂与生胶很好地浸润，从而改善混炼工艺，使配合剂均匀分散，缩短混炼时间，降低耗能，增加胶料的可塑性、流动性、黏着性，便于压延、压出和成型工艺操作。橡胶的增塑体系还能改善硫化橡胶的某些物理力学性能，如降低硫化橡胶的硬度和拉伸应力，赋予其较高的弹性、降低生热、提高耐寒性、降低成本等。橡胶增塑剂习惯上分为软化剂和增塑剂两类。软化剂多来源于天然物质，如石油系的三线油、六线油、凡士林，植物系的松焦油、松香等，常用于非极性橡胶。增塑剂多为合成产品，如酯类增塑剂邻苯二甲酸二辛酯（DOP）、邻苯二甲酸二丁酯（DBP）等，主要应用于某些极性的合成橡胶中。近年来，为改善增塑效果，防止相对分子质量低的增塑剂在使用时从橡胶基体中挥发、迁移、析出，又开发了相对分子质量较大的新型反应型增塑剂，如端基含有乙酸酯基的丁二烯、相对分子质量在1万以下的异戊二烯低聚物、相对分子质量为4000～6000的液体丁腈橡胶等。此类增塑剂在加工过程中起增塑剂作用，而在硫化过程中可与橡胶分子相互反应或自身聚合，一方面不易挥发、迁移，另一方面能提高产品的力学性能。

## 4.2.3　纤维

纤维是长径比大于1000，具有一维各向异性和柔韧性的纤细材料。一般为结晶聚合物，熔点为200～300℃，伸长率小（<10%），模量和抗张强度（>350MPa）都很高。常用的纺织纤维的直径为几微米至几十微米，而长度超过 25mm。纤维产品除应用于传统的纺织服装、家居等生活消费品外，还广泛应用于交通运输、环境保护、安全防护、土工建筑、医疗卫生、航空航天、国防军工等领域[13]。

纤维可分为两大类：一类是<u>**天然纤维**</u>，如棉、麻、羊毛、蚕丝等；另一类是<u>**化学纤维**</u>（图 4.2），即用天然或合成高分子化合物经化学加工制得的纤维。前者称为人造纤维，是一种以小分子的有机化合物为原料，经加聚反应或缩聚反应合成的线型有机高分子化合物，其中以天然棉、麻、竹子、树、灌木等为原料制得的是再生纤维素纤维，其纤维的化学组成与原料相同，如粘胶纤维；以纤维素为原料经酯化和纺丝制得的为纤维素酯纤维，其纤维的化学

组成与原料不同；以蛋白质(如玉米、大豆、花生以及牛乳酪素等蛋白质)为原料制得的是再生蛋白质纤维。后者称为合成纤维，是指以煤、石油、天然气等为原料，经反应制成具有适宜相对分子质量并可溶(或可熔)的线型聚合物(成纤高聚物)，再经纺丝成型和后处理而制得的纤维，其最主要的品种有涤纶(又称聚酯纤维，化学组成为聚对苯二甲酸乙二醇酯)、锦纶(又称尼龙，化学组成为聚酰胺)、腈纶(化学组成为聚丙烯腈)、维纶(化学组成为聚乙烯醇缩甲醛)、丙纶(化学组成为聚丙烯)和氯纶(化学组成为聚氯乙烯)。其中前三种的产量占世界合成纤维总产量的 90%以上。

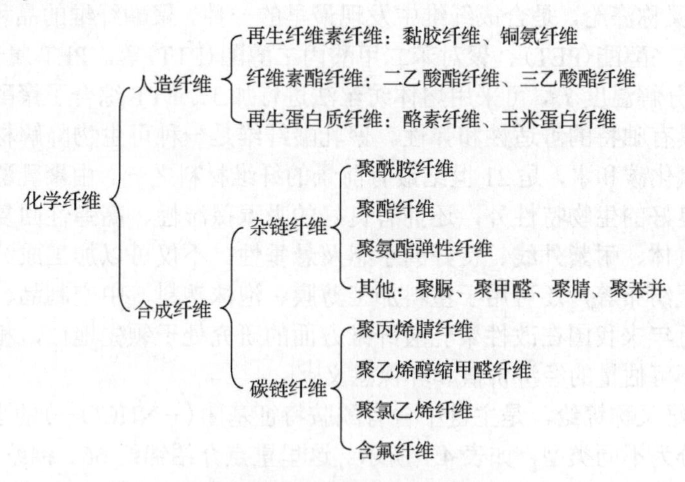


图 4.2　化学纤维的主要类型

各类主要纤维的组成和特性简述如下。

## 1. 天然纤维

天然纤维中，棉纤维和麻纤维属于植物性纤维，毛纤维和蚕丝属于动物性纤维，而石棉是最大宗的天然矿物纤维。棉纤维和麻纤维的主要成分是纤维素，占 90%～94%，其余是水分、脂肪、蜡质及灰分等。棉纤维外观呈微扭曲的空心状，纤维长径比为 1000～3000，其强度、伸长率较低，但湿强度较高。麻纤维细胞的断面形状有扁圆形、椭圆形、多角形等，其干湿强度较高，伸长率低，耐腐蚀。毛纤维和蚕丝的主要成分是蛋白质。毛纤维弹性好、耐酸性好、吸湿性较高，但强度低，耐热性和耐碱性较差。生蚕丝由 75%～82%的丝纤朊(蛋白质)和 18%～25%的丝胶朊(蛋白质)黏合而成。丝胶阮可溶于热水或弱碱性溶液。除去丝胶阮的丝纤阮，俗称熟丝，色白，柔软，具有光泽，强度高[14]。

## 2. 人造纤维

人造纤维一般具有与天然纤维相似的性能，有良好的吸湿性、透气性、染色性，手感柔软，富有光泽，是重要的纺织材料。重要品种有黏胶纤维、铜氨纤维、醋酸纤维素等。黏胶纤维的原料通常为木材、棉短绒、芦苇等含有纤维素的物质，经碱液处理，溶胀为碱纤维素，继而与二硫化碳反应成可溶性的黄原酸钠胶液，再经纺丝拉伸凝固，最后酸水解成纤维素黄原酸，同时脱二硫化碳而获得。其产量占总人造纤维产量的 95%以上。铜氨纤维是将纤维素溶于铜氨溶液(25%氨水、40%硫酸铜、8%氢氧化钠)中搅拌，利用空气中的氧气使纺丝清液适当降解，降低聚合度，再经纺丝拉伸，在 7%硫酸浴中凝固，洗去残留铜和氨而获得。铜氨法比较简单，但铜和氨的成本较高，不过约 95%的铜和 80%的氨是可以被回收的。醋酸纤维素是以硫酸为催化剂使纤维素经冰醋酸和醋酐乙酰化而成。醋酸纤维素的特性(强韧性、耐热性、黏度、密度等)与纤维素内的羟基取代数目(取代度)相关，使用较多的是2.2～2.8取代度的品种，可用作塑料、纤维、薄膜、涂料等。因其具有较高强度和透明度，还可用来制作录音带、胶卷、玩具、眼镜架、电器零部件等。

3. 合成纤维

与天然纤维和人造纤维相比，合成纤维的原料是由人工合成方法制得的，生产不受自然条件的限制。常用的合成纤维有涤纶、锦纶、腈纶、氯纶、维纶、氨纶、聚烯烃弹力丝等。

(1) 聚酯纤维又称涤纶，是合成纤维中发现最早的一种。聚酯纤维的品种很多，最常见的是聚对苯二甲酸乙二醇酯(PET)、聚对苯二甲酸丙二醇酯(PTT)等。PET属于结晶型高聚物，其熔点 $T_m$ 低于热分解温度 $T_d$，可采用熔体纺丝法进行加工。PTT综合了聚酰胺纤维和聚酯纤维的优异性能，具有独特的舒适性和弹性。聚乳酸纤维是一种可生物降解材料，可在自然界中完全分解为二氧化碳和水，是21世纪最有前景的纤维材料之一。由聚乳酸纤维制得的织物或无纺布除具有良好的生物特性外，还拥有良好的吸湿保湿性、高弹性回复率、无毒且燃烧时不会放出有毒气体、耐紫外线、良好的手感及悬垂性。不仅可以加工成纤维，纺织成机织品、针织品以及无纺布等，还可用于塑料加工薄膜、泡沫塑料、中空制品、模塑制品等，也可用作黏合剂。近年来我国在改性聚乳酸纤维方面的研究处于领先地位，相信未来聚乳酸纤维制品将会产生不可估量的经济价值和环保意义[15]。

(2) 聚酰胺纤维又称锦纶，是主链中含有酰胺特征基团(—NHCO—)的含氮杂链聚合物。根据合成方式可分为不同类型，如表4.1所示。这里重点介绍锦纶66。锦纶66由己二酸和己二胺缩聚而成，结晶度中等，熔点高(265℃)，有高强、柔韧、耐磨、易染色、低蠕变、耐溶剂等综合优点，是世界上第二大类合成纤维。锦纶的耐光性、耐热性、抗静电性、吸湿性较差，需要加以改善处理以满足各种用途的要求。除了用作地毯、袜子、衣用弹性织物及轻薄织物的纤维原料，也可用作工业纤维材料，如飞机及载重汽车轮胎帘子线、运输带和管材等橡胶增强材料、降落伞绸、网带等[13]。

**表4.1　聚酰胺的主要品种和命名**

| 纤维名称 | 学名或系统命名 | 商品名 |
|---|---|---|
| 聚酰胺4 | 聚α-吡咯烷酮纤维 | 锦纶4 |
| 聚酰胺6 | 聚己内酰胺聚纤维 | 锦纶6 |
| 聚酰胺7 | 聚ω-氨基庚酸纤维 | 锦纶7 |
| 聚酰胺8 | 聚辛内酰胺纤维 | 锦纶8 |
| 聚酰胺9 | 聚ω-氨基壬酸纤维 | 锦纶9 |
| 聚酰胺11 | 聚ω-氨基十一酸纤维 | 锦纶11 |
| 聚酰胺12 | 聚十二内酰胺纤维 | 锦纶12 |
| 聚酰胺66 | 聚己二酰己二胺纤维 | 锦纶66 |
| 聚酰胺610 | 聚癸二酰己二胺纤维 | 锦纶610 |
| 聚酰胺1010 | 聚癸二酰癸二胺纤维 | 锦纶1010 |
| 聚酰胺6T | 聚对苯二甲酰己二胺纤维 | 锦纶6T |
| MXD-6 | 聚己二酰间苯二甲胺纤维 | 锦纶MXD-6 |
| 奎纳(Qiana) | 聚十二烷二酰双环己基甲烷二胺纤维 | 锦纶4/2 |
| 聚酰胺12 | 聚十二酰胺纤维 | 锦纶12 |

(3)聚丙烯腈纤维又称腈纶，是重要的合成纤维，其产量仅次于涤纶和锦纶，居第三位。丙烯腈均聚物中氰基极性强，分子间吸引力大，加热时不熔融只分解，难成纤维，且性脆不柔软、难染色。因此聚丙烯腈纤维都是丙烯腈和第二、三单体的共聚物，其中丙烯腈占90%～92%。通过配合改性共聚后的聚丙烯腈纤维无论外观或手感都类似羊毛，因此有“合成羊毛”之称。其强度比羊毛高1～2.5倍，相对密度比羊毛小，保暖性及弹性均较好。其弹性模量仅次于聚酯纤维，比聚酰胺纤维高2倍，保型性好，耐光性与耐候性是天然纤维和化学纤维(除含氟纤维外)中最好的。在室外暴晒一年强度仅降低20%，而聚酰胺纤维、黏胶纤维等则强度完全破坏。此外，聚丙烯腈纤维具有很高的化学稳定性，对酸、氧化剂及有机溶剂极为稳定，其耐热性也较好。因此，聚丙烯腈纤维广泛地用来代替羊毛，或与羊毛混纺，制成毛织物、棉织物等，还适用于制作军用帆布、窗帘、帐篷等。聚丙烯腈中空纤维膜具有透析、超滤、反渗透和微过滤等功能，可用于医用器具、人工器官、超纯水制造、污水处理等。经预氧化和碳化，可获得高碳含量的耐高温碳纤维[13]。

(4)芳纶全称为聚苯二甲酰苯二胺，是芳香族聚酰胺纤维，具有相对较硬的聚合链分子结构。可分为间位芳酰胺纤维(PMIA)、对位芳酰胺纤维(PPTA)和三元共聚杂环芳酰胺纤维三大类。作为新型高科技合成纤维，具有超高强度、高模量、耐高温、耐酸耐碱和重量轻等优良性能，其强度是钢丝的 5～6倍，模量为钢丝或玻璃纤维的2～3倍，韧性是钢丝的2倍，而重量仅为钢丝的1/5左右；在560℃下不分解、不熔化；具有良好的绝缘性和抗老化性能。广泛应用于复合材料、防弹制品、建材、特种防护服装、电子设备等领域。南京理工大学化工与化学学院联合四川大学研究团队，以 PPTA 为基本构筑单元，通过自组装过程诱导一维芳纶从蠕虫状向刚性棒状构型转变，并与二维氮化硼纳米片复合制备出一种具有超高热导率、高温极其稳定的绝缘热管理薄膜[16]。清华大学研究团队近期在温和的条件下，无需高温、高压或腐蚀性溶剂，利用简单的“单体-纳米纤维-宏观产物”(MNM)分层自组装方法构建 3D全 PPTA 工程材料，其材料机械强度可与传统工程塑料相媲美[17]。

### 4.2.4 黏合剂

黏合剂也称胶黏剂，是通过物理与化学作用将各种相同或不同材料紧密地胶结在一起的物质，多是由具有优良黏合性能和界面浸润性能的聚合物组成的复合体系。黏合剂既能很好地连接各种金属和非金属材料，也能对性能悬殊的基材(如金属和塑料、水泥和木材、橡胶和帆布等)起到良好的胶合效果，并且与铆接、焊接相比工艺简单。黏合剂的应用涉及木材加工、建筑、轻纺、航空航天、汽车、船舶制造、机械、电子电气以及医疗卫生和日常生活等众多领域，在国民经济中起着重要作用。目前环保型合成黏合剂和高性能合成黏合剂是发展的重点[4, 5]。

1. 黏合剂的分类

黏合剂根据化学组成，分为有机黏合剂和无机黏合剂两大类(图4.3)。在有机黏合剂中，又分为天然黏合剂和合成黏合剂两类，其中应用最广、最具代表性的是有机高分子类合成黏合剂[2-4]。根据固化类型，合成黏合剂分为以下三种。

(1)化学反应型黏合剂。其主要成分是含活性基团的线型高分子材料，加入固化剂后可发生化学反应而生成交联的体型结构，从而产生黏合作用。此类黏合剂主要包括热固性树脂黏合剂、橡胶型黏合剂及混合型粉剂等。

(2) 热塑性树脂黏合剂。由热塑性高分子材料加溶剂配制而成，如聚醋酸乙烯酯黏合剂、聚异氰酸酯黏合剂等。

(3) 热熔黏合剂。以热塑性高分子材料为基本组分的无溶剂型固态黏合剂，通过加热熔融黏合，然后冷却固化，如乙烯-醋酸乙烯共聚物(EVA)热熔胶、低分子量聚酰胺热熔胶等。

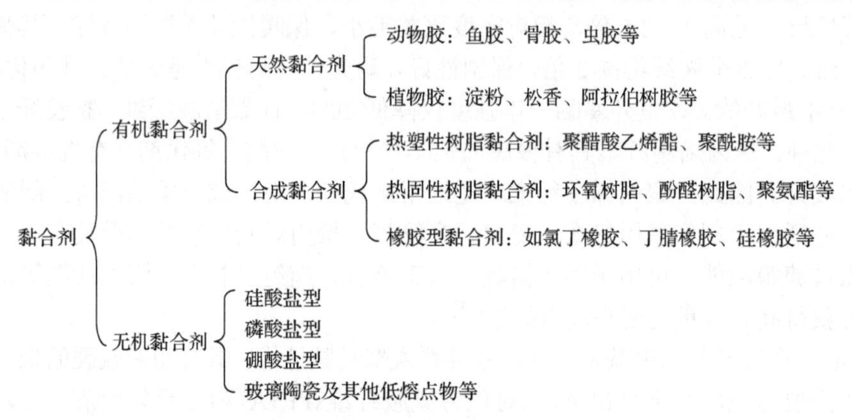


图 4.3　黏合剂的分类

### 2. 黏合剂的辅料

合成黏合剂根据配方及用途不同，除基本黏料(即高分子材料)外通常还需添加辅料，其中包括：

(1) 增塑剂及增韧剂，用以提高韧性；

(2) 固化剂(或称硬化剂)，用以使液态黏合剂交联、固化；

(3) 填料，用以降低固化时的断面收缩率，提高冲击强度、胶接强度，提高耐热性等，或使具有某种指定性能(导电性、耐湿性等)，并且降低成本；

(4) 溶剂，为了溶解黏料以及调节黏度，以便于施工；

(5) 稀释剂、稳定剂、偶联剂、色料等。

### 3. 主要的高分子黏合剂

#### 1) 环氧树脂黏合剂

环氧树脂黏合剂又简称为环氧胶，相对分子质量一般为300～7000，黏度为4～15 Pa·s，环氧胶是当前应用最广的胶种之一。环氧胶有很强的黏合力，对大部分材料，如金属、木材、玻璃、陶瓷、橡胶、纤维、塑料、皮革等，都有良好的黏合能力，故有“万能胶”之称。与金属的胶接强度可达$2\times10^7$ Pa以上。在环氧胶中还可加入其他聚合物来改进多种性能。例如，加低分子量聚硫橡胶来提高韧性、黏附性和密封性；加聚氨酯、聚乙醇缩醛、聚酯来改善韧性；加入尼龙来改善综合性能。

#### 2) 酚醛树脂黏合剂

酚醛树脂黏合剂主要以甲基酚醛树脂为基料，以酸类(如石油磺酸、对苯甲磺酸、磷酸)的乙二醇溶液、盐酸的乙醇溶液等为固化催化剂。在室温或加热条件下固化，主要用来胶接木材、木质层压板、胶合板、泡沫塑料，也可用于胶接金属、陶瓷。酚醛树脂黏合剂的黏接力强、耐高温，其缺点是性脆、剥离强度差。采用某些柔性聚合物(如橡胶、聚乙烯醇缩醛等)来提高酚醛树脂黏合剂的韧性和剥离程度，可制得系列性能优异的改性酚醛树脂黏合剂，主要有以下两种。

(1)酚醛-丁腈黏合剂。该黏合剂可在-60～150℃下使用，广泛用于汽车部件、飞机部件、机器部件等结构件的胶接，也可用于金属、陶瓷、玻璃、塑料等材料的胶接。

(2)酚醛-缩醛黏合剂。由酚醛树脂与聚乙烯醇缩醛类树脂混合制得，具有较好的胶接强度和耐热性，广泛用于胶接金属、塑料、陶瓷、玻璃等，也用于制造玻璃纤维层压板。

**3)丙烯酸酯/酰胺类黏合剂**

烯类聚合物用作黏合剂可分为两类：一类是以聚合物本身作黏合剂，如溶液型黏合剂、热熔胶、乳液黏合剂等；另一类是以单体或预聚体作黏合剂，通过聚合而固化。例如，α-腈基丙烯酸酯与增塑剂、增稠剂、稳定剂(如二氧化硫)配成的单组分胶，黏结力极强；当用丁基、己基或庚基取代丙烯酸酯为黏合剂时，能被血液所润湿，喷涂在组织表面能形成薄膜止血；也可用作组织的黏结剂(医用胶)，对邻近细胞可以发生作用，但只能用于细胞允许破坏的场合，如肝脏和肾脏，不能用于心脏。通过解聚，在2～3个月内，聚合物薄膜就能生化降解，在体内中和成尿酸或分解成二氧化碳和水排出体外[18,19]。南京理工大学研究团队设计研制出具有保湿性能的，由多巴胺/氧化锌掺杂的聚(N-羟乙基丙烯酰胺)/琼脂双层水凝胶，表现出高拉伸应变性、良好的防污抗菌能力、优异的自我修复能力和组织黏附性，可用作透皮贴剂、可穿戴设备和电子皮肤等[20]。

## 4.2.5 涂料

涂料是一种涂布在物体表面形成具有保护、装饰或其他特殊功能(绝缘、防锈、隔热、发光、导电、感光等)的膜层材料，也是多组分复合体系。涂料与塑料、纤维和橡胶中聚合物的主要差别是平均相对分子质量较低。最早的涂料是用植物油、大漆等天然材料熬炼而成的，因而称为油漆。石油化工和高分子材料工业的发展为涂料工业提供了许多新的原料，并赋予涂料许多特殊的新功能，如防火、绝缘、耐高温、灭菌、隐身、自修复、热敏、自洁等。目前，工业生产的涂料大部分由各种合成树脂配制而成，广泛应用于各种金属、木材、水泥、砖石、皮革、织物、塑料、橡胶、玻璃及纸张等制品表面[21]。

涂料由成膜物质(亦称固着剂或黏料)、颜料、溶剂(稀料)、催干剂、增塑剂、杀菌剂、阻聚剂、防结皮剂等组分构成。成膜物质即聚合物或者能形成聚合物的物质，是主要成分，需与被涂物表面和颜料都具有良好结合力，它决定了涂料的基本性能。根据不同的成膜物质和使用要求，再配合不同的添加剂(如颜料、溶剂等)。

成膜物质以合成树脂为主，分为缩聚型成膜物质和加聚型成膜物质两类。缩聚型成膜物质主要有醇酸树脂、酚醛树脂、环氧树脂、聚酰胺树脂、脲醛树脂、聚氨酯树脂、有机硅树脂等。加聚型成膜物质主要有聚氯乙烯树脂、过氯乙烯树脂、聚苯乙烯树脂、聚乙酸乙烯酯树脂、聚丙烯酸树脂、缩醛树脂等。配制涂料所用的合成树脂的平均相对分子质量一般较低，如有的热固性树脂相对分子质量只有1000～2000。涂布时，再通过交联反应形成体型结构的高分子材料膜层。

成膜物质又分为反应性成膜物质及非反应性成膜物质两种。由具有反应活性的低聚物、单体等构成的成膜物质称为反应性成膜物质，将其涂布于物体表面后，在一定条件下通过聚合或缩聚反应形成坚韧的膜层。非反应性成膜物质由溶解或分散于液体介质中的线型高分子材料构成，涂布后，因液体介质挥发而形成高分子材料膜层。

涂料中含有大量溶剂(30%～80%)，其作用是溶解成膜物质，降低涂料黏度。常用的溶剂有甲苯、二甲苯、丁醇、丙酮、醋酸乙烯等，均为易挥发、易燃、有毒性液体。为减少公害、防止污染，目前涂料正朝着粉末化、水性化、无溶剂化发展，已开发出多种粉末涂料、水乳液涂料、水溶性涂料、无溶剂涂料等，其所占市场比例正逐步增大[3, 5]。

按成膜物质的种类，涂料可分为以下几种。

(1)油性涂料，即油基树脂漆。成膜物质为植物油(桐油、亚麻籽油、豆油等)、天然树脂(如松香、虫胶等)和部分合成树脂(如酚醛树脂、醇酸树脂等)。这类涂料在干结成膜过程中，发生干性油的氧化反应或聚合反应。这类涂料包括热油、厚漆、油性调和漆、油基清漆、磁性调和漆、酚醛磁漆、醇酸磁漆等，都属于低档涂料。

(2)合成树脂类涂料。成膜物质为各种合成树脂，属于溶液性涂料，成膜过程中只需等所含溶剂、稀料全部挥发就可凝结成膜，有些品种需适当加热或通过催化作用使树脂聚合成膜。这类涂料包括硝酸纤维素漆、醋酸纤维素漆、氯化橡胶漆、环化橡胶漆、乙烯树脂漆、过氯乙烯漆、丙烯酸酯树脂漆、聚酯树脂漆、环氧树脂漆、聚氨基甲酸酯漆、有机硅树脂漆及元素有机聚合物漆等。合成树脂类涂料属于高档涂料。

(3)水性(水乳化)涂料。成膜物质仍为上述两类，但是以水为稀释剂，包括油性乳化涂料和树脂乳化涂料。水性涂料的出现被业界誉为“第三次涂料革命”。与传统溶剂型涂料相比，水性涂料具有独特的优越性，即平滑性好、对环境友好、安全、工艺简化以及较低的成本。

**水性涂料**的类型主要有水性聚氨酯、环氧树脂、丙烯酸树脂等。水性涂料应用范围不断扩大，2020 年我国水性涂料占比达约 20%。水性涂料是未来涂料行业发展的主要方向。

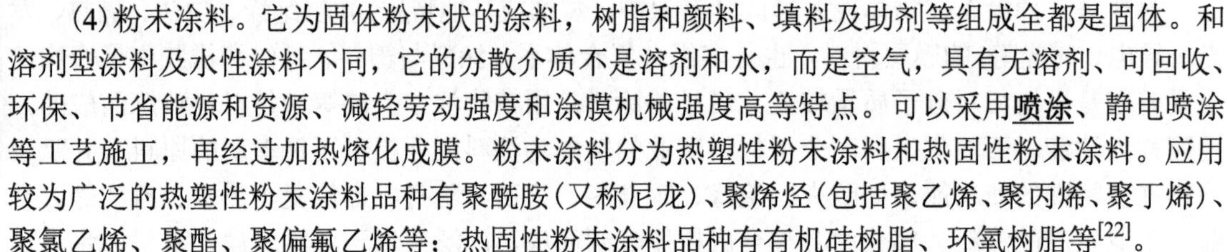

(4)粉末涂料。它为固体粉末状的涂料，树脂和颜料、填料及助剂等组成全都是固体。和溶剂型涂料及水性涂料不同，它的分散介质不是溶剂和水，而是空气，具有无溶剂、可回收、环保、节省能源和资源、减轻劳动强度和涂膜机械强度高等特点。可以采用**喷涂**、静电喷涂等工艺施工，再经过加热熔化成膜。粉末涂料分为热塑性粉末涂料和热固性粉末涂料。应用较为广泛的热塑性粉末涂料品种有聚酰胺(又称尼龙)、聚烯烃(包括聚乙烯、聚丙烯、聚丁烯)、聚氯乙烯、聚酯、聚偏氟乙烯等；热固性粉末涂料品种有有机硅树脂、环氧树脂等[22]。

由于自身性能和环境因素的影响，涂料表面不可避免地会出现微小裂缝并在空气中暴露下不断扩散，导致涂层剥落，影响保护效果。因此，提高涂层的使用寿命也是涂料研发的热点内容之一。南京理工大学化学与化工学院研究团队将双硫键引入聚氨酯结构中，综合运用双硫键的可逆置换反应和聚氨酯体系自身的氢键作用，通过链段结构设计和相结构调控，成功获得具有良好附着力、硬度、耐酸性、耐腐蚀性且具备自修复功能的聚氨酯涂料[23]。

## 4.3　功能高分子材料

功能高分子材料作为 20 世纪 60 年代发展起来的新兴领域，是高分子材料与信息、生物、能源、环境等领域交叉而出现的一类新型材料。在保持传统高分子材料的原有性能基础上，赋予材料某种特定功能，如化学反应活性、光敏性、导电性、催化性、生物相容性、生物活性、药理性、选择分离性、能量转换性、磁性等。近年来，功能高分子材料已发展成为现代工业和高新技术的重要基石。各个国家均投入了大量的人力和物力来发展功能高分子材料，以满足现代社会发展对高新技术材料的重大需求。

功能高分子材料及相关新技术的前沿领域包括电子功能高分子材料及信息技术(光电磁功能高分子、高分子液晶显示技术、电致发光技术、塑料高密度电池、分子器件、非线性光学材料、高密度记录材料等)、医药功能高分子材料及卫生保健技术(高分子药物、控制药物释放材料、医用材料、医疗诊断材料、人体组织修复材料等)、信息高分子材料的合成及应用技术(蛋白质、多糖及生物弹性体技术等)。此外，通用高分子的改性技术、天然高分子的利用及改性技术、高分子生物降解材料及高分子材料资源的再利用技术等也归属于这一领域[7,8]。

功能高分子按照性质和功能，可划分为六种类型。

(1)吸附性高分子材料，包括高分子吸附性树脂、高分子絮凝剂和吸水性高分子吸附剂等。

(2)反应性高分子材料，包括高分子试剂和高分子催化剂。

(3)高分子膜材料，包括各种分离膜、缓释膜和其他半透性膜材料。

(4)光功能高分子材料，包括各种光稳定剂、光刻胶、感光材料和光致变色材料等。

(5)电磁型高分子材料，包括导电聚合物、能量转换型聚合物和其他电敏材料。

(6)其他未能包括在上述各类中的功能高分子材料。

表 4.2 为功能高分子材料分类，根据不同功能高分子材料的类型进行分述。

**表 4.2　功能高分子材料分类**

| | 功能特性 | 功能种类 | 应用领域 |
|---|---|---|---|
| 化学功能 | 吸附 | 吸附树脂、絮凝剂 | 分离、提纯、水处理 |
| | 催化 | 催化剂、固定化酶 | 化工、医药、食品工程 |
| | 离子交换 | 离子交换树脂、交换膜 | 分离、提纯、水处理 |
| | 反应性 | 高分子试剂 | 化学化工科研和生产 |
| | 螯合 | 螯合树脂 | 环保工业、稀有贵金属提纯 |
| 物理功能 | 发光 | 高分子液晶、发光/光变色高分子 | 显示、记录 |
| | 光化学 | 光敏树脂 | 精细加工、印刷 |
| | 光传导 | 塑料光纤 | 通信、显示、医疗器械 |
| | 光电 | 光导电高分子 | 照相、光电池 |
| | 导电 | 高分子半导体、导体、超导体 | 电极、电池、电路材料 |
| | 导磁 | 光磁、磁性高分子 | 记录、存储材料 |
| | 热电 | 热电高分子 | 显示、测量传感器 |
| | 声电 | 声音传感高分子 | 音响设备 |
| | 力电 | 压电、压敏高分子 | 传感器 |
| | 热光、热变形 | 热释光塑胶、形状记忆高分子 | 测量、显示、医疗、玩具 |
| 生物功能 | 机体功能 | 医用高分子 | 人工脏器、外科材料 |
| | 药理 | 高分子药物 | 医疗、计划生育 |
| | 仿生 | 仿生高分子 | 生物医学、遗传工程 |

## 4.3.1　吸附型高分子材料

吸附型高分子材料主要指可与特定离子或分子发生亲和作用，实现选择性吸附或过滤的高分子材料。针对不同吸附质，高分子材料的分子特性和内部微观结构对吸附特性起到了决定性作用。根据吸附机理和吸附质类别，吸附型高分子材料主要有离子交换树脂、非离子吸附树脂、吸水树脂、吸油树脂等。

离子交换树脂是一种可以与接触的介质进行离子交换的高分子材料，工作原理如图 4.4 所示。离子交换树脂的组成和分类如图 4.5 所示。一般情况下，根据使用的目的和条件，对离子交换树脂有不同的具体要求。

(1) 良好的耐溶剂性，以保证在使用条件下，不溶解、不流失。一般可通过适当调整交联度来满足这一要求。

(2) 良好的化学稳定性，以保证较长的使用寿命。作为分离材料，要求树脂不与使用体系发生化学反应。

(3) 良好的力学性能。通常树脂是在流动状态下使用的，为了保证较长的使用寿命，要求树脂在使用条件下不碎、不裂和不变形。

(4) 具有一定的交换容量。要求树脂有尽可能多的交换基团，以使用少量离子交换树脂处理尽可能多的溶液。

(5) 对某些离子具有高选择性，以保证分离效果。

(6) 较大的比表面积、适宜的孔径和孔隙率，以保证良好的动力学分离条件。

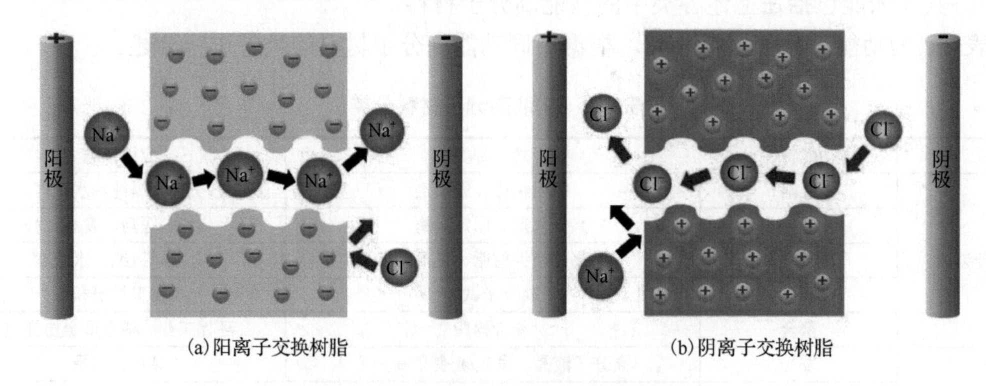


图 4.4　离子交换树脂作用原理示意图

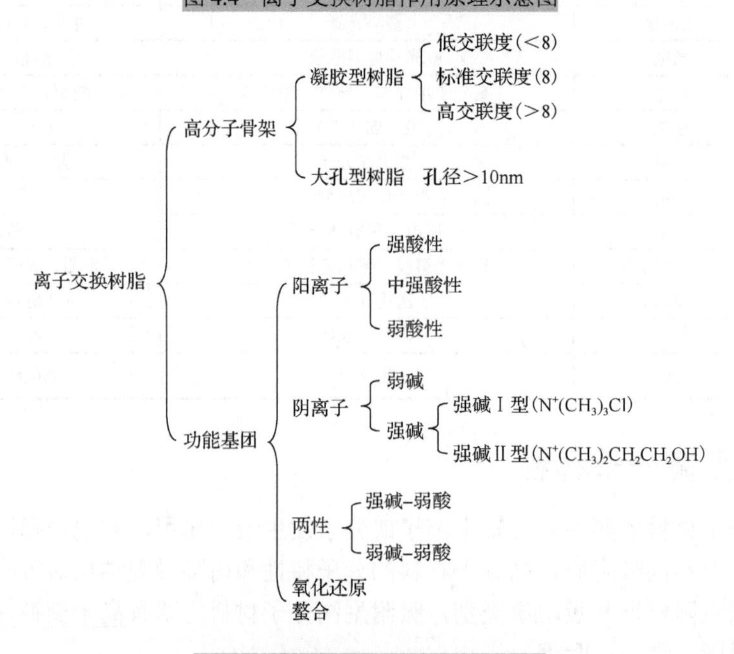


图 4.5　离子交换树脂的组成与分类

离子交换树脂结构包括两部分：一部分是高分子骨架，其作用是担载离子交换基团，为离子交换过程提供必要的动力学条件，应用最多的高分子骨架是交联聚苯乙烯，因为苯环上容易引入电离基团，结构比较容易控制；另一部分是功能基团，通常为具有一定解离常数的酸性或碱性基团(如$-SO_3H$、$-COOH$、$-NR_3$、$-NH_2$ 等)。可交换离子是与功能基团相反电荷的离子，因此，功能基团的性质决定了离子交换树脂的类型、吸附性能和吸附选择性。

离子交换树脂本身不溶解于介质中，只去除介质中离子，此外还有脱水、脱色、吸附、催化等多种功能和用途。例如，水处理制备去离子水，糖和多元醇的脱色精制，废水处理回收贵金属，抗生素和生化药物的分离精制，以及酯化、烷基化、烯烃水合、水解、脱水、缩醛化、缩合等催化过程。广泛用于水处理、冶金工业、海洋资源利用、化学工业、食品工业、医药卫生、环境保护等领域[5, 7]。

非离子吸附树脂不同于离子交换树脂，是靠分子间的微孔来发挥吸附作用的。一般是具有适当交联度的共聚物，有较大的比表面积和适当的孔径，可从气相或溶液中吸附某些物质。主要用作色谱分离中的载体和固定相、环保中污染物的富集材料、动植物中有效成分的分离或提纯材料等。对于吸水性能好的吸附树脂单独称为高吸水性树脂，某些特别的凝胶型吸附树脂又称为凝胶分子筛。非离子吸附树脂主要种类如图 4.6 所示。不同于一般吸水材料，如脱脂棉、手纸、麻、海绵等，受压时水分容易被挤出，保水能力差，高吸水性树脂因为含有强亲水性基团并具有一定交联度，吸水能力可达自重的 500～5000 倍。它不溶于水和有机溶剂，吸水后无论加多大压力也不脱水。高吸水性树脂吸水溶胀为水凝胶后，还具有弹性凝胶的基本性能。高吸水性树脂在农业、医疗卫生、工业中具有广泛的应用，如卫生巾、纸尿布、土壤保水剂、泥浆凝固剂、混凝土添加剂等[5, 7]。

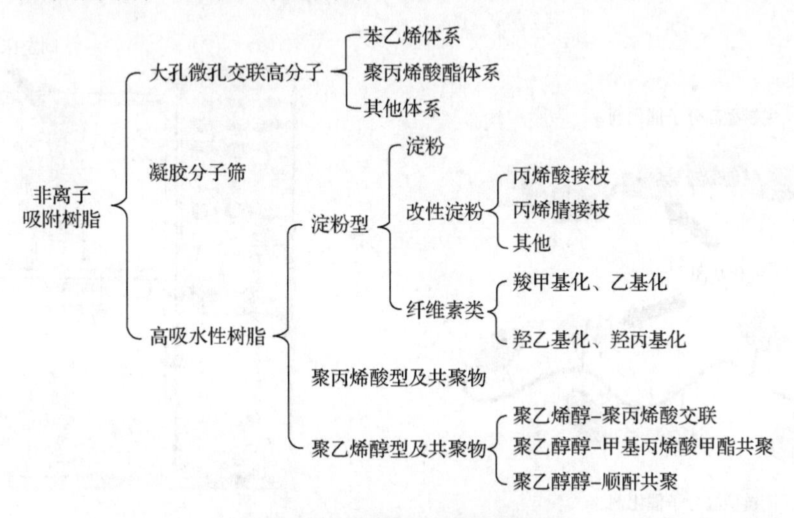


图 4.6 非离子吸附树脂主要种类

随着科技和经济的高速发展，环境污染日益严重。由于含油污水、废弃液体以及原油泄漏可造成大范围的海面污染、生态环境恶化，防治油污已成为日益关注的重大课题，故吸油性树脂应运而生。这类新型材料的特点是具有强的吸油和保油能力，并可释放所吸收的油，既可节约能源又能避免污染。吸油性树脂不仅可用于环境保护，还可用于农业、制药工业、精细化工等领域，应用前景广阔，发展迅速。吸油性树脂一般是低交联度的非极性共聚物，包括丙烯酸酯类树脂、烯烃类树脂和含氟聚合物树脂等。从结构上来看，吸油性树脂的特点是以某种亲油性单体为基本单位，具有适当的交联度，以增加与油品的亲和力，同时防止聚合物在油中溶解。吸油性树脂的分离原理不局限于表面吸附，而在于相溶吸收，能吸收比自身重十几到几十倍的油，油水选择性好、吸油速度快、保油能力强、只溶胀而不溶解、有足够的强度和稳定性，便于再生回用。

### 4.3.2　反应性高分子材料

反应性高分子是带状分子链末端或侧链含有反应性基团，可进一步发生反应改性的高分子材料，主要有高分子试剂和高分子催化剂，离子交换树脂也可算作反应性高分子材料。与低分子试剂相比，高分子试剂具有独特的优点，如不溶、稳定；对反应的选择性高；经再生，可重复使用；生成物容易分离提纯等。常用的高分子试剂包括氧化剂、还原剂、卤化剂、酰化剂、烷基化剂、亲核取代试剂等。

高分子催化剂由高分子母体和催化基团组成(图 4.7)。催化基团不参与反应，只起催化作用，参与反应后恢复原状。因属于液-固相催化反应，产物容易分离，催化剂也可循环使用。例如，苯乙烯型阳离子交换树脂可用作酸性催化剂，用于酯化、烯烃的水合、苯酚的烷基化、醇的脱水，以及酯、酰胺、肽、糖类的水解等；带季胺羟基的高分子可用作碱性催化剂，用于活性亚甲基化合物与醛、酮的缩合，酯和酰胺的水解等。高分子催化剂反应设备类似固定床反应器或色谱柱(图 4.8)，将催化剂填装在器内，令液态低分子反应物流过，流出的就是生成物。高分子催化剂除了分离简便、容易再生，还有选择性高、稳定、易储运、低毒、污染少等优点。

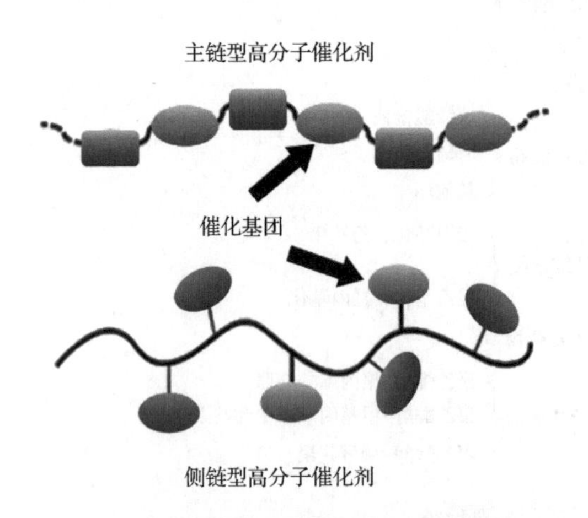


图 4.7　高分子催化剂分子构型示意图

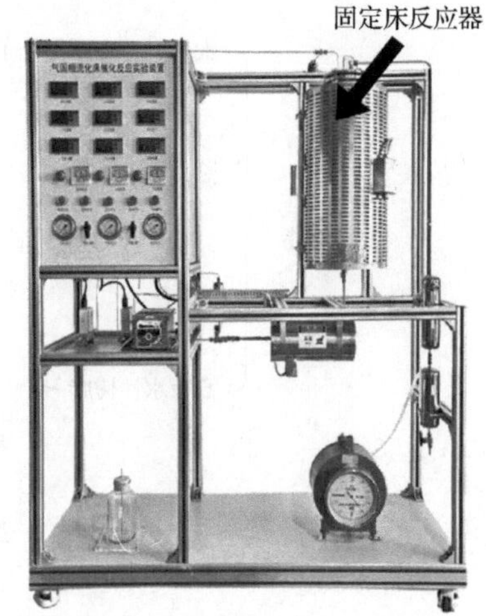


图 4.8　气-固相固定床催化反应设备

### 4.3.3　高分子分离膜

自然界生命活动中有许多膜分离现象，如尿液的排泄、肺鳃皮肤的呼吸等。现代膜分离技术是利用膜对混合物中各组分的选择性透过或截留，来实现分离、提纯或富集的过程。待分离的混合物可以是气体、液体或微细悬浮液，以及 0.1 nm～10 μm 的颗粒；分离推动力可以是能量差或化学势差，如压差、浓度差、电位差等。膜分离技术具有节能、高效、环保等特点，已经广泛应用于海水淡化，果汁、牛奶、药剂的浓缩和提纯，电镀，照相、造纸等废液的处理，有用气体的分离和回收，物性相近有机物的分离等领域，并向药物控制释放、人工肾、人工肺等脏器应用方向发展[24]。

膜是膜分离技术中的关键。膜的种类很多，可从不同角度进行分类。按功能可分为分离功能膜(包括气体分离膜、液体分离膜、离子交换膜、化学功能膜)、能量转化功能膜(包括浓差能量转化膜、光能转化膜、机械能转化膜、电能转化膜、导电膜)、生物功能膜(包括探感膜、生物反应器、医用膜)等；按分离原理和推动力可分为微孔膜、超过滤膜、反渗透膜、纳滤膜、渗析膜、电渗析膜、渗透蒸发膜等。

原则上，凡是可以成膜的聚合物都可制成分离膜，但实际上常用的高分子分离膜材料不过十几种，主要包括纤维素衍生物类、聚砜、聚酰胺、聚酰亚胺、聚碳酸酯、硅橡胶、聚丙烯、聚乙烯、聚乙烯醇(缩醛)、聚丙烯腈、聚四氟乙烯等。

醋酸纤维素是当今最重要的膜材料之一，属于纤维素酯类膜材料，是可再生资源。醋酸纤维素滤膜的选择性好、透水量大，但在高温和酸、碱存在的情况下易发生水解，压密性较差。为了进一步提高耐热、耐酸性以及分离效率和透过速率，可采用不同取代度的醋酸纤维素的混合物来制膜，也可采用醋酸纤维素与硝酸纤维素的混合物来制膜。纤维素酯类膜材料易受微生物侵蚀，pH 适应范围较窄，不耐高温和某些有机溶剂或无机溶剂。因此发展出合成高分子类膜。

聚砜类膜材料是另一种重要的膜材料，因为结构中的特征基团 O═S═O 具有良好的化学、热和水解稳定性，pH 适应范围较广(pH 为 1～13)，机械强度也很高，最高使用温度可达 120℃，抗氧化性和抗氯性都十分优良。聚砜类膜具有膜薄、内层孔隙率高且微孔规整等特点，适合用作超滤膜、微滤膜、气体分离膜以及复合膜的底膜。为了引入亲水基团，常将粉状聚砜悬浮于有机溶剂中，用氯磺酸进行磺化，以改善表面亲水性、渗透性能等。

其他类分离膜还有芳香杂环类膜材料，这类膜材料品种繁多，但真正形成工业化规模的并不多，主要有聚苯并咪唑类、聚苯并咪唑酮类、聚吡嗪酰胺类、聚酰亚胺类；含氟高分子膜材料，有聚四氟乙烯、聚偏氟乙烯、全氟磺酸树脂(Nafion)等，其突出的特点是耐腐蚀性好，适合作为高腐蚀应用场合的膜材料，由于含氟高分子膜表面自由能低，疏水性强，容易吸附水中的蛋白质、胶体离子等而造成膜污染，为改善膜表面的强疏水性，可以通过共聚、表面接枝或辐射等进行改性处理；离子性聚合物膜，与离子交换树脂相同，离子交换膜也可分为强酸型阳离子交换膜、弱酸型阳离子交换膜、强碱型阴离子交换膜和弱碱型阴离子交换膜等，在淡化海水的应用中，主要使用的是强酸型阳离子交换膜，离子交换膜还大量用于氯碱工业中的食盐电解，具有高效、节能、污染少等特点。

共价有机骨架(COF)是一类新型的晶态有机多孔聚合物，通过共价键将有机结构单元形成有序的多维框架结构，具有结构与性能的可调控性。COF 形成的均匀孔通道与 Nafion 结构中的通道相似，是质子传输的潜在材料。然而，传统 COF 材料的化学稳定性较差，限制了其在酸性质子交换隔膜中的应用，需要进一步开发功能化设计的策略。南京理工大学化学与化工学院研究团队基于自下而上的自组装策略，研发构建了新型全氟烷基官能化的 COF[25]。基于增强的疏水性，氟化 COF 对强酸具有超强结构稳定性，在浓磷酸(85%)、浓硝酸(65%)和浓盐酸(38%)中均可稳定存在。在无水条件下的质子传输导电性达到甚至高于目前有机多孔材料，并且其离子传输性能是无氟 COF 的 1 万倍，凸显了 COF 纳米通道作为快速离子传输平台的巨大潜力。

### 4.3.4 光功能高分子材料

光功能高分子材料在光的作用下，可以表现出某些特殊物理性能或化学性能变化，包括对光的传输、吸收、储存和转换等。在该过程中，单体或聚合物吸收紫外线、可见光、电子束或激光后，从基态跃迁至激发态，并通过光化学反应(如引发聚合、交联、降解等)和物理变化(如发射荧光、磷光或转化成热能等)两种方式耗散激发能，而后恢复成基态。因此，光功能高分子可以粗分成光化学功能高分子和光物理功能高分子两大类。光化学功能高分子包括光敏涂料、光致刻蚀剂等；光物理功能高分子包括光致变色高分子、光致导电高分子、电致发光高分子、光能转换高分子，以及线性和非线性光学高分子等。

(1)光敏涂料的基料是能进行光交联固化的低相对分子质量预聚物，其特点是含有能光交联的基团，如双键、活性羟端基、环氧化合物与多元醇等。低相对分子质量(1000～5000)预聚物可以使黏度和熔点适当，便于涂布成膜。光敏涂料除预聚物基料外，为保证快速交联固化)，尚需添加光引发剂(如硫鎓盐类、铁芳烃、苯偶姻类、烷基苯酮类化合物)或光敏剂(如苯乙酮、二甲苯酮等)。

(2)光致抗蚀剂，俗称光刻胶，以能进行光化学反应的感光树脂为主体，添加增感剂、溶剂配制而成。在受光照后发生交联或分解反应，引起溶解度的变化(图 4.9)。光刻胶是印刷工业和微电子技术中微细图形加工的关键材料之一，近年来大规模和超大规模集成电路的发展大大促进了光刻胶的研究开发和应用。根据其化学反应机理和显影原理，可分负性胶和正性胶两类。光照后形成不可溶物质的是负性胶，这类光刻胶有聚乙烯基肉桂酸酯、感光性聚酰亚胺等；反之，对某些溶剂是不可溶的，经光照后变成可溶物质的为正性胶，如酸性酚醛树脂的重氮萘醌磺酸酯。

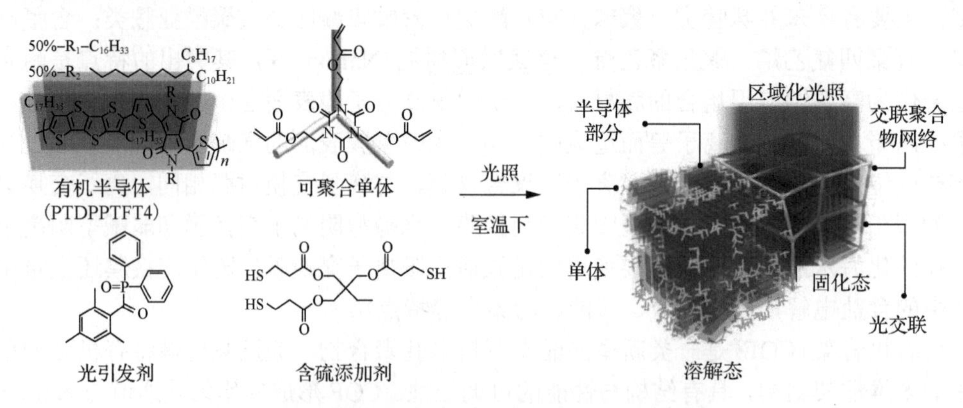


图 4.9　光刻胶光照下发生形态变化示意图[26]

(3)光致变色材料是指某些无色的有机或无机化合物，在紫外线照射或电子轰击后，可从 A 的无色(或 A 色)变成 B 的有色(或 B 色)，在另一种波长光或热的作用下，又可从 B 色回到

A色。这种可逆的颜色变化源于化合物结构的可逆变化，如图4.10所示。根据化合物的变色机理，通常有以下几类：键的异裂、键的均裂、顺反互变异构、氢转移互变异构、价键互变异构、氧化还原反应等。常见的光致变色高分子有偶氮苯类(侧基)、三苯基甲烷类(侧基)、螺吡喃类(侧基)、二硫腙类(侧基)、聚甲川类(主链)等。利用光致变色材料特性，可以拓展出其广泛的应用性。在光调控方面，可制成光色玻璃自动控制建筑物、汽车内的光线，或做成防护眼镜防止强光对人眼的伤害，还可以做成照相机自动曝光的滤光片、军用机械的伪装等；在信号显示方面，可用作光显示材料，如宇航指挥控制的动态显示屏、计算机终端输出的大屏幕显示，是军事指挥中心的一项重要设备；在记录、记忆方面，可用于光存储器或光盘记录材料，它比无机光盘的信息容量大、成本低，且制造容易；在储能方面，可用于太阳能的存储和释放，常温下使稳定的构型吸收阳光转换成高能构型，在添加催化剂后，可使之恢复而放热。

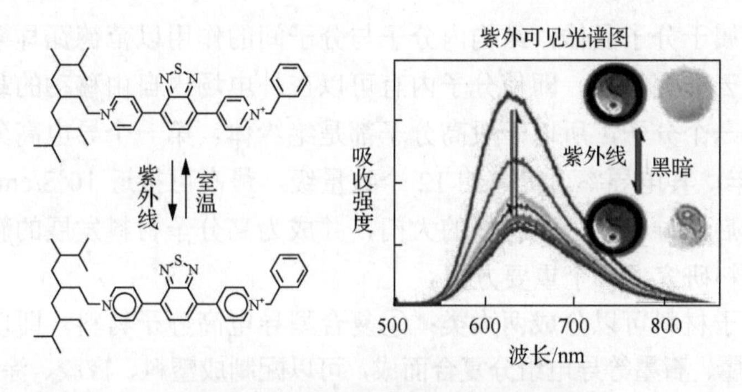


图4.10 光致变色异构反应的示意图[27]

(4)光电导高分子材料在无光照下是绝缘体，有光照时电导率可增几个数量级而变为导体，这种现象称为光致导电。光电导高分子有两大类别：一类是复合型光电导高分子，以带有芳香环或杂环的高分子如聚碳酸酯等为复合载体，加入小分子有机光电导体如酞菁染料、双偶氮类染料等组合而成；另一类是本征型光电导高分子，即高分子本身具有光电导性能。本征型光电导高分子主要有线性共轭高分子光电导材料(如聚乙炔等线型π共轭高分子、聚酞菁等平面型π共轭高分子)，在可见光区有很高的光吸收系数，可表现出很强的光电导性质；侧链带有大共轭结构的光电导高分子材料(如聚乙烯基咔唑)；内部同时具有电子受体和电子给体的高分子电荷转移络合物(如聚乙烯基咔唑和三硝基芴酮络合物)。光电导高分子是一种重要的信息功能材料，已在复印、印刷制版、全息摄影及计算机激光打印等方面得到应用，同时也是太阳能电池的重要材料。

## 4.3.5 磁性高分子材料

磁性高分子材料赋予了磁性传统应用新的含义和内容。与无机磁性材料相比，磁性高分子材料密度小，容易加工成尺寸精度高和形状复杂的制品，受到越来越多的关注。磁性高分子材料可分为复合型磁性高分子材料和结构型磁性高分子材料两种。<u>复合型磁性高分子材料</u>是指高分子材料与无机磁性物质通过混合黏结、填充复合、表面复合、层积复合等方法制备的磁性体，如磁性橡胶、磁性树脂、磁性薄膜、磁性高分子微球等。结构型磁性高分子材料

是指不加入无机磁性材料，高分子结构自身具有强磁性的材料。结构型磁性高分子按其基本组成又可分为：①纯有机磁性高分子，如聚炔类、聚二炔类、聚苯硫醚类；②金属有机磁性高分子，如桥联型、Schiff 碱型、二茂铁型；③电荷转移型高分子复合物。该类高分子材料中的芳香族自由基或烯烃自由基具有较大的正或负离子自旋密度，可通过分子自旋离域或自旋极化，当自由基在晶体中的正、反自旋区域分布密度不同时，就可发生铁磁耦合而显出磁性[7,28]。

磁性高分子材料的应用以复合型磁性高分子材料为主，可以作为高信息储存密度的新一代记忆材料、轻质宽带微波吸收剂、磁密封器件、磁控传感器、低磁损高频电感器件、微波通信器件、药物定向输送载体等。结构型磁性高分子材料还处于研究探索阶段。

### 4.3.6　导电高分子材料

高分子材料多属于分子晶体，结构内分子与分子间的作用以范德瓦耳斯力为主，分子间距离比较大，电子云交叠很差。即使分子内有可以在外电场内自由移动的载流子，也很难从一个分子迁移到另一个分子，所以一般高分子都是绝缘体。第一个导电高分子，掺杂型聚乙炔，发现于 1977 年，其电导率可提高约 12 个数量级，最高可接近 $10^3$S/cm，达到金属 Bi 的电导率。聚乙炔开启了导电高分子材料的大门，并成为高分子材料发展的新领域，其研究与开发已成为功能材料研究的一个重要方面。

一般导电高分子材料可以分成两大类：①复合型导电高分子材料，即以聚合物为基质，与粉状或纤维状金属、石墨等导电组分复合而成，可以配制成塑料、橡胶、涂料、黏合剂等导电产品；②本征型导电高分子材料，即高分子链本身结构特殊，可提供导电载流子(电子、离子或空穴)，经少量掺杂后可进一步提升导电性的高分子材料。复合型**导电高分子材料的电导率**一般为 $10^{-7}$～$10^6$ S/cm，而本征型导电高分子材料的电导率可达 $10^{-14}$～$10^6$ S/cm。常见的导电聚合物有聚乙炔、聚吡咯、聚噻吩、聚苯胺、聚苯硫醚、**聚乙撑二氧噻吩（PEDOT）**等。

复合型导电高分子材料的导电性主要取决于填料的分散状态及其与高分子基体的相互作用。只有填料粒子既能较好地分散，又能形成三维立体网状结构时，才能具有良好的导电性。该类材料已经得到广泛应用，从易加工的半导体芯片和集成电路到电池、**传感器**、电色显示器、轻质导线，乃至抗静电包装材料等，具有经济省力、无需特殊设备、屏蔽效果稳定、安全可靠等特点。

本征型导电高分子材料一般有四类：高分子电解质、共轭体系聚合物、电荷转移络合物和金属有机螯合物。其中高分子电解质以离子传导为主，其余三类都以电子传导为主。共轭体系聚合物是最典型的导电聚合物，其导电性来自结构中分子轨道的强烈离域以及互相重叠。电子离域的难易程度取决于共轭链中电子数和电子活化能。共轭体系聚合物分子链越长、电子数越多、电子活化能越低、电子越容易发生离域，导电性也越好。尽管共轭体系聚合物具有较强的导电倾向，其结构特性仍限制实现较高的电导率。但是因为能隙很小、电子亲和力很大，所以通过掺杂，容易与适当的电子受体或电子给体发生电荷转移。例如，经电子受体(氯、溴、碘、五氟化砷)(p 型)或用电子给体(萘钠)(n 型)作还原掺杂的聚乙炔；经碘掺杂的聚噻吩；经电化学氧化和化学氧化的聚苯胺等。由于本征型导电高分子材料多数在空气中不稳定，加工性也有待完善，所以其实际应用尚不普遍，仍需要通过改进聚合或掺杂技术等克服应用局限性。

## 4.3.7　液晶高分子

液晶是 19 世纪末发现一种物质相态，是通过特殊形状的分子组合而形成的。受热熔融或被溶解后，虽然失去固态物质的形态，外观呈流动状态，但仍在某个温度范围内保持晶态的有序排列，物性上表现结晶的特征，形态上又似可流动。根据引发相变的手段，可分为热致液晶(分子排列的有序性受温度影响)、溶致液晶(分子排列的有序性受浓度影响)和光致液晶(分子排列的有序性受光照影响)。液晶高分子材料具有不同的称谓，包括液晶聚合物、高分子液晶、液晶弹性体以及液晶聚合物网络。液晶高分子的热力学性能主要受分子链的结构和交联程度的影响(图 4.11)[29]。根据高分子空间排列的有序结构，液晶高分子也可分为向列型液晶高分子、近晶型液晶高分子、胆甾型液晶高分子和碟形液晶高分子(图 4.12)[30]。

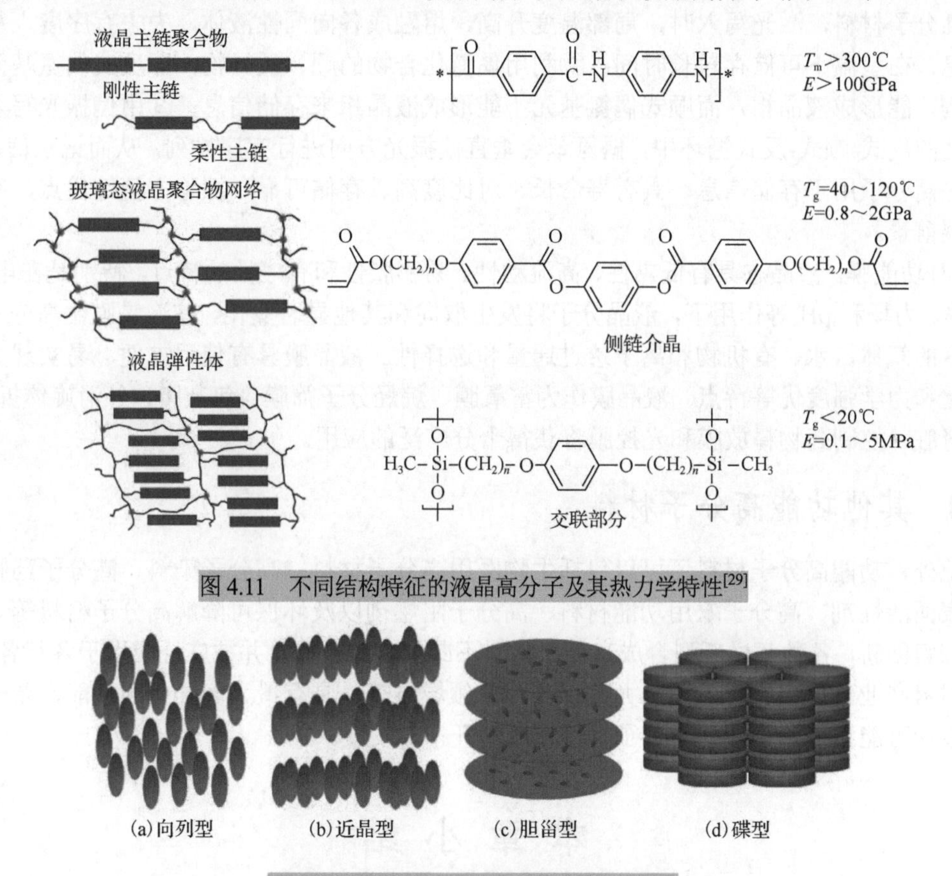


图 4.11　不同结构特征的液晶高分子及其热力学特性[29]

图 4.12　液晶高分子的分子空间排列构型

液晶高分子有许多特殊性质，在众多领域得到了应用，主要如下。

(1)光电显示。在电场作用下，液晶高分子可以完成从无序透明态到有序不透明态的转变，能应用于显示器的制作。用作显示的液晶高分子主要为侧链型，它既具有小分子液晶的回复特性和光电敏感性，又具有低于小分子液晶的取向松弛速率，具有良好的加工性能和机械强度。在图形显示方面具有良好的应用前景。胆甾型液晶高分子具有随温度变化而颜色改变的性质，可用于温度的测量。另外，它的螺距会因微量杂质的存在而改变，并导致颜色的变化。

因而可用于指示剂测定某些化学物质的痕量蒸气，还可以作为色谱分离材料，应用于毛细管气相色谱、超临界色谱和高效液相色谱中。

(2) 高性能工程材料。高度取向排列的液晶高分子分子链间堆积紧密，因而具有高模量、高强度等优异性能，又易于加工，无增强的液晶高分子材料的机械强度就可达到甚至超过普通工程材料，适合用作高性能工程材料和高性能合成纤维。例如，聚对苯二甲酸对苯二胺进行溶液纺丝制得的纤维，比强度为钢丝的 6～7 倍，比模量为钢丝或玻纤的 2～3 倍，而密度只有钢丝的 1/5，并可在−45～200℃宽温度范围内使用。可用于制作降落伞绳、防弹背心、钢盔内衬等，也可用于制造火箭发动机外壳、导弹壳体、直升机和雷达天线罩、潜水装置、海底电缆等。

(3) 信息存储。热致性侧链液晶高分子用作信息存储材料，有多种原理：①透明的向列型液晶高分子材料，激光写入时，局部温度升高，熔融成各向同性液体，失去有序度，从而记录信息，在室温下可储存较长时间；②利用偶氮化合物的顺、反异构，即反式偶氮基元为棒状结构，能形成液晶相，而顺式偶氮基元不能形成液晶相来存储信息；③用偏振光写入时，在反复的反式-顺式-反式循环中，偶氮苯会垂直偏振光方向进行有序排列，从而记录信息。侧链液晶高分子用于存储信息，具有寿命长、对比度高、存储可靠、擦除方便等优点，有广阔的发展前景。

(4) 功能膜。液晶态具有低黏性、高流动性、易膨胀性和有序性的特点，特别是在电、磁、光、热、力场和 pH 等作用下，液晶分子将发生取向和其他显著变化，使液晶膜比高分子膜具有更多的气体、水、有机物和离子透过通量和选择性。液晶膜具有使用方便、易实现大面积超薄化和力学强度优等特点。液晶膜作为富氧膜、烷烃分子筛膜、包装膜、外消旋体拆分膜、人工肾脏、控制药物释放膜和光控膜将获得十分广泛的应用。

### 4.3.8 其他功能高分子材料

此外，功能高分子材料还可以包括生物医用高分子材料、高分子染料、高分子药物、高分子表面活性剂、高分子农用功能材料、高分子阻燃剂以及环保可降解高分子材料等。经过不断探索创新，各种各样新型合成高分子材料不断被创造出来，并被广泛应用于各行各业中。纵观材料产业，材料产量的增长尤其以高分子领域显著，具有最为多样化的性能，新一轮的工业革命可能正是始于新型高分子材料领域的开拓与发展。

## 本 章 小 结

本章主要介绍了高分子材料的特点、分类及其功能化的发展趋势。高分子材料是 20 世纪兴起的，以高分子化合物为基础的新型材料，在日常生活、工农业、科技国防等诸多领域都发挥着重要的作用。根据材料的凝聚态结构，主要物理、力学性能，材料制备方法和在国民经济建设中的主要用途，高分子材料可分为通用高分子材料、特种高分子材料和功能高分子材料三大类。通用高分子材料主要有橡胶、纤维、塑料、黏合剂、涂料等类型；特种高分子材料是一类具有优良机械强度和耐热性能的高分子材料，广泛应用于工程材料；功能高分子材料是指具有特定功能作用的高分子化合物，包括功能性分离膜、导电材料、医用高分子材料、液晶高分子材料等。当前，高分子材料在多样化结构和新颖功能性上不断拓展，极大地推动了其在更多领域的广泛应用，也促使高分子材料成为21世纪材料科学的研究热点。

# 思　考　题

4-1　简要解释下列名词和概念：塑料、纤维、橡胶、黏合剂、涂料。

4-2　什么是热塑性聚合物？什么是热固性聚合物？

4-3　高分子材料有几种分类方法？分别分类成哪些？

4-4　塑料、纤维、橡胶、黏合剂、涂料俗称五大合成材料，试参考有关资料，分别写出五大合成材料中各3~4种特种材料的名称和性质。

4-5　蚕丝及其织品是一种天然高分子材料，而常见的涤纶及其织物是一种合成高分子材料，试提出一种鉴别真假天然材料的方法。这种方法可否用于鉴别天然真丝和尼龙丝？

4-6　导电高分子材料是一类重要的功能高分子，试简要说明制备导电高分子材料的原理和方法。

4-7　功能高分子材料具有哪些功能？

4-8　什么是离子交换树脂？其类型有哪些？

4-9　共轭导电高分子的导电机理是什么？掺杂的目的是什么？

4-10　本征导电共轭体系必须具备什么条件？

4-11　感光性高分子材料的基本性能有哪些？

# 参 考 文 献


[1] 吴其晔, 冯莺. 高分子材料概论[M]. 北京：机械工业出版社, 2004.

[2] 韩冬冰, 王慧敏. 高分子材料概论[M]. 北京：中国石化出版社, 2003.

[3] 陈光, 崔崇. 新材料概论[M]. 北京：科学出版社, 2003.

[4] 潘祖仁. 高分子化学[M]. 5版. 北京：化学工业出版社, 2011.

[5] 潘祖仁, 贾红兵, 朱绪飞. 高分子材料[M]. 南京：南京大学出版社, 2009.

[6] 廖成. 高分子材料的性能及其典型应用[J]. 中国新技术新产品, 2017, (23): 117-118.

[7] 焦剑, 姚军燕. 功能高分子材料[M]. 2版. 北京：化学工业出版社, 2016.

[8] 赵文元, 王亦军. 功能高分子材料[M]. 2版. 北京：化学工业出版社, 2013.

[9] 史冬梅, 张雷. 高性能高分子结构材料发展现状及对策[J]. 科技中国, 2019, (8): 9-12.

[10] 樊新民, 车剑飞. 工程塑料及其应用[M]. 2版. 北京：机械工业出版社, 2017.

[11] 徐林, 曾本忠, 王超, 等. 我国高性能合成橡胶材料发展现状与展望[J]. 中国工程科学, 2020, 22(5): 128-136.

[12] WANG D, WANG Z F, REN S Y, et al. Molecular engineering of colorless, extremely tough, superiorly self-recoverable, and healable poly(urethane-urea) elastomer for impact-resistant applications[J]. Materials Horizons, 2021, 8(8):2238-2250.

[13] 李仲平, 冯志海, 徐樑华, 等. 我国高性能纤维及其复合材料发展战略研究[J]. 中国工程科学, 2020, 22(5): 28-36.

[14] 范苏娜, 陈杰, 顾张弘, 等. 丝素蛋白纤维及功能化材料的设计与构筑[J]. 高分子学报, 2021, 52(1): 29-46.

[15] 赵钰, 沈兰萍, 伍泓宇. 聚乳酸纤维的研究进展及应用[J]. 合成纤维, 2017, 46(10): 14-18.

[16] WU K, WANG J M, LIU D Y, et al. Highly Thermoconductive, thermostable, and super-flexible film by engineering 1D rigid rod-like aramid nanofiber/2D boron nitride nanosheets[J]. Advanced Materials, 2020, 32(8): 1906939.

[17] XIE C J, GUO Z X, QIU T, et al. Construction of aramid engineering materials via polymerization-induced para-aramid nanofiber hydrogel[J]. Advanced Materials, 2021, 33(31): 2101280.

[18] BAO Z X, GAO M H, SUN Y, et al. The recent progress of tissue adhesives in design strategies, adhesive mechanism, and applications[J]. Materials Science and Engineering: C, 2020, 111: 110796.

[19] MA Z W, BAO G Y, LI J Y. Multifaceted design and emerging applications of tissue adhesives[J]. Advanced Materials, 2021, 33(24): 2007663.

[20] SUN F Y, LI R, JIN F, et al. Dopamine/zinc oxide doped poly(N-hydroxyethyl acrylamide)/agar dual network hydrogel with super self-healing, antibacterial and tissue adhesion functions designed for transdermal patch[J]. Journal of Materials Chemistry B, 2021, 9(27): 5492-5502.

[21] 仲晓萍. 我国特种涂料发展现状及未来趋势[J]. 现代化工, 2019, 39(12): 7-10.

[22] 王宏伟, 林柏仲, 朱浩鹏, 等. 超微粉末涂料的发展现状及趋势[J]. 建筑技术研究, 2020, 3(3): 99.

[23] 訾晓霞, 宋育芳, 梁益, 等. 聚氨酯型可自修复涂料的制备及性能研究[J]. 表面技术, 2020, 49(10):247-252.

[24] 马超, 黄海涛, 顾计友, 等. 高分子分离膜材料及其研究进展[J]. 材料导报, 2016, 30(9): 144-149.

[25] WU X, HONG Y L, XU B, et al. Perfluoroalkyl-functionalized covalent organic frameworks with super hydrophobicity for anhydrous proton conduction[J]. Journal of the American Chemical Society, 2020, 142(33): 14357-14364.

[26] CHEN R Z, WANG X J, LI X, et al. A comprehensive nano-interpenetrating semiconducting photoresist toward all-photolithography organic electronics[J]. Science Advances, 2021, 7(25): 0659.

[27] DING B B, GAO H, WANG C, et al. Reversible room-temperature phosphorescence in response to light stimulation based on a photochromic copolymer[J]. Chemical Communications, 2021, 57(25): 3154-3157.

[28] LI H, WANG R, HAN S T, et al. Ferroelectric polymers for non-volatile memory devices: A review[J]. Polymer International, 2020, 69(6): 533-544.

[29] WHITE T J, BROER D J. Programmable and adaptive mechanics with liquid crystal polymer networks and elastomers[J]. Nature Materials, 2015, 14(11): 1087-1098.

[30] 王格格, 张居中, 刘水任, 等. 响应性交联液晶高分子仿生致动器的研究进展[J]. 高分子学报, 2021, 52(2): 124-145.

# 第5章 复合材料

复合材料是经过选择、含有一定数量比的两种或两种以上的组分(或组元)，通过人工复合，组成多相、三维结合且各相之间有明显界面、具有特殊性能的材料。其中体积分数相对高的相称为基体或基体相，体积分数相对低的相称为增强体或增强体相。增强体与基体形成界面结合，并产生复合效应。因此，基体、增强体、界面及复合效应构成了复合材料的核心要素，本章分别简要介绍之。

## 5.1 复合材料概述

### 5.1.1 复合材料的特点

**1. 复合材料具有的特点**

(1) 复合材料的组分和组分间的比例均是人为选择和设计的，具有极强的可设计性。

(2) 在形成复合材料后各组分仍保持固有的物理和化学特性。

(3) 复合材料在设计合理的前提下，不仅具有各组分的优点，还可通过组分间的复合效应，产生单组分所不具备的特殊性能。

(4) 复合材料的性能不仅取决于各组分的性能，而且与组分间的复合效应有关。

(5) 组分间存在明显的界面，是一种多相材料。

(6) 复合材料是人工制备而非天然形成的。

**2. 理解复合材料特点时应注意的方面**

(1) 复合材料不同于复合物质。自然界中已存在的具有复合结构的物质均是天然进化所致。例如，由贝壳截面的扫描电镜(SEM)照片(图 5.1(a))可见，其显微结构为层状复合结构；同样，松木的横截面也是典型的复合结构(图 5.1(b))。大自然中万物在某种意义上均可看成具有复合结构的物质，简称为复合物质，如人骨结构(图 5.2)、皮肤结构等。复合结构是大自然进化的必然选择，也是提高性能的最佳途径。复合材料不同于大自然中具有复合结构的物质，两者的区别如同材料与物质的区别。复合物质是大自然进化过程中逐渐形成的，是大自然的选择，不以人的意志为转移，包括人类自身。复合材料则是由人设计和制备的，具有复合结构的人工材料。

(2) 复合材料不同于合金。合金是一种金属中加入另一种金属或非金属，形成以金属键为主仍保持金属特性的材料。复合材料与合金存在以下不同：①复合材料可具有金属特性也可具有非金属特性，而合金则以金属键为主且仅具有金属特性；②复合材料中组分之间形成明显的界面，保持各自的特性，并可在界面处发生反应形成过渡层，而合金的组元之间发生物理、化学或两者兼有的反应，并以固溶体和化合物的形式存在；③合金的热膨胀系数大，而复合材料的热膨胀系数可以很小或 0 甚至为负数；④从更高的层次看，合金可以看作固溶体与化合物复合而成的复合材料。

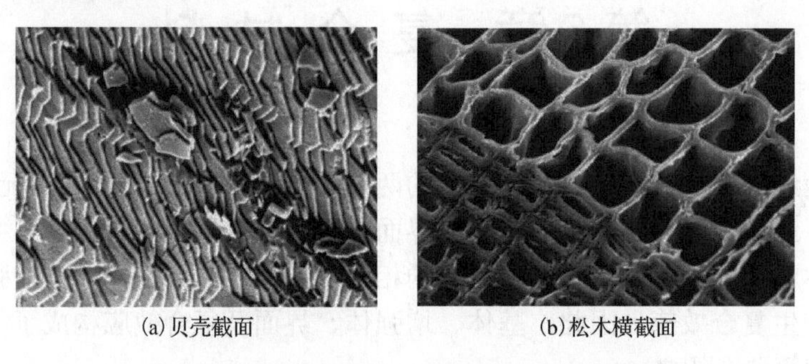


图 5.1　贝壳截面和松木横截面组织的 SEM 图

(3) 复合材料也不同于化合物。化合物是组分间交换电子发生化学反应的产物，其结构已不同于任何组分，是单相结构体。复合材料是多相，保持各组分的结构，当然在组分的界面可能会有反应层。

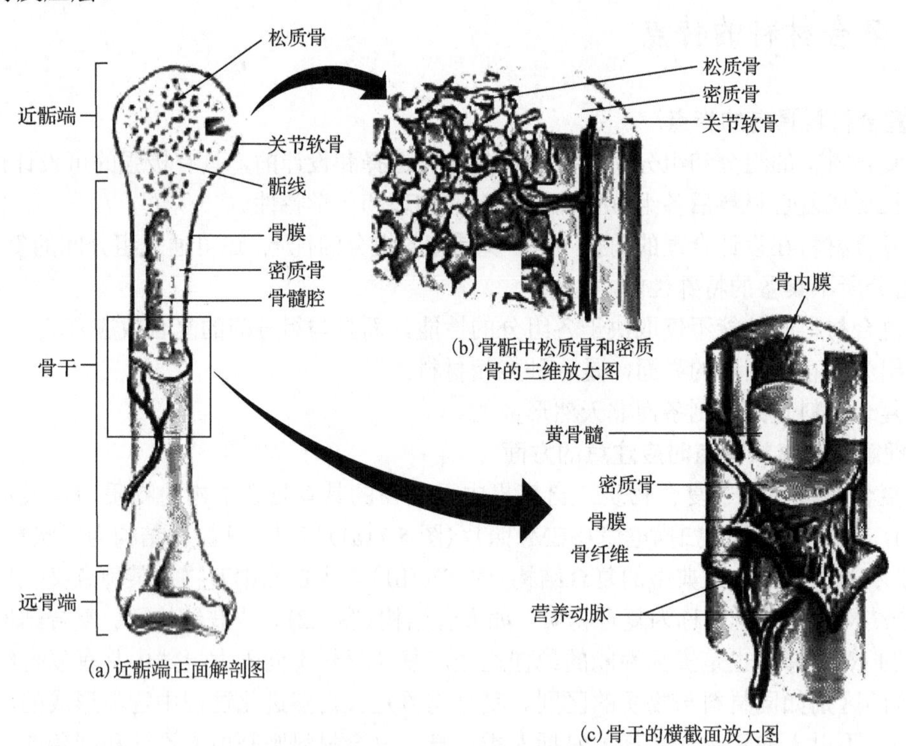


图 5.2　人体长骨结构示意图

## 5.1.2　复合材料的命名与分类

复合材料一般根据增强体和基体的名称来命名，通常有以下三种形式。

(1) 以增强体名称命名。强调增强体，如碳纤维增强复合材料、陶瓷颗粒增强复合材料、晶须增强复合材料等。

(2) 以基体名称命名。强调基体，如金属基复合材料、陶瓷基复合材料、聚合物基复合材料等。

(3) 以增强体和基体共同命名，两者并重。通常用于表示某一具体的复合材料，如玻璃纤维增强环氧树脂基复合材料、陶瓷颗粒 $TiB_2$ 增强铜基复合材料、复相颗粒 ($Al_2O_3$+$TiB_2$) 增强铝基复合材料等。书写格式一般为增强体在前，基体在后，两者由"/"分开，如 ($Al_2O_3$+$TiB_2$)/Al。有时也用下标 p、w、f 分别表示增强体为颗粒、晶须、纤维的形态，如 $TiB_{2p}$/Al。国际上则由其英文首字母表示，如金属基复合材料 (metal matrix composites，MMCs)、聚合物基复合材料 (polymer matrix composites，PMCs)、陶瓷基复合材料 (ceramic matrix composites，CMCs)。

复合材料的分类方法有多种，通常按基体、增强体或用途进行分类，如图 5.3 所示。

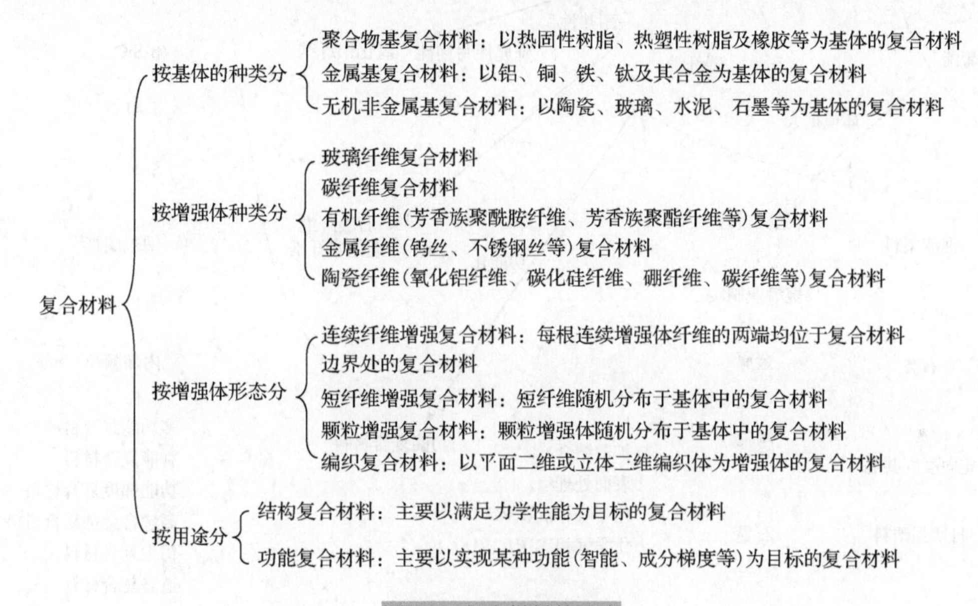


图 5.3 复合材料的分类

## 5.1.3 复合材料的发展史

复合材料的发展史与材料的发展史相互交融、密不可分。例如，远古时代的篱笆墙，现在的非洲原始部落仍在沿用。我国的漆器、城墙砖的黏结材料等均是复合材料。近代的复合材料是以 1942 年制出的玻璃纤维增强塑料复合材料为起点的，随后相继开发了硼纤维、碳纤维、氧化铝纤维，同时开始对金属基复合材料展开研究。纵观复合材料的发展过程，可以将其分为四个阶段。

第一阶段：1940～1960 年，主要以玻璃纤维增强塑料复合材料为标志。

第二阶段：1960～1980 年，主要以碳纤维、Kevler 纤维增强环氧树脂复合材料为标志，并被用于飞机、火箭的主要承力件上。

第三阶段：1980～1990 年，主要以纤维增强铝基复合材料为标志。我国则以上海交通大学、东南大学等主导，研究了氧化铝纤维增强铝基复合材料。东南大学吴申庆将其应用于铝活塞，显著提高了活塞火力岸的耐热性能和耐磨性能，成倍延长了活塞的使用寿命，并在德国马勒公司得到推广应用。

第四阶段：1990 年至今，以多功能复合材料为主，如智能复合材料、功能梯度复合材料等。

以上四个阶段的发展模式见图 5.4。

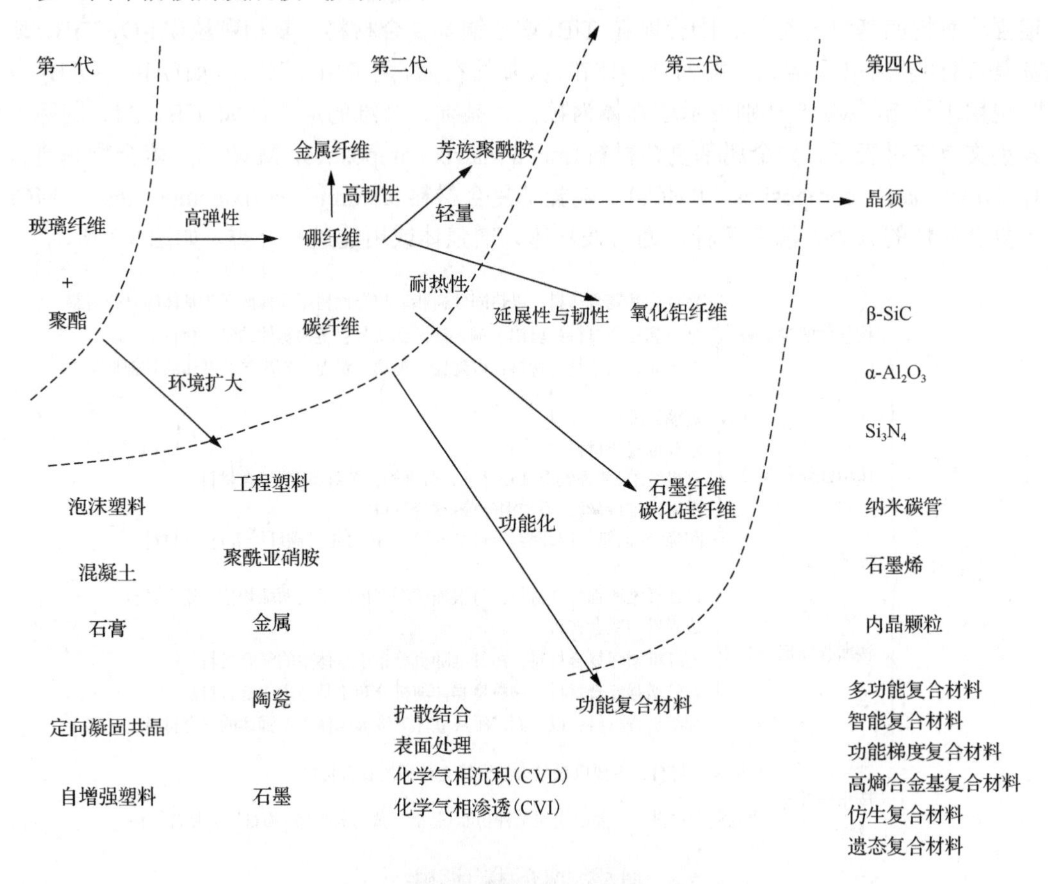


图 5.4　复合材料四个阶段的发展模式[1]

## 5.1.4　复合材料发展方向

**1) 功能复合材料**

过去的复合材料主要集中在结构应用。目前，充分利用复合材料设计自由度大的特点，已拓展到功能复合材料领域，如电功能、磁功能、超导功能、光功能、声功能、热功能、机械功能、化学功能等。功能复合材料的研究成果和其应用已与结构复合材料并驾齐驱，同放异彩！

**2) 多功能复合材料**

充分运用复合材料的多相性，发展多功能复合材料，甚至功能与结构复合的新型复合材料，如隐身飞机的蒙皮采用了吸收电磁波的功能复合材料，而其本身又是高性能的结构复合材料。多功能复合是复合材料发展的方向之一。

**3) 机敏复合材料**

机敏复合材料是指具有传感功能的材料与具有执行功能的材料通过某种基体复合在一起的功能复合材料。当连接外部信息处理系统时，可把传感器给出的信息传达给执行材料，使之产生相应的动作，从而构成机敏复合材料系统。机敏复合材料可实现自诊断、自适应和自修复，广泛应用于航空、航天、建筑、交通、水利、卫生、海洋等领域。

**4) 智能复合材料**

智能复合材料在机敏复合材料的基础上增加了人工智能系统，对传感信息进行分析、决策，并指挥执行材料做出相应的优化动作。显然，智能复合材料对传感材料和执行材料的灵敏度、精确度和响应速度均提出了更高的要求。智能复合材料是功能复合材料发展的最高级别。

**5) 纳米复合材料**

纳米复合材料是复合材料的研究热点之一，包括有机-无机纳米复合材料和无机-无机纳米复合材料两大类。有机-无机纳米复合材料又分为三种。①共价键型：采用溶胶-凝胶法制备无机组分硅，或金属的烷氧基化合物经水解、缩聚等反应形成硅或金属氧化物的纳米粒子网络，有机组分以高分子单体引入网络，原位聚合形成。②配位键型：将功能无机盐溶于带配合基团的有机单体中，使之形成配位键，然后进行聚合形成。③离子型：通过对无机层状物插层制得。层状硅酸盐的片层之间表面带负电，用阳离子交换树脂借助静电吸引作用进行插层，而该树脂又能与某些高分子单体或熔体发生作用，从而形成纳米复合材料。无机-无机纳米复合材料一般采用原位反应法制得，如通过原位反应在陶瓷基体或金属基体中反应产生无机纳米颗粒，制备无机-无机纳米复合材料。

**6) 仿生复合材料**

依靠大自然的进化，万物基本上均是复合结构的物质，且结构非常合理，可以认为是最佳选择，这也是复合材料研究的重要参考对象。例如，图 5.1(a)中的贝壳由无机成分与有机质成分呈层状交替叠层而成，具有很高的强度和韧性。竹子也是一种典型的复合结构，表层为篾青，纤维外密内疏，并呈正反螺旋分布。

**7) 分级结构复合材料**

分级结构(hierarchical structure)尚无统一的确切定义，一般是指不同尺度或不同形态的多相物质相对有序排列所形成的结构[1]。该结构常见于大自然中，如蜘蛛网、竹子、树木等。目前分级结构已被用于制备生物材料、高分子材料和陶瓷材料。分级结构复合材料本质上也是一种仿生复合材料，是仿照大自然中具有的不同尺度的独特结构而制备的复合材料，复合材料的结构与大自然中的分级结构相似。组建分级结构，形成新型结构复合材料是复合材料研究的最新方向。

**8) 遗态复合材料**

遗态复合材料是利用大自然的生物自身独特的结构和形态，通过结构和形态的遗传、化学组分的变异处理，制备保持自然界生物精细形貌和结构的新型复合材料。它沿用生物自然进化的结构构建复合材料，即保留了原始结构。

**9) 高熵合金基复合材料**

高熵合金基复合材料是以高熵合金为基体，通过外加或原位化学反应产生增强体并复合而成的复合材料。常见的增强体有纤维、晶须、颗粒及石墨烯和碳纳米管等。增强体直接从外界加入，即形成外生型复合材料，此时基体与增强体界面存在一定程度的反应层，反应层厚度直接影响复合材料的界面结合强度，以及复合材料的力学性能。增强体是通过在基体中的化学反应产生形成内生型复合材料，此时增强体与基体的界面干净、无反应层，与基体的相容性好，结合强度高，基本克服了外生法的不足，高熵合金基复合材料是当前材料界的研究热点之一。

## 5.2　复合材料的增强体

增强体是复合材料的核心组分，在复合材料中起到增强、增韧、耐磨、耐热、耐蚀、抗热震等提高和改善性能等作用。增强体按几何形状可分为零维(颗粒、微珠(空心、实心))、一维(纤维)、二维(片状)(宽厚比>5)、三维(编织)；而习惯上分为纤维、晶须和颗粒三大类，纤维又分为无机纤维与有机纤维两类。本章主要按纤维、晶须和颗粒这三类进行介绍。

### 5.2.1　纤维增强体

纤维是具有较大长径比($L/d$)的材料，与块状材料相比可以较大程度地发挥其固有的强度，是最早应用的增强体。纤维因自身尺寸，容纳不了大尺寸的缺陷，因而具有较高的强度。此外，柱状材料的柔曲性正比于$1/(E\pi d)^4$，而纤维直径$d$小，一般在微米级，因而纤维具有良好的柔曲性，但纤维强度的分散性较大。

纤维增强体根据其性质又可分为无机纤维增强体、有机纤维增强体两大类，每一类又可进一步分为若干小类，如图 5.5 所示。

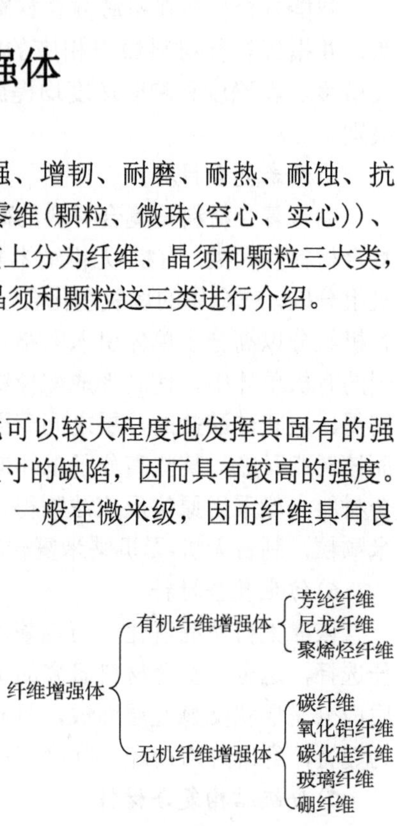

- 纤维增强体
  - 有机纤维增强体
    - 芳纶纤维
    - 尼龙纤维
    - 聚烯烃纤维
  - 无机纤维增强体
    - 碳纤维
    - 氧化铝纤维
    - 碳化硅纤维
    - 玻璃纤维
    - 硼纤维

图 5.5　纤维增强体的分类

形成纤维的材料一般为元素周期表右上角的部分元素 Be、C、B、Al、Si 及其与 N 和 O 的化合物。作为增强体，一般应具有高比强度、高比模量、与基体相容性好、成本低、工艺性能好、高温抗氧化性好、环境相容性好等特点。

**1. 玻璃纤维**

玻璃纤维是非晶型无机纤维，主要成分为 $SiO_2$ 与 Ca、B、Na、Al、Fe 等的氧化物。$SiO_2$ 形成骨架，具有高的熔点；BeO 可提高模量，但毒性大；$B_2O_3$ 可提高耐酸性，改善电性能，降低熔点、黏度，降低模量和强度。其他氧化物可降低熔点，改善制备工艺。

将熔化的玻璃以极快的速度抽拉成细微的丝，即成为玻璃纤维。由于它质地柔软，可以纺织成玻璃布、玻璃带等织物，玻璃纤维被广泛应用于各类复合材料的增强体。玻璃纤维增强复合材料的机械强度、物理性能、电性能及化学性能与玻璃的成分、表面处理、直径有直接关系。

玻璃纤维可分为：有碱纤维，碱含量在 10%以上；中碱纤维，碱含量为 2%～6%；无碱纤维，碱含量在 1%以下；高硅氧纤维，$SiO_2$ 含量在 95%以上，耐热度达 1100℃以上，用于高温防火设备。

玻璃纤维单丝直径为 3.8～21.6μm。玻璃纤维的脆性与直径的四次方成正比，直径降到 3.8 μm 后比直径为 9.1 μm 时要软 36 倍，所以单丝越细，其柔软性、耐折性、耐磨性也越好。

**2. 碳纤维**

碳纤维是有机纤维经固相反应转变而成的一种碳含量为 95%左右的多晶纤维状聚合物碳和碳含量为 99%左右的石墨纤维。碳纤维是由类同石墨晶体的小乱层结构所组成的多晶体。这种晶体与完善的石墨的主要差别是：碳纤维的层面空间约 3.42Å，而石墨的层面空间约 3.35Å；碳纤维的各平行层原子不是规则堆积的，因而称为乱层结构，而石墨层面上的原子与平行层面的原子有特殊的空间关系，即 ABABAB…堆积。碳纤维由于晶体的择优取向，即晶体的强力面平行于纤维轴而沿着圆周排列，故模量高。

碳纤维的历史已有 100 多年，生产碳纤维的主要原料有人造丝、聚丙烯腈和沥青三种。目前碳纤维开始向高强、高弹性模量的方向发展，用聚丙烯腈可制得高强度和高模量的碳纤维。沥青碳纤维是继人造丝碳纤维和聚丙烯腈碳纤维之后发展起来的。开始采用的沥青是各向同性的，产品性能低。后来采用含有液晶的各向异性沥青制得了高强、高模的碳纤维。

**3. 硼纤维**

硼原子序数为 5，相对原子质量为 10.8，熔点为 2050℃，具有半导体性质，其硬度仅次于金刚石，难以制成纤维。硼纤维 1956 年产生于美国，是通过在芯材(钨丝、碳丝或涂碳、涂钨的石英纤维，直径一般为 3.5～50μm)上沉积不定形原子硼形成的一种无机复合纤维，直径为 100～200μm。它具有高强度、高模量和高硬度，强度达 5.1GPa，是高性能复合材料的重要纤维增强体之一。其缺点是由于纤维的直径较大，制成复合材料时在纤维的纵向容易断裂，而且价格相当昂贵。

在金属丝上沉积硼而形成的无机纤维，通常由氢和三氯化硼在炽热的钨丝上反应，置换出无定形的硼而沉积于钨丝表面获得。硼纤维本质上是脆性材料，其强度呈离散分布，并强烈地受缺陷控制。造成强度离散分布的原因在于其表面缺陷、芯与覆盖层之间的界面孔洞、径向裂纹和残余应力等因素的作用。硼纤维的表面缺陷可以通过抛光、腐蚀等方法予以消除。如果表面缺陷消除，其内部缺陷就成为控制强度的主要因素。

**4. 碳化硅纤维**

碳化硅纤维是陶瓷基复合材料最重要的增强体之一。它最突出的优点是高温抗氧化性能优异。碳化硅纤维复合材料还具有吸波性能。连续碳化硅纤维的制造方法主要有化学气相沉积(CVD)法和聚合物前驱体热解法两种。

CVD 法制备的碳化硅纤维是复合型纤维。同上述硼纤维，CVD 法制备的碳化硅纤维也是以钨丝或碳纤维为芯材，在其表面沉积 SiC 得到的。经过沉积之后，纤维的直径可从约 12 μm 增至 100 μm。沉积的 SiC 主要是β-SiC，但在芯丝表面含有少量α-SiC。对 CVD 法沉积的 SiC 纤维采用耐高温材质(如 WC、TaC、HfC、TiC、TiN、$B_4C$)表面涂层，可以用作高温基体(如钛)的增强体，并且适合于陶瓷基复合材料。

**5. 芳香族聚酰胺纤维**

芳香族聚酰胺纤维，又称芳纶，由 4,4'-二氨基二苯醚(ODA)为第三单体与对苯二甲酰氯(TPC)、对苯二胺(PPD)进行三元共缩聚反应而成。主要品种有聚对苯二甲酰对苯二胺纤维和聚间苯二甲酰间苯二胺纤维。此外，还有聚对苯甲酰胺纤维等。

**1) 聚对苯二甲酰对苯二胺纤维**

聚对苯二甲酰对苯二胺纤维，别称芳纶 1414、对位芳纶、凯夫拉、泰普龙，是由聚对苯二甲酰对苯二胺经纺丝制得的芳香族聚酰胺纤维。纤维呈淡黄色。由于纤维结构中芳酰胺分子束沿纤维轴高度有序排列，因此强度和弹性模量很高，分别为 194～221 cN/dtex* 和 4634～8650 cN/dtex。这种纤维温度适应性好，在 200℃下使用强度仍能达 132 cN/dtex，弹性模量可达 2648 cN/dtex；在-45℃下还能保持强韧性和尺寸稳定性，其收缩率与抗蠕变性接近无机纤维，耐疲劳性优于聚酯纤维，但耐光性和抗压强度较差，且难以染色。

聚对苯二甲酰对苯二胺纤维于 1972 年由美国杜邦公司实现工业化生产，产品品牌为凯夫拉(Kevlar)。Kevlar 纤维有三种类型：Kevlar、Kevlar29、Kevlar49。聚对苯二甲酰对苯二胺纤维主要用作轮胎帘子线，其强度为钢丝的 6 倍，而密度只有钢丝的 1/5，因此可减少帘布层数，并节省车辆的燃料用量；也可用作缆绳、防护材料和石棉代用品。这种纤维还可用作增强材料，其强度比玻璃纤维布高 50%。用作水泥增强材料或代替部分钢筋用于超高层建筑中。在高压软管、输送带、空气支撑的顶棚材料、高压容器、火箭发动机外壳和雷达天线罩中，也使用了这种纤维。

**2) 聚间苯二甲酰间苯二胺纤维**

聚间苯二甲酰间苯二胺纤维是由聚间苯二甲酰间苯二胺经纺丝制得的芳香族聚酰胺纤维。由于分子主链上的间位苯环与酰胺键形成共轭结构和分子间的氢键作用，这种纤维耐热性很好，用作熨烫布时寿命为聚酰胺纤维布的 8 倍，棉布的 20 倍。强度为 44.1～48.5 cN/dtex，伸长率为 30%～50%，有良好的绝缘性能，在火焰中难燃、不熔滴，移开火源因表面碳化而具有自熄作用，且这一性能不受洗涤或干洗的影响。其织物有较好的化学稳定性，在 250℃的腐蚀性气体(含二氧化硫、三氧化硫等)作用下，强度仍能保持室温时的 60%。缺点是耐光性差，在日光下暴晒一年，强度下降 50%，通常需加入耐光剂。

聚间苯二甲酰间苯二胺纤维由美国杜邦公司开发，1967 年工业化生产，品牌名称为 Nomex。主要用作绝缘纸，可应用于大功率电机和发动机的励磁线圈；作为电枢的绝缘材料或加工成蜂窝状结构材料应用于飞机上；还可用作各种防护服或与聚丙烯腈预氧化纤维等混织，以提高抗燃性；也可作长期高温(220℃)使用的流体滤材；其中空纤维可用作反渗透膜和过滤膜。

### 6. 石棉纤维

石棉纤维有 30 多种，工业主要应用的包括温石棉、青石棉和铁石棉三种。其中温石棉产量占石棉纤维总产量的 95%，化学分子式为 $3MgO \cdot 2SiO_2 \cdot 2H_2O$。短石棉纤维(类似短切玻璃纤维)、石棉织物、毡带均可用来增强热塑性和热固性树脂，应用于机械等各行业。石棉纤维用于增强的热固性树脂有环氧、酚醛、聚酯、有机硅、三聚氰胺、呋喃、醇酸树脂；增强的热塑性材料有尼龙、聚丙烯等。石棉纤维增强树脂可用于汽车制动部件、垫圈、包装用品、化工耐腐蚀零部件、隔热及电绝缘件、导弹、火箭等。

石棉纤维还可与玻纤混合，共同增强塑料。由于玻纤受到石棉纤维的填充作用，可以提

---

* cN/dtex 是纤维强度的单位。1tex 粗细时能承受的拉伸力，表示为 N/tex(牛/特克斯)。常用 cN/dtex(厘牛/分特克斯)表征。

高制品的弯曲模量。高强度容器如果用一层石棉纤维/酚醛树脂作衬里，可提高它的耐腐蚀性能。石棉纤维还可使制品的表面平滑、降低应力裂纹，改善耐气候性能。与剑麻合用，能改善冲击强度，降低吸水性，这种混杂纤维与酚醛树脂复合的典型制品有汽车导管、风扇防护罩和仪表盘构件等。

7. 氧化铝纤维

氧化铝纤维是以 $Al_2O_3$ 为主要成分，并含有少量的 $SiO_2$、$B_2O_3$ 或 $ZrO_2$、MgO 等的陶瓷纤维。氧化铝纤维的制备方法有多种，常见的有杜邦法、拉晶法、住友法、溶胶-凝胶法等。氧化铝纤维具有优异的力学性能，耐高温，可长期在1000℃以上使用；1250℃时保持室温性能的90%，具有极佳的耐化学性能与抗氧化性能。表面活性好，无须表面处理即可很好地与金属和树脂复合，制备复合材料。绝缘性能佳，与玻璃钢相比，其介电常数和损耗角正切小，且随频率变化小，电波透过性更好。用其增强的复合材料具有良好的抗压性能，抗压强度是玻璃纤维增强塑料(GFRP)的3倍以上，疲劳强度高，经 $10^7$ 次交变载荷加载后强度不低于其静强度的70%。可广泛应用于冶金、陶瓷、机械、电子、建材、石化、航空航天、军工等行业热加工领域作隔热内衬。

8. 金属纤维

金属纤维是近年发展起来的新型工业材料，采用金属丝材复合组装，经多次集束拉拔、退火、固溶处理等一套特殊工艺制成。纤维直径为1～2μm，纤维强度可达1200～1800MPa，伸长率大于1%。不但具有金属材料本身固有的一切优点，还具有非金属纤维的一些特殊性能。金属纤维表面积非常大，在内部结构、磁性、热阻和熔点等方面有着超常的效果，具有良好的导热、导电、柔韧性、耐腐蚀性。金属纤维由于生产技术难度大、工艺复杂，世界上只有美国、比利时等少数国家可以生产。研究最早的是美国，但规模化、产业化最快的是比利时(Bekaert公司)，控制世界市场的一半以上。

## 5.2.2 晶须增强体

晶须是指直径小于3μm的单晶体生长的短纤维。晶须与纤维相比存在以下区别：①单晶；②直径小(<0.1μm)、长径比大、缺陷极少、强度高、弹性模量大。主要有陶瓷晶须(氧化物($Al_2O_3$)及非氧化物(SiC)晶须)和金属晶须(Cu、Cr、Fe、Ni晶须等)两大类。

晶须的制备方法有多种，常用的有焦化法(制SiC晶须)、气液固法(制SiC及C晶须)、CVD法(制SiC晶须)、气相反应法(制碳及石墨晶须)和气固法(制石墨晶须)、电弧法(制碳及石墨晶须)等。

ZnO晶须具有棒状和三维四针状两种形态，它是迄今所有晶须中唯一具有空间立体结构的晶须。四针状氧化锌晶须外观呈白色疏松状(图5.6)，粉体有一个核心，从核心径向伸展出四根针状体，每根针状体均为单晶体微纤维，任意两根针状体的夹角为109°。晶须的中心体直径为0.7～1.4μm，针状体根部直径为0.5～14μm，针状体长度为3～300μm，ZnO晶须为单晶体六方晶系铅锌矿结构，沿着六方晶的 $c$ 轴方向生长出4根针状体。位错小、缺陷少、纯度高(99.95%)。

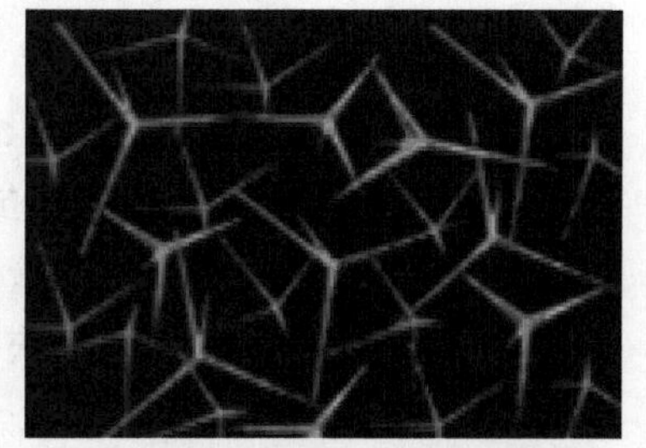

图5.6 四针状氧化锌晶须

### 5.2.3 颗粒增强体

颗粒也是一种有效的增强体。颗粒增强复合材料的发展十分迅猛，颗粒主要用于金属基复合材料、聚合物基复合材料和陶瓷基复合材料的增强体，在基体中颗粒增强体的体积分数一般为15%～30%，特殊时也可为5%～75%。颗粒根据其变形性能可分为刚性颗粒与延性颗粒两种。刚性颗粒一般为陶瓷颗粒，常见的有 TiC、SiC、$B_4C$、WC、$Al_2O_3$、$MoS_2$、$TiB_2$、BN、石墨等。其特点是高弹性模量、高抗拉强度、高硬度、高热稳定性和化学稳定性，可显著改善和提高复合材料的高温性能、耐磨性能、硬度和耐蚀性能，是制造热结构零件、切削刀具、高速轴承等的候选材料。延性颗粒主要是金属颗粒，加入陶瓷、玻璃和微晶玻璃等脆性基体中，可增强基体材料的韧性。颗粒增强复合材料的力学性能取决于颗粒的种类、形貌、直径、在基体中的分布、体积分数及其与基体的结合界面。

### 5.2.4 其他种类增强体

**1. 微珠**

除了以上常用颗粒作为增强体，还有微小球体颗粒增强体，简称微珠增强体。微珠有空心和实心之分。实心微珠的制备相对简单，一般通过块体粉碎、表面光滑化形成，例如，将玻璃击碎成粉，通过火焰、表面熔融、表面张力的作用可使表面光滑、球化，形成实心微珠。空心微珠的制备相对复杂，其直径一般为数微米。根据生产原料，可将空心微珠分为无机空心微珠、有机空心微珠和金属空心微珠三种。

空心玻璃微珠主要由美国 3M 公司生产，我国通过不懈努力也研制出了高性能空心玻璃微珠(图 5.7)。空心玻璃微珠具有隔热保温、吸声的特点。若在空心玻璃微珠表面镀上镍钴等金属，还能吸波隐形。空心玻璃微珠聚氨酯材料有效地解决了海底管道输送原油时的保温难题，空心玻璃微珠复合材料已在新疆油田开始应用。

(a) 微珠粉体

(b) 同尺寸微珠

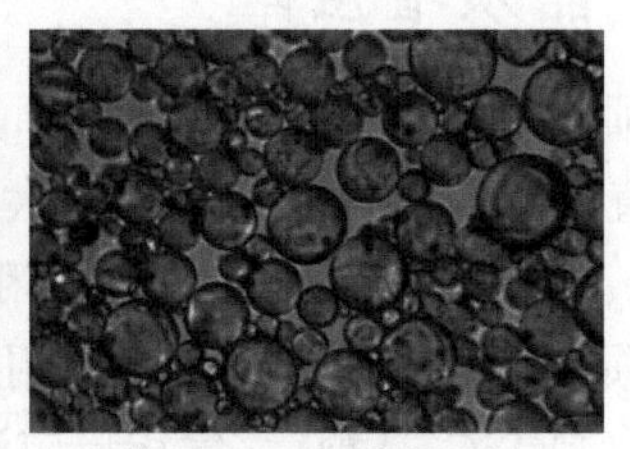
(c) 异尺寸微珠

图 5.7　空心玻璃微珠

**2. 碳纳米管**

碳纳米管是由石墨中一层或若干层碳原子卷曲而成的笼状纤维。根据石墨层数，碳纳米管分为单壁碳纳米管和多壁碳纳米管两种；若根据碳六边形网格沿管轴的取向，可将其分为锯齿形单壁碳纳米管、扶手椅形单壁碳纳米管和螺旋形单壁碳纳米管三种(图 5.8)。多壁碳纳米管的外部直径为2～30 nm，长度为0.1～50 μm，单壁碳纳米管的外部直径和长度分别为0.75～3 nm和1～50 μm。一般而言，单壁碳纳米管的直径小，缺陷少，具有更高的均匀一致性。

单壁碳纳米管的弹性模量为 1054 GPa，多壁碳纳米管的弹性模量则高达 1200 GPa，比一般碳纤维高一个数量级。碳纳米管的抗拉强度为 50～200 GPa，约是高强钢的 20 倍，而密度只有钢的 1/6。如果用碳纳米管制做绳索，从月球上挂到地球表面，它是唯一不被自身重量所拉断的绳索。碳纳米管的化学性能稳定，仅次于石墨，在真空或惰性气体中能够承受 1800℃以上的高温，是理想的聚合物基复合材料的增强体。

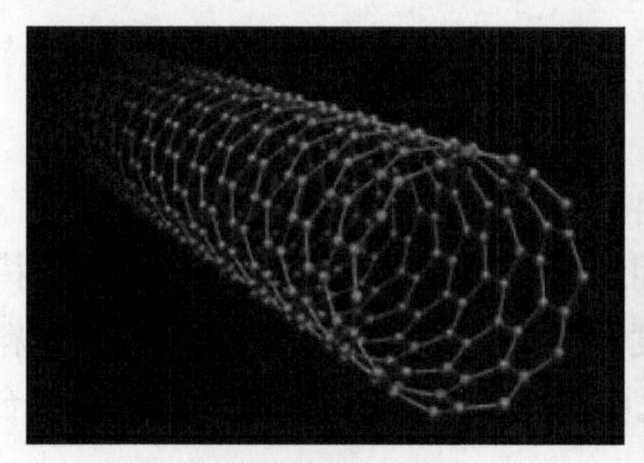

(a) 单壁碳纳米管

(b) 锯齿形、扶手椅形和螺旋形

图 5.8　单壁碳纳米管及其三种类型(锯齿形、扶手椅形和螺旋形)

### 3. 金属丝

金属丝是以金属盘条、圆盘或金属棒为原材料，通过拔丝设备、退火设备等专业设备，经过多次拉拔—退火—再拉拔—再退火等工序，加工成各类不同规格和型号的丝(线)产品。按材质分类：铁丝、铜丝(H80、H68 等)、不锈钢丝(304、316 等)、镍丝等。按粗细分类：粗丝、细丝、微丝、纤维丝等。按状态分类：硬态金属丝、中硬态金属丝、软态金属丝等。用作增强体的金属丝主要有高强钢丝、不锈钢丝和难熔金属丝等。高强钢丝、不锈钢丝可用于增强铝基复合材料。日本开发的一种低碳高强钢丝的强度超过 5000 MPa，可用于增强铝基复合材料，制备汽车发动机零件。钨钍丝等难熔金属丝主要用于增强镍基高温合金，提高其耐热性能。例如，用 W-Th、W 丝增强镍基合金可使其高温持久强度提高 1 倍以上，高温抗蠕变能力也明显提高。钢丝可用于增强水泥基复合材料，镀铜钢丝还可强化轮胎，提高轮胎的承载能力。

### 4. 石墨烯

石墨烯目前是世上最薄且最坚硬的纳米材料，是人类已知强度最高的物质，比钻石还坚硬，强度比世界上最好的钢铁还要高 100 倍。作为单质，它在室温下传递电子的速度比已知导体都快。它几乎是完全透明的，只吸收 2.3%的光。热导率高达 5300 W/(m·K)，高于碳纳米管和金刚石，电阻率只约 $10^{-6}\Omega\cdot cm$，比铜或银更低，为目前世界上电阻率最小的材料。石墨烯电池的充电速度比传统电池快 100 倍。石墨烯原子结构见图 5.9，它还可作为功能复合材料的第二相，如石墨烯/铂纳米复合材料等。

图 5.9　石墨烯原子结构示意图

# 5.3 复合材料的基体

基体在复合材料中起到黏结增强体、予以赋形并传递载荷和增韧的作用。常见的基体有金属、陶瓷、水泥、聚合物等。

## 5.3.1 金属基体

金属基体主要包括金属及其合金，如铝、铁、铜、钛、镁、镍及其合金、金属间化合物、高熵合金等。其中铝、镁、钛及其合金可用于制备高的比强度、比刚度和比模量的复合材料轻型结构件。铝、镁基复合材料的使用温度一般在 450℃以下，钛基复合材料的使用温度可达 650℃左右，而镍基复合材料的使用温度可达 1200℃，金属间化合物基复合材料可达更高的使用温度。

高熵合金是一种新型合金，是由我国台湾学者叶均蔚等发现的。当合金的主元数为 5 且原子分数相等，合金的混合熵大于 $1.5R$($R$ 为气体常数)时，可抑制金属间化合物的析出，形成简单固溶体结构，该类合金称为高熵合金。高熵合金具有热力学上的高熵效应、结构上的晶格畸变效应、动力学上的迟滞扩散效应、性能上的鸡尾酒效应、组织上的高稳定性，容易获得热稳定性高的固溶体相和纳米结构甚至非晶结构。高熵合金一般具有高强度、高硬度、高耐磨性、高抗氧化性、高耐腐蚀性等传统合金所不能同时具备的优异性能。

## 5.3.2 陶瓷基体

陶瓷材料具有耐高温、硬度高、耐磨损、耐腐蚀及相对密度小等许多优良性能。但它同时也具有致命的弱点，即脆性，这一弱点正是目前陶瓷材料的使用受到很大限制的主要原因，因此，增韧是陶瓷研究的重点。用作基体的陶瓷主要有氧化物陶瓷、非氧化物陶瓷、微晶玻璃等。

氧化物陶瓷主要有 $Al_2O_3$、$SiO_2$、$ZrO_2$、MgO 等；氧化物陶瓷主要由离子键结合，也有一定成分的共价键。它们的结构取决于结合键的类型、各种离子的半径以及在极小空间保持电中性的要求。纯氧化物陶瓷的熔点多数超过 2000℃。随着温度的升高，氧化物陶瓷的强度降低，但在 1000℃以下强度降低不大，高于此温度后大多数材料的强度剧烈降低。纯氧化物陶瓷在任何高温下都不会氧化，所以这类陶瓷是很有用的高温耐火结构材料。

非氧化物陶瓷是指金属碳化物、氮化物、硼化物和硅化物等，主要包括 SiC、TiC、$B_4C$、ZrC、$Si_3N_4$、TiN、BN、$TiB_2$ 和 $MoSi_2$ 等。不同于氧化物陶瓷，非氧化物陶瓷主要由共价键结合而成，但也有一定的金属键的成分。这类化合物在自然界少有，需要人工合成。它们是先进陶瓷特别是金属陶瓷的主要成分和晶相，由于共价键的结合能一般很高，因而由这类材料制备的陶瓷一般具有较高的耐火度、高的硬度(有时接近金刚石)和高的耐磨性(特别对侵蚀性介质)，但这类陶瓷的脆性都很大，并且高温抗氧化能力一般不高，在氧化气氛中将发生氧化而影响材料的使用寿命。

微晶玻璃是向玻璃中引进晶核剂，通过热处理、光照射或化学处理等手段，使玻璃内均匀地析出大量微小晶体，形成致密的微晶相和玻璃相的多相复合体。通过控制析出微晶的种类、数量、尺寸等，可以获得透明微晶玻璃、热膨胀系数为零的微晶玻璃及可切削微晶玻璃等。微晶玻璃的组成范围很广，晶核剂的种类也很多，按玻璃组成可分为硅酸盐晶核剂、铝硅酸盐晶核剂、硼硅酸盐晶核剂、硼酸盐晶核剂及磷酸盐晶核剂五大类。

### 5.3.3 水泥基体

水泥是粉状水硬性无机胶凝材料，加水搅拌后成浆体，能在空气中硬化或者在水中更好地硬化，并能把砂、石等材料牢固地胶结在一起。水泥的主要化学成分是 $CaO$、$SiO_2$、$Al_2O_3$、$Fe_2O_3$，还有 $MgO$、$K_2O$、$Na_2O$、$SO_3$ 等。水泥熟料的主要矿物组分是硅酸三钙($3CaO·SiO_2$，简写为 $C_3S$)、硅酸二钙($2CaO·SiO_2$，简写为 $C_2S$)、铁铝酸四钙($4CaO·Al_2O_3·Fe_2O_3$，简写为 $C_4AF$)、铝酸三钙($3CaO·Al_2O_3$，简写为 $C_3A$)。水泥通常分为硅酸盐水泥、普通硅酸盐水泥、矿渣硅酸盐水泥、火山灰质硅酸盐水泥及粉煤灰硅酸盐水泥等。

(1)硅酸盐水泥由硅酸盐水泥熟料、0～5%石灰石或粒化高炉矿渣、适量石膏磨细制成，国外通称波特兰水泥。

(2)普通硅酸盐水泥由硅酸盐水泥熟料、6%～15%混合材料和适量石膏磨细制成。

(3)矿渣硅酸盐水泥由硅酸盐水泥熟料、粒化高炉矿渣和适量石膏磨细制成。

(4)火山灰质硅酸盐水泥由硅酸盐水泥熟料、火山灰质混合材料和适量石膏磨细制成。

(5)粉煤灰硅酸盐水泥由硅酸盐水泥熟料、粉煤灰和适量石膏磨细制成。

水泥的技术特性如下。①凝结时效性。水泥的凝结时间分为初凝时间与终凝时间。初凝时间为水泥加水拌和到水泥浆开始失去可塑性的时间。终凝时间为水泥浆开始拌和时到水泥完全失去可塑性并开始产生强度的时间。②体积安定性是指水泥在硬化过程中体积变化是否均匀的性质。③水热化性。水泥的水化反应为放热反应，随着水化过程的进行，不断放出热量称为水热化。④细度是指水泥颗粒的粗细程度。颗粒越细，早期强度越高。但颗粒越细，其制作成本越高，并容易受潮失效。⑤标准稠度用水量是指水泥砂浆达到标准稠度时的用水量。标准稠度则是水泥净浆在某一用水量和特定测试方法下达到的稠度。

### 5.3.4 聚合物基体

聚合物是低分子化合物通过聚合反应产生相对分子质量高达几千到几百万的高分子化合物。与金属和无机非金属材料相比，聚合物材料线膨胀系数大，尺寸稳定性差，刚性、耐疲劳性和某些机械强度难以满足应用要求。如果引入纤维增强体构建聚合物基复合材料，可有效改进该类材料的性能，尤其是其比强度和比模量。

常见的聚合物基体有热固性树脂、热塑性树脂和橡胶三大类。热固性树脂是指加热时软化、可塑造成型，冷却时固化、保持原状，固化后加热不再软化的树脂。热固性树脂主要有不饱和聚酯、环氧树脂、酚醛树脂、聚酰亚胺等。热塑性树脂则为加热时软化、可塑造成型，冷却时固化、保持原状，固化后加热再软化，过程可重复进行的树脂。热塑性树脂主要包括聚酰胺(尼龙)、聚乙烯、聚丙烯、聚苯乙烯、聚氯乙烯、聚砜、聚碳酸酯、ABS 树脂(丙烯腈-丁二烯-苯乙烯共聚物)等。橡胶是有机高分子弹性化合物，主要包括天然橡胶和合成橡胶。天然橡胶是由天然橡胶树上流出来的胶乳经过处理后制成的。由于资源的限制，天然橡胶远不能满足工业生产的需要，因而发展了用人工方法将单体聚合而成的合成橡胶。常用的合成橡胶有丁苯橡胶、顺丁橡胶、氯丁橡胶、异戊橡胶、丁基橡胶、乙丙橡胶和丁腈橡胶等。

# 5.4 复合材料的界面

**1. 界面的定义**

复合材料中组分间存在结合层(区域)，并非单纯的几何面。该层具有一定的厚度(数十纳米到数十微米)，结构既不同于基体也不同于增强体，它是基体与增强体连接的纽带，也是载荷传递的桥梁，该区域称为界面。界面也可定义为基体与增强体之间化学成分有显著变化、能够彼此结合、传递载荷的微小区域。

**2. 界面的种类**

(1)界面按其微观特性分为共格、半共格和非共格三种(图 5.10)。共格界面的界面能较低，是一种理想的原子配位(界面没有弹性变形，界面能接近零)。通常情况下，两侧结构常数的差异使界面存在弹性变形。

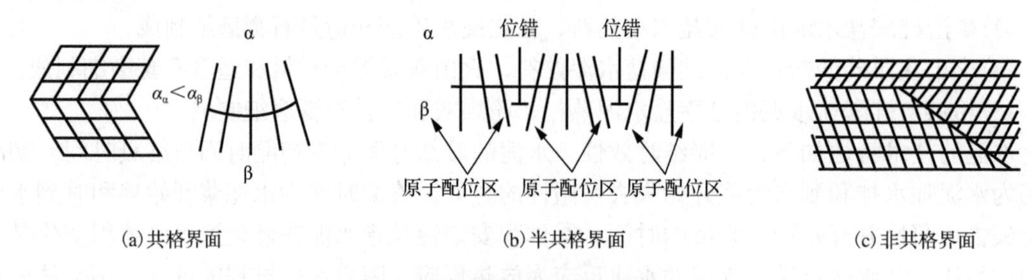


图 5.10 复合材料的界面类型

(2)界面按其宏观特性可分为：①机械结合界面，即靠增强体的粗糙表面与基体摩擦力的结合；②溶解与润湿结合界面，即界面发生原子扩散和溶解，有溶质原子过渡带的结合；③反应结合界面，即界面发生了化学反应并产生化合物的结合；④交换反应结合界面，即界面不仅发生化学反应而生成化合物的结合，还通过扩散发生元素交换形成固溶体的结合；⑤混合结合界面，即以上述几种方式组合的形式结合。

**3. 界面的作用**

界面是复合材料的三大要素(基体、增强体和界面)之一，界面的作用可归为以下几种效应。

(1)传递效应。基体通过界面将载荷传递给增强体，界面起到载荷传递的桥梁作用。

(2)阻断效应。适当的界面可起到阻止基体中裂纹的扩展、中断材料破坏、减缓应力集中、阻碍位错运动等作用。

(3)不连续效应。在界面上产生物理性能(如抗电性、电感应性、磁性等)的不连续性及界面摩擦等现象。

(4)散射和吸收效应。光波、声波、热弹性波、冲击波等在界面产生散射和吸收，出现透光性、隔热性、隔声性及耐机械冲击性等。

(5)诱导效应。一种物质的表面结构(增强体)使另一种物质的表面结构(基体)由于诱导效应而发生改变，由此产生一些现象，如强的弹性、低的热膨胀性、耐热性和耐冲击性等。

界面上产生的以上效应是任何单组分材料都不具备的特性，这对复合材料具有重要作用。例如，颗粒均匀分布于金属基体中可有效阻碍基体中的位错运动，强化基体，提高复合材料的性能。纤维增强聚合物基复合材料中，界面可阻碍裂纹的进一步扩展。陶瓷基复合材料中，控制颗粒或晶须与基体的界面可起到增韧作用。因此，界面结构的改善与控制可有效提高复合材料的性能。

# 5.5　复合材料的复合效应

复合材料的复合过程不是简单的机械复合，其性能也不是组分材料的简单叠加，组分材料间发生复杂的物理、化学、力学等过程，同时各组分材料的形状、数量、分布及制备过程均影响复合材料的性能。

复合效应是指将组分A、B两种材料复合起来，得到同时具有组分A和组分B的性能特征的综合效果。复合效应分为线性复合效应和非线性复合效应两大类。

## 5.5.1　线性复合效应

线性复合效应主要包括平均效应、平行效应、相补效应、相抵效应。

**1)平均效应**

平均效应又称混合效应，即复合材料的某项性能等于组成复合材料各组分的性能乘以该组分的体积分数之和，可表示为

$$K_c = \sum K_i \phi_i \text{（并联模型）} \tag{5-1}$$

$$\frac{1}{K_c} = \sum \frac{1}{K_i} \phi_i \text{（串联模型）} \tag{5-2}$$

式中，$K_c$为复合材料的某项性能；$\phi_i$为体积分数；$K_i$为与$K_c$对应的性能。

并联模型适用于复合材料的密度、单向纤维复合材料的纵向弹性模量和纵向泊松比等。

串联模型适用于单向纤维复合材料的横向弹性模量、纵向剪切模量和横向泊松比等。

串、并联模型见图5.11，两者合写为

$$K_c^n = \sum K_i^n \phi_i \tag{5-3}$$

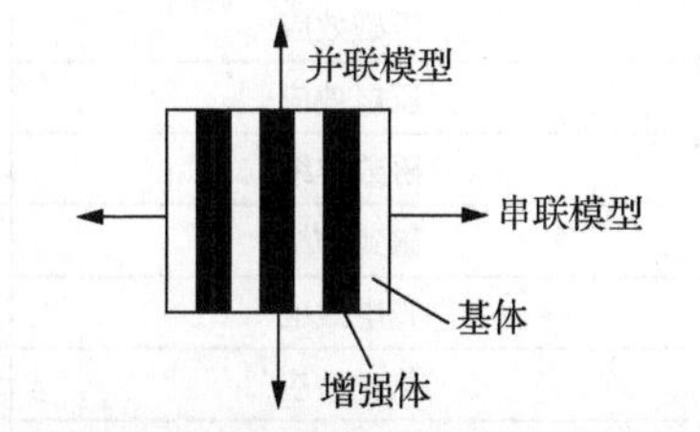

图5.11　复合材料的串、并联模型

当$n=1$时，为并联模型，描述密度、单向纤维复合材料纵向(平行于纤维方向)弹性模量和纵向泊松比等。当$n=-1$时，为串联模型，描述单向纤维复合材料的横向弹性模量、纵向剪切模量和横向泊松比等；当$-1<n<1$时，为混合模型，描述复合材料某项性能如介电常数、热导率随组分体积分数的变化规律。

**2) 平行效应**

平行效应是一种最简单的线性复合效应，表示为$K_c \approx K_i$，即复合材料的某项性能与某一组分的该项性能相当。例如，玻璃纤维增强环氧树脂基复合材料的耐蚀性能与基体环氧树脂相当。

**3) 相补效应**

相补效应是指组分复合后，互补缺点，产生优异的综合性能，表示为$C = A \times B$，是一种正的复合效应。

**4) 相抵效应**

相抵效应是指各组分之间性能相互制约，使复合材料的性能低于混合定律的预测值，是一种负的复合效应，表示为$K_c < \sum K_i \phi_i$。例如，陶瓷基复合材料复合不佳时，会产生相抵效应。

## 5.5.2 非线性复合效应

非线性复合效应包括相乘效应、诱导效应、系统效应与共振效应。

**1) 相乘效应**

相乘效应是指把两种具有能量(信息)转换功能的组分复合起来，使它们相同的功能得到复合，而不同的功能得到新的转换，表示为$(X/Y) \cdot (Y/Z) = X/Z$。例如，石墨粉增强高聚物基复合材料作温度自控发热体。其工作原理如下：高聚物受热膨胀、遇冷收缩，石墨粉的接触电阻因高聚物基体的膨胀而变大和高聚物基体的收缩而变小，从而使流经发热体的电流随其温度变化自动调节，达到自动控温的目的。

温度↑→基体高聚物膨胀→石墨接触电阻↑→电流↓→温度↓→维持温度不变

(基体：热→变形)·(增强体：变形→电阻)=复合材料：热→电阻

功能复合材料的相乘效应有多种，见表5.1。

表5.1　功能复合材料的相乘效应

| A组元性质 $X/Y$ | B组元性质 $Y/Z$ | 相乘性质 $X/Z$ |
| --- | --- | --- |
| 压磁效应 | 磁阻效应 | 压阻效应 |
| 压磁效应 | 磁电效应 | 压电效应 |
| 压电效应 | (电)场致发光效应 | 压力发光效应 |
| 磁致伸缩 | 压电效应 | 磁电效应 |
| 磁致伸缩 | 压阻效应 | 磁阻效应 |
| 光电效应 | 电致伸缩 | 光致伸缩 |
| 热电效应 | (电)场致发光 | 红外线转换可见光效应 |
| 辐照-可见光效应 | 光-导电效应 | 辐射诱导导电 |
| 热致变形 | 压敏效应 | 热敏效应 |
| 热致变形 | 压电效应 | 热电效应 |

**2) 诱导效应**

在复合材料两组分(两相)的界面上，一相对另一相在一定条件下产生诱导作用(如诱导结晶)，使之形成相应的界面层，这种界面层结构上的特殊性使复合材料在传递载荷的能力上或功能上具有特殊性，从而使复合材料具有某种特殊的性能(一组分通过诱导作用使另一组分材料的结构改变从而改变整体性能或产生新的效应)。

**3) 系统效应**

系统效应是指将不具备某种性能的各组分通过特定的复合状态复合后，使复合材料具有单个组分不具有的某种新性能。例如，彩色胶卷，利用其能分别感应蓝、绿、红三种感光剂层，即可记录宇宙中各种绚丽色彩。

**4) 共振效应**

共振效应又称强选择效应，是指某一组分具有一系列性能，与另一组分复合后，能使该组分的大多数性能受到抑制，而使其中某一项性能充分发挥。例如，实现导电不导热，一定几何形态均有固有频率，产生吸振功能等。

# 5.6 典型复合材料

## 5.6.1 金属基复合材料

金属基复合材料是指以金属及其合金为基体，以一种或几种金属或非金属为增强体，人工结合成的复合材料。组成复合材料的各种材料称为组分材料，组分材料间一般不发生作用，均保持各自的特性而独立存在。与传统金属材料相比，金属基复合材料具有较高的比强度和比刚度；与聚合物基复合材料相比，它又具有优良的导电性和导热性；与陶瓷材料相比，它又具有较高的韧性和抗冲击性能。因此，金属基复合材料具有一般材料不具有的独特性能，克服单一的金属、陶瓷、高分子材料在性能上的局限性，可充分发挥各组分材料的优良特性，取长补短，可满足各种特殊和综合性能的要求，也可实现经济利益最大化。因此，在航空航天、电子、汽车等领域，金属基复合材料的应用正不断扩大。

### 1. 金属基复合材料与合金的区别与联系

复合材料不同于合金。合金是指一种金属与另一种金属或非金属(或多种)混合形成以金属键为主的物质，仍保持金属特性。此时，组成合金的金属或非金属称为组元，合金至少为二元合金，一般为多元合金。二元合金中典型代表即铁碳合金。合金中的组元将发生物理或化学作用，形成合金的组成相。物理作用时形成溶质溶于溶剂并保持溶剂结构的固溶体。化学作用时形成不同于任一组元结构的新物质即化合物。合金中的组元在合金中不复存在，而是以固溶体或化合物的形式存在。固溶体与化合物即构成了合金的两个基本相。基本相是组元在合金中的存在方式。以铁碳合金为例，组元为铁和碳，组元在合金中发生作用形成基本相，如图 5.12 所示。

组元在合金中以基本相即固溶体和化合物的形式存在，相与相间存在界面，合金的性能主要取决于基本相的大小、形貌及其在合金中的分布(即组织)。从合金组成相的角度看，合金也可看作不同相的复合，即合金可以看作更高层次上的复合材料。

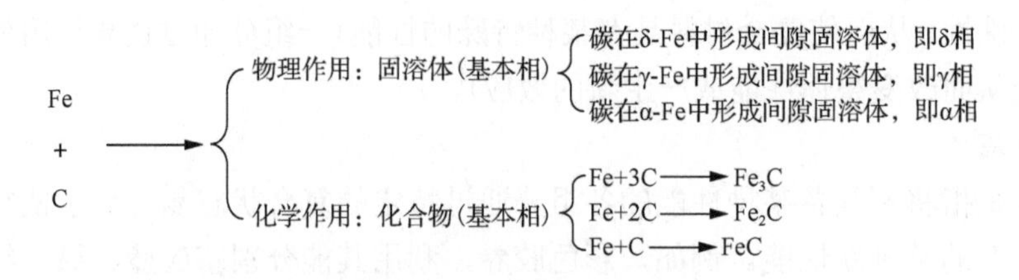


图 5.12　铁碳合金的组元与作用

## 2. 常见金属基复合材料

主要有铝基、镍基、钛基、铜基、铁基、镁基、锌基、金属间化合物基、高熵合金基等复合材料。

**1) 铝基复合材料**

铝基复合材料是指以纯铝或其合金为基体材料的复合材料，它是金属基复合材料中研究最为深入、应用最为广泛的一种复合材料。由于基体合金为面心立方结构，因而具有良好的塑性和韧性，还具有较好的可加工性、工程可靠性及价格低廉等优点。实际应用中基体金属一般采用铝合金，它比纯铝具有更好的综合性能。

图 5.13 为氧化铝短纤维增强铝基复合材料制备的活塞。其室温强度并不比基体高，但其高温性能较好，特别是其弹性模量提高较明显，膨胀系数有所降低，耐磨性能改善，导热性良好，主要用于发动机的活塞、缸体等。特别是当氧化铝短纤维制成预制件，挤压铸造置入活塞的火力岸时，可显著提高活塞第一道环的高温耐磨性，延长活塞的使用寿命；若活塞裙部也分布氧化铝短纤维增强体，活塞的耐热性、耐磨性均将得到明显提高，使用寿命可成倍增长。

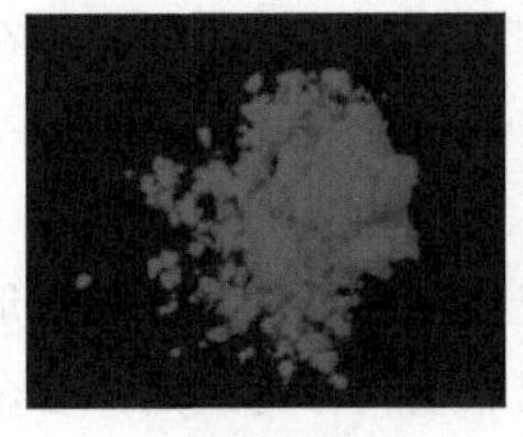
(a) 氧化铝短纤维

(b) 预制件

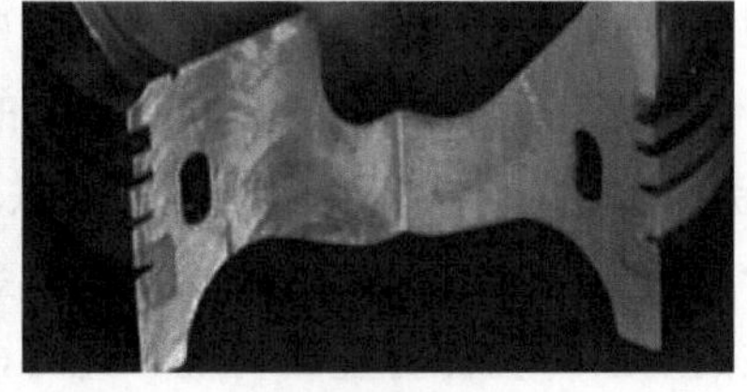
(c) 活塞

图 5.13　氧化铝短纤维增强铝基复合材料的活塞

图 5.14 为不同加热方式合成不同体积分数 TiC 颗粒增强 Al-4Cu 基复合材料组织的 SEM 照片。图 5.14(a)～(c) 为微波加热，增强体的体积分数分别为 5%、10 %、15%，图 5.14(d)～(f) 则为相应的传统加热。由图可知：微波加热合成的复合材料的增强体组织明显细于传统加热，其强度、伸长率均优于传统加热[2]。

**2) 镍基复合材料**

镍基复合材料是指以纯镍或其合金为基体材料的复合材料。由于镍的高温性能优异，该种复合材料主要用于高温部件。图 5.15 为原位反应产生体积分数分别为 30%和 40% TiC 颗粒增强镍基复合材料的 SEM 照片，力学性能显著提升[3]。

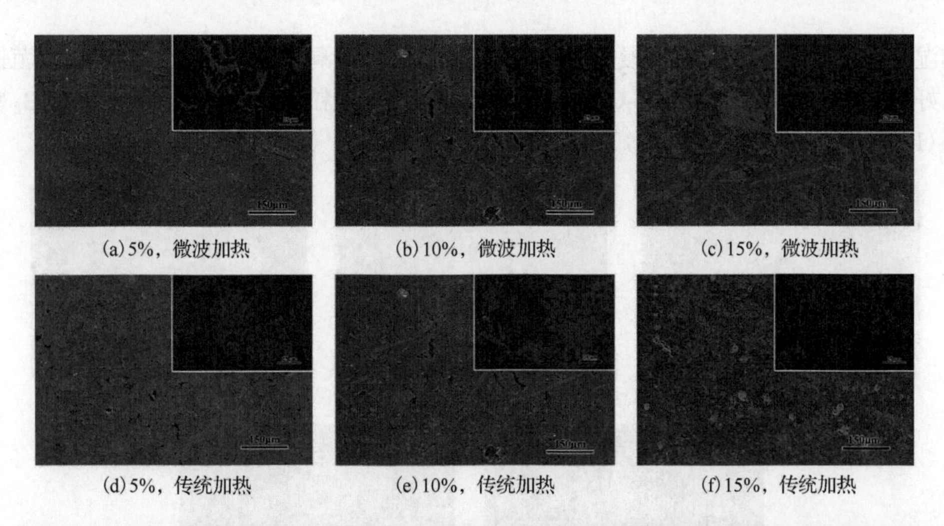

(a) 5%，微波加热　(b) 10%，微波加热　(c) 15%，微波加热

(d) 5%，传统加热　(e) 10%，传统加热　(f) 15%，传统加热

图 5.14 不同加热方式合成不同体积分数 TiC 颗粒增强 Al-4Cu 基复合材料组织的 SEM 照片[2]

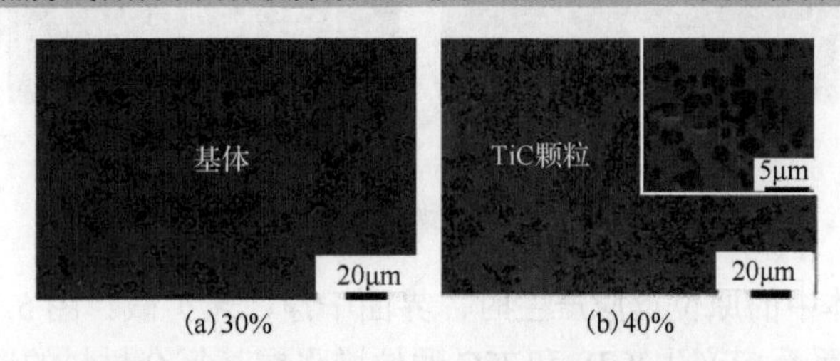


(a) 30%　(b) 40%

图 5.15 不同体积分数 TiC 颗粒增强镍基复合材料的 SEM 照片[3]

**3) 钛基复合材料**

随着飞行速度的提高，人们对飞机的结构材料的刚度提出了更高的要求，当飞机速度从亚声速提高到超声速时，钛合金比铝合金显示出了更大的优越性。随着飞行速度的进一步提高，需要改变飞机的结构设计，采用更长的机翼和其他翼形，需要更高刚度的材料，而纤维增强的钛合金恰好满足这种要求。钛基复合材料中最常用的增强体为硼纤维，这是由于钛与硼的热膨胀系数相近。

传统法制备钛基复合材料时的界面反应很难控制，从而影响界面结合强度，而原位反应法可克服传统法的不足，界面干净、无反应，结合强度高，且热力学稳定，因而成为金属基复合材料的研究热点。运用 Ti 粉、$TiB_2$ 粉球磨混合，冷挤成块，升温至不同温度，两者发生原位反应，在温度升至 1250℃时，$Ti + TiB_2 \longrightarrow 2TiB$，即可形成 TiB 增强钛基复合材料[4]。

**4) 铜基复合材料**

铜基复合材料一般采用颗粒增强铜或其合金，铜基复合材料的主要目的是提高铜基体的耐磨性能。在船用机械中，绞缆机等中的蜗轮蜗杆等部件均采用铜合金，其耐磨性能仍难以满足使用要求，若采用陶瓷颗粒增强铜基体形成铜基复合材料，可显著提高其耐磨性能。

颗粒增强即在软韧的铜基体中分布弥散的硬质颗粒，既能改善基体的室温和高温性能，又能维持基体的导电性，达到兼具高强度、高导电性和耐磨性能的综合效果。由于制造成本低、性能优越，现在对颗粒增强的铜基复合材料的研究已日趋广泛。

$TiB_2$ 颗粒具有硬度高、耐腐蚀性强、热稳定性优和耐磨性好等特点。$TiB_2$ 与铜还具有良好的润湿性，不易发生反应形成复杂界面。$TiB_2$ 颗粒增强铜基复合材料在一定温度范围内可保持良好的性能。图 5.16 为 Ti-B-Cu 体系反应合成 $TiB_2$ 颗粒增强铜基复合材料，$TiB_2$ 颗粒尺寸细小(100～500nm)，分布均匀，力学性能显著提高[5]。

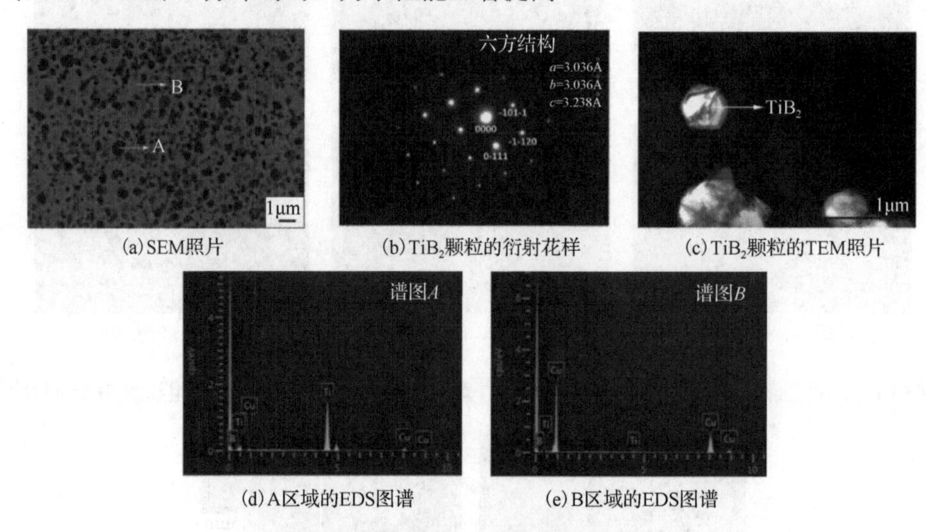


(a) SEM照片　(b) $TiB_2$颗粒的衍射花样　(c) $TiB_2$颗粒的TEM照片

(d) A区域的EDS图谱　(e) B区域的EDS图谱

图 5.16　$TiB_2$ 颗粒增强铜基复合材料[5]

当增强体通过基体中的原位反应产生时，界面干净、无扩散。图 5.17 和图 5.18 分别为 Ti-B-Cu 和 Ti-C-Cu 体系反应产生 $TiB_2$ 和 TiC 颗粒增强铜基复合材料的透射电镜(TEM)照片，增强体颗粒 $TiB_2$ 和 TiC 与基体 Cu 的界面无过渡层存在，界面干净、无反应物形成。

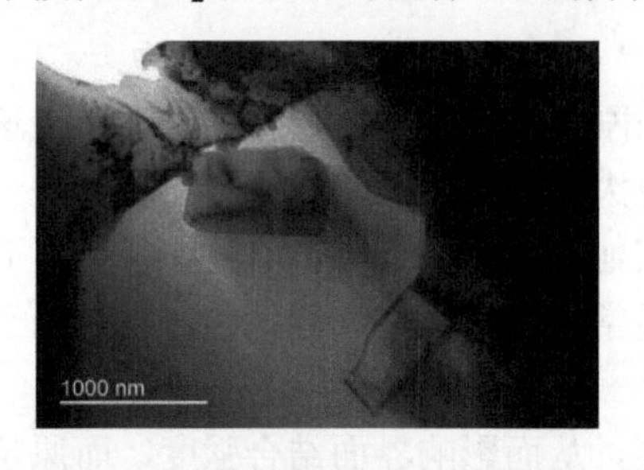


图 5.17　原位 $TiB_2$ 颗粒增强铜基复合材料 TEM 照片

图 5.18　原位 TiC 颗粒增强铜基复合材料 TEM 照片

**5) 铁基复合材料**

铁基复合材料发展历史较短，是在铁基体(或钢基体)中加入增强体，以陶瓷颗粒较为多见。所加颗粒一般为原位反应产生的陶瓷颗粒，如在钢水中加入 Ti+C 的混合粉体，使之发生化学反应原位生成 TiC 颗粒，并弥散分布于钢水中，形成复合材料。增强颗粒可显著提高钢的耐磨性能，这对工具钢(如刀具等)具有现实意义。Zhong 等[6]成功反应制备了不同体积分数 $V_8C_7$ 颗粒增强的铁基复合材料，研究发现其耐磨性能显著提升。

**6) 镁基复合材料**

以陶瓷、纤维或晶须为增强体，使之在镁基体中均匀分布制成镁基复合材料。它集超轻、高比强度、高比刚度于一身，比铝基复合材料更轻，将是航空航天领域的优选材料。例如，美国海军部和斯坦福大学用箔冶金扩散焊接方法制备了 $B_4C_p$/Mg-Li 复合材料，其比强度、比刚度较工业铁合金高 22%，屈服强度也有所提高，并具有良好的延展性。目前关于 SiC 增强镁基复合材料的研究较为成熟，这是由于 SiC 与镁基体的界面润湿性较好。Sahoo 等[7]采用原位反应法制备了不同体积分数 $TiB_2$ 增强的镁基复合材料，研究表明其力学性能得到显著改善。

**7) 金属间化合物基复合材料**

金属间化合物具有低密度、高强度、良好的热传导性及良好的耐热性能，其冷却效率较高而热应力较小，被用作高温结构材料，尤其是航空发动机的高温部件如叶片等。由于晶体结构中存在共价键，金属间化合物存在脆性，为提高其韧性，人们采用合金化、晶粒细化、复合强化以及定向凝固、单晶、电热爆炸等技术来对其进行改性，其中复合强化是一种有效手段，特别是颗粒增强金属间化合物基复合材料由于制造工艺相对简单，各向同性，基体与增强体之间热膨胀系数的匹配不太敏感而备受关注。增强体与基体在多数情况下形成一个光滑、平直、无中间相的界面，而且一般以非共格或半共格的界面结合形式存在。界面两侧为直接的原子结合，结合强度高。

目前内生颗粒增强金属间化合物基复合材料的研究备受重视。中国科学院郭建亭课题组反应合成了内生颗粒 TiC、$TiB_2$ 增强的 NiAl 基耐高温复合材料，与 NiAl 比较，这些 NiAl 基复合材料的高温强度提高 3～5 倍，塑性和韧性也同时得到改善。郭建亭等还发现制备工艺对复合强化效果的影响较大。用热压放热反应合成(HPES)法制备的 NiAl-20%TiC 综合性能优于用反应热等静压(RHIP)法制备的 NiAl-20%$TiB_2$；在 HPES＋HIP(等静压)制备时，二者的压缩性能相差不大；在 HPES+HT(高温退火)制备时，NiAl-20%TiC 的抗压强度及塑性反而明显比 NiAl-20%$TiB_2$ 的低。

微波也可制备内生陶瓷颗粒增强金属间化合物基复合材料，且制备工艺简单，节能降耗，是一种非常有前途的制备方法。图 5.19 为 Al-$Ni_2O_3$-$TiO_2$-C 体系微波合成(α-$Al_2O_3$+TiC)/NiAl 复合材料的 SEM 照片，传统法制备时需预热至近 600℃方可反应，而微波作用时仅在近 300℃即可发生热爆反应，且仅需数分钟即可完成[8]。

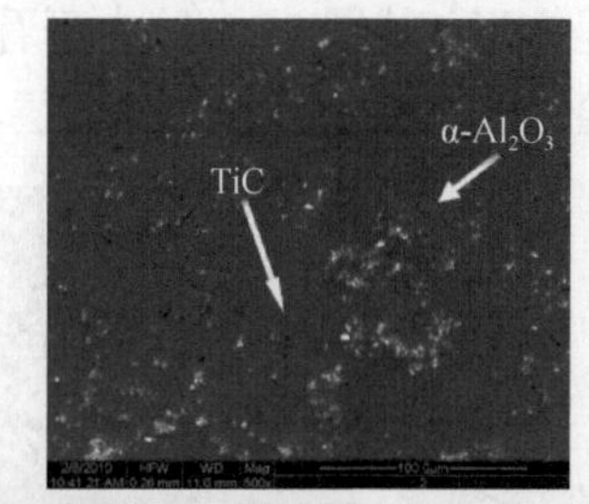

图 5.19 Al-$Ni_2O_3$-$TiO_2$-C 体系微波合成(α-$Al_2O_3$+TiC)/NiAl 复合材料的 SEM 照片[8]

稀土元素对内生陶瓷颗粒 $TiB_2$ 增强 NiAl 基复合材料的显微组织会产生显著的影响，如图 5.20 所示[9]。未加 Ce 时，增强体 $TiB_2$ 颗粒尺寸粗大(图 5.20(a))，随着 Ce 含量增加，增强体 $TiB_2$ 颗粒尺寸减小，分散均匀性提高，Ce 形成细长带分布于基体中(图 5.20(b))；随着 Ce 含量的进一步增加，$TiB_2$ 颗粒尺寸进一步减小，但出现团聚现象，Ce 带增宽(图 5.20(c))。

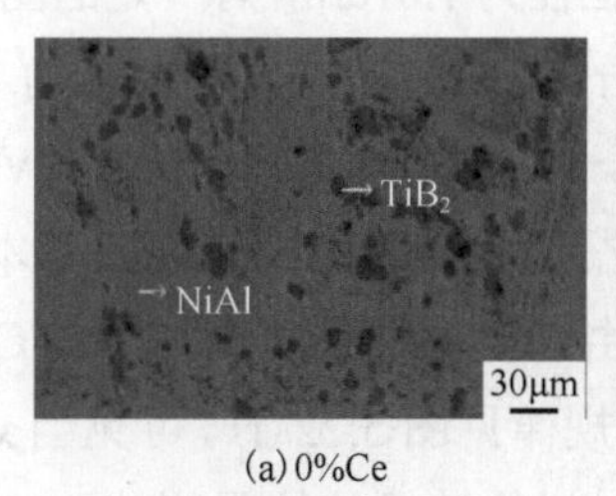

(a) 0%Ce

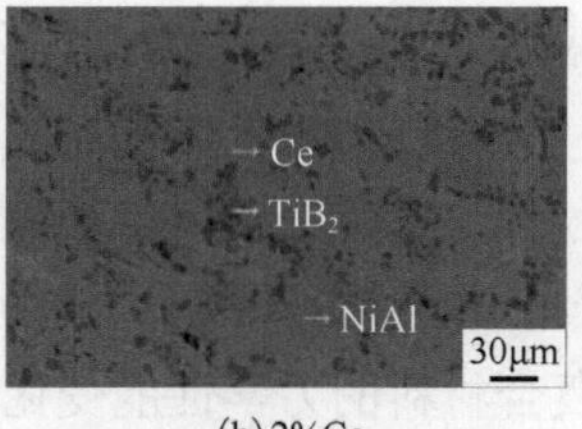

(b) 2%Ce

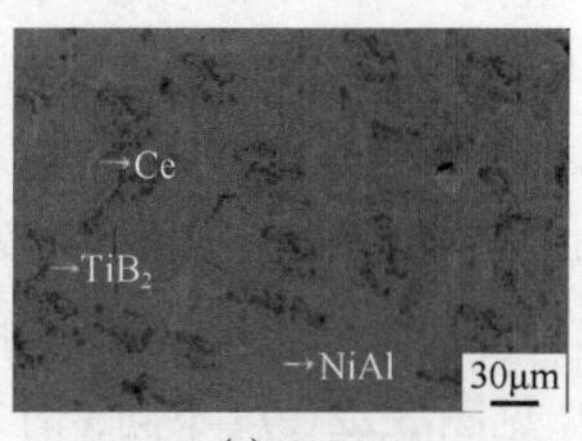

(c) 4%Ce

图 5.20 不同 Ce 含量时原位 $TiB_2$ 颗粒增强 NiAl 基复合材料的组织形貌[9]

**8) 高熵合金基复合材料**

高熵合金(HEA)基复合材料中，依据增强体产生方法分为内生型高熵合金基复合材料和外生型高熵合金基复合材料两种。外生型高熵合金基复合材料直接通过外加方式进入基体形成复合材料，此时基体与增强体界面存在一定程度的反应层，反应层厚度直接影响复合材料的界面结合强度，影响复合材料的力学性能。内生型高熵合金基复合材料增强体则通过基体中的原位反应产生。常见的增强体有纤维、晶须、颗粒及石墨烯和碳纳米管等。外生法存在以下不足：①增强体的表面易被污染；②易发生不利的界面反应，产生有害相；③增强体的尺寸、形貌受其制备条件的限制；④增强体与基体的相容性差，在基体中的分布受其润湿性的制约；⑤能耗大，制备成本高。这些均制约了高熵合金基复合材料的应用和发展，虽然增强体的表面可进行一些处理(如表面抛光、浸镀和超声等)，但工艺复杂，成本高，且效果不能令人满意。当增强体通过在基体中的化学反应产生时，即内生法，如 Ti+C ⟶ TiC、Ti+2B ⟶ $TiB_2$ 等，形成内生型高熵合金基复合材料，此时增强体与基体的界面干净、无反应层，与基体的相容性好，结合强度高，基本克服了外生法的不足。内生型高熵合金基复合材料是高熵合金基复合材料的发展方向之一。

图 5.21 为 FeCoNiCu/10%($TiC_p$+$G_w$) 高熵合金基复合材料的 TEM 照片。从图 5.21(a) 中可观察到 TiC 颗粒的尺寸在亚微米级，且与基体之间紧密结合，没有反应层，浸润性良好，TiC 主要呈方形。从图 5.21(b) 中可看出石墨晶须的直径在纳米级别。石墨晶须与高熵合金基体之间结合也非常紧密，没有反应层，可以对基体起增强、增韧作用[10]。

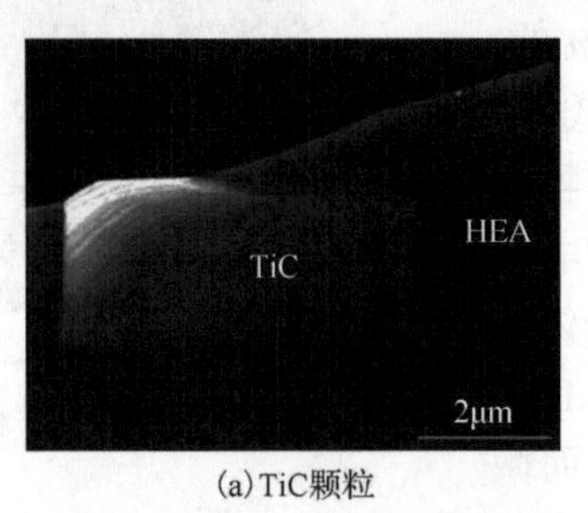

(a) TiC颗粒

(b) 石墨晶须

图 5.21　FeCoNiCu/10%($TiC_p$+$G_w$) 高熵合金基复合材料的 TEM 照片[10]

在高熵合金基复合材料中添加合金元素 V，并同时改变增强体 TiC 颗粒的体积分数，会对其组织结构与性能产生显著影响。基体合金 FeCrNiCu 为面心立方(FCC)结构(图 5.22(a))；当 $x=0$ 时，即未加 V 元素，TiC 颗粒体积分数为 15%，平均粒径为 1.61μm，有一定的团聚现象，见图 5.22(b)；当 $x=5$ 时，V 元素含量为 0.1%，TiC 颗粒体积分数降为 10%，平均粒径约 1.26μm，明显细化，仍有一定的团聚现象，见图 5.22(c)；随着 $x$ 进一步增加，当 $x=10$ 时，V 元素含量增至 0.2%，TiC 颗粒体积分数为 5%，其粒径进一步细化至 1.18μm，团聚现象基本消失，见图 5.22(d)；当 $x=15$ 时，V 元素含量增至 0.3%，基体结构由 FCC 单相结构演变为 FCC+BCC 双相结构，见图 5.22(e)；不同 $x$ 时复合材料的力学性能变化规律见图 5.22(f)，可见当 $x=5$ 时，即 V 元素含量为 0.1%，TiC 颗粒体积分数为 10%时，复合材料的铸态抗拉强度达 1GPa 以上，此时的伸长率为 17%，是一种非常有应用前景的高熵合金基复合材料[11]。

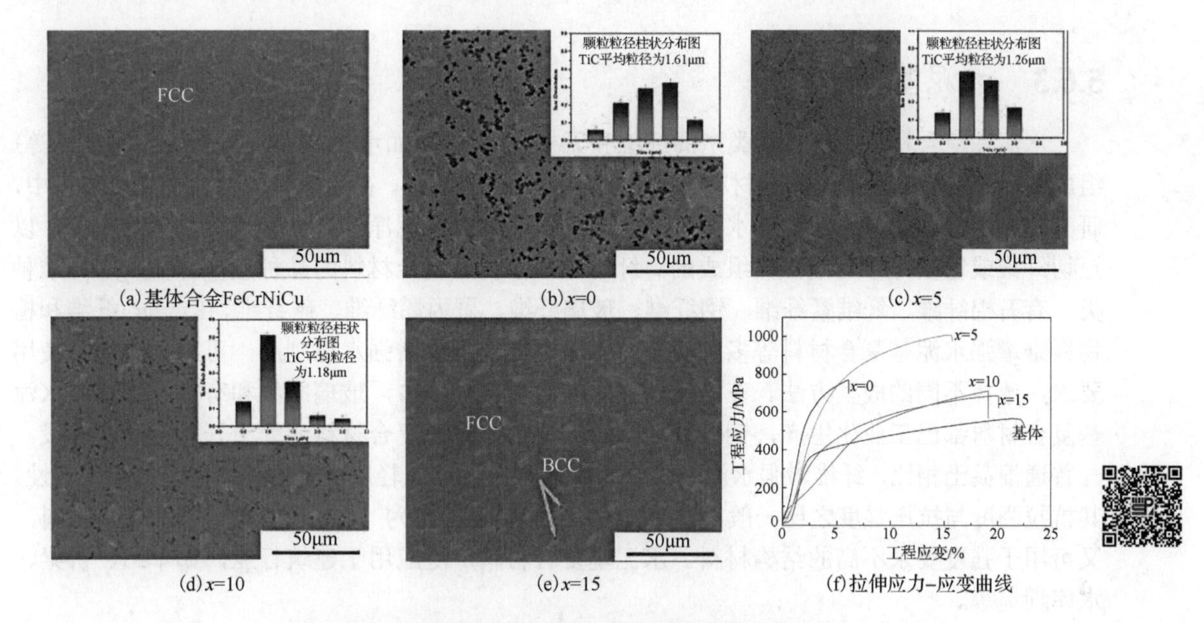


(a)基体合金FeCrNiCu (b) $x$=0 (c) $x$=5

(d) $x$=10 (e) $x$=15 (f)拉伸应力-应变曲线

图5.22 不同 $x$ 时复合材料(15-$x$)%TiC/$FeCrNiCuV_{0.02x}$ 的组织形貌及其对应的拉伸应力-应变曲线[11]

## 5.6.2 陶瓷基复合材料

陶瓷脆性大、抗热震性能差，对裂纹、气孔和夹杂物等细微的缺陷很敏感。近20年来，材料科学家发现，往陶瓷中加入颗粒、晶须等构成陶瓷基复合材料，可以明显改善陶瓷的韧性，提高强度及弹性模量。陶瓷基复合材料的弹性模量及强度都较整体陶瓷提高。纤维增强陶瓷基复合材料不仅使弹性模量及强度大大提高，而且改变了力-位移曲线的形状，换句话说，纤维增强陶瓷基复合材料在断裂前吸收了大量的断裂能量，使韧性得以大幅度提高。

陶瓷基复合材料的发展速度远不如聚合物基和金属基复合材料那么快。制约陶瓷基复合材料发展的主要因素有两个：一是高温增强体材料出现得较晚，SiC纤维和晶须是20世纪70年代后出现的新材料；二是陶瓷基复合材料的制造过程及制品都涉及高温，制备工艺较为复杂，而且由于陶瓷基体与增强体的热膨胀系数的差异，在制备过程中以及在之后的使用过程中易产生热应力。陶瓷基复合材料的增强体中，增韧效果最佳的是连续纤维增韧，其次为晶须增韧、相变增韧和颗粒增韧。

陶瓷基复合材料具有高强度、高模量、低密度、耐高温和良好的韧性等优良特性，已在高速切削工具和内燃机部件上得到应用，作为高温结构材料和耐磨耐蚀材料也有广阔的应用前景，如航空燃气涡轮发动机的热端部件、大功率内燃机的增压涡轮、固体发动机燃烧室与喷管部件以及完全代替金属制成车辆用发动机、石油化工领域的加工设备和废物焚烧处理设备等。其中，SiC增韧的细颗粒 $Al_2O_3$ 陶瓷基复合材料已成功用于制造切削刀具，耐高温、稳定性好、强度高、抗热震，切削速度比常用的WC-Co硬质合金刀具的切削速度提高了一倍。除 $SiC/Al_2O_3$ 外，$SiC/Al_2O_3$、$TiO_2/Al_2O_3$ 复合材料也用于制造机加工刀具。氧化物陶瓷基复合材料还可用于制造耐磨件，如拔丝模具、密封阀、耐蚀轴承、化工泵的活塞等。陶瓷基复合材料广泛应用于高温场合，如火箭喷嘴、燃烧室等[12]。

### 5.6.3 水泥基复合材料

水泥基复合材料是由各种类型的纤维和无机胶凝材料(如水泥、石膏、菱苦土和水玻璃等)组成的，通常统称为无机胶凝材料基复合材料或无机玻璃钢。在无机胶凝材料基复合材料中，研究和应用最多的是纤维增强水泥基复合材料。它是以水泥净浆、砂浆或混凝土为基体，以短切纤维或连续纤维为增强体组成的。纤维增强水泥基复合材料的品种较多，按所用纤维种类，有石棉纤维、纤维素纤维、钢纤维、玻璃纤维、聚丙烯纤维、碳纤维、Kevlar 纤维和植物纤维增强水泥基复合材料等多种类型。对于不同的纤维增强水泥制品，可根据设计和使用要求，选择不同的成型方法。在纤维增强水泥基复合材料中，玻璃纤维和有机纤维增强水泥基复合材料都已工业化生产，钢纤维、碳纤维增强水泥基复合材料尚处于开发的初期阶段。与普通混凝土相比，纤维增强水泥基复合材料的显著特点是轻质高强，具有良好的断裂韧性。其抗拉强度与抗压强度之比一般可达 1/4～1/6(普通混凝土为 1/10)。它既可作为墙体材料，又可用于强度要求不高的结构材料。水泥基复合材料广泛应用于建筑行业，如车站、桥梁、水库坝堤等。

### 5.6.4 聚合物基复合材料

聚合物基复合材料的基体主要为热固性树脂、热塑性树脂和橡胶，而增强体主要有纤维、晶须和颗粒等。其中应用最为广泛的是纤维增强树脂基复合材料。

玻璃纤维增强树脂基复合材料又称玻璃钢。玻璃钢材料质轻、强度高、耐腐蚀，大量应用于车辆、航空航天、船舶、机械、建筑、化工和日用消费品等领域。为了改善玻璃纤维与树脂的黏合，常应用硅烷类偶联剂对纤维进行处理。在众多热塑性树脂基复合材料中，玻璃纤维增强尼龙(聚酰胺)的效果最为显著，对聚碳酸酯、线型聚酯、聚乙烯和聚丙烯的增强效果也很突出。

碳纤维增强热塑性树脂基复合材料的强度与刚度比未增强的热塑性树脂高得多，蠕变小、热稳定性显著提高，线膨胀系数小、可保证尺寸精度，减磨耐磨，不损伤对磨件，阻尼特性优良。与玻璃纤维增强热塑性树脂基复合材料相比，它具有更好的力学性能。例如，尼龙 66 中添加 20%的碳纤维，其弯曲强度与添加 40%的玻纤相等，为 294 $N/mm^2$。但碳纤维增强热塑性树脂基复合材料的韧性比玻纤增强热塑性树脂基复合材料要低，前者的伸长率一般仅为后者的一半左右。碳纤维有效降低了复合材料的摩擦系数，特别适用于高载荷低速度轴承。

随着科技的日新月异，聚合物基复合材料的应用无处不在，不仅应用在导弹、火箭、卫星、飞船等高科技工业中，而且在航空、汽车、电子、船舶、建筑、桥梁、机械、医疗、体育等各部门均有广泛应用。美国使用碳纤维复合材料一次成型制造隐身艇，在制造成型过程中不用焊接，更无须铆接。

空客 A350 上使用聚合物基复合材料的比例已达 52%，美国波音公司将客机使用聚合物基复合材料的比例提高到 80%，美国五代战机的航空复合材料的运用比例已达空重的 20%以上，我国的歼-20 仅有 8%左右。此外 T1000、T1200 等也将走出实验室，进入应用行列。聚合物基复合材料可以像布料一样进行裁剪组装，聚合物基复合材料在航空领域的应用前景十分广阔！

我国自主制备的阻燃玻纤/环氧、玻纤/酚醛复合材料已成功应用于运-20 飞机的厨舱隔板、地板等部位。此外，研究人员还创新性地通过分子结构设计、合成和配方组合优化等技术手段，发明了一种兼具绿色阻燃、低烟低毒和低热释放功能的新型预浸料复合材料，其综合性能达到了空客、波音公司选用的顶尖舱内复合材料水平，成功应用于运-20 飞机的舱内壁板和天花板等部位。

## 5.6.5　碳/碳复合材料

以碳为基体，利用碳纤维进行增强得到的碳基复合材料称为 C/C 复合材料(carbon/carbon composite)，是航空航天领域不可缺少的一种尖端复合材料。高温时，C/C 复合材料表面升华和可能的热化学氧化使表面产生烧蚀。烧蚀均匀对称，表面凹陷浅、良好地保留外形，可用于防热材料，如神舟十三号载人飞船返回舱(图 5.23)。不同材料的有效烧蚀热比较如表 5.2 所示。

表 5.2　不同材料的有效烧蚀热比较

| 材料 | 有效烧蚀热/(kcal/kg) | 材料 | 有效烧蚀热/(kcal/kg) |
|---|---|---|---|
| C/C | 11000～14000 | 尼龙/酚醛 | 2490 |
| 聚丙乙烯 | 1730 | 高硅氧/酚醛 | 4180 |

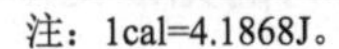
注：1cal=4.1868J。

图 5.23　神舟十三号载人飞船返回舱

## 5.6.6　遗态复合材料

材料研究者受自然物种的启迪，秉承“天人合一”的设计准则，充分汲取生物精细结构在实现特定功能过程中的作用机理，将天然生物结构直接与人工材料组分相结合，创造性地提出了“遗态”新概念和“材质组分与分级构造直接耦合”的学术思路，即以经亿万年自然优化的生物自身多层次、多维、多尺度的本征结构为模板，通过物理和化学手段，在保留生物精细分级结构的同时，置换生物模板的化学组分为所需的功能组分，利用生物精细结构与人工组分之间的耦合关系，制备既遗传自然生物精细形态、又有人为赋予特性的新材料——遗态材料[13]。通过工艺控制与复合，研制了保留植物结构的新型复合材料，即遗态复合材料。遗态复合材料的分类方法有多种。按模板可分为基于木材、叶片、稻壳、椰壳、木质材料、秸秆、麻纤维、叶绿素、酵母菌、硅藻土、螺旋藻模板的遗态复合材料。按所得材料的功能可分为光催化、吸附、过滤、消光、吸振、电磁波屏蔽、电极、导电、摩擦磨损遗态复合材料。按基体分可分为陶瓷基遗态复合材料、金属基遗态复合材料、聚合物基遗态复合材料。

**1) 白果壳遗态 $Fe_2O_3$/ $Fe_3O_4$/ C 复合材料**

白果壳质地坚硬，是天然的介孔材料模板。白果壳炭孔隙发达、比表面积大、化学稳定性和热稳定性好，是植物遗态材料结构原材料的良好选择。同时在结构上有—COOH、—OH等能与重金属结合的基团，是一种优良的重金属吸附剂。

以白果壳为植物模板、稀氨水为浸煮剂、硝酸铁为前驱体溶液，研究人员成功制备了一种多孔白果壳遗态 Fe /C 复合材料(Fe/C-G)，研究发现 Fe/C-G 由 $\alpha$ -$Fe_2O_3$、$Fe_3O_4$ 和 C 组成，同时很好地保留了白果壳的多孔结构，其比表面积和平均介孔孔径分别为 $46.42m^2/g$ 和 40.2nm；升高温度和减小吸附剂粒径有利于吸附[14]。

**2) 梧桐叶片遗态 $Fe_x/TiO_2$ 光催化复合材料**

以梧桐树叶为模板，通过溶液浸渍、烧结，可获得梧桐叶片遗态 $Fe_x/TiO_2$ 光催化复合材料。

制备原理如下：将梧桐树叶浸入钛酸丁酯与硝酸铁的混合溶液中，叶片的维管束可将溶液中的钛酸丁酯及硝酸铁输送到树叶中。再将该树叶放入马弗炉中于 600～800℃煅烧以除去模板，保温数小时，自然降温后，得到网状 $Fe_x/TiO_2$ 复合材料[15]。该复合材料的光催化性能优异，可用于污水处理、空气净化、太阳能利用、抗菌等领域。

**3) 稻壳遗态光催化复合材料**

稻壳遗态光催化复合材料有$TiO_2/SiO_2$复合材料、$ZnO/SiO_2$复合材料等[16]。

制备工艺如下：稻壳的主要成分是二氧化硅和有机质，经处理后其遗态材料是一种具有多层次、多级孔的精细结构二氧化硅。若以稻壳为模板，采用浸渍法同时引入 $Zn^{2+}$和二氧化钛，可得到锌掺杂 $TiO_2/SiO_2$ 复合材料。制备的复合材料具备了稻壳所具有的遗态结构，二氧化钛以纳米颗粒的形式附着在其孔壁上。若只浸渍氯化锌溶液，通过两步热处理，可得到 $ZnO/SiO_2$ 复合材料。稻壳遗态光催化复合材料在汽车尾气净化、有机废水降解等相关领域有着广阔的应用前景。

# 本 章 小 结

本章主要介绍了复合材料的起源与发展、定义与特点，区分了复合材料与复合物质、合金的异同，指出了复合材料的发展方向。复合材料是由人设计、制备，具有复合结构的人工材料。复合物质则是大自然进化过程中逐渐形成的，是大自然的选择，不以人的意志为转移的客观存在，包括人类自身也是一种复合物质。合金是一种金属中加入另一种金属或非金属，并以金属键为主的物质，组成合金的组元以两种基本相(固溶体和化合物)形式存在，从这个层次看，合金也是一种复合材料。性能可靠是结构复合材料的关键，仿生复合和分级结构复合及高熵合金基复合材料是结构复合材料的发展方向。

基体在复合材料中起到黏结增强体、予以赋形并传递载荷和增韧的作用。常见的基体有金属、陶瓷、水泥、聚合物等。增强体是复合材料的核心要素之一，在复合材料中起到增强、增韧、耐磨、耐热、耐蚀、抗热震等提高和改善性能的作用。增强体按几何形状分为零维(颗粒、微珠(空心、实心))、一维(纤维)、二维(片状)(宽厚比>5)及三维(编织)等；而习惯上将增强体分为纤维、晶须和颗粒三大类，纤维又分为无机纤维与有机纤维两类。界面是指基体与增强体之间化学成分有显著变化、能够彼此结合、传递载荷的微小区域。界面的组成与结构直接影响载荷的传递、影响复合材料的性能。界面按其微观特性分为共格、半共格和非共格三种类型。

不同组分的材料通过复合效应可获得不同于各组分材料性能的新性能。复合效应可分为线性复合效应和非线性复合效应两大类，其中线性复合效应包括平均效应、平行效应、相补效应和相抵效应；非线性复合效应包括相乘效应、诱导效应、共振效应和系统效应。常见的复合材料有金属基复合材料、陶瓷基复合材料、聚合物基复合材料、水泥基复合材料、碳/碳复合材料、遗态复合材料等。复合材料具有广阔的应用前景！

# 思 考 题

5-1 简述复合材料与合金的异同点。

5-2 复合材料的性能特点是什么？

5-3 复合材料的基本组成相有哪些？

5-4 分析影响复合材料性能的核心因素。

5-5 复合材料存在哪些不足？

5-6 简述复合材料在人们日常生活中的应用。

5-7 简述复合材料在航空航天领域的应用前景。

5-8 复合材料如何命名？如何分类？

5-9 简述玻璃纤维、碳纤维、硼纤维、碳化硅纤维的性能特点和应用领域。

5-10 什么是晶须？它有什么特点？

5-11 芳纶包括哪几类？

5-12 铝基、镁基复合材料有哪些性能上的共同点？与铝基复合材料相比，镁基复合材料有什么优势？

5-13 为什么可采用微波反应合成金属基复合材料？

5-14 简述镁基复合材料的性能特点及其用途。

5-15 简述钛基复合材料的性能特点及其用途。

5-16 金属间化合物基复合材料增强增韧的途径有哪些？

5-17 陶瓷基复合材料主要解决了陶瓷基体哪些性质上的不足？

5-18 简述水泥基复合材料的特点及应用。

5-19 C/C复合材料有哪些应用领域？

5-20 什么是遗态材料？什么是遗态复合材料？

5-21 遗态复合材料的性能有何特点？

# 参考文献


[1] 朱和国, 王天驰, 李建亮, 等. 复合材料原理[M]. 3版. 北京: 清华大学出版社, 2021.

[2] ZHANG J F, ZHANG D S, ZHU H G, et al. In-situ TiC reinforced Al-4Cu matrix composite: Processing, microstructure and mechanical properties[J]. Materials Science & Engineering: A, 2020, 794: 139946.

[3] HU W Q, HUANG Z Y, CAI L P, et al. Exploring the interfacial state and tensile behaviors in nickel matrix composite with in-situ TiC and γ'-$Ni_3$(Al, Ti) reinforcements[J]. Journal of Alloys and Compounds, 2018, 765: 987-993.

[4] SHEN X B, ZHANG Z H, WEI S, et al. Microstructures and mechanical properties of the in situ TiB-Ti metal-matrix composites synthesized by spark plasma sintering process[J]. Journal of Alloys and Compounds, 2011, 509(29): 7692-7696.

[5] YU Z L, ZHU H G, HUANG J W, et al. Processing and characterization of in-situ ultrafine $TiB_2$-Cu composites from Ti-B-Cu system[J]. Powder Technology, 2017, 320: 66-72.

[6] ZHONG L S, YE F X, XU Y H, et al. Microstructure and abrasive wear characteristics of in situ vanadium carbide particulate-reinforced iron matrix composites[J]. Materials and Design, 2014, 54: 564-569.

[7] SAHOO S K, SAHOO B N, PANIGRAHI S K. Effect of in-situ sub-micron sized $TiB_2$ reinforcement on microstructure and mechanical properties in ZE41 magnesium matrix composites[J]. Materials Science & Engineering: A, 2020, 773: 138883.

[8] 朱和国. 内生型铝基复合材料反应机制与性能[M]. 北京: 国防工业出版社, 2013.

[9] ZHANG H, ZHU H G, HUANG J W, et al. In-situ $TiB_2$-NiAl composites synthesized by arc melting: Chemical reaction, microstructure and mechanical strength[J]. Materials Science & Engineering: A, 2018, 719: 140-146.

[10] SUN X D, ZHU H G, LI J L, et al. High entropy alloy FeCoNiCu matrix composites reinforced with in-situ TiC particles and graphite whiskers[J]. Materials Chemistry and Physics, 2018, 220: 449-459.

[11] WU H, HUANG S R, ZHU H G, et al. Strengthening FeCrNiCu high entropy alloys via combining V additions with in-situ TiC particles[J]. Scripta Materialia, 2021, 195: 113724.

[12] 刘巧沐, 黄顺洲, 何爱杰. 碳化硅陶瓷基复合材料在航空发动机上的应用需求及挑战[J]. 材料工程, 2019, 47(2): 1-10.

[13] 张荻, 张书倩, 张旺, 等. 启迪于自然的遗态功能材料[J]. 中国材料进展, 2018, 37(10): 765-775.

[14] 刘桂凤, 莫超, 朱宗强, 等. 白果壳遗态 $Fe_2O_3$/ $Fe_3O_4$/C 复合材料的制备及其对 Sb(III)的去除性能[J]. 桂林理工大学学报, 2020, 40(1): 182-192.

[15] 蔡莉, 张姝, 杨飞, 等. 树叶为模板制备网状 $TiO_2$ 和 $Fe_x/TiO_2$ 及光催化活性研究[J]. 分子催化, 2012, 26(4): 347-355.

[16] 陈辉. 稻壳多孔遗态结构的修饰及其光催化性能[D]. 武汉: 武汉科技大学, 2015.

# 第 6 章　运载动力材料

交通强国是国家重大战略。运载主要包括铁路、公路、水路以及航空航天(陆、海、空、天)，相应地，运载动力包含车辆动力、舰船动力、航空动力、航天动力等。

动力技术是将能源进行转换、传输、利用的技术，其改进与革命可有效提高能源利用效率、减少化石能源消耗、降低碳排放，是实现“碳达峰、碳中和”目标的重要手段，对推动国民经济可持续发展具有至关重要的作用。破解发动机核心技术受制于人的“卡脖子”关键问题，对国家安全和国防建设具有特别重要的意义。

运载动力材料在高温高压等极端环境服役，轻质耐热是其重要发展方向。本章将按照服役温度从低到高的顺序，介绍典型运载动力材料的研究与应用现状。

## 6.1　耐热镁合金

镁合金是目前实际应用中最轻的金属结构材料，具有高比强度和高比刚度、高阻尼、抗震性及电磁波屏蔽性、易于铸造和加工等特性，在航空航天、汽车等行业得到广泛应用。但镁合金高温性能差，服役温度难以超过 150℃。提高镁合金耐高温性能，开发耐热镁合金是镁合金技术领域的研究热点。耐热镁合金通常指长时间服役温度在 150℃以上的镁合金，按合金体系分主要有 Mg-Al 系、Mg-Zn 系、Mg-RE(稀土)系和 Mg-Ag 系等合金，其中含 Al 镁合金工艺成熟、成本较低，主要用于汽车工业；含 RE 等元素的镁合金铸造性较差、成本较高，主要用于航空航天领域。

### 6.1.1　车用耐热镁合金

镁合金早期主要应用于汽车变速箱壳体，近年来随着耐热镁合金的发展，开始应用于汽车的热循环部位，如发动机缸体、曲轴等。例如，AS41 合金(Mg-Al-Si 系)已大量用于德国大众汽车公司甲壳虫系列汽车发动机和空冷汽车发动机的曲轴箱以及其他汽车零件(风扇防护罩和电机支架等)，美国通用汽车公司则将其应用于叶片导向器和离合器活塞。AE 系合金(Mg-Al-RE 系)比 AS 系合金具有更好的抗蠕变性能，AE42 合金已在汽车动力系统中得到应用，如通用汽车公司生产的变速箱。

此外，为了提高镁合金的高温抗蠕变性能，使其可应用于发动机和自动变速箱，大众公司开发了服役温度达到 150℃的 MRI153M 合金，其压铸性与传统镁合金 AZ91D 相当，目前已用于大众 Polo、Lupo 以及奥迪 A3、A6 等车辆传动箱。澳大利亚莫纳什大学、昆士兰大学、AMC 公司和联邦科学与工业研究组织(CSIRO)联合德国大众汽车公司、奥地利李斯特公司，共同研制了一种可以耐 200℃高温的新型耐热镁合金 AM-SC1，并为 Lupo 汽车发动机开发了镁合金缸体，缸体质量为 14kg，比铝合金缸体轻 25%，比铸铁缸体轻 70%[1]。美国汽车材料公司和三大汽车公司也启动了基于动力系统的镁铸件开发项目，通过对各研究机构所开发出的耐热镁合金进行基本性能评估，并以福特汽车的 V6 发动机为原型，试制了缸体、油盘和前阀盖等零件。

## 6.1.2 航空航天用耐热镁合金

镁合金的低密度特点使其在航空航天领域受到广泛重视，目前主要在航空发动机和导弹等部件得到广泛应用，如直升机主减速器机匣、发动机框架、压气机机匣、进气道等。

航空航天用耐热镁合金主要有 Mg-Zn-RE(ZE 或 EZ 系)、Mg-Ag-RE(QE 或 EQ 系)、Mg-Y-RE(WE 系)等系列。ZE41(Mg-4.5Zn-1.75RE-1.0Zr，质量比，无特殊说明下同)合金是一种广泛应用的高强度铸造镁合金[2, 3]，适合在 150℃及以上环境温度使用，除具有良好的铸造特性外，还具有耐压性和可焊接性，广泛应用于直升机齿轮箱、飞机发动机机匣等。图 6.1 是 ZE41 合金应用于美国 UH-60 黑鹰直升机传动部件。

图 6.1　UH-60 黑鹰直升机及其 ZE41 合金传动部件

QE22(Mg-2.2RE-2.5Ag-0.6Zr)合金是一种含 Ag 高强度铸造镁合金，具有良好的室温和高温性能(室温性能接近高强度铝合金 A356、A357)，且耐压、可焊接，服役温度可达 200℃，广泛用于航空航天变速箱、发动机外壳等部件，美国通用电气(GE)公司的 F110 发动机附件驱动齿轮箱即由 QE22 合金制成。

WE54(Mg-5.1Y-3.3RE(Nd)-0.5Zr)合金是耐热性最好的商业化镁合金，长期服役温度可达 300℃，该合金具有显著时效硬化效果，室温、高温拉伸性能及抗腐蚀性能优异。在 WE54 合金的基础上适当降低 Y、Nd 含量可得到 WE43(Mg-4.0Y-3.3RE(Nd)-0.5Zr)合金，与 WE54 合金相比，其高温强度略有下降，但可以保持良好的韧性，适于在 250℃条件下应用。WE 系列合金在不添加 Ag 或 Th 元素的条件下具有良好的高温性能，在航空发动机、直升机传动装置和导弹等动力系统等领域应用广泛，如 WE43 合金广泛应用于直升机传动部件和发动机变速箱。图 6.2 为西科斯基 S-92 直升机及其 WE43 合金主传动部件。除此之外，WE43 合金还被用来制造飞机辅助动力装置(APU)、恒速驱动器(CSD)、机身安装附件驱动器(AMAD)等部件，服役于美国 F-22、F-35、F-16 升级版战斗机和欧洲台风战斗机。

航天用镁合金主要为锻造镁合金，如 1957 年苏联 R-7 火箭采用的变形镁合金 MA2-1(Mg-5Al-1Zn-0.4Mn)，苏联探索外层空间和太阳系行星计划中的东方号、金星、联盟号和月球等航天器也广泛使用变形镁合金。20 世纪 60 年代，国外在大力神、丘比特、雷神和北极星等战略导弹上都曾选用变形镁合金作为结构材料，其中大力神(Titan)洲际弹道导弹上镁合金用量高达 900kg[4]，其蒙皮选用了 Mg-Th 系(HK31A、HM21A)板材和 AZ31B 板材。小型导弹上用镁量更大，如美国猎鹰(Falcon)空对空导弹用镁量达 90%，其导弹壳体由 ZK60A 管材和 AZ31 板材制造，方向舵采用 ZK60A 锻件。

图 6.2　西科斯基 S-92 直升机主传动部件采用 WE43 合金

我国航空工业中几乎所有歼击机、轰炸机、直升机、运输机、民用飞机发动机均有耐热镁合金应用，包括 ZM2、ZM3、ZM4、ZM5、ZM6 等牌号，其中 ZM2 应用于涡喷-7、涡喷-13 发动机前机匣、后机匣和主机匣等零件。ZM3 是我国于 1962 年开发的第一种实用化耐热镁合金，主要用于歼-6 飞机涡喷-6 发动机的前舱铸件和涡喷-11 发动机的离心机匣。1980 年研制了以 Th 为主要合金元素的 ZM6，不但室温力学性能优异，还具有良好的高温瞬时力学性能和抗蠕变性能，可在 250℃下长期使用，已用于某型燃气涡轮起动机附件传动后机匣和某型直升机主减速器主机匣。在航天领域，我国研制生产的红旗-9B 导弹弹体采用高强度镁合金制造，弹体总质量降低至 1200kg，体积大幅缩小，最高速度提升到 6Ma(马赫，速度与音速的比值)，飞行 200km 仅需 100s；上海航天精密机械研究所制造的运载火箭采用铝镁轻合金，可实现箭体结构减重 10%以上[5]。

## 6.2　耐热铝合金

铝合金具有密度小、耐腐蚀、导电性和导热性高、机械加工性好等优点，是目前应用最广泛的有色金属材料。耐热铝合金还具有优异的高温强度和抗氧化、抗蠕变性能，广泛应用于服役温度不超过 350℃的航空发动机叶片、机匣、汽缸，导弹尾翼、壳体以及车辆发动机缸盖、缸套、活塞、连杆等热端部件。随着航空航天、武器装备、汽车等不断朝着轻量化、高机动性、高燃烧效率的方向快速发展，人们对耐热铝合金的服役温度要求不断提升。耐热铝合金按加工工艺主要分为铸造耐热铝合金和变形耐热铝合金，以及采用快速凝固/粉末冶金等新技术发展的新型耐热铝合金，当前获得应用的主要是铸造耐热铝合金和变形耐热铝合金。

### 6.2.1　铸造耐热铝合金

铸造耐热铝合金具有制造工艺简单、成本低、高温性能好等特性，适合于复杂形状零部件成型，按合金元素可分为 Al-Si 系、Al-Cu 系、Al-Mg 系等合金。

Al-Si 系铸造铝合金是种类最多、应用最广的铸造铝合金体系，其用量占铝合金铸件总量的 90%以上，按添加元素种类可进一步分为 Al-Si-Mg 系、Al-Si-Cu 系、Al-Si-Cu-Ni-Mg 系等合金。Al-Si-Mg 系铸造耐热铝合金铸造工艺性良好，常用于制造汽车发动机箱体、缸盖等部件。该体系合金耐热性较低，服役温度不超过 185℃，典型牌号有美国的 A356、A357 和中国的 ZL101A、ZL114A 等合金。Al-Si-Cu 系铸造耐热铝合金服役温度高于 Al-Si-Mg 系铸造耐热铝合金，其服役温度可到 225℃，典型牌号有美国的 319、A380、242.0 等合金，也被用于制造汽车发动机箱体、缸盖等部件。在 Al-Si-Cu 系铸造耐热铝合金中添加 Mg、Ni 元素可形成高熔点的金属间化合物相，使 Al-Si-Cu-Ni-Mg 系铸造耐热铝合金服役温度提升至 225℃以上，该合金广泛应用于车辆发动机活塞，因此也称为活塞铝合金，典型牌号有德国的 M124、M142、M174，美国的 A390、328.0 和中国的 ZL117 等合金。

Al-Cu 系铸造铝合金热稳定性及高温性能好，但铸造性较差，适合制造服役温度为 300～350℃的简单形状件[6-8]。按添加元素种类可进一步分为 Al-Cu-Mn 系、Al-Cu-Ni 系、Al-Cu-RE 系等合金。Al-Cu-Mn 系铸造铝合金典型牌号有中国的 ZL201A、ZL204A、ZL205A，美国的 201、206 等合金。其中中国航发北京航空材料研究院研制的 ZL205A 合金的室温抗拉强度可达 510MPa，是目前世界上抗拉强度最高的铸造铝合金，可代替部分铝合金锻件，用于飞机挂梁、框，导弹连接框及火箭发动机前裙、后裙等重要承力件。Al-Cu-Ni 系铸造铝合金室温和

高温力学性能均较高，能在 200～300℃长时间、350℃短时间服役，广泛应用于航空发动机杠杆支架盖、机匣等部件，典型牌号包括中国的 ZL208、美国的 RR350 和法国的 AU5NKZr 等合金。在铝合金中添加微量稀土元素，可显著改善合金性能，提高耐热性，由此形成的 Al-Cu-RE 系铸造铝合金(如 ZL206)与其他 Al-Cu 系铸造铝合金相比，具有成分简单和铸造工艺性好的特点，典型应用包括航空发动机机匣、壳体等。

Al-Mg 系铸造铝合金耐蚀性好但耐热性较差，通常添加 Sc 元素以改善其高温性能，但 Sc 成本较高，因此 Al-Mg-Sc 系铸造铝合金仅在火箭等少数航天领域使用。

### 6.2.2 变形耐热铝合金

变形耐热铝合金主要有 Al-Cu-Mg-Fe-Ni 系、Al-Cu-Mn 系和 Al-Cu-Mg-Ag 系等合金，由于需要保证良好的塑性变形能力，合金组织中的高熔点强化相较少，因此其服役温度低于铸造耐热铝合金，目前已应用于火箭/导弹壳体、导弹尾翼、超声速飞机蒙皮、飞机机翼等。

Al-Cu-Mg-Fe-Ni 系耐热铝合金可在 150～225℃使用，典型牌号有美国的 2618、苏联的 AK4-1 等合金。Al-Cu-Mn 系耐热铝合金挤压件和模锻件可在 150～250℃使用，在飞机发动机导轮、压气机叶片和超声速飞机结构件上得到应用，典型牌号包括美国的 2519、2219 等合金[6]。Al-Cu-Mg-Ag 系耐热铝合金在 2519 合金基础上开发而来，通过加入一定量的 Ag，形成了热稳定性较好的金属间化合物强化相，耐热性优于前两种变形耐热铝合金，服役温度可达 200～250℃，典型牌号有美国的 C415、C416 等合金。

新型耐热铝合金主要采用快速凝固、粉末冶金等特殊技术制备，通过形成高浓度过饱和固溶体及析出细小弥散热强相，显著改善合金的室温/高温综合力学性能，其可替代 400℃以下工作的钛合金，用于导弹外壳、发动机涡轮叶片等关键部件[9]。目前研究较多的新型耐热铝合金体系有 Al-Cr-Zr 系、Al-Fe-V-Si 系和 Al-Fe-Ce 系等合金，其中 Al-Fe-V-Si 系合金综合性能良好，典型牌号包括 FVS0611、FVS0812、FVS1212 等合金。

## 6.3　高温钛合金

钛合金具有高比强度、耐腐蚀、耐高温、非磁性等优异特性，广泛应用于航空航天、舰船潜艇等领域。高温钛合金还具有良好的高温抗蠕变疲劳性能与组织稳定性，适合于制造300～600℃工作的航空发动机压气机叶片、盘和机匣等零部件[10-13]。经过几十年的发展，高温钛合金最高服役温度已经由最初的300℃提高到600℃左右，表6.1列出了世界各国家或地区高温钛合金的牌号与服役温度。

**表 6.1　世界各国家或地区高温钛合金的牌号与服役温度[11]**

| 国家或地区 | 350℃ | 400℃ | 450℃ | 500℃ | 550℃ | 600℃ |
|---|---|---|---|---|---|---|
| 中国 | TC1<br>TC2<br>TC4 | TC6<br>TC17 | TA11 | TC11<br>TA7<br>TA15 | TA12 | Ti60 |
| 欧美 | Ti-64 | Ti-6246<br>IMI550<br>Ti-17 | IMI679<br>Ti-811 | IMI685<br>Ti6242 | Ti6242s<br>IMI829 | IMI834<br>Ti-1100 |
| 俄罗斯 | BT6<br>BT22 | BT3-1 | BT8M | BT9<br>BT20 | BT25 | BT18y<br>BT36 |

20 世纪 50 年代初期，国外一些军用飞机最早开始使用工业纯钛制造后机身隔热板、机尾整流罩、减速板等承力不大的结构件。20 世纪 60 年代，钛合金在飞机上的应用扩大到承载隔框、起落架梁等主承力部件。20 世纪 70 年代，钛合金的应用范围从战斗机延伸至大型轰炸机和运输机，同时民用飞机也开始大量采用钛合金构件。20 世纪 80 年代，民用飞机用钛量逐步增加，开始超过军用飞机。目前国外先进航空发动机中，高温钛合金用量已占到发动机结构重量的25%～40%，如第三代航空发动机F100的高温钛合金用量为25%，第四代航空发动机F119的高温钛合金用量则达到了40%。

苏联是钛资源大国和强国，是世界范围内最早从事钛合金开发与利用的国家之一，其在20 世纪 50 年代研制成功的 OT4-1 钛合金可在 350℃条件下工作 2000h，300℃条件下工作30000h，广泛用于航空发动机中形状较复杂、强度要求不高的板材冲压成型与焊接零部件。

20 世纪 60 年代，为满足高性能航空发动机需求，欧美、苏联等先后研制了长期服役温度为400～550℃且具有良好高温强度的钛合金[12]，它们的典型代表有Ti-6246合金、Ti-17合金、BT25y合金等。Ti-6246合金由美国P&W公司在20世纪60年代中后期研发，名义成分为Ti-6Al-2Sn-4Zr-6Mo，该合金长期服役温度为450℃，适用于制造航空发动机中温部分的高承力结构件，如服役温度为400～450℃的压气机部件。Ti-6246合金已在欧美多种军用航空发动机中得到了广泛应用，如P&W公司的F100和F119发动机压气机盘、叶片、密封件、整体叶盘等。Ti-17合金由美国GE公司在1968年研发，该合金抗蠕变性能较Ti-64合金显著提升，长期服役温度为 427℃，适合于制造航空发动机风扇盘、压气机盘等部件(图 6.3)。BT25y 合金是苏联在 20 世纪 80 年代中后期研制的新型高温钛合金，为 BT25 合金的改进型，高温强度较 BT3-1、BT9 等前代合金显著提升，服役温度可达 550℃，用于制造航空发动机压气机盘、离心叶轮等部件。

图 6.3　采用 Ti-17 合金制造的发动机风扇盘

随着航空发动机推重比不断提高，高温钛合金被要求在更高温度下替代耐热钢或镍基高温合金以实现结构减重，于是服役温度为 600℃的高温钛合金应运而生。目前国外典型的高温钛合金主要有英国的 IMI834 合金、美国的 Ti-1100 合金以及俄罗斯的 BT18y、BT36 合金等。英国在钛合金的研发初期就认识到了 Si 元素对合金抗蠕变性能具有重要作用，先后研发了 IMI318、IMI550、IMI679、IMI685、IMI829 和 IMI834 等合金。IMI834 合金在 IMI685 合金基础上研制而来，通过加入 0.5%Mo 和 0.7%Nb，在热稳定性不变的同时实现了合金强度显著提升；通过加入 0.06%C 有效控制初生 $\alpha$ 相含量，并通过合适的热处理工艺有效控制初生 $\alpha$ 相、硅化物和 $\alpha_2$ 相尺寸及含量，使合金具有优异的室温强度和高温抗蠕变抗疲劳性能。IMI834 合金已广泛用于 EJ200、Trent700、PW305、PW150 等发动机。

我国高温钛合金研制经历了从仿制到自主研制的道路，先后成功仿制出了 TC4、TC6、TC11 等合金，其中 TC4 和 TC6 合金广泛用于服役温度为 400℃以下的发动机风扇叶片和压气机第 1、2 级叶片，TC11、TA15、TA7 合金则用于服役温度为 500℃的压气机叶片。自主研制的服役温度为 600℃的高温钛合金 Ti60 综合力学性能达到甚至部分超过了国外同类合金的性能水平。

除了高温钛合金，阻燃钛合金也是航空发动机中研究较多的钛合金。钛合金具有很高的氧化生成热，同时导热性较差，一旦叶片与机匣发生高能摩擦，极易导致发动机在中高温、高压、高速气流条件下发生“钛火”。为此，各国都大力开展阻燃钛合金研究，其中研究较多的主要有 Ti-V-Cr 系和 Ti-Cu-Al 系两种阻燃钛合金(表 6.2)。Alloy C 合金又称 Tiadyne 3515 合金或 Ti-1270 合金，是 20 世纪 80 年代末美国 P&W 公司研制的阻燃钛合金，用于 F119 发动机内环、静子叶片、矢量喷管调节片等多种零部件。Ti40 合金是我国自主研发的阻燃钛合金，该合金 500℃时具有优异的抗蠕变性能，目前已成功制备出吨级铸锭和大规格棒材、环形锻件等。俄罗斯研制的阻燃钛合金主要为 Ti-Cu-Al 系，牌号主要有 BTT-1 和 BTT-3 等。

**表 6.2　各国研制的阻燃钛合金[13]**

| 牌号 | 合金系/名义成分 | 研制国家 |
| --- | --- | --- |
| Alloy C | Ti-35V-15Cr | 美国 |
| BuRTi | Ti-25V-15Cr-2Al-0.2C | 美国 |
| Ti40 | Ti-25V-15Cr-0.2Si | 中国 |
| BTT-1/3 | Ti-Cu-Al | 俄罗斯 |

# 6.4　镍基高温合金

高温合金具有良好的高温强度、抗氧化抗腐蚀性能、组织稳定性、断裂韧性和抗蠕变抗疲劳性能等，主要用于航空发动机与燃气轮机的涡轮叶片、导向叶片、涡轮盘和燃烧室四大部件以及航天发动机涡轮盘、轴、喷管等。高温合金是指能够在 600℃以上高温，承受较大复杂应力，并具有表面稳定性的高合金化铁基、镍基或钴基奥氏体金属材料。其中镍(Ni)基高温合金牌号最多、用量最大、地位最重要。Ni 基高温合金主要以 Ni 为基体，但通常都会加入一定量的 Cr 以形成防护性好的致密 $Cr_2O_3$ 膜，因此 Ni 基高温合金实际是以 Ni-Cr 二元系为基体的合金。Ni 基高温合金按成型方式可分为变形高温合金、铸造高温合金与粉末高温合金三类，其中铸造高温合金又可分为普通精密铸造合金、定向凝固高温合金与单晶高温合金[14-16]。

## 6.4.1　变形高温合金

变形高温合金具有成分均匀、组织稳定、可靠性高、适于大批量生产、全寿命成本低等特点，目前仍是航空发动机上用量最大的转动件材料，广泛用于燃烧室、压气机盘、低压涡轮盘和涡轮叶片等[16-18]。

世界上最早的高温合金是英国于 1939 年研制的变形高温合金 Nimonic 75，并用于惠特尔喷气发动机，后经不断改良发展出 Nimonic 80/80A、Nimonic 90、Nimonic 105、Nimonic 115 等一系列合金，形成了 Nimonic 系列变形 Ni 基高温合金。美国于 1942 年开发了 Hastelloy B 合金，并用于喷气发动机，随后又相继开发了 A-286、HastelloyX、Waspaloy、Inconel 718/718Plus、Udimet 500/710/720Li、René 41/65 等变形高温合金，形成了 Hastelloy、Inconel 和 Udimet 等高温合金系列，广泛用于其航空发动机涡轮盘、涡轮叶片等，后逐渐被铸造和粉末高温合金替代。苏联变形高温合金的发展从仿制英国的 Nimonic 75 和 Nimonic 80 合金起步，分别称为 ЭИ435 和 ЭИ437 合金，此后相继发展了 ЭИ、ЭП 和 ЭК 系列合金，其中应用较多的有 ЭИ437Б、ЭИ617、ЭИ602、ЭИ868、ЭИ929、ЭИ698、ЭП742、ЭК79、ЭК151、ЭК152 等合金。

我国于 1956 年仿制苏联 ЭИ435 合金发展了第一种变形高温合金 GH3030，后又相继仿制了 GH3039(ЭИ602)、GH3044(ЭИ868)、GH4033(ЭИ437Б)、GH4037(ЭИ617)、GH4049(ЭИ929)、GH4169(Inconel 718)、GH4738(Waspaloy)等合金，经过半个多世纪的发展，逐渐形成了目前以 GH4720Li、GH4065 合金(航空发动机涡轮盘用)，GH4706、GH4742 合金(燃气轮机涡轮盘用)以及 GH3230 合金(燃烧室用)等为代表的变形高温合金牌号体系(图 6.4)。

图 6.4　超大型 GH4706 合金涡轮盘锻件

尽管变形高温合金在航空发动机与燃气轮机上的应用已被铸造和粉末高温合金大量替代，但由于其热加工塑性好，能够通过冷/热加工变形制成各种型材或毛坯，在发动机上仍有较大规模的应用。例如，英国目前仍然采用

Nimonic 80A、Nimonic 105、Nimonic 115、Nimonic 118 等合金制造涡轮叶片，采用 Waspaloy 等合金制造涡轮盘；俄罗斯仍然采用 ЭИ602、ЭИ868 等合金制造燃烧室板材，采用 ЭИ437Б、ЭИ617、ЭИ929 等合金制造涡轮叶片，采用 ЭИ437Б、ЭИ698ВД 等合金制造涡轮盘；美国除燃烧室还使用 HastelloyX 等合金板材外，涡轮叶片已广泛采用铸造高温合金，涡轮盘已广泛采用粉末高温合金。

### 6.4.2 铸造高温合金

与变形高温合金相比，铸造高温合金具有高温强度优异、可添加更多合金元素进行强化、可制造复杂冷却内腔结构叶片等优点，自从 20 世纪 40 年代初期出现，就被用于制造发动机涡轮叶片。但由于当时高温合金铸造技术发展滞后，铸造叶片的疲劳性能无法满足发动机推力发展的需求，发动机叶片选材的重点又换到变形高温合金。20 世纪 50 年代，真空冶炼、熔模精铸等一系列先进铸造技术的发展使铸造高温合金及其叶片的性能有了质的飞跃，加之变形高温合金的高温性能无法满足发动机的发展需求，铸造高温合金再次受到研究人员的重视。在此期间国外开发了大批高性能铸造高温合金，如 Inconel 100/713、B1900、ЖС6К/У/Ф、MAR-M 200/002/246、René 125 等合金[15,16]。

我国第一种铸造高温合金是中国航发北京航空材料研究院于 1958 年研制的 K401 合金，用作涡喷-6 发动机导向叶片。1966 年中国科学院金属研究所成功研制了 K417 合金铸造空心涡轮叶片并通过试车，用于涡喷-7 发动机。20 世纪 60～70 年代，全世界只有中国和美国发展出了铸造气冷空心涡轮叶片，极大提升了发动机性能。第一代气冷技术可以将涡轮叶片表面温度降低 100℃，第二代和第三代空心气冷技术冷却效果可分别达到 300℃和 500℃，相应铸造叶片的冷却内腔结构愈加复杂，对铸造技术的要求也越来越高(图 6.5)。

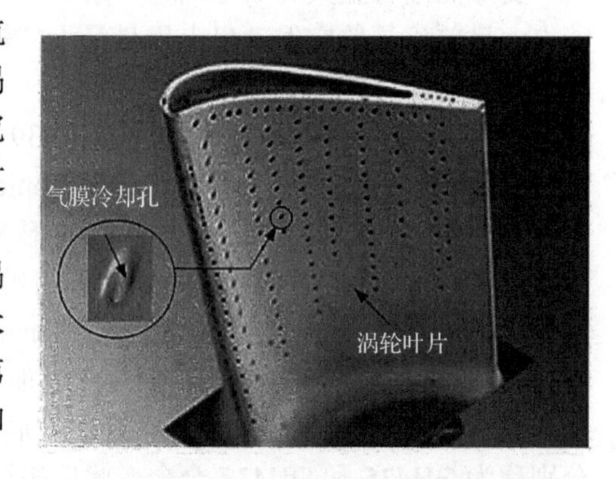


图 6.5 带复杂气膜冷却孔的空心涡轮叶片

**1) 定向凝固高温合金**

定向凝固高温合金是指通过定向凝固技术制备出晶界平行于主应力轴方向从而消除有害横向晶界的柱状晶高温合金。20 世纪 60 年代美国 P&W 公司发现 MAR-M 200 合金涡轮叶片经常发生无预兆的断裂事故，分析发现与垂直于叶片主应力轴方向的横向晶界有关，于是在 1966 年发明了定向凝固技术，制造了定向凝固柱状晶高温合金，消除了铸造合金的横向晶界。在 MAR-M 200 合金基础上研制的定向凝固高温合金 PWA1422 热疲劳性能比原合金提高近 5 倍，承温能力提高 20～25℃，广泛应用于美国各型军用和民用发动机。目前定向凝固高温合金已经由第一代发展到了第四代，典型牌号有 René 150、René 142、PWA1422、PWA1426、CM247LC、ЖС6УНК、ЖС32 等。我国定向凝固高温合金的研制始于 20 世纪 70 年代，目前已研制和生产了多种定向凝固高温合金，如 DZ22、DZ4 等，在多个型号发动机上得到了应用。

**2) 单晶高温合金**

在定向凝固高温合金基础上进一步消除所有晶界就得到了单晶高温合金(图 6.6)。由于消除了所有晶界，单晶高温合金的承温能力较定向凝固高温合金进一步提升。P&W 公司于 20

世纪 70 年代发展了第一代 Ni 基单晶高温合金 PWA1480，其承温能力较 PWA1422 合金提高 25～30℃，广泛用于 JT9D、PW2037 等军用和民用发动机。此后世界各国纷纷研制了各自的单晶高温合金牌号，如 René N4、CMSX-2/3、SRR99、AM1 等合金，其力学性能与 PWA1480 合金属于同一级别，为第一代单晶高温合金。随后又相继发展了承温能力分别提高 25～30℃的第二代(PWA1484、René N5、CMSX-4、ЖС36 等合金)、第三代(René N6、CMSX-10 等合金)，甚至第四代、第五代单晶高温合金。承温能力每提高 25℃，就相当于叶片寿命提高 3 倍。再结合先进的空心气冷技术，以及优异的防护涂层工艺等，航空发动机涡轮叶片的服役温度不断提高，性能不断提升。采用第三代 Ni 基单晶高温合金 CMSX-10 的美国 F-22 战斗机用 F119 发动机是世界上第一种推重比超过 10 的航空发动机，其涡轮进口温度比采用定向凝固高温合金的 F100 发动机(推重比为 8)提高 307℃，达到了 1677℃，且发动机燃油效率提高 30%以上，寿命大大延长。因此，目前几乎所有先进航空发动机的涡轮叶片以及部分导向叶片都采用单晶高温合金制造。

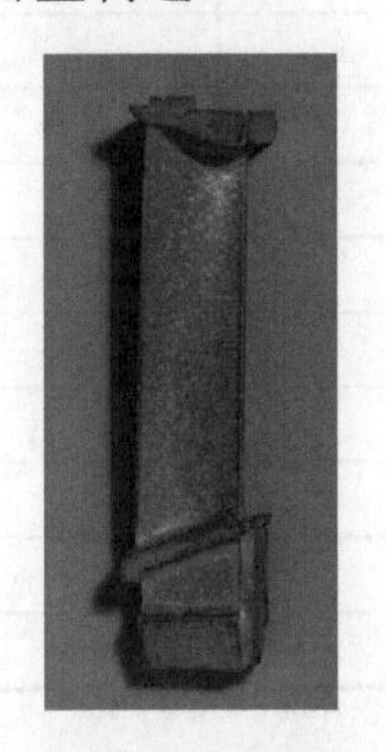
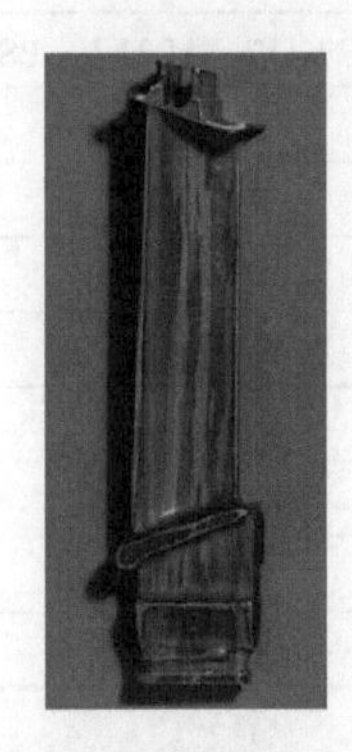
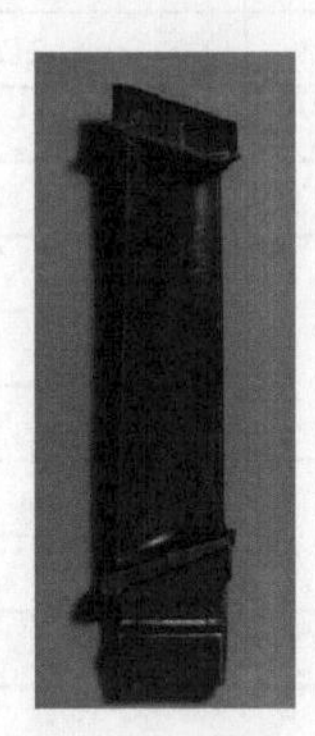

(a)常规铸造高温合金叶片　(b)定向凝固高温合金叶片　(c)单晶高温合金叶片

图 6.6　铸造高温合金

## 6.4.3　粉末高温合金

粉末高温合金是指利用粉末冶金方法生产的高温合金。随着高温合金的发展，合金化程度日益增高，铸锭偏析愈加严重。采用粉末冶金方法可以降低偏析，并具有热加工性良好、性能波动小的优点。粉末高温合金主要用于制造航空发动机涡轮盘、压气机盘、涡轮轴、涡轮挡板等热端部件。

第一代粉末高温合金以美国 P&W 公司和 GE 公司分别开发的 IN100 合金和 René 95 合金为代表，主要通过在铸造或变形高温合金基础上微调成分以强化基体和析出相得到，服役温度在 650℃以下。第二代粉末高温合金以 René 88DT、N18 等合金为代表，与第一代粉末高温合金相比，其强度较低但蠕变强度和抗疲劳性能较高，因此损伤容限性能好，服役温度为 700～750℃。第三代粉末高温合金以第一代和第二代粉末高温合金为基础研制，如在 René 88DT 合金基础上开发的 CH98 合金和在 N18 合金基础上发展出的 NR3 合金等，其特点是同时具有较高的强度和较好的损伤容限性能，服役温度可达 750℃。我国目前已成功研制三种粉末高温合金，分别为 FGH4095、FGH4096 和 FGH4097，并正在走向实际应用。表 6.3 为粉末高温合金在国内外各型航空发动机上应用的情况。

表 6.3　粉末高温合金在航空发动机上的应用[15]

| 国家、公司 | 发动机型号 | 应用合金 |
| --- | --- | --- |
| 美国 GE | T700、F400、F110、F101、CF6-80 | René 95 |
| | CFM56 | René 95、René 88DT |
| | F110-129、F414、CF6-80EI、CFM56-5C2、GEnx | René 88DT |
| | GE90 | René 88DT、Udimet720 |
| 美国 P&W | F100 | IN100 |
| | JT8D-17R | Astroloy |
| | JT9D、PW2037、PW5000、PW4000、PW4080 | MERL76 |
| | F119 | DTP IN100 |
| 俄罗斯 | RD-33、TB7-117、AL31-F、PS-90A | ЭП741НП |
| 国际合作 IAE | V2500 | MERL76 |
| 欧洲合作 | EJ200 | Udimet720 |
| 英国 R-R | RB211 | APK-1 |
| | Trent 某型号 | APK-6 |
| | Trent1000 | RR1000 |
| 法国 SNECMA | M88-2 | Astroloy |
| | M88-3 | N18 |
| 中国 CISRI+BIAM | 某型号 | FGH4096 |

# 6.5　金属间化合物

金属间化合物是一种新型金属材料，兼具轻质与耐热的优异性能，一经出现，就被认为是制造航空航天发动机、车辆发动机等运载动力热端部件的理想材料，具有重要学术与实际应用价值。

师昌绪先生认为 C. T. Liu 是为我国贡献最大的外籍院士：“他推动了金属间化合物在我国的研究与应用，为我国培养了一批金属材料领域人才”，被誉为“金属间化合物之父”。为促进中国金属间化合物材料研发，促进中国材料科学家与国际同行的学术交流与合作，他于 1992 年倡导发起并组织了第一届金属间化合物材料国际研讨会，吸引了世界各地的著名材料专家与会。这一会议每 3 年在我国举行一次，至今已成功举办了 9 届(其中第一、三届在杭州，第二届在北京，第四届在张家界，第五届在成都，第六、九届在扬州，第七届在哈尔滨，第八届在长沙)。这一会议学术水平非常高、学界影响力非常大，使中国在金属间化合物领域的研究得到了国际广泛认可，已成为我国科学界国际交流与合作的典范。

金属间化合物(intermetallic compound)是金属与金属或类金属元素按一定原子比组成的化合物。构成金属间化合物的原子有序排列在两个或两个以上亚点阵中，形成超点阵结构。这种超点阵结构与组成它的元素结构完全不同，是一种中间结构，所以又称金属间化合物为中间相(intermediate phase)。由于金属间化合物是具有确定原子比的化合物，金属间化合物材料的成分变化范围有限。而传统的合金材料是固溶体，没有确定的成分。这种成分和结构方面的差异使金属间化合物材料具有与传统金属及合金材料完全不同的特性。

自从1914年英国冶金学家提出“金属间化合物”至今，人们已经发现的金属间化合物超过25000种。针对如此庞大的金属间化合物体系，已经总结出的分类方法多种多样，常见的分类方法如下。

按合金体系分主要有Ni-Al系、Ti-Al系、Fe-Al系、Mo-Si系、Nb-Si系等。

按组成元素分主要有铝化物、硅化物、难熔金属间化合物等。

从晶体结构角度，按原子密堆方式可分为几何密排相(GCP相)和拓扑密排相(TCP相)两大类；按点阵结构可分为体心立方、面心立方、密排六方、Laves相、σ相、μ相等；在点阵结构的基础上还可细分为$L1_2$结构、$L1_0$结构、B2结构、$D0_3$结构、$D0_{19}$结构、$D0_{22}$结构等。

按组元数量分主要有二元系、三元系和四元系。目前以二元系为主，仅有少量三元系和四元系金属间化合物。在二元系基础上，进一步按当量比可分为AB、$A_2B$、$A_3B$、$A_5B_3$、$A_7B_6$五种。

下面对常见的典型金属间化合物材料进行具体介绍。

### 6.5.1 Ni-Al系金属间化合物

Ni-Al系金属间化合物是Ni基高温合金中的主要强化相，因其熔点高且密度低于Ni基高温合金而受到广泛关注。Ni-Al二元合金体系中，稳定存在的金属间化合物主要有5种，分别为NiAl、$Ni_3Al$、$Ni_5Al_3$、$Ni_2Al_3$和$NiAl_3$。目前研究的重点主要集中于高熔点的$Ni_3Al$和NiAl，而熔点低于1133℃的$Ni_5Al_3$、$Ni_2Al_3$、$NiAl_3$研究较少。

1. $Ni_3Al$

$Ni_3Al$相熔点为1395℃，成分范围较窄(73%～75%Ni，原子分数，无特殊说明下同)。多晶$Ni_3Al$具有严重室温脆性，断裂方式几乎全是沿晶断裂，而单晶$Ni_3Al$脆性显著改善，表明其室温脆性来源于晶界脆性。对于晶界脆性的解释之一是环境脆性：水汽或空气环境下，$Ni_3Al$中活泼的Al元素与水汽发生表面接触反应，生成的活性H原子进入合金引发氢脆，若$Ni_3Al$所处环境为氧气或真空则能够表现出较好的塑性。

$Ni_3Al$的力学性能具有反常屈服和中温脆性两大特点。反常屈服表现为中低温时屈服强度随温度升高而反常升高，在约700℃时达到峰值，之后随温度升高而降低。中温脆性是指中温条件下$Ni_3Al$在真空和空气中均存在塑性随温度先降低后升高的现象。以IC-145合金(Ni-21.5Al-0.5Hf-0.1B)为例，在空气中塑性从300℃附近开始下降，760℃达到最低，然后开始上升；在真空中则从600℃开始下降。研究表明，$Ni_3Al$中温脆性是由于晶界吸氧降低了结合强度所致。

美国橡树岭国家实验室(ORNL)C.T. Liu院士领导的团队自20世纪70年代末发现添加微量B可以大幅改善$Ni_3Al$室温脆性后，$Ni_3Al$基合金的工业应用研究得到快速发展。开发的一系列具有良好综合性能的$Ni_3Al$基合金称为IC合金，IC是金属间化合物“intermetallic compounds”的英文缩写。表6.4列出了部分工业应用的IC合金。

$Ni_3Al$合金具有优异的抗氧化、抗碳化、抗汽蚀和高温抗疲劳性能，同时具有反常屈服特性，加之成本较低，因而广泛应用于航空发动机和民用工业领域。俄罗斯研发的$Ni_3Al$基合金 BKHA-1B 用于直升机燃烧室喷嘴和导向叶片，BKHA-2M 合金具有优良的抗氧化和高温耐磨性，作为涡轮叶片叶冠表面耐磨材料被用于某长寿命发动机修理。

表 6.4　已在工业上应用的一些 IC 合金[19]

| 牌号 | 成分 |
| --- | --- |
| IC-50 | Ni-11.3Al-0.6Zr-0.02B |
| IC-218 | Ni-8.7Al-8.1Cr-0.2Zr-0.02B |
| IC-221M | Ni-8.0Al-7.7Cr-1.4Mo-1.7Zr-0.008B |
| MX-246 | Ni-8.5Al-7.8Cr-0.9Ti-1.7Zr-0.1B-0.5Mn-0.1C |
| IC-396M | Ni-8.0Al-7.8Cr-0.85Zr-3.0Mo-0.005B |
| IC-221W | Ni-8.0Al-7.7Cr-3.0Zr-1.4Mo-0.003B |
| IC-221LA | Ni-4.5Al-16Cr-1.5Zr-1.2Mo-0.003B |
| IC-221 | Ni-8.5Al-7.8Cr-1.7Zr-0.02B |

我国也对 $Ni_3Al$ 基合金进行了大量研究，钢铁研究总院研制的 MX-246 合金在 900℃以上具有较高的抗拉强度、持久强度和高温耐磨性能，已经成功用于制作航空发动机尾喷管构件。中国航发北京航空材料研究院研制的 $Ni_3Al$ 基定向凝固合金 IC6、IC10 是国内首批定牌号的金属间化合物材料之一。其中 IC6 合金在 1200℃具有较高的强度与塑性，作为涡轮发动机二级导向叶片在我国某型号发动机上完成了试飞考核。IC10 合金是为满足我国高推重比发动机涡轮导向叶片材料需求而研发的，服役温度可以达到 1100℃，持久强度达到国外第一代定向 Ni 基高温合金水平，且具有良好的抗氧化性能与铸造性能，可以进行大缘板复杂导向叶片的整体定向凝固成型。新型低铼 $Ni_3Al$ 基单晶合金 IC21 已被选为我国航空发动机高压涡轮导向叶片材料[20]。

2. NiAl

NiAl 相熔点为 1638℃，成分范围较宽(45%～60% Ni)。由于其具有熔点高、密度低($5.86g/cm^3$)、弹性和热导率高(20～1100℃内热导率为 70～80W/(m·K)，是镍基高温合金的 4～8 倍)等特点，20 世纪 60 年代起就被认为是极具潜力的航空航天用高温结构材料。

NiAl 应用面临的最主要问题是其室温脆性和高温强度不足。此外，NiAl 的断裂韧性很低，只有 $4\sim6MPa\cdot m^{1/2}$，接近陶瓷，且基本不受晶粒尺寸、化学计量比以及热处理状态的影响，所以裂纹极易扩展，发生脆性断裂。

NiAl 基合金主要用于制造先进航空发动机导向叶片、涡轮叶片以及燃烧室的部分零件。美国 GE 公司研发的 NiAl 基单晶合金 AFN-12 和 AFN-20 的持久比强度已达到第三代 Ni 基单晶高温合金的水平，抗疲劳性能也可与第一代单晶高温合金相比。在此基础上，GE 公司成功制造了 NiAl 单晶高压涡轮导向叶片，并与 Ni 基高温合金导向叶片混装成高压涡轮导向器，通过了发动机试车考核。

### 6.5.2　Ti-Al 系金属间化合物

Ti-Al 系金属间化合物由于密度低、比强度和比刚度高而受到人们的重视，在航空航天等对减重要求高的领域具有重要应用价值。在 Ti-Al 二元体系中，室温下可以稳定存在的金属间化合物相主要有 $Ti_3Al$、TiAl、$TiAl_2$ 和 $TiAl_3$ 四种，其中 $TiAl_2$ 相研究较少，其他三种相的物性参数如表 6.5 所示。

表 6.5 Ti-Al 系金属间化合物相的特性[19]

| 相 | 密度/(g/cm³) | 熔点/℃ |
| --- | --- | --- |
| $Ti_3Al$ | 4.2 | 1600 |
| TiAl | 3.9 | 1465 |
| $TiAl_3$ | 3.4 | 1340 |

$Ti_3Al$ 相又称 $\alpha_2$ 相，在 800℃以下具有良好的抗氧化性和耐热性，但塑性较差。为改善其塑性通常加入 Nb 进行合金化，Nb 含量为 10%～14%时，其伸长率可达 3%～5%；Nb 含量＞17%时，可形成一种新的金属间化合物相 $Ti_2AlNb$(O 相)，以这种相为基的合金具有较低的密度和良好的高温性能，已替代 Ni 基高温合金在一些航空航天结构件上实现了应用。

TiAl 相又称 $\gamma$ 相，晶体结构对称性低，脆性较大。通常通过合金化及热处理工艺调控获得一种 $\alpha_2$ 和 $\gamma$ 两相片层结构，以达到较好的塑韧性，具有工程应用价值，这也是目前 TiAl 基合金最常见的结构。

$TiAl_3$ 相常温受力时主要通过孪生变形，拉伸塑性低，通过合金化等手段改善塑性的效果有限，研究较少，离实际应用较远。

在 TiAl 基合金中，以单一相为基的合金通常综合性能不佳，而由 $\gamma$ 相和少量 $\alpha_2$ 相组成的两相结构的合金性能显著改善，得到了深入而广泛的研究，有些已经成功获得应用，下面就一些典型的两相 TiAl 基合金作进一步介绍。

1. $\gamma$-TiAl 合金

$\gamma$-TiAl 合金是研究和应用最为广泛的 TiAl 基金属间化合物材料，其以 TiAl 相为基体，含有 10%～20%的 $Ti_3Al$ 相。根据热处理工艺，$\gamma$-TiAl 合金可以产生等轴近 $\gamma$ 组织、双态组织、近片层组织和全片层组织四种显微组织(图 6.7)。

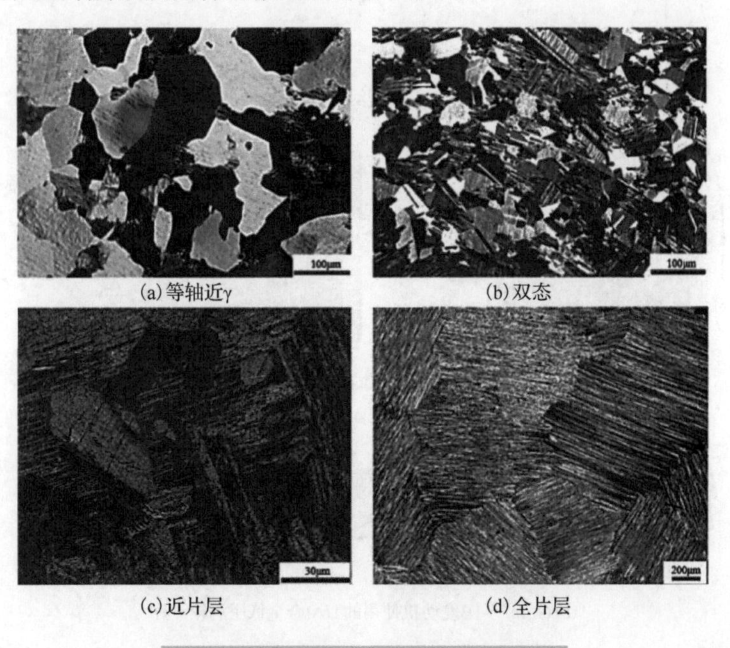


(a) 等轴近γ (b) 双态

(c) 近片层 (d) 全片层

图 6.7 $\gamma$-TiAl 合金的四种典型显微组织

TiAl 合金的力学性能与其组织类型密切相关，不同的组织类型，性能差异很大。全片层组织由于晶粒粗大，室温塑性较低，抵抗裂纹扩展的能力较好，具有高的断裂韧性；双态组织的晶粒很小，强度较高，且具有良好的塑性，但其断裂韧性较低；近片层组织的晶粒粒径通常为 200～500μm，强度、塑性、断裂韧性较好；等轴近 γ 组织晶粒粗大，又无片层组织，塑性和韧性均较低，研究较少。

γ-TiAl 合金中具有铸造双态组织的 4822 合金(Ti-48Al-2Cr-2Nb)是由美国 GE 公司开发的第二代 TiAl 合金，塑性和抗氧化性均比第一代 TiAl 合金大幅提高，具有优异的综合性能。1993 年，4822 合金发动机叶片首次由美国 Howmet 公司铸造成功，随后分别在 CF6-80C2 和 F414 发动机上进行了试车。2006 年，GE 公司宣布将在 GEnx 系列发动机上使用 4822 合金低压涡轮叶片，为了确保使用安全性和可靠性，装配 4822 合金的发动机测试时间和运行周次分别超过 1.2 万小时和 1.5 万周次。2011 年 10 月，4822 合金正式商用于波音 747-8，每架飞机装有四台 GEnx$^{TM}$-2B 发动机，最后一级低压涡轮叶片使用 4822 合金。2012 年，波音 787 正式商用 4822 合金，每架飞机装有两台 GEnx$^{TM}$-1B 发动机，最后两级低压涡轮叶片使用 4822 合金(图 6.8)。该发动机较波音 767 飞机装配的 CF6-80C2 发动机实现了两代的跨越，单台减重约 200lb。结合设计，节油 20%、降噪 50%、$NO_x$ 排放减少 80%[21]。法国斯奈克玛(SNECMA)公司也计划将 4822 合金用在其 LEAP 系列发动机上，该发动机将代替 CFM56 发动机装配在波音 737、部分空客 A320neo 和我国 C919 飞机上。美国 GE 公司已经成功采用电子束 3D 打印技术制造了 4822 合金低压涡轮叶片，并将其用在了最新的 GE9X 发动机上。结合其他新材料与新技术，该发动机将成为世界上推力最大的航空发动机，单发能产生超过 60.9t 的推力。

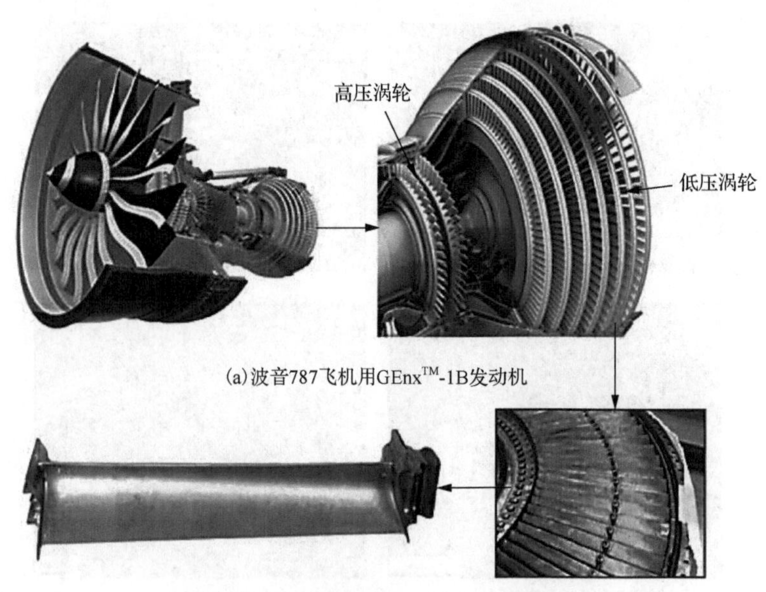

(a)波音787飞机用GEnx$^{TM}$-1B发动机

(b)GEnx$^{TM}$-1B发动机使用的TiAl合金低压涡轮叶片

图 6.8　4822 合金在航空发动机的应用

除了航空领域，γ-TiAl合金在汽车工业也有广阔应用背景。20世纪90年代，日本大同特殊钢公司开发了RNT-004合金(Ti-47.3Al-0.4Nb-0.4Cr-0.7Si)，1999年日本三菱公司用该合金替代Ni基高温合金Inconel 713C用作Lancer Evolution 4汽车涡轮增压器叶轮，使发动机最大转速提高了10000r/min，加速响应时间缩短35%，比油耗降低3g/(kW·h)，稳态烟度降低0.2Rb，如图6.9(a)所示。此外，由于TiAl合金具有优异的比刚度，将其用作赛车发动机的排气阀可显著提高发动机转速，已在一级方程式赛车和部分跑车上得到应用(图6.9(b))。汽车涡轮增压器的工作原理如图6.9(c)所示，从燃烧室排出的高温废气驱动涡轮高速旋转，涡轮带动泵轮高速旋转，泵轮吸入更多新鲜空气进入燃烧室，提高燃油燃烧效率，提高发动机做功能力。当前，全世界都面临资源环境压力与碳排放要求日益严苛的局面，小排量+涡轮增压的发动机技术正成为车辆动力的主要发展方向。

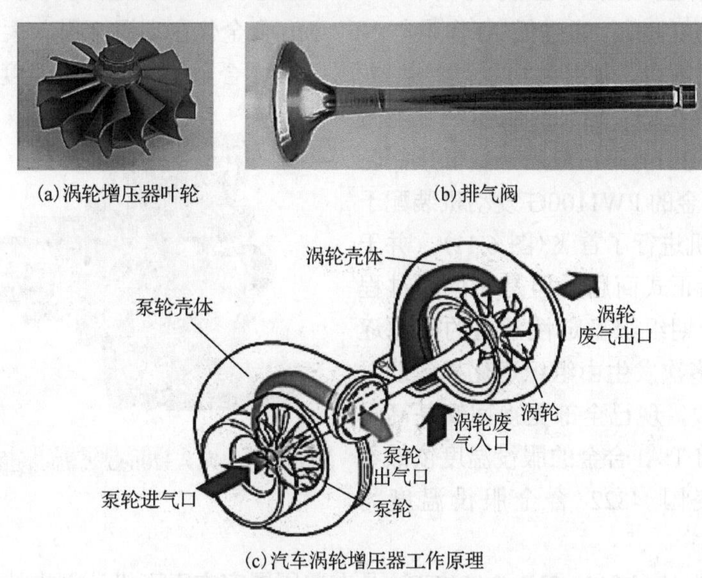


(a)涡轮增压器叶轮　(b)排气阀

(c)汽车涡轮增压器工作原理

图6.9 γ-TiAl合金在汽车发动机上的应用

## 2. β-TiAl合金

随着发动机性能的不断提升，对TiAl合金高温性能的要求越来越高，于是越来越多的合金元素被引入，导致合金组织中产生了β/B2相。这些β/B2相在高温热处理或热变形过程中可以有效阻碍α晶粒长大，且其在高温时可转变为无序的塑性β相，有利于提高变形能力，从而提高合金的锻造性能。因此研究人员有意识地使TiAl合金成分偏向β相凝固以达到细化晶粒、提高锻造性能的目的，于是一类新的TiAl合金体系应运而生，即β-TiAl合金。典型的β-TiAl合金有3种：Ti-42Al-5Mn、TNM和45XD合金。

Ti-42Al-5Mn是由日本学者开发的极具应用前景的锻造β-TiAl合金，由于Mn是β相稳定元素，研究人员通过添加大量Mn元素引入高温β相，首次实现了TiAl合金的自由锻造(图6.10)。此外，Mn的添加还可以降低堆垛层错能，增加机械孪生的倾向性，显著改善合金塑性。同时，Mn的价格较Cr、Mo、Nb和V等低得多，为低成本高性能TiAl合金的开发指出了一条道路。日本已使用Ti-42Al-5Mn合金成功制造了火箭顶部的卫星整流罩。

(a) 自由锻

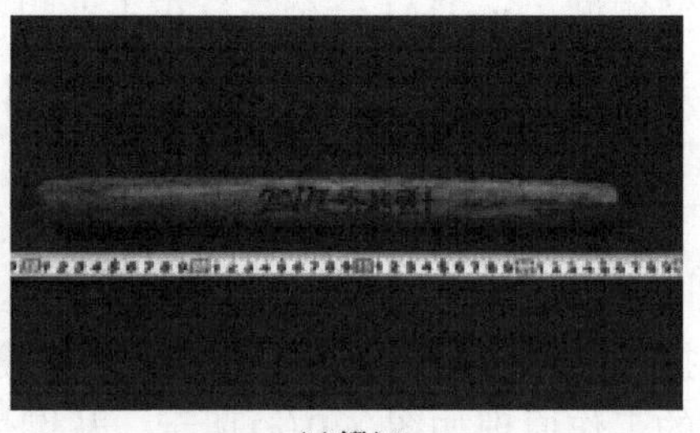
(b) 锻坯

图 6.10　可进行自由锻的 Ti-42Al-5Mn

为将 TiAl 合金的服役温度提高至 750℃，德国 MTU 公司开发了 TNM 合金(Ti-43Al-4Nb-1Mo-0.1B)，通过低 Al 含量与 Nb、Mo 合金化在高温下引入大量无序β相，获得了较宽的热加工窗口，使叶片可以高温热成型。TNM 合金的设计服役温度达到 750℃，但在该温度下大量存在的β相会对组织和性能带来显著不利影响。2014 年，最后一级低压涡轮叶片采用 TNM 合金的 PW1100G 发动机装配于空客 A320neo 飞机进行了首飞(图 6.11)，并于 2016 年 1 月开始正式商用。但是在使用过程中，该合金高温长期组织稳定性不足的问题逐渐暴露，服役中多次发生由组织退化导致的发动机叶片断裂事故，现已全部更换回镍基高温合金。这说明当前 TiAl 合金的服役温度依然不能超过 700℃(美国 4822 合金服役温度为 650℃)。

图 6.11　空客 A320neo 飞机装配的 PW1100G 发动机

45XD 合金($Ti\text{-}45Al\text{-}2Mn\text{-}2Nb\text{-}0.8\%TiB_2$)是在美国国家空天飞机计划支持下由 Howmet 公司研发的一种铸造 TiAl 合金，通过β相凝固与 B 元素合金化获得细小的近片层组织，其室温强度可接近 600MPa，室温伸长率为 1.5%，但长期服役温度仍低于 700℃。英国罗·罗公司已计划将其用在最新的 Trent XWB 发动机低压涡轮叶片上。

### 3. 高 Nb-TiAl 合金

常规 TiAl 合金的高温性能难以满足发动机更高温度的使用需求(如 760～800℃以上)，开发承温能力更高的 TiAl 合金是全世界研究人员孜孜以求的目标。我国陈国良院士等对 Ti-Al-Nb 系合金进行了大量基础研究，发展出了高 Nb-TiAl 合金，并得到世界公认。陈国良因此当选 ASM Fellow，是继师昌绪先生之后我国第二位获此殊荣的材料学家。高 Nb 含量的添加提高了 TiAl 合金熔点，大幅改善合金抗氧化性，更重要的是高 Nb 能够显著提高合金的强度，特别是高温强度。高 Nb-TiAl 合金在更高温度(>700℃)的航空航天热端部件中具有广阔的应用前景。在 1995 年第一届 TiAl 合金国际会议上，大会主席 Young-Won Kim 指出，高 Nb-TiAl 合金是发展高温高性能 TiAl 合金的首例。此后，陈国良与 Young-Won Kim 等各国同行大力推进高 Nb-TiAl 合金的成分、组织、工艺和应用研究。

高 Nb-TiAl 合金的主要特征为：①与常规 TiAl 合金相比，其服役温度可提高 60～100℃。

室温强度提高300～500MPa；②抗氧化性能远优于常规TiAl合金，与抗氧化性最好的镍基高温合金相近；③高温TiAl合金的基本成分特征是高Nb低Al，如6%～9%Nb和45%～46%Al，并可添加C、B、Si、W、Mn和稀土元素等进一步优化组织成分；④基本组织与常规TiAl合金相同，其中全片组织具有最好的高温性能，但需具有细化的晶粒和均匀细小平直的片层，同时避免形成稳定的B2相。

4. $Ti_2AlNb$基合金

$Ti_2AlNb$基合金最早由研究人员在对$Ti_3Al$基合金进行增塑时发现，是一种有序正交结构(orthorhombic，又称O相)，其合金成分通常为Ti-(18～30)Al-(12.5～30)Nb，并含有少量的Mo、V和Ta等元素，常见体系有Ti-22Al-24Nb-3Ta、Ti-22Al-20Nb-7Ta和Ti-22Al-25Nb等。$Ti_2AlNb$基合金具有较高的比强度、比刚度和良好的高温抗蠕变性能，且断裂韧性和抗氧化性好、热膨胀系数低，可替代高温合金用作发动机涡轮盘、承力环等构件，实现减重35%～40%。

我国钢铁研究总院研究了一系列$Ti_2AlNb$基合金，包括Ti-22Al-23Nb、Ti-22Al-25Nb、Ti-22Al-27Nb、Ti-22Al-24Nb-3Ta、Ti-22Al-20Nb-7Ta等，从改善合金力学性能和抗氧化性、减小密度、降低成本、简化制备工艺和提高热加工变形性能等方面，最终选定了成分为Ti-22Al-25Nb的合金进行工程化研究。该合金密度为5.3g/cm$^3$，企业牌号为TAC-3A，国际牌号为JG1201，在室温和高温条件下具有良好的塑性和韧性，室温断裂韧性达39MPa·m$^{1/2}$，强度、抗疲劳和高温持久性能均显著优于$Ti_3Al$基合金。该合金制造的构件已成功应用于我国卫星姿态控制发动机、超声速巡航导弹发动机和新型航空发动机。

除此之外，钢铁研究总院开发的$Ti_3Al$基合金Ti-23Al-17Nb也进入了工程应用阶段。该合金密度为4.9g/cm$^3$，企业牌号为TAC-1B，国际牌号为JG1302，与美国相近牌号的Ti-24Al-11Nb和Ti-25Al-10Nb-3V-1Mo相比，力学性能和工艺性能都全面提高，在−100℃的低温条件下仍具有良好的塑性和韧性，且650℃以上强度显著优于传统高温钛合金，并具有良好的抗疲劳和高温持久性能。该合金制造的天线展开机构、锁紧机构及斜螺钉等部件已在我国神舟系列飞船中得到应用，制造的涡轮泵壳体和发动机喷管延长段则分别应用于两种新型导弹中。

### 6.5.3　Fe-Al系金属间化合物

Fe-Al系金属间化合物在我国的研究可以追溯至20世纪70年代，河北省饶阳县南善公社农机修造厂青年工人李兰捆在生产中偶然发现，将大量的铝添加到钢中可以获得耐热、耐腐蚀等优异性能。河北省科学技术委员会将其作为重要发现，由副主任张妥负责，组织省内力量联合攻关，参加人员中有河北机电学院教师王志书、王重生，在读学生陈光等。经过实验研究，发明了低碳高铝钢(当时还不知道这就是Fe-Al系金属间化合物)。这种钢在保证良好抗氧化性能的前提下，800℃抗拉强度不低于高镍、铬的Cr18Ni9Ti和Cr18Ni11Nb等钢，并具有良好的综合力学性能，能够在高温下承受较大负荷并安全工作，并可节省大量稀缺贵重金属(镍、铬等)，成本仅相当于当时铬锰氮钢的1/2、高镍铬钢的1/7～1/5[22]。

Fe-Al系金属间化合物相主要有$Fe_3Al$、FeAl、$FeAl_2$、$Fe_2Al_5$和$FeAl_3$五种，其中受到广泛关注并研究的是$Fe_3Al$和FeAl两种化合物相及其合金，它们的物性参数如表6.6所示。Fe-Al系金属间化合物除具有一般金属间化合物的优点外，其最显著的特点是具有优异的抗氧化、耐腐蚀性能，可与不锈钢相媲美，在硫化气氛中甚至优于不锈钢及防腐涂层，且比强度高、资源丰富、成本低廉(只有不锈钢的 1/3)，因此在航空航天、化工、核反应堆等众多领域具有广阔应用前景。但 Fe-Al 系金属间化合物的室温脆性和 600℃以上高温强度不足两大缺点限制了其进一步广泛应用。

表 6.6　$Fe_3Al$ 和 FeAl 金属间化合物的特性[19]

| 相 | 密度/(g/cm³) | 熔点/℃ |
|---|---|---|
| $Fe_3Al$ | 6.53 | 1540 |
| FeAl | 5.56 | 1215 |

1. $Fe_3Al$

$Fe_3Al$ 相的 Al 含量为 25%～35%，其室温塑性很差，在空气中伸长率仅有 4.1%，水汽与合金中的 Al 发生反应是这类合金产生脆性的主要原因(与 NiAl 合金类似)，Cr 和 Ce 是改善其室温塑性最有效的合金元素。尽管 $Fe_3Al$ 存在室温脆性，但随着温度的上升其塑性显著改善，800℃时伸长率可超过 100%，表现出极好的热加工性能。$Fe_3Al$ 也存在反常屈服，在转变温度(约 600℃)以下合金的屈服强度随温度上升反常升高，通过合金化可以显著地提高转变温度，相应提高 $Fe_3Al$ 的服役温度。

$Fe_3Al$ 具有良好的高温抗氧化性能的原因在于，在氧分压非常低的条件下，标准化学计量配比的 $Fe_3Al$(Fe-25Al)就能够形成致密的 $Al_2O_3$ 膜，因此其抗氧化性甚至优于 Ni 基高温合金。同时致密的 $Al_2O_3$ 膜还赋予了 $Fe_3Al$ 良好的高温耐腐蚀性能。目前 $Fe_3Al$ 基合金最有应用前景的场合之一就是利用其优异的抗氧化耐腐蚀性能，在热能系统中取代耐热不锈钢用作烟气净化设备、转化器、热交换设备等。

2. FeAl

FeAl 相的 Al 含量为 35%～50%，较 $Fe_3Al$ 相具有更宽的成分范围、更好的相稳定性(约 1200℃下没有相变)、更低的密度($5.56g/cm^3$)和更优异的抗氧化耐腐蚀性能(Al 含量较高)，且比强度和比模量较高。FeAl 基合金从室温至 1100℃抗氧化性都优于 304 不锈钢、铬镍耐热钢及 $Fe_3Al$ 基合金，且抗氧化能力随 Al 含量的增加而增高。其表面生成的致密 $Al_2O_3$ 膜为其优异的抗氧化性能提供了基础，即使是低 Al 含量的 FeAl 基合金在低氧氛围中，表面先生成的其他复杂氧化物在持续的高温下也会逐渐转化为 $Al_2O_3$。

FeAl 基合金耐磨性较 $Fe_3Al$ 基合金差，且室温塑性低、加工性能差，迄今未能实现大规模应用。限制 FeAl 基合金应用的两大不足与 $Fe_3Al$ 基合金类似，即室温脆性大和 600℃以上高温强度不足，且 Al 含量越高，由晶界弱化造成的脆性越严重。合金化是提高 FeAl 基合金高温屈服强度和蠕变抗力的主要途径，主要包括固溶强化(Cr、Mo、Ni、Ti 等)和第二相强化，其中第二相粒子可以是碳化物、稳定氧化物及金属间化合物颗粒等。与 $Fe_3Al$ 基合金相比，FeAl 基合金更脆，高温强度更低，且存在工艺性差、制造成本高等问题，作为结构材料应用没有竞争力。目前较多的应用研究方向集中于针对合金在渗碳、硫蚀和熔融碳酸盐等环境条件下具有优异的抗蚀能力而提出。此外，由于 FeAl 基合金电热性能优良且高温抗腐蚀性良好，作为电热材料在各种工业系统的加热元件方面也有应用前景。

### 6.5.4 其他常见金属间化合物

上述三个体系金属间化合物的服役温度都低于或接近 Ni 基高温合金，研究或发展它们更多是出于减重目的，但随着发动机技术的发展，对结构材料服役温度的要求越来越高，铝化物基材料难以满足更高温度的使用需求，因此具有更高熔点的金属硅化物和难熔金属间化合物在近十几年受到了研究人员的极大关注。

硅化物通常由金属和硅组成，难熔金属间化合物指某难熔金属(钨 W、钼 Mo、钽 Ta、铌 Nb、锆 Zr、铪 Hf、铼 Re、钛 Ti、钒 V、铬 Cr 十种)与其本身以外的金属形成的金属间化合物。这两类化合物具有熔点高(表 6.7)、塑性优于结构陶瓷、高温强度高、抗蠕变性能好等优点，在航空航天运载动力材料领域具有广阔应用前景。部分化合物密度适中，且高温强度和断裂韧性较好，适合用作发动机涡轮叶片等高温部件，如 Nb-Si 系化合物；部分化合物抗氧化性能优异，适合用作高温部件抗氧化涂层，如 $MSi_2$(M=Mo，Ti，Nb)。然而作为金属间化合物，它们的应用仍受到室温脆性的限制，部分硅化物还存在低温氧化加速的缺点。已有研究大多通过合金化或形成难熔金属间化合物基复合材料来改善本征脆性。在众多硅化物和难熔金属间化合物中，Mo-Si 系、Nb-Si 系、Nb-Al 系化合物是目前研究最多、最有望用于运载动力构件的材料体系。

表 6.7　一些硅化物与难熔金属间化合物的物性参数[19]

| 硅化物与难熔金属间化合物 | 熔点/℃ | 密度/(g/cm³) |
|---|---|---|
| $Mo_5Si_3$ | 2180 | 8.24 |
| $MoSi_2$ | 2030 | 6.24 |
| $Mo_3Si$ | 2025 | 8.97 |
| $Nb_5Si_3$ | 2484 | 7.16 |
| $NbSi_2$ | 1930 | 5.66 |
| $Ta_5Si_3$ | 2505 | 13.4 |
| $Ta_2Si_3$ | 2450 | 13.55 |
| $TaSi_2$ | 2220 | 9.10 |
| $W_5Si_3$ | 2370 | 14.50 |
| $WSi_2$ | 2160 | 9.86 |
| $Ti_5Si_3$ | 2130 | 4.32 |
| $TiSi_2$ | 1500 | 4.04 |
| $Zr_5Si_3$ | 2327 | 5.99 |
| ZrSi | 2095 | 5.56 |
| $V_5Si_3$ | 2010 | 5.32 |
| $Nb_3Al$ | 2060 | 7.29 |
| $Nb_2Al$ | 1940 | 6.87 |
| $NbAl_3$ | 1605 | 4.54 |

1. Mo-Si 系

Mo-Si 二元系中存在的金属间化合物相有 $MoSi_2$、$Mo_5Si_3$ 和 $Mo_3Si$ 三种，其中 $MoSi_2$ 由于具有最佳的高温抗氧化性最先得到了广泛研究。随后研究人员发现添加少量 B 可以显著提高

$Mo_5Si_3$ 的抗氧化性，于是开始转向研究高 Mo 含量的 Mo-Si 系金属间化合物，例如，$Mo_3Si$ 具有很高的高温强度，1400℃时屈服强度可以达到 400MPa。总的来说，Mo-Si 系是金属硅化物中最具应用潜力的材料之一。

(1) $MoSi_2$。具有高熔点(2030℃)、高服役温度(>1600℃)、良好的高温抗氧化性、适中的密度(6.24g/cm$^3$)和良好的导热导电性等，被认为是继 Ni 基高温合金之后出现的一类极具竞争力的新型高温结构材料。$MoSi_2$ 含量丰富、价格低廉、易加工，但其室温硬度高、脆性大，高于 1000℃强度较低。通过合金化减弱 Mo—Si 键可改善 $MoSi_2$ 本征脆性。$MoSi_2$ 可与 TiC、$ZrO_2$、$Al_2O_3$、$TiB_2$、SiC、$Si_3N_4$ 以及莫来石等陶瓷增强相构成复合材料，协同提升力学性能。例如，用作 $MoSi_2$ 基复合材料的基体、结构陶瓷基复合材料的增强体和结构陶瓷的高温焊接材料等。20 世纪 70 年代，德国科学家在 $MoSi_2$ 中加入 $Al_2O_3$ 和 SiC，发现可显著改善其高温强度，就此开启了 $MoSi_2$ 基复合材料的研究。$MoSi_2$ 还可作为难熔金属或金属间化合物的高温抗氧化涂层，如用 Mo-Si-B 作为 Nb-Si 基复合材料的高温防护层，可使其在氧化氛围中服役温度达到 1300℃。

(2) $Mo_5Si_3$。熔点为 2180℃、密度为 8.24g/cm$^3$，室温韧性差、高温抗氧化性不足等缺点使其无法单独作为结构材料使用，但其具有非常优异的高温抗蠕变性能(远优于 $MoSi_2$)，作为合金的高温增强相非常有潜力。例如，$Mo_5Si_3$ 是 $Mo_3Si$-$Mo_5Si_3$-$Mo_5SiB_2$ 合金系统的组成相，此合金系统是目前 Mo-Si-B 系合金中研究较多的合金之一，在室温韧性、高温强度及高温抗氧化性方面表现出优异的综合性能。

(3) $Mo_3Si$。熔点为 2025℃，密度为 8.97g/cm$^3$。由于其 Mo 含量较高，无论是中温还是高温，抗氧化能力都特别差。加入 Cr 元素能够大幅提高其 900℃时的抗氧化能力，当 Cr 含量高于 30%时能形成完全致密的氧化保护膜，完全阻碍氧化进程。$Mo_3Si$ 作为多相复合的组成相是其未来应用的重要方向，由金属间化合物 $Mo_3Si$ 和 $Mo_5SiB_2$ 以及 Mo 基固溶体(α-Mo)组成的 Mo-Si-B 合金是一种具有优异抗氧化性的高温结构材料。

2. Nb-Si 系

Nb-Si 基合金具有熔点高(＞1750℃)、密度低(6.6～7.2g/cm$^3$)、高温强度和可加工性良好等优点，且具有一定的断裂韧性和高温抗蠕变、抗疲劳性能，被认为是最有希望取代第三代 Ni 基单晶高温合金的候选材料，受到国内外学者的广泛关注。Nb-Si 二元系中的金属间化合物相主要有 $Nb_3Si$、$Nb_5Si_3$(α-$Nb_5Si_3$、β-$Nb_5Si_3$、γ-$Nb_5Si_3$)和 $NbSi_2$ 等，但在室温下稳定存在的主要有α-$Nb_5Si_3$ 和 $NbSi_2$ 两相。

(1) $Nb_5Si_3$。熔点高达 2484℃，密度为 7.16g/cm$^3$，具有良好的高温力学性能，但其室温力学性能和高温抗氧化性较差，阻碍了其应用。$Nb_5Si_3$ 与 Nb 基固溶体组成的复合材料具有高熔点、高比强度、高比刚度、高强韧性等优异性能，是当前工程研究的重点。其中 $Nb_5Si_3$ 相具有优异的高温强度和抗蠕变性能，Nb 基固溶体具有优异的断裂韧性，两相复合的 Nb/$Nb_5Si_3$ 材料室温断裂韧性可从 $Nb_5Si_3$ 的不到 3MPa·m$^{1/2}$ 提高至 20～25MPa·m$^{1/2}$，且其高温强度和抗蠕变性能可与单相 $Nb_5Si_3$ 相媲美。GE 公司已成功制备了 Nb/$Nb_5Si_3$ 发动机叶片，并打算未来将其用于发动机高压和低压涡轮叶片，全面替代 Ni 基高温合金。

(2) $NbSi_2$。具有较高的熔点(1930℃)，与硅(1414℃)相比高得多，但与铌(2468℃)和 $Nb_5Si_3$(2484℃)相比略显不足，但其密度较低(5.66g/cm$^3$)、弹性模量较高(362GPa)，因此受到关注。$NbSi_2$ 的室温硬度和高温屈服强度略低于 $Nb_5Si_3$，但其 Si 含量较高，抗氧化性能优

于 $Nb_5Si_3$ 及 Nb。随着温度的升高，$NbSi_2$ 的抗氧化性能呈逐步减弱的趋势，当达到较高的温度(约 1000K)时，形成的不再是一层致密的保护性 $SiO_2$，而是 $Nb_2O_5$ 和 $SiO_2$ 的复合氧化物，极易碎裂脱落导致抗氧化性能下降。但 $NbSi_2$ 可与其他硅化物复合制成抗氧化涂层，如在 Nb-Ti-Si 基合金表面制备 $MoSi_2/ReSi_2/NbSi_2$ 复合涂层，在 1250℃保温 10h 后的氧化增重仅为 $2.6mg/cm^2$。但 $NbSi_2$ 较低的韧性限制了其实际应用，解决这一问题是实现 $NbSi_2$ 室温和高温应用的关键。

3. Nb-Al 系

Nb-Al 二元系存在三种金属间化合物相：$Nb_2Al$、$Nb_3Al$、$NbAl_3$。其中 $NbAl_3$ 的 Al 含量高，抗氧化性能最好；$Nb_2Al$ 脆性大，很少用作结构材料；$Nb_3Al$ 高温屈服强度高，1200℃为 800MPa，1300℃仍有 500MPa，但其抗氧化性能较差，断裂韧性和高温延展性较差。通过塑性相增韧、合金化、层状结构设计、形成复合材料等方法，可以显著改善 Nb-Al 系金属间化合物的室温脆性、抗氧化能力、高温强度及抗蠕变性能。针对 Nb-Al 系金属间化合物的主要研究方向为陶瓷/Nb 基合金复合材料，其中 $Nb_3Al$ 及 $NbAl_3$ 为基体，SiC、$Al_2O_3$ 和 TiC 等陶瓷为增强体。

(1) $Nb_2Al$。室温显微硬度约 10.2GPa，韧脆转变温度>1170℃，单相 $Nb_2Al$ 在 1200℃时弯曲极限强度为 265GPa，伸长率约 0.25%。在 1150℃时可承受相当大的蠕变负荷，可作为高温复合材料的添加相。空气中循环氧化(温度范围为 1149～1200℃，高温 55min+室温 5min 为一个循环)20 次后即发生灾难性氧化，主要原因在于 Al 含量不足，无法形成致密氧化膜保护层，氧化产物为 $AlNb_{11}O_{29}$ 和 $AlNbO_4$。$Nb_2Al$ 突出的性能是其蠕变强度和极限强度，加 2%Ti 或 Ni 合金化的 $Nb_2Al/NbAl_3$ 合金是一种潜在的高温结构材料；以 $Nb_2Al/NbAl_3$ 为基体并含有 NbB 强化相的高温复合材料也是重要发展方向。

(2) $Nb_3Al$。室温下极脆，显微硬度约 7.5GPa，1200℃弯曲极限强度为 253MPa，抗氧化性差，1000℃以上高温变形时依然发生脆性断裂，1027℃时屈服强度为 1900MPa，1217℃时断裂强度依然有约 1000 MPa。$Nb_3Al$ 实用主要面临三个障碍：室温塑性差、断裂韧性低和抗氧化性能差。改善 $Nb_3Al$ 性能的主要手段是合金化，如含间隙元素 O 或 C(约 20%)的粉末冶金 $Nb_3Al$ 强度得到较大提高，其比强度比传统 Ni 基高温合金高 20%，是涡轮叶片的候选材料。此外，形成复合材料也是 $Nb_3Al$ 发展的方向，如在粉末冶金 $Nb_3Al$ 中添加 $Y_2O_3$、$ZrO_2$ 等陶瓷颗粒制备的复合材料的高温强度显著改善，$Nb_3Al$-10%$Y_2O_3$ 复合材料 1700℃时抗压强度可达 83MPa。

### 6.5.5 TiAl 单晶

如 6.5.2 节所述，TiAl 合金已成功应用于运载动力领域的诸多场合，但现有 TiAl 合金还存在两大缺点：一是室温拉伸塑性低(伸长率＜2%)，必须开发相应的半脆性材料加工、制造以及发动机装配工艺路径，增加了设计与制造成本，且不宜用于前部的压气机转子叶片；二是承温能力有限，强度从约 650℃开始下降，700℃/3000h 组织分解，限制了其长时服役温度不能超过 700℃(GEnx$^{TM}$-1B 发动机第 6、7 级低压涡轮叶片的服役温度分别约为 650 ℃和 600 ℃，第 5 级超过 700 ℃)。

Ni 基高温合金由传统多晶发展到定向凝固柱晶，再到定向凝固单晶，承温能力不断提高。金属间化合物的室温脆性也在一定程度上与晶界弱化有关。去除晶界，将多晶变为单晶是攻克 TiAl 合金上述两大难题的有效途径。

TiAl 单晶是指由单个片层团晶粒组成的一个完整晶体，其内部不存在片层团晶粒之间的晶界，而仅由 $\alpha_2$ 和 $\gamma$ 两相以层片状排列形成了一种片层结构组织——这与 Ni 基单晶高温合金类似，Ni 基单晶由 $\gamma$ 和 $\gamma'$ 两相组成。1990 年，日本科学家发现 TiAl 合金的两相片层状组织类似矿物晶体中的层片结构，首次借用矿物晶体学名词 polysynthetically twinned（简写 PST）命名了 TiAl 合金的全片层晶体，并沿用至今，如图 6.12 所示。

(a) TiAl PST晶体

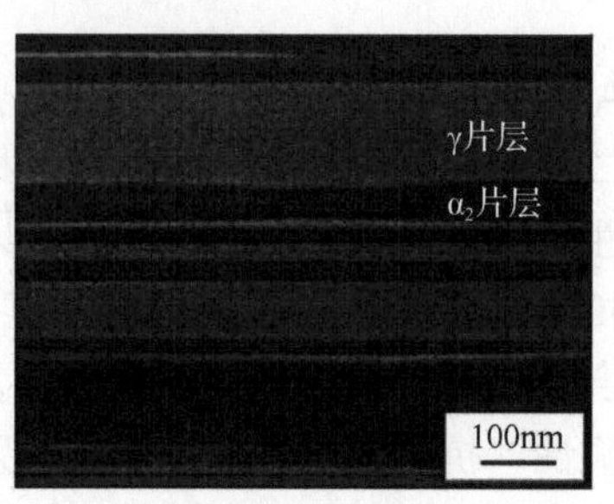

(b) TiAl单晶全片层组织

图 6.12　片层结构显微组织

早期研究人员无法制备得到整根 TiAl 单晶试棒，只能通过从大块 TiAl 多晶中切出小块单个 PST 晶体试样的方法来进行单晶力学性能测试。通过这种方法，Fujiwara 等[23]系统研究了 PST 晶体片层取向与力学性能之间的关系，发现 PST 晶体的力学性能具有明显的各向异性——当片层取向与应力加载方向成 90° 角时，合金的强度最高但伸长率几乎为零；当片层取向与应力加载方向的夹角为 30°～60° 时，合金的塑性最佳但强度最低；只有当片层取向与应力加载方向成 0° 角时，合金具有一定的强度和塑性，居于两者之间，但屈服强度只有 300MPa，无法满足使用要求，如图 6.13 所示。随后研究人员不断尝试向 PST 晶体中添加强化元素，但效果不佳。

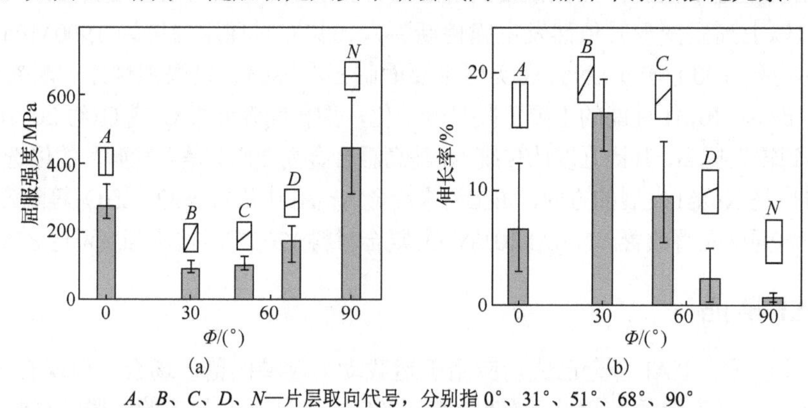

A、B、C、D、N—片层取向代号，分别指 0°、31°、51°、68°、90°

图 6.13　PST 晶体拉伸力学性能随片层与应力轴方向夹角的变化

TiAl 单晶制备的难度在于片层取向的控制，如图 6.14 所示，初生 $\beta$ 相 TiAl 合金凝固后存在两次复杂的固态相变过程：$\beta \rightarrow \alpha$ 和 $\alpha \rightarrow \alpha_2+\gamma$，并分别遵循 Burgers[24]和 Blackburn[25]位向关系，其中 $\beta$、$\alpha$ ($\alpha_2$) 和 $\gamma$ 相分别为体心立方（BCC）、密排六方（HCP）和面心立方（FCC）结构。根据 Burgers 晶体学位向关系 $(0001)_\alpha /\!/ (110)_\beta$，$\beta \rightarrow \alpha$ 固态相变过程中，$\alpha$ 新相有 1/3 的概率与定向凝固生长方向成 0° 角（平行），2/3 的概率与定向凝固生长方向成 45° 角。这

种晶体学取向关系在随后的 $\alpha \rightarrow \alpha_2+\gamma$ 固态相变过程中保持不变，因此初生 $\beta$ 相 TiAl 合金定向凝固片层取向不可控，为随机事件，得到平行片层和 45° 片层的概率分别为 1/3 和 2/3。

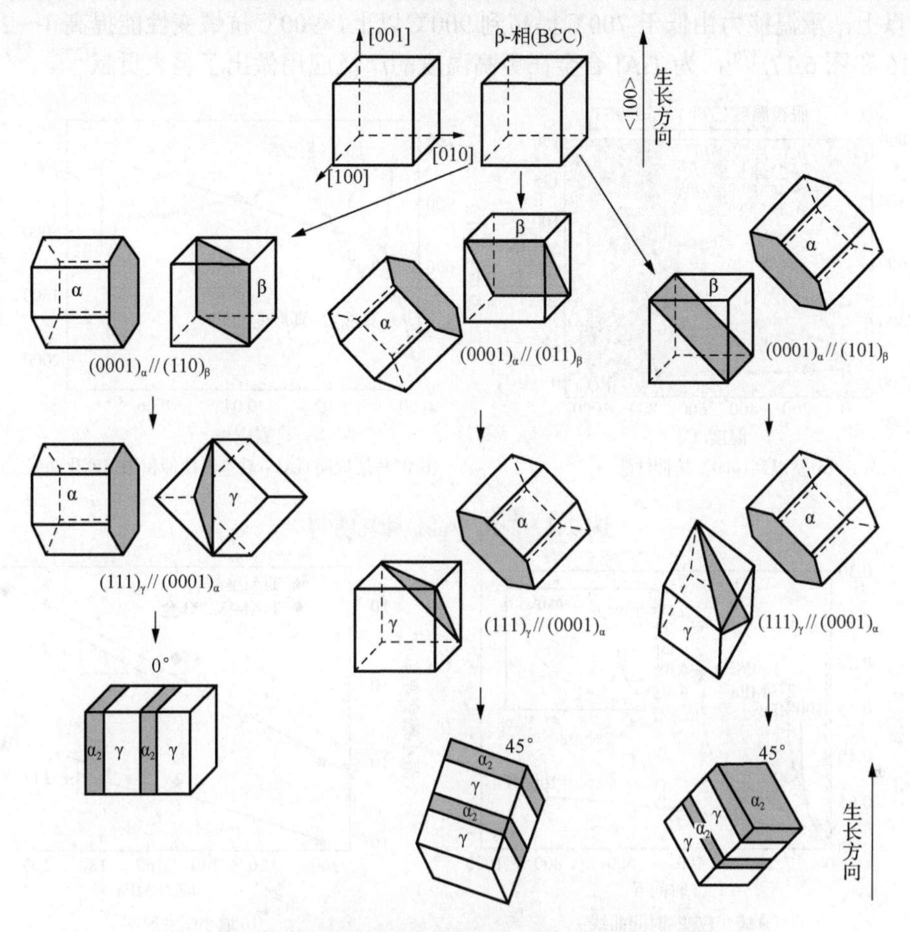


图 6.14　TiAl 合金定向凝固和定向固态相变过程[26]

为了获得平行片层取向的 TiAl 单晶，研究人员采用定向凝固方法对初生 $\beta$ 相 TiAl 合金进行了诸多尝试，均未成功。尽管定向凝固初期同时产生了具有 0° 和 45° 片层取向的晶粒，但随着定向凝固的进行，45° 片层取向晶粒逐渐淘汰 0° 片层取向晶粒(图 6.15)，最终只能得到 45° 片层取向 TiAl 单晶，得不到 0° 片层取向的 TiAl 单晶。

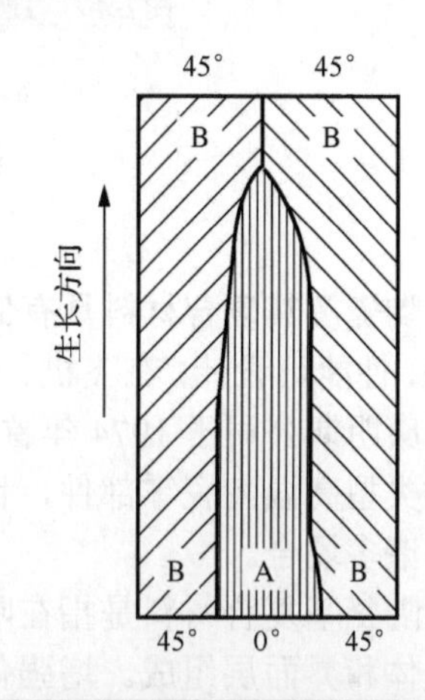


图 6.15　初生 $\beta$ 相 TiAl 合金定向凝固过程中 0° 取向片层逐渐被 45° 片层淘汰

南京理工大学陈光院士团队终于发现定向凝固存在特殊现象，提出并建立了固态相变晶体取向调控原理与判据，发明了液-固与固-固相变协同控制的晶体生长方法，突破了已有定向凝固技术只控制液-固相变的局限性，有效控制了凝固后具有复杂固-固相变材料的最终晶体取向，实现了初生 $\beta$ 相 TiAl 最终片层取向的有效控制，成功制备出高温高性能 TiAl 单晶，实现了强度、塑性和蠕变抗力的优异结合与跨越式提升，攻克了 TiAl 合金室温脆性大和服役温度低两大世界难题，与代表国际领先水平的美国现役 TiAl-4822 合金相比，室温拉伸塑性由小于 2%提高到 6%以上，屈服强度高达 700MPa 以上，承温能力由低于 700℃提高到 900℃以上，900℃抗蠕变性能提高 1～2 个数量级(图 6.16 和图 6.17)[26]，为 TiAl 合金在更高温度的广泛应用做出了重大贡献[27]。

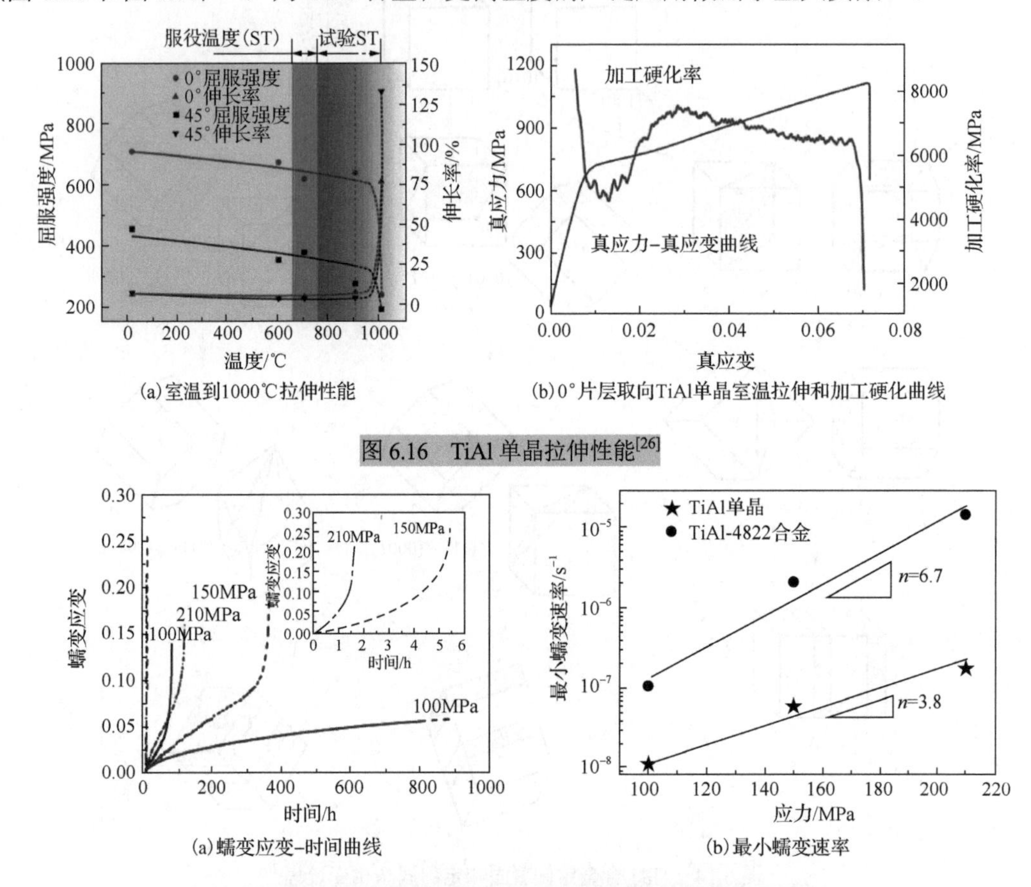


图 6.16　TiAl 单晶拉伸性能[26]

图 6.17　TiAl 单晶与美国 TiAl-4822 合金 900℃抗蠕变性能对比[26]

# 6.6　陶瓷及其复合材料

陶瓷及其复合材料具有低密度、耐高温、抗氧化、抗腐蚀及耐磨损等优异性能，且防热、吸波、性能可设计，在飞机、火箭、卫星、飞船等航空航天运载工具上具有广阔应用前景[28-30]。美国康明斯公司于 1974 年首先提出全陶瓷绝热发动机构想，20 世纪 80 年代后期美国研制了多种类型高温陶瓷零部件，目前已应用于发动机排气喷嘴、燃烧室衬套，航天器鼻锥、翼前缘等诸多场合。

陶瓷基复合材料是指在陶瓷基体中引入增强体构成的多相复合材料，主要由陶瓷基体、增强体和界面层组成。增强体在复合材料中起增强增韧作用，按存在形态可分为纤维、晶须和颗粒三类(如 5.2 节所述)。陶瓷及其复合材料按基体类型可分为氧化物陶瓷及其复合材料与非氧化物陶瓷及其复合材料两大类。

## 6.6.1　氧化物陶瓷及其复合材料

氧化物陶瓷具有高熔点、高强度、高硬度等优点。常用氧化物陶瓷基体有二氧化硅(石英)、氧化铝、氧化锆、莫来石等，表 6.8 给出了一些基体的特性。

表 6.8　一些常用氧化物陶瓷基本特性[29]

| 类型 | 密度/$(g/cm^3)$ | 熔点/℃ | 弹性模量/GPa | 热导率/(W/(m·K)) | 热膨胀系数/$(10^{-6}/℃)$ | 莫氏硬度 |
|---|---|---|---|---|---|---|
| 氧化铝 | 3.99 | 2053 | 435 | 5082 | 8.8 | 9 |
| 氧化锆 | 6.10 | 2677 | 238 | 1067 | 8～10 | 7 |
| 莫来石 | 3.17 | 1860 | 200 | 3083 | 5.6 | 6～7 |
| 碳化硅 | 3.21 | 2545 | 420 | 41.0 | 5.12 | 9 |
| 氮化硅 | 3.19 | 1900 | 385 | 30.0 | 3.2 | 9 |

1. 二氧化硅基陶瓷及其复合材料

这类陶瓷基体主要成分为 $SiO_2$，最早由美国佐治亚理工学院在 20 世纪 50 年代开发，具有低的热膨胀系数及较好的抗热震性能，其介电性能尤其突出：介电常数和损耗角正切不受频段及温度变化影响，可在 7～18GHz 频段以及室温至 1300℃温度范围内保持相对稳定，因此常被用于飞行器和导弹的天线罩，如美国爱国者导弹和三叉戟导弹等。由石英纤维增强的二氧化硅基复合材料(如 $SiO_{2f}/SiO_2$ 复合材料)目前已用作第二代热透波材料，短时服役温度可达 2000℃。

2. 氧化铝基陶瓷及其复合材料

这类陶瓷基体根据 $Al_2O_3$ 含量可分为三类：①刚玉瓷，主相为 $\alpha$-$Al_2O_3$，高温较稳定，无相变，熔点为 2053℃，目前应用最广泛；②莫来石瓷，主相为 $3Al_2O_3·2SiO_2$，高温稳定较差，熔点为 1810℃；③刚玉-莫来石，主相为 $\alpha$-$Al_2O_3$ 和 $3Al_2O_3·2SiO_2$，高温稳定性介于前两者之间。

美国国家航空航天局(NASA) Ames 研究中心开发了一种由石英纤维、氧化铝纤维和 $B_4C$ 粉组成的刚性隔热材料 BRI(boron-containing rigid ceramics)，密度仅 0.096～0.32g/$cm^3$，可抵御 1540℃高温，主要应用于航天飞行器热防护系统。美国 NASA 采用氧化铝纤维增强莫来石基复合材料制备的航空发动机陶瓷排气喷嘴的服役温度可达 1200～1600℃。美国索拉透平公司以 3M 公司生产的 Nextel 720 氧化铝纤维为增强体、以 A-N720 氧化铝基陶瓷为基体制备的燃气轮机燃烧室外衬，经历了 2540h 循环考核。2010 年，美国 Composites Horizons 公司为 GE 公司 Passport 20 发动机提供的 Nextel 720 纤维增强氧化铝基复合材料整流罩、排气混合器和中心锥(图 6.18)，通过了美国联邦航空管理局认证，2016 年首次实现了商业化应用。

3. 氧化锆基陶瓷及其复合材料

这类陶瓷基体以氧化锆($ZrO_2$)为主，熔点为 2715℃，具有优异力学性能和高温抗酸碱性，可用作高温隔热材料，服役温度范围较广。氧化锆从室温至 1170℃为单斜结构，1170～2370℃转变为四方结构，温度高于 2370℃再次转化为立方结构。这种晶体结构转变会引起材料体积变化，进而导致内应力，产生不利影响。氧化锆纤维/碳纤维可用作冲压发动机超高温隔热材料，其中亚燃冲压发动机工作时主流燃气温度高达 2300K，超燃冲压发动机工作时燃气总温度超过 3000K。

## 6.6.2　非氧化物陶瓷及其复合材料

非氧化物陶瓷主要指由 Ti、Zr、Mo 等过渡金属形成的硼化物、碳化物、氮化物等陶瓷材料。其与氧化物陶瓷最大不同在于，原子间主要以高能共价键结合，因此具有较高的硬度、模量和蠕变抗力，且能维持到超高温状态，可作为重复使用航天器的鼻锥、翼前缘等耐热结构部件。但非氧化物陶瓷的烧结普遍困难，必须在极高温度(1500～2500℃)下烧结成型，甚至需采用热压烧结法才能达到期望密度(>95%)，导致其生产成本较高。

图 6.18　Passport 20 发动机采用的氧化物复合材料部件

**1. 硼化物陶瓷及其复合材料**

(1)过渡金属硼化物同时具有类金属性质和类陶瓷性质，其弹性模量、硬度和热导率高，电阻率低，热膨胀系数和断裂韧性适中，抗氧化性良好(大于 1200℃)，可应用于火箭喷嘴、超声速飞行器热防护系统等。

(2)硼化钛($TiB_2$)陶瓷具有高强度、高硬度、低密度(约 4.5g/cm$^3$)等优异性能，在装甲防护方面有重要应用。硼化锆($ZrB_2$)陶瓷化学键结合极强，具有高熔点、高模量、高硬度、高热导和电导率、良好的抗热震性等综合特性，密度约 6.1g/cm$^3$，其陶瓷制品已广泛用作各种高温结构及功能材料，如超声速航天飞行器、导弹外壳、磁流体发电机电极等。

**2. 碳化物陶瓷及其复合材料**

碳化硅(SiC)为强共价键化合物，共价键占比高达 88%，具有高强度、高硬度、耐磨损、耐腐蚀等优异性能。高温扩散系数极低，热稳定性突出，即使在 2100℃高温下，Si 和 C 的自扩散系数也仅为 $2.5\times10^{-13}$cm$^2$/s 和 $1.5\times10^{-10}$cm$^2$/s，在精密轴承、密封件、汽轮机转子、高温喷嘴等领域得到了广泛应用。

碳化硅基复合材料常用作航空航天热结构材料，如气动壳体、端头/前缘、舵/翼、燃烧室等。GE 公司和 P&W 公司的 EPM(Enabling Propulsion Materials)项目使用 SiC 增韧 SiC 陶瓷基复合材料制备了燃烧室衬套，该衬套可在 1200℃高温环境下工作超过 10000h。此外，纤维增韧 C/SiC 复合材料和 SiC/SiC 复合材料还被多国开发用作高压涡轮转子叶片(图 6.19)，NANS Glenn 研究中心研制的 SiC/SiC 涡轮叶片可使冷却空气量减少 15%～25%，通过了燃烧室出口气流 60m/s、6 个大气压和 1200℃服役温度考验。

图 6.19　GE 公司测试的 SiC/SiC 涡轮转子叶片

### 3. 氮化物陶瓷及其复合材料

氮化硅($Si_3N_4$)陶瓷理论密度为 3.2g/cm$^3$，具有高温强度好、硬度高、耐腐蚀、耐磨损、抗热震和自润滑性能好等特点，可用于航空航天飞行器天线罩、发动机涡流燃烧室镶块、燃油喷嘴针阀和进/排气控制阀等耐热部件。

(1)氮化硅纤维。目前用于中高马赫数导弹天线罩的透波石英纤维在 900℃以上会发生析晶反应导致强度显著下降，1200℃时材料力学性能严重恶化，迫切需要研发新型耐高温透波陶瓷纤维。$Si_3N_4$ 纤维不仅具有优异的室温/高温力学性能，而且具有热膨胀系数低、抗热震性能优异、耐氧化(能在 1400℃空气中保持稳定，惰性气体中服役温度可达 1850℃)和适中的介电性能(介电常数为 7 左右，介电损耗为 0.001～0.005)，显示出优异的透波承载性能，是一种重要的高性能氮化物透波纤维。

(2)硅氮氧(SiNO)纤维。SiNO 纤维兼具 $Si_3N_4$ 纤维和石英纤维的优点，能够保持非晶状态至 1400℃以上，且抗氧化性能和介电性能比 $Si_3N_4$ 纤维更好，是耐高温透波纤维的重要选择之一。

# 本 章 小 结

运载动力材料正向着更高强度、更低密度以及更高服役温度的方向快速发展。耐热镁合金正逐步克服高温力学性能与工艺性、耐蚀性之间的矛盾，服役温度正逐渐达到耐热铝合金的水平；耐热铝合金的服役温度最高可达 400℃，已经可以部分替代高温钛合金用于航空发动机机匣等；高温钛合金服役温度不断接近 650℃，正部分替代 Ni 基高温合金用于航空发动机高压压气机叶盘等；Ni-Al 系和 Ti-Al 系金属间化合物已经实现了部分替代 Ni 基高温合金，用于航空发动机低压涡轮叶片和导向叶片等；先进陶瓷及其复合材料正在快速发展，未来将可以部分替代金属材料用于发动机燃烧室、喷嘴、叶片等。可以预见的是，随着运载动力材料的不断发展，其在交通运输、能源动力等国民经济的各个方面将发挥越来越重要的作用。

# 思 考 题

6-1　简述耐热镁合金的使用场合。

6-2　铸造耐热铝合金的分类主要有哪些?

6-3　简述高温钛合金的发展历程。

6-4　镍基高温合金按成型方式分主要有哪几种？各自用途分别是什么?

6-5　镍基单晶与 TiAl 单晶有什么异同点?

6-6　简述 TiAl 金属间化合物的特点和发展趋势。

# 参 考 文 献

[1]　罗思东. 镁合金在汽车上的开发与应用[J]. 汽车工艺与材料, 2004, (6): 38-41.

[2]　POLMEAR I J. Light alloys: From traditional alloys to nanocrystals[M]. 4th ed. Oxford: Butterworth-Heinemann, 2006.

[3] SANCHEZ C, NUSSBAUM G, AZAVANT P, et al. Elevated temperature behaviour of rapidly solidified magnesium alloys containing rare earths[J]. Materials Science and Engineering: A, 1996, 221 (1-2): 48-57.

[4] 丁文江. 镁合金科学与技术[M]. 北京: 科学出版社, 2007.

[5] DING W, WU G, LI Z. Development of high-performance light-mass magnesium alloys and applications in aerospace and aviation fields[J]. Aerospace Shanghai, 2019, 36 (2): 1-8.

[6] 贾祥磊, 朱秀荣, 陈大辉, 等. 耐热铝合金研究进展[J]. 兵器材料科学与工程, 2010, 32 (2): 108-113.

[7] 潘复生, 张丁非. 铝合金及应用[M]. 北京: 化学工业出版社, 2006.

[8] AMIRKHANLOU S, JI S X. Casting lightweight stiff aluminum alloys: A review[J]. Critical Reviews in Solid State and Materials Sciences, 2020, 45 (3): 171-186.

[9] 刘克明, 陆德平, 杨滨, 等. 快速凝固耐热铝合金的现状与进展[J]. 材料导报, 2008, 22 (2): 57-60.

[10] BOYER R R. Attributes, characteristics, and applications of titanium and its alloys[J]. JOM, 2010, 62 (5): 21-24.

[11] 黄旭, 李臻熙, 高帆, 等. 航空发动机用新型高温钛合金研究进展[J]. 航空制造技术, 2014, 57 (7): 70-75.

[12] WILLIAMS J C, BOYER R R. Opportunities and issues in the application of titanium alloys for aerospace components[J]. Metals, 2020, 10 (6): 705.

[13] 黄旭, 朱知寿, 王红红. 先进航空钛合金材料与应用[M]. 北京: 国防工业出版社, 2012.

[14] 郭建亭. 高温合金材料学(上)应用基础理论[M]. 北京: 科学出版社, 2008.

[15] 郭建亭. 高温合金材料学(下)高温合金与工程应用[M]. 北京: 科学出版社, 2010.

[16] 黄乾尧, 李汉康. 高温合金[M]. 北京: 冶金工业出版社, 2000.

[17] REED R C. The superalloys: Fundamentals and applications[M]. Cambridge: Cambridge University Press, 2008.

[18] 师昌绪, 仲增墉. 中国高温合金 40 年[J]. 金属学报, 1997, 33 (1): 1-8.

[19] 张永刚, 韩雅芳, 陈国良. 金属间化合物结构材料[M]. 北京: 国防工业出版社, 2001.

[20] 宫声凯, 尚勇, 张继, 等. 我国典型金属间化合物基高温结构材料的研究进展与应用[J]. 金属学报, 2019, 55 (9): 1067-1076.

[21] BEWLAY B P, NAG S, SUZUKI A, et al. TiAl alloys in commercial aircraft engines[J]. Materials at High Temperatures, 2016, 33 (4-5): 549-559.

[22] 李兰捆. 低碳铝钢电炉底板试验[J]. 金属热处理, 1979, (1): 30-40.

[23] FUJIWARA T, NAKAMURA A, HOSOMI M, et al. Deformation of polysynthetically twinned crystals of TiAl with a nearly stoichiometric composition[J]. Philosophical Magazine A, 1990, 61 (4): 591-606.

[24] BURGERS W G. On the process of transition of the cubic-body-centered modification into the hexagonal-close-packed modification of zirconium[J]. Physica, 1934, 1 (7-12): 561-586.

[25] BLACKBURN M J. The science, technology, and application of titanium[M]. Oxford: Pergamon Press, 1970: 663-643.

[26] CHEN G A, PENG Y B, ZHENG G, et al. Polysynthetic twinned TiAl single crystals for high-temperature applications[J]. Nature Materials, 2016, 15 (8): 876-881.

[27] SCHÜTZE M. High-temperature alloys: Single-crystal performance boost[J]. Nature Materials, 2016, 15 (8): 823-824.

[28] 朱晋生, 王卓, 欧峰. 先进复合材料在航空航天领域的应用[J]. 新技术新工艺, 2012, (10): 76-79.

[29] 田治宇. 颗粒增强金属基复合材料的研究及应用[J]. 金属材料与冶金工程, 2008, 36 (1): 3-7.

[30] 冯小明, 张崇才. 复合材料[M]. 重庆: 重庆大学出版社, 2007.

# 第 7 章　半导体材料

半导体材料在微电子技术和光电信息技术中得到快速发展与广泛应用。电子技术和半导体器件的发展促进了半导体材料的研究与开拓，而半导体材料质量的提高和半导体材料的推陈出新又推动了半导体器件性能的飞跃，两者相互影响，相互促进。本章将概述半导体材料的发展历程与分类，阐述半导体的基本性质，详细介绍硅、锗等元素半导体材料，砷化镓、氮化镓等化合物半导体材料，以及固溶体半导体、有机半导体和半导体量子点等其他半导体材料的性能与应用。光电半导体材料和热电半导体材料等将在其他章节阐述。

## 7.1　半导体材料发展及分类

### 7.1.1　半导体材料发展简史

人类对半导体材料的认识是从 18 世纪电现象被发现后开始的。通常人们对半导体材料的定义是定性的，即“导电性能介于金属与绝缘体之间的一大类固体材料为半导体材料”。对半导体材料定量划分的电阻率范围也存在不同；贝格尔(L. I. Berger)把半导体材料的电阻率范围定为 $10^{-6}$～$10^{11}\Omega\cdot cm$；林兰英、万群等提出电阻率为 $10^{-3}$～$10^{9}\Omega\cdot cm$ 的固体材料是半导体材料。考虑到高电阻率 GaAs 材料的电阻率可达 $10^{9}\Omega\cdot cm$(通常称为半绝缘 GaAs)，而重掺杂半导体材料的电阻率又往往为 $10^{-3}$～$10^{-2}\Omega\cdot cm$，甚至更低，因此把电阻率为 $10^{-4}$～$10^{10}\Omega\cdot cm$ 的固体材料作为半导体材料的基本定义[1-3]。

最初人们对半导体本质缺乏理论上的认识，半导体的研究进展不大，直到 20 世纪 30 年代初量子力学的发展，物理学家布洛赫(F. Bloch)、布里渊(L. Brillouin)等研究了电子在晶体周期势场中的基本特性，提出了能带这一概念；物理学家威尔逊(A. M. Wilson)分析了金属和绝缘体能带的特征，首次区分了杂质半导体和本征半导体，并指出存在施主和受主，威尔逊的论文开创了半导体理论的先河。因此，固体能带理论揭示了半导体的本质，为其后材料和器件的发展打下了坚实的理论基础。

国际上于 1941 年开始用多晶硅材料制成检波器，这被认为是半导体材料应用的开始。1948 年巴丁(J. Bardeen)、布拉顿(W. H. Brattain)和肖克莱(W. B. Shockley)共同发明了世界上第一个具有放大功能的锗晶体管(点接触三极管)，这一发明引起整个电子工业的革命，从此人类从电子管时代进入半导体时代。晶体管的生产需要高纯度和完整性良好的锗单晶，从而促使半导体材料的制备工艺和质量研究飞速发展。1950 年蒂尔(G. K. Teal)和利特尔(J. S. Little)用直拉法从熔体中拉出锗单晶；1952 年普凡(W. G. Pfann)采用区域提纯技术得到高纯锗，满足了器件制备的需求。但是锗资源稀少，不易提取，而硅是地壳内含量最丰富的元素之一，且其半导体性能好，因此材料的研究工作重点转向硅。1951 年通过四氯化硅锌还原法制出了多晶硅；1952 年蒂尔用直拉法生长出硅单晶；凯克(P. H. Keck)采用悬浮区熔技术提高硅的纯度；1955 年德国西门子公司成功用氢还原三氯硅烷法制得高纯硅，并于 1957 年实现工业化生产；这些技术发展基本上解决了硅器件的材料问题，奠定了半导体工业的基础。20 世纪 60 年代初，开始出现硅单晶薄层外延技术，特别是硅平面工艺和平面晶体管的出现，以及硅集成电路的相继出现，对半导体材料质量提出更高要求，硅材料在提纯、拉制、区熔等单晶制备方法方面得到进一步发展[4]。

在硅锗材料研究的同时，化合物半导体也得到大量研究和探索。1952 年韦尔克(H. Welker)发现元素周期表中Ⅲ族和Ⅴ族元素形成的化合物也是半导体。随后 GaAs 激光器、微波振荡器(耿氏效应器件)等器件依次出现，同时其他化合物半导体如Ⅱ-Ⅵ族化合物、三元和多元化合物等也先后被成功制备。化合物半导体具有硅锗不具备的优异特性，如电子迁移率高、禁带宽度大、直接跃迁型能带结构等，因而在微波及光电器件中的应用引起极大关注。20 世纪 70 年代之后，随着微电子技术的兴起，人类从工业社会进入信息社会，半导体材料朝着高纯度、高均匀性、高完整性、大尺寸方向迅速发展。此外，利用非晶硅材料制成太阳能电池和其他非晶硅器件也取得可喜进展和成果。

近年来，分子束外延和金属有机化学气相沉积技术可以将外延层厚度控制在原子层数量级，通过两种组分的材料交替生长，制备出超晶格材料和应变层复合材料，这类材料推动了量子阱激光器、快速二维电子器件和集成光学器件的快速发展，同时开拓了超晶格材料和器件的发展与应用。半导体材料及其应用已成为现代社会各个领域的核心和基础。

## 7.1.2 半导体材料的分类

随着半导体材料的发展，半导体材料的种类逐渐丰富，可以从不同角度加以分类。从化学组分来看，可分为元素半导体、化合物半导体、固溶体半导体、有机半导体等。从晶体结构上看，包括金刚石型、闪锌矿型、纤锌矿型、氯化钠型等单晶结构，以及非晶、微晶、陶瓷等结构；从体积上看，既有体单晶材料，也有薄膜材料，以及超晶格、量子(阱、点、线)微结构材料；从使用功能上看，可分为微电子材料、光电半导体材料、热电半导体材料、微波半导体材料等。目前，也可以采用混合分类法，即以化学组分分类为主，融入其他分类法，将半导体材料分为元素半导体、化合物半导体、固溶体半导体、有机半导体、微结构半导体、非晶及微晶半导体、半导体陶瓷等，如表 7.1 所示。

仅由单一元素组成的半导体材料称为元素半导体。元素半导体基本上处于元素周期表中Ⅲ～Ⅴ族的金属和非金属交界处。元素半导体中具有实际用途的主要有硅、锗、硒，锡和碲只有在某种固相下才具有半导体特性。由两种或者两种以上元素组成，具有半导体特性的化合物称为化合物半导体。化合物半导体种类丰富，包括Ⅲ-Ⅴ族化合物半导体、Ⅱ-Ⅵ族化合物半导体、Ⅳ-Ⅵ族化合物半导体、Ⅴ-Ⅵ族化合物半导体、氧化物半导体、硫化物半导体和稀土化合物半导体等。Ⅲ-Ⅴ族化合物半导体在化合物半导体中占有最重要的地位，特别是 GaAs、InP、GaP 应用很广，是微波、光电器件的主要材料；InSb、InAs 的禁带窄，电子迁移率高，主要用于制造红外器件及霍尔器件；Ⅲ-Ⅴ族固溶体半导体，如 $Ga_{1-x}In_xAs_{1-y}P_y$、$Ga_{1-x}Al_xAs$ 等，是制取半导体激光器探测器的良好材料。Ⅱ-Ⅵ族化合物半导体主要用于各种光电器件，ZnS

是重要的场致发光材料。Ⅳ-Ⅵ族化合物半导体如 PbS、PbTe 等，多为一些窄带半导体，常用于制造光敏器件。Ⅴ-Ⅵ族化合物半导体中一些重元素化合物及其固溶体，如 $Bi_2Te_3$～$Sb_2Te_3$ 及 $Bi_2Se_3$～$Bi_2Te_3$，都是良好的热电材料[5-7]。

表 7.1　半导体材料的分类

| 类别 | 主要半导体材料 |
|---|---|
| 元素半导体 | Si、Ge、Sn、Te、金刚石等 |
| 化合物半导体 | GaAs、GaP、GaN、InP、SiC、ZnS、ZnO、CdTe、PbS 等 |
| 固溶体半导体 | SiGe、GaAlAs、GaInAs、InGaAsP、HgCdTe 等 |
| 有机半导体 | $C_{60}$、聚乙炔、萘、蒽、聚苯硫醚等 |
| 微结构半导体 | 超晶格、量子(阱、线、点)等 |
| 非晶及微晶半导体 | α -Si: H、α -SiC: H、Ge-Te-Se、Ag/As-Ge、μc-Si: H、μc-Ge:H 等 |
| 半导体陶瓷 | $BaTiO_3$、$SrTiO_3$、$TiO_2$-$MgCr_2O_4$ 等 |

## 7.2　半导体材料的基本性质

半导体之所以能够在集成电路、电子、通信、照明、大功率电源转换等领域都有着广泛的应用，是因为半导体材料具有特定的晶体结构、能带结构，以及通过掺杂工艺而表现出独特的电学、光学性能。以下将从半导体的晶体结构和能带结构出发，引入半导体中的杂质和缺陷，依次介绍半导体材料的电阻率、光电导、半导体发光、霍尔效应，以及 pn 结的整流效应和光生伏特效应等基本性质。

### 7.2.1　晶体结构

半导体的晶体结构一般指构成半导体单晶材料的原子在空间中的排列形式，其中实用化程度较高的半导体材料的晶体结构主要有四种：金刚石型、闪锌矿型、纤锌矿型和氯化钠型晶体结构[8]。

**1) 金刚石型结构**

硅、锗等在元素周期表中都属于ⅣA 族元素，原子的最外层具有四个价电子。硅原子、锗原子通过共价键结合，形成的晶格结构属于金刚石型结构，其特点是每个原子周围都有四个最相邻的原子，组成如图 7.1(a)所示的正四面体。金刚石型结构的结晶学原胞是立方对称晶胞，可以看作两个面心立方晶胞沿立方体的空间对角线位移 1/4 空间对角线长度套构而成，即八个原子位于立方体的八个角顶上，六个原子位于六个面中心上，晶胞内部有四个原子。硅和锗的晶格常数分别为 0.543nm 和 0.566nm，因此 1$cm^3$ 体积内分别有 $5\times10^{22}$ 个硅原子和 $4.42\times10^{22}$ 个锗原子，两硅原子间最短距离为 0.235nm，两锗原子间最短距离为 0.245nm，相应的共价半径分别为 0.117nm 和 0.122nm。

**2) 闪锌矿型结构**

由元素周期表中的铝、镓、铟等Ⅲ族元素和磷、砷、锑等Ⅴ族元素合成的Ⅲ-Ⅴ族化合物半导体材料绝大多数具有闪锌矿型结构，其晶胞结构如图 7.1(b)所示。与金刚石型结构类似，它由两类原子各自组成的面心立方晶胞沿空间对角线位移 1/4 空间对角线长度套构而成。虽然宏观上闪锌矿型结构各晶面原子排布总数与金刚石型结构相同，但是同一晶面上或同一晶向上两类原子的排布不同；闪锌矿型结构的每个原子被四个异种原子所包围，如果角顶上和面心上原子是ⅢA 族原子，则晶胞内部四个原子就是ⅤA 族，反之亦然。它们依靠共价键结合，同时具有一定的离子键成分。

**3) 纤锌矿型结构**

纤锌矿型结构和闪锌矿型结构相接近，也是以正四面体结构为基础构成的，但是它具有六方对称性，而不是立方对称性，它由两类原子各自组成的六方排列的双原子层堆积而成，如图 7.1(c)所示。硫化锌、硒化锌、硫化镉、硒化镉等Ⅱ-Ⅵ族化合物半导体往往存在闪锌矿型和纤锌矿型两种结晶方式。Ⅱ-Ⅵ族化合物半导体的晶体结合也具有离子性，当这两种元素之间的电负性差别较大时，离子性结合占优势，则倾向于构成纤锌矿型结构。

**4) 氯化钠型结构**

Ⅳ-Ⅵ族化合物半导体硫化铅、硒化铅、碲化铅等都以氯化钠型结构结晶，如图 7.1(d)所示。氯化钠型晶格为立方晶系，由两种原子分别构成的两套面心立方晶格沿棱边方向位移 1/2 晶胞边长套构而成。形成氯化钠型结构的两类元素的电负性差别显著，金属原子失去电子变成正离子，非金属元素的原子则获得电子成为负离子，两者通过静电吸引形成离子键。

一些重要的半导体单晶材料的晶体结构类型列于表 7.2 中，可见有些半导体晶体具有两种或多种结构类型；同一种半导体材料因结晶形态的不同，其性质和应用上会有很大差别。

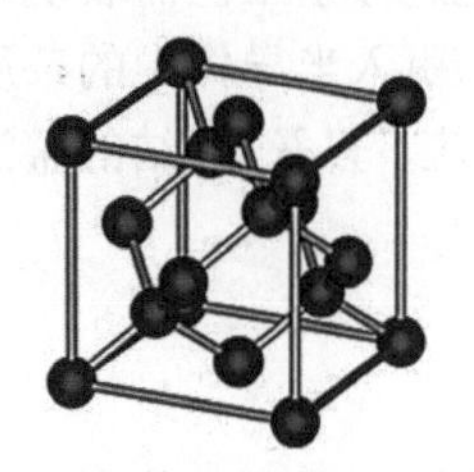
(a)金刚石型结构

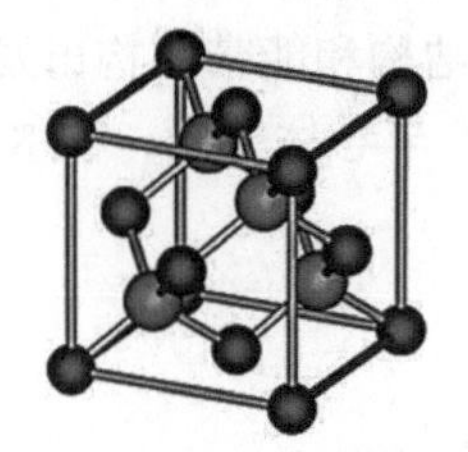
(b)闪锌矿型结构

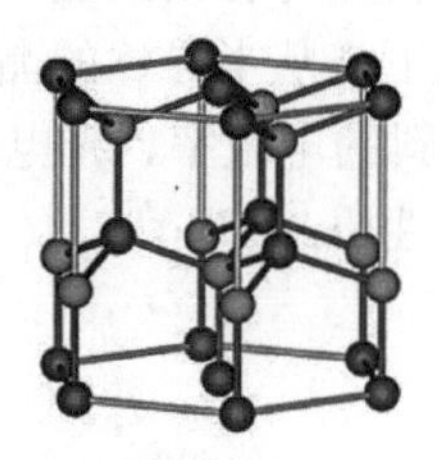
(c)纤锌矿型结构

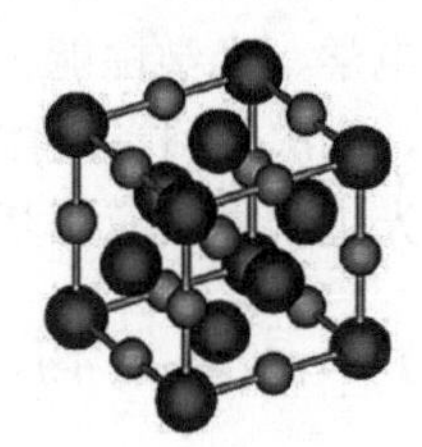
(d)氯化钠型结构

图 7.1　半导体材料的晶体结构

**表 7.2　一些半导体材料的晶体结构**

| 结构类型 | 半导体材料 |
|---|---|
| 金刚石型 | 金刚石，Si，Ge |
| 闪锌矿型 | GaAs，GaP，GaN，InP，InAs，BN，ZnS，ZnO，CdS，CdTe，SiC |
| 纤锌矿型 | GaN，BN，InN，AlN，ZnS，CdS，CdSe，SiC |
| 氯化钠型 | PbS，PbSe，PbTe，CdO |

## 7.2.2　能带结构

### 1. 能带的形成

原子中的电子在原子核势场和其他电子的作用下，分列在不同的能级上形成电子壳层，分别用 1s、2s/2p、3s/3p/3d、4s 等符号表示，每一壳层对应确定的能量。当原子相互接近形成晶体时，不同原子的内外各电子壳层之间就有了一定程度的交叠。原子组成晶体后，由于电子壳层的交叠，电子不再完全局限于某一个原子上，可以由一个原子转移到相邻原子上，因而电子可以在整个晶体中运动，这种运动称为电子的共有化运动。共有化运动由不同原子的相似壳层的交叠而产生，由于内外壳层交叠程度很不相同，最外层电子的共有化运动最显著。

当两个原子相距很远时，如同两个孤立原子，每个能级上可容纳两个自旋方向相反的电子。当两个原子相互靠近时，每个原子中的电子除受到本身原子的势场作用外，还受到另一个原子的势场作用，其结果是单一的能级分裂为两个彼此相距很近的能级，两个原子靠得越近，分裂得越厉害。当大量原子组成晶体后，各个原子的能级会因电子云的重叠产生分裂现象。能级分裂后，其最高和最低能级之间的能量差只有几十电子伏特。对于实际晶体，即使小到体积只有 $1cm^3$，所包含的原子数也达到 $10^{22}$～$10^{23}$，当分裂成的 $10^{22}$～$10^{23}$ 个能级只分布在几十电子伏特时，每个能级的间隔很小，因此可将电子的能量或能级看作连续变化的，这就形成了能带(图 7.2)。

内壳层的电子原来处于低能级，共有化运动很弱，其能级分裂很小，能带很窄；外壳层的电子原来处于高能级，特别是价电子，共有化运动很显著，如同自由运动的电子，常称为准自由电子，其能级分裂很严重，能带很宽。以下是能带理论中几个重要概念[1, 2]。

(1) 能级。在孤立原子中，原子核外的电子按照一定的壳层排列，每个壳层容纳一定数量的电子。每个壳层上的电子具有分立的能量值，也就是电子按能级分布。

(2) 能带。晶体中大量的原子集合在一起，而且原子之间距离很近，从而导致离原子核较远的壳层发生交叠，壳层交叠使电子不再局限于某个原子上，有可能转移到相邻原子的相似壳层上，也可能从相邻原子运动到更远的原子壳层上，这种现象称为电子的共有化。电子的共有化使本来处于同一能量状态的电子产生微小的能量差异，与此相对应的能级扩展为能带。

(3) 允带和禁带。允许被电子占据的能带称为允带，允带之间的范围是不允许电子占据的，此范围称为禁带。原子壳层中的内层允带总是被电子先占满，再占据能量更高的外面一层的允带。被电子占满的允带称为满带，每一个能级上都没有电子的能带称为空带。

(4) 价带。原子中最外层的电子称为价电子，与价电子能级相对应的能带称为价带。

(5) 导带。价带以上能量最低的允带称为导带。导带的底能级表示为 $E_c$，价带的顶能级表示为 $E_v$，$E_c$ 与 $E_v$ 之间的能量间隔称为禁带宽度 $E_g$，即 $E_g = E_c - E_v$。

### 2. 导体、半导体、绝缘体的能带结构

导体的能带结构有两种。一种是价带部分填入，电子在外场作用下很容易在该能带中由低能带跃迁至高能带，从而形成电流；另一种是价带被填满，但与另一相邻空带部分重叠或相连，相当于一个未满的能带。导体的价带未填满或由能带重叠形成未满的能带，部分能级上没有电子，则在外加电场下产生跃迁并形成电流，呈现出导电性。

半导体的价带往往为满带。例如，半导体硅，虽然 p 带电子远未填满，但是由于共价键结合过程中存在轨道杂化，结果形成 2 个 $sp^3$ 杂化能带，每个能带包含 $4N$ 个电子($N$ 为原子数量)，从而价带被完全填满。半导体的价带和导带之间存在禁带。在温度为 0K 时半导体的导带中没有电子，而价带中的电子得不到能量无法跃迁到导带上进行导电。当温度升高或有光照时，价带中的少量电子有可能被激发到空的导带，使得导带底出现少量电子，这些电子在外电

场作用下将参与导电；同时，满带的价带中由于少了电子，在价带顶出现一些空的量子态，价带变成部分占满的能带，在外电场作用下价带中电子也能够参与导电；通常把价带中这些电子的导电作用等效于带正电的空的量子态的导电作用，称为空穴。因此在半导体中，导带的电子和价带的空穴共同参与导电，称为半导体的载流子。半导体的禁带宽度通常为 1～3eV，不太大的能量即可将电子由价带激发进入导带，形成导电电子，实现导电作用。室温下半导体硅禁带宽度为 1.12eV，锗禁带宽度为 0.67eV，砷化镓禁带宽度为 1.43eV。

绝缘体的价带也为满带，同时导带和价带之间的禁带宽度较大，通常在 5eV 以上，在常温下能激发到导带的电子很少，所以导电性很差。图 7.3 给出了导体、半导体和绝缘体的能带结构示意图。

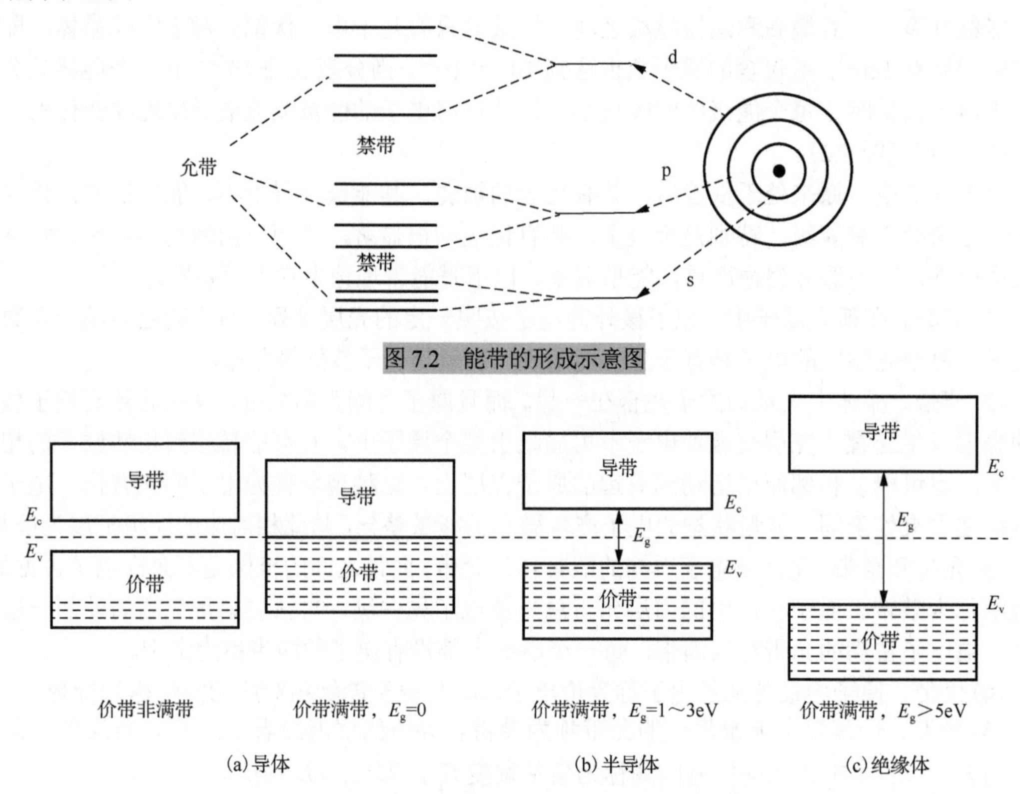


图 7.2　能带的形成示意图

图 7.3　导体、半导体和绝缘体的能带示意图

### 7.2.3　杂质和缺陷

纯净的半导体材料通常是共价键晶体，当共价键中的电子因热、光、电场等作用获得足够能量时，能够克服共价键的束缚从价带跃迁到导带而成为自由电子。这时在原来的共价键位置上就留下一个空位，周围邻近键上的电子随时来填补这个空位，使空位又转移到邻近的键上。半导体就是这样靠着电子和空穴的移动来导电的。纯净的半导体为本征半导体，因自身载流子数量有限，其导电性能很差。

**1. 杂质**

绝大多数实用的半导体材料都是在纯度很高的半导体中掺入适当杂质的杂质半导体。往往只要少量杂质就能明显地改变半导体的载流子数量，从而显著地影响半导体的导电性。影响半导体材料性质的杂质种类很多。按杂质原子在半导体晶格中所处位置，可分为替位式杂质和间隙式杂质；按杂质在禁带中所形成能级的位置(即杂质电离能)，可分为浅能级杂质和深能级杂质，其中浅能级杂质包括能级位于导带底附近的浅施主杂质和能级位于价带顶附近的浅受主杂质，深能级杂质的能级一般位于禁带中部附近；按杂质对半导体导电性质的影响，可分为电活性杂质和电中性杂质。

**1) 间隙式杂质和替位式杂质**

以半导体硅为例，其晶体结构为金刚石型结构，一个晶胞内原子体积只占晶胞体积的 34%，余下 66%是空隙。杂质原子进入半导体材料以后，往往以两种方式存在。如果杂质原子位于硅原子的间隙位置，称为间隙式杂质；如果杂质原子取代硅原子而位于晶格格点上，称为替位式杂质。通常间隙式杂质原子半径比较小，如 Li，半径为 0.068nm，在硅锗中易形成间隙式杂质；形成替位式杂质的杂质原子大小与被取代的晶格原子大小接近，同时价电子的壳层结构也相近，如Ⅲ族、Ⅴ族元素，在硅锗中易形成替位式杂质。

**2) 施主杂质和受主杂质**

以硅中掺入磷(P)为例分析施主杂质及其作用。当硅中掺入Ⅴ族元素磷时，一个磷原子占据一个硅原子位置；磷原子外层有 5 个价电子，其中 4 个价电子与周围 4 个硅原子形成共价键结合，剩余 1 个价电子没有成键。剩余的这个电子仅被磷原子微弱地束缚着，只要很小的能量激发就能够挣脱束缚进入导带，成为自由运动的导电电子；与此同时磷原子失去一个电子而成为正电中心($P^+$)。电子脱离杂质原子束缚成为导电电子的过程称为杂质电离，杂质电离过程所需要的能量称为杂质电离能。因此，Ⅴ族杂质原子替代硅原子后，能够释放电子而产生导电电子，并形成正电中心，通常把这种杂质称为施主杂质。施主杂质原子在禁带中引入的能量位置称为施主能级 $E_D$，施主能级往往靠近导带底，杂质电离能 $\Delta E_D = E_c - E_D$；Ⅴ族杂质元素 P、As、Sb 等的电离能很小，在硅中为 0.04～0.05eV，在锗中约为 0.01eV，都比硅和锗的禁带宽度小得多。掺有施主杂质的半导体主要依靠施主提供的电子导电，这种杂质半导体称为施主半导体或者 n 型半导体。

以硅中掺入硼(B)为例分析受主杂质及其作用。当硅中掺入Ⅲ族元素硼时，一个硼原子占据一个硅原子位置；硼原子外层有 3 个价电子，当它与周围硅原子形成共价键时还缺少 1 个电子，于是在硅晶体中产生一个空穴，硼原子对这个空穴的束缚也是很弱的，只需要很小的能量就可以使空穴挣脱束缚进入价带，成为自由运动的导电空穴；与此同时硼原子接受一个电子而成为负电中心($B^-$)。因此，Ⅲ族杂质原子替代硅原子后，能够接受电子而产生导电空穴，并形成负电中心，通常把这种杂质称为受主杂质。与施主情况相似，受主杂质原子在禁带中引入的能量位置称为受主能级 $E_A$，受主能级往往靠近价带顶，杂质电离能 $\Delta E_A = E_A - E_v$；Ⅲ族杂质元素 B、Al、Ga 等电离能也很小，在硅中为 0.045～0.065eV，在锗中约为 0.01eV。掺有受主杂质的半导体主要依靠受主提供的空穴导电，这种杂质半导体称为受主半导体或者 p 型半导体。

假如在半导体中同时存在施主和受主杂质，则施主和受主杂质之间将产生相互抵消的作用，称为杂质的补偿作用。在杂质全部电离的条件下，若施主杂质浓度高于受主杂质浓度，则补偿后的半导体为 n 型半导体，反之为 p 型半导体。利用杂质补偿作用可根据需要用扩散或者离子注入方式来改变半导体中某一区域的导电类型，以制成各种器件[9]。

**3) 深能级杂质**

对于非Ⅲ族和Ⅴ族杂质，在硅、锗的禁带中产生的施主能级往往距离导带底较远，产生的受主能级距离价带顶也较远，这种能级称为深能级，对应的杂质称为深能级杂质。深能级杂质一般情况下含量较少，而且能级较深，它们对半导体中的载流子浓度和导电类型的影响没有浅能级杂质显著，但是对于载流子的复合作用效果明显，故这些杂质又称为复合中心。

金是一种典型的复合中心，其在硅中易形成深能级 $E_D$、$E_{A1}$、$E_{A2}$、$E_{A3}$，在制造高速开关器件时，掺金工艺已成为缩短载流子寿命的有效手段而被广泛应用。

2. 缺陷

单晶体在生长过程中不可避免地会产生各种缺陷。缺陷对半导体材料和器件的性能会产生严重影响。半导体材料中缺陷种类繁多。一般来讲，半导体中的缺陷从空间尺度上可分为：①空位、间隙原子、反位原子等点缺陷；②位错等线缺陷；③晶界、堆垛层错等面缺陷；④孔洞、夹杂、沉淀等体缺陷；⑤在选择性化学腐蚀后表面出现的以高密度浅坑和小丘为腐蚀特征的微缺陷。工程上将缺陷分为原生缺陷和二次缺陷，前者是晶体生长过程中所形成的缺陷，后者是器件加工过程中形成的缺陷[10]。

当元素半导体硅、锗中存在空位时，空位最相邻四个原子形成不饱和共价键，这些键倾向于接受电子，因此空位表现出受主作用；而当存在间隙原子时，每个间隙原子有四个未形成共价键的电子可以失去，往往表现出施主作用。在化合物半导体中此类缺陷起施主还是受主作用，情况变得复杂。在化合物半导体中还存在另一种点缺陷，称为反位原子。例如，在砷化镓中，砷取代了镓，则起施主作用；而镓取代了砷，则起受主作用。

一方面，当前集成电路集成度不断提高，器件尺寸越来越小，电路对材料缺陷更加敏感；另一方面，集成度的提高对衬底各项性能参数的均匀性要求也越来越高，同时为了提高生产率，衬底的面积也越来越大。由此可见，大尺寸、大面积、性能均匀且少缺陷的单晶材料的制备，是当前半导体材料发展进程中主要难题。

### 7.2.4 电阻率

在不太强的外电场(电场强度 $E$)作用下，半导体材料中的载流子做定向运动，电子和空穴的漂移速度都与电场强度成正比，即

$$V_n = \mu_n E, \qquad V_p = \mu_p E \tag{7-1}$$

式中，$\mu_n$、$\mu_p$ 为电子和空穴的迁移率，定义为单位场强下的漂移速度，一般均取正值，单位是 $cm^2/(V \cdot s)$。$\mu_n$、$\mu_p$ 是半导体材料的重要表征参数，与外加电场无关，取决于一定温度下半导体材料的固有性质。

杂质半导体的电导率 $\sigma$ 为

$$\sigma = n q \mu_n + p q \mu_p \tag{7-2}$$

式中，$n$、$p$ 分别为半导体中的电子浓度和空穴浓度。对于本征半导体，电子和空穴成对产生，电子浓度等于空穴浓度，记作本征载流子浓度 $n_i$。本征半导体的电导率 $\sigma_i$ 为

$$\sigma_i = n_i q \left( \mu_n + \mu_p \right) \tag{7-3}$$

杂质半导体的电阻率 $\rho$ 为

$$\rho=\frac{1}{n q\mu_{\mathrm{n}}+p q\mu_{\mathrm{p}}} \tag{7-4}$$

本征半导体的电阻率 $\rho_{\mathrm{i}}$ 为

$$\rho_{\mathrm{i}}=\frac{1}{n_{\mathrm{i}}q\left(\mu_{\mathrm{n}}+\mu_{\mathrm{p}}\right)} \tag{7-5}$$

在室温下，本征硅的电阻率为 $2.3\times10^{5}\Omega\cdot\mathrm{cm}$，本征锗的电阻率为 $47\Omega\cdot\mathrm{cm}$。对于本征半导体材料来说，本征载流子浓度随温度升高而迅速增加，故本征半导体的电阻率随着温度的升高呈指数式下降，表现出负的电阻温度系数特性；对于在同一温度下的不同种类本征半导体，半导体的禁带宽度越大，本征载流子浓度越小，电阻率越大[5]。杂质半导体的电阻率取决于载流子浓度和迁移率，两者均与杂质浓度和温度有关。随着杂质浓度的增加，载流子数量增大，同时杂质对载流子的散射作用使载流子的迁移率降低，整体上表现为半导体电阻率逐渐降低，室温下硅的电阻率与杂质浓度的关系曲线如图 7.4 所示。杂质半导体的电阻率随温度变化曲线如图 7.5 所示。在低温区 *AB* 段，载流子浓度逐渐增加，电阻温度系数表现为负值；在中温区 *BC* 段，又称饱和区，载流子浓度趋向饱和，载流子迁移率逐渐减小，电阻率逐渐增加；在高温区 *CD* 段，高温下本征激发大幅度增加，本征载流子浓度呈指数式上升，使得电阻率迅速减小，表现为负电阻温度系数。大多数半导体器件要求在稳定的饱和区正常工作，因为这个温度区间半导体载流子浓度基本保持不变，具有良好的温度特性；当温度高到本征导电起主要作用时，一般器件不能正常工作。通常锗器件最高工作温度为 100℃，硅器件最高工作温度为 250℃，砷化镓器件最高工作温度为 450℃[10]。

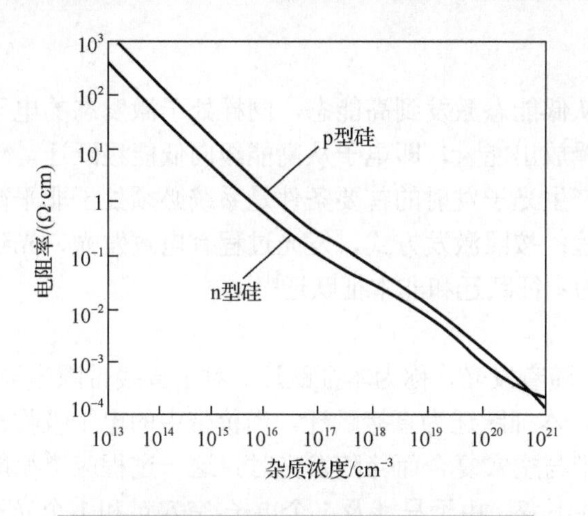


图 7.4　室温下硅的电阻率与杂质浓度的关系

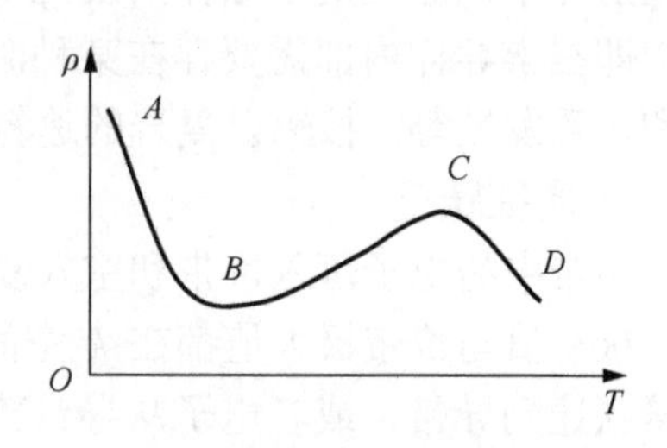


图 7.5　硅的电阻率与温度的关系

## 7.2.5　光电导

当用适当波长的光照射半导体时，只要光子的能量大于该半导体的禁带宽度，光子就能把价带电子激发到导带上。半导体吸收光子后，导带电子和价带空穴数目增加，非平衡态的载流子浓度 $n$、$p$ 与热平衡态的载流子浓度 $n_0$、$p_0$ 不同，它们的差值 $\Delta n$ 和 $\Delta p$ 称为非平衡载流子($\Delta n=\Delta p$)，如图 7.6 所示。一般情况下，注入的非平衡载流子浓度比平衡时的多子浓度小得多，称为小注入。即使是在小注入的情况下，非平衡载流子浓度还是比平衡时少子浓度大得多，它的影响就显得十分重要。

光注入导致半导体的电导率增高，即引起附加电导率为

$$\Delta\sigma=\Delta nq\mu_{\mathrm{n}}+\Delta pq\mu_{\mathrm{p}}=\Delta nq\left(\mu_{\mathrm{n}}+\mu_{\mathrm{p}}\right) \tag{7-6}$$

附加电导率可通过如图 7.7 所示的回路观察。由于电阻 $R$ 比半导体的电阻 $r$ 大得多，因此不论光照与否，通过半导体的电流几乎不变。半导体上的电压降变化直接反映附加电导率的变化，也间接检验了非平衡载流子的注入。这种由于光注入引起半导体电导率增加的现象称为光电导。通过对光电导的测量，可以研究半导体的能带结构和杂质能级，也可以利用光电导现象制成各种用途的光电元件，如光敏电阻、光电管等。

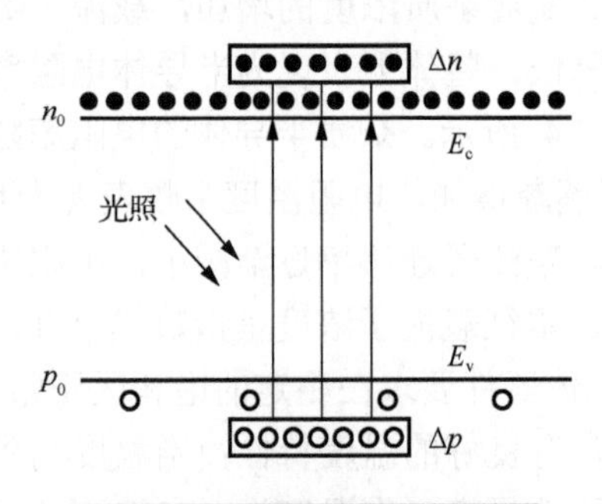

图 7.6　光照产生非平衡载流子

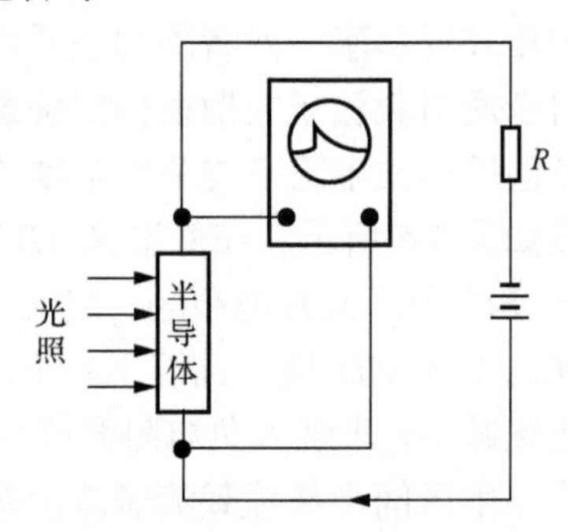

图 7.7　光注入引起附加光电导

## 7.2.6　半导体发光

半导体中的电子吸收一定能量后可以从低能态激发到高能态，同样处于激发态的电子也可以向较低的能级跃迁，以光辐射的形式释放出能量，即电子从高能级向低能级跃迁，伴随着发射光子，这就是半导体的发光现象。产生光子发射的首要条件是系统必须处于非平衡状态，即在半导体内部需要存在某种激发过程；按照激发方式，发光过程有电致发光、光致发光和场致发光等；按辐射复合的途径可分为本征跃迁和非本征跃迁[11]。

### 1. 本征跃迁

导带中的电子落入价带和空穴复合，伴随着发光，称为本征跃迁。对于直接带隙半导体，导带极小值与价带极大值都在 $k$ 空间原点，本征跃迁为直接跃迁。当价带中的电子吸收光子能量跃迁到导带，或者电子从导带落到价带与空穴复合而伴随发光时，这一过程应遵循能量守恒定律和动量守恒定律，并要求 $k$ 值保持不变。由于只涉及 1 个电子-空穴对和 1 个光子，其辐射效率较高。对于间接带隙半导体，导带极小值与价带极大值所处 $k$ 值不同，本征跃迁为间接跃迁，此时要实现跃迁必须与晶格作用，交换一定的振动动能，即与声子作用。由于在间接跃迁过程中，除发射光子外，还要发射或吸收声子，因此间接跃迁比直接跃迁的概率小得多。

本征跃迁所发射的光子能量和禁带宽度有关。对于直接跃迁，发射光子能量至少应满足 $h\nu=E_{\mathrm{c}}-E_{\mathrm{v}}=E_{\mathrm{g}}$；对于间接跃迁，在发射光子的同时，还发射声子，光子能量应满足

$h\nu = E_c - E_v = E_g - E_p$，其中 $E_p$ 为声子能量。

2. 非本征跃迁

电子从导带跃迁到杂质能级，或杂质能级上的电子跃迁到价带，或电子在杂质能级之间跃迁，也可以引起发光，这种跃迁称为非本征跃迁。对于间接带隙半导体，本征跃迁概率很小，非本征跃迁起主要作用，特别是施主与受主之间的跃迁，这种跃迁效率高，多数发光二极管属于这种机理。

化合物半导体，尤其是Ⅲ-Ⅴ族化合物半导体及其固溶体材料，大多数是直接带隙半导体。20 世纪 60～70 年代以 GaAs 基材料为主，80 年代以 InP 和 GaN 基材料为主，当前 GaN 材料制作的蓝光、绿光 LED 以及激光二极管早已实现产业化生产，以其体积小、寿命长、亮度高、能耗小等优点，取代传统白炽灯、日光灯成为主要照明光源。半导体发光材料的发展从材料的维度来看，也从三维发展到二维量子阱、一维量子线和零维量子点。

### 7.2.7 霍尔效应

霍尔效应是霍尔器件应用的基础。将通有电流的半导体样品放在均匀磁场中，设电场沿 $x$ 方向，电场强度为 $E_x$，磁场方向和电场互相垂直，沿 $z$ 方向的磁感应强度为 $B_z$，则在样品内垂直于电流和磁场组成的平面的 $+y$ 和 $-y$ 方向将产生稳定的横向电场 $E_y$，这一现象称为霍尔效应[8]。如图 7.8 所示，以 p 型半导体为例，在电场 $E_x$ 作用下，空穴漂移运动所形成的电流密度为

$$J_x = pqv_x \tag{7-7}$$

式中，$p$ 为空穴浓度；$q$ 为电荷；$v_x$ 为沿 $x$ 方向的平均漂移速度。在垂直磁场 $B_z$ 作用下，空穴受到 $-y$ 方向的洛伦兹力作用而向 $-y$ 方向偏转，如同附加一个横向电流，在样品（沿 $y$ 方向）两端发生电荷积累而产生沿 $y$ 方向的横向电场 $E_y$。稳定时横向电场对空穴的作用力与洛伦兹力相抵消，即

$$qE_y = qv_xB_z \tag{7-8}$$

霍尔电场为

$$E_y = v_xB_z = \frac{J_x}{pq}B_z \tag{7-9}$$

令

$$R_H = \frac{1}{pq} \tag{7-10}$$

则

$$E_y = R_HJ_xB_z \tag{7-11}$$

式中，对于 p 型半导体，霍尔系数 $R_H$ 为正值；对于 n 型半导体，霍尔系数 $R_H = -\frac{1}{nq}$ 为负值。由此可见，通过霍尔系数的测定不仅可以确定材料中载流子的浓度，而且能确定载流子的类型。由于载流子浓度随温度增加呈指数式增长，故当温度升高时，半导体的霍尔系数呈指数式下降。

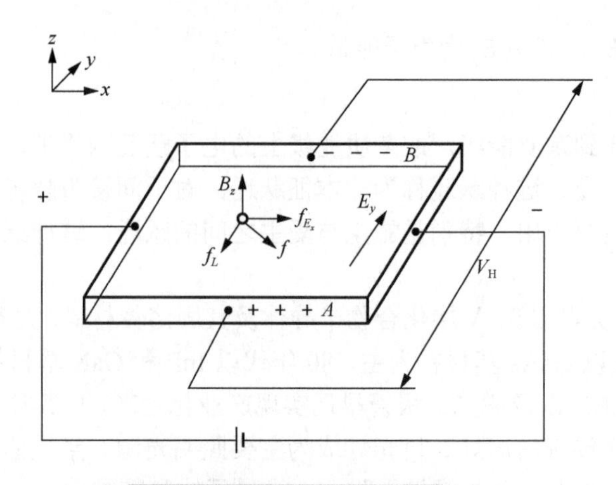


图 7.8　p 型半导体的霍尔效应

根据霍尔效应制成的霍尔器件以磁场为工作媒体，将物体的运动参量转变为数字电压的形式输出，使之具备传感和开关的功能。制造霍尔器件的半导体材料主要是锗、硅、砷化镓、砷化铟、锑化铟等[12]。一般用 n 型材料，因为电子迁移率比空穴迁移率大得多，器件可以有较高的灵敏度。用离子注入或外延生长制造的砷化镓霍尔器件在很宽的磁场强度范围内有很好的线性关系，并且能在很宽的温度范围内稳定地工作；用硅外延或离子注入方法制作的薄膜霍尔器件可以和集成电路工艺兼容。半导体霍尔器件具有结构简单、无触点、频带宽、动态特性好等特点，在磁场测量、功率测量、电能测量、自动控制与保护、微位移测量、压力测量等方面得到广泛应用。

## 7.2.8　pn 结的整流效应

在一块半导体单晶上，用适当的工艺方法把 p 型(或 n 型)杂质掺入其中，使这块单晶的不同区域分别具有 p 型或 n 型导电类型，则在两者的交界处形成冶金学接触，称为 pn 结。

pn 结具有整流性质，其根源在于结内存在内建电场。当 p 型和 n 型半导体结合形成 pn 结时，由于存在载流子浓度梯度，空穴从 p 区到 n 区、电子从 n 区到 p 区做扩散运动。对于 p 区，空穴离开后，留下了带负电荷的电离受主，这些电离受主在 pn 结附近的 p 区一侧出现一个负电荷区。同理，在 pn 结附近的 n 区一侧出现由电离施主构成的一个正电荷区，通常就把在 pn 结附近这些由电离施主和电离受主构成的区域称为空间电荷区，如图 7.9(a)所示。空间电荷区内的正负电荷产生从 n 区指向 p 区的电场，称为内建电场。在内建电场的作用下，载流子做漂移运动。显然，电子和空穴的漂移运动方向与各自的扩散运动方向相反。随着扩散运动的不断进行，空间电荷区不断扩大，同时内建电场不断增强，载流子的漂移运动也逐渐加强。最终在无外加电压的情况下，载流子的扩散运动和漂移运动达到动态平衡，即电子和空穴的扩散电流和漂移电流大小相等、方向相反，相互抵消。此时 pn 结内空间电荷数量一定，空间电荷区不再扩展而保持一定宽度，形成热平衡状态下的 pn 结，平衡态下 pn 结能带图如图 7.9(b)所示。

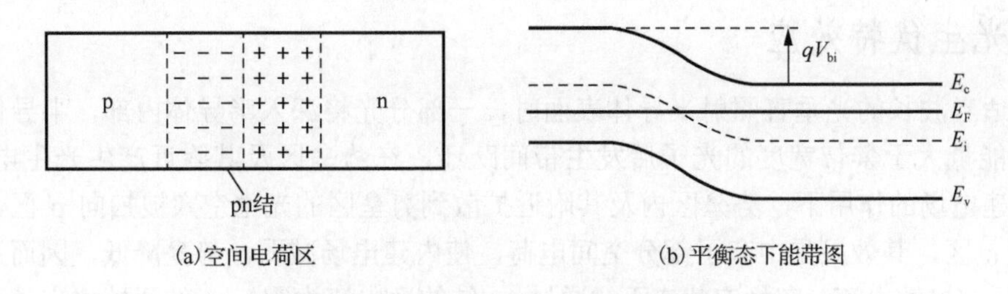


图 7.9　pn 结的空间电荷区和平衡态下能带图

pn 结具有单向导电性(图 7.10)。当对 pn 结加正向偏压，即 p 区接正、n 区接负时，会有较大的电流通过 pn 结，其数值随外加电压的增加迅速增长。反之，当对 pn 结外加反向偏压，即 p 区接负、n 区接正时，只有极微弱的电流通过 pn 结，并且随电压数值的增加无明显变化。当反向偏压达到某一值 $V_B$ 时，反向电流突然增加，这种情形称为反向击穿，$V_B$ 为击穿电压。当对 pn 结加正向偏压时，由于外电源在结处的电场方向与 pn 结内建电场的方向相反，因此削弱了内建电场的作用，势垒降低(图 7.11(a))，破坏了载流子扩散运动与漂移运动之间原有的平衡，使扩散电流大于漂移电流，从而导致 n 区的多子(电子)更容易流向 p 区，同时 p 区的多子(空穴)更容易流向 n 区。当增大正向偏压时，空间电荷区内势垒降得更低，流入 p 区的电子电流和流入 n 区的空穴电流进一步增大，即流过 pn 结的电流随外加电压的增加而增加，此为 pn 的正向导通状态。当对 pn 结加反向偏压时，外电源在结处的电场方向与 pn 结内建电场的方向一致，因此加强了内建电场的作用，势垒增高(图 7.11(b))，使漂移电流大于扩散电流。由于空间电荷区中电场的加强，反向 pn 结具有抽取作用，即把从 p 区进入空间电荷区的少子(电子)推向 n 区，把 n 区进入空间电荷区的少子(空穴)推向 p 区。因为 p 区和 n 区各自的少子浓度很低，因而形成的反向电流很小，而且当反向电压很大时，少子浓度梯度不再随反向电压的变化而变化，所以在反向偏压下，pn 结的电流较小且趋于不变，此为 pn 结的反向截止状态[9]。

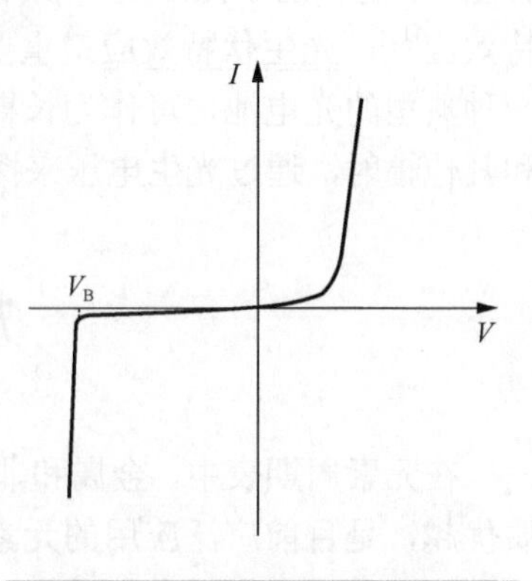


图 7.10　理想 pn 结的伏安特性曲线

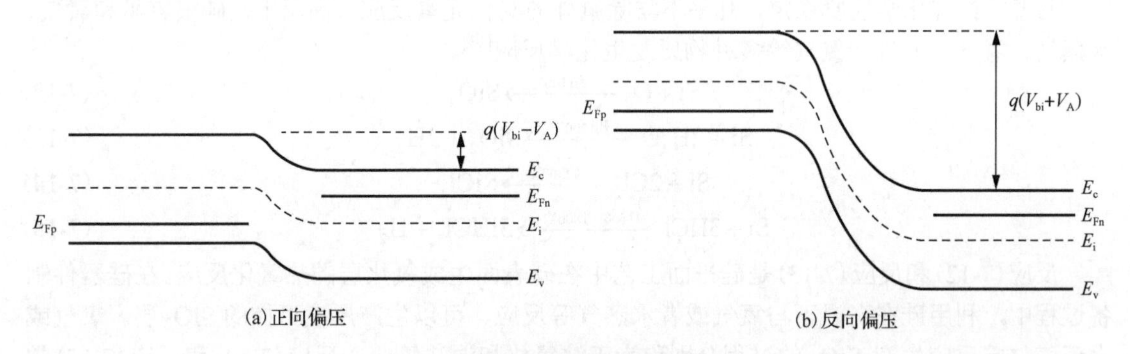


图 7.11　pn 结势垒的变化

### 7.2.9 光生伏特效应

当用适当波长的光垂直照射半导体表面时，一部分光将深入半导体内部，半导体中的电子在吸收能量大于禁带宽度的光子后发生带间跃迁，在势垒区及其附近产生光生电子-空穴对。在内建电场的作用下，势垒区内及其附近扩散到势垒区的光生空穴被扫向 p 区，光生电子被扫向 n 区，其效果是中和了部分空间电荷，使内建电场减弱，势垒降低，因而又引起从 p 区向 n 区的扩散电流。在稳定状态下，通过 pn 结的净电流为零，pn 结两端建立了稳定的电势差 $V$。这种由于光激发和 pn 结内建电场的作用，使半导体内部产生电动势的现象为光生伏特效应[11]。光生伏特效应最重要的应用之一是将太阳辐射能直接转变为电能。太阳能电池是一种典型的光电池，可作为长期电源。光生伏特效应也广泛应用于辐射探测器，包括光辐射和其他辐射，通过光生电压来探测辐射或粒子的强度。

## 7.3 元素半导体材料

在元素周期表中，金属和非金属元素之间有 12 种元素具有半导体性质。其中硅和锗的性质优越，是目前广泛应用的元素半导体材料，绝大部分半导体器件都是采用硅和锗单晶制成的。下面重点介绍元素半导体硅和锗。

### 7.3.1 硅

自 1958 年集成电路发明以来，半导体单晶硅材料以其丰富的资源、一系列优良的物化性能而成为生产规模最大、生产工艺最完善和成熟的半导体材料，也是目前被研究得最充分的半导体材料。

**1. 化学性质**

硅在地壳中的丰度为 25.7%，仅次于氧。硅有三种稳定的同位素：$^{28}Si$(92.23%)、$^{29}Si$(4.67%)、$^{30}Si$(3.1%)。常温下硅是稳定的，自然界没有游离的硅，均以氧化物或硅酸盐等化合物状态存在。硅晶体表面总是覆盖一层二氧化硅(厚 2～3nm)。硅的这种表面自钝化、易于形成本征 $SiO_2$ 层的特性，使其成为当今最重要的固态器件材料之一。

常温下，硅化学性质稳定，几乎不与除氟外的其他元素反应。高温下，硅很容易和氧气、水蒸气、氢气、氮气、氯气等多种物质发生化学反应[13]。

$$Si + O_2 \xrightarrow{\text{约1100℃}} SiO_2 \tag{7-12}$$

$$Si + 2H_2O \xrightarrow{\text{约1000℃}} SiO_2 + 2H_2 \tag{7-13}$$

$$Si + 2Cl_2 \xrightarrow{\text{约300℃}} SiCl_4 \tag{7-14}$$

$$Si + 3HCl \xrightarrow{1600\sim1800℃} SiHCl_3 + H_2 \tag{7-15}$$

反应(7-12)和反应(7-13)是硅平面工艺中在硅表面生成氧化层的热氧化反应。在硅器件制备过程中，利用硅在高温下与氧气或者水蒸气等反应，可以生产厚度可控的 $SiO_2$ 层。氧气或水蒸气与硅反应生产 $SiO_2$ 的过程分别称为干法氧化和湿法氧化。反应(7-14)和反应(7-15)常用来制造高纯硅的基本原料四氯化硅或者三氯氢硅[9]。

硅不溶于盐酸、硫酸、硝酸及王水，但很容易被 $HF+HNO_3$ 混合酸溶解，半导体工业中常用此混合酸作为硅的腐蚀液，反应为

$$Si + 4HNO_3 + 6HF = H_2SiF_6 + 4NO_2 + 4H_2O \tag{7-16}$$

室温下，硅和 NaOH 或 KOH 能直接作用生成相应的硅酸盐而溶于水中，反应如下：

$$Si + 2NaOH + H_2O = Na_2SiO_3 + 2H_2 \uparrow \tag{7-17}$$

除此之外，硅还能与金属作用生成多种硅化物，这些硅化物具有导电性好、耐高温、抗电迁移等特性，可用于制备大规模和超大规模集成电路内部引线、电阻等。

**2. 晶体结构和能带**

硅的晶体结构为金刚石型结构，8 个硅原子在立方体的 8 个顶角，6 个硅原子在 6 个面心，另外 4 个硅原子在 4 条体对角线距顶角原子 1/4 体对角线长度处，即两个面心立方晶格沿空间对角线移开 1/4 空间对角线长度套构而成。硅晶格常数为 0.543nm，原子半径为 0.117nm。金刚石型结构(100)晶面、(110)晶面和(111)晶面性质如表 7.3 所示。因此，硅晶体的物理化学性质呈各向异性。通常(111)晶面原子密度和晶面间距最大，(110)晶面次之，(100)晶面最小，因此硅受力时解理面大多是(111)晶面；氧化速率也和晶向有关，硅(111)晶面氧化速率最快；对于择优化学腐蚀，各晶面腐蚀速度也不相同，硅(111)晶面腐蚀速度最慢，而(100)晶面腐蚀速度最快；晶体沿着不同晶向生长时，生长速度也不相同，面密度越大的晶面其单位表面能小，生长速率慢，在晶体生长过程中，硅的(111)晶面生长速率最慢。

**表 7.3　金刚石型结构不同晶面的性质**

| 性质 | (100) | (110) | (111) |
| --- | --- | --- | --- |
| 单位晶胞平面面积 | $a^2$ | $\sqrt{2}a^2$ | $\frac{\sqrt{3}}{2}a^2$ |
| 单位晶胞平面中原子数 | 2 | 4 | (单层) 2，(双层) 4 |
| 面密度 | $\frac{2}{a^2}$ | $\frac{2\sqrt{2}}{a^2}$ | (单层) $\frac{4\sqrt{3}}{3a^2}$，(双层) $\frac{8\sqrt{3}}{3a^2}$ |
| 面间距 | $\frac{a}{4}$ | $\frac{\sqrt{2}a}{4}$ | (双层) $\frac{\sqrt{3}a}{3}$ |

硅的能带结构如图 7.12 所示。室温下禁带宽度 $E_g = 1.12eV$；导带极小值不在 $k$ 空间原点，而在[100]方向上，导带底附近等能面是沿[100]方向的 6 个旋转椭球面；价带极大值位于波矢 $k=0$ 处，即在布里渊区中心，其中外面的能带曲率小，对应的有效质量大，称为重空穴带，内部的能带曲率大，对应的有效质量小，称为轻空穴带。这种导带底和价带顶在 $k$ 空间处于不同波矢 $k$ 值的能带结构称为间接带隙，相应的半导体称为间接带隙半导体；反之则为直接带隙和直接带隙半导体。硅是典型的多能谷半导体，谷间具有电子转移效应；由于硅是间接带隙半导体材料，很少用作发光器件和激光器件，但可用来制作压阻元件和磁阻元件。

**3. 性质与应用**

室温下，硅的禁带宽度为 1.12eV，电子迁移率 $\mu_n = 1450cm^2/(V\cdot s)$，空穴迁移率 $\mu_p = 500cm^2/(V\cdot s)$，本征载流子浓度 $n_i = 1.07\times10^{10}cm^{-3}$，本征电阻率 $\rho_i = 2.3\times10^5\Omega\cdot cm$。室温下不同掺杂浓度硅的电阻率如图 7.4 所示。

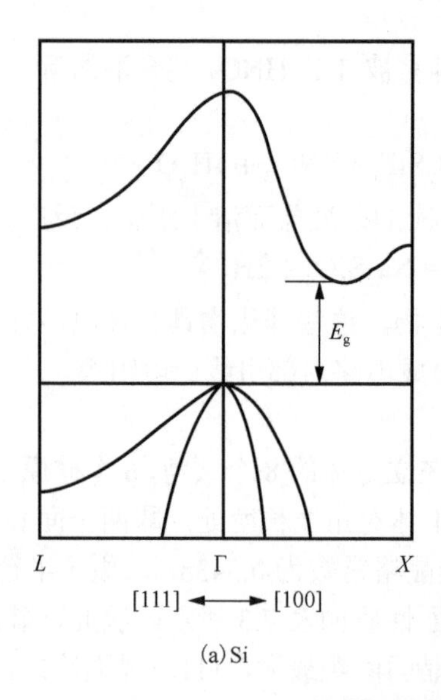

(a) Si

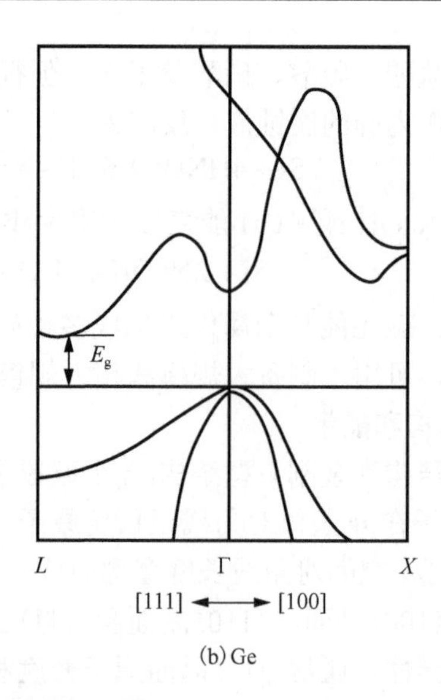

(b) Ge

图 7.12　硅和锗的能带结构

制作不同电阻率的半导体硅器件需要通过掺杂工艺来实现。通常制备 n 型硅单晶选择ⅤA 族元素 P、As、Sb、Bi 等，制备 p 型硅单晶选择ⅢA 族元素 B、Al、Ga、In 等；杂质元素在硅晶体中的含量决定了半导体的电阻率。在轻掺杂（杂质浓度≤$10^{17}cm^{-3}$）情况下，室温下的电子或空穴浓度基本等于掺杂浓度，杂质原子几乎全部电离；在中度掺杂（$10^{17}$～$10^{19}cm^{-3}$）情况下，杂质原子不能够完全电离，半导体处于弱简并；在重掺杂（杂质浓度≥$10^{19}cm^{-3}$）情况下，半导体处于简并化情况。通常，轻掺杂适用于制作大功率整流级单晶硅，中掺杂适用于制作晶体管级单晶硅，重掺杂适用于制作外延衬底级单晶硅。

在波长$\lambda < 0.4\mu m$时，硅的光吸收系数$\alpha$明显增大，这是由于开始发生从价带到导带的跃迁；波长为 0.65μm 时（光学高温计常用波长），在 1000～1700K 温度内，硅的光反射率为 0.64～0.46，在直拉法硅单晶生长过程中用光学高温计监控硅熔体的温度，此时硅发射率是一个重要参数，在熔点附近，熔融硅的发射率为 0.33（0.65μm）。

硅对光的反射较强，光学吸收性能差是限制硅薄膜太阳能电池光电转换效率的主要因素。当光照射到硅表面时，约 30%能量由于光在空气和硅表面反射而损失。研究者基于光子管理策略，形成了大量的微结构表面增强光学吸收，通过产生共振，有效增强对太阳光的捕获与吸收，提高薄膜太阳能电池的光学吸收率。南京理工大学笪云[14]以 1D 周期性光栅微结构表面太阳能电池为研究对象，基于光电耦合模型，研究了表面复合速率、光栅微结构表面几何结构参数对太阳能电池光电性能的影响；以纳米柱和纳米孔微结构表面太阳能电池为研究对象，从温度对光学特性、电学特性、几何结构参数的影响三个方面出发，阐明纳米柱和纳米孔微结构表面太阳能电池光电特性的影响规律。

基于以上硅的优异性能，制作的硅质半导体器件主要有晶体二极管、三极管、集成电路、热敏电阻、霍尔器件、变容二极管、光敏电阻、光电二极管、半导体探测器、核辐射探测器、太阳能电池等。

**4. 制备**

拉制单晶硅所需原料是高纯度多晶硅，制备本征硅需要提纯达到 12 个“9”以上，一般纯度硅达到 6～7 个“9”，高纯硅要求 9～10 个“9”。自然界没有游离态的硅，工业上硅的提纯主要来自石英砂，将二氧化硅与焦炭在电弧炉中还原制取工业硅，此时硅纯度在 95%以上，亦称粗硅。化学提纯制备高纯硅的方法很多，其中 $SiHCl_3$ 氢还原法是目前国内外制取高纯硅的主要方法：将工业粗硅经氯化氢处理制得三氯氢硅（反应(7-15)），利用精馏法有效去除其他氯化物杂质，得到纯三氯氢硅，再采用氢气作还原剂得到高纯硅（反应(7-18)）。化学提纯后的硅再经区域提纯，纯度可达到 8～9 个“9”，即得到高纯硅原料。

$$SiHCl_3 + H_2 \xrightarrow{1100℃} Si + 3HCl \tag{7-18}$$

硅单晶的生长方式有直拉法(CZ)、磁控直拉法(MCZ)、液体覆盖直拉法(LCZ)、悬浮区熔法(FZ)等。直拉法是目前最主要的方法，工艺成熟，适于生产中低阻大直径单晶。直拉法又称提拉法、切克劳斯基法，是波兰科学家切克劳斯基于 1918 年发明的。盛于石英坩埚中的多晶硅被加热熔化，待其温度在熔点附近并稳定后，将籽晶浸入熔体，并与其熔接好后以一定速度向上提拉籽晶（同时旋转）引出晶体（即引晶）。生长一定长度的细颈（细颈以防籽晶中位错延伸到晶体中），经过放肩、转肩（晶体逐渐长大到所需直径）、等（直）径生长、收尾、降温，就完成一根单晶锭的拉制。

单晶硅棒是生产单晶硅片的原材料，随着国内和国际市场对单晶硅片需求量的快速增加，单晶硅棒的市场需求也呈快速增长的趋势。单晶硅圆片按其直径分为 6in、8in、12in 及 18in 等（1in=2.54cm）。直径越大的圆片，所能刻制的集成电路越多，芯片的成本也就越低。但大尺寸晶片对材料和技术的要求高。直拉法生长的单晶硅主要用于半导体集成电路、二极管、外延片衬底、太阳能电池。2020 年 12 月 27 日，我国首台新一代大尺寸集成电路单晶硅生长设备在西安实现一次试产成功。这是由西安理工大学和西安奕斯伟设备技术有限公司共同研制的，制成的单晶硅棒长度为 2.1m，直径达 300mm（也就是 12in），标志着我国芯片制造领域 12in 硅晶圆片关键技术得到突破，解决了“卡脖子”难题。

## 7.3.2 锗

锗作为第一代半导体材料，也是目前研究较为深入的元素半导体材料。锗是具有灰色金属光泽的固体，硬而脆；室温时，锗在空气、水和氧气中稳定，不与盐酸、稀硫酸、浓硫酸和浓氢氧化钠溶液反应；受热时，锗在 400℃时开始与氧气反应，600℃以上氧化加快，形成 $GeO_2$；室温下粉末状锗在 $Cl_2$、$F_2$ 气氛中会“着火”；锗可溶于热的浓硫酸、浓硝酸和王水；在碱中加入 $H_2O_2$ 可使锗与碱剧烈反应；锗不与碳反应，因此可使用石墨坩埚进行单晶生长。

锗的晶体结构也是金刚石型结构，能带结构如图 7.12 所示，为间接带隙半导体材料。室温下，锗的禁带宽度为 0.66eV；电子迁移率 $\mu_n = 3800cm^2/(V \cdot s)$，空穴迁移率 $\mu_p = 1800cm^2/(V \cdot s)$，本征载流子浓度 $n_i = 2.4 \times 10^{13} cm^{-3}$，本征电阻率约为 $50\Omega \cdot cm$，而硅的禁带宽度为1.12eV，本征电阻率约为 $2.3 \times 10^5 \Omega \cdot cm$，可见锗比硅的金属性更显著[8]。

由于锗的载流子迁移率比硅高，在相同条件下，锗具有较高的工作频率、较低的饱和压降、较高的开关速度和较好的低温特性，主要用于制作雪崩二极管、开关二极管、混频二极管、变容二极管、高频小功率三极管等。锗单晶具有高折射率和低吸收率等特性，适于制造红外透镜、光学窗口和滤光片等红外光学仪器，主要用于热成像仪。锗还可用作光纤的掺杂剂，提高光纤纤芯的折射率，减少色散和传输损耗。

# 7.4　化合物半导体材料

由两种或两种以上元素组成，具有半导体特性的化合物称为化合物半导体。化合物半导体按元素组成可分为二元化合物半导体和多元化合物半导体两大类。二元化合物半导体有Ⅲ-Ⅴ族化合物半导体(如 GaAs、GaP、InP、GaSb、GaN 等)和Ⅱ-Ⅵ族化合物半导体(如 ZnS、CdS、ZnSe、CdSe、CdTe 等)；多元化合物半导体有 $Ga_{1-x}Al_xAs$、$GaAs_{1-x}P_x$、$In_{1-x}Al_xP$ 等三元化合物半导体和 $Ga_xIn_{1-x}As_yP_{1-y}$ 等四元化合物半导体。以下重点介绍第二代和第三代半导体材料的典型代表砷化镓与氮化镓。

## 7.4.1　砷化镓

自从 1952 年发现某些Ⅲ-Ⅴ族化合物具有半导体性质，特别是 1962 年制出 GaAs 激光器和 1963 年发现 GaAs 耿氏效应以来，以 GaAs 为代表的Ⅲ-Ⅴ族化合物因具有独特的能带结构和元素半导体不具备的优异性质而得到迅速发展。砷化镓是目前应用最广的Ⅲ-Ⅴ族化合物半导体，也是第二代半导体材料的典型代表。

**1. 结构与性质**

除少数几种化合物(如 AlN、GaN、InN)在常温常压下为纤锌矿型结构外，以 GaAs 为代表的大部分Ⅲ-Ⅴ族化合物均为闪锌矿型结构。这种结构与金刚石型结构相似，它包含两种原子，分别组成两个面心立方晶格，沿空间对角线位移 1/4 空间对角线长度相互套合，即形成闪锌矿型结构，每个原子和周围最近邻的 4 个异种原子发生键合，如图 7.1 所示；正是由于二者在晶格结构上有不同之处，Ⅲ-Ⅴ族化合物与金刚石型结构的硅、锗相比有新的特征。Ⅲ-Ⅴ族化合物除共价键之外，还有一定成分的离子键。离子键成分与组成原子间电负性差有关，两者电负性差越大，离子键成分越大，极性也越强。

以 GaAs 为代表的Ⅲ-Ⅴ族化合物的极性与晶体结构密切相关。一系列由Ⅲ族原子和Ⅴ族原子构成的双原子层形成电偶极层，从而使半导体(111)面和($\bar{1}\bar{1}\bar{1}$)面上的化学键结构、有效电荷不同。Ⅲ-Ⅴ族化合物的极性对其物理、化学性质也产生影响。①主要解理面不是{111}面而是{110}面。Ⅲ-Ⅴ族化合物虽然也是面心立方晶格，但由于{111}带异种电荷的异种原子间的相互作用，有一定库仑力，其分离较困难，因而不是主要解理面；而{110}面由数量相同的异种原子组成，相邻晶面间没有库仑力，分离较简单，而成为解理面。②对一些特定腐蚀剂的腐蚀行为不同。对于含氧化剂的腐蚀液，Ⅴ族原子面比Ⅲ族原子面的化学活性强，更易被氧化腐蚀。③按[111]晶向生长单晶时，晶体生长速度和晶体完整性也存在差别。

砷化镓的能带结构如图 7.13 所示，其主要特点包括：①室温时禁带宽度比硅、锗大，达到 1.42eV，这就决定了由砷化镓制作的半导体器件可以在较高温度下工作，适用于制造大功率器件；②导带极小值和价带极大值均处于布里渊区中心，即 $k = 0$ 处，是典型的直接跃迁型能带，这使得砷化镓具有较高的光电转换效率，有利于制作激光器件和红外光电器件；③导带除极小值外，还存在两个“位置”的极值，分别是在其上方 0.29eV 和 0.48eV，由于不同能谷中电子有效质量和迁移率不同，当电场超过某一阈值时，电子从主能谷转移到子能谷中而出现电场增强、电流减小的负阻现象，称为耿氏效应，可利用这一效应制备电子转移器件，又称体效应器件；④在 $k = 0$ 处存在双重简并价带极大值，存在重空穴带和轻空穴带，另有第三能带在价带极大值以下 0.34eV。

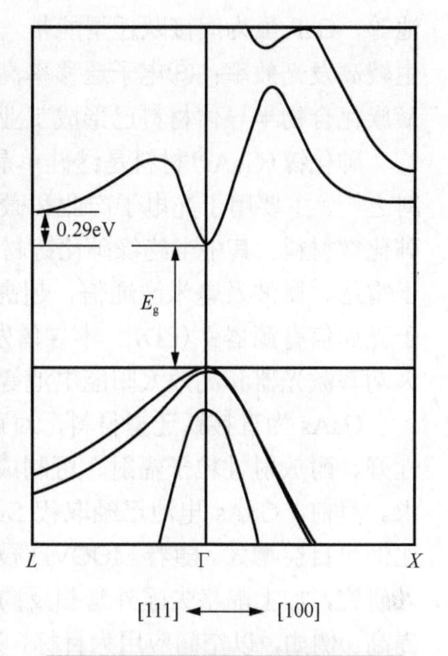


图 7.13　室温下砷化镓的能带结构

不同杂质对砷化镓的电学性质影响不同。对于 GaAs 等Ⅲ-Ⅴ族化合物半导体，由于两种原子的存在，使得替位式杂质既可能取代Ⅲ族原子，也可能取代Ⅴ族原子。通常元素周期表中Ⅵ族元素（S、Se、Te 等）在砷化镓中替代Ⅴ族原子的晶格位置起施主作用，为浅施主杂质；Ⅱ族元素（Zn、Be、Mg、Cd、Hg 等）在砷化镓中替代Ⅲ族原子的晶格位置起受主作用，为浅受主杂质；Ⅳ族元素（Si、Ge、Sn、Pb 等）在砷化镓中既可取代 Ga 成为施主杂质，也可取代 As 而成为受主杂质，此时杂质在砷化镓中的行为与其掺杂浓度和外界条件有关，在掺 Si 浓度小于 $10^{18}\text{cm}^{-3}$ 时，Si 全部取代 Ga 而起施主作用，此时掺杂浓度与电子浓度一致，随着掺 Si 浓度进一步增加，部分 Si 开始取代 As 而出现补偿作用，使电子浓度逐渐下降；Ⅲ族杂质（B、Al 等）和Ⅴ族杂质（P、Sb 等）在 GaAs 中通常分别替代 Ga 和 As，由于杂质在晶格位置上并不改变原有的价电子数，因此既不给出电子也不俘获电子而呈电中性，对 GaAs 的电学性质没有明显影响。

砷化镓的能带是直接跃迁型，制作的发光二极管发光效率很高，适于制作发光器件。砷化镓电子有效质量小，仅为硅、锗的 1/3 以下，这使得杂质电离能减小，在极低的温度下仍可电离，保证了砷化镓器件能在极低的温度下工作，并使噪声减小。砷化镓电子迁移率 $\mu_n = 8000\text{cm}^2/(\text{V}\cdot\text{s})$，空穴迁移率 $\mu_p = 100 \sim 3000\text{cm}^2/(\text{V}\cdot\text{s})$，电子迁移率约为硅的 6 倍（表 7.4），可用于制作场效应晶体管和高速电子器件等，满足信息处理的高速化和高频化要求。砷化镓易于制作非掺杂半绝缘单晶，其电阻率可达 $10^9\Omega\cdot\text{cm}$，是理想的微波传输介质，在 IC 加工中不必制作绝缘隔离层，简化工艺流程，提高集成度。

**表 7.4　室温下典型半导体材料的迁移率**

| 材料 | 电子迁移率 /($\text{cm}^2/(\text{V}\cdot\text{s})$) | 空穴迁移率 /($\text{cm}^2/(\text{V}\cdot\text{s})$) |
|---|---|---|
| 硅 | 1450 | 500 |
| 锗 | 3800 | 1800 |
| 砷化镓 | 8000 | 100～3000 |

### 2. 应用与发展

与半导体硅相比，Ⅲ-Ⅴ族化合物具有以下性质：①带隙较大，大部分化合物半导体材料室温时带隙在 1.1eV 以上，因而所制器件可承受较大功率，工作温度可更高；②大多为直接跃迁型能带，因而光电转换效率高，适于制作光电器件，如发光二极管、激光器、太阳能电池等，GaP 虽为间接跃迁型能带，但 $E_g$ 较大，掺入等电子杂质所形成的束缚激子发光也可产生较高发光效率；③电子迁移率高，更适于制备高频、高速器件。目前以 GaAs 为代表的III-V族化合物半导体材料已形成工业化规模生产。

砷化镓(GaAs)材料是继硅单晶之后第二代新型化合物半导体中最重要、用途最广泛的材料之一，主要用于光电子产业和微电子产业。GaAs 材料主要分为半绝缘砷化镓材料和半导体砷化镓材料。其中半绝缘砷化镓材料主要制作 MESFET、HEMT 和 HBT 结构的集成电路，用于雷达、微波及毫米波通信、超高速计算机及光纤通信等领域；半导体砷化镓材料主要应用于光通信有源器件(LD)、半导体发光二极管(LED)、可见光激光器、近红外激光器、量子阱大功率激光器和高效太阳能电池等[15-19]。

GaAs 为直接跃迁型材料，对可见光吸收系数很高，因此 GaAs 薄膜太阳电池具有温度特性好、耐放射性粒子辐射、可制成效率更高的叠层电池等优点，满足各种轨道卫星任务的需求。目前，GaAs 电池已经取代 Si 电池，成为空间用太阳电池的首选，作为航天器主电源的比例也日益增大。随着 MOCVD 技术的应用，GaInP 宽带隙和 GaInAs 窄带隙材料体系得以深入研究，加上晶格失配外延和反向生长等技术的发展，III-V族化合物太阳电池效率有了很大提高。例如，以空间应用为目标，采用 IMM 生长加衬底剥离技术制备的四结叠层电池的转换效率达到 34.2%；而以地面应用为背景，制备的四结叠层聚光电池的转换效率已达到 46.5%，五结叠层高倍聚光电池的转换效率可达到 52%。III-V族化合物叠层聚光电池扩大了对太阳光谱的吸收范围，提高了吸收光子的利用效率，为大于 50%的高效率、低成本太阳电池带来了希望。

GaAs 光电阴极是微光夜视领域使用最广泛的光电阴极。第三代微光夜视像增强器由透射式 GaAs 光电阴极与 MCP、荧光屏共同构成，其中 GaAs 光电阴极的光谱曲线与夜天光谱曲线匹配良好，在微光夜视领域正发挥着越来越重要的作用。南京理工大学赵静[20]围绕透射式 GaAs 光电阴极光学与光电发射理论、MBE 阴极生长、MOCVD 生长的结构设计等方面展开研究，采用 MOCVD 生长的宽光谱透射式 GaAs 光电阴极获得了比 MBE 生长的阴极更好的性能；蓝延伸 GaAs 光电阴极积分灵敏度最高达到 1980 μA / lm，窄带 GaAlAs 光电阴极在 532nm 处满足峰值响应的要求，普通 GaAs 光电阴极的积分灵敏度最高达到 2320 μA / lm 。

GaAs 基器件和电路具有损耗小、噪声低、频带宽、功率大和附加效率高等优点，因此很适合在高频段工作。砷化镓高速半导体器件微波频段的电学特性优势使其在卫星导航设备上得以使用。最适合卫星通信的频率是 1～10GHz 频段，即微波频段，砷化镓高速半导体器件在此频段的电学特性比传统硅器件好，是卫星通信用的频段的最佳选择。欧美充分挖掘砷化镓材料在微电子领域的应用，砷化镓器件的设备在多种战术武器中开始装备采用，如砷化镓 MMIC 相控阵雷达装载在主力战机中，砷化镓材料也应用在电子战设备中，如砷化镓引信装载在多种导弹中。

在砷化镓单晶方面，德国费里伯格在 2000 年用液体覆盖直拉法研制出 8in 砷化镓单晶，日本住友也相继用垂直梯度凝固法生长 8in 砷化镓单晶及 8in 砷化镓外延片，并制定出 8in 砷化镓晶片标准。由于 8in 砷化镓器件生产线投入太大，技术难度高，目前砷化镓晶片最大应用商品为 6in，核心技术仍掌握在少数国际大公司手中，日本住友、德国费里伯格、美国 AXT 代表了国际上商用 GaAs 晶片的最高水平。未来随着市场规模的逐渐扩大，以及技术的不断精进，砷化镓单晶市场竞争主体将会逐渐增多。近年来，国内的 4in、6in 大直径单晶生长技

术也取得突破性的进展，量产 4in 大直径单晶成品率达到 88%，量产 6in 大直径单晶成品率达到 70%，均已达到国际领先水平，推进了 4～6in 大直径晶体国产化的进程[19]。

## 7.4.2 氮化镓

### 1. 结构与性质

氮化镓材料由于禁带宽度大，与 SiC、金刚石等半导体材料一起，被称为继第一代硅、锗、硒，第二代砷化镓(GaAs)、磷化铟(InP)之后的第三代半导体材料，又称为宽禁带半导体。纤锌矿型 GaN 的能带结构如图 7.14 所示，氮化镓能带结构中导带底与价带顶处于 $k$ 空间中的同一位置，表明氮化镓材料为直接带隙半导体。近 20 年来氮化镓的研究热潮席卷了全球的电子工业，这种宽禁带半导体具有高硬度、高熔点，以及独特的电磁和光学特性，成为制作微波功率晶体管、微电子器件、光电子器件的优良选择[21-24]。

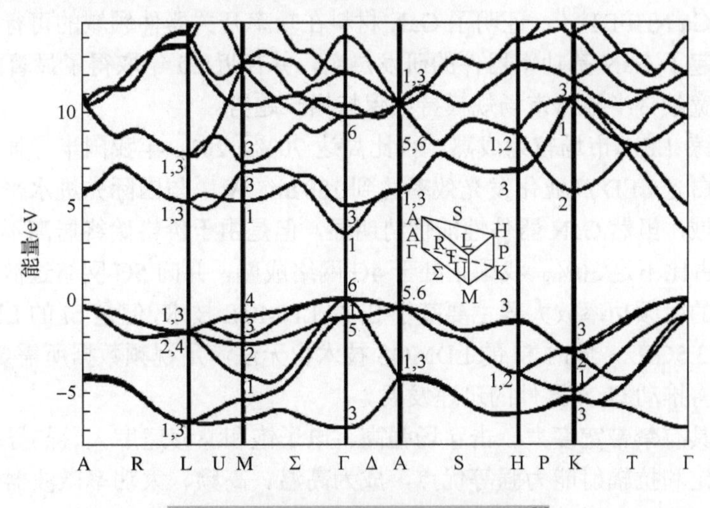


图 7.14　纤锌矿型氮化镓的能带结构[8]

表 7.5 是典型半导体材料特性参数对比。氮化镓材料主要有以下优点：①临界击穿场强比 Si、GaAs 大一个数量级，较大地提高了半导体功率器件电流密度和耐压容量，同时降低导通损耗；②禁带宽度大约是硅的 3 倍，大大降低半导体器件的泄漏电流，并使器件具有抗辐射特性；③电子饱和漂移速度是硅的 2 倍，使得器件能够在更高的频率下工作。半导体材料 GaN 有着硅材料无法比拟的优势，所制造的芯片可以承受更高的电压，输出更高的能量密度，承受更高的工作温度。另外，氮化镓器件有着更高的输出阻抗，可以使得阻抗匹配和功率组合更轻松，因此可以覆盖更宽的频率范围，大大地提高射频功率放大器的适用性。

**表 7.5　典型半导体材料特性参数对比**

| 材料 | 禁带宽度 /eV | 相对介电常数 | 击穿场强 /(MV/cm) | 电子饱和漂移速度 /($10^7$cm/s) | 电子迁移率 /($cm^2$/(V·s)) | 热导率 /(W/(cm·K)) |
|---|---|---|---|---|---|---|
| Si | 1.12 | 11.9 | 0.30 | 1.00 | 1500 | 1.50 |
| GaAs | 1.43 | 13.1 | 0.40 | 1.00 | 8500 | 0.46 |
| GaN | 3.39 | 9.00 | 2.00 | 2.20 | 1250 | 1.30 |

### 2. 应用与发展

以 GaN 为代表的第三代化合物半导体材料因良好的光学、电学特性而成为制备光电子和微电子器件的重要材料。由于具有带隙宽（1.8～6.2eV）、激子效应强（>50MeV）、电子饱和漂移速度高（$2.2\times10^4$ cm / s）和击穿场强高（$2\times10^6$ V / cm）等特点，氮化镓半导体材料在短波长发光器件和高速/高功率器件上得到了广泛的应用，尤其是基于铟镓氮材料的蓝光发光二极管、激光二极管在显示、交通和多媒体等领域有着重要的应用[25-28]。

自从 1993 年日本科学家中村修二等成功制备了高亮度的 GaN 基蓝光 LED 开始，GaN 材料在光电器件领域得到快速发展，而日本科学家赤崎勇、天野浩、中村修二也因发明高效率**蓝光 LED** 获得 2014 年诺贝尔物理学奖。1993 年，美国南卡罗来纳大学的 M. A. Khan 研制出了世界上第 1 只 AlGaN/GaN 异质结场效应晶体管（HFET），开启了 GaN 射频器件时代[29]。在此之后，美国加利福尼亚大学圣塔芭芭拉分校和耶鲁大学于 2001 年成功制备了耐压达到 1.2kV 的 AlGaN/Ga NHFET[30]，证明了 GaN 材料在功率开关器件领域的可行性，这一意义重大的研究成果掀起了 GaN 基功率器件的研发热潮，并在近 20 年取得了显著的成绩，以 GaN 为代表的第三代宽禁带半导体市场规模持续保持增长趋势。

目前，氮化镓 LED 市场较为成熟，占比高达 70%，2018 年我国半导体照明产业技术稳步提升，功率型白光 LED 产业化发光效率达到 180 lm / W，与国际先进水平持平；在射频通信和功率器件领域，虽然 GaN 器件性能优势明显，但是由于价格始终居高不下，因此市场渗透率较低，合计占比不足 30%。我国正处于 4G 网络成熟，并向 5G 网络过渡的临界点，通信基站中以前所用的射频功率放大器主要基于 Si 的 LDMOS 技术，但是 Si 的 LDMOS 技术的极限频率无法超过 3.5GHz，同时 Si 的 LDMOS 技术也无法满足视频数据所需要的 300 MHz 以上的带宽，这必将推动 GaN 器件的迅速发展。

氮化镓由于具有禁带宽度大、击穿场强高、电子饱和漂移速度大、热导率高、介电常数小、化学性质稳定和抗辐射能力强等优点，成为高温、高频、大功率微波器件的首选材料之一，在国防、航天应用方面，GaN 器件的市场规模持续增长。据统计，军事和航天领域占据了 GaN 器件总市场的 40%，最大应用市场是雷达和电子战系统。2016 年 3 月美国雷神公司宣布，爱国者导弹防御系统采用了最新的基于 GaN 技术的相控阵天线系统。之前的爱国者导弹防御系统的雷达采用被动电子扫描阵列系统，现在改为基于 GaN 技术的主动电子扫描阵列（AESA），这将给爱国者导弹防御系统提供 360° 无死角的雷达搜索制导能力。机载火控雷达、弹载导引头、舰载预警防空雷达等也越来越多地用到了基于 GaN 技术的相控阵天线系统[27]。

以 GaN 基紫外光电阴极为核心单元的紫外真空探测器件在导弹逼近告警、空间探测、紫外通信以及火灾监控、电晕检测等军、民用领域具有广泛的应用价值并极具发展前景。为获得高性能日盲紫外光电阴极，南京理工大学付小倩[31]对 GaN 和 AlGaN 光电阴极的结构设计和制备工艺进行了系列研究，分别从缓冲层材料的选择、厚度的设计，电子发射层掺杂浓度、掺杂结构及厚度的设计等方面入手设计 GaN 光电阴极，通过将发射层厚度降低为 150nm 并将掺杂浓度提高到 $10^{18}$ $cm^{-3}$ 量级以及采用能够引入内建电场的梯度掺杂和变 Al 组分结构等方法，将反射式 GaN 光电阴极的量子效率从最初的 37%提高到 60%左右。

总之，宽禁带半导体材料氮化镓具有禁带宽度大、饱和电子漂移速度高、临界击穿场强大、化学性质稳定等特点，使得氮化镓电力电子器件具有通态电阻小、开关速度快、耐压高、耐高温性能好等优点，在电力电子、微波通信、光伏逆变、照明等应用领域具有硅材料无法企及的优势，有着重大的战略意义，相信在不久的将来氮化镓作为第三代半导体材料中的优秀代表会得到更广泛的应用。

# 7.5　其他半导体材料

## 7.5.1　固溶体半导体

固溶体半导体材料是某些元素半导体或化合物半导体相互溶解而形成的一类具有半导体性质的固体“溶液”材料，也称为混晶或合金半导体。1939年，赫伯特·斯图尔等制备出Si-Ge固溶体，并发现其晶格常数随组分改变；1955年，福尔布斯发现InAs与InP、GaP、GaAs均可形成连续固溶体，这种三元固溶体可表示为$In_xAs_{1-x}P$、$GaAs_xP_{1-x}$。$x$值确定了固溶体的组分，若$x$值可在$0 \leqslant x \leqslant 1$内连续变化而仍能得到同一种结构的单相晶体，则称为连续固溶体，大多数Ⅲ-Ⅴ族、Ⅱ-Ⅵ族和Si-Ge固溶体都是连续固溶体[5]。固溶体半导体独特的优点是晶格常数、带隙等性质随组分变化而连续变化，因而可通过对其组分的控制来调制材料的基本性质，得到性质多样的半导体材料，满足各种实际应用要求。

Si和Ge可形成连续固溶体，它们能以任意比例互相溶合，形成$Si_{1-x}Ge_x$固溶体，其晶格常数遵从Vegard定律，即

$$a(x) = a_{Si} + (a_{Ge} - a_{Si})x \approx a_{Si} + 0.0227x \tag{7-19}$$

式中，$x$为固溶体中Ge的组分，$0 \leqslant x \leqslant 1$。室温下硅的晶格常数$a_{Si} = 0.54\text{nm}$，锗的晶格常数$a_{Ge} = 0.57\text{nm}$，因此，随着Ge组分的增加，固溶体的晶格常数增大。在研制半导体器件时，经常需将一种半导体在另一种半导体材料(即衬底)上进行生长，由于二者晶格常数不同，在两种材料间产生晶格失配，晶格失配与固溶体中Ge的组分$x$有关。

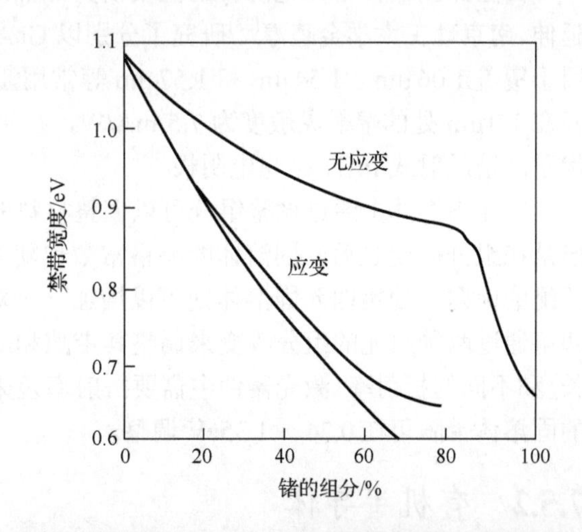


图7.15　应变和无应变$Si_{1-x}Ge_x$禁带宽度与Ge组分的关系

图7.15为应变和无应变的$Si_{1-x}Ge_x$的禁带宽度与Ge组分$x$的关系。无应变情况下，Ge组分$x \leqslant 85\%$时，$Si_{1-x}Ge_x$的禁带宽度变化在0.2eV以内，这时$Si_{1-x}Ge_x$的能带结构基本上与Si晶体的能带结构相似，禁带宽度与Si晶体的禁带宽度更接近；而当$85\% \leqslant x \leqslant 100\%$时，$Si_{1-x}Ge_x$的能带结构与Ge晶体的能带结构相似，禁带宽度快速向Ge晶体的禁带宽度接近。可以利用不同大小的应变来调节$Si_{1-x}Ge_x$的禁带宽度。

$Al_xGa_{1-x}As$是研究得最为充分并被广泛应用的固溶体半导体材料，该材料特点是GaAs和AlAs的晶格常数非常接近(分别为0.56635nm和0.56622nm)，在GaAs衬底上生长该固溶

体材料基本不产生晶格失配，该固溶体的能带结构如图 7.16 所示，当 $x \leqslant 0.45$ 时，固溶体为直接带隙半导体，当 $x > 0.45$ 时，固溶体为间接带隙半导体。南京理工大学徐源[32]分析了 GaAlAs 半导体材料中 Al 组分变化时引起的能带结构变化，研究了变组分变掺杂 GaAlAs/GaAs 光电阴极的能带结构模型和内建电场，以及它们对光电子的影响；针对不同应用需求，实现宽带蓝延伸和窄带响应 GaAlAs/GaAs 光电阴极结构设计与材料外延生长。

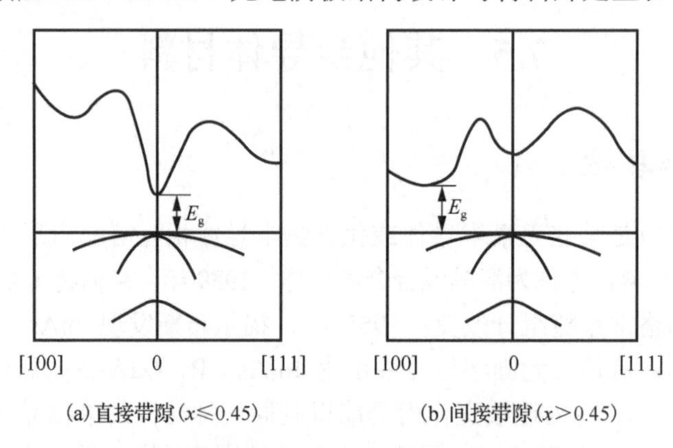


(a) 直接带隙 ($x \leqslant 0.45$)　(b) 间接带隙 ($x > 0.45$)

图 7.16　$Al_xGa_{1-x}As$ 固溶体的能带结构

$GaAs_{1-x}P_x$ 固溶体是制备可见光发光二极管的重要材料，是由直接带隙半导体 GaAs 和间接带隙半导体 GaP 所形成的。当 $x \leqslant 0.45$ 时，在 GaAs 衬底上生长的该固溶体为直接带隙，发光波长为 0.65～0.67μm；当 $x > 0.45$ 时，该固溶体为间接带隙。在其固溶体外延薄膜中（以 GaP 为衬底）掺氮，通过等电子陷阱形成束缚激子发光，也可得到较高的发光效率，如 $GaAs_{0.35}P_{0.65}$/GaP、GaAs0.25P0.75/GaP、GaAs0.15P0.85/GaP 是广泛使用的橙红、橙、黄色 LED 材料。

真空探测器件中光电阴极的主要研究热点之一是如何使其响应波段向长波（近红外）方向延伸。南京理工大学金睦淳[33]研究了分别以 GaAs 和 InP 为衬底材料的两种 InGaAs 光电阴极，用于覆盖 1.06 μm 、1.54 μm 和 1.57 μm 等常用激光波段的探测。制备的反射式 InGaAs 光电阴极在 1.0 μm 处的辐射灵敏度为 7.5 mA/W，在 1.06 μm 处的辐射灵敏度为 0.51mA/W，其性能优于滨松反射式 InGaAs 光电阴极。

三元固溶体中通过调整组分可以调整材料的带隙，进而可以调整其发光器件的发射波长。但是在组分确定之后，固溶体的晶格常数也随之确定，往往会遇到其外延生长与衬底晶格不匹配的问题。使用四元固溶体则可以增加一个对其主要性能进行调整和裁剪的自由度[34-36]，即可通过两种组元的组分改变来调整其带隙和晶格常数，获得不同的带隙（从而有不同发射波长）和不同的折射率（激光器件中需要折射率差来实现光限制）。以 InP 为例，与 InP 晶格匹配的固溶体带隙可在 0.74～1.35eV 调整。

## 7.5.2　有机半导体

虽然大多数有机固体是绝缘体，但也有相当数量的有机化合物具有金属和半导体导电性，且数量在不断增加。有机半导体材料的研究可追溯到 1906 年波切蒂诺对蒽的光电导研究，1919 年开始有机染料和颜料研究，1940 年开始有机材料与无机卤素复合物的电导研究，直到

1954 年发现了具有导电性能的有机化合物，从此对有机半导体的研究开始活跃。20 世纪 70 年代，美国物理学家黑格(A. J. Heeger)、化学家麦克迪尔米德(M. MacDiarmid)和日本化学家白川英树(H. Shirakawa)共同发现对聚乙炔分子进行掺杂可以使其变成良导体，从而拉开了有机半导体技术研究的序幕，这三位科学家凭借该项重大发现成为 2000 年诺贝尔化学奖得主。

有机半导体材料室温电导率为$10^{-9}\sim10^{5}\mathrm{S/cm}$，即电阻率为$10^{-5}\sim10^{9}\Omega\cdot\mathrm{cm}$。一般来说，有机半导体按照材料类别主要分为小分子半导体(如蒽、富勒烯($C_{60}$)、7-噻吩等)和聚合物半导体(如聚苯胺、聚噻吩、聚硅烷等)；按照传输载流子类型分为 p 型半导体和 n 型半导体。有机半导体是一种分子型晶体材料，其特性主要由构成材料的分子性质所决定[37]。由于没有三维晶体点阵，且分子内和分子间的相互作用、局域结构无序、非晶和结晶区域以及化学杂质不同，所以一般地说，有机半导体的能带结构要比单晶或非晶无机半导体的能带结构复杂得多，并会出现许多新的物理现象(如激子的形成和扩散)。有机半导体和无机半导体的特征对比如表 7.6 所示。

从材料应用角度来看，有机半导体材料具有以下特点：①分子之间为弱的范德瓦耳斯力，这使有机分子晶体对外界环境不太敏感，往往可在空气中进行加工，无需“超净”环境；②材料和器件加工工艺较简单，可采用 LB 膜法、浸涂法、甩膜法等技术制备，无需无机半导体材料的切割、磨片和抛光等工序；③易于制备大面积材料，且所制材料有柔性、可弯曲；④用电子束或离子束辐照也能改变有机薄膜的光电性质，甚至可在有机薄膜上直接制备光电器件或内连线；⑤易于制作有机/有机或有机/无机材料异质结以及超晶格、量子阱等结构。所有这些都使有机半导体材料和器件具有大批量、低成本生成的潜力。

表 7.6　有机半导体和无机半导体的特征比较

| 特性 | 无机半导体 | 有机半导体 |
|---|---|---|
| 结构 | 以晶体结构为基础 | 以分子内共轭 π 电子键的非晶结构为基础 |
| 原子间结合力 | 以共价键和离子键为主 | 以范德瓦耳斯力为主 |
| 能带 | 具有很好的能带结构，载流子在能带中以具有有效质量的自由载流子来运动 | 无完整的能带结构，具有 HOMD 和 LUMD 能级，载流子在分子间以跳跃(hopping)的形式来运动 |
| 异质结 | 形成异质结构时须有很好的晶格匹配 | 无晶格失配问题，易形成异质结 |
| 载流子 | 可通过掺杂改变导电载流子类型和浓度 | 大部分小分子有机发光材料的载流子主要靠电极注入 |
| 迁移率 | 高，$10\sim10^{4}\mathrm{cm/(V\cdot s)}$ | 低，$1\sim10^{-5}\mathrm{cm/(V\cdot s)}$ |
| 发光原理 | 通过带间直接跃迁发光，发光效率高，一般间接跃迁不发光 | 电子从激发态回到基态受电子自旋选择定则的约束，有单重态和三重态之分，前者占 25%发光效率，后者占 75%发光效率，只有少量磷光材料才能发光 |
| 材料种类 | 相对较少 | 较多 |
| 工艺 | 工艺复杂，大多需要高温 | 工艺相对简单，真空蒸镀甚至旋涂印刷的方法即可实现 |
| 面积 | 受单晶尺寸的限制 | 可实现大面积 |
| 柔性器件 | 不易实现 | 易实现 |
| 器件极限尺寸 | 受纳米量级时量子尺度效应限制 | 器件可小到分子尺度，将进入分子电子学的领域 |
| 理论基础 | 较完整 | 不完整 |
| 发展 | 从单晶发展到非晶 | 从非晶发展到单晶 |

当前，采用有机半导体可制作各种类型的有源器件和无源器件，如晶体管、二极管、有机发光二极管(OLED)、传感器、存储器、显示器、电池、电阻、电容、电感和天线等。OLED技术可能是有机半导体领域发展最成熟的器件平台。与液晶显示器(LCD)相比，**OLED** 具有可视度更佳、图像质量更好、显示器更薄等优点，而且可以弯曲折叠、随身携带[38,39]。OLED所用有机小分子材料主要有多重金属离子的 7-羟基喹啉螯合物、二苯代酚酞衍生物、蒽衍生物、茈衍生物、三苯基胺衍生物等。OLED 所用有机聚合物材料主要有 PPV 及其衍生物、聚苯乙烯、聚碳酸酯、聚甲基丙烯酸酯等及其共聚物。同有机小分子材料比较，OLED 的温度稳定性更好，可在衬底上用甩膜法生产，用印刷技术在薄膜上制作电极，可在涂层设备上进行大规模生产，成本更低，因而发展更快。

与无机材料相比，有机材料分子之间较弱的结合力使得有机薄膜晶体管(OTFT)比无机薄膜晶体管(TFT)拥有更好的本征机械柔韧性[40]。与此同时，有机材料具备来源丰富、可降解、可低温低成本溶液法大面积印刷/涂布工艺加工等重要优势，可以在塑料、纸张等普适基板上加工制备。与无机材料相比，有机材料分子结构设计灵活，器件结构灵活，可以真正实现按需制造，以灵活满足不同的应用场景。正因如此，作为一种开关半导体器件平台性技术，OTFT被视为印刷电子的重要组成部分，能够应用于包括柔性显示和传感器在内的诸多领域。上海交通大学印刷电子与柔性集成实验室与剑桥大学 Hetero-Genesys 实验室合作，通过优化工艺和使用小分子聚合物共混半导体体系降低半导体层/绝缘层界面缺陷态密度，于 2016 年在柔性衬底聚萘二甲酸乙二醇酯(PEN)上首次制备出了基于全印刷工艺(这里采用的是喷墨印刷工艺)的低电压(< 3V) OTFT 器件[41]。

有机太阳能电池是一种可以直接或间接将太阳能转化为电能的器件，其发展经历了单层太阳能电池、双层太阳能电池、异质结太阳能电池和层叠有机太阳能电池[42]。单层太阳能电池的主要特点是利用不同功函数金属作为电极，有机半导体材料和功函数较低的金属电极形成内建电场，载流子在内建电场的作用下运动，形成光电流。双层太阳能电池采用供体和受体有机半导体材料作为活性层。与单层太阳能电池相比，双层太阳能电池的优点是供体材料提供空穴，受体材料提供电子。异质结太阳能电池采用供体材料和受体材料相混合形成贯穿的网络结构，有利于空穴-电子的转移，减少自由电荷的复合。层叠有机太阳能电池是将两个或两个以上的电池单元以串联的方式制成一个器件。有机半导体材料是有机太阳能电池的核心。它具有 n 或 p 型半导体的特性，具有较强的电子传输能力，如富勒烯衍生物 $PC_{61}BM$、$PC_{71}BM$ 是优良的电子受体材料，非富勒烯类衍生物如苝二酰亚胺类(PDI)衍生物、小分子吡咯并吡咯二酮(DPP)衍生物等也具有较好的电子传输能力，可应用在有机太阳能电池中。供体材料聚 3 -烷基噻吩(P3AT)衍生物作为电子给体材料的研究比较广泛，其中聚 3 -己基噻吩(P3HT)由于具有较好的解度、易得到规整结构、带宽适宜且有较高的空穴迁移率，被认为是最佳的电子给体材料。

南京理工大学殷俊[43]以 DP-DTT、FPP-DTT、DP-BDTT、FPP-BDTT 几类噻吩与富含氮杂环的有机半导体材料分子为研究对象，在预测晶体结构的基础上，对有机半导体候选分子的载流子迁移率进行理论研究；从微观上揭示引起迁移率发生巨大变化的关键因素，极大地提高 n 型有机半导体的研究效率。胡永[44]探究了二萘嵌苯二酰亚胺(PDI)及其氟取代衍生物(2F-PDI、4F-PDI)的电荷迁移性质，对其几何构型、重组能、前线分子轨道、电子亲和能、电离能、转移积分以及各向异性进行了讨论。梁梦[45]指出在二萘嵌苯为基本骨架的有机半导体中引入强吸电子取代基(如氟)是得到高性能 n 型有机半导体材料的有效方法。王宇琛[46]以窄带隙聚合物 PTP8 为给体，分别用 N2200 与 PCBM 作为受体材料，制备体异质结薄膜，分析了 PTP8/N2200、PTP8/PCBM 混合薄膜光致发光光谱、光致吸收光谱和光学过程。

目前有机太阳能电池在实验室中的光电转换效率已经超过 10%，但是与大规模实现商业化的目标还有很大的距离，今后主要解决以下问题。①效率问题。有机太阳能电池的光电转换效率和传统的硅太阳能电池的光电转换效率相比还是很低，这需要科研工作者在有机太阳能电池的结构、材料等方面开展有效的研究。②稳定性问题。有机太阳能电池活性层材料是有机半导体材料，在长时间的光照下容易分解，使器件稳定性和寿命大幅度降低，这需要研发具有较高稳定性的有机半导体材料以及简单的封装工艺。③大面积器件问题。有机太阳能电池一般是小面积器件，大面积器件受到工艺技术等因素的影响，有机薄膜的质量得不到保障，严重影响电池的光电性能以及实用性。

### 7.5.3　半导体量子点

随着半导体超薄层生长技术的发展，对半导体薄膜材料实现精确控制生长已成为可能。二维量子阱材料带来的巨大成功促使研究人员继续在更多维度上对电子运动进行限制，开展了量子线及量子点的研究。理论分析表明，当材料的特征尺寸在三个自由度上都与电子的德布罗意波长或电子的平均自由程相比拟或更小时，电子在材料中的运动受到三维限制，也就是说电子的能量在三个维度上都是量子化的，称这种电子在三个维度上都受到限制的材料为量子点[5]。理想的量子点中电子谱是一系列分立的能级，由禁带隔开。如果量子点的最低两个分立量子能级的能量差大于数倍的 $k_0T$（室温约 25meV），就不会出现增益函数的热依赖特性，因此也不存在激光发射波长的热依赖特性，从而表现出极好的温度稳定性，不会导致激光器由工作温度的升高而带来的性能退化。这种具有类原子的态密度函数分布的量子点激光器有望具有比量子阱、量子线激光器更优异的性能，如超低阈值电流密度、极高阈值电流密度温度稳定性、超高微分增益和极高调制带宽等。量子点激光器已显示出从大功率激光、光计算机到光纤数字传输用高速光源以及红外探测器等方面的广阔应用前景，是目前国际上最前沿的重点研究方向之一[47]。

荧光碳点是一种小于 10nm 的零维新兴碳材料，具有优异并可调的荧光性质、良好的生物相容性，在催化、生物成像、药物递送、传感和基因转染等方面具有诸多应用。南京理工大学陈琦[48]以氨基葡萄糖盐酸盐为唯一前驱体，既作为碳源又作为氮、氯元素的掺杂剂，制备出氮、氯双掺杂的荧光碳量子点；通过对反应时间和反应温度的优化，制备了荧光量子产率高达 16.8%的蓝色荧光碳量子点；通过酰基化反应将石墨烯量子点(GQDs)表面的羧基与 PEI 的氨基相连接，制备了质量比为 1∶1、1∶3 和 1∶5 的 GQDs-PEI 复合物并作为一种高效低毒的新型基因转染载体。朱梦真[49]通过对碳量子点(CQDs)进行不同层次的改性，制备出了氮掺杂碳点(N-CDs)、氨基功能化碳量子点(PEI-CQDs)和碳量子点-半导体光催化剂复合材料(BiOI/CQDs)，所获得的 N-CDs 可构建检测 $Fe^{3+}$的新型传感平台，PEI-CQDs 可高选择性高灵敏地检测水中 $Cu^{2+}$，经 CQDs 修饰后的 BiOI/CQDs-1%的光催化活性是纯 BiOI 的 7.9 倍。胡江生[50]以对苯二胺为碳源，氯化锌为掺杂剂，水热法制备锌掺杂碳点(R-CDs)；R-CDs 能够被细胞很好地摄取，同时进入细胞后表现出稳定的红色荧光，对细胞基本无毒性，使其在细胞成像领域具有较好的潜在应用；以邻苯二胺为碳源，氯化锌为掺杂剂，一步水热法合成高量子产率锌掺杂碳点(Zn-CDs)，Zn-CDs 荧光峰位于 623 nm，最高量子产率为 40.31%。

石墨烯量子点(GQDs)由于具有良好的物理/化学性质、优异的光学性能以及极好的生物相容性，在生物成像、药物运输以及光电器件等应用领域具有广阔的发展前景。南京理工大学田仁兵[51]提出了以过氧化氢为氧化剂的水热和溶剂热的制备方法，通过小分子聚合的方法制备了产率高、荧光性能优异的氮掺杂石墨烯量子点(N-GQDs)，并对其形成的化学过程进行推演，制备了克级别 N-GQDs，平均尺寸为 30nm，荧光量子产率可达 45.8%。

量子点发光二极管(QLEDs)器件展现出宽色域、广视角和极佳色纯度等优势，已成为新型显示技术的热门研究方向之一。卤素钙钛矿因其优异的光电性能逐步开始在发光领域表现出极大的发展潜力。南京理工大学李建海[52]以无机卤化物钙钛矿 QDs 为发光体，开发了一系列基于高温热注入法和室温合成法的钙钛矿 QLEDs 器件；制得的蓝色、绿色和橙色无机钙钛矿 QLEDs 器件分别实现了 742 $cd/m^2$、946 $cd/m^2$ 和 528 $cd/m^2$ 的亮度，外量子效率(EQE)分别为 0.07%、0.12%和 0.09%，在柔性高清显示、照明以及光通信应用领域表现出良好前景；室温合成 $CsPbBr_3$ QDs 的高性能 QLEDs 器件，实现了 $CsPbBr_3$ QLEDs 器件 16.48%的峰值 EQE，这是迄今为止报道的基于无机钙钛矿 QLEDs 器件的最高效率。李金航[53]以高温热注入法合成的 $CsPbI_3$ QDs 为发光材料，从表面缺陷和体内缺陷两个角度入手进行调控，获得高发光效率的 $CsPbI_3$ QDs 及高外量子效率(EQE)的量子点发光二极管(QLEDs)；基于锌掺杂调控 $CsPbI_3$ QDs 本体缺陷，掺杂后的 $CsPbI_3$ QDs 的光致发光量子产率(PLQY)从 35%增加到 77%；QLEDs 器件 EQE 实现从 7.5%到 14.6%的近乎 100%的提升，器件电流效率(CE)也从 0.6 cd/A 增加到 0.9 cd/A。

国内外研究人员采用量子点材料研制**量子点激光器**等，取得很大进展。1998 年 Hamamoto 等[54]制备了单横模输出 1.3μm 激光的 InGaAs/InP 量子点激光器，其最大输出功率较传统单横模器件提高 40%。2004 年，Ohya 等[55]制备出 InGaAsP/InP 量子点单模输出有源多模干涉结构，在小于 2V 的驱动电压下，激光器输出功率大于 1W。2014 年，Zong 和 Wang[56]采用均匀多层 InAs/InGaAs/GaAs 量子点材料作为有源区，制成 1.3μm 波段的有源多模干涉结构量子点激光器。半导体量子点的小尺寸与高效率以及其波长的尺寸依赖特性使其在多波长激光的产生与调谐方面具有独特优势，并且易于与其他量子点光电器件集成实现新的功能。2017 年，Fedorova 等[57]在室温下以全部基于半导体 InAs/GaAs 量子点的装置实现了可调谐太赫兹信号的产生。同年，Wang 等[58]报道了一款电泵浦硅基 InSb 量子点两段式被动锁模激光器，该硅基量子点锁模激光器可以和硅基光子集成电路集成，构成大规模集成电路。

量子点太阳能电池被称为第三代太阳能光伏电池，是目前最新、最尖端的太阳能电池之一。量子点作为光敏剂的优异特性为敏化太阳能电池的突破带来希望。把量子点镶嵌在太阳能电池板的半导体薄膜中，能够实现太阳光的宽光谱吸收，大幅度提高能量转换效率。2011 年，东京大学纳米量子信息电子研究机构主任荒川泰彦教授与夏普的研究组根据理论计算证实，其效率能够达到 75%以上[59]。Zhao 等[60]通过为沉积于光阳极的量子点引入新的 $ZnS/SiO_2$ 双阻挡层涂敷物，从本质上抑制了界面处的电荷复合，使量子点敏化太阳能电池的效率达到 8%以上。2016 年，Zhang 等[61]首次以 PbS 量子点薄膜作为光吸收层，以透明 Au 膜作为背接触点构成了一个“半透明”的量子点太阳能电池，其在紫外和近红外区都具有较强的吸收，总功率转换效率达 3.9%，电池对可见光的平均透光率达 22%，这一“半透明”的效果显现出将其运用于建筑物或汽车的可能性。

半导体量子点的研究虽然取得很大进步，但同理论预测相比它的性能还存在差距，有待于在量子点阵列、量子点材料增益、结构优化及其尺寸等方面进一步研究和突破。

# 本 章 小 结

本章主要介绍了半导体材料的发展简史与分类、基本性质，以及典型的半导体材料。通常把电阻率为$10^{-4}\sim10^{10}\Omega\cdot\text{cm}$的固体材料称为半导体材料。纯净的半导体为本征半导体，因自身载流子数量有限，其导电性能很差。绝大多数实用的半导体材料都是杂质半导体，施主半导体(或者 n 型半导体)主要依靠施主提供的电子导电，受主半导体(或者 p 型半导体)主要依靠受主提供的空穴导电。半导体的电阻率取决于载流子浓度和迁移率，两者均与杂质浓度和温度有关。半导体中的电子吸收一定能量后以光辐射的形式释放出能量，即电子从高能级向低能级跃迁，伴随着发射光子，这就是半导体的发光现象。通有电流的半导体样品放在均匀磁场中，将产生稳定的横向电场，这一现象称为霍尔效应，根据霍尔效应制成的霍尔器件具备传感和开关的功能。pn 结具有整流效应和光生伏特效应。

硅和锗是目前应用最广泛的元素半导体材料，称为第一代半导体材料，属于间接带隙半导体。由两种或两种以上元素组成，具有半导体特性的化合物称为化合物半导体；砷化镓是目前应用最广的Ⅲ-Ⅴ族化合物半导体，也是第二代半导体材料的典型代表，属于直接带隙半导体。氮化镓材料由于禁带宽度大，与 SiC、金刚石等半导体材料一起，被称为第三代半导体材料，又称为宽禁带半导体，在显示、交通和多媒体等领域有着重要的应用。固溶体半导体可通过对其组分的控制来调制材料的基本性质，得到性质多样的半导体材料，以满足各种实际应用要求。量子点激光器已显示出从大功率激光、光计算机到光纤数字传输用高速光源以及红外探测器等方面的广阔应用前景，是目前国际上最前沿的重点研究方向之一。

# 思 考 题

7-1　请结合能带理论分析导体、半导体和绝缘体。
7-2　名词解释：价带、导带、禁带宽度、载流子。
7-3　什么是间隙式杂质和替位式杂质？
7-4　以硅中掺入磷为例，说明什么是施主杂质、施主电离和 n 型半导体。
7-5　以锗中掺入硼为例，说明什么是受主杂质、受主电离和 p 型半导体。
7-6　半导体的基本特性有哪些？
7-7　半导体的光电导是如何产生的？

7-8 简述半导体的霍尔效应及其应用。

7-9 简述半导体的光生伏特效应及其应用。

7-10 举例说明元素半导体硅和锗的电学性质和应用。

7-11 与半导体硅相比，Ⅲ-Ⅴ族化合物半导体往往具有哪些独特性质？

7-12 砷化镓的能带结构有哪些特点？

7-13 举例说明砷化镓、氮化镓等半导体材料的性能特点及其用途。

7-14 什么是固溶体半导体？

7-15 对比分析有机半导体材料和无机半导体材料的结构与性能特点及其用途。

7-16 举例说明半导体量子点的特点及应用。

# 参考文献

[1] 陈光, 崔崇. 新材料概论[M]. 北京: 科学出版社, 2003.

[2] 陈光, 崔崇, 徐锋, 等. 新材料概论[M]. 北京: 国防工业出版社, 2013.

[3] 陈玉安. 现代功能材料[M]. 重庆: 重庆大学出版社, 2008.

[4] 杨树人, 王宗昌, 王兢. 半导体材料[M]. 3 版. 北京: 科学出版社, 2013.

[5] 邓志杰, 郑安生. 半导体材料[M]. 北京: 化学工业出版社, 2004.

[6] 周永溶. 半导体材料[M]. 北京: 北京理工大学出版社, 1992.

[7] 谢孟贤, 刘诺. 化合物半导体材料与器件[M]. 成都: 电子科技大学出版社, 2000.

[8] 刘恩科, 朱秉升, 罗晋生. 半导体物理学[M]. 7 版. 北京: 电子工业出版社, 2017.

[9] [美]PIERRET R F. 半导体器件基础[M]. 黄如, 译. 北京: 电子工业出版社, 2010.

[10] 李廷希, 张文丽. 功能材料导论[M]. 长沙: 中南大学出版社, 2011.

[11] 尹建华, 李志伟. 半导体硅材料基础[M]. 北京: 化学工业出版社, 2009.

[12] 马如璋, 蒋民华, 徐祖雄. 功能材料学概论[M]. 北京: 冶金工业出版社, 1999.

[13] 杜彦良, 张光磊. 现代材料概论[M]. 重庆: 重庆大学出版社, 2009.

[14] 笪云. 表面微结构与载流子复合对太阳能光电转换的影响机制研究[D]. 南京: 南京理工大学, 2018.

[15] MICHA D N, HÖHN O, OLIVA E, et al. Development of back side technology for light trapping and photon recycling in GaAs solar cells[J]. Progress in Photovoltaics: Research and Applications, 2019, 27(2): 163-170.

[16] 袁庆贺, 井红旗, 张秋月, 等. 砷化镓基近红外大功率半导体激光器的发展及应用[J]. 激光与光电子学进展, 2019, 56(4): 35-48.

[17] 张建. GaAs 基近红外半导体激光器的设计、生长和制备研究[D]. 长春: 中国科学院长春光学精密机械与物理研究所, 2013.

[18] BUZYNIN Y, SHENGUROV V, ZVONKOV B, et al. GaAs/Ge/Si epitaxial substrates: Development and characteristics[J]. AIP Advances, 2017, 7(1): 15304-15306.

[19] 李定海. 中国砷化镓太阳能电池的发展研究[J]. 中国金属通报, 2018, (2): 39.

[20] 赵静. 透射式 GaAs 光电阴极的光学与光电发射性能研究[D]. 南京: 南京理工大学, 2013.

[21] 谢欣荣. 第三代半导体材料氮化镓(GaN)研究进展[J]. 广东化工, 2020, 47(18): 92-93.

[22] KHRAPOVITSKAYA Y V, CHERNYKH M Y, EZUBCHENKO I S, et al. Powerful gallium nitride microwave transistors on silicon substrates[J]. Nanotechnologies in Russia, 2020, 15(2): 169-174.

[23] 佚名. 高线性、高功率和低噪声氮化镓晶体管的最新进展[J]. 半导体信息, 2018, (2): 4-6.

[24] 邢琨, 李梦影, 曹洁. 氮化镓基蓝绿光 LED 和固态光源进展[J]. 电子技术与软件工程, 2017, (15): 104.

[25] 吕海燕. GaN 基和 ZnTe 半导体材料的制备和光学特性研究[D]. 济南: 山东大学, 2018.

[26] MCLAUGHLIN D V P, PEARCE J M. Progress in indium gallium nitride materials for solar photovoltaic energy conversion[J]. Metallurgical and Materials Transactions A, 2013, 44(4): 1947-1954.

[27] 盛蔡茂. 氮化镓 GaN 的特性及其应用现状与发展[J]. 科学技术创新, 2018, (31): 48-49.

[28] 杨静, 杨洪星. 几种典型宽禁带半导体材料的制备及发展现状[J]. 电子工业专用设备, 2016, 45(8): 20-23.

[29] KHAN M A, BHATTARAI A, KUZNIA J N, et al. High electron mobility transistor based on a GaN/$Al_xGa_{1-x}$ N heterojunction[J]. Applied Physics Letters, 1993, 63(9): 1214-1215.

[30] ZHANG N Q, MORAN B, DENBAARS S P, et al. Kilovolt AlGaN/GaN HEMTs as switching devices[J]. Physica Status Solidi (A), 2001, 188(1): 213-217.

[31] 付小倩. GaN 基光电阴极的结构设计与制备研究[D]. 南京: 南京理工大学, 2015.

[32] 徐源. 变组分变掺杂 GaAlAs/GaAs 光电阴极研制与光电发射性能评估[D]. 南京: 南京理工大学, 2018.

[33] 金睦淳. 近红外 InGaAs 光电阴极的制备与性能研究[D]. 南京: 南京理工大学, 2016.

[34] 赵亮. 失配体系外延生长 $In_xGa_{1-x}As$ 薄膜位错的形成、演化及抑制研究[D]. 长春: 吉林大学, 2018.

[35] KIM Y, LE X L, CHOA S H. Reliability assessment of flexible InGaP/GaAs double-junction solar module using experimental and numerical analysis[J]. Microelectronics Reliability, 2019, 26(4): 75-82.

[36] KIM T S, KIM H J, HAN J H, et al. Flexible InGaP/GaAs tandem solar cells encapsulated with ultrathin thermally grown silicon dioxide as a permanent water barrier and an antireflection coating [J]. ACS Applied Energy Materials, 2022, 5(1): 227-233.

[37] 张志林. 有机电致发光与有机半导体的发展[J]. 现代显示, 2006, 69(10): 24-30.

[38] 陈海明, 靳宝善. 有机半导体器件的现状及发展趋势[J]. 微纳电子技术, 2010, 47(8): 470-474.

[39] 文璞山, 龚福杰, 梁兴, 等. 有机发光二极管的结构、发展现状与应用前景[J]. 广州化工, 2020, 48(10): 17-19.

[40] 冯林润, 唐伟, 郭小军. 有机薄膜晶体管的发展现状、机遇与挑战[J]. 科技导报, 2017, 35(17): 37-45.

[41] FENG L R, JIANG C, MA H B, et al. All ink-jet printed low-voltage organic field- effect transistors on flexible substrate[J]. Organic Electronics, 2016, 38: 187-192.

[42] 王传坤, 刘勋, 毛与婷. 有机太阳能电池研究近况及发展趋势浅析[J]. 化工新型材料, 2016, 44(7): 12-14.

[43] 殷俊. 噻吩及氮杂芳环半导体材料的结构及载流子迁移率的理论研究[D]. 南京: 南京理工大学, 2016.

[44] 胡永. 几种氟代芳烃电荷传输性质的理论研究[D]. 南京: 南京理工大学, 2016.

[45] 梁梦. 杂稠芳环 n 型有机半导体迁移率的理论研究[D]. 南京: 南京理工大学, 2017.

[46] 王宇琛. 有机半导体放大自发辐射和单模激光的研究[D]. 南京: 南京理工大学, 2017.

[47] 耿蕊, 陈青山, 吕勇. 半导体红外量子点发展现状与前景[J]. 应用光学, 2017, 38(5): 732-739.

[48] 陈琦. 新型荧光碳点的制备及其应用性能研究[D]. 南京: 南京理工大学, 2017.

[49] 朱梦真. 荧光碳量子点的制备及其在环境分析中的应用[D]. 南京: 南京理工大学, 2020.

[50] 胡江生. 高量子产率荧光碳点的制备及其在生物成像中的应用[D]. 南京: 南京理工大学, 2018.

[51] 田仁兵. 石墨烯量子点的制备、表征和反应机理研究[D]. 南京: 南京理工大学, 2018.

[52] 李建海. $CsPbX_3$ 量子点发光二极管的构筑及其效率提升研究[D]. 南京: 南京理工大学, 2019.

[53] 李金航. $CsPbI_3$ 量子点的缺陷调控及其光电性能研究[D]. 南京: 南京理工大学, 2020.

[54] HAMAMOTO K, GINI E, GOLTMANN C, et al. Single transverse mode active multimode interferometer InGaAsP/InP laser diode[J]. Electronics Letters, 1998, 34(5): 462- 464.

[55] OHYA M, NANIWAE K, SUDO S, et al. Over 1W out-put power with low driving voltage 14 nm pump laser diodes using active multimode- interferometer[J]. Electronics Letters, 2004, 40(17): 1063-1064.

[56] ZONG L, WANG Y. High output power single trans- verse mode quantum dot lasers at 1.3μm[J]. Laser Technology, 2014, 38(1): 6-10.

[57] FEDOROVA K A, GORODETSKY A, RAFAILOV E U. Compact all quantum dot-based tunable THz laser source[J]. IEEE Journal of Selected Topics in Quantum Electronics, 2017, 23(4): 1900305.

[58] WANG Z H, FANTO M L, STEIDLE J A, et al. Passively mode- locked InAs quantum dot lasers on a silicon substrate by PdGaAs wafer bonding[J]. Applied Physics Letters, 2017, 110(14): 401-412.

[59] KEULEYAN S, LHUILLIER E, BRAJUSKOVIC V, et al. Mid-infrared HgTe colloidal quantum dot photodetectors[J]. Nature Photonics, 2011, 5(8): 489-493.

[60] ZHAO W W, YU X D, XU J J, et al. Recent advances in the use of quantum dots for photoelectrochemical bioanalysis[J]. Nanoscale, 2016,8(40): 17407-17414.

[61] ZHANG X L, EPERON G E, LIU J H, et al. Semitransparent quantum dot solar cell[J]. Nano Energy, 2016, 22: 70-78.

# 第 8 章　磁 性 材 料

量子力学告诉我们，磁性是物质的基本属性，材料的磁性主要源于原子的外层电子。虽然自然界的任何物质都有磁矩，但通常我们把那些在实际应用中表现出较强磁性的材料称为磁性材料。

天然磁石(磁铁矿)的存在使得磁性材料成为最早被人们认识和利用的功能材料之一。中国是最早认识和利用材料磁性的国家之一。早在公元前 4 世纪，就有“磁石之取针”以及“磁石召铁”的记载。世界上最早的指南工具——司南和我国古代四大发明之一——指南针，都是人们利用天然磁石的最好例证[1]。北宋时期的著名科学家、政治家沈括在《梦溪笔谈》中写道：“方家以磁石磨针锋，则能指南，然常微偏东，不全南也。水浮多荡摇。指爪及碗唇上皆可为之。”沈括不仅提到了指南针的制造方法，还发现了磁偏角的影响，即地球的磁极与地理的南北极不完全重合。后来人们将烧红的钢针进行淬火，钢针可以在地球磁场中被磁化，这也就是最早的人工磁铁。在西方，希腊 Thales 的著作中记录了公元前 600 年有磁铁矿吸铁的现象。磁性的英文 magnetism 一词据说就因盛产天然磁石的 Magnesia 地区而得名。

第二次工业革命以来，随着电磁学和固体物理学的发展，人们对于材料磁性和磁性材料的认识和利用取得了迅速的发展，已渗透到国民经济的各个领域，对现代工业技术进步起着巨大的推动作用。没有磁性材料就不会有现代的电动机、计算机等。近年来，除传统的永磁、软磁、磁记录等磁性材料在质与量上均有显著进展外，新颖的磁性功能材料与器件也层出不穷，如磁致伸缩材料、磁制冷材料、纳米磁性材料以及拓扑磁性材料等。

## 8.1　物质磁性的来源及分类

磁性是物质的基本属性。物质的磁性来源于原子的磁矩，原子磁矩由原子核磁矩和电子磁矩两部分构成。但与电子磁矩相比，原子核磁矩很小，可以忽略不计。因此，通常所说的原子磁矩即指原子核外运动电子的磁矩。原子核外的电子除了在各自轨道上绕核旋转外，还存在自旋。因此，电子磁矩由两部分组成，即轨道磁矩和自旋磁矩。这样，原子磁矩就可看作轨道磁矩与自旋磁矩的总矢量和。在填满电子的壳层中，总轨道磁矩和总自旋磁矩均为零，所以，原子磁矩实际上来源于未填满壳层中的电子。

原子构成分子和物质之后，受到键合作用以及晶体电场效应等的影响，因而物质磁矩一般不等同于孤立原子的磁矩。键合作用使得外层电子发生变化。其中共价结合常常使得价电子配对甚至杂化形成总磁矩为零的电子结构，如氢分子等。离子化合物中的价电子在原子间转移使原子变为正负离子。若为简单元素，可使有磁矩的原子变为无磁矩的离子。在金属中，原子的价电子起着金属键的作用，成为共有的传导电子。于是金属的磁性来自其正离子实和传导电子的磁性。晶体电场效应是指局域在离子中的电子运动受近邻离子产生的静电场的作用而发生变化：一是使电子轨道简并态发生分裂；二是使轨道磁矩对总磁矩的贡献减少甚至消失，即轨道磁矩的部分或全部淬灭。

在认识物质宏观磁性的特征与规律之前，首先了解以下基本概念[2]。

(1) 磁偶极子。环形电流在其运动中心处产生一个磁场，这种可以用无限小电流回路表示的小磁铁定义为磁偶极子。磁偶极子的大小和方向可以用磁偶极矩 $\mu_{\mathrm{m}}$ 表示。磁偶极矩定义为磁偶极子等效的平面回路的电流和回路面积的乘积，即 $\mu_{\mathrm{m}} = iS$（图 8.1），单位为 $\mathrm{A \cdot m^2}$。方向遵循右手定则。

(2) 磁化强度。材料磁性的不同表现为在外磁场作用下具有不同的磁化行为。在外磁场作用下，材料会被磁化而获得磁矩。单位体积的磁矩称为磁化强度 $M$：

$$M = \frac{\sum_{i=1}^{n} \mu_{\mathrm{m}_i}}{\Delta V} \tag{8-1}$$

磁化强度可以看作磁偶极子的集合(图 8.2(a))，也可以看作闭合电流的集合(图 8.2(b))。磁化强度与磁场强度的比值称为磁化率 $\chi$，即 $\chi = M / H$。

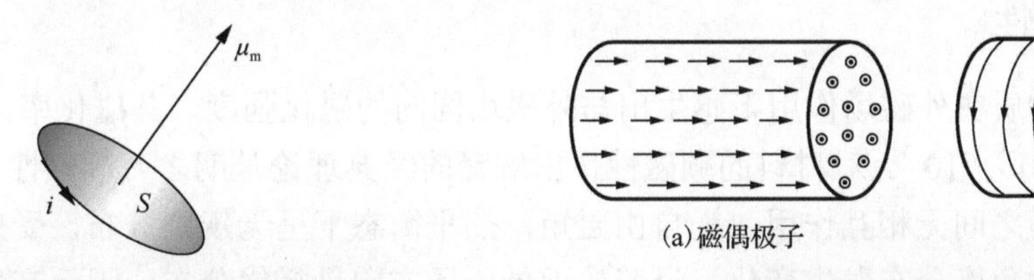


图 8.1　磁偶极子方向和大小示意图

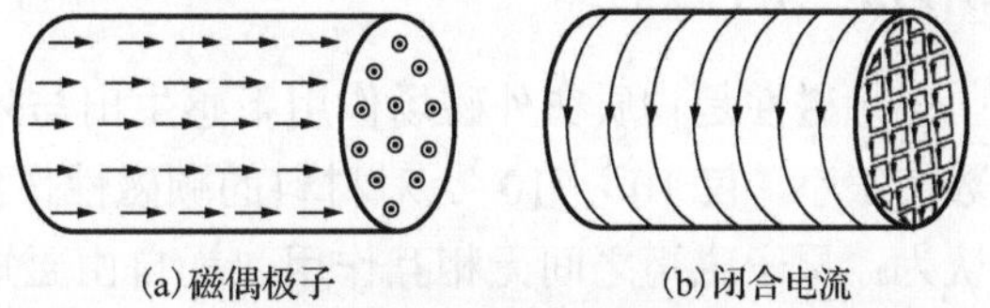

图 8.2　磁化强度微观示意图

(3) 磁场强度。可以理解为空间某处磁场的大小。一根通有电流 $I$ 的直流电的无限长直导线，在距导线轴线 $r$ 处产生的磁场大小称为磁场强度。符号为 $H$。

(4) 磁感应强度。材料在外加磁场作用下，会在材料内部产生一定的磁通量密度，称为磁感应强度 $B$。

磁性材料指标可有多种单位制表示，其中最常见的就是国际单位(SI 制)和物理学中的高斯单位(CGS 制)。为了避免混淆，有必要掌握和分清这两种单位制的具体换算。在 SI 制中，磁感应强度 $B$ 及磁导率 $\mu$ 的关系为 $B = \mu_0 (H + M)$，磁感应强度 $B$ 的单位为特斯拉(T)或者韦伯/米$^2$ ($\mathrm{Wb/m^2}$)，磁场强度的单位为安培/米(A/m)。将 $\chi = M / H$ 代入上式进一步可以得到磁感应强度 $B = \mu_0 \mu H$，其中 $\mu = 1 + \chi$；而在 CGS 制中，磁感应强度 $B = H + 4\pi M = \mu H$，其单位为高斯(G)，$\mu = 1 + 4\pi\chi$，磁场强度的单位为奥斯特(Oe)。其中 $\mu_0$ 为真空磁导率，在 SI 制中等于 $4\pi \times 10^{-7}$ H/m，在 CGS 制中为 1G/Oe。

依据磁化率 $\chi$ 的正负、大小及其与温度的关系，可以将材料分为抗磁性、顺磁性、铁磁性、反铁磁性和亚铁磁性等五大类。它们的形成机理和宏观特征各不相同，对它们的成功解释形成了今天磁性物理学的核心内容。

### 8.1.1　抗磁性

抗磁性是一种弱磁性，相应的物质称为抗磁性物质。抗磁性的产生是原子磁矩叠加的结

果。在外磁场的作用下，磁场穿过电子轨道，引起电磁感应，使得轨道电子加速，电子的轨道磁矩在磁场的作用下，以磁场方向为轴进行**拉莫进动**，原子获得与外磁场方向相反的磁矩，从而产生抗磁性。

由楞次定律可知，轨道电子的这种加速运动所引起的磁通总是与外磁场方向相反，抗磁性物质的磁化率$\chi_d$为负值，且其绝对值很小，一般为$10^{-6}$～$10^{-5}$。绝大多数抗磁性材料的磁化率的大小与温度、磁场无关，其磁化曲线为直线。也有少数反常抗磁性物质(Bi、Ga、Zn、Pb 等)的磁化率的大小与温度、磁场有关。

抗磁性是普遍存在的，它是所有物质在外磁场作用下毫无例外地具有的一种属性。大多数物质的抗磁性因被较强的顺磁性所掩盖而不能表现出来，只有在不具有固有原子磁矩的物质中才表现出来。抗磁性物质包括惰性气体(He、Ne、Ar、Kr、Xe 等)、部分金属和非金属(Si、Ge、S、P、Cu、Ag、Au 等)、不含过渡元素的离子晶体(NaCl、KBr 等)、不含过渡元素的共价键化合物($H_2$、$CO_2$、$CH_4$等)以及大部分有机化合物等。抗磁性物质的共同特点在于，其原子或离子的电子壳层都是填满的，或者原子磁矩等于零，或者由原子组成的分子总磁矩为零。

## 8.1.2　顺磁性

顺磁性是物质在外磁场作用下感生出与外磁场同向的磁化强度，其磁化率$\chi_p$大于 0，但数值很小，仅$10^{-6}$～$10^{-3}$。对材料的顺磁性作出解释的经典理论是朗之万顺磁性理论。该理论认为：原子磁矩之间无相互作用，为自由磁矩，热平衡态下呈无规则分布，受外加磁场作用后，原子磁矩的角度分布发生变化，沿着接近外磁场方向呈择优分布，因而产生顺磁磁化强度。当材料中含有的磁性离子少、相互作用弱时，磁化率服从居里定律，即$\chi_p$与温度成反比，$\chi_p = C/T$，也称为郎之万顺磁性；当材料中磁性离子之间的相互作用不可忽视时，磁化率服从居里-外斯定律，即$\chi_p = C/(T - T_p)$，也称为泡利顺磁性。其中，$C$为居里常数，$T$为热力学温度，$T_p$为顺磁居里温度。

顺磁性物质的原子或分子都具有未填满的电子壳层，原子磁矩不为零，但各原子磁矩的方向混乱，对外不显示宏观磁性。在外磁场作用下，原子磁矩转向磁场方向，感生出与外磁场方向一致的磁化强度 $M$。在外磁场中，顺磁性物质显示出微弱的磁性。常见的顺磁性物质主要有：高于居里温度或者奈尔温度的 3d 过渡元素(Fe、Co、Ni 等)、4f 稀土元素(Pr、Nd、Sm 等)和锕系元素金属(Mn、Cr、W、La、Nd、Pt、Pa 等)，含以上元素的化合物($MnSO_4$、$FeCl_3$、$FeSO_4$、$Gd_2O_3$等)，碱金属和碱土金属(Li、Na、K、Ru、Cs、Mg、Ca、Sr、Ba 等)，包含奇数个电子的原子或分子(HCl、NO、有机化合物中的自由基等)，少数含有偶数个电子的化合物($O_2$、有机物中的双自由基等)。

## 8.1.3　铁磁性

铁磁性是一种强磁性，这种强磁性起源于材料中的自旋平行排列，而平行排列导致自发磁化。铁、钴、镍和一些稀土元素中，原子间的交换作用使原子磁矩发生平行共线的有序排列，产生自发磁化，这种特性就称为铁磁性。铁磁性的元素包括 3d 金属铁、钴、镍以及 4f 金属钆等。具有铁磁性的合金和化合物却很多(如 Fe-Ni、Fe-Si、Fe-Co、AlNiCo、$CrO_2$、EuO、

$GdCl_3$、Nd-Fe-B 等)。铁磁性物质的磁化率 $\chi_f$ 为 $10\sim10^7$，比上述的两种磁性大好几个数量级，且是温度和磁场的函数。当铁磁性物质的温度高于临界温度时，铁磁性将转变为顺磁性，并服从居里-外斯定律。这个磁有序转变温度称为居里点(或居里温度) $T_C$。在这个温度以上，由于高温下原子做剧烈热运动，原子磁矩的排列是混乱无序的，整个系统为顺磁性。在此温度以下，原子磁矩排列整齐，产生自发磁化，材料变成铁磁性。

铁磁性物质的磁化强度 $M$ 和磁场 $H$ 之间不是单值函数，其磁化曲线呈非线性，磁化率 $\chi_f$ 随着磁场变化，存在磁滞效应。磁化强度 $M$ 和磁场 $H$ 之间的关系及磁滞效应可由磁滞回线来表征。磁滞回线是 $H$ 变化一周时，磁感应强度 $B$ 或磁化强度 $M$ 随之变化的曲线。由于磁滞，$B$ 或 $M$ 的值不是沿着原来的磁化路径改变，而是沿着当 $H$ 做循环变化时另外的路径变化，以至于磁场正反磁化一周所得的磁化曲线形成一闭合回线。因此，磁滞回线的形状不但与 $H$ 的大小有关，而且与材料的初始磁化状态有关。在磁滞回线上有表征磁性材料的两个静态参量，剩余磁感应强度 $B_r$ 和矫顽力 $H_c$。剩余磁感应强度 $B_r$ 是当材料被磁化到饱和后，将磁场强度从最大磁场降低到零时具有的磁感应强度。矫顽力 $H_c$ 就是使 $B$ 在反向磁化中减到零时所需要的反向磁场强度。图 8.3 是铁的初始磁化曲线和典型磁滞回线。

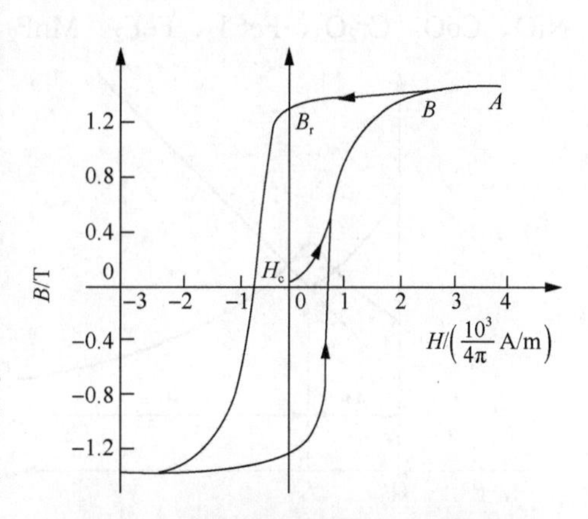


图 8.3 铁的初始磁化曲线和典型磁滞回线

铁磁性材料内部的自发磁化小区域称为磁畴。各个磁畴之间的交界面称为磁畴壁。宏观铁磁体一般具有很多磁畴。在没有磁化的情况下，磁畴的磁矩方向各不相同，结果相互抵消，矢量和为零，整个物体的磁矩为零，因而并不对外显示磁性。只有当磁性材料被磁化以后，它才能对外显示出磁性。图 8.4 为在显微镜中观察到的磁性材料中常见的磁畴形状。其中，图 8.4(a)是软磁材料常见的条形畴，黑白部分因为不同磁畴的磁矩方向不同而具有不同的亮度，它们的交界面就是畴壁；图 8.4(b)是树枝状畴；图 8.4(c)是薄膜材料中常见的迷宫畴。

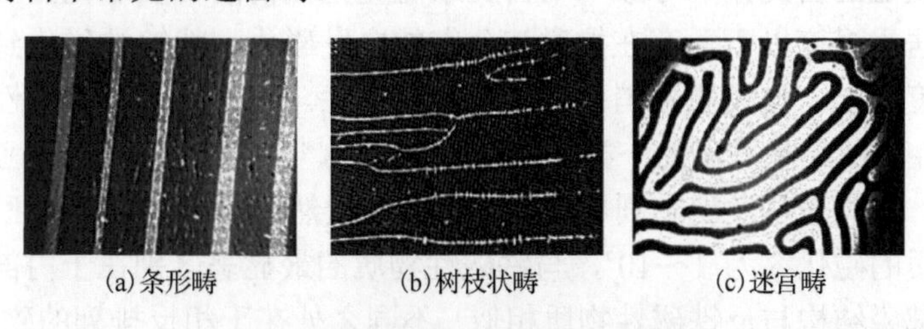

(a)条形畴　(b)树枝状畴　(c)迷宫畴

图 8.4 磁性材料中常见的磁畴形状

## 8.1.4 反铁磁性

反铁磁性物质在所有的温度范围内都具有正的磁化率，但是其磁化率随温度有着特殊的变化规律。其近邻自旋反平行排列，它们的磁矩因而相互抵消。因此反铁磁体不产生自发磁化磁矩，显现微弱的磁性。起初，反铁磁性被认为是反常的顺磁性。进一步的研究发现，它们内部的磁结构完全不同，因此人们将反铁磁性列为单独的一类。1936 年，法国科学家奈尔(Néel)在理论上首先预言了反铁磁性的存在；1938 年，在实验上发现材料磁化行为随温度变化的反铁磁特征；1949 年，进一步通过中子实验证实了材料中存在的反铁磁结构。

反铁磁性物质的磁化率 $\chi$ 大约为 $10^{-3}$，图 8.5 给出了反铁磁性物质的磁化率随温度的变化关系。反铁磁性物质的磁化率在某一温度存在极大值，该温度称为 Néel 温度 $T_N$。当温度 $T > T_N$ 时，其磁化率与温度的关系与正常顺磁性物质的相似，服从居里-外斯定律；当温度 $T < T_N$ 时，磁化率随着温度下降不是继续增大而是降低且逐渐趋于定值。

反铁磁性物质主要是一些过渡元素的氧化物、卤化物、硫化物，如 FeO、MnO(图 8.6)、NiO、CoO、$Cr_2O_3$、$FeCl_2$、$FeF_2$、$MnF_2$、FeS、MnS 等。

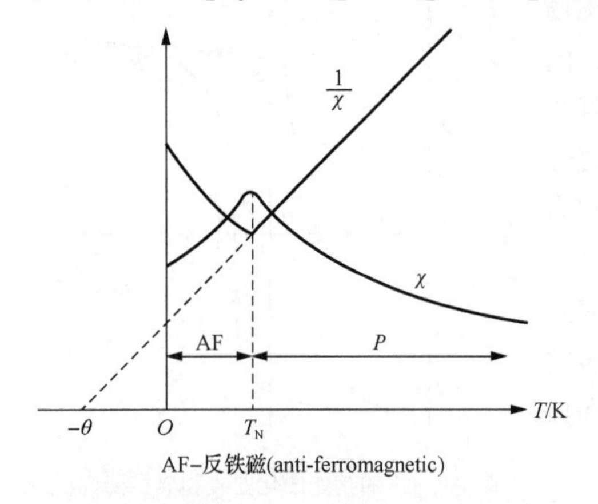


图 8.5　反铁磁性物质磁化率随温度的变化

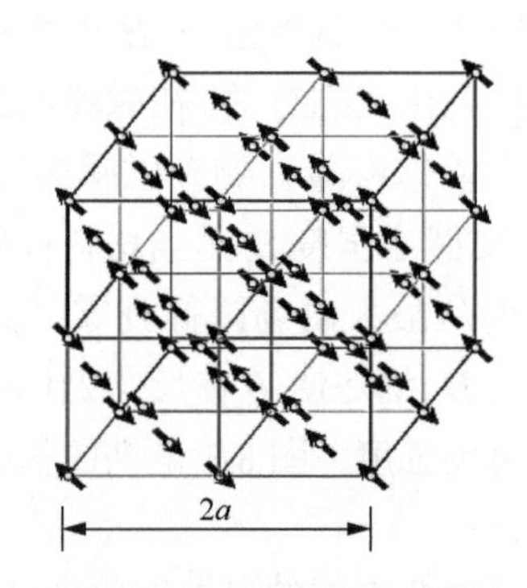


图 8.6　MnO 反铁磁结构晶格

## 8.1.5　亚铁磁性

亚铁磁性物质存在与铁磁性物质相似的宏观磁性。与铁磁体相似，在亚铁磁体中，*A* 和 *B* 次晶格由不同的磁性原子占据，而且有时由不同数目的原子占据，*A* 和 *B* 位中的磁性原子呈反平行耦合，反铁磁的自旋排列导致一个自旋未能完全抵消的自发磁化强度，这样的磁性称为亚铁磁性。在居里温度以下，存在按磁畴分布的自发磁化，能够被磁化到饱和，存在磁滞现象；在居里温度以上，自发磁化消失，转变为顺磁性。正是因为同铁磁性具有以上相似之处，所以亚铁磁性是被最晚发现的一类磁性。直到 1948 年，Néel 才命名了亚铁磁性，并提出了亚铁磁性理论。人类最早发现和利用的强磁性物质天然磁石 $Fe_3O_4$ 就是亚铁磁性物质。

亚铁磁性物质的磁化率为 1～$10^3$，与铁磁性物质的最显著区别在于内部磁结构不同。亚铁磁性物质的内部磁结构与反铁磁性物质相似，不同之处在于相反排列的磁矩不等量。因此，亚铁磁性是未抵消的反铁磁性结构的铁磁性。典型的亚铁磁性材料有尖晶石型晶体、石榴石型晶体等结构类型的铁氧体、稀土-钴金属间化合物和一些过渡金属、非金属化合物等。

图 8.7 以示意图的形式对比说明了简单铁磁体、简单反铁磁体和亚铁磁体之间磁结构的差别。其中简单铁磁体相邻磁矩之间为共线平行排列，简单反铁磁体相邻磁矩之间为大小相等的共线反平行排列，亚铁磁体相邻磁矩之间为大小不等的共线反平行排列。

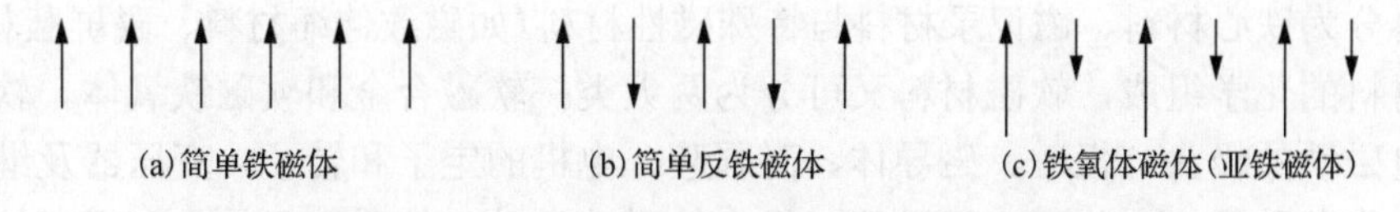


图 8.7　简单铁磁体、简单反铁磁体和亚铁磁体的磁结构对比示意图

# 8.2　典型磁性材料及其应用

人们通常将铁磁和亚铁磁材料统称为强磁性材料，其磁化率为 $1\sim10^5$，在磁场中表现出强烈的磁性，在技术上有着重大的应用。强磁性材料的种类很多，按矫顽力的大小可以分为软磁材料和永磁材料(又称硬磁材料)，两者磁滞回线对比示意如图 8.8 所示；按照应用又可以分为磁记录材料及其他磁性功能材料。

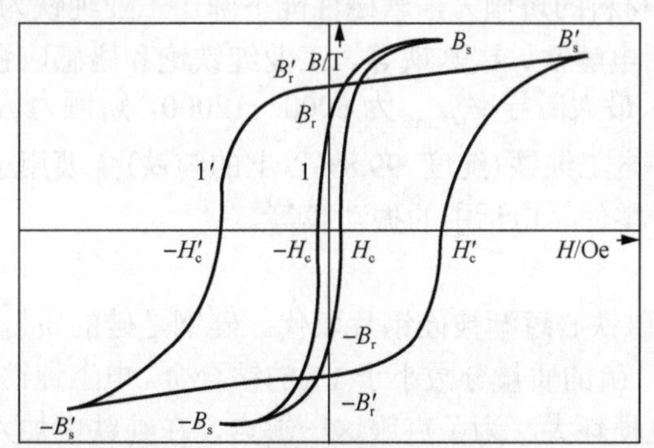


1-软磁材料典型磁滞回线；1′-硬磁材料典型磁滞回线；$H_c$、$H'_c$-矫顽力；
$B_s$、$B'_s$-饱和磁感应强度；$B_r$、$B'_r$-剩余磁感应强度

图 8.8　软磁、硬磁材料磁滞回线对比示意图

## 8.2.1　软磁材料

软磁材料主要是指那些容易反复磁化，且在外磁场去掉后容易退磁的磁性材料。在较弱的外磁场下就能获得高磁感应强度，并随外磁场的增强很快达到饱和。当外磁场去除时，其磁性即基本消失。

**1. 软磁材料的性能要求**

(1)矫顽力 $H_c$ 小(低于 $10^2$A/m)，能快速响应外磁场变化。

(2)初始磁导率 $\mu_i$ (一般为 $10^3\sim10^5$)和最大磁导率 $\mu_{max}$ 比较高。

(3)饱和磁感应强度 $H_s$ 高，可以获得高的 $\mu_i$ 值，还可实现器件的小型化。

(4)功率损耗 $P$ 低。

(5)温度稳定性好，减落小，老化慢。

**2. 软磁材料的分类**

根据软磁应用需求和性能指标可将软磁材料分为高磁饱和材料、中磁饱和中导磁材料、高导磁材料、矩磁材料、恒磁导率材料、磁温度补偿材料、磁致伸缩材料等。也可根据用途

将软磁材料分为铁心材料、磁记录材料与特殊磁性材料(如磁致伸缩材料、磁屏蔽材料等)。

按照材料的化学组成，软磁材料又可分为两大类：软磁合金和软磁铁氧体。软磁合金常用作各种电磁铁的极头、极靴、磁导体、磁屏蔽、电机的定子和转子、变压器及继电器的铁心，也用于作各种通信、传感、记录等工程中的磁性元件。软磁铁氧体具有很高的电阻率，适用于在高频范围内工作的各种软磁元件。另外，非晶纳米晶软磁合金及软磁薄膜也有一定程度的应用。

### 3. 主要软磁材料

#### 1) 电工纯铁

纯铁是最早应用的经典软磁材料。人们通常采用降低铁中碳含量的方法来降低铁的矫顽力。铁中的主要杂质是 O、C、S 等，其高温溶解度较高，可以通过高温热处理的方式实现全部固溶，因此经过高温退火处理的铁初始为单相，具有较好的软磁性能。但是在室温附近，这些杂质在铁中的溶解度较小，会以 FeO、$Fe_3C$、FeS 的形式析出，成为非磁性杂质点，阻碍磁畴运动，提高纯 Fe 材料的矫顽力，软磁性能下降。工业纯铁为碳含量低于 0.04%(质量分数)的 Fe-C 合金，包括电解铁、羰基铁等。工业纯铁饱和磁感应强度 $B_s$ 达 2.15T，初始磁导率 $\mu_i$ 一般为 300～500，最大磁导率 $\mu_{max}$ 为 6000～12000，矫顽力 $H_c$ 为 40～95A/m，是工业上最早应用的软磁材料。电工纯铁(纯度 99.8%以上的纯铁)主要用于生产电磁铁的铁心和磁极、继电器的磁路和各种零件、电话中的振动膜等。

#### 2) 硅钢(Fe-Si)

在 1900 年以后，软磁铁心逐渐被硅钢片取代。硅钢是硅的质量分数为 1.5%～4.5%、碳的质量分数在 0.02%以下、硫的质量分数小于 1%的铁合金。电工纯铁只能在直流磁场下工作，在交变磁场下工作，涡流损耗大。为了克服这一缺点，在纯铁中加入少量硅，形成固溶体，这样提高了合金电阻率，减少了材料的涡流损耗。此外，随着纯铁中硅含量的增加，磁滞损耗降低，而在弱磁场和中等磁场下，磁导率增加。同时，添加硅元素可降低硅钢的磁晶各向异性常数，而且随着硅含量的增加，饱和磁致伸缩系数降低，有利于提高磁导率和降低矫顽力。硅钢的一些基本性能随硅含量的变化关系如图 8.9 所示。从图中可以看出，硅钢的饱和磁感应强度 $B_s$ 随着硅含量的增加而降低，这是添加硅的不足之处。添加硅所带来的益处却大得多。添加硅可以降低硅钢的磁晶各向异性常数 $K$，同时随着硅含量的增加，饱和磁致伸缩系数降低。

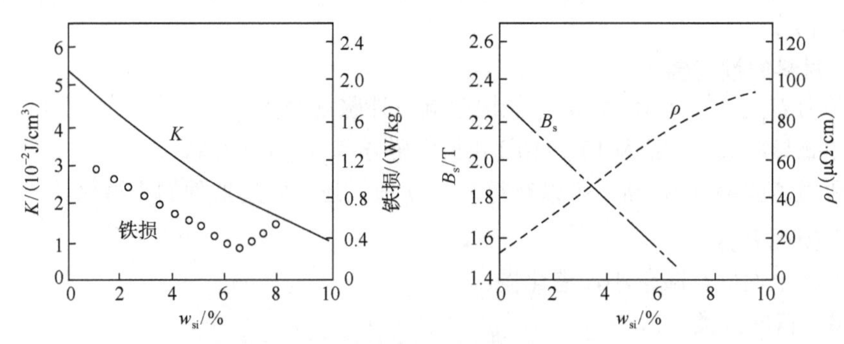


图 8.9　硅钢的磁特性与成分之间的关系

硅钢片根据制备工艺可以制成各向同性(无取向)及各向异性(取向)的轧制板材，各向同性的板材晶粒取向混乱，磁畴壁位移阻力大，需要通过磁畴转动实现磁化饱和，磁滞损耗大，此种硅钢片多应用于电机转子铁心等要求各向同性磁芯的领域。各向异性板材内部晶粒具有晶体择优取向，易磁化轴[001]沿着压延方向排列，(110)面与钢板平行，畴壁位移阻力小，磁畴损耗小，此种硅钢片在变压器铁心中应用优势明显。

**3)坡莫合金(Fe-Ni)**

坡莫合金来源于英文单词 permalloy(最初为美国一家公司生产的一种镍铁合金的商品，现已成为磁学的专门名词)，是指镍的质量分数为30%～90%的镍铁合金，属于精密软磁材料。其在弱磁场和中磁场下具有极高的磁导率和很低的矫顽力，并具有较好的防锈性能和良好的加工性能。有些品种的铁镍合金具有矩磁特性。坡莫合金的成分范围宽，且磁性能可以通过改变成分和热处理工艺等进行调节。随 Ni 含量的增加，坡莫合金磁导率增加、饱和磁感应强度下降。合金的磁晶各向异性常数 $K_1$ 既依赖于成分又依赖于热处理制度。当 Ni 含量为 35%～40%时，磁晶各向异性常数 $K_1$ 随镍含量增加而减小，并且矩磁比 $B_r/B_s$ 变小。当 Ni 含量为 45%～50%时，该成分范围内的合金具有坡莫合金中最高的饱和磁化强度，且 $K_1>0$，易磁化方向为<100>。当 Ni 含量为 50%～65%时，合金有较高的居里温度，饱和磁化强度也较高，且在有序状态 $K_1\approx 0$，因此磁场热处理效应特别明显，能产生很强的感生磁各向异性。当 Ni 含量为 70%～81%时，合金具有最高的磁导率。此成分范围内加入适量的合金元素如钼、铬、铜等，再通过控制热处理的冷却速度，便可以使 $K_1$ 和 $\lambda$(磁致伸缩系数)同时趋近零，从而获得很高的磁导率和很低的矫顽力。因此，根据坡莫合金的特性，大致可将它们分为高初始磁导率合金、矩磁合金、恒磁导率合金、磁致伸缩合金、温度补偿合金等。

**4)仙台斯特(Sendust)合金**

仙台斯特合金是1932年在日本仙台被开发出来的，是指以铁硅铝为主要组成元素的高磁导率型软磁合金，又称铁硅铝软磁合金，其典型成分为**9.6Si-5.4Al-85Fe**。在该成分时，合金的磁致伸缩系数$\lambda$和磁晶各向异性常数 $K_1$ 几乎同时趋于零，并且具有高磁导率和低矫顽力。同时，因硅和铝含量高，合金电阻率高，涡流损耗低，硬度高(约 500HV)，耐磨性好，具有较好的抗氧化和耐蚀性以及低的应力敏感性。

**5)铁钴合金**

铁钴(FeCo)合金具有高的饱和磁化强度，在 $w_{Co}$ 为 35%时，最高饱和磁化强度达到 2.45T。$w_{Co}$ 为 50%左右的铁钴合金具有高的饱和磁化强度、高的初始磁导率和最大磁导率。但铁钴合金的加工性能较差，为了改善其加工性能，通常加入 V、Cr、Mo、W 和 Ti 等元素。铁钴合金通常用作直流电磁铁铁心和极头材料、航空发电机定子材料以及电话受话器的振动膜片等。此外，铁钴合金具有较高的饱和磁致伸缩系数，也是一种很好的磁致伸缩合金。

**6)软磁铁氧体**

随着频率的增加，金属软磁材料低电阻率的特性导致了趋肤效应的产生，其在高频段的应用被涡流损耗所限制。20 世纪 40 年代，铁氧体开始由实验室走向工业生产，而后逐渐在软磁行业中占据最主要的地位。铁氧体属于亚铁磁性物质，所以饱和磁化强度 $M_s$ 较金属软磁材料低，但其电阻率 $\rho$ 比金属软磁材料高得多，磁谱特性好，适宜在高频和超高频下应用，不足之处是难以在低频高功率状态下工作。从结构上来看，铁氧体主要有尖晶石型铁氧体、石榴石型铁氧体和磁铅石型铁氧体。从成分上来看，主要包括 MnZn 铁氧体、NiZn 铁氧体、MgZn 铁氧体等尖晶石型铁氧体以及 $Co_2Y$、$Co_2Z$ 等平面六角形铁氧体等。

MnZn 铁氧体是具有尖晶石结构的 $m$MnFe$_2$O$_4$·$n$ZnFe$_2$O$_4$ 与少量 $Fe_3O_4$ 组成的单相固溶体。在低频段 MnZn 铁氧体应用极广，在 500kHz 频率下较其他铁氧体具有更多的优点，如磁滞损耗低，在相同高磁导率的情况下居里温度较 NiZn 铁氧体高，初始磁导率 $\mu_i$ 高，最高可达 $4\times10^4$，有可能达到 $1\times10^5$，且价格低廉。MnZn 铁氧体主要分为高磁导率 $\mu_i$ 铁氧体和高频低损耗(高 $B_s$) 功率铁氧体等。

NiZn 铁氧体是另外一类产量大、应用广泛的高频软磁材料。NiZn 铁氧体在 1～100MHz 内应用最广。在 1MHz 以下时，其性能不如 MnZn 铁氧体，而在 1MHz 以上时，由于它具有多孔性及高电阻率，其性能大大优于 MnZn 铁氧体，非常适宜在高频中使用。用 NiZn 铁氧体软磁材料制成的铁氧体宽频带器件的使用频率可以很宽，其下限频率可达几千赫兹，上限频率可达几千兆赫兹，大大扩展了软磁材料的使用频率范围，其主要功能是在宽频带范围内实现射频信号的能量传输和阻抗变换。由于它们具有频带宽、体积小、重量轻等特点而被广泛应用在雷达、电视、通信、仪器仪表、自动控制、电子对抗等领域。

从性能参数和应用角度来看，软磁铁氧体又可分为如下几类。

(1) 高磁导率材料，$\mu_i > 10^4$。用于宽频带变压器、低频变压器、微型电感器和小型环形脉冲变压器等。

(2) 低损耗、高稳定性材料。用于中频载波机，高频、甚高频调谐电路等。

(3) 高频、大磁场用的材料。主要用于质子同步加速器及高频加速器中的调谐磁芯、高功率变压器、小型电感器件、作为发射机终端用的极间耦合变压器等。

(4) 功率铁氧体，即高饱和磁感应强度低功耗材料。主要用于 CRT 电视机或示波器的偏转磁芯、电源开关和 U 形磁芯等。

(5) 甚高频六角铁氧体。用于宽频带变压器磁芯、示波器扫描接收机的扫描磁芯等。

(6) 温感、湿感、吸波、电极等材料。

**7) 非晶纳米晶软磁**

除了上述的软磁合金和铁氧体材料，近些年来非晶纳米晶软磁合金的发展使得它成了磁性材料发展史上重要的里程碑。非晶合金在原子排列上长程无序、短程有序(图 8.10)，电阻率比同种晶态材料高，在高频环境使用时涡流损耗较小；不存在磁晶各向异性，具有高磁导率和低矫顽力，且软磁性能对应力不敏感；不存在位错和晶界，强度高、硬度大，抗腐蚀能力强。非晶合金的主要缺点在于其自由能较高，结构不稳定，晶化温度附近及以上具有结晶化倾向。

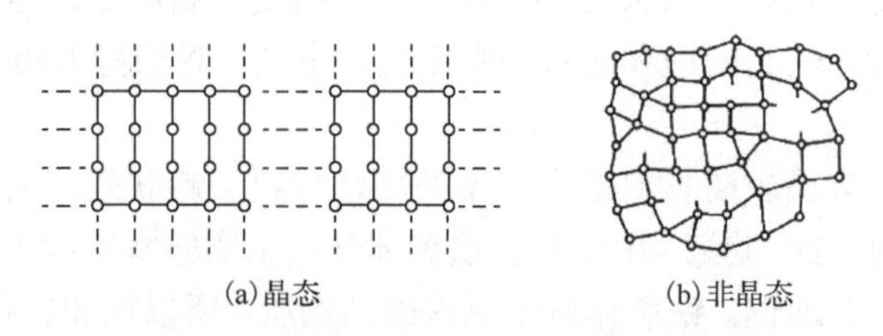


图 8.10　晶态与非晶态材料内部原子排布特征示意图

非晶态磁性材料大致上可分为三大类。①过渡金属-类金属非晶合金，将B、C、Si、P等类金属加入过渡金属中更有利于生成非晶合金。这类非晶合金主要包括铁基非晶合金、铁镍基非晶合金和钴基非晶合金。②稀土-过渡金属非晶合金，如TbFeCo、GaTbFe等。③过渡金属-过渡金属非晶合金，如FeZr、CoZr等，添加一定量的类金属元素可形成非晶态铁磁性合金。目前已发现的非晶软磁合金体系主要由Fe、Co、Ni和类金属元素Si、B、P和C组成。前者约占总量的80%(摩尔分数)，后者约占总量的20%(摩尔分数)，如$Fe_{80}P_{16}C_3B_1$和$Fe_{40}Ni_{40}P_{14}B_6$等。铁基非晶软磁合金饱和磁感应强度高、矫顽力低、损耗特别小，但缺点是磁致伸缩系数大；而钴基非晶软磁合金饱和磁感应强度较低、磁导率高、矫顽力低、损耗小，磁致伸缩系数几乎为零；铁镍基非晶软磁合金性能基本介于上述两者之间。

纳米晶软磁材料是1988年日本日立金属公司的Yoshizawa等在非晶合金的基础之上，通过晶化处理开发出的新型材料。根据传统的磁畴理论，矫顽力与晶粒尺寸成反比，因此以往追求的材料结晶均匀、晶粒尺寸大。纳米晶软磁材料出现以后，人们发现其矫顽力并没有升高，而是降低了。后来在实验的基础上，才全面地认识到软磁材料的矫顽力与晶粒尺寸的关系，如图8.11所示。于是软磁材料要求晶粒尺寸尽可能小，直至纳米量级。

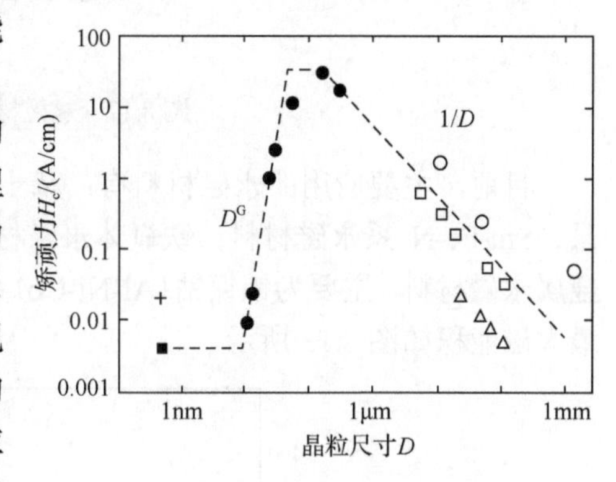


图8.11 矫顽力与晶粒尺寸的关系

人们在典型的非晶合金体系Fe-Si-B中添加不固溶的Nb、Cu元素，Cu元素的添加有利于促进形核，而Nb元素则有利于细化晶粒。通过这一手段得到的纳米晶软磁材料$Fe_{73.5}CuNb_3Si_{13.5}B_9$(Finemet)的初始磁导率高达$10^5$，居里温度为570℃，远高于MnZn铁氧体和Co基非晶合金，其饱和磁感应强度为1.3T，接近Fe基非晶合金，为MnZn铁氧体的3倍，饱和磁致伸缩系数仅为Fe基非晶合金的1/10，因此在高频段应用优于Fe基非晶合金。此外，它还不存在非晶态材料老化的问题。20世纪90年代，又有Fe-M-B(Nanoperm，M为Hf、Nb等元素)、FeCoZrBCu(Hitperm)等系列纳米晶软磁材料相继问世。纳米晶软磁材料的突出特点是具有高磁感应强度、高磁导率和低损耗，通常采用熔体快淬工艺制备。铁基非晶合金带可作为纳米晶软磁合金制备前驱体。

## 8.2.2 永磁材料

永磁材料是指那些难以磁化，且除去外场以后仍能保留高的剩余磁化强度的材料，其主要特点为具有高矫顽力，也称硬磁材料。永磁材料主要用于提供磁场。永磁体由外界充磁并储存静磁能，人们希望静磁能越大越好。然而，磁铁本身将受到退磁场的作用，退磁方向和原来外加磁场的方向是相反的，因此永磁体的工作点将从剩磁点$B_r$移到磁滞回线的第二象限，即退磁曲线上的某一点上，如图8.12所示。图中，永磁体的实际工作点用$D$表示。由此可知，永磁材料的性能应该用退磁曲线上的有关物理量来表征，它们是剩磁$B_r$、矫顽力$H_c$、最大磁能积$(BH)_{max}$等。此外，永磁材料在使用过程中性能的稳定性往往也是考察的重要指标，如居里温度$T_C$、可逆温度系数$\alpha$。

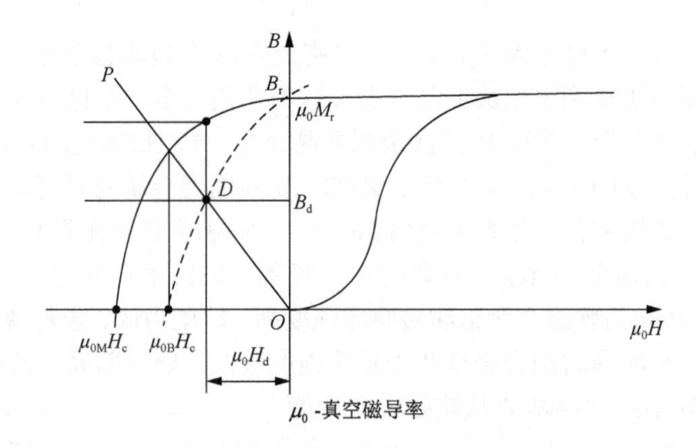


图 8.12　永磁材料的磁化曲线和退磁曲线[2]

目前，主要应用的永磁材料有：稀土永磁材料，包括 $SmCo_5$ 系、$Sm_2Co_{17}$ 系、Nd-Fe-B 系、Sm-Fe-N 系永磁材料；铁氧体永磁材料，以 $Fe_2O_3$ 为主要组元的复合氧化物永磁材料；金属永磁材料，主要为铝镍钴(Al-Ni-Co)系和铁铬钴(Fe-Cr-Co)系两类。不同体系的永磁材料最大磁能积如图 8.13 所示。

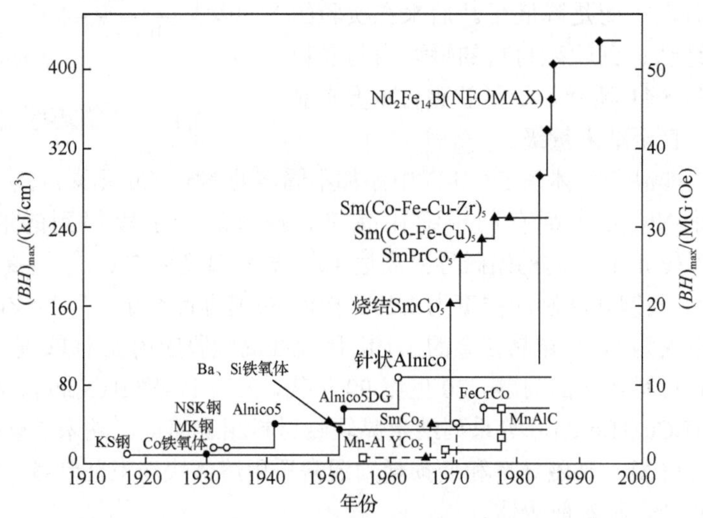


图 8.13　不同种类永磁材料的磁能积随着年代的发展变化

### 1. 稀土永磁材料

稀土永磁材料是指以稀土金属元素与过渡金属元素所形成的金属间化合物为基体的永磁材料。具有高的最大磁能积和矫顽力，对永磁元件的小型化和薄型化起到了很大的推动作用。其中，20 世纪 60 年代开发的以 $SmCo_5$ 为代表的第一代稀土永磁材料采用强磁场取向等静压和低氧工艺等粉末冶金方法制备，最高工作温度可达 250℃。$SmCo_5$ 具有 $CaCu_5$ 型晶体结构，这是一种六方结构(图 8.14)。它由两种原子层组成，一层是呈六角形排列的钴原子，另一层由稀土原子和钴原子以 1∶2 的比例排列而成。晶格常数 $a$ = 5.004Å，$c$ = 3.971Å。这种低对称性的六方结构使 $SmCo_5$ 化合物有较高的磁晶各向异性，沿 $c$ 轴是易磁化方向[3]。$SmCo_5$ 化合物具有很高的磁晶各向异性常数，$K_1$=15×10$^3$ ～19×10$^3$ kJ/m$^3$，它的$M_s$=890 kA/m，其理论磁能积达244.9kJ/m$^3$。制成磁体以后，$SmCo_5$永磁体的$B_r$＝0.8～0.95T，*B-H*磁滞回线上的矫顽力点$H_c$＝557.2～756.2 kA/m，$(BH)_{max}$=135.3～159.2 kJ/m$^3$。

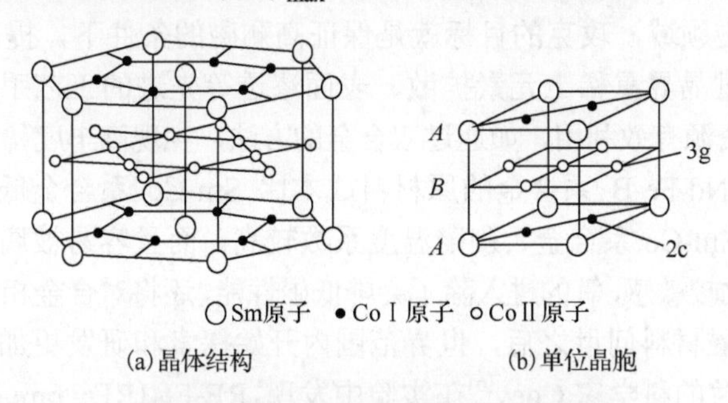


(a)晶体结构 (b)单位晶胞

图8.14 $SmCo_5$型晶体结构和单位晶胞

20世纪70年代开发出以$Sm_2Co_{17}$为代表的第二代稀土永磁材料，主要包括Sm-Co-Cu系、Sm-Co-Cu-Fe系、Sm-Co-Cu-Fe-M系(M=Zr、Ti、Hf、Ni)。此类合金的磁性能优于$SmCo_5$，工作温度可高达350℃，缺点是制造工艺复杂，造价高。在工业中主要用于制作精密仪器和微波器件。$Sm_2Co_{17}$在高温下是稳定的$Th_2Ni_{17}$型六方结构，在低温下为$Th_2Zn_{17}$型的三方结构(图8.15)。室温下晶格常数为$a$＝8.395Å，$c$＝12.216Å。$Sm_2Co_{17}$具有高的内禀饱和磁化强度$\mu_0M_s$＝1.2T，而且是易$c$轴的，居里温度$T_C$也很高，$T_C$＝926℃，是很理想的永磁材料。用Fe部分取代$Sm_2Co_{17}$化合物中的Co，所形成的$Sm_2(Co_{1-x}Fe_x)_{17}$的饱和磁化强度可进一步提高。

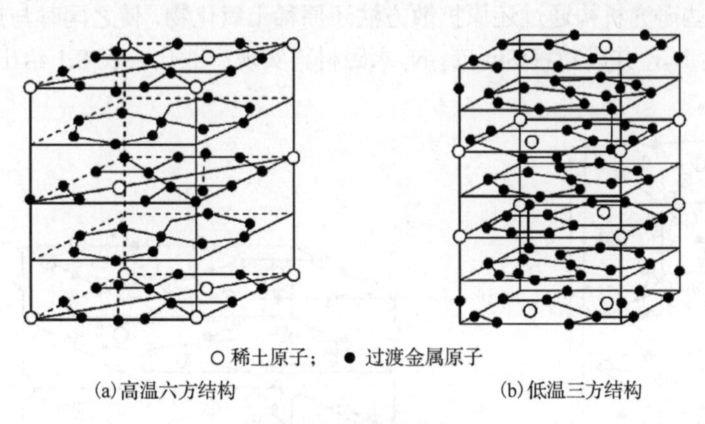


(a)高温六方结构 (b)低温三方结构

图8.15 $Sm_2Co_{17}$合金

$SmCo_5$型和$Sm_2Co_{17}$型永磁材料都具有良好的永磁性能，但因为其含有战略资源金属钴和储量较少的稀土元素钐，所以其发展受到很大影响。1983年日本佐川真人发明了第三代稀土永磁材料——Nd-Fe-B系($Nd_2Fe_{14}B$)高磁能积磁体。Nd-Fe-B永磁材料的具体化学配比为$Nd_2Fe_{14}B$相，属于四方相，空间群为$P4_2$/mnm，晶格常数$a$=0.882nm，$c$=1.224nm，具有单轴各向异性，单胞结构如图8.16所示。每个单胞由4个$Nd_2Fe_{14}B$分子组成，共68个原子，其中有8个Nd原子、56个Fe原子、4个B原子。$Nd_2Fe_{14}B$相结构决定了其内禀磁特性，其室温磁性远强于其他材料，主要优点为：磁性能高(各向异性场$\mu_0H_a$=6.7 T；室温饱和磁极化强度$J_s$=1.61 T)。其不足的地方为：居里温度较低($T_C$≈585 K)，温度稳定性差，化学稳定性也不好。不过其不足之处可以通过调整化学成分和采取某些措施来改善。目前此类材料磁性能已达到如下水平：最大磁能积$(BH)_{max}$达410～460kJ/m$^3$，矫顽力为2244.7kA/m，是目前磁性能最高的永磁材料，被誉为“磁王”[4]。目前，Nd-Fe-B永磁材料的科学研究主要集中在高矫顽力以及高丰度稀土永磁领域，攻克的目标就是保证高剩磁的条件下，提高Nd-Fe-B永磁材料的高温磁性能，如通过晶界重稀土元素扩散、表面渗透等先进的工艺手段。再结合稀土资源基本国情，实现稀土资源有效利用，如通过双合金的方法，实现高丰度稀土Ce大量替代Nd且保持较好的磁性能[5]。Nd-Fe-B系合金的原材料成本比Sm-Co系合金低得多。但是Nd-Fe-B磁体的居里温度低于Sm-Co系合金、剩磁温度系数较高，而且容易被腐蚀。另外Nd-Fe-B磁体的组织与性能对氧比较敏感，氧的进入除了会降低磁性能，还将对合金相的组成产生很大影响。

自从Nd-Fe-B永磁材料问世之后，世界范围内开始探索和研发更加高效的新一代稀土永磁材料。1990年，爱尔兰的科学家Coey[6]在实验中发现，$RE_2F_{17}$(RE= rare earth)化合物在300℃以上渗N形成新的金属间化合物。一般用$Sm_2Fe_{17}N_x$($0<x\leqslant 3$)来表示氮化后的产物。氮化后的产物具有与母合金对称的晶体结构，所不同的是它们的晶格常数$a$、$c$和晶胞体积$V$发生了变化。$Sm_2Fe_{17}N_x$晶体结构如图8.17所示。具有$Th_2Zn_{17}$晶体结构的$Sm_2Fe_{17}$的居里温度只有116℃，而且是基面各向异性，但其经氮化所得的$Sm_2Fe_{17}N_x$却变成了单轴各向异性，其居里温度$T_C$和饱和磁化强度$M_s$都得到了相当大的改善。饱和磁化强度达1.54T，这可与Nd-Fe-B的1.6T相媲美，而居里温度为470℃(Nd-Fe-B为312℃)、各向异性场为14T(Nd-Fe-B为8T)，都比Nd-Fe-B的值高得多。因此，Sm-Fe-N是一种很有发展前途的永磁材料。Sm-Fe-N永磁材料由于其难以制备成高密度块体，其实际磁体性能仍远远低于烧结Nd-Fe-B。我国北京大学以及日本的一些研究机构通过还原扩散方法还原稀土氧化物，使之同时与过渡金属互扩散、氮化形成$Sm_2Fe_{17}N_x$，并成功将$Sm_2Fe_{17}N_x$永磁材料实现产业化。表8.1给出了各种类型稀土永磁材料的性能。

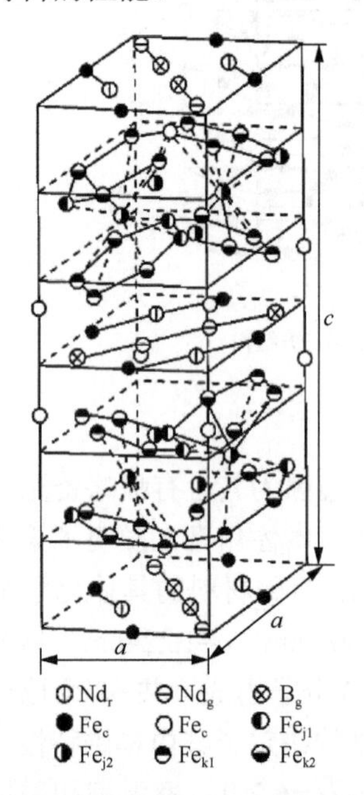


图8.16 $Nd_2Fe_{14}B$四方晶体结构单胞

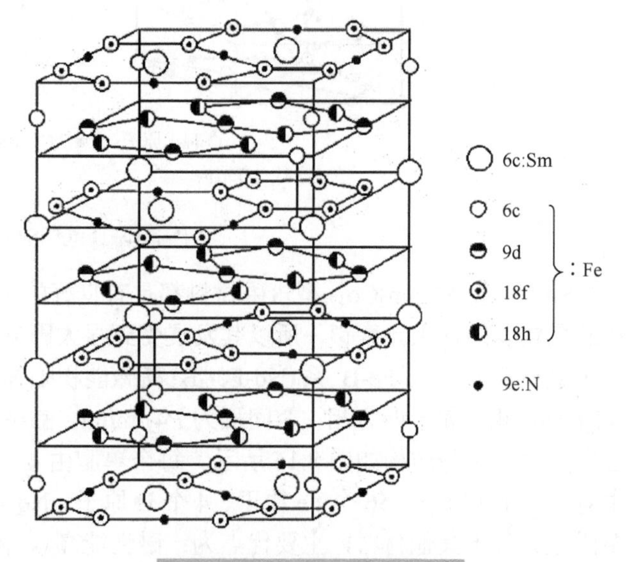


图8.17 $Sm_2Fe_{17}N_x$的晶体结构

表 8.1　各类稀土永磁材料的性能比较

| 性能 | $RECo_5$ | $RE_2Co_{17}$ | $Nd_2Fe_{14}B$ | $Sm_2Fe_{17}N_x$ |
|---|---|---|---|---|
| $B_r$ / T | 0.88～0.92 | 1.08～1.12 | 1.18～1.40 | 0.80～1.54 |
| $H_{ci}$ / (kA/m) | 960～1280 | 496～544 | 800～1040 | 490～750 |
| $(BH)_{max}$ / (kJ/m$^3$) | 152～168 | 232～248 | 264～474 | 35～69 |

注：$H_{ci}$为内禀矫顽力。

### 2. 铁氧体永磁材料

铁氧体既有前面所述的软磁型，也有永磁型。材料的磁晶各向异性常数 $K_1$ 越大，矫顽力 $H_c$ 就越大，同时初始磁导率 $\mu_i$ 也会越低。因此通常选择磁晶各向异性常数 $K_1$ 特别大的铁氧体材料作为永磁铁氧体。此类永磁材料是由铁的氧化物和锶(或钡等)氧化物按一定比例混合以后，经过一系列加工过程制备而成的。通常永磁铁氧体按模压成型时是否需要磁场取向，可分为各向异性永磁铁氧体和各向同性永磁铁氧体；按成品是否进行烧结处理，可分为烧结永磁铁氧体和黏结永磁铁氧体。永磁铁氧体的主要特征是高矫顽力和廉价，但剩磁和最大磁能积偏小，温度系数大且脆而易碎。虽然永磁铁氧体的磁性能不高，温度系数较高，因此不适合精度要求很高的应用场合，但由于原材料丰富、性价比高、工艺简单成熟、抗退磁性能优良，且不存在氧化的问题，所以在产量极大的家用电器、音响设备、扬声器、电动机、电话、笛簧接点元件、转动机械、电机、电声、磁控管和磁辊等方面应用很普遍。目前主要应用的永磁铁氧体为六方系的磁铅石型铁氧体，其化学式为 $MO \cdot xFe_2O_3$，其中 M=Ba、Sr、Ca 或 Pb 等，可简称为 M 型铁氧体。在钡/锶铁氧体永磁材料性能改进方面，离子取代技术已经成为高磁性铁氧体简单有效的制备方法，利用镧系元素取代钡/锶铁氧体中的钡和锶，可获得更加稳定的六方铁氧体晶体，获得更大的磁晶各向异性。TDK 公司公开了一种 La-Co 离子取代的 M 型铁氧体，可获得优异的磁性能。这主要是因为 $Co^{2+}$ 含量较低的情况下在铁氧体晶格中有择优取代的倾向，导致自旋向上的磁矩和自旋向下的磁矩之差增大，可提高饱和磁化强度。而 $La^{3+}$ 取代 M 型铁氧体中的 $Ba^{2+}$ 或 $Sr^{2+}$，一方面可补偿体系中的价位差，另一方面 $La^{3+}$ 的部分取代有利于稳定磁铅石型铁氧体晶体结构和改善其磁性。目前离子取代型钡铁氧体 ($BaO \cdot 6Fe_2O_3$)、锶铁氧体 ($SrO \cdot 6Fe_2O_3$) 等批量生产制备技术已经非常成熟。表 8.2 为典型的铁氧体永磁材料室温磁性能。

表 8.2　典型铁氧体永磁材料在室温下的基本磁性能

| 磁学参数 | BaM | PbM | SrM |
|---|---|---|---|
| $M_s$ / (kA/m) | 380 | 320 | 370 |
| $T_C$ /℃ | 450 | 452 | 460 |
| $(BH)_{max}$ / (kJ/m$^3$) | 43 | 35.8 | 41.4 |
| $H_{cJ}$ / ((10$^3$/4π) (kA/m)) | 6.9 | 5.4 | 8.1 |

注：BaM 为 M 型钡铁氧体；SrM 为 M 型锶铁氧体。

### 3. 其他金属永磁材料

以铁和铁族元素为主要组元的合金型永磁材料的发展和应用都较早。根据形成高矫顽力的机理，可分为淬火硬化型磁钢、析出硬化型磁钢、时效硬化型磁钢和有序硬化型磁钢。淬火硬化型磁钢(碳钢、钨钢、铬钢、钴钢和铝钢等)的矫顽力主要通过高温淬火手段把加工过的零件中的奥氏体组织转变为马氏体组织来获得，但其矫顽力和磁能积较低，现在基本已不使用。析出硬化型磁钢(Fe-Cu、Fe-Co、Al-Ni-Co)中以 Al-Ni-Co 系磁钢应用最广泛，其主要特征为高剩磁与低温度系数。磁钢经热处理、磁场热处理或定向结晶处理等后，其中铁磁性析出粒子的形状各向异性导致了 Al-Ni-Co 系磁钢具有很高的矫顽力。时效硬化型磁钢的矫顽力通过淬火、塑性变形和时效硬化的工艺获得，该类永磁合金主要包括α -Fe 基合金(包括铁钼钴、钴钼和铁钨钴合金，主要用于电话接收机)、Fe-Mn-Ti 和 Fe-Co-V 合金(Fe-Mn-Ti 合金磁性能与低钴钢相当，主要用于指南针和仪表零件等，Fe-Co-V 合金可用于制造微型电机等)、铜基合金(Cu-Ni-Fe、Cu-Ni-Co，可用于测速仪和转速计)、**Fe-Cr-Co** 系永磁合金(永磁性能与中等 AlNiCo 永磁合金相当，最突出的优点是易于加工，可进行各种机加工，主要用于扬声器、陀螺仪、电度表、转速表、磁显示器和空气滤波器等)。有序硬化型磁钢(Ag-Mn-Al、Co-Pt、Fe-Pt、Mn-Al、Mn-Al-C 合金)的显著特点是在高温下处于无序状态，经淬火和回火后，由无序相中析出弥散分布的有序相来提高矫顽力，一般用来制造小型仪器仪表元器件、磁性弹簧、电机磁系统等。单畴微粉型永磁材料(MnBi、MnAl 合金粉等)的微粉一般呈球状或者针状，尺寸为 0.01～1μm。其高的矫顽力主要由单畴颗粒磁矩的转动决定。

### 8.2.3　磁记录材料

磁记录技术在信息存储领域具有独特的地位，它的发展已经有 100 多年历史。自 1898 年丹麦工程师发明钢丝录音机以来，磁记录材料飞速发展。如今以磁带、软磁盘和硬磁盘为主要形式的磁记录设备更是由于价格低廉、性能优良的特点，占据了计算机外部存储领域的大部分市场。磁记录是指将声音、文字、图像等信息通过电磁转换记录和存储在磁记录介质上，且该信息可重新再现。磁记录技术依赖于用于读、写操作的磁头材料以及磁存储介质材料。

**1. 磁头及磁头材料**

磁头是磁记录中实现信息记录和再生功能的关键部件。磁头主要分为三种：体型磁头、薄膜磁头和磁电阻磁头。其中，前两类磁头利用电磁感应原理进行记录和再生，要求材料具有高磁导率、高饱和磁化强度、低矫顽力及低各向异性。磁头在磁记录发展过程中经历了三个重要的阶段，即体型磁头到薄膜磁头再到磁电阻磁头。体型磁头的核心材料是磁头的磁芯，为减小涡流损耗，最初的磁头磁芯由磁性合金叠加而成。磁性合金具有高的磁化强度，不受磁饱和效应制约，从而能产生强的记录磁场。通常使用的磁芯材料是以 Fe-Ni 为基础的软磁合金，如坡莫合金(电阻率较低)、Fe-Si-Al 合金(硬度高)、Fe-Al 合金和 Fe-Al-B 合金等。铁氧体磁头(电阻率比大部分金属磁性材料高得多，涡流和相应的磁损耗较低)可以提高磁头的高频性能，包括镍锌铁氧体和锰锌铁氧体，由于具有良好的耐磨性能，所以适用于制造视频磁头。商业上最受青睐的两种铁氧体如下：一种是镍锌(Ni-Zn)铁氧体，化学配比为 $(NiO)_x(ZnO)_{1-x}(Fe_2O_3)$；另一种是锰锌(Mn-Zn)铁氧体，化学配比为 $(MnO)_x(ZnO)_{1-x}(Fe_2O_3)$。它们都是尖晶石型结构。这两种材料的性质受镍与锌和锰与锌之比的影响。在磁性方面，铁氧体最严重的缺陷是饱和磁感应强度低，因此在提高记录密度方面存在巨大的困难。

在铁氧体磁芯间隙中沉积一层软磁合金薄膜，从而提高记录磁场强度。薄膜磁头的主要优点是工作缝隙小、磁场分布集中、磁迹窄，可提高磁记录速度和读出分辨率。坡莫合金是薄膜磁头中主要采用的磁芯材料，可用电镀、溅射镀膜等方法来制作。在薄膜磁头材料中，非晶态磁头材料因其优良的软磁性能也成为优良的磁头材料。目前开发出的实用型非晶态磁头材料主要有Co-(Zr, Hf, Nb, Ta, Ti)二元系合金薄膜和Co-Fe-B类金属非晶态薄膜。微晶软磁材料有更大的饱和磁化强度，用其制作的磁头要比非晶态材料更适合高矫顽力磁性介质的高密度特性。另外，多层膜磁头材料也是一个应用热点，多层膜由不同化学组分的纳米级超薄膜周期性沉积获得，具有优良的软磁特性。目前典型多层膜材料有Fe-C/Ni-Fe(垂直磁记录磁头)、Fe-Nb-Zr/Fe-Nb-Zr-N(硬盘磁头)、Co-Nb-Zr/Co-Nb-Zr-N(广播用数字式磁带录像机)。

磁电阻磁头是利用磁电阻效应制成的。磁电阻效应是指由于磁化状态的改变而引起材料电阻率变化的现象。通常磁电阻效应的大小与磁化方向有关，这称为各向异性磁电阻效应。对一般金属材料而言，其值很小，通常不予考虑；对铁、镍、钴等磁性材料，约为1%；铁镍合金具有较大的各向异性磁电阻效应，室温时约为3%。其中，$Ni_{90}Fe_{10}$磁电阻系数可达5%。但考虑到降低材料的磁致伸缩系数，应用中一般选择成分为$Ni_{85}Fe_{15}$的坡莫合金。另外，$Ni_{80}Co_{20}$的磁电阻系数可达6.5%，但是其各向异性磁场大，所以不用作磁电阻磁头。1988年，法国Albert Fert研究组和德国Peter Gruenberg研究组各自独立地发现了Fe/Cr多层膜的磁电阻效应在低温时高达50%(图8.18)，这一材料的电阻率在有外磁场作用时较之无外磁场作用时存在巨大变化的现象称为巨磁电阻(GMR)效应。

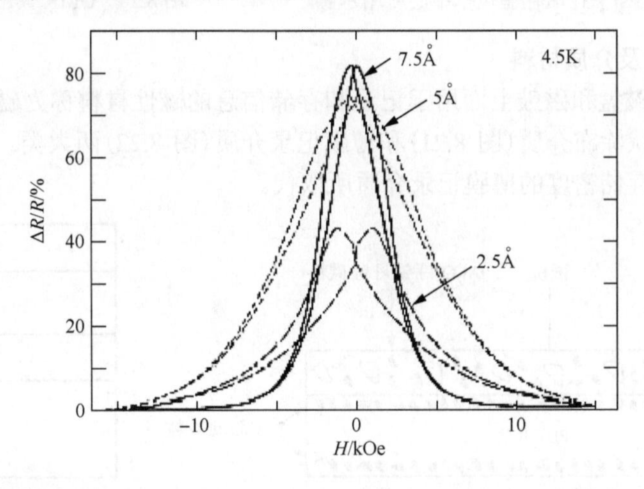


图8.18 多层膜Si/Fe(40 Å)/(Co($t_{Co}$)/Cu(9.3 Å))$_{16}$/Cu(19 Å)在面内外场作用下的横向磁电阻

在铁磁金属/非铁磁金属薄层交替叠合而成的结构中，当铁磁层的磁矩相互平行时，载流子与自旋有关的散射最小，材料有最小的电阻；当铁磁层的磁矩为反平行时，载流子与自旋有关的散射最强，材料的电阻最大。随后在众多多层膜、颗粒膜、钙钛矿磁性化合物以及金属-绝缘体夹层膜中均发现各向同性的GMR效应。GMR效应在高密度读出磁头、磁存储元件上取得了广泛的应用。GMR效应在存储技术上的应用结构如图8.19所示，GMR读出磁头的设计结构如图8.20所示。过去，人们使用感应式薄膜磁头读出硬磁盘上存储的微弱信息。从物理上看，该磁头是在测量微小磁单元的磁通变化量。为达到必要的灵敏度，硬磁盘必须快速旋转。然而，使用GMR读出磁头后，它测量的是磁通量，而不是磁通变化量，并不要求磁盘高速旋转，读出信息的分辨率就大大提高了。不仅如此，多层膜结构的磁化过程还压制了巴克豪森噪声，从而将磁头的信噪比大幅度提高。利用巨磁电阻效应，1997 年，IBM 公司研制的读出磁头将磁盘记录密度提高到了 11GB/in$^2$，从而在与光盘竞争中使磁盘重新处于领先地位。巨磁电阻效应在高技术领域应用的另一个重要方面是高灵敏磁传感器，例如，可以制作高灵敏的汽车用传感器以控制发动机、万向节和制动系统，从而达到节能、防污和增加可靠性的目的。该技术的发明使得 Albert Fert 和 Peter Gruenberg 在 2007 年获得了诺贝尔物理学奖。

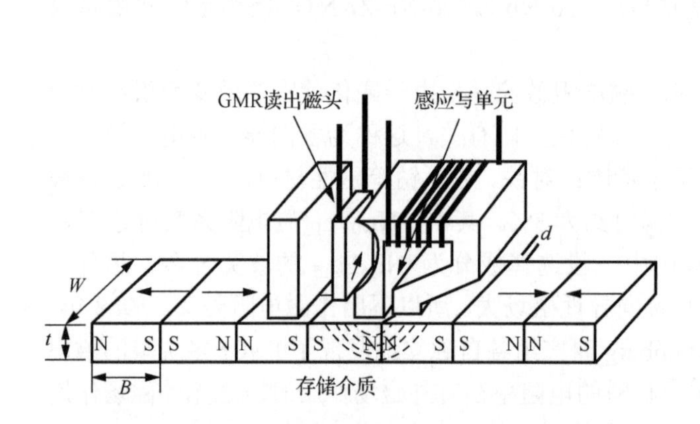


图 8.19　GMR 读出磁头在磁存储技术中的应用示意

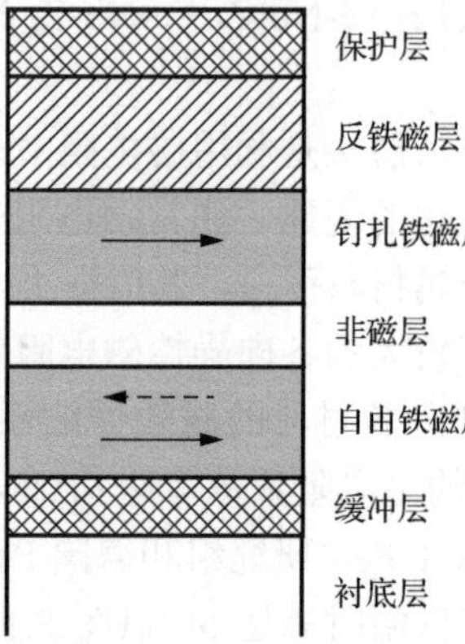

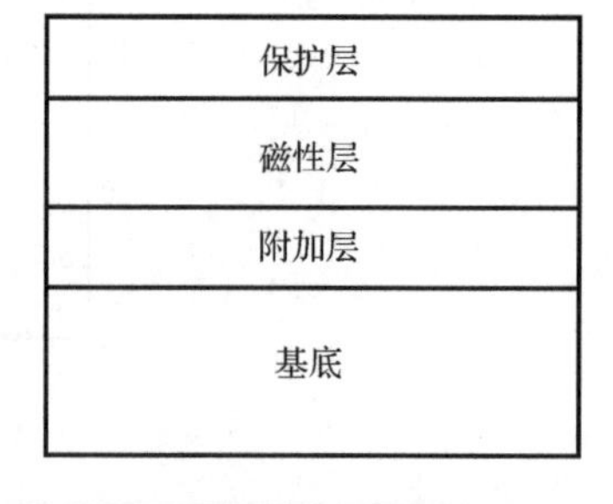


图 8.20　GMR 读出磁头结构示意图

## 2. 磁记录介质及介质材料

涂覆在磁带、磁盘和磁鼓上面用于记录和存储信息的磁性材料称为磁记录介质。磁记录介质主要分为颗粒状涂布介质(图 8.21)和薄膜记录介质(图 8.22)两大类。其中，颗粒状涂布介质正被具有更高存储密度的薄膜记录介质所取代。

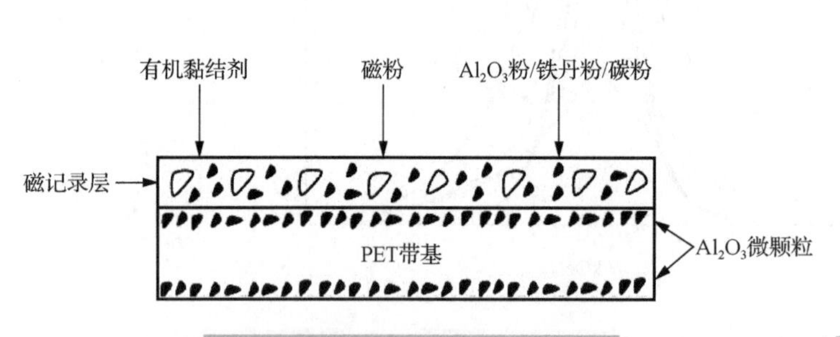


图 8.21　颗粒状涂布介质的结构示例

保护层
磁性层
附加层
基底

图 8.22　薄膜记录介质的一般结构[2]

磁记录介质通常应具备以下特点：大的饱和磁感应强度 $B_s$、大的矩磁比 $B_r/B_s$、大的矫顽力、低的温度系数、小的老化效应。实用中总是采用磁记录介质与磁头相组合的形式，因此磁记录介质的性能还受到磁头性能的制约。对于颗粒状涂布介质而言，其矫顽力的上限为磁头中磁芯材料饱和磁化强度的 1/8～1/6。矫顽力过高，则记录不完全，特别是当进行重写时，由于原来存在的信息不能完全消除而出现严重问题。常用的磁记录介质包括氧化物和金属。其中，氧化物磁记录介质以 $\gamma$-$Fe_2O_3$ 应用最广泛，其他还有 $Fe_3O_4$ 和 $CrO_2$ 等。金属磁记录介质有 Fe、Co、Ni 的合金粉末和用电镀、化学或蒸发方法制成的磁性合金薄膜。

颗粒状涂布介质要求颗粒为单畴粒子，尺寸为 0.04～1 μm，最好呈针状，以保证磁化的择优取向与长轴一致，这是因为矫顽力来自三个方面：由于颗粒形状各向异性造成的阻力、材料的磁晶各向异性、材料应变状态与磁化之间的相互作用引起的阻力。其中形状和磁晶各向异性是矫顽力的主要影响因素，它们决定了材料矫顽力的大小。因此，颗粒的针状越明显，其形状各向异性能及磁晶各向异性能越高，因此矫顽力越大。此外，还需要居里温度高于所在环境温度，否则会在工作温度下失去磁性导致记录数据丢失。磁性颗粒主要有 $\gamma$-$Fe_2O_3$(针状，长度小于 1 μm，长宽比为 5∶1，矫顽力大于 16 kA/m，至今仍广泛采用的记录材料，居里温度为588℃，实际上高于 250℃左右，$\gamma$-$Fe_2O_3$ 就变成$\alpha$-$Fe_2O_3$)、表面包覆 Co 的 $\gamma$-$Fe_2O_3$(提高 $\gamma$-$Fe_2O_3$ 的矫顽力至 55～70kA/m)、$CrO_2$(针状，矫顽力为 35～50 kA/m，饱和磁化强度与 $\gamma$-$Fe_2O_3$ 不相上下。但是其价格较贵，并且在制备过程中出现 $Cr^{6+}$这一毒性物质，现在已经很少使用)、金属磁粉(以 Fe 为主体的针状磁粉，磁化强度比氧化物更高，适合用作高密度记录介质，纯铁的 $M_s$＝1700kA/m，而 $\gamma$-$Fe_2O_3$ 的 $M_s$＝400kA/m)、氮化铁(如 $Fe_4N$ 等，通过在氨和氢的混合气氛中将铁粉在 400℃中加热 3h 获得，其室温下具有较大磁矩，矫顽力约为 51 kA/m)、钡铁氧体($BaO \cdot 6Fe_2O_3$，矫顽力为 100～900 kA/m，适于制作高密度的垂直磁记录介质)。颗粒状涂布介质结构主要由带基和附着其上的磁性覆盖层构成。带基一般由厚度为 10～20 μm 的聚对苯二甲酸乙二酯(PET)构成，带基上面涂覆着磁记录层。该磁记录层把确定比例的颗粒状磁粉、增加耐磨性的 $Al_2O_3$ 或防止带电用的碳粉等用有机黏结剂配在一起，然后在磁记录层的表面涂覆合适的有机润滑剂。

薄膜记录介质为完全磁性材料，比颗粒状涂布介质具有更高的输出幅度。薄膜记录介质的一般结构从外往内依次为保护层、磁性层、附加层及基底(图 8.22)，有时候也可以在磁性层和附加层之间增加一层缓冲层，保护层上也可增加一层润滑层。薄膜记录介质中的保护层主要用来降低磁头与介质之间可能造成的磁头和磁盘的磨损，所以保护层应达到薄、硬、高扩张强度、光滑、耐磨的要求，同时具有强的抗腐蚀性。一般保护层材料选择硬质碳，通过溅射成膜。其他一些开发的保护层材料还有 TiC、TiN、$CrC_3$、SiC、$Al_2O_3$ 等。磁性层一般采用连续倾斜蒸镀或溅射的方法制备，以 Ni-Co 或 Co 为主(为获得高矫顽力，要求各向异性大，故 Co 基合金薄膜成为首选)，另添加少量 P，表面以 $SiO_2$ 作为保护膜。在基底上覆盖一层 Cr 缓冲层可提高 Co 基合金的磁性能。目前常用的磁性层合金体系主要有 Co-Ni-Cr/Cr、CoCrTa/Cr、Co-Ni-Pt、Co-Cr-Pt/Cr，Co-Cr-Pt-B/Cr 等[7]。基底可以是硬的，也可以是软的，这取决于具体应用情况。硬基底用于高密度、快速直接存取的磁盘，现在无论颗粒状涂布介质还是薄膜记录介质使用的基底基本上都是铝镁合金。使用薄膜记录介质时，需要硬的附加层，因为铝镁合金的抗撞击能力较差。磁带和软盘的基底一般使用 PET，其表面经过处理或加黏结层，以保证有机基底和无机磁性层之间有良好的黏结。

## 8.3 其他磁性材料

### 8.3.1 矩磁材料

矩磁材料在易磁化方向具有接近矩形的磁滞回线(图 8.23)，矩磁比 $B_r$ /$B_s$ 通常在 85%以上，主要用于制造磁放大器、磁调制器、中小功率脉冲变压器和磁芯存储器等。材料的矩磁性主要来源于以下两个方面：晶粒取向和磁畴取向。对于磁晶各向异性常数不等于零的合金，通过高压下的冷轧和适当的热处理，使晶粒的易磁化轴整齐地排列在同一方向上，在这个方向磁化时可获得高剩磁比、高磁导率和低矫顽力。对于居里温度较高、磁晶各向异性常数和磁致伸缩系数接近零的合金，经磁场热处理可获得磁畴取向结构，沿磁场处理方向具有高的矩磁比和高的磁导率。因矩磁材料的最大磁能积比较高，可以得到高的读“1”信号和低的读“0”磁噪声；矫顽力低，可降低存取“1”信号和“0”磁噪声的功率，因而降低温度。

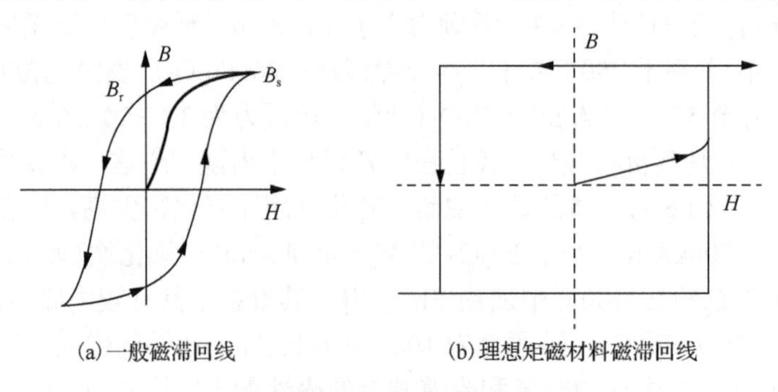


图 8.23　磁滞回线示意图

这类材料包括铁氧体磁芯材料和磁性薄膜材料，如(Mg,Ni)$Fe_2O_4$ 系、(Cu,Mn)$Fe_2O_4$ 系、(Mg,Mn)$Fe_2O_4$ 系、(Co,Fe)$Fe_2O_4$ 系、(Ni,Zn,Cu)$Fe_2O_4$ 系和(Li,Mn,Fe)$_3O_4$ 系。其中(Mg,Mn)$Fe_2O_4$ 系常温磁芯和(Li,Mn,Fe)$_3O_4$ 系宽温磁芯加少量 Cu 和稀土元素可以改善其热处理矩磁性。其他矩磁材料包括 Fe-Ni 系合金、Fe-Ni-Co-Mn 系合金、Fe-Ni-Mo 系合金等，其中以占 80%的 Fe-Ni-Mo 系合金的综合性能为最佳。

## 8.3.2　旋磁材料

旋磁材料在同时受到稳恒磁场(沿 $z$ 轴)和微波交变磁场(沿 $x$-$y$ 平面)作用时，磁导率变成一个二阶不对称张量。沿 $x$ 方向的磁感应强度不仅与 $x$ 方向的交变磁场分量有关，而且与 $y$ 方向的交变磁场分量有关，沿 $y$ 方向的磁感应强度也是由 $x$ 方向和 $y$ 方向的交变磁场分量共同决定的。另外，张量磁导率的非对称性会造成入射电磁波偏振面的铁磁共振、法拉第旋转、双折射等现象的产生，这种特性统称为旋磁性或旋磁效应。在微波频段($10^8$～$10^{11}$Hz)具有旋磁效应的材料称为旋磁材料。利用旋磁材料的旋磁性，可设计出许多能在微波频率下工作的旋磁器件，如振荡器、相移器、倍频器、隔离器、混频器等。常见的旋磁材料主要有两类：石榴石铁氧体(钇铁石榴石铁氧体、铋钙钒石榴石铁氧体等)和尖晶石铁氧体(镁锰铁氧体、锂锌铁氧体等)。这些铁氧体通过不同的离子代换，如对钇铁石榴石铁氧体 $Y_3Fe_5O_{12}$ 而言，可用 Ti、Al、Ca、In、Sn、Gd、Ge、Zr、V 等元素的离子去分别取代 Fe、Y 的离子，可以改变饱和磁化强度，提高温度稳定性从而满足不同使用频率下器件的工作要求。

对旋磁材料的一般要求如下。

(1) 合适的饱和磁化强度，以适应不同波段的需要，即频率降低，需要降低饱和磁化强度，以避免低磁场区的自共振损耗和未饱和的磁畴损耗，但频率增高，则需要提高饱和磁化强度，以增大旋磁性和磁能密度。

(2) 较高的居里温度，以保证材料的温度稳定性。

(3) 高电阻率，以降低涡流损耗和避免趋肤效应。

(4)窄的铁磁共振线宽，以降低旋磁器件的磁损耗。

(5)介电性能好，即需要稳定的电容率(介电常数)以获得稳定的电磁匹配，又要求低的介电损耗以降低总损耗。

### 8.3.3　磁致伸缩材料

磁致伸缩是指磁性材料由于磁化状态的改变，其尺寸在各方向发生变化的现象。铁磁体的磁致伸缩同磁晶各向异性的来源一样，是由于原子或离子的自旋与轨道的耦合作用而产生的。图 8.24 中的模型描述了磁致伸缩的产生机理。黑点代表原子核，箭头代表原子磁矩，椭圆代表原子核外电子云。图 8.24(a)描述了居里温度 $T_C$ 以上顺磁状态下的电子云随机排列状况；图 8.24(b)中，居里温度 $T_C$ 以下，出现自发磁化，原子磁矩定向排列，出现自发磁致伸缩，材料尺寸沿水平方向伸长；图 8.24(c)中，施加垂直方向的磁场，原子磁矩和电子云旋转 90° 取向排列，材料尺寸沿磁场方向伸长，沿水平方向缩短。沿着外磁场方向尺寸的相对变化称为纵向磁致伸缩；垂直于外磁场方向尺寸的相对变化称为横向磁致伸缩；磁体体积的相对变化称为体积磁致伸缩。体积磁致伸缩量很小，可以忽略。纵向和横向磁致伸缩统称为线性磁致伸缩。通常讨论的磁致伸缩就是指线性磁致伸缩。

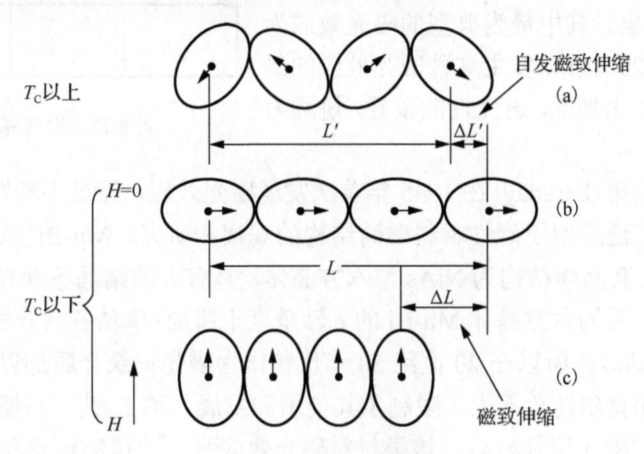

图 8.24　磁致伸缩机理

磁致伸缩材料通常具有如下特点：一是饱和磁致伸缩系数高，可获得最大变形量；二是产生饱和磁致伸缩的外加磁场低；三是在恒定应力作用下，单位磁场变化可获得高的磁致伸缩变化，或者在恒定磁场下，单位应力变化可获得高的磁通密度变化；四是材料的磁状态和上述磁参量对温度等环境的稳定性好。

目前常见的磁致伸缩材料主要有三大类：一是金属与合金磁致伸缩材料(Fe-Ga、Ni、Ni-Co、Ni-Co-Cr、Fe-Ni、Fe-Al、Fe-Co-V 合金)，其饱和磁化强度高，力学性能优良，可在大功率下使用，但电阻率低，不能用于高频；二是铁氧体磁致伸缩材料(Ni-Co 铁氧体、Ni-Co-Cu 铁氧体)，其与金属磁致伸缩材料相反，电阻率高，可用于高频，但饱和磁化强度低，力学强度也不高，不能用于大功率状态；三是稀土金属间化合物磁致伸缩材料，如 $TbFe_2$、$SmFe_2$ 系等，其饱和磁致伸缩系数和磁弹耦合系数都高，缺点是要求外加磁场很高，一般比较难以满足[8]。

前两类称为传统磁致伸缩材料，其磁致伸缩系数$\lambda$值为20～80ppm，$\lambda$值最大的为Fe-Ga合金，其他的材料$\lambda$值过小，不适合实际应用。稀土金属间化合物磁致伸缩材料的$\lambda$值很高，具有$MgCu_2$型Laves相结构的二元$REFe_2$(RE= Rare earth)合金的磁晶各向异性能很高，磁晶各向异性常数达到$10^6J/m^3$数量级。例如，$Tb_{0.3}Dy_{0.7}Fe_{1.95}$材料的磁致伸缩系数$\lambda$高达1500～2000ppm，所以称为稀土超磁致伸缩材料，其具体材料特性与原理在第11章会有详细介绍。目前Terfenol-D牌号的磁致伸缩材料($Tb_xDy_{1-x}Fe_{2-y}$)磁致伸缩系数高、居里温度高，已经商品化应用。例如，$REFe_2$磁致伸缩材料被用于声呐系统进行水下通信、探测等；再如，利用$REFe_2$材料的低场大应变、大输出应力、高响应速度(100μs～1ms)且无反冲的特征，可以制成结构简单的微位移致动器，广泛用于超精密定位、激光微加工数控车床、机器人和阀门控制以及一些力学传感器等。

### 8.3.4　磁光效应材料

磁光效应是指在磁场作用下物质的电磁特性(磁畴结构、磁导率、磁化强度等)会发生变化，使得光波在材料中的传输特性(传输方向、光强、相位、偏振等)发生变化的现象。其中最为典型的磁光效应为磁光克尔效应(图8.25)。可以发生这种磁光效应的磁性材料具有一定的磁化强度，透光性能较好，矫顽力和居里温度适中。

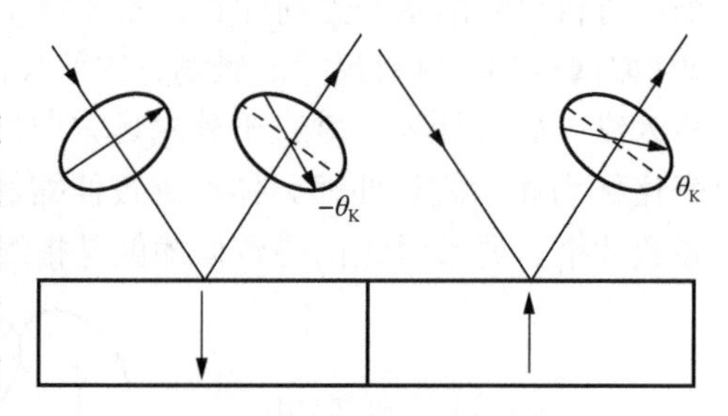


图8.25　磁光克尔效应示意图

英国科学家法拉第(Faraday)在1845年首次发现磁光效应，经过不断发展，到20世纪50年代磁光效应开始广泛应用于磁性材料磁畴结构的观察和研究。Mn-Bi系合金薄膜是最早应用的磁光存储材料，其晶体结构为NiAs型六方晶体，具有大的结晶各向异性，曾一度作为永磁材料的研究对象。因为六方晶体Mn-Bi的$c$轴垂直于膜面(单轴各向异性常数$K_U > 0$)、矫顽力大(160～320kA/m)，所以在20世纪50年代曾作为磁光记录介质加以研究。但其居里温度高、法拉第转角和克尔转角不大，限制了其使用和发展。稀土-铁、石榴石氧化物薄膜是极具应用前景的新一代磁光记录材料，该类材料磁光效应强、法拉第转角和克尔转角大，可以产生大的读出信号，且在近红波段透明性好，可制成多层膜磁光盘。但是，对于稀土-铁磁光记录薄膜而言，稀土元素抗氧化能力差，对需永久保护的文档资料是一个安全隐患；对于石榴石氧化物薄膜而言，其目前唯一的缺点就是噪声问题有待解决。

### 8.3.5　磁制冷(磁熵变)材料

传统气体压缩制冷已经广泛应用于各种场合，其技术相当成熟。但是随着人们对效率和环保的重视，气体压缩制冷的低效率和危害环境这两个缺点变得日益明显。一是传统的气体压缩制冷效率低；二是氟利昂工质破坏臭氧层，造成环境污染。磁制冷作为一项高效率的绿色制冷技术而被世人关注。磁制冷工质本身为固体材料以及可用水作为传热介质，消除了气体压缩制冷中因使用氟利昂等制冷剂所带来的环境破坏。此外，与气体压缩制冷相比，磁制冷还具有熵变大、体积小、结构简单、噪声小、寿命长以及便于维修等特点。

磁致冷就是利用磁性材料的磁矩在无序态(非磁化态)和有序态(磁化态)之间来回转换的

过程中，磁性材料放出或吸收热量的冷却方法。磁致冷(磁熵变)材料是用于致冷系统的具有磁热效应的物质。如图 8.26 所示，磁致冷材料内部磁矩初始混乱随机排列，材料内部磁熵最高，当外加一个磁场时，材料内部磁矩沿外磁场方向有序排列，材料内部磁熵降低，材料温度上升，此时通过换热介质(水)将材料热量转移；进一步撤去外加磁场，材料内部磁矩再次倾向混乱随机排列，磁熵升高，需要吸收热量，材料温度下降，此时通过材料给换热介质(水)进行降温，如此不断地反复循环，实现对周围环境的持续制冷降温。

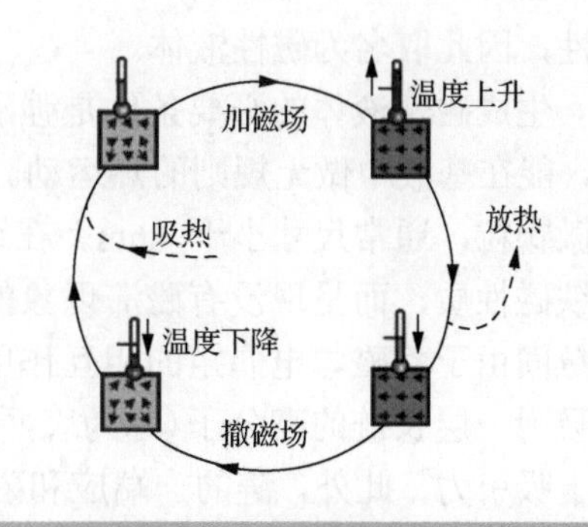

图 8.26　磁制冷材料实现制冷的工作原理[10]

人们已经利用强磁材料、顺磁材料和抗磁材料原子核系统的磁热效应，通过等温磁化和绝热退磁过程，可以分别在室温-低温区及低温(约 1K)区和超低温(约 11mK)区获得 1～10K 级的温度降，及约 1mK 级、1nK～1μK 级的超低温度和极低温度。因为磁致冷温度区域不同，对于磁致冷材料的要求也是不相同的。对于(强)磁性材料，因磁致冷效应在材料的磁转变温度(居里温度或奈尔温度)附近最为显著，故应在磁致冷材料的磁相变点区域进行磁冷却；对于顺磁致冷材料，则要求其顺磁居里温度尽量低，内部磁场也尽量低；对于核致冷材料，则要求所在基质为抗磁性材料，尽量减少核外电子对磁性的影响[9]。

目前室温区的强磁性材料致冷尚处于探索研究阶段，顺磁材料的毫开(mK)级磁致冷则早已进入实用，原子核系统的磁致冷正从微开(μK)级向纳开(nK)级极低温区做深入研究。已发现多种核磁有序(如核铁磁性、核反铁磁性等)现象，具有重要的科学意义。目前已进行研究的强磁性致冷材料主要有磁转变温度较高的稀土金属(如 Gd、Tb、Dy 等，获得的温度降为 8～14K)和 Gd-Tb 系、Y-Tb 系等稀土合金(温度降为 2～3K)。磁制冷材料目前在民用及国防应用领域都在不断推进。室温附近磁热效应最突出的为 $Gd_5Si_{4-x}Ge_x$ 系列，其磁热效应的峰值超乎寻常的大，如 $Gd_5SiGe_3$ 在温度为 148K、外场为 5T 时磁热效应峰值为 68J/(kg·K)，差不多是纯金属 Gd 磁热效应峰值的 7 倍。此外，立方 $NaZn_{13}$ 相结构的 $La(Fe,Si)_{13}$ 型化合物在 200～262K 的温区由于存在迅速的磁相变从而也拥有大的磁热效应。随着磁热材料的不断发展，其应用端也在不断地更新，海尔公司就在 2016 年推出了全世界第一台磁制冷红酒柜。作为具有巨大潜力的制冷技术，磁制冷取代传统的气体压缩式制冷还有很多问题要解决。①磁制冷材料的磁热效应不够大。在室温范围内目前可以应用的磁制冷材料主要是钆、钆硅锗合金以及类钙钛矿物质。它们的磁热效应大小虽然相比其他物质非常大，但其应用的温度区域很窄(当温度偏离居里温度 $T_C$ 时，磁热效应较小)。②磁场强度不够大。磁场可由超导磁体、电磁铁以及永磁体提供。从环保节能角度来讲，用“磁王”钕铁硼永磁体来提供恒定磁场最为理想，具有很好的适用性，但是其能提供的磁场一般也只能达到 1.5～2T，而且气隙很小，此时需要的钕铁硼永磁体近 100kg。因此，磁体小型化也是实现磁制冷机轻量化、小型化的关键。

### 8.3.6　磁性液体

1963 年，美国国家航空航天局采用油酸为表面活性剂，把它包覆在超细的四氧化三铁微颗粒上(直径约为 0.01μm)，并高度弥散于煤油(基液)中，从而形成一种稳定的胶体体系(图 8.27)。在磁场作用下，磁性颗粒带动着被表面活性剂所包裹着的液体一起运动，好像整个液体具有磁性，因此取名为磁性液体。

生成磁性液体的必要条件是强磁性颗粒要足够小，以致可以削弱磁偶极矩之间的静磁作用，能在基液中做无规则的热运动。例如，对铁氧体类型的微颗粒，大致尺寸为10nm；对金属微颗粒，通常尺寸小于6nm。在这样小的尺寸下，强磁性颗粒已丧失了大块材料的铁磁或亚铁磁性质，而呈现没有磁滞现象的超顺磁状态，其磁化曲线是可逆、无磁滞的。为了防止颗粒间由于静磁与电偶矩的相互作用而聚集成团，产生沉积，每个磁性微颗粒的表面必须化学吸附一层长链的高分子(称为表面活性剂)，高分子的链要足够长，以致颗粒接近时排斥力大于吸引力，此外，链的一端应和磁性颗粒产生化学吸附，另一端应和基液亲和。基液不同，可生成不同性能、不同应用领域的磁性液体，如水基、煤油基、烃基、聚苯基、硅油基等。

磁性液体的主要特点是在磁场作用下可以被磁化，可以在磁场作用下运动，但同时它又是液体，具有液体的流动性。在静磁场作用下，磁性颗粒将沿着外磁场方向形成一定有序排列的团链簇，从而使得液体变为各向异性的介质。当光波、声波在其中传播时会产生光的法拉第旋转、双折射效应、二向色性以及超声波传播速度与衰减的各向异性。此外，在静磁场作用下，磁性液体介电性质也会呈现各向异性。这些都是它有别于通常液体的奇异性质。

磁性液体较早、较广泛的应用之一是旋转轴的动态密封(图 8.28)。通常静态的密封采用橡胶、塑料或金属所制成的O形环作为密封元件。旋转条件下的动态密封一直是较难解决的问题，通常的方法无法实现在高速、高真空条件下的动态密封。基于磁性液体可以被磁控的特性，人们利用环状永磁体在旋转轴密封部位产生环状的磁场分布，从而将磁性液体约束在磁场之中而形成磁柱液体的O形环，这样就实现了没有磨损、长寿命的动态密封。这种密封方式可以用于真空、封气、封水、封油等情况下旋转轴的密封。此外，在电子计算机中，为了防止尘埃进入硬盘中损坏磁头和磁盘，在旋转轴处也已普遍采用磁性液体防尘密封。

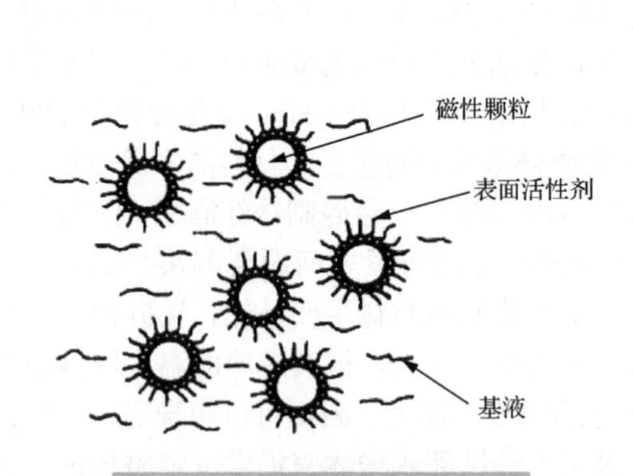


图 8.27 磁性液体微观结构示意图

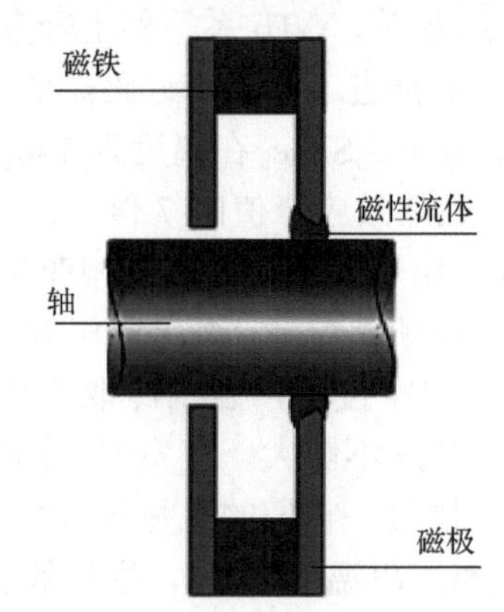


图 8.28 磁性液体密封示意图[11]

磁性液体还可用作新型润滑剂。通常使用的润滑剂易损耗，易污染环境。磁性液体中的磁性颗粒尺寸仅为10nm，不会损坏轴承，同时基液也可作润滑油使用。只要采用合适的磁场就可以将磁性润滑油约束在所需的部位。

磁性液体的应用可增大扬声器的功率。通常扬声器中音圈的散热靠空气传热，特定的音圈只能承受一定的功率，过大的功率会烧坏音圈。如果在音圈与磁铁间隙处滴入磁性液体，由于液体的热导率比空气高5～6倍，在相同条件下扬声器的功率可以增加1倍左右。磁性液体还有许多其他用途，如仪器仪表中的阻尼器，无声、快速的磁印刷，磁性液体发电机，医疗中的造影剂等。

### 8.3.7 分子基磁性材料

分子基材料是通过分子或带电分子组合出具有分子框架结构的有用物质。顾名思义，分子基磁性材料，通称分子磁性材料，是具有磁学物理特征的分子基材料。分子磁性材料是涉及化学、物理、材料和生命科学等诸多学科的新兴交叉研究领域，主要研究具有磁性、磁性与光学或电导等物理性能相结合分子体系的设计与合成。分子磁性材料是在结构上以超分子化学为主要特点的、在微观上以分子磁交换为主要性质的、具有宏观磁学特征并可能应用的一类物质。分子铁磁体是具有铁磁性的分子化合物，它在临界温度下具有自发磁化等特点。分子磁体有别于传统的不易溶解的金属、金属合金或金属氧化物磁体。传统磁体以单原子或离子为构件，三维磁有序化主要来自通过化学键传递的磁相互作用，其制备采用冶金学或其他物理方法；而分子磁体以分子或离子为构件，在临界温度以下的三维磁有序化主要来源于分子间的相互作用，其制备采用常规的有机或无机化学合成方法。由于在分子磁体中没有伸展的离子键、共价键和金属键，因而它很容易溶于常规的有机溶剂，从而很容易得到配合物的单晶，有利于进行磁性与晶体结构的相关性研究，有利于对磁性机制的理论研究。分子磁体的磁性来源于分子中具有未成对电子的离子之间的耦合，这些耦合相互作用既可来自分子内，也可来自分子间。分子内的自旋-自旋相互作用往往通过“化学桥”来实现。因此，分子磁性材料兼具磁偶极-偶极相互作用和磁超相互作用，故该类材料比常规的无机磁性材料表现出更丰富多彩的磁学性质。按照自旋载体和产生的磁性，分子磁性材料可以分为有机自由基分子磁体、金属-有机自由基分子磁体、金属配合物的分子磁体、单分子磁体和自旋交叉配合物。作为磁性材料，分子铁磁体具有体积小、相对密度小、结构多样化、易于复合加工成型等优点，有可能作为制作航天器、微波吸收隐身、电磁波屏蔽和信息存储的材料。

### 8.3.8 纳米磁性材料

纳米磁性材料的特性不同于常规的磁性材料，其原因是与磁相关的特征物理长度恰好处于纳米量级。例如，磁单畴尺寸、超顺磁性临界尺寸、交换作用长度以及电子平均自由程等处于 1～100nm 量级。当磁性材料的尺寸与这些特征物理长度相当时，就会呈现反常的磁学性质。从磁畴理论出发，大块铁磁材料通常处于多畴状态，矫顽力较低；当铁磁体的尺寸减小到单畴临界尺寸时，反磁化过程以磁畴转动为主，此时呈现矫顽力的极大值；当进一步减小铁磁体的尺寸，以致磁晶各向异性能比热能还小时，矫顽力却趋于零，此时磁化过程类似于无磁滞的顺磁材料，这称为超顺磁性。如图 8.29 所示，纳米铁颗粒分散在水银中，其在 77K 和 200K 均表现出超顺磁性，磁化曲线完全重合。

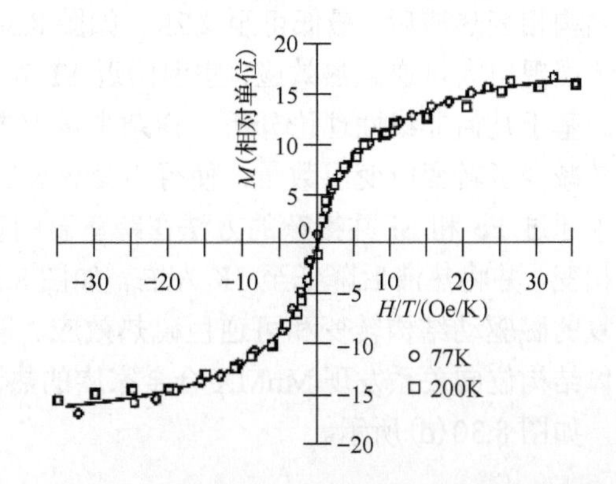


图 8.29 直径为 4.4 nm 铁颗粒在不同温度下的磁滞回线[2]

# 8.4　磁性材料的若干新进展

## 8.4.1　一级磁相变材料

### 1. 铁磁形状记忆合金

由于具有热弹性马氏体相变，以 TiNi 合金为代表的传统形状记忆合金展现出超弹性和形状记忆效应等特性，是著名的智能材料。当该类合金中出现磁性时，一类全新的智能材料——铁磁形状记忆合金便诞生了。在铁磁形状记忆合金中，磁性和晶体结构强烈耦合。因此，除温度和应力外，磁场可作为新的手段诱发合金中的马氏体结构相变。这种结构相变和磁相变的共同发生促使铁磁形状记忆合金中产生巨磁热/弹热/压热效应、大磁电阻、巨磁致应变和铁磁形状记忆效应等，在室温磁制冷、制动器、传感器和磁存储等领域展现出广阔的应用前景。

1996 年，美国 MIT 研究人员首先证实了正分的 $Ni_2MnGa$ 哈斯勒合金为铁磁形状记忆合金，合金展现出巨磁致伸缩效应，输出极大的弹性应变。随后国际上掀起了寻找铁磁形状记忆合金的热潮。2004 年，日本东北大学研究人员通过调节元素配比在非正分的 $Ni_{50}Mn_{50-x}Z_x$(Z=In, Sn, Sb)哈斯勒合金中发现了铁磁奥氏体到弱磁马氏体的磁结构转变[12]。同年，另一组日本东北大学研究人员指出 MnCoGe 等 MnMX(M 为过渡元素，X 为主族元素)合金在高温六方结构到低温正交结构相变时体系磁性也将变化[13]。Ni-Mn-Z 和 MnMX 是目前研究最为广泛的两大类铁磁形状记忆合金。通过成分微调或改变元素可在其中构建出顺磁—铁磁、铁磁—顺磁、螺旋反铁磁—铁磁和铁磁—反铁磁等不同磁转变的马氏体结构相变，在磁场作用下，合金体系也表现大磁熵变等磁驱动效应。

从实际应用角度出发，无论是基于巨磁致伸缩效应的超声换能器还是以巨磁热效应为核心的固态室温磁制冷机，都需要材料的磁驱动效应在循环励磁-退磁过程中表现出完全可回复性。然而，磁结构转变的一级相变特性决定了相变热滞后的存在，这样直接导致磁驱动(逆)马氏体相变和磁驱动效应的不可逆。因此，降低甚至消除热滞后是当前铁磁马氏体相变合金研究领域的热点方向。2019 年，Liu 等[14]发现微量 V 的引入可大大降低 $Ni_{51}Mn_{33.4}In_{15.6}$ 合金的磁结构相变热滞后，最低可至 2.2K，如图 8.30(a)所示。热滞的大幅度降低使得合金样品在低场下展现出大可逆磁热效应，室温附近 1T 外场下的可逆磁熵变为 5J/(kg·K)，如图 8.30(b)所示。基于几何非线性理论分析，掺杂少量 V 提高了奥氏体和马氏体两相间的几何兼容度，这有效减少了转变应变层数量，使得相变热滞后降低。同年，Liu 等[15]在 MnNiGe 基 MM′X* 合金中通过 Fe 和 Si 共掺杂的方法在跨室温的宽温区内成功构建出顺磁六方—铁磁正交的磁结构相变，并将热滞后降低至 5K 左右，如图 8.30(c)所示。这使得该成分 MnMX 合金展现出可回复的磁驱动结构转变和可逆巨磁热效应。随后他们引入几何非线性理论，再结合两相间的晶体结构位向关系发现 MnMX 合金家族的热滞后和相变过程中正交结构的 $c$ 轴变化量密切相关，如图 8.30(d)所示。

* MM′X 中 M、M′表示过渡金属，X 代表主族元素。

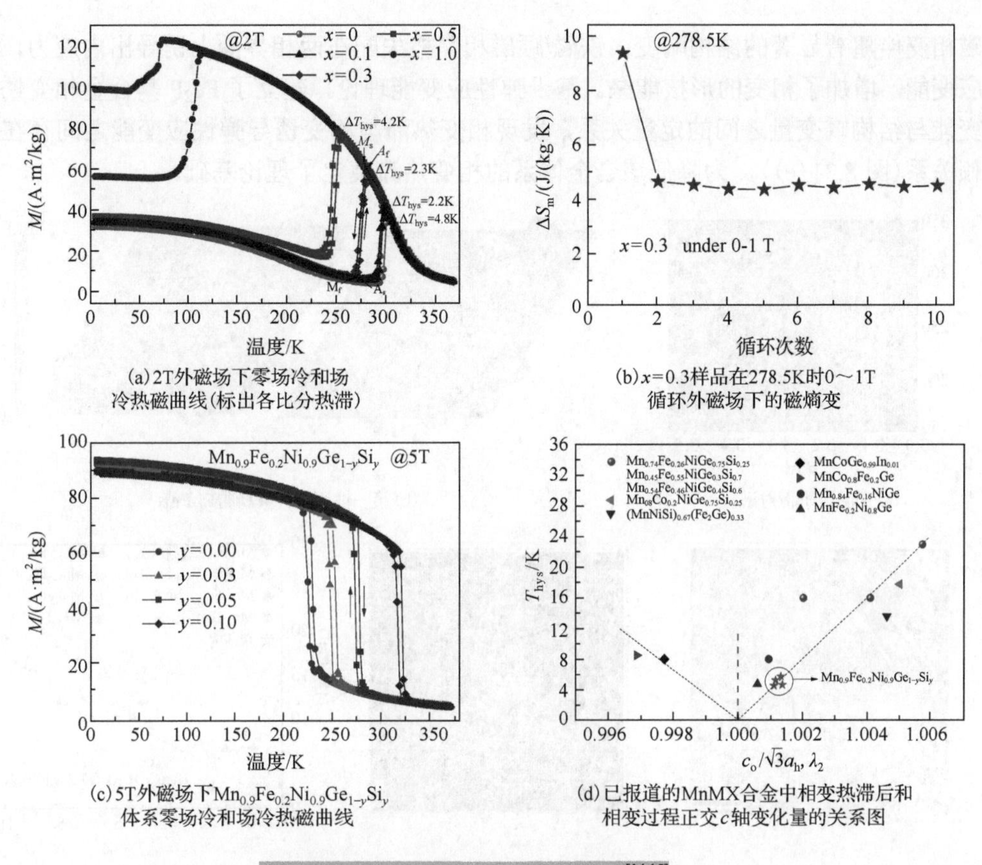

(a)2T外磁场下零场冷和场冷热磁曲线(标出各比分热滞)

(b) $x=0.3$ 样品在278.5K时0～1T循环外磁场下的磁熵变

(c)5T外磁场下 $Mn_{0.9}Fe_{0.2}Ni_{0.9}Ge_{1-y}Si_y$ 体系零场冷和场冷热磁曲线

(d)已报道的MnMX合金中相变热滞后和相变过程正交 $c$ 轴变化量的关系图

图 8.30 $Ni_{51-x}V_xMn_{33.4}In_{15.6}$ 材料体系[14,15]

### 2. $Fe_2P$ 基一级磁弹相变合金

2002 年，Tegus 等[10]研究发现，$Fe_2P$ 基的(Mn,Fe)$_2$(P,As)合金在室温附近表现出巨磁热效应。与其他磁制冷材料相比，该合金家族不含稀土元素、工作温域易于调节且磁热性能优异，因而受到科学界和产业界的广泛关注。为了避免剧毒元素 As 的安全隐患，研究者先后尝试采用 Ge、Si 等元素取代 As，成功开发出无毒、低成本和磁热性能优异的(Mn,Fe)$_2$(P,Si)合金，成为极具应用前景的磁制冷材料。

$Fe_2P$ 基磁制冷合金的巨磁熵变来源于其一级磁弹耦合相变，即铁磁相变伴随着晶格常数的不连续变化(图 8.31(a))。此外，Miao 等[16]利用第一性原理计算研究了(Mn,Fe)$_2$(P,Si)合金磁弹相变前后的电子局域分布函数(ELF)电子结构，ELF 值越大，代表近邻原子间化学键作用越强。如图 8.31(b)所示，(Mn,Fe)$_2$(P,Si)合金的磁弹相变伴随着 Fe-Fe、Fe-Si 近邻原子间 ELF 值的显著变化，反映了相变前后 Fe 周围电子分布密度的剧烈变化。Boeije 等[17]认为 Fe 原子周围电子分布密度的变化带来了较大的电子熵变，与晶体结构不连续变化带来的晶格熵以及磁矩有序-无序变化带来的磁熵共同贡献了总熵变，由此带来了 $Fe_2P$ 基合金的巨磁热效应。

与其他一级磁相变合金一样，$Fe_2P$ 基合金存在着热滞大、相变可逆性差等问题，限制了其在制冷循环中的制冷效率。Miao 等[16]基于相变晶体学、显微形貌学和相变热力学，探索了 $Fe_2P$ 基合金的热滞起源及其调控机制。原位透射电镜(图 8.31(c)和(d))研究表明，该合金的铁磁相变伴随着显著的结构畸变，铁磁/顺磁相晶格失配在两相界面上诱导出内应力，带来弹性应变能，增加了相变的形核能垒。基于弹性应变能理论，建立了 $Fe_2P$ 基合金相变诱导弹性应变能与结构畸变量之间的定量关系，发现相变热滞与相变诱导弹性应变能之间存在强烈的依赖关系(图 8.31(e))，为降低该合金体系的相变热滞奠定了理论基础。

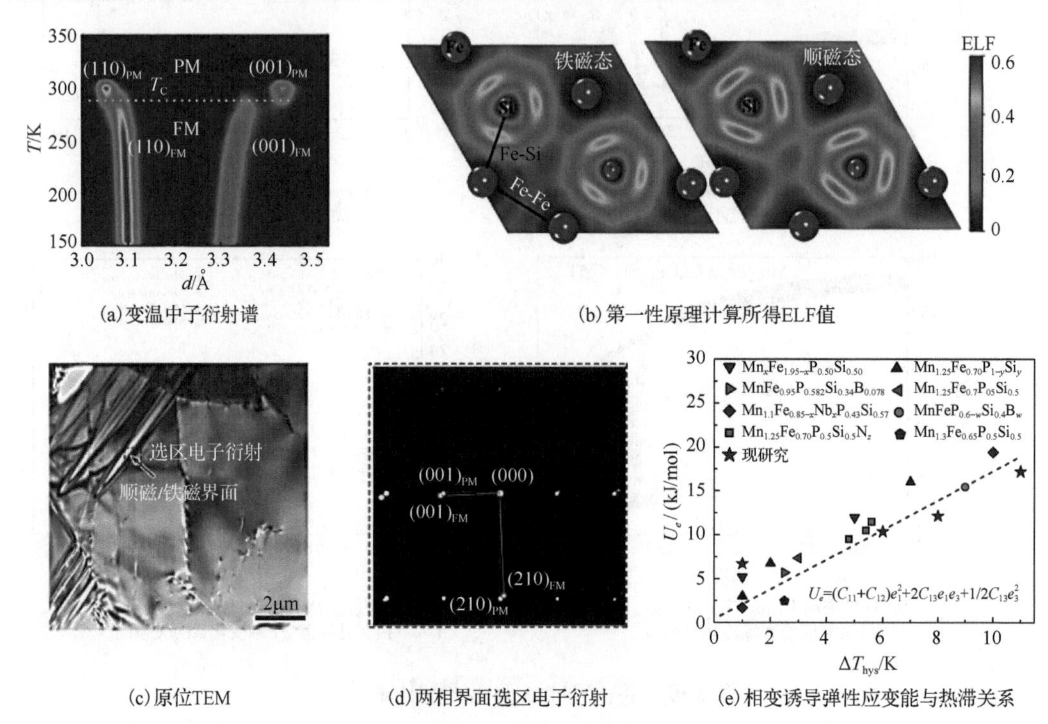


(a) 变温中子衍射谱　(b) 第一性原理计算所得ELF值

(c) 原位TEM　(d) 两相界面选区电子衍射　(e) 相变诱导弹性应变能与热滞关系

图 8.31　$Fe_2P$ 基合金[16]

### 3. La-Fe-Si 基合金

2001 年，中国科学院物理研究所 Hu 等[18]在 $NaZn_{13}$ 型材料 $LaFe_{11.4}Si_{1.6}$ 合金中发现了巨磁热效应(GMCE)。此后，Hu 以及日本的 Fujita、Fujieda 等对 La$(FeXSi_{1-x})_{13}$ 系合金进行了大量深入的研究[19]。La-Fe-Si 系合金具有居里温度可调、大磁热效应、小滞后、无毒和低成本等优点，是国际上普遍认为具有重要应用前景的磁制冷工质之一，也是我国具有自主知识产权的材料。

由于形成焓为正，La-Fe 二元体系不能孤立存在。第三元素 Si 的少量引入可以获得稳定 La-Fe 基三元化合物。三元合金 $LaFe_{13-x}Si_x$($1\leqslant x\leqslant 2.8$)具有 $NaZn_{13}$ 型立方结构，空间群为 $Fm\overline{3}c$。理想 $LaFe_{13}$ 合金的 1/8 晶胞结构示意图如图 8.32 所示[20]，La 占据 8a (0.25,0.25,0.25)位置，Fe 原子占据 Fe Ⅰ 位 8b(0,0,0)和 FeⅡ位 96i(0, $y$, $z$)两种位置。La 和 FeI 原子组成 CsCl 型简单立方结构。对于少量 Si 取代的晶体，Si 原子随机分布在 FⅡ位上。

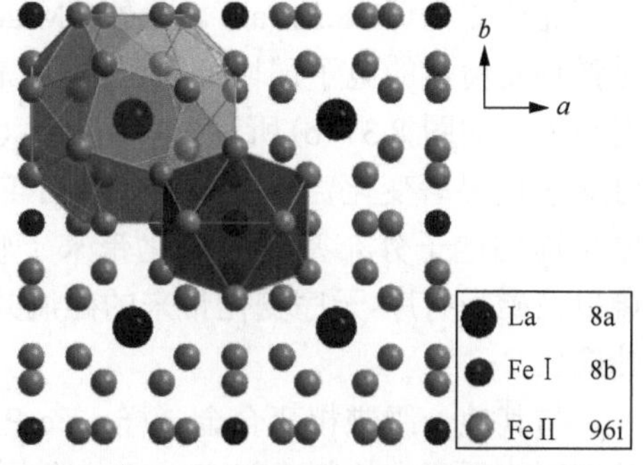


图 8.32　$LaFe_{13}$ 合金的 1/8 晶胞结构示意图[20]

在 La(Fe,Si) 中，通过元素取代或者引入间隙原子可以提高居里温度至室温附近，使合金具有更广阔的应用前景。用过渡金属 Co 替代部分 Fe 时，Co-Fe 的强交换作用导致了居里温度随着 Co 含量线性增加，同时削弱了一级相变特征。除了元素取代，间隙原子也可以提高合金的居里温度。Chen 等[21]和 Fujita 等[22]各自研究报道了在 $LaFe_{13-x}Si_x$ 中引入间隙氢原子，使得巨磁热效应从低温区移向高温区。$La(Fe,Si)_{13}H_y$ 的居里温度 $T_C$ 随着氢含量 $y$ 的增加呈线性增加，且保持巨磁热效应，如图 8.33 所示。

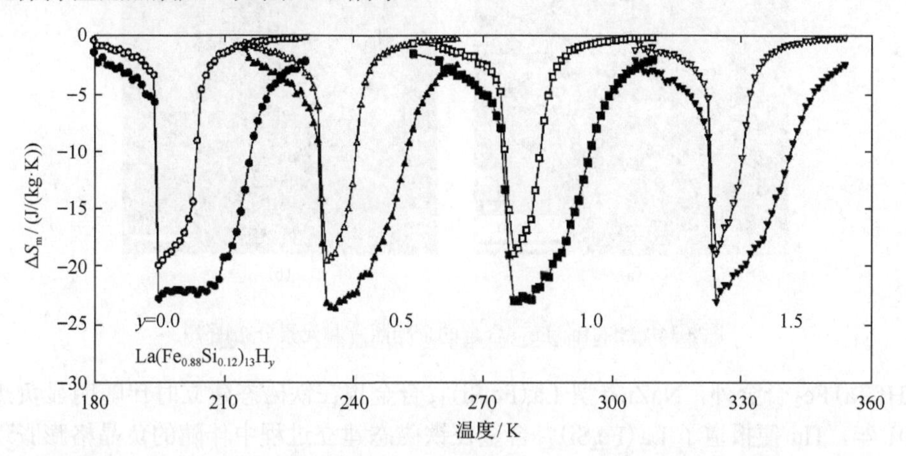


图 8.33　$La(Fe_{0.88}Si_{0.12})H_y$ 在 2 T(空心符号)和 5 T(实心符号)变化磁场下的磁熵变 $\Delta S_m$[22]

制冷系统的高频运行需要以磁制冷工质和换热流体之间快速有效的热传输为前提。一般可把磁热材料加工成多孔型的球状或者平行薄片的堆叠等理想形状，以获得高的比表面积，实现高效的热传输。这些严格的形状设计又对材料的可加工能力提出要求。在磁工质的成分设计和制备过程中，金属间化合物的本征脆性和低热导率问题难以克服。聚合物和金属相继被用来作为第二相，制备 La-Fe-Si 基复合材料，力学和热学等综合物理性能得到了较大改善。

## 8.4.2　基于磁结构相变的负热膨胀和零热膨胀材料

由于原子固有的非简谐振动，绝大多数材料具有热胀冷缩的性质，即表现为正热膨胀。但当材料具有磁有序时，磁容积效应将抵消材料原有的热胀冷缩，使其热膨胀曲线出现异常。这类异常表现为热膨胀曲线在磁有序转变温度处的不连续。当磁容积效应较大时，材料在发生磁性相变时甚至表现出热缩冷胀，即负热膨胀。

$(Hf,Ta)Fe_2$ 合金正是这样一类材料。$HfFe_2$ 为铁磁体，居里温度高达 600K，而 $TaFe_2$ 为反铁磁体，奈尔温度低至 30K。在不改变晶体结构对称性的情况下，利用 Ta 原子替代 Hf 原子可以得到伪二元 $Hf_{1-x}Ta_xFe_2$ 合金。该合金具有丰富的磁性。当 $0.1<x<0.13$ 时，$Hf_{1-x}Ta_xFe_2$ 在降温过程中经历顺磁态到铁磁态的二级相变。伴随该相变的发生，材料体积膨胀，发生负热膨胀。当 $0.13<x<0.3$ 时，$Hf_{1-x}Ta_xFe_2$ 在降温过程中先经历顺磁态到反铁磁态的二级相变，再经历反铁磁态到铁磁态的一级相变。伴随一级相变的发生，材料体积膨胀 1%($a$ 轴增大，$c$ 轴减小)，也表现出负热膨胀。换而言之，$Hf_{1-x}Ta_xFe_2$ 合金在铁磁态建立的过程中伴随明显的负热膨胀。

基于负热膨胀材料，研究者可以通过引入正热膨胀相，基于热膨胀补偿原理设计并构造零热膨胀材料。该材料在精密仪器制造领域具有极高的应用价值。2020 年，Cen 等[23]对铸态 $(Hf,Ta)Fe_2$ 合金的微结构进行了研究，并发现铸态 $(Hf,Ta)Fe_2$ 具有富 Fe 晶界；经过退火处理后，富 Fe 晶界消失。他们基于这种现象，通过在成分中加入额外的 Fe 元素，在(Hf,Ta)$Fe_2$基体中诱导了大量富 Fe 相的产生(图 8.34)。富 Fe 相作为一种典型的正热膨胀相，可以补偿基体的负热膨胀效应，从而实现零热膨胀。在合理调整 Hf/Ta 比例和 Fe 元素含量后，Cen 等[24]在 $Hf_{0.8}Ta_{0.2}Fe_{2.5}$ 合金中实现了宽温区零热膨胀效应(热膨胀系数在 265～350K 内为 $0.352\times10^{-6}K^{-1}$)。

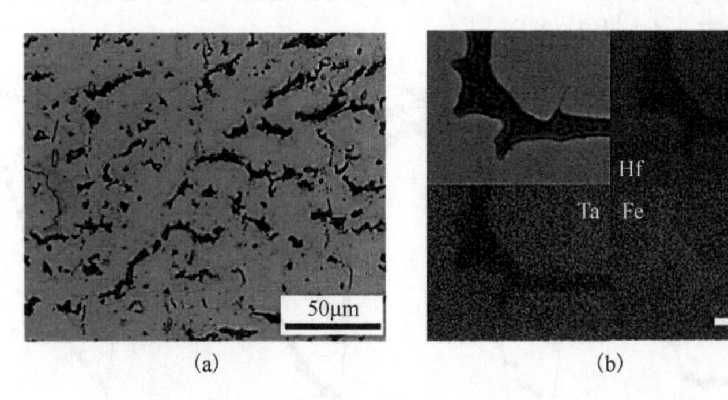


图 8.34　$Hf_{0.8}Ta_{0.2}Fe_{2.5}$ 合金的金相照片和元素分布图[23]

除(Hf,Ta)$Fe_2$ 合金外，$NaZn_{13}$ 型 La(Fe,Si)$_{13}$ 合金也在铁磁态建立时伴随明显负热膨胀。早在 2001 年，Hu 便报道了 La(Fe,Si)$_{13}$ 合金在铁磁态建立过程中伴随的负晶格膨胀现象。为了实现 La(Fe,Si)$_{13}$ 合金的零热膨胀，Liu 等[25]通过在 La(Fe,Si)$_{13}$ 体系中引入 Cu，诱发了富 La 相和 α-Fe 相的共生。由于这两相的正热膨胀效应，1∶13 相基体磁性相变的负热膨胀效应被补偿。基于 Cu 含量的改变，Liu 等[25]成功获得了近室温区完全可逆的零热膨胀效应。其中，$LaFe_{10.6-x}Cu_xSi_{2.4}$($x$=0.5)在 125～320K 的线性热膨胀系数低至 $9.3\times10^{-7}$ $K^{-1}$(图 8.35)。此外，第二相的弥散强化和细晶强化作用还极大地增强了该合金的力学性能。

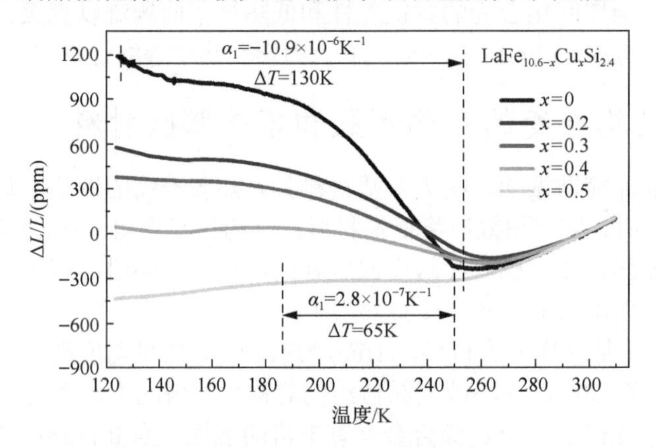


图 8.35　$LaFe_{10.6-x}Cu_xSi_{2.4}$($x$=0～0.5)的热膨胀曲线[25]

虽然 La(Fe,Al)$_{13}$ 合金与 La(Fe,Si)$_{13}$ 合金具有相似的晶体结构及磁性，但它们的热膨胀行为大相径庭。La(Fe,Si)$_{13}$ 合金在相变过程中表现出负热膨胀，而 La(Fe,Al)$_{13}$ 合金则在相变完成后表现出负甚至零热膨胀。2015 年，中国科学院物理研究所 Li 等[26]通过调控 $LaFe_{13-x}Al_x$ 中 Al 含量，在 $x$ 为 2.5 和 2.7 时发现了合金在 100～225K 的温度区间内具有零膨胀效应(图 8.36)。2017 年，该组又在 $x$ 为 1.4 和 1.6 时发现了零膨胀效应，其对应的温度区间为 10～200K。

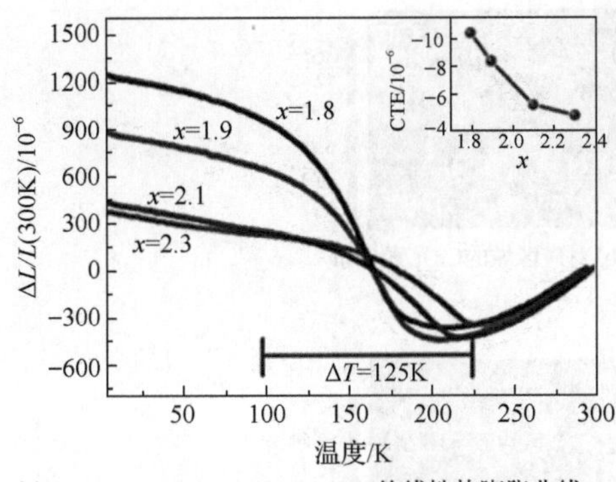


(a) $LaFe_{13-x}Al_x$($x$=1.8, 1.9, 2.1, 2.3)的线性热膨胀曲线，插图为100～225K热膨胀系数(CTE)的平均值

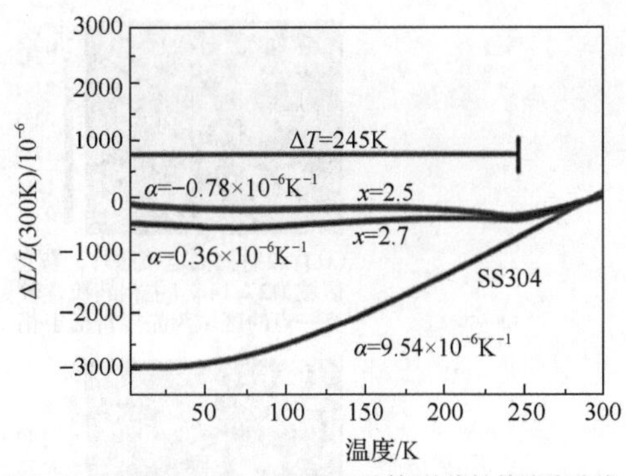


(b) $LaFe_{13-x}Al_x$($x$=2.5, 2.7)和304不锈钢的线性热膨胀曲线

图 8.36 $LaFe_{13-x}Al_x$ 热膨胀曲线[26]

除上述材料外，Mn 基反钙钛矿材料、Tb(Co,Fe)$_2$ 合金等也表现出热膨胀的反常。该反常均与材料磁性的变化有关。因此，材料磁性的相变是负/零热膨胀的起源之一。

## 8.4.3 高丰度稀土永磁材料

受益于新能源产业的蓬勃发展，烧结 Nd-Fe-B 磁体的需求量带动产量逐年上升，Nd-Fe-B 永磁材料占据了整个永磁市场 60%以上。制备的 Nd-Fe-B 永磁体高度依赖于稀土元素 Pr、Nd、Tb 和 Dy，这些稀土元素在自然界的储量较低，价格较为昂贵。稀土元素 La 和 Ce 在自然界中的丰度较高，作为共生矿被一同开采出来。由于 $La_2Fe_{14}B$ 和 $Ce_2Fe_{14}B$ 磁性相具有较低的内禀磁性能，在高性能永磁体的制备中却没有得到很好的利用，长此以往形成了稀土 La、Ce 的积压，价格低廉，目前 La、Ce 的价格仅为 Pr、Nd 的 1/10 左右。因此，从资源的平衡利用、可持续发展的角度，利用高丰度稀土 La 和 Ce 制备永磁体成为近些年的一个热门研究课题。

为了抑制 La/Ce 添加带来的内禀磁性的线性下降问题，我国研究人员通过双合金工艺，制备的多元主相稀土磁体有效地抑制了磁稀释作用。和传统的单主相方法有所差异，多主相稀土永磁体是通过分别设计和制备两种成分的 RE-Fe-B 组元合金粉末，一种富含高丰度稀土元素，另一种不含高丰度稀土元素，之后将两种粉末按照不同的比例均匀混合、压型、烧结、热处理，最终得到不同高丰度稀土含量的烧结磁体。如图 8.37 所示，由于初始磁体内部两组元之间存在化学成分的分布梯度，在高温烧结和热处理过程中，不同组元之间的元素互扩散，形成了不同内禀磁性的硬磁主相晶粒。正是由于不同内禀性能的主相晶粒之间的磁相互作用(包括单个晶粒内部局域的交换作用以及不同晶粒之间的长程静磁相互作用)，磁体能在较高含量的 La/Ce 添加时依旧保持较高的磁性能。如图 8.37(e)所示，在 Ce 取代量同为 27%时，双主相(BMP)磁体的磁性能要明显优于单主相(SMP)磁体，尤其是矫顽力。Zhang 等[27]制备了不同 Ce 取代量的多主相磁体，在最高 Ce 取代量(45%)时，磁体的最大磁能积依旧可以达到 36.7MGOe，矫顽力为 9.0 kOe。

热处理可以优化烧结磁体的显微组织结构，提高磁体的矫顽力。但是研究发现，热处理对多主相(Nd,Ce)-Fe-B 磁体矫顽力的影响规律较为复杂：热处理后多主相(Nd,Ce)-Fe-B 磁体矫顽力提升幅度并不明显，且热处理温度提高，磁体矫顽力反而下降，甚至低于未热处理的磁体(图 8.38)。其主要原因是热处理对磁体微观组织结构的改善与多主相磁体内部化学成分非均质性的破坏两个正负因素对矫顽力贡献相互竞争的结果[28]。

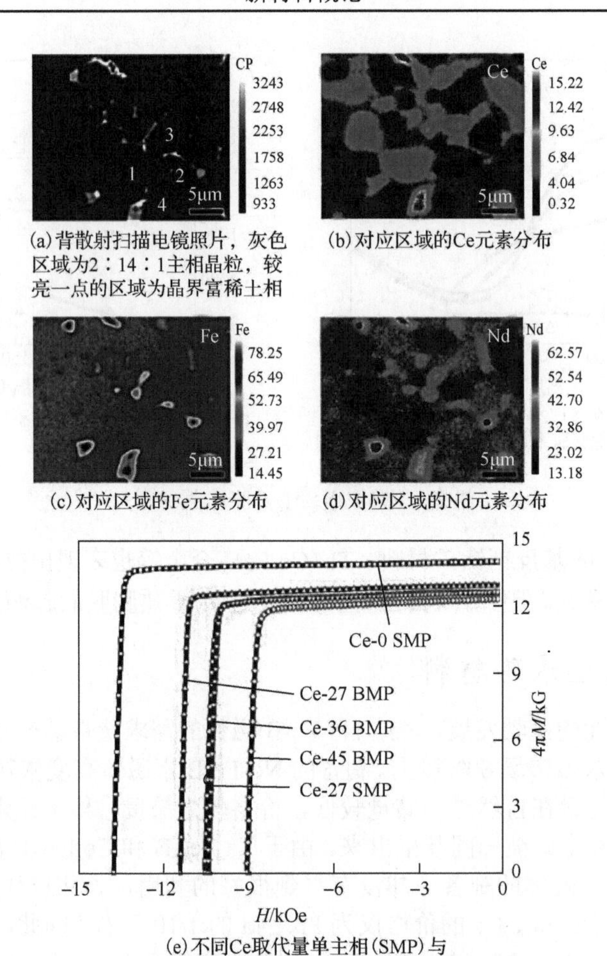


(a) 背散射扫描电镜照片，灰色区域为2∶14∶1主相晶粒，较亮一点的区域为晶界富稀土相　(b) 对应区域的Ce元素分布

(c) 对应区域的Fe元素分布　(d) 对应区域的Nd元素分布

(e) 不同Ce取代量单主相(SMP)与多主相(BMP)磁体的室温退磁曲线图

图 8.37　多主相烧结磁体的化学元素面分布

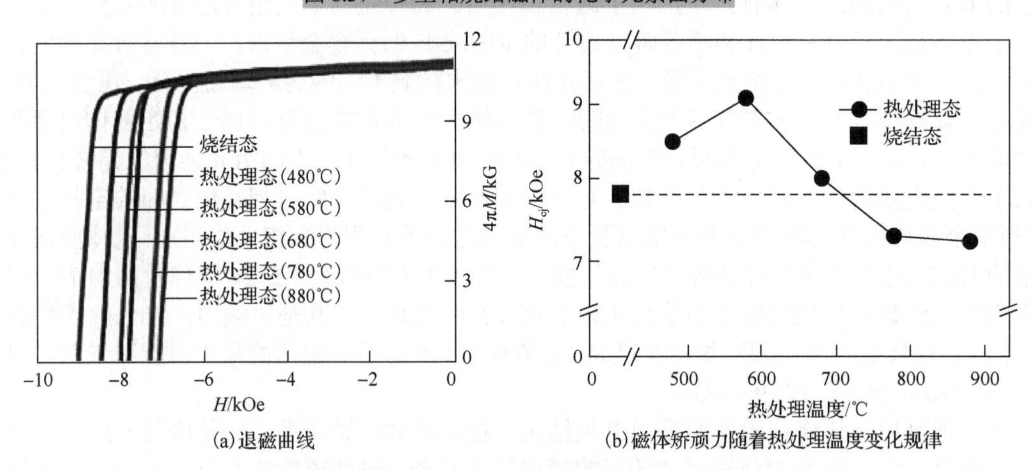


(a) 退磁曲线　(b) 磁体矫顽力随着热处理温度变化规律

图 8.38　不同热处理温度下的多主相烧结磁体[28]

## 8.4.4 磁性吸波材料

磁性材料兼具磁损耗和介电损耗，是吸波材料的一个重要分支。常见的磁性吸波材料主要有Fe、Co、Ni及其合金等磁性金属以及铁氧体。这类材料往往价格低廉、制备方法简单，并且具有较高的饱和磁化强度和较低的矫顽力，从而有优异的复磁导率，是一类非常合适的磁损耗吸波剂。磁性材料的电磁波损耗方式以磁损耗为主，在高频磁场中，磁性材料在磁化与反磁化过程中将电磁波能量转化为热能。具体损耗机制有涡流损耗、自然共振损耗、磁滞损耗等。然而，传统磁性吸波剂的高密度和窄吸收频率带宽大大限制了实际应用，且高频趋肤效应导致电导率的提高和磁导率的降低，也不利于材料阻抗匹配特性的调控。目前改性的方法主要是通过化学合成法制备纳米级磁性颗粒，降低磁性材料的尺寸。小尺寸颗粒会减小趋肤深度，减弱趋肤效应。

纯磁性吸波剂由于Snoek极限限制，磁导率难以提高，往往厚度大，且吸波频带较窄。例如，Golchinvafa等[29]采用微波辅助溶液热处理法合成了FeCo/$CoFe_2O_4$两相磁性粉末，粉末颗粒尺寸为30nm左右，主要通过界面极化和铁磁共振机制损耗电磁波，在C、X频带分别具有−20dB和−15dB的电磁吸收，吸波材料的匹配厚度高达9mm和6.7mm，这与薄、轻、宽、强的高性能吸波材料研发和制备理念相违背。因此，研究人员将磁性材料与介电材料复合，利用磁/电协效增强电磁波损耗能力，从而获得优异的吸波性能，这也是近些年的主要研究方向。例如，Zhang等[30]通过简单的一步水热法制备了RGO-$CoFe_2O_4$/FeCo磁电复合纳米材料（图8.39）。通过不同磁性相之间的比例调整，定向调控材料磁导率范围，并在二元相的磁性纳米粒子中引入介电材料石墨烯，不同磁相之间的共振耦合效应和多界面间的极化协同增强样品的电磁波吸收性能。最终在样品厚度为2.2mm的情况下，反射损耗(RL)值最小可达−53.1dB，同时有效吸波频带宽度达到7GHz(频率范围10.9～17.9GHz)(图8.39(e))，该性能在同类材料体系中具有优势，也为制备新型磁电复合型吸波材料提供了技术思路。

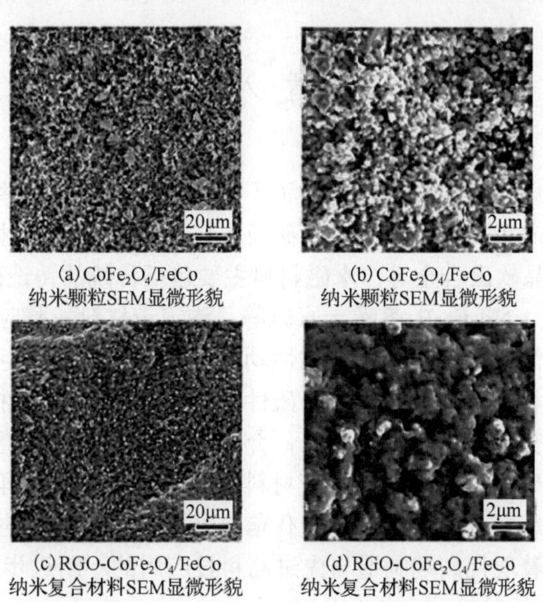

(a) $CoFe_2O_4$/FeCo 纳米颗粒SEM显微形貌　(b) $CoFe_2O_4$/FeCo 纳米颗粒SEM显微形貌

(c) RGO-$CoFe_2O_4$/FeCo 纳米复合材料SEM显微形貌　(d) RGO-$CoFe_2O_4$/FeCo 纳米复合材料SEM显微形貌

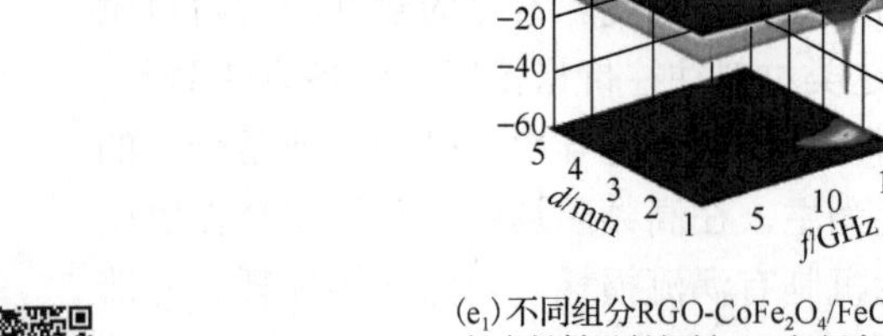


(e$_1$) 不同组分RGO-$CoFe_2O_4$/FeCo(s1)复合材料反射损耗(RL)与频率、厚度的变化规律三维图

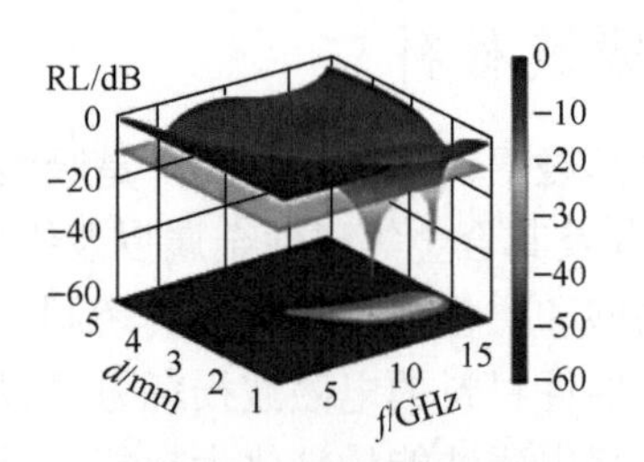


(e$_2$) 不同组分RGO-$CoFe_2O_4$/FeCo(s2)复合材料反射损耗(RL)与频率、厚度的变化规律三维图

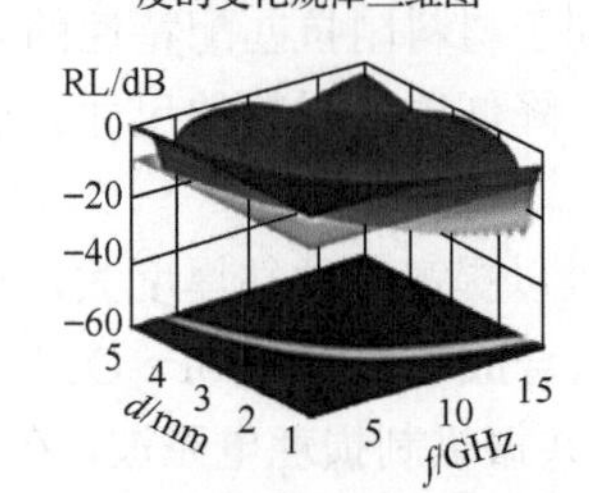


(e$_3$) 不同组分RGO-$CoFe_2O_4$/FeCo(s3)复合材料反射损耗(RL)与频率、厚度的变化规律三维图

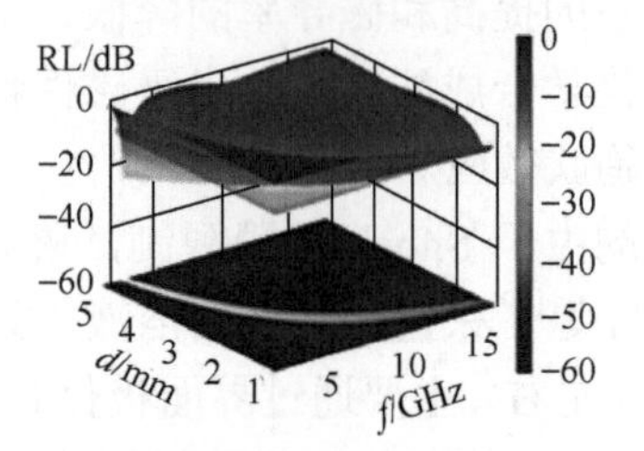


(e$_4$) 不同组分RGO-$CoFe_2O_4$/FeCo(s4)复合材料反射损耗(RL)与频率、厚度的变化规律三维图

图 8.39　纳米复合吸波材料[30]

再如，Cheng 等[31]采用新颖的浸渍工艺和热处理，设计并构建了 $Fe_3O_4$ 纳米晶/介孔碳空心球(MCHS)核壳杂化体。MCHS 具有良好的介电性能，能调节材料电磁平衡，改善材料阻抗匹配，并能显著降低 $Fe_3O_4$ 的密度。经过复合的该铁氧体材料具有最低−60.2dB 的反射损耗(RL)值，对应频率为 15.5GHz，有效吸波频带宽度达到 5.7GHz。在磁性纳米粒子中引入介电碳材料，可以显著改善复合材料的阻抗匹配和电磁性能，提高反射损耗，拓宽吸波带宽。

# 本 章 小 结

本章主要介绍了物质的磁性起源，定义了不同种类的磁性，列举了相应的代表性物质。在典型磁性材料方面，着重介绍了软磁、永磁及磁记录材料：软磁材料主要包括金属软磁、铁氧体软磁、非晶纳米晶软磁合金等；永磁材料主要包括传统的铸造磁钢 AlNiCo、铁氧体永磁、Sm-Co 系稀土永磁、Nd-Fe-B 系稀土永磁等；磁记录材料按照应用领域分为磁头材料及磁记录介质等。本章还简略地介绍了其他磁性功能材料，主要包括矩磁材料、旋磁材料、磁光效应材料、磁致伸缩材料、磁致冷材料、磁性液体、分子基磁性材料、纳米磁性材料等，列举了其典型的材料组分或体系、组成特征，介绍了效应原理，展望了其应用领域。最后，本章对磁性材料的最新研究进展，从磁相变材料到稀土永磁材料，再到磁性吸波材料等，进行了简单的介绍。总而言之，磁性材料是现代信息技术中不可或缺的重要功能材料，其不断的发展与更新迭代推动着现代高端制造与先进高科技应用的不断进步。

# 思 考 题

**8-1**　日常生活经验告诉我们，能够被磁铁的磁场所吸引的无外乎含铁、钴、镍等成分的材料，那么为什么磁性是物质的基本属性呢？

**8-2**　物质磁性如何分类？铁磁性和亚铁磁性有何不同？

**8-3**　铁磁性物质具有哪些特征？已知家用电饭锅的温控技术利用了磁性材料，那么应该是利用了强磁材料的何种基本特性？

**8-4**　什么是软磁材料？什么是永磁材料？人们产业化利用的软磁材料和硬磁材料分别有哪些？

**8-5**　软磁材料和永磁材料在生产生活中都有哪些应用？

**8-6**　目前产业化的永磁材料包括钕铁硼、钐钴、铝镍钴、铁氧体等多种材料。既然钕铁硼性能最为优异，为什么其他材料仍然在产业化生产呢？

**8-7**　磁头可分为几种类型？常用的磁头材料有哪些？

**8-8**　什么是 GMR 效应？它在磁记录技术中有什么应用？

**8-9**　什么是磁致伸缩效应？

**8-10**　请简述实现磁制冷的原理。

**8-11**　请简述磁性液体的成分、结构特点以及应用领域。

# 参 考 文 献


[1] 冯端，师昌绪，刘治国. 材料科学导论[M]. 北京：化学工业出版社, 2002.

[2] 严密，彭晓领. 磁学基础与磁性材料[M]. 2 版. 杭州：浙江大学出版社, 2019.

[3] 潘树明. 强磁体——稀土永磁材料原理、制造与应用[M]. 北京：化学工业出版社, 2011.

[4] 周寿增，董清飞，高学绪. 烧结钕铁硼——稀土永磁材料与技术[M]. 北京：冶金工业出版社, 2011.

[5] 张玉晶. 资源节约型稀土永磁材料的高性能化研究[D]. 杭州：浙江大学, 2017.

[6] COEY J M D. Magnetism and magnetic materials[M]. Cambridge: Cambridge University Press, 2009.

[7] 蔡军. 超高密度垂直磁记录用 CoPt 薄膜的研究[D]. 兰州：兰州大学, 2006.

[8] 周寿增，高学绪. 磁致伸缩材料[M]. 北京：冶金工业出版社, 2017.

[9] 鲍雨梅，张康达. 磁制冷技术[M]. 北京：化学工业出版社, 2004.

[10] TEGUS O, BRUCK E, BUSCHOW K H J, et al. Transition-metal-based magnetic refrigerants for room-temperature applications[J]. Nature, 2002, 415(6868): 150-152.

[11] 李德才. 磁性液体密封理论及应用[M]. 北京：科学出版社, 2010.

[12] SUTOU Y, IMANO Y, KOEDA N, et al. Magnetic and martensitic transformations of NiMnX (X=In, Sn, Sb) ferromagnetic shape memory alloys[J]. Applied Physics Letters, 2004, 85(19): 4358-4360.

[13] KOYAMA K, SAKAI M, KANOMATA T, et al. Field-induced martensitic transformation in new ferromagnetic shape memory compound $Mn_{1.07}Co_{0.92}Ge$[J]. Japanese Journal of Applied Physics, 2004, 43(12): 8036-8039.

[14] LIU J, YOU X M, HUANG B W, et al. Reversible low-field magnetocaloric effect in Ni-Mn-In-based Heusler alloys[J]. Physical Review Materials, 2019, 3(8): 084409.

[15] LIU J, GONG Y Y, YOU Y R, et al. Giant reversible magnetocaloric effect in MnNiGe-based materials: Minimizing thermal hysteresis via crystallographic compatibility modulation[J]. Acta Materialia, 2019, 174: 450-458.

[16] MIAO X F, GONG Y, ZHANG F Q, et al. Enhanced reversibility of the magnetoelastic transition in $(Mn,Fe)_2(P,Si)$ alloys via minimizing the transition-induced elastic strain energy[J]. Journal of Materials Science & Technology, 2022, 103: 165-176.

[17] BOEIJE M F J, ROY P, GUILLOU F, et al. Efficient room-temperature cooling with magnets[J]. Chemistry of Materials, 2016, 28 (14): 4901-4905.

[18] HU F X, SHEN B G, SUN J R, et al. Great magnetic entropy change in $La(Fe,M)_{13}$ (M=Si, Al) with Co doping[J]. Chinese Physics, 2000, 9 (7): 550-553.

[19] SHEN B G, SUN J R, HU F X, et al. Recent progress in exploring magnetocaloric materials[J]. Advanced Materials, 2009, 21 (45): 4545-4564.

[20] 邵艳艳. La-Fe-Si 磁热材料的局域结构、相变机理及性能研究[D]. 北京：中国科学院大学, 2019.

[21] CHEN Y F, WANG F, SHEN B G, et al. Large magnetic entropy change near room temperature in the $LaFe_{11.5}Si_{1.5}H_{1.3}$ interstitial compound[J]. Chinese Physics, 2002, 11 (7): 741.

[22] FUJITA A, FUJIEDA S, HASEGAWA Y, et al. Itinerant-electron metamagnetic transition and large magnetocaloric effects in $La(Fe_xSi_{1-x})_{13}$ compounds and their hydrides[J]. Physical Review B, 2003, 67 (10): 104416.

[23] CEN D Y, WANG B, CHU R X, et al. Design of $(Hf,Ta)Fe_2/Fe$ composite with zero thermal expansion covering room temperature[J]. Scripta Materialia, 2020, 186:331-335.

[24] HU F X, SHEN B G, SUN J R, et al. Influence of negative lattice expansion and metamagnetic transition on magnetic entropy change in the compound $LaFe_{11.4}Si_{1.6}$[J]. Applied Physics Letters, 2001, 78 (23): 3675-3677.

[25] LIU J, GONG Y Y, WANG J W, et al. Realization of zero thermal expansion in $La(Fe,Si)_{13}$-based system with high mechanical stability[J]. Materials & Design, 2018, 148: 71-77.

[26] LI W, HUANG R J, WANG W, et al. Abnormal thermal expansion properties of cubic $NaZn_{13}$-type $La(Fe,Al)_{13}$ compounds[J]. Physical Chemistry Chemical Physics, 2015, 8 (17) :5556-5560.

[27] ZHANG Y J, MA T Y, YAN M, et al. Post-sinter annealing influences on coercivity of multi-main-phase Nd-Ce-Fe-B magnets[J]. Acta Materialia, 2018, 146: 97-105.

[28] ZHANG Y J, MA T Y, JIN J Y, et al. Effects of $REFe_2$ on microstructure and magnetic properties of Nd-Ce-Fe-B sintered magnets[J]. Acta Materialia, 2017, 128: 22-30.

[29] GOLCHINVAFA S, MASOUDPANAH S M, JAZIREHPOUR M, et al. Magnetic and microwave absorption properties of $FeCo/CoFe_2O_4$ composite powders[J]. Journal of Alloys and Compounds, 2019, 809: 151746-151746.

[30] ZHANG Y J, YAO M H, LIU C Y, et al. Reduced graphene oxide-$CoFe_2O_4$/FeCo nanoparticle composites for electromagnetic wave absorption[J]. ACS Applied Nano Materials, 2020, 3 (9): 8939-8948.

[31] CHENG Y, CAO J M, LI Y, et al. The outside-in approach to construct $Fe_3O_4$ nanocrystals/mesoporous carbon hollow spheres core-shell hybrids toward microwave absorption[J]. ACS Sustainable Chemistry & Engineering, 2018, 6 (1): 1427-1435.

# 第9章 超导材料

超导电性是指某些材料被冷却到一定温度下，电流通过时这些材料出现零电阻，同时其内部失去磁通成为完全抗磁性的现象。超导现象是 1911 年荷兰低温物理学家卡茂林·昂尼斯(Kamerlingh Onnes)在金属汞中首次发现的。超导的发现是 20 世纪自然科学的一项重大成就。在过去的百余年里，科学家一直致力于理解神奇的超导现象、探索具有更高临界温度的超导材料。超导材料是当今新材料领域一个十分重要的组成部分，在发电、输电和储能等领域有着广阔的应用前景。本章将从超导的基本效应和原理出发，对几种典型的超导材料体系进行概述，并介绍其在发电、输电、储能等领域的应用。

## 9.1 超导的基本特性

### 9.1.1 零电阻现象

1908 年，荷兰 Leiden 大学的卡茂林·昂尼斯首先获得了液氦，并得到了 1K 的低温。1911 年，他把汞冷却到−40℃，然后在汞导线中通以电流，并逐步降低汞的温度。当温度降低到−269℃左右时(4.12K)，汞导线的电阻突然完全消失了(电阻率小于目前所能检测的最小电阻率 $10^{-26}\Omega\cdot cm$，可以认为电阻为零)。人们把这种低温下电阻突然消失的现象称为零电阻现象，电阻消失之后的状态称为超导状态[1]。

电流在超导状态下的导线中畅通无阻，不再消耗能量。如果将这种导线做成闭合电路，电流就可以永无休止地流动下去。确实也有人做过这样的实验：将一个铅环冷却到 7.25K 以下，用磁铁在铅环中感应出几百安培的电流。在与外界隔绝的情况下，从 1954 年 3 月 16 日开始，直到 1956 年 9 月 5 日，铅环中的电流数值没有变化，在不停地循环流动。超导体中有电流而没有电阻，说明超导体是等电位的，超导体内没有电场。由于昂尼斯在超导方面的卓越贡献，他获得了 1913 年的诺贝尔物理学奖。

需要指出的是，超导体的零电阻与常导体的零电阻在本质上不同。常导体的零电阻是指理想晶体没有电阻，自由电子可以不受限制地运动。随着温度的降低，常导体的电阻随温度渐变为零。但是由于金属晶格原子的热运动、晶体缺陷和杂质因素，周期场受到破坏，电子受到散射，故而产生一定的电阻，即使温度降为 0K，其电阻率也不为零，仍然保留一定的剩余电阻率，金属越不纯，剩余电阻率就越大。超导体的零电阻是指当温度下降到一个临界值时，电阻跃变为零，或者在低温条件下，物质电阻突然消失的现象。从正常电阻转变为零电阻的温度称为超导临界温度 $T_c$。

### 9.1.2 迈斯纳效应

最初人们把超导体简单地看成仅仅是电阻为零的理想导体。1933 年，德国物理学家迈斯纳(W.Meissner)和奥克森费尔特(R.Ochsenfeld)发现：对于超导体，不管到达超导态的途径如何，只要环境温度在超导临界温度以下，超导体内的磁场强度 $H$ 总为零，即具有完全抗磁性，磁场线不能进入超导体内部，这种现象就是迈斯纳效应，如图 9.1 所示。外磁场的磁化使超导体表面产生感应电流，而感应电流在超导体内产生的磁场正好和外磁场相抵消，使超导体内部磁场为零。在超导体的外部，超导体表面感应电流的磁场和原磁场叠加将使总磁场的磁场线绕过超导体而发生弯曲。

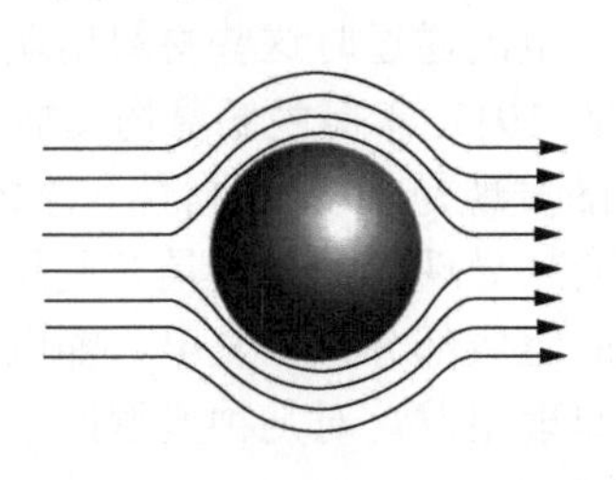

(a)超导态磁场线分布示意图

(b)超导状态下的磁悬浮效应

图 9.1　迈斯纳效应

因此，超导体并不等于完全导体，它不仅没有电阻，而且有将磁场线完全排斥在体外的完全抗磁性。零电阻现象和迈斯纳效应是超导体两个最基本、互相独立的特性，也成为衡量一种材料是不是超导体的必要条件。

迈斯纳效应的重要应用就是利用超导材料的完全抗磁性使磁体悬浮。例如，当一个小的永久磁体降落到超导态表面附近时，永久磁体的磁场线不能进入超导体，在永久磁体与超导体之间存在的斥力可以克服小磁体所受的重力，使小磁体悬浮在超导体表面一定的高度上。

### 9.1.3　约瑟夫森效应

在微观世界中，电子具有一定的概率穿过比其自身能量还要高的势垒，电子的穿透概率随势垒的高度和宽度的增加而迅速减小，这个特殊的量子效应称为隧道效应。例如，如果在两块金属 Al 层之间夹入一层很薄的 $Al_2O_3$ 层(厚度为 1～2 nm)作为绝缘势垒，当在两块 Al 之间加上电势差后，就有电流流过绝缘层，这就是正常金属的隧道效应。

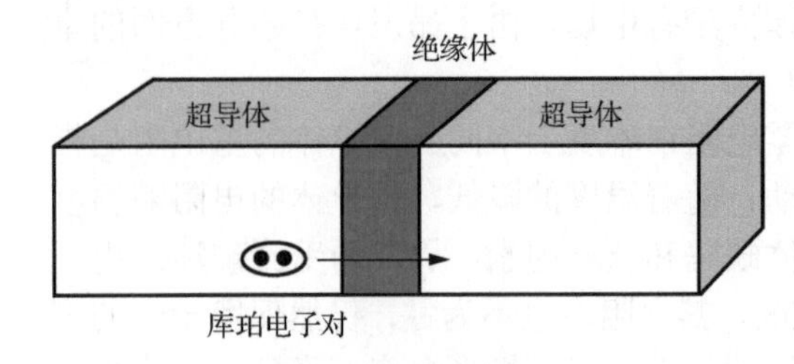


图 9.2　约瑟夫森结

那么，如果其中的 Al 进入超导状况(称为约瑟夫森结，如图 9.2 所示)又会如何呢？1962 年，剑桥大学约瑟夫森(B. D. Josephson)对此进行了认真的理论计算，发现当绝缘层厚度小于 1.5nm 时，除了有前面所述的正常电子的隧道电流外，由于两侧超导体的宏观波函数在绝缘势垒处叠加，还存在一种与库珀电子对相联系的隧道电流，而且库珀电子对穿越势垒后，仍保持其配对的形式。这种不同于单电子隧道效应的新现象称为约瑟夫森效应。在不到一年的时间内，约瑟夫森的理论预言被美国物理学家菲利普·安德森(P. W. Anderson)和约翰·罗威尔(J. M. Rowell)的实验所证实，约瑟夫森效应的物理内容很快得到充实和完善，逐渐形成了一门新兴学科——超导电子学。

## 9.1.4 临界条件

通常衡量超导体的性能指标有以下三个。

(1) 临界温度 $T_c$。样品电阻突然变为零的温度。不同材料的临界温度不同，例如，铅的$T_c$是7.2K，铌的$T_c$是9.3K。实验表明，从正常态到超导态变化时，电阻消失是在一定温度间隔中完成的，称这个温度间隔为转变温区，以$\Delta T$表示。转变温区随材料性质不同而不同，纯净单晶样品的转变温区很小，而多晶或含有机械应变和杂质的样品的转变温区较大。

(2) 临界磁场 $H_c$。当$T<T_c$时，将磁场作用于处于超导态的超导体时，如果磁场高于$H_c$，磁场线将穿入超导体，超导态被破坏而转入正常态。$H_c$和温度的关系是随温度降低，$H_c$增加。不少超导体的这个关系是抛物线关系，即

$$H_c = H_{c0}\left[1-\left(\frac{T}{T_c}\right)^2\right] \tag{9-1}$$

式中，$H_{c0}$是0K时超导体的临界磁场。临界磁场$H_c$就是能破坏超导态的最小磁场，它与超导材料的性质有关，不同材料的$H_c$变化范围很大。

(3) 临界电流密度 $J_c$。除上述两个因素影响超导体临界温度以外，输入电流也起着重要作用，它们都相互依存和相互关联。若把温度从$T_c$向下降，则临界磁场$H_c$将随之增加。如果输入电流所产生的磁场与外加磁场之和超过临界磁场$H_c$，超导态将遭到破坏。此时的电流为临界电流，其对应的电流密度称为临界电流密度$J_c$。随着外磁场的增加，$J_c$必须相应减小，从而保持超导态，故临界电流就是保持超导态的最大输入电流。

这三个指标一般越高越好，相互关系如图9.3所示。

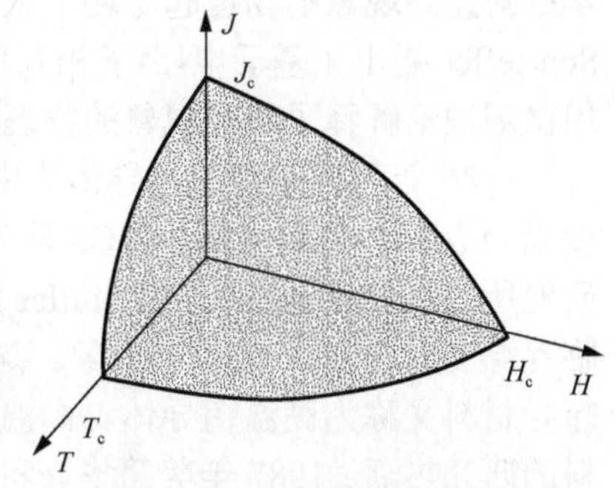


图9.3 超导临界条件的相互关系

## 9.1.5 第一类和第二类超导体

根据超导材料对磁场的响应，可以将其分为第一类超导体和第二类超导体。

第一类超导体只有一个临界磁场$H_c$。在低于临界温度的某一温度下，当所加磁场比临界磁场$H_c$弱时，超导体能完全排斥磁场线的进入。一旦磁场比临界磁场强，这种超导特性就消失了，磁场线又可以进入材料的体内。也就是说，第一类超导体在临界磁场以下显示出超导性，越过临界磁场立即转化为常导体。元素超导体除V、Nb、Ta以外都属于第一类超导体。此类超导体电流仅在它的表层内部流动，$H_c$和$J_c$都很小，达到临界电流时超导体即被破坏，所以第一类超导体实用价值不大。

第二类超导体有两个临界磁场，即上临界磁场$H_{c2}$和下临界磁场$H_{c1}$。当磁场比第一个临界磁场(下临界磁场)$H_{c1}$弱时，这类超导体处于纯粹的超导态(又称为迈斯纳态)，这时它与第一类超导体相同，完全禁止磁场线进入体内。但磁场在$H_{c1}$和$H_{c2}$之间时，材料内部处于混合态，具有超导区和正常区相混杂的结构。这时超导体电阻为零，但磁场线可以部分地进入材料体内。当磁场比第二个临界磁场(上临界磁场)$H_{c2}$还要强时，材料完全转入正常态，磁场线可以自由进入材料体内。因为$H_{c2}$比较大，可以高达几十万高斯，即在强磁场下仍然能保持超导，在实用上可以用它作为导线，也可以用其制成强磁体。第二类超导体包括V、Nb、

Ta，以及大多数合金、金属化合物、高温超导体。例如，目前可以批量生产的铌三锡($Nb_3Sn$)、钒三镓($V_3Ga$)、铌钛(NbTi)都属于第二类超导体。

第二类超导体又分为理想第二类超导体和非理想第二类超导体。前者的晶体结构比较完整，不存在磁通钉扎中心，通常不具有高临界电流密度；后者存在晶体缺陷，并且存在磁通钉扎中心，其体内的磁场线排列不均匀，体内各处的涡旋电流不能完全抵消，出现体内电流，从而具有高临界电流密度，适合实际应用。

# 9.2　典型的超导材料体系

## 9.2.1　超导材料的发展

1911 年昂尼斯在金属汞中发现超导现象，迅速引起了科学界的高度关注。在随后的十几年里，人们也逐渐在许多金属和合金材料中发现了超导电性。然而，在很长一段时间内，科学家对超导现象的物理起源还不太清楚。直到 1957 年，J. Bardeen、L. N. Cooper 和 J. R. Schrieffer 提出了基于电-声子相互作用的 BCS 理论(以三人姓的首字母命名)，第一次成功地用微观理论解释了超导现象的物理本质[2-5]。

1986 年以前发现的超导体集中在金属材料中，其临界温度均不超过 23.2K，因而人们一度以为最高 $T_c$ 值是受制于 BCS 理论的本征极限，称为 BCS 墙(BCS wall)。1986 年，IBM Zurich 研究所的 G. Bednorz 和 A. Müller 成功地突破了 BCS 墙限制，他们在一种铜氧化物中发现了临界温度高达 31K 的超导现象。这种无法用 BCS 理论解释的、超导临界温度在 30K 以上的超导材料又称为高温超导体。高温超导体的发现迅速在世界范围内引发了对铜氧化物超导材料的研究热潮。1987 年美籍华裔科学家朱经武在 Y-Ba-Cu-O 体系中将超导临界温度提高到了 93K，这是人类发现的首个临界温度在液氮温度(77K)以上的超导材料。自此，世界进入了探索高温超导体的时代(图 9.4[6])。

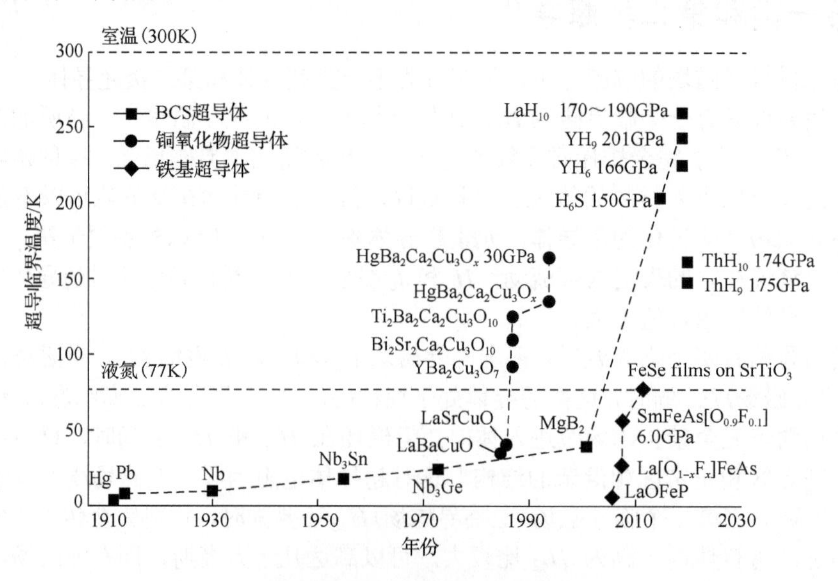

图 9.4　超导临界温度的提升[6]

2001 年，Jun Akimitsu 报道了一种新型的金属间化合物超导材料——$MgB_2$，这是首个突破了 BCS 墙限制($T_c$=39K)的金属基超导材料。紧接着，2008 年，日本科学家西野秀雄在对磁性半导体的输运研究中意外地发现了铁磷化合物的超导电性。这类铁基超导材料的发现再次颠覆了人们对超导材料的传统认知。铁基超导材料的研究也因此成为当前超导领域的研究重点。

下面对几类典型的超导材料进行详细介绍。

## 9.2.2　金属基超导材料

在金属汞中发现超导电性之后，人们陆续发现近 30 种金属单质和几千种合金及化合物都具有超导现象。目前发现的超导金属元素有 28 种，其中过渡元素有 18 种，如 Ti、V、Zr、Nb、Mo、Ta、W、Re 等。非过渡元素有 Bi、A1、Sn、Cd 等 10 种。超导金属间化合物中，首先发现的是 $Nb_3Sn$，并通过铌管法制成复合线材，绕制成了磁场强度为 8T 的低温高场超导磁体。1986 年发现铌三锗($Nb_3Ge$)，$T_c$=23.2K，这也是当时所获得的最高临界温度，超过常压下氢的液化温度(20.4K)。此外，$V_3Ga$、$V_3Si$、$Nb_3Al$ 都有较高的临界温度，但后两种难以加工成线材，限制了其应用。近年来日本采用熔体急冷、激光和电子束辐照等新方法对 $Nb_3Al$ 等化合物进行试验，取得了重要进展。

超导合金材料种类繁多，如二元合金 NbTi，$T_c$＝0～8K；三元合金 Nb-Ti-Zr，$T_c$≈10K。最早出现的是 Nb-Zr 系，具有低磁场高电流的特点，用于制作超导磁体。后来被加工性能好、临界磁场高、成本低的 Nb-Ti 合金取代。在目前的合金超导体中 Nb-Ti 合金线材应用最为广泛。Nb-Ti 合金材料绕制成的超导磁体可用于核磁共振成像医疗诊断仪中，这种仪器已有上千台。20 世纪 70 年代中期，发展了一系列具有很高临界电流密度的三元超导合金 Nb-40Zr-10Ti、Nb-Ti-Ta 等，它们是制造磁流体发电机大型磁体的理想材料。

很明显，绝大多数金属基超导材料的临界温度小于 40K，给超导材料的应用带来困难。人们也一度以为 40K 是超导临界温度不可逾越的极限，称为麦克米兰极限。

目前对常规金属基超导现象的成功解释主要基于 BCS 理论[6,7]。BCS 理论认为，当一个电子在晶体中运动时，它倾向于将正离子拉向自己从而在电子周围形成更密一点的正离子晶格。这时另一个电子在其附近通过时就会受到该正离子点阵的吸引作用，总的效果就是两个电子在以声子为媒介的状态下相互吸引。因此，当温度下降到超导临界温度以下时，自由电子将不再完全无序地“单独行动”，而是每两个自旋相反的电子在电-声子相互作用下配成对，称为库珀电子对。当库珀电子对与晶格(声子)相互作用时，两电子的动量此消彼长，一个电子受到散射使速度和方向发生改变，另一个电子也会相应地改变其方向和速度，整体电子的速度不会受到影响，即总动量始终保持不变。温度越低，库珀电子对越多($T$＝0K 时，电子全部形成库珀电子对)，电子对的结合越牢固，不同电子对之间的相互作用力越弱。在电压作用下，库珀电子对按一定方向畅通无阻地流动，宏观表现是电阻为零。

当温度升高后，电子对受到热运动的影响而吸引力变弱，结合程度变差，部分转变成正常电子。温度越高，库珀电子对的数目越少，直到临界温度时，电子对全部拆散成单个正常电子，超导态转变为常导态。

BCS 理论体现了目前许多科学家对超导现象的理解。然而，尽管 BCS 理论对于很多超导体(尤其是常规金属超导体)的超导电性的描述很成功，但是对于包括铜氧化物高温超导体在内的一大类强关联电子系统，BCS 理论提供的物理图像并不能给出这些体系超导机理的满意回答，普适的超导微观理论仍有待进一步探索。

### 9.2.3　铜氧化物高温超导体

从 20 世纪 60 年代开始，人们开始在氧化物中寻找超导体。1966 年，在氧缺陷钙钛矿结构的 $SrTiO_{3-\delta}$ 氧化物中发现超导性，虽然 $T_c$ 只有 0.55K，但对陶瓷材料超导性的发现具有重大意义。1979 年得到 $T_c=13K$ 的 $BaPb_{0.75}BiO_3$ 的超导体。1986 年，J. G. Bednorz 和 K. A. Müller 发现了具有较宽临界温度范围的 La-Ba-Cu 氧化物超导体，超导临界温度为 35K，为此他们得到了 1987 年的诺贝尔物理学奖。这个现象也引起了科学家对氧化物高温超导陶瓷的高度重视。1986 年 12 月，中国科学院物理研究所的赵忠贤研究组获得了超导临界温度为 48.6K 的锶镧铜氧化物。1987 年 2 月，美国休斯敦大学的朱经武、吴茂昆研究组和中国科学院物理研究所的赵忠贤研究组分别独立发现，在 Y-Ba-Cu-O 体系(化学计量式为 $YBa_2Cu_3O_7$，即 123 材料)中存在 90 K 以上的临界温度，超导研究首次成功突破了液氮温区(液氮的沸点为 77K)。由于液氮成本较为低廉，液氮温区超导材料的发现极大地降低了超导材料的使用成本，使得超导大规模应用和深入研究成为可能。之后的十年内，铜氧化物超导材料的热潮迅速席卷全球，新的超导临界温度纪录也得以不断刷新，目前世界上最高临界温度的超导体是 Hg-Ba-Ca-Cu-O 体系(常压下临界温度为 135K，高压下临界温度为 164K)，由朱经武研究组于 1994 年创出。

通常人们把金属、合金和化合物超导体称为常规超导体，把氧化物陶瓷超导体称为高温超导体。前者通常是简单结构，而高温超导体则是复杂的、由畸变的钙钛矿组成结构的。但他们有一个共同特征：均含有 1 个或 1 组 $CuO_2$ 面。在 Cu-O 面内，铜原子基本排成方阵，每个铜原子又与它周围的 4 个氧原子(相距约 0.19nm)成键。若按晶体结构中含有的 Cu-O 面层数来分类，可以划分为单层和复层。复层之间可以嵌入不同层数的金属氧化物层，如 LaO、BaO、CuO、TlO 等。例如。$YBa_2Cu_3O_{6+\delta}$[8]含有由 Y 原子层分开的双层 $CuO_2$ 面，并在双层 $CuO_2$ 面的内部嵌入了 Ba、Cu、O 原子。改变复层中的 $CuO_2$ 面数和隔开这些复层内 $CuO_2$ 面的金属原子及嵌入层的化学性质、厚度和结构就可能获得大量的化合物。因此，铜氧化物超导家族是十分庞大且复杂的，其中临界温度在液氮温区以上的也有很多[9]。按元素划分有汞(Hg)系、铊(Tl)系、铋(Bi)系、钇(Y)系、镧(La)系等；按照载流子形式可以划分为空穴型和电子型两大类。例如，Hg 系就包括 Hg-1234($HgBa_2Ca_3Cu4O_{1+\delta}$，临界温度为 125K)；Hg-1223($HgBa_2Ca_2Cu_3O_{8+\delta}$，临界温度为 134K)；Hg-1201($HgBa_2CuO_{4+\delta}$，临界温度为 95K)等。

虽然铜氧化物高温超导家族的数量很多，但是要得到超导性能好、临界温度高的高温超导材料，并非易事。一方面是因为从材料本身来看，铜氧化物属于陶瓷材料，天生就属于易碎品。诸如 Bi 系、Tl 系、Hg 系等材料，它们往往具有很强的各向异性，接近层状二维材料，极易撕成薄片，稍加压力就会成一堆碎片，力学性能十分脆弱。另外，绝大部分铜氧化物的临界温度取决于氧的浓度，而要控制氧的浓度需要通过许多复杂的手段如高温退火处理等来实现，所以要在超导线材中实现均匀的临界温度分布，技术难度非常大[9]。铜氧化物的各向异性还特别体现在超导电性本身上，也就是说，在同等磁场环境下，沿着 Cu-O 面内和垂直于

Cu-O 面的超导电性差异非常大。另外，由于超导电缆往往采用多晶粉末样品制备，Cu-O 面的取向是杂乱无章的，这意味着每个小晶粒的临界温度下限将决定外界磁场的极限值。结构越复杂的材料，通常临界温度越高，但也越难合成。总而言之，铜氧化物高温超导材料的磁通动力学复杂多变，具体机制和过程与材料本身的杂质、缺陷、结晶性能等密切相关。在这种情况下，完美地利用其高温超导的性质存在巨大的挑战。为了高温超导体的实用化，科学家发明了各种技术，克服了重重困难，终于实现了部分高性能的高温超导线材和带材。

随着实验研究的进一步展开，人们很快认识到，铜氧化物高温超导体(或称铜基超导体)不能用传统的 BCS 理论来描述。要获得如此之高的超导临界温度，仅仅依靠晶格热振动(声子)作为中间媒介形成配对电子是远远不够的。尽管不少关于氧化物形成超导态的新理论模型被不断提出，但是至今还没有哪种理论得到人们的普遍认可。

### 9.2.4 铁基高温超导体

2008 年 2 月，日本西野秀雄(H.Hosono)研究小组报道了在氟掺杂的 LaFeAsO 体系中存在 26K 的超导电性。这项发现迅速引起了整个超导研究领域的震动，因为此前人们一直认为大磁矩元素(Fe)的出现不利于超导现象的发生。中国科学家在得知消息的第一时间里合成了该类材料，并开展了物性研究，其中中国科学院物理研究所和中国科学技术大学的研究人员采用稀土替代方法获得了一系列高质量的样品，惊喜地发现其临界温度突破了 40K，优化合成方式之后可以获得 55K 的高临界温度。新一代高温超导家族——铁基高温超导材料就此诞生。在随后几年里，新的铁砷化物和铁硒化物等铁基超导体系不断被发现[10-12]，典型母体如 LaFeAsO、$BaFe_2As_2$、LiFeAs、FeSe 等，这些材料几乎在所有的原子位置都可以通过不同的掺杂而获得超导电性。根据铁基超导材料基本组合规则(碱金属或碱土金属+稀土金属+过渡金属+磷族元素+氧族元素)，粗略估计其家族成员有 3000 多种，现今发现的体系不过是其中九牛一毛，是至今为止最庞大的超导家族。

目前已经发现的铁基超导体的晶体结构上都具有一个共同的层状单元(图 9.5[12])，即 FeSe 或 FeAs 层，具体可分为以下几类。

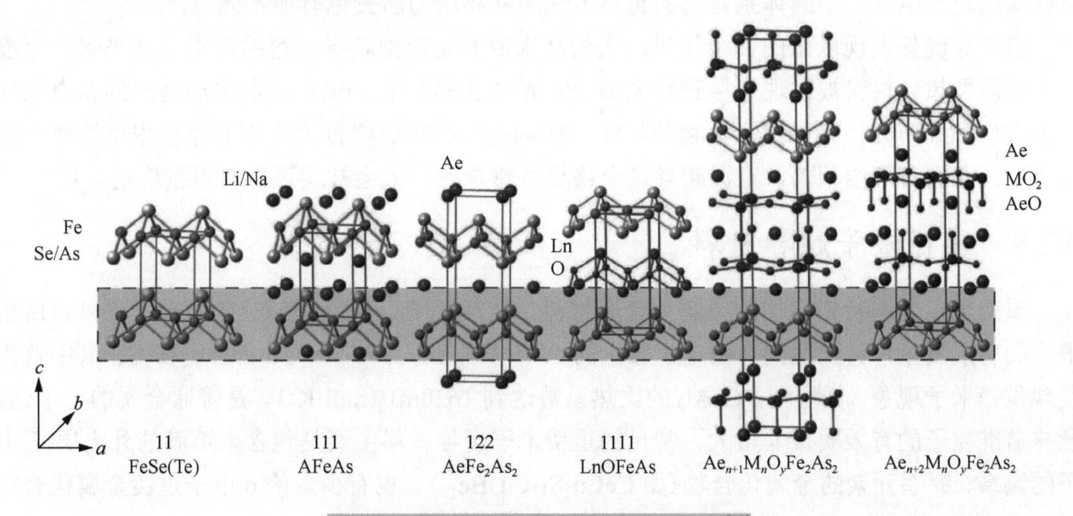


图 9.5 几类典型铁基超导体的晶体结构[12]

(1) 11 体系，即 FeSe (Te)，是晶体结构最简单的铁基超导体。值得一提的是，利用分子束外延生长的 $FeSe/SrTiO_3$ 薄膜，超导临界温度超过 65K，受到了广泛的关注。

(2) 111 体系，即 AFeAs (A 为 Li、Na 等)，LiFeAs 的超导临界温度可以达到 18K。

(3) 122 体系，即 $AeFe_2As_2$(Ae 为碱土金属元素，如 Ba、Sr、Ca 等)。由于高质量、大尺寸、不同掺杂浓度的 122 体系超导单晶比较容易获得，因此 122 体系是目前实验(角分辨光电子能谱、扫描隧道显微镜、中子衍射)研究最多的铁基超导体之一。

(4) 1111 体系，即 LnOFeAs(Ln 为稀土元素，如 La、Ce、Pr、Nd、Sm 等)。其中由赵忠贤院士领导的研究小组利用高压合成技术获得的 $Sm[O_{1-x}F_x]FeAs$ 目前保持着铁基超导体块材的最高临界温度纪录(55K)。

(5) 其他体系，如基于 11 体系插层形成的 $A_xFe_{2-y}Se_2$(A=K、Rb、Cs、Ti 等)、$Ae_{n+1}M_nO_yFe_2As_2$、$Ae_{n+2}M_nO_yFe_2As_2$(Ae=Ca、Sr、Ba，M=Sc、V、(Ti, Al)、(Ti, Mg)、(Sc, Mg)等)。

作为继铜氧化物超导材料之后的第二大高温超导家族，铁基超导材料具有更加丰富的物理性质和更有潜力的应用价值。它的晶体结构、磁性结构和电子态相图与铜基超导材料均非常类似；但是它从电子结构角度又属于类似 $MgB_2$ 那样的多带超导体；其母体更具有金属性，和具有绝缘性的铜氧化物母体截然不同(铜氧化物仅在掺杂后才出现金属性)。在应用方面，尽管铁基超导材料的临界温度低于铜氧化物，但是更接近金属性的力学特征意味着铁基超导材料更加容易被加工成线材和带材，而其可承载的上临界磁场/临界电流和铜基超导体相当，甚至有可能更优越。

当然，制备铁基超导材料大部分情况下需要砷化物和碱金属或碱土金属，具有较强的毒性，同时又对空气异常敏感，这对材料制备工艺和使用安全提出了更高的要求。在超导的弱电应用方面，铁基超导体还处在起步阶段，相对已经趋于成熟的铜基超导体弱电应用还有很大差距。从材料角度来说，铁基超导体更具有灵活多变性，这让高温超导的研究空间得到了明显拓展，许多实验现象也可以在不同体系中进行比照研究，从而得出更加普适的结论。如前所述，几乎在铁基母体材料中的任何一个原子位置进行不同价位甚至同价位的元素掺杂都可以实现超导电性，不同体系材料的超导电性随外界压力演变也有所不同。

自超导现象发现以来的百余年里，人们从未放弃对新型超导材料的探索，几乎每一年度都会有新型超导材料被发现，尽管绝大部分临界温度都低于 40K，但其中展现出的新奇物性值得人们细细研究，诸如铜氧化物超导体、铁基超导材料这样打破常规的惊喜也可能将会再次诞生。人们有理由相信，室温超导这个终极梦想总有一天会被实现甚至得到广泛应用。

### 9.2.5 重费米子超导材料

重费米子体系特指这样一类固体金属材料，其载流子(电子或空穴)在低温下可以表现出很大的有效质量，甚至达到自由电子质量的 $10^2$～$10^3$ 倍。1975 年，Andres 等在 $CeAl_3$ 中首先发现重费米子现象。低温下，$CeAl_3$ 的比热系数达到 $1620mJ/(mol \cdot K^2)$，是普通金属的上千倍，意味着准粒子的有效质量非常大。常见的重费米子超导材料主要是包含未填满的外壳层 f 电子的镧系、锕系元素的金属化合物(如 $CeCu_2Si_2$、$UBe_{13}$)，也有少量的 d 电子过渡金属化合物(如 $LiV_2O_4$、$CaCu_3Ir_4O_{12}$ 等)[13]。

其中 $CeCu_2Si_2$ 是第一种被证实的非常规超导体。该材料的超导电性最早由德国科学家 F. Steglich 在 1979 年发现。虽然它的超导临界温度很低(仅 0.6K)，但是其行为并不能用常规的 BCS 理论来解释。首先，在超导临界温度之上，$CeCu_2Si_2$ 的电子比热系数就接近 $1J/(mol·K^2)$，同时在超导临界温度处的比热跳变可达 $2J/(mol·K^2)$。这些参数是简单金属的上千倍，如此巨大的熵变不可能是由自由的传导电子配对引起的，必然是重电子参与的结果。其次，$CeCu_2Si_2$ 的费米温度 $T_F$ 仅为 10K，而声子的 Debye 温度 $\Theta_D$ 约 200K，所以这些参与超导配对的电子不仅重，而且跑得太慢，以至于完全无法用 BCS 理论描绘的电-声子耦合图像来理解。最后，$CeCu_2Si_2$ 的超导临界温度 $T_c$ 约为 $0.05T_F$，反而比常规超导体中 $T_c \approx 0.001T_F$ 要高得多。因此，从电子费米能的角度出发，$CeCu_2Si_2$ 反而可以称得上是高温超导体。

$CeCu_2Si_2$ 中超导的发现一开始并没有完全得到认可。但在随后几年的研究中，$UBe_{13}$、$UPt_3$、$URu_2Si_2$ 等重费米子超导材料中陆续展现出超导现象。迄今已发现有近 50 种重费米子超导材料，主要涉及 Ce、Yb、Pr、U、Pu、Np 等稀土元素的金属化合物。重费米子超导的发现打开了非常规超导研究的大门，在超导的历史上具有重要意义。

重费米子超导的一个重要研究价值在于它们丰富的相图，其核心问题是超导与反铁磁的竞争关系，两者可以相互排斥，也可以在一定程度上共存[14]。$CeCu_2Si_2$ 中的超导与反铁磁序是竞争而非共存的。这可以简单地理解为 Ce 原子仅有的一个 f 电子很难同时参与反铁磁长程序与超导序，但是这并不妨碍反铁磁涨落与超导的共存关系。然而由于实验存在极大挑战，直到 2011 年，O.Stockert 等才通过非弹性中子散射实验给出了反铁磁涨落驱动 $CeCu_2Si_2$ 超导的明确证据。在超导态，他们在自旋激发能谱中看到了清晰的能隙，这是由于磁交换能部分转变成了库珀电子对的凝聚能。类似的行为在铜氧化物超导体、铁基超导体中都有实验报道。除 $CeCu_2Si_2$ 外，$CeCu_2Ge_2$、$CePd_2Si_2$、$CeAu_2Si_2$、$CeNiGe_3$、$CePd_5Al_2$ 等材料都在高压下、反铁磁消失的边界区域出现超导相，暗示了超导与反铁磁相的竞争关系。

虽然重费米子超导体的 $T_c$ 往往很低，但是这类材料是多种强关联效应的天然竞技场。这些效应的竞争往往可以促成电子的超导凝聚，为非常规超导的研究提供了多样化的平台。对重费米子超导材料中非常规超导体的测量、调控及理论理解不仅丰富了强关联物理的内涵，还有利于人们寻找并利用高温超导效应。此外，一个更重要的现象是，重费米子超导体系存在很多潜在的拓扑超导体，如 $PrOs_4Sb_{12}$、$URu_2Si_2$、$UPt_3$、$UBe_{13}$、$UTe_2$ 等。因此在拓扑超导、拓扑量子计算领域，重费米子超导材料有很高的研究和应用价值。

## 9.3　超导材料的应用与前景

超导材料自发现以来，其在材料、物理、电力等领域的应用型研究迅速展开，成为推动超导研究的巨大动力。科学家认为，21 世纪的超导技术如同 20 世纪的半导体技术，将对人类生活产生积极而深远的影响。超导材料基于约瑟夫森效应、零电阻特性、迈斯纳效应和非理想第二类超导体所特有的高临界电流密度和高临界磁场，广泛应用于磁体、电力科技、工业技术中，显示出其他材料无法比拟的优越性。

### 9.3.1　超导材料在电力方面的应用

**1. 超导电缆**

超导最直接、最诱人的应用是用超导体制造输电电缆。由于超导体的出现，可以在较细的电缆上输送较大的电流，而且基本上不损耗能量。据估计，我国目前约有 15%的电能损耗在输电线路上，每年损失的电能达到 900 多亿 kW·h。如果改用超导体输电，就能大大节约电能，缓解日益严重的能源紧张问题，并减少由此带来的环境负担。

要进行超导输电，首先必须选择制造电缆的超导体，其次保证电缆处于超导临界温度以下的低温。为此超导电缆必须放在绝缘、绝热的冷却管里，管里盛放冷却介质，如液态氦等。冷却介质经过冷却泵站进行循环使用，保证整条输电线路都在超导状态下运行。这样的超导输电电缆比普通的地下电缆容量大 25 倍，可以传输几万安培的电流，电能消耗仅为所输送电能的万分之几[15]。

超导体还可用于制造超导通信电缆。人们对通信电缆的要求主要是信号传递准确、迅速、容量大、重量轻，超导通信电缆正好能满足上述要求。因为超导通信电缆的电阻接近零，允许用较小截面的电缆进行话路更多的通信，这样就可以降低通信电缆的自重，节约超导体材料。更重要的是超导通信电缆基本上没有信号的衰减，不论距离远近，接收方都能准确无误地收到发出方发出的信号，所以在线路上不必增设中间放大器，就能进行远距离通信。

用超导体制造雷达天线、导航天线、通信天线和电视天线，可使天线辐射效率增加几百倍，而天线的损耗电阻减小几个数量级；还可减少各种干扰信号，使天线发射和接收信号的能力大大提高。尤其重要的是，这将改变传统天线庞大、笨重的外观，做到小型化、轻型化，以满足军事上或其他特殊需要。

**2. 超导发电机**

将超导体制成线圈，由于它具有零电阻特性，可在截面较小的线圈中，通以大电流，形成很强的磁场，这就是超导磁体[16]。超导磁体的磁场强度可达 15 万～20 万 G，重量仅为数十千克，并且耗电量较少。超导磁体已成功地应用在超导发电机上。超导发电机的构造与常规的同步发电机大致相同，只是定子线圈和转子线圈都是用超导体制成的。直流电通入超导转子线圈后，由于转子线圈处于零电阻状态，故电流很大，从而形成一个很强的旋转磁场。常规发电机输出功率很少超过 150 万 kW，原因是转子线圈产生的磁场强度有限，而定子线圈中电流过大会导致严重发热，影响发电机正常工作。超导发电机输出功率比常规发电机提高 10 倍以上，可超过 2000 万 kW。

超导磁体还能制造磁流体发电机[16]。磁流体发电是将火力发电产生的高温气体变成等离子气体，再高速喷入发电通道，使发电通道中的磁场线受到切割，在等离子气体中产生感应电动势，把气体离子推向发电通道两侧的电极，在外回路中产生电流，热能就这样直接转化为电能。磁流体发电机如果用超导磁体来产生发电通道中的强磁场，与常规发电机联合使用，可把热效率从 20%～40%提高到 50%～60%，节省 1/4～1/3 的燃料。此外，它还具有重量轻、体积小、启动快、不污染空气等优点。

**3. 超导储能**

由于在用电高峰和低谷时期对用电量需求的不平衡可能造成高峰时期电力的供应不足和

低谷时电力的浪费。因此需要一种储存和调节手段，能够将用电低谷期电站正常转动发出的多余电力储存起来，移到用电高峰期再用。然而，电力的储存非常困难。超导储能具有巨大的优势[15]。由于它可以得到高的电流密度和磁通密度，所以可以达到极高的能量密度，可以无损耗地储存巨大的电能。另外，从经济角度而言，它可调节高低负荷，其效率可达 90%以上，还可以改进电力系统的稳定性和提高自动频率控制，其优越性极为明显。

美国已经设计出一种大型超导磁能存储系统，采用 NbTi 电缆和液氦冷却，储能环的半径为 750m，埋在地下洞穴内。可储存 5000MW·h 的巨大电能(相当于 4300t TNT 炸药爆炸时产生的能量)，充放电的功率为 1000MW，转换时间为几分之一秒，其效率达到 98%(2%的损失是由于铜线输入输出造成的，若计及交直流转换和制冷耗能，总效率为 90%～95%)[15]。

## 9.3.2 超导磁体在交通和工业的应用

### 1. 超导磁悬浮列车

利用迈斯纳效应产生的完全抗磁性可以使超导体在外加磁场状态下悬浮，磁悬浮技术因具有无机械接触在交通领域备受青睐，最早应用于磁悬浮列车装置上[17]。

1966 年，美国首先提出制造超导磁悬浮列车的设想。此后，美国、英国、日本、德国、瑞典等国家都进行了开发和研制。目前日本、德国的超导磁悬浮列车已投入运行，时速高达 500km。乘坐这种列车，从上海到北京，只需要 168min。

那么，这种列车是怎样悬浮起来的呢?原来，在每节车厢的底部都安装了超导磁体，在列车行进的路面上则埋有许多闭合的铝环。在超导磁体的线圈中通入电流就会产生很强的磁场。列车开动后，超导磁体相对于铝环运动，在铝环里感应出一股很大的电流，并相应形成极强的磁场。超导体的完全抗磁性使车上的超导磁体受到地面铝环的向上托力。当车速大于 150km/h 时，托力大于列车自重，就使列车浮起。车速越高，托力越大。当列车停下时，由于铝环中没有感应电流，也就不能产生成磁场，所以在开车启动和减速停车时有一段时间仍需用车轮在轨道上运行。

### 2. 冷子管和超导计算机

绕线冷子管是一种通过磁场控制的电流开关装置，它由一临界磁场较低的门线(如 Ta)和一临界磁场较高的材料绕制的控制线圈(如 Nb)组成。这种装置的操作温度稍低于门线材料的临界温度，远低于控制线圈材料的临界温度。当控制线圈没有电流通过时，门线是超导的。当控制线圈通过一定大小的电流时，它所产生的磁场使门线从超导态转变到正常态。在操作过程中，控制线圈始终是超导的。1935 年，卡西米尔和德·哈斯用 Pb-Ti 合金制作门线，用 Pb 来绕制控制线圈，做出了第一个这种类型的开关元件。1956 年巴克把这种装置命名为冷子管，并指出它可以用作计算机的开关元件[15]。

冷子管的操作速度首先依赖于从超导态到正常态的转变时间，而这个时间是很短的(约 $10^{-10}$s)。另外，电流从一个通路转移到另一个通路的开关时间取决于 $L/R$。$L$ 是作为电流通路的超导回路的电感，$R$ 是门线处于断开态的电阻。绕线冷子管的开关时间是 $10^{-5}$s，而后人们对此做出了多种改进。

研制超导计算机不是约瑟夫森效应问世后才提出来的。早在超导 BCS 理论孕育的 1956 年，巴克已提出绕线冷子管的超导计算机[15]。尽管绕线冷子管的开关时间在 $10^{-5}$s 左右，功耗也较大，但在当时的半导体技术条件下，与晶体管的第二代计算机相比，其优越性还是很明显的，而且稳定性较好。因此，我国当时也开展了超导计算机的研制工作。然而，1965 年前后，美国得克萨斯仪器公司的集成电路计算机上市。此后，大规模、超大规模的高速、大容量数字计算机陆续制造成功。也就在这时，发明约瑟夫森记忆元件的马梯索博士认识了半导体机在发展道路上速度与发热的尖锐矛盾，从 1965 年开始，领导 IBM 公司 100 多人组成的专家队伍共同奋战，终于使约瑟夫森器件的超导计算机有了清楚的思路。马梯索于 1967 年根据约瑟夫森隧道结的电流-电压特性以及最大超导电流与磁场的关系，制作了一种新的冷子管——隧道冷子管。他的实验进一步证明，约瑟夫森结具有极高的开关速度(开关时间约为 $10^{-12}$s 数量级，开关速度是半导体器件的 100 倍以上)和极低的功耗(只有半导体器件的 1/1000 左右)，利用约瑟夫森隧道门的控制特性所制造的逻辑器件能以惊人的速度执行“与”功能，从而为制造亚纳秒电子计算机提供了一条途径。同时，约瑟夫森器件的输出电压在毫伏数量级，输出电流可以大于控制线内的电流，从而具有一定增益，这使信号检测很方便。首先，约瑟夫森计算机采用了先进的薄膜技术，集成方便、体积更小、成本更低(约为半导体计算机的 1/50)，这对商品的应用推广极为有利。其次，因超导抗磁效应，电路布线干扰完全消除，信号准确无畸变，这对计量学中的高速取样、瞬态储存原始信号是非常宝贵的特性。

### 9.3.3　超导量子干涉器(SQUID)及其生物医学应用

约瑟夫森效应的发现使超导体在弱磁场、弱电流的电子器件中获得广泛应用。利用约瑟夫森效应制成的各种器件具有灵敏度高、噪声低、响应速度快和损耗小等优点。例如，制成的磁强计可测量非常微弱的磁场，分辨率可达 $10^{-11}$G 左右，这种磁强计可以用来测量人体的微弱磁场，描绘出心磁图和脑磁体，成为未来诊断疾病的有效手段。在电磁波的探测方面，根据约瑟夫森效应制成的探测仪器具有很高的灵敏度和纳秒($10^{-9}$s)的响应时间，可以检测从亚毫米波段到远红外波段通信方面的电磁信号，在毫米、亚毫米波段通信方面有广泛的应用前景。

把两个约瑟夫森结用超导通路并联起来，构成回路，就构成了超导量子干涉器。通过这一器件的总电流取决于穿过环路的磁通量：若该量子干涉器回路中通过磁通量为磁通量子的整数倍，则通过的电流出现极大；若为半整数倍，则通过的电流出现极小。由于磁通量子值很小，而且明显地和电流有关，所以可以用该超导量子干涉器测量弱磁场和弱电流[17]。超导量子干涉器的用途十分广泛，这里主要讨论它在生物医学领域的应用。

人体中不仅存在着生物电，也存在着生物磁。实践表明，它与生物电行为互为补充，具有下述独特的优点[15]。

(1) 非接触测量。磁测量的探头可以不接触人体，因此，它可用于监视人体内的直流电效应，而在人体直流电压测量中电信号常常可能被接触电势和表面电势所掩盖。

(2) 反映人体内部的生物活动，给出某些电测量无法给出的人体内部信息。众所周知，磁场和电流有关。通常人和动物内部的体电流比皮肤上的要大一些，因此，它可以提供一个人体内部活动的直接指示，而不受引入介质中微弱电流的干扰。一旦人体内部组织有了损伤，就有称为损伤电流的直流电通过。借助体外磁场测定，就能够检测出体内损伤电流。但身体表面的电位测量很难检测出这种电流。

(3)磁场测量还可以探测与人体电位无关的磁性变化，从而提供更多的医疗信息。

既然生物磁如此重要，为什么生物磁的研究远远落后于生物电的研究呢？这是因为生物磁信号极其微弱，在 $10^{-13}$～$10^{-10}$T 量级，一开始并没有如此低磁场强度的检测手段。用超导量子干涉现象所制成的磁强计可以探测到 $10^{-15}$T 的磁场变化，极大地促进了生物磁学的进程。

1970 年科恩、埃德耳萨克和齐默尔曼等首先应用超导量子干涉仪测出人体完善的心磁图，打开了生物磁的窗口。它不仅是有关人体生理学的基础研究，而且近几年来日益显示临床应用方面的巨大潜力。例如，使用 SQUID 磁强计可以不取肝样而准确地测量肝中铁浓度。在有些情况下，对脑神经磁场的研究所确定的脑病位确实与瘤的存在有关，因而提供了对病理位置的一个独立的测定方法。

在妇产学中，妊娠 18 周后进行胎心检查可以看出胎儿的供氧情况，早期发现胎儿心率不规则，并采取适当的治疗措施，有助于减少胎儿的脑损伤和智力迟缓。这对于优生优育无疑是有效的辅助。然而，在母体腹部附近测量到的电压相当微弱，有时因为母体自身的心电干扰太大，测量胎儿的心电图几乎是不可能的。但利用具有空间分辨信号能力的磁梯仪即可将母体与胎儿心脏跳动情况清晰地区分并记录下来。

# 本章小结

作为当今新材料领域的重要组成部分，超导材料是 20 世纪最伟大的科学发现之一，有着十分广阔的应用前景。本章阐述了超导电性和超导材料的基本性质，对超导材料百年来发展历程进行了回顾，并对典型超导材料如金属、铜氧化物、铁基超导体等进行了详细介绍，最后概述了超导材料的发展现状及应用前景。

# 思考题

9-1 什么是超导材料？

9-2 超导材料有哪些基本效应？

9-3 产生超导电性的原因是什么？

9-4 影响超导临界温度的因素有哪些？

9-5 什么是第一类超导体？它和第二类超导体的主要区别是什么？

9-6 只有金属材料才可以实现超导电性吗？

9-7 超导材料有哪些应用前景？

# 参考文献

[1] VAN DELFT D, KES P. The discovery of superconductivity[J]. Physics Today, 2010, 63(9): 38-43.

[2] BARDEEN J, PINES D. Electron-phonon interaction in metals[J]. Physical Review,1955, 99(4): 1140-1150.

[3] COOPER L N. Bound electron pairs in a degenerate Fermi gas[J]. Physical Review, 1956, 104(4): 1189-1190.

[4] COOPER L N, FELDMAN D. BCS: 50 Years[M]. Singapore: World Scientific Publishing Company, 2010.

[5] BARDEEN J, COOPER L N, SCHRIEFFER J R. Microscopic theory of superconductivity[J]. Physical Review, 1957, 106(1): 162-164.

[6] 孙莹, 刘寒雨, 马琰铭. 高压下富氢高温超导体的研究进展[J]. 物理学报, 2021, 70 : 017407.

[7] BARDEEN J, COOPER L N, SCHRIEFFER J R. Theory of superconductivity[J]. Physical Review, 1957, 108(5): 1175-1204.

[8] BARIŠIĆ N, CHAN M K, LI Y, et al. Universal sheet resistance and revised phase diagram of the cuprate high-temperature superconductors[J]. Proceedings of the National Academy of Sciences of the United States of America, 2013, 110(30): 12235-12240.

[9] 罗会仟. 超导“小时代”：超导的前世、今生和未来[M]. 北京: 清华大学出版社, 2022.

[10] HOSONO H, YAMAMOTO A, HIRAMATSU H, et al. Recent advances in iron-based superconductors toward applications[J]. Materials Today, 2018, 21(3): 278-302.

[11] SI Q M, YU R, ABRAHAMS E. High temperature superconductivity in iron pnictides and chalcogenides[J]. Nature Reviews Materials, 2016, 1: 16017.

[12] CHEN X H, DAI P C, FENG D L, et al. Iron-based high transition temperature superconductors[J]. National Science Review, 2014(3), 1: 371-395.

[13] 李宇, 盛玉韬, 杨义峰. 重费米子超导理论和材料研究进展[J]. 物理学报, 2021, 70: 017402.

[14] 焦琳. 重费米子超导[J]. 物理, 2020, 49(9): 586-596.

[15] 张兆君. 低温世界畅想曲——超导技术[M]. 北京: 科学技术文献出版社, 1998.

[16] 严东生. 在大自然的馈赠之外——材料技术[M]. 上海: 上海科技教育出版社, 1996.

[17] 丁世英. 神奇的超导材料[M]. 北京: 科学出版社, 2003.

# 第10章 光学材料

光在高科技中的地位正在不断提高，人们在不断地开发光资源，为人类社会服务。光集成线路和光子计算机都是人们追求的对象，飞机中的电气零件也不断地被光子器件取代。光学材料主要是光介质材料，是传输光线的材料，这些材料以折射、反射和透射的方式改变光线的方向、强度和相位，使光线按预定的要求传输，也可以吸收或透过一定波长范围的光线而改变光线的光谱成分。近代光学的发展，特别是激光的出现，使另一类光学材料，即光学功能材料得到了发展。在外场(力、声、热、电、磁和光)的作用下，这种材料的光学性质会发生变化，因此可作为探测和能量转换的材料，成为光学材料中一个新的重要分支。光学材料主要包括光纤材料、光色材料、红外材料、发光材料等，下面将分别展开叙述。

## 10.1 光纤材料

20 世纪 60 年代发现了激光，这是人们期待已久的信号载体。要实现光通信，还必须有光元件、组件及信号加工技术和光信号的传输介质。1966 年英国标准电信实验室(STL)的中国科学家高锟(K. C. Kao)发表论文，论证了把光纤的光学损耗降低到 20dB/km 以下的可能性(当时光纤的传输损耗约为 1000dB/km)，预测了光纤通信的未来，被誉为光纤通信的先驱。作为光通信介质用的光纤引起了工业发达国家的科学界、实业界人士以及政府部门的普遍重视。许多大学、研究所、公司以及工厂开始探索这一工作，对多组分玻璃系和高二氧化硅玻璃系光纤进行开发研究。随着理论研究和制造技术的提高，降低光纤传输损耗的工作进展很快。1970 年，美国康宁玻璃公司拉制出世界第一根低损耗光纤，这是一根高二氧化硅玻璃光纤，长数百米，损耗低于 20dB/km(降低为 1966 年光纤损耗的 1/50)。十多年后，高二氧化硅玻璃光纤的损耗又降低了两个数量级，约为 0.2dB/km，几乎达到了材料的本征光学损耗。然而，多组分玻璃光纤因其材料难以提纯及均匀性差，光纤的最低损耗仍相当大，约为 4dB/km。近 20 年，各种各样的光纤层出不穷，除了通信用多模、单模光纤，近年来又出现各种结构的高双折射偏振保持光纤、单偏振光纤，以及各种光纤传感器用的功能光纤、塑料光纤等[1]。

### 10.1.1 光纤的导光原理

#### 1. 光纤的结构

光纤是光导纤维的简写，是一种利用光在玻璃或塑料等制成的纤维中的全反射原理而达成光传导的工具。它用高透明电介质材料制成，具有非常细(125～200μm)的外径和低的损耗。它不仅具有束缚和传输从红外线到可见光区域内的光的功能，而且具有传感功能。光纤一般由三个部分构成：芯部、包覆层和保护套。一般通信用光纤的横截面的结构如图 10.1 所示。光纤本身由纤芯和包层构成，见图 10.1(a)，纤芯由高透明固体材料(如高二氧化硅玻璃，多组分玻璃、塑料等)制成，纤芯的外面是包层，用折射率较低(相对于纤芯材料而言)的有损耗(每公里几百分贝)的石英玻璃、多组分玻璃或塑料制成。这样就构成了能导光的玻璃纤维——光纤，光纤的导光能力取决于纤芯和包层的性质。

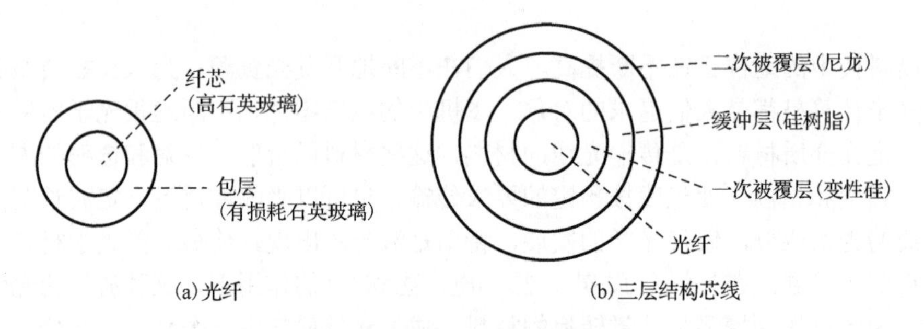


图 10.1　光纤横截面结构示意图

上述光纤是很脆的，还不能付诸实际应用。要使它具有实用性，还必须使它具有一定的强度和柔性，采用图 10.1(b)所示的三层芯线结构。在光纤的外面是一次被覆层，主要目的是防止玻璃光纤的玻璃表面受损伤，并保持光纤的强度。因此，在选用材料和制造技术上，必须防止光纤产生微弯或受损伤。通常采用连续挤压法把热可塑硅树脂被覆在光纤外而制成，此层的厚度为 100～150μm，在一次被覆层之外是缓冲层，外径为 400μm，目的在于防止光纤因一次被覆层不均匀或受侧压力作用而产生微弯，带来额外损耗。因此，必须用缓冲效果良好的低弹性系数材料作缓冲层，为了保护一次被覆层和缓冲层，在缓冲层之外加上二次被覆层。二次被覆层材料的弹性系数应比一次被覆层的大，而且要求具有小的温度系数，常采用尼龙，这一层外径常为 0.9mm。

**2. 光纤的传输原理**

如果有一束光透射到折射率分别为 $n_1$ 和 $n_2$ 的两种界面上(设 $n_1 > n_2$)，透射光将分为反射光和入射光。入射角 $\theta_i$ 和折射角 $\theta_r$ 之间符合斯内尔定律(折射定律) $\sin\theta_i / \sin\theta_r = n_2 / n_1$。当入射角 $\theta_i$ 逐渐增大时，折射角 $\theta_r$ 也相应增大。当 $\theta_r$ 大于 90° 时，入射光线全部反射回到原来的介质中，这种现象称为光的全反射[2]。当 $\theta_r = 90°$ 时，入射角 $\theta_{i_0} = \arcsin(n_2 / n_1)$，称为临界角。光纤导光基于光在纤芯和包层分界面上产生的全反射原理。光在光纤的纤芯中沿锯齿状路径曲折前进，但不会穿出包层，这样就避免了光在传输过程中的折射损耗(图 10.2)。

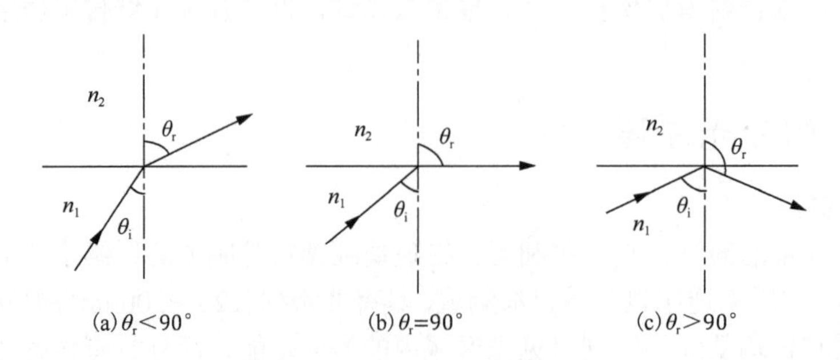

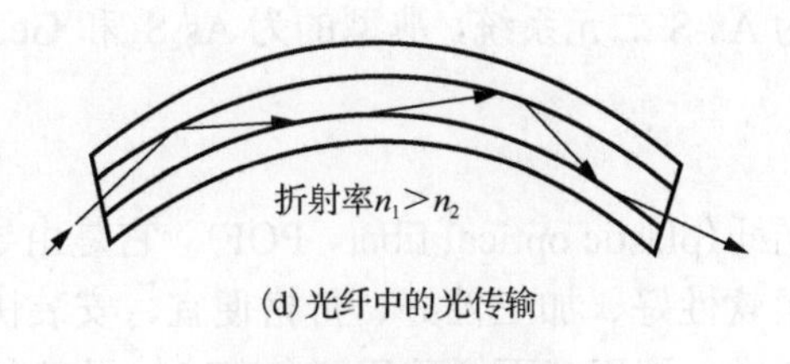


(d)光纤中的光传输

图10.2 斯内尔定律

## 10.1.2 光纤的特性

与其他材料相比，光纤有许多独特的性能。光纤的第一个特性是有良好的传光性能，它对光波的损耗目前可低到0.2dB/km，甚至更低，可见光纤的透明度很高。

光纤的第二个特性是频带宽。这是因为光纤传输的是光，但光的频率特别高，现在所用的光频率为$10^{14}\sim10^{15}$Hz，它比微波高5个数量级。频率越高，能够容纳的带宽越大；而其他传输手段只能传输频率低得多的电磁波，即使能够把光送入其他传输线，也由于损耗大而没有实用价值，这是光纤能够传输大量信息的根本原因。

光纤的第三个特性是它本身就是一个敏感元件，即光在光纤中传输时，光的特性如振幅、相位、偏正态等将随检测对象的变化而相应变化。光从光纤射出时，光的特性得到调制，通过对调制光的检测，便能感知外界的信息，这是光纤在光纤通信领域外的应用。光纤是最先应用于智能结构的传感元件，也是目前在这一领域作为神经系统的最有前景的传感元件[3]。

## 10.1.3 光纤材料分类

1. 玻璃光纤

**1) 石英玻璃光纤**

石英玻璃光纤纤芯的主要成分是高纯度的二氧化硅。二氧化硅的密度约为2.2g/cm$^3$，熔点约为1700℃。二氧化硅的纯度要达到99.9999%，其余成分为极少量掺杂材料，如二氧化锗($GeO_2$)。掺杂材料的作用是提高纤芯的折射率。纤芯直径一般为5～50μm[4]。包层材料一般是纯二氧化硅，比纤芯折射率低些。若是多包层光纤，则包层会含有少量掺杂材料如氟等以降低折射率。

**2) 氟化物玻璃光纤**

氟化物玻璃光纤主要由重金属氟化物玻璃熔融拉制而成。这种光纤在1.6～5.0μm红外光谱范围内有低达$10^{-3}\sim10^{-2}$dB/km的潜在超低本征损耗特性，它将为超长距离长途通信系统提供更为理想的传输介质。氟化物玻璃光纤主要有：以氟化铍为主要组分的氟铍酸盐玻璃；以氟化锆为基础的氟锆酸盐玻璃；以氟化铪为基础的氟铪酸盐玻璃；以氟化铝为基础的氟铝酸盐玻璃；以氟化钍和稀土氟化物为主要成分的玻璃[5]。氟锆酸盐玻璃是最有希望获得超低损耗的光纤材料，弱点是经受不了液态水的侵蚀，机械强度较低，有待进一步改进。

**3) 硫系玻璃光纤**

硫系玻璃是指以元素周期表中ⅥA族的硫、硒、碲三个元素为主要成分的玻璃。20世纪80年代初，为探索新一代超低损耗通信光纤和用于传输高功率CO激光器(波长是5.3μm)与$CO_2$激光器(波长是10.6μm)的传能光纤，对硫系玻璃光纤进行了广泛深入的研究。最早用于拉制光纤的硫系玻璃组成为 As-S 二元系统，典型的为 $As_2S_3$ 和 $GeS_3$ 玻璃。之后，进一步发展至多元系统[6]。

2. 塑料光纤

塑料光纤也称聚合物光纤(plastic optical fiber，POF)，它是由导光芯材与包层包覆成的高科技纤维。塑料光纤具有柔软性好、加工性好、价格便宜、安装快速、容易连接等特点。目前常用的塑料光纤芯材有三类：聚甲基丙烯酸甲酯(PMMA)及其共聚物系列；聚苯乙烯(PS)系列；氘化聚甲基丙烯酸甲酯(PMMA-ds)系列。近年来，塑料光纤芯层材料已由热塑性聚合物扩展到热固性聚合物，如聚硅氧烷等。对包层材料不仅要求透明，折射率比芯材低，而且要有良好的成型性、耐摩擦性、耐弯曲性、耐热性及与芯材的良好黏接性。对于 PMMA 及其共聚物芯材($n$=1.5)，多选用含氟聚合物或共聚物为包层材料，如聚甲基丙烯酸氟代烷基酯、聚偏氟乙烯($n$=1.42)、偏氟乙烯/四氟乙烯共聚物($n$=1.39～1.42)等[4]。塑料光纤广泛地用于短距离中小容量信息传输系统、传感器、CD 播放机、汽车、飞机信息传输网络、多媒体网络、军事网络，甚至可以用于宇航以及导弹的制导等。

3. 晶体光纤

晶体光纤是用晶体材料制成的光纤，具有单晶的物理化学特性和纤维的导光性。早在 1922 年，E. V. Gomperz 发明了导模法生长金属单晶纤维，到 20 世纪 60 年代，该制备方法已经很成熟了。按纤维中晶体的结构可分为多晶纤维和单晶纤维。单晶光纤具有抗拉强度高、耐高温和用途广泛等特点。晶体光纤可广泛用于制作各种光通信器件，如晶体光纤激光器、自倍频晶体光纤激光器、晶体光纤光放大器、晶体光纤倍频器、晶体光纤光参量振荡器、晶体光纤光隔离器、晶体光纤温度计、晶体光纤光传输线等。这些器件的横截面小，易于和普通光纤系统联网[5]。晶体光纤对较长波长的光具有比玻璃光纤更好的传输特性，而单晶光纤由于晶界对光的散射小，因而可进一步降低光的损耗；晶体光纤器件和普通光纤系统之间具有更高的耦合效率，因而比普通块状器件更适用于普通光纤系统。当然，晶体光纤的表面质量和内部光学均匀性还达不到玻璃光纤的要求。晶体光纤材料主要有 YAG 系列晶体光纤、YAP($YAlO_3$)系列晶体光纤、$Al_2O_3$ 系列晶体光纤、$LiNbO_3$ 系列晶体光纤、LBO 与 BSO 晶体光纤、卤化物晶体光纤[6]。

### 10.1.4 光纤的应用

光纤的最初应用是制作医用内窥镜，但其大量的应用仍在通信方面，现在已成为通信的重要网络。许多国家建造了光纤通信系统，横跨大西洋、太平洋的海底光缆已投入使用，使全世界进入信息时代。另外，光纤不仅作为通信载体介质，还可以作为传感器材料，在传感、传像、传光照明与能量信号传输等多个领域都得到应用。随着社会的发展，光纤在信息技术领域的应用越来越广泛，能满足更多环境与用途的特种光纤及光纤器件应运而生。

1. 光纤通信

光纤通信是以光作为信息载体，将电信号转化为光信号，再以光纤作为传输介质的有线通信。光纤通信过程如图 10.3 所示。20 世纪 80 年代，光纤通信技术的成熟对当时的电信工业起到了革命性的作用。凭借其压倒性的传输容量及非常良好的保密性，光纤通信毫无悬念地稳坐当代有线通信第一把交椅，同时在数字时代扮演着非常重要的角色。

时至今日，商业通信光纤及其制备技术已经非常成熟，可以满足当代信息传输的绝大部分需求。新一代通信光纤已经具备了14Tbit/s容量以及160km的传输距离，且具有更低的信号衰减率和信号色散率，因此对中继器的需求也进一步缩减。

目前光纤通信的发展方向包括：①通过改进工艺及技术进一步降低信号色散及信号衰减；②进一步突破信号再生技术，降低运维成本并提高光纤通信的稳定性；③在二氧化硅光纤日益趋近应用极限的今天，尝试寻找新的材料来取代传统的二氧化硅光纤[7]。

#### 2. 光纤传感器

**1) 光纤传感器工作原理**

光纤传感器是一种将被测对象的状态转变为可测的光信号的传感器。其工作原理是将光源入射的光束经由光纤送入调制器，在调制器内与外界被测参数相互作用，使光的光学性质(光的强度、波长、频率、相位、偏振态等)发生变化，成为被调制的光信号，再经光纤送入光电器件、经解调器后获得被测参数。整个过程中，光束经由光纤导入，通过调制器后再射出，其中光纤首先起到传输光束的作用，其次起到光调制器的作用。

**2) 光纤传感器的优点**

(1) 电磁干扰不敏感、电绝缘性能好、耐高压、无闪光放电现象，在易燃易爆环境下使用安全可靠。

(2) 光纤质轻、径细，可挠曲，具有优良的可埋入性，易与基体材料兼容并对其强度影响很小。

(3) 可沿单线多路复用，并且可以构成传感网络和阵列。

(4) 灵敏度高、频带宽、动态范围大。

(5) 光纤熔点高、不易腐蚀、可在高低温及有害环境下工作。

(6) 可以与遥测技术相配合，实现远距离测量和控制。

(7) 便于波分/时分复用和分布式传感。

(8) 便于与计算机连接，实现多功能、智能化、实时、在线测量和控制。

**3) 光纤传感器可分为三种[8-10]**

(1) 功能型光纤传感器(利用光纤本身的特性，把光纤作为敏感元件，光在光纤内被调制)，主要使用多模光纤，结构紧凑、灵敏度高，但同时也有着非常昂贵的造价，因此其发展方向主要为降低其使用的特殊光纤的造价。

(2) 非功能型光纤传感器(利用其他敏感元件感受被测量的变化，光纤仅起导光作用)，主要利用单模光纤，可用于电气隔离、数据传输，且光纤传输的信号不受电磁干扰的影响，其灵敏性低于功能型光纤传感器。市面上大多数实用化的光纤传感器皆为非功能型光纤传感器。

(3) 拾光型光纤传感器，以光纤作探头，接收被测对象辐射、反射和散射的光并获得相应参数的传感器。应用范围不如前两者广泛，但有独特应用，如光纤激光多普勒测速计、辐射式光纤温度传感器等。

**4) 光纤传感器的应用**

光纤传感器不仅可以用来测量多种物理量，如声场、电场、压力、温度、角速度、加速度等，还可以完成现有测量技术难以完成的测量任务。在狭小的空间里、在强电磁干扰和高电压的环境里，光纤传感器都显示出了独特的能力，上述特性也使得光纤传感器在各类勘探领域大放异彩。近年来光纤传感器的发展方向一直是通过研发新材料或改进工艺来提高传感器灵敏度及降低光纤造价，以及探索新的光纤传感应用。南京理工大学崔珂团队致力于将光纤传感器应用于周界安全系统，主持研发了基于多域特征融合和支持向量机的干涉式光纤周界安全系统[11]。

**3. 光纤激光器**

光纤激光器是一种新型光有源器件，它实质上是一个具有光反馈的光纤放大器，其结构如图 10.4 所示。它由作为光增益介质的掺杂光纤(增益光纤)、光学谐振腔、LD 光源及将泵浦光耦合输入的光纤耦合器(或波分复用器)等构成。用作光纤放大器的掺杂光纤和泵浦用半导体激光器都可以用来制作光纤激光器[4]。

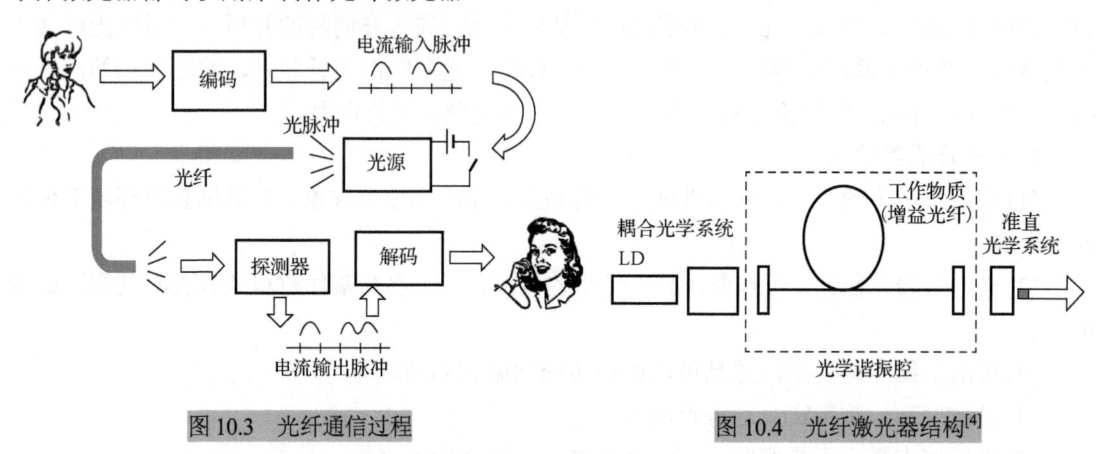


图 10.3 光纤通信过程

图 10.4 光纤激光器结构[4]

光纤激光器按其受激发射机理可分为稀土掺杂光纤激光器、光纤非线性效应激光器、单晶光纤激光器、塑料光纤激光器和光纤孤子激光器，其中以稀土掺杂光纤激光器的制造技术较为成熟，尤其是它的工作波长正好处于光纤通信的窗口，因此在光纤通信和光纤传感等领域有广泛的实用价值。近几年，光纤激光器技术得到迅速发展，无论是激光器的性能还是它的种类都发生了巨大变化，各种光纤激光器产品大量问世，在光纤通信、光传感、工业加工、军事技术、超快现象研究等领域得到越来越广泛的应用。关于光纤激光器的研发与改进也是目前研究热点，例如，开发新型的增益光纤(高稀土掺杂适配性的磷酸盐光纤、亚碲酸盐光纤及晶体衍生的二氧化硅光纤)[12]；石墨烯及相关二维材料在光纤中的集成技术，该种类集成光纤可以用于超快光纤激光器[13]；对于稀土掺杂光纤的制备工艺的改进，提高光纤激光器的输出功率稳定性[12]；将光致发光(PL)物质加入聚合物光纤(POF)中形成光致发光聚合物光纤(PL-POFs)[14]等。南京理工大学李力团队研发了可产生高功率黄色激光脉冲的锁模 Dy:ZBLAN 光纤激光器，平均输出功率最大达到约 240mW，比最近报道的锁模可见光光纤激光器功率提高了近两个数量级[15]。

除了以上应用，人们对于新型特种光纤也一直抱有极高的开发热情。学科领域的交叉深入和光纤技术的完备成熟使得研究人员对特种光纤的性能及应用范围有着更高更广的追求，如类生物材料的新型医用特种光纤、用于精确制导的军用特种光纤、可穿戴光电光导一体纤维等[13,14,16,17]。

# 10.2　光致变色材料

材料受光照射着色，改变光照条件，又可逆地退色，这一特性称为材料的光致变色现象，这类材料称为光致变色材料(简称光色材料)。光色材料的可逆变色过程可以由光物理效应机理或者光化学反应机理所引起。在光物理效应机理中，吸收光子后物质内部的电子发生能级跃迁，或者固体中的离子发生迁移并改变价态，呈现不同的光谱吸收，因而导致光致变色。在光化学反应机理中，化合物吸收光子后电子跃迁到激发态，这可能并不引起光谱吸收变化，但随后发生的光化学反应则会导致吸收光谱的变化，从而呈现光致变色。光致变色反应中着色过程和退色过程的速度、热稳定性以及抗疲劳性(可循环次数)是决定光色材料实际应用的重要因素。

光致变色现象早在19世纪就已经被发现，1958年Hirshberg命名了光致变色现象(photochromism)，并提出了光生色与光漂白循环可以构成化学记忆模型，多年来发展了多种无机和有机的光色材料。变色眼镜片在较强阳光照射下能在几十秒内自动变暗，而无光照时几分钟内又可自动复明，某些天然矿物，如方钠石和萤石等，在阳光下也会发生颜色变化。

**1. 光色玻璃**

目前已发现几百种光色材料，光色玻璃是一种重要的光色材料。

根据照相化学原理制成的含卤化银的玻璃是一种光色材料。它以普通的碱金属硼硅酸盐玻璃的成分为基础，加入少量的卤化银如氯化银(AgCl)、溴化银(AgBr)、碘化银(AgI)或它们的混合物作为感光剂，再加入极微量的敏化剂制成，加入敏化剂的目的是提高光色互变的灵敏度。敏化剂为砷、锑、锡、铜的氧化物，其中氧化铜特别有效。将配好的原料采用和制造普通玻璃相同的工艺，经过熔制、退火和适当的热处理就可制得卤化银光色玻璃。

一般的光色玻璃的基础组成范围(质量分数)是：$SiO_2$ 40%～76%，$Al_2O_3$ 4%～26%，$B_2O_3$ 4%～26%。少量金属氧化物：$Li_2O$ 2%～8%，$Na_2O$ 4%～15%，RuO 6%～20%，$Ru_2O$ 8%～25%，$Cs_2O$ 10%～30%。这种玻璃的着色和退色机理可作如下的解释：铝硅酸盐玻璃中引入银盐(0.2%～0.7%)和卤素(0.2%Ag化学计量)，经过熔化、成型和热处理后，会使卤化银亚微晶体聚集成一定尺寸(100～250Å)，在紫外线或太阳光等短波长的光线辐照下，将引起光分解，产生胶态银原子，当银原子集中到一定程度时，就形成Ag胶体，产生着色。由于光分解后的卤素不能从玻璃基体的晶格中逸出，因此，当停止光辐照后，由于热或长波长的光的作用，银原子与卤素再结合，又回到原有的卤化银状态：

$$nAg^0 + nX^0 \underset{h\nu_1}{\overset{h\nu_2(\text{或}\Delta)}{\rightleftharpoons}} nAgX \tag{10-1}$$

当$h\nu_1 > h\nu_2$时，反应(10-1)向左边进行，此为着色过程。当$h\nu_2 > h\nu_1$或被加热时，反应(10-1)向右边进行，称为退色过程。在黑暗中及室温下，由于分子热运动，玻璃也会缓慢退色。玻璃中加入微量氧化铜会引起敏化剂(即增感剂)作用，促使反应(10-1)向左进行。$Cu^+$在卤化银的微晶中作为空穴的俘获中心，能提高若干数量级Ag的着色灵敏度。

光色玻璃的性能可根据需要进行调节。改变光色玻璃中感光剂的卤素离子种类和含量，就可调节使光色玻璃由透明变暗所需辐照光的波长范围。例如，仅含氯化银晶体的光色玻璃的光谱灵敏范围为紫外光到紫光区域；含氯化银和溴化银晶体的光色玻璃的光谱灵敏范围为紫外光到蓝绿光区域。光色玻璃熔制后，要进行热处理。通过控制温度与时间，可控制玻璃中析出的卤化银晶体颗粒大小，从而达到调节光色玻璃的光色性能的目的[18,19]。

**2. 光色晶体**

一些单晶体也具有光色互变特性，用白光照射掺稀土元素(Sm)和铕(Eu)的氟化钙($CaF_2$)单晶体时，能透过晶体的光的波长为500～550nm，绿光较多，晶体呈绿色；如果将其用紫外线照射，绿色就退去，变成无色，如果再用白光照射，又会变成绿色[18]。

光色晶体颜色的可逆变化通常是由于材料中(含微量掺杂物)存在两种能量的电子陷阱，它们之间发生光致可逆电荷转移。在热平衡时(光照处理前)，捕获的电子先占据能量低的 *A* 陷阱，吸收光谱为 *A* 带。当在 *A* 带内曝光时，电子被激发至导带，并被另一陷阱 *B*(能量高于 *A* 陷阱)捕获，材料转换成吸收光谱为 *B* 带的状态，即被着色。如果把已着色的材料在 *B* 带内曝光(或用升高温度的热激发)，处于 *B* 陷阱内的电子被激发到导带，最后又被 *A* 陷阱重新捕获，颜色被消除[5,18]。

**3. 其他光色材料**

有机光色材料是化学和信息领域科学家的研究热点。长期以来主要是针对新型有机光色化合物的分子设计与合成工作，开发了螺吡喃、螺噁嗪、俘精酸酐、二芳基乙烯和偶氮苯类含杂环等变色体系，并对各种材料的光变反应特性、机理进行了考察和探讨，部分材料已经应用于高密度的信息存储元件、装饰和防护包装材料、自显影全息记录照相器件等方面。有机光色材料的反应机理主要是键的异裂、键的均裂、电子转移互变异构、氧化还原反应和周环化反应[20,21]。

近年来，研究人员对基于无机化合物的光色材料进行了一些创新，报道了一些性能优异的无机块体光色材料。典型的有 $Sr_3YNa(PO_4)_3F:Eu^{2+}$、$BaMgSiO_4:Eu^{2+}$、$Sr_2SnO_4:Eu^{3+}$、$Ba_5(PO_4)_3Cl:Eu^{2+}$和 $Mg_4Ga_8Ge_2O_2:Cr^{3+}$[22-27]。无机光色材料主要依靠金属离子变价进行光致变色。无机光色材料通常表现出良好的化学和热性能，具有较好的机械强度、无损、抗疲劳性好、热稳定性高、寿命长。

**4. 光色材料的应用**

利用光色材料受不同强度和波长光照射时可反复循环变色的特点，可以将其制成计算机的记忆存储元件，实现信息的记忆与消除过程。表10.1给出几种应用于全光学记录、读出和消除的光色材料。

**表10.1　光色材料[5]**

| 材料 | 厚度/μm | 灵敏波段/nm | 调制方式 | 分辨力/(条/mm) | 存储时间 |
|---|---|---|---|---|---|
| $CaF_2$ : La,Na<br>$CaF_2$ : Ce,Na | 100～800<br>300～900 | 380～460<br>480～950 | 光密度变化 | ＞2000 | 几分钟至几天 |
| $SrTiO_3$ : Ni,Mo,Al | 100～1000 | 330～390 | 光密度变化 | ＞1000 | 几分钟至几天 |
| $CaTiO_3$ : Ni,Mo | 100～800 | 480～950 | 光密度变化 | ＞2000 | — |
| $LiNbO_2$ : Fe,Mn | 5000 | 紫外～850 | 光密度变化 | — | 几小时 |
| 卤化银硼硅酸盐玻璃 | 100～600 | 320～630 | 光密度变化 | — | 几天至几个月 |
| 水杨叉苯胺($O\text{-}HOC_6H_4CH\text{-}C_6H_5NH_2$) | ＜20 | 380,488～514 | 光密度变化 | ＞3300 | 几分钟至几小时 |
| 芪($C_6H_5CH:CHC_6H_5$) | — | 紫外～蓝 | 折射率变化 | 2000 | — |
| 甲基蒽($C_{14}H_9\text{-}CH_3$) | 1000～2000 | 331,365 | 折射率变化 | 2000 | 几天 |

由于光色材料的颜色在光照下发生可逆变化，所以产生两种形式的光学存储，即写入型与消除型，写入型是用适当的紫光或紫外线辐射来转换最初处于热稳定或非转换态的材料；消除型是用适当的可见消除光对预先均匀曝光已变色的材料进行有选择的光学消除。通常记录全息图采用消除型。当样品材料在干涉型消除光下曝光时，就形成吸收光栅。入射光最弱的地方为最大吸收(消除效果差)，入射光最强的地方为最小吸收(消除效果好)。信息读出时，照明光通过吸收光栅，光栅衍射以再现所存储的信息。为消除全息图，只需用光照射晶体使其重新均匀着色，恢复到原来的状态。光色材料用于全息存储具有如下特点：①存储信息可方便地擦除，并能重复进行信息的擦写；②具有体积存储功能，利用参考光束的入射角度选择性，可在一个晶体中存储多个厚全息图；③可以实现无损读出，只要读出时的温度低于存储时的温度[5]。

除了信息存储这一重要应用，光色材料还可以用作指甲油、漆雕工艺品、T 恤衫、墙壁纸等装饰品。为了满足不同的需要，可将光色化合物加入一般油墨或涂料用的胶黏剂、稀释剂等助剂中混合制成丝网印刷油墨或涂料；还可将光色化合物制成包装膜、建筑物的调光玻璃窗、汽车及飞机的风窗玻璃等，防止日光照射，保证安全。利用光色材料的光敏性可开发一种新型自显影法照相技术。在透明胶片等支持体上涂一层很薄的光色物质(如螺吡喃等)，其对可见光不感光，只对紫外线感光，从而形成有色影像。这种成像方法分辨率高，不会发生操作误差，而且影像可以反复录制和消除。光色材料在国防上也有用途。光色材料对强光特别敏感，因此可以用来制作强光辐剂量计。它能测量电离辐射，探测紫外线、X 射线、γ 射线等的剂量。如果将其涂在飞船的外部，能快速精确地计量出高辐射的剂量。光色材料还可以制成多层滤光器，控制辐射光的强度，防止紫外线对人眼及身体的伤害[28-30]。

近年来关于新型光色材料及其应用的研究层出不穷。例如，Jin 等[31]通过经典的高温固态反应得到一种光色材料：掺杂 $Eu^{2+}$的 $Sr_3GdNa(PO_4)_3F$(SGNPF)，在光开关、可擦除光学存储介质、成像和传感器领域具有应用潜力。Lv 等[32]通过常规的高温固态反应成功地合成了一种新型无机光色材料 $Ca_2Ba_3(PO_4)_3F$(CBPF):$Eu^{2+}$，在光传感器和光开关领域具有广阔的应用前景。Wang 等[33]制备了光色透明木材，在机械坚固、节能、可光切换和彩色智能窗口等方面显示了潜在的应用。Huang 等[34]设计了新型四苯乙烯(TPE)衍生物，具有可逆的多态、高对比度和快速响应的机械变色和光致变色特性，在纸币或机密纸张的多维防伪中有巨大应用潜力。

## 10.3 红外材料

英国著名科学家牛顿在 1666 年用玻璃棱镜进行太阳光的分光实验，把看上去是白色的太阳光分解成由红、橙、黄、绿、青、蓝、紫等各种颜色所组成的光谱，称太阳光谱。在太阳光谱发现以后的相当长时间内里，没有人注意到在太阳光中除了各种彩色可见光外，还存在不可见光。直到 1800 年，英国物理学家赫舍尔发现太阳光经棱镜分光后所得到光谱中还包含一种不可见光。它通过棱镜后的偏折程度比红光还小，位于红光谱带的外侧，所以称为红外线。20 世纪 30 年代以前，其主要应用于学术研究。其后又发现，除炽热物体外，每种处于 0K 以上的物体均发射特征电磁波辐射，并主要位于电磁波的红外区域。这个特征对于军事观察和测定肉眼看不见的物体具有特殊意义。此后红外技术得到迅速发展，第二次世界大战期间已使用了红外定位仪和夜视仪。现在，几乎在国民经济各个领域都可以找到它的应用实例。

## 10.3.1 红外线的基本性质

红外线与可见光在本质上都是电磁波。红外线的波长范围很宽，为 0.7～1000μm。红外线按波长可分为三个光谱区：近红外(0.7～15μm)，中红外(15～50μm)和远红外(50～1000μm)。与可见光一样，红外线具有波的性质和粒子的性质，遵守光的反射和折射定律；在一定条件下产生干涉和衍射效应。

红外线与可见光不同之处如下：①红外线对人的肉眼是不可见的；②在大气层中，对红外波段存在着一系列吸收很低的透明窗。例如，1～1.1μm、1.6～1.75μm、2.1～2.4μm、3.4～4.2μm 等波段，大气层的透过率在 80%以上；8～12μm 波段，大气层的透过率为 60%～70%。这些特点导致了红外线在军事、工程技术和生物医学上的许多实际应用[18]。

红外材料可分为红外透过材料、红外探测材料和红外辐射材料，红外透过材料在红外光学系统中透过红外线，红外探测材料用于红外探测器，红外辐射材料自身辐射红外线。光学系统好比仪器的门户，接收外来的红外辐射，光学过程处理(如透过吸收、折射等)均由仪器设计的光学系统完成。探测器能把接收的红外辐射转换成人们便于测量和观察的电能、热能等其他形式的能量。

## 10.3.2 红外透过材料

在某些红外线应用技术中，要使用能够透过红外线的材料，这些材料应具有对不同波长红外线的透过率、折射率及色散，一定的机械强度及物理、化学稳定性。首先，红外光谱透过率要高，透射的短波限要低，透过的频带要宽。如果材料对某波长的透过率低于 50%，那么可以定义为此波长已为截止限。任何光学材料只能在某一波段内具有高的透过率。其次，不同用途的材料对折射率要求也不同，例如，用于制造窗口和整流罩的光学材料，为减少反射损失，要求折射率低一些；而用于制造高放大率、宽场视角光学系统的棱镜、透镜及其他光学附件的材料，则要求折射率高一些。再次，材料的自身辐射要小，否则造成微信号。最后，温度稳定性要好，对水、气体稳定。力学性能主要是弹性模量、扭转刚度、泊松比、抗拉强度和硬度。物理性质包括熔点、热导率、热膨胀系数、可成型性。根据使用条件，从优选择，在条件允许时，选择便宜的材料。

**1. 晶体**

在红外技术中作为透过材料使用的晶体主要有碱卤化合物晶体、碱土-卤族化合物晶体、氧化物晶体、无机盐化合物单晶体等。

碱卤化合物晶体是一类离子晶体，如氟化锂(LiF)、氟化钠(NaF)、氯化钠(NaCl)、氯化钾(KCl)、溴化钾(KBr)等。碱卤化合物晶体熔点不高，易生成大单晶，具有较高的透过率和较宽的透过波段。但这类晶体易受潮解、硬度低、机械强度差、应用范围受限。

碱土-卤族化合物晶体是另一类重要的离子晶体，如氟化钙($CaF_2$)、氟化钡($BaF_2$)、氟化锶($SrF_2$)、氟化镁($MgF_2$)。这类晶体具有较高的机械强度和硬度，几乎不溶于水，适于窗口、滤光片、基板等方面的应用。

氧化物晶体中的蓝宝石($Al_2O_3$)、石英($SiO_2$)、氧化镁(MgO)和金红石($TiO_2$)具有优良的物理和化学性质。它们的熔点高、硬度大、化学稳定性好，作为优良的红外材料在火箭、导弹、人造卫星、通信、遥测等领域使用的红外装置中被广泛地用作窗口和整流罩等。

在无机盐化合物单晶体中，可作为红外透过材料使用的主要有$SrTiO_2$、$Ba_5Ta_4O_{15}$、$Bi_4Ti_3O_2$等单晶。$SrTiO_2$单晶在红外装置中主要作浸没透镜使用，$Ba_5Ta_4O_{15}$单晶是一种耐高温的近红外透过材料。

此外，金属铊的卤化合物晶体，如溴化铊(TlBr)、氯化铊(TlCl)、溴化铊-碘化铊(KRS-5)和溴化铊-氯化铊(KRS-6)等也是一类常用的红外透过材料。这类晶体具有很宽的透过波段且只微溶于水，所以是一种适于在较低温度下使用的良好的红外窗口与透镜材料[18]。

**2. 玻璃**

玻璃的光学均匀性好，易于加工成型，便宜。缺点是透过波长较短，使用温度低于500℃。红外光学玻璃主要有以下几种：硅酸盐玻璃、无硅氧化物玻璃、硫属化合物玻璃。

硅酸盐玻璃从红外透射特性看，大部分硅酸盐玻璃在0.75～3μm的近红外区都具有可适用的透过率，就它们的折射率而言，一般可适用于1.0μm或稍长波长的场合。以二氧化硅、氧化硼、五氧化二磷等为主要组成的硅酸盐玻璃基本上只能适用于工作波长为2～3μm的PbS探测器的近红外光学系统，而在使用InSb探测器的波长为3～5μm的红外光学系统中，由于Si—O键的次谐波吸收，它们几乎完全丧失了窗口作用[35]。

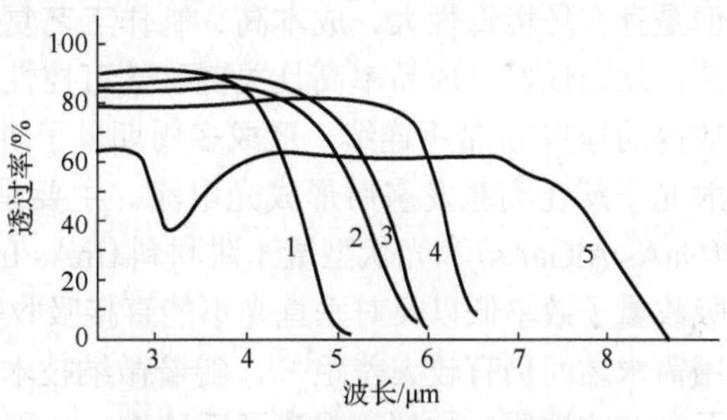


图10.5 红外光学玻璃透过率与光学的关系[36]

为了使长波截止沿有可能处在波长较长的红外光谱区，从而具有较好的长波红外透射性能，人们用$Al_2O_3$、$GeO_2$、$Bi_2O_3$、$Sb_2O_3$、$TeO_2$、$TeO_3$、$Ga_2O_3$、$La_2O_3$及$TiO_2$等替代二氧化硅，成功研制了铝酸盐、锗酸盐、铋酸盐、锑酸盐、碲酸盐及镓酸盐等一系列无硅或很少含硅的氧化物玻璃材料，透过率如图10.5所示[36]。

由于氧与金属的化学键能引起强烈的红外吸收，所以氧化物玻璃一般不能透过7μm以上的红外辐射。为了拓宽玻璃的红外透射波段，科学家开始了以硫属化合物或氯化物为主要组成的无氧化合物玻璃材料的研究，包括硫化物系列，如As-Tl-S、As-I-S、Ge-As-S、As-Te-S、Ge-P-S、Si-Sb-S、Ge-Sb-I-S等；硒化物系列，如Ge-Sb-Se、Ce-As-Se等；碲化物系列，如Si-As-Te、As-I-Te、Ge-As-Te、Ge-P-Te、Ge-Te、As-Te、Si-Ge-As-Te等[35]。

此外，透明陶瓷如氧化钇($Y_2O_3$)、氧化锆($ZrO_2$)，塑料聚四氟乙烯、聚丙乙烯等也可作为红外透过材料。人们也一直在探索新型红外透过材料。最近，有研究考虑到氧化物和卤化物基红外窗口材料的相对优点，提出了一种氧化物和卤化物组合策略来设计新的宽带红外窗口材料。重金属原子与氧的键合类似于金属卤素键合，有利于拓宽化合物的红外透射区；卤素的引入可以改变氧化物的晶体生长习性[37]。

## 10.3.3 红外探测材料

根据能量转换方式，可将红外探测器分为光热型红外探测器和光子型红外探测器。

光热型红外探测器具有无须制冷、响应频谱宽、成本低、功耗小、寿命长、小型化、性价比高等优点。这类材料一般是热释电材料，包括氧化物晶体(钽酸锂($LiTaO_3$)、铌酸锶钡(SBN))、陶瓷材料(钛酸铅($PbTiO_3$)、锆钛酸铅镧(PLZT))以及铁电材料(钛酸锶钡(BST))。热释电探测的工作原理是入射辐射使材料的温度发生变化，引起材料的自发极化强度的变化，使材料两端出现感应电荷，利用感应电荷的变化来测量辐射的光通量[38]。

光子型红外探测器是红外光子作用后改变材料的电子状态，探测效率高，响应速度快。光子型红外探测器又可分为光导型红外探测器和光伏型红外探测器，前者是吸收光子能量后将电子从半导体价带转移到导带上，改变探测材料的电导率；后者是将光子能量转化为电子能量，造成半导体的电子-空穴分离态，从而提供电压信号。因此，光子能量大于半导体的带隙时，便可引发电子跃迁，即探测器对该辐射波长产生响应。

碲镉汞(HgCdTe，MCT)是基于本征能带跃迁的窄带隙直接半导体材料，具有高量子效率和高红外响应灵敏度及小暗电流的特点，是目前综合性能最优异、应用最广泛的光电探测器。但是存在环境毒性大、成本高、制作工艺复杂等问题。因此依托现有较为成熟的材料制备工艺，均匀性好、成品率高且关键参数可控性强的量子阱红外探测器获得关注，其原理是半导体内的导带/价带不连续，形成多周期量子阱，杂质电子占据量子阱内能级，电子吸收红外辐射光子跃迁到激发态后形成光电流。主要是带隙较宽的Ⅲ-Ⅴ族材料，如光导型量子阱材料(GaAs/AlGaAs)和光伏型量子阱材料(InAs/InGaSb、InAs/InAsSb)。但其存在工作温度低、光吸收量子效率低以及对垂直光不能直接吸收等问题，其暗电流也大于 HgCdTe 探测器，与应用需求之间仍有较大差距[39]。随着微纳技术的发展，二维材料成为有前途的候选者，并提供了独特的性质，如超高载流子迁移率、易积性和宽带光吸收。石墨烯已被证明是一种从可见光到太赫兹波段的宽带光电探测器，并且可以通过石墨烯-胶体量子点混合结构实现超高的光增益。除石墨烯外，目前处于研究中、有望应用于中红外检测的二维材料还包括硒化物、黑磷和黑磷砷等[40-44]。

此外，钙钛矿材料近年来在红外探测方面也有不少成果。南京理工大学曾海波课题组对其进行了系列研究。例如，他们制备了一系列的 $CsPb_xSn_{1-x}I_3$ 薄膜，该材料的带隙很窄，对近红外线有较好的探测性能。该仿生光电探测器(PD)的信噪比为 $10^6$，带宽为 543kHz，超低检限为 0.33nW。同时，峰值响应率($R$)和探测率($D^*$)分别达到 270mA/W 和 $5.4\times10^{14}cm\cdot Hz^{1/2}\cdot W^{-1}$。另外，钙钛矿的双光子吸收过程也为直接红外探测提供了可能，他们测试了 $CsPbBr_3$ 的红外探测性能，并对其机理进行论证[45,46]。

## 10.3.4 红外辐射材料

任何温度大于 0K 的物体都会辐射红外线，温度越高，辐射越大。另外影响辐射的因素就是材料本身的发射率。根据发射率的特点可以分为三类[47]。①高效红外辐射材料。这类材料红外全波长发射率接近黑体，早期发现的发射率较高的红外辐射材料有碳、石墨、氧化物、碳化物、氮化物以及硅化物。目前对于红外辐射材料的研究主要集中在具有尖晶石结构、钙钛矿结构等的材料，通过掺杂的工艺增强其在红外波段的辐射性能。其应用主要是热能利用方面，用于提高热效率，此外军事上可以制作诱敌器、航天领域可作为散热材料[48]。②低发射率材料。发射率低的材料主要是金属材料、半导体薄膜或者类金刚石碳膜，主要应用于军事上的隐身伪装，其可以消除目标与背景的差别[39]。各国对于低反射率的红外材料保密度高，很难获得具体材料与配比。③选择性红外辐射材料。这类材料指的是发射率随波长变化而变化，并且在 8μm 以后发射率较高的材料。这种材料特别适合常温环境，可以用于保温、保健和抑菌[49,50]。

南京理工大学王俊等[51]研究了 Mn 掺杂对尖晶石型 $MgFe_2O_4$ 红外陶瓷的结构及红外性能的影响。他们采用常规固相合成法制备 Mn 掺杂的尖晶石型 $MgFe_2O_4$ 红外辐射材料，并利用 XRD、FT-IR、SEM 和红外发射率测试，得到了 $Mg_{1-x}Mn_xFe_2O_4$ 样品的红外辐射性能关系。结果表明，少量 Mn 掺杂可以显著提高材料的烧结性能，改善材料的红外辐射性能。

## 10.4 发光材料

人类的生产及生活都离不开光，除了利用太阳光这一强大的自然光，人类还不断探索创造光。最早用火来制造光，后来发展到加热制造光(如白炽灯)。白炽灯这种产生光的现象称为热辐射。热辐射的共同特征是：随着温度的升高，辐射的总功率增大，辐射的光谱分布向短波方向移动。但是热辐射形式获得可见光的转换效率不高，因为辐射的光谱主要为红外线。非常幸运，人们发明了冷光。在这种发光中发射的物体不必加热，只是在它的发光中心吸收能量，然后发出所需光谱范围内的光。这种发光能保持较高的效率，如日光灯中的荧光粉。能够被发光材料吸收的能量种类包括电磁波、电子束、电场、高能粒子等，这样就使发光材料有了更广阔的应用天地。发光材料的种类很多，自然界中的很多物质都或多或少地发光。发光材料在照明、信息显示、探测辐射场、特殊性能光源等领域得到了广泛的应用。

### 10.4.1 发光原理及过程

光的辐射是物体中电子从高能态往低能态的跃迁产生的。物体要能发光，首先就得使物体中的电子处于高能态。在热平衡时，电子处于高能态的概率是由温度决定的，如果温度不是很高，这种可能性就很小，这时热辐射主要由红外光组成，可见光的成分很少。此时，如果能使电子在不同高能态上的分布偏离热平衡分布，从这些高能态跃迁而来的光就会比相应温度下同样波长的光的发射强得多。这种以某种方式把能量交给物体使电子升到一定高能态的过程称为激发过程。发光就是物体把这样吸收的激发能转化为光辐射的过程。发光只在少数中心进行，不会影响物体的温度。显然用这种方式可以更有效地把外界提供的能量转化成我们所需要的可见光。不像热辐射的情形，在升高温度以得到我们所要的光辐射的同时，物体必定发射许多我们不需要的辐射。热辐射能量的 90%落到了看不见的红外部分。

发光即冷光，就是物体不经过热阶段而将其内部以某种方式吸收的能量直接以光能的形式释放出来的非平衡辐射过程。发光的第一个特点就是它和周围环境的温度几乎是相同的，并不需要加温。发光的第二个特点是从外界吸收能量后，要经过它的“消化”，然后放出光来，经过这段“消化”，就要花费一定时间，而且发出的光既有反映这个物质特点的光谱，又有一定的衰减规律[52]。

发光现象所经历的主要物理过程总结如下。

(1) 激发过程。发光材料从外界吸收能量，将发光中心从基态激发到激发态。

(2) 辐射跃迁过程。发光中心从激发态跃迁回基态，多余的能量以光子的形式释放出来。

(3) 无辐射跃迁过程。发光中心从激发态跃迁回基态，多余的能量以声子的形式释放到晶格中，导致材料温度的升高。

(4) 能量传输过程。输入的激发能在基质与发光中心间、发光中心与发光中心间进行传递。

## 10.4.2　发光的分类

在发光过程中，要有一个发光物质，它从外界吸收能量，引起内部的合适的激发，经过调整，然后发出反映这个物质特征的光来。这些物质的发光过程基本上都是相同的。但它们吸收能量的来源迥然不同。这个能量可以是物理能、化学能、生物能、机械能，相应的就有物理发光、化学发光、生物发光及机械发光(图 10.6)[53,54]。

物理发光的类别很多，分为气体、液体及固体的发光。物理发光的应用很广，已进入人们的生活，还在不断发展。其中尤以固体发光领域最宽，它可在紫外光、阴极射线、X 射线、高能粒子及电场激发下发出光来，由这些激发能激发的发光分别称为光致发光、阴极射线发光、X 射线发光、高能粒子发光、电致发光等。固体发光材料分为两大类：一是有机发光材料，主要是芳香族及共轭体系的染料及高分子；二是无机发光材料，它又分为晶体、粉末和薄膜。

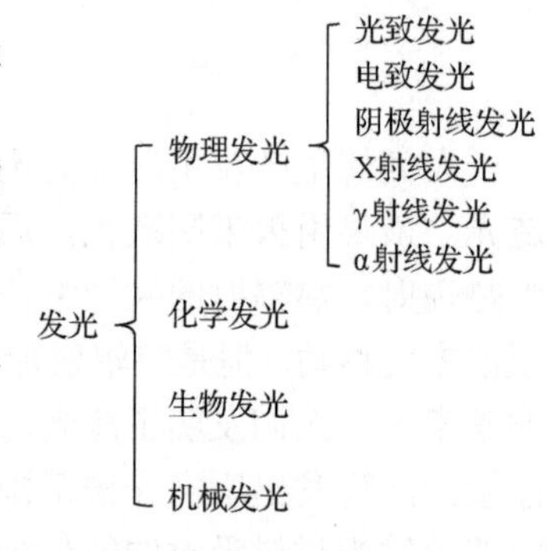


图 10.6　发光的分类

化学发光则是在化学反应过程中析出的能量激发的发光。化学发光是比较常见的现象，如腐败物体中的磷在空气中缓慢氧化发出的光。金属钠、钾的氧化也伴随着光的发射，这些金属的蒸气与氯反应也伴有光发射。这些都是简单的化学发光的例子，参与化学反应的都是一些简单的单元素反应物。燃烧这样的化学发光过程则要复杂得多，光辐射往往是既有化学能直接转换成产物的激发能产生的化学发光，又有化学能转换成热能导致温度升高产生的热辐射。

生物发光是在生物体内发生的生物化学过程中产生的能量激发的发光。生物发光是一种很普遍的生物现象。从原生动物到脊椎动物都有发光的，如鞭毛虫、海绵、海生蠕虫、海蜘蛛等，但在植物界中只有细菌和高等真菌才有生物发光。萤火虫是人们熟知的发光昆虫。它的发光层里有上千个发光细胞，内含两种化学成分：虫荧光素和虫荧光素酶。随着科学技术的发展，人类会逐步洞察生物发光的诸多奥秘，这不仅有助于对生命过程的深入理解，也将为开发各种生物发光的实际应用提供更广阔的空间。

此外，还有机械发光，如 ZnS:Mn 在振动时由于摩擦作用就可发光；又如结晶发光，在晶体结构发生改变时可以发光。

目前，大多有关发光的现象和应用都是采用物理手段来实现的。下面具体介绍用得较多的两种物理激发方法：光致发光和电致发光。

### 1. 光致发光

光致发光是指物体依赖外界光源进行照射，从而获得能量，产生激发导致发光的现象，它大致经过光吸收、能量传递及光发射三个主要阶段，光的吸收及发射都发生于能级之间的跃迁，都经过激发态；而能量传递则是由于激发态的运动。紫外辐射、可见光及红外辐射均可引起光致发光。光致发光材料一般可以分为荧光灯用发光材料、长余辉发光材料和上转换发光材料。如果按发光弛豫时间，光致发光材料又可分为荧光材料和磷光材料两种。荧光材料主要是以苯环为基的芳香族化合物和杂环化合物，如酚、蒽、荧光素、罗达明、9-氢基吖啶、荧光染料以及某些液晶。磷光材料是指具有缺陷的某些复杂的无机晶体物质，在光激发时和光激发停止后一定时间($>10^{-8}$s)内能够发光。磷光材料的主要组成部分是基质和激活剂。用作基质的有Ⅱ族金属的硫化物、氧化物、硒化物、氟化物、磷酸盐、硅酸盐和钨酸盐等，如ZnS、BaS、CaS、$CaWO_3$、$Ca_3(PO_4)_2$、$ZnSiO_3$、$Y_3SiO_3$。用作激活剂的是重金属，所用的激活剂可以作为选定的基质的特征。不是所有的重金属都可以用来激活选定的基质。对ZnS、CdS而言，Ag、Cu、Mn是最好的激活剂。碱土磷光材料有更多的激活剂，除Ag、Cu、Mn外，还有Bi、Pb和稀土金属等。

就应用而言，磷光材料比荧光材料更为普遍一些。一些灯用荧光粉实际上就是磷光材料。荧光灯最初使用的是锰激活的硅酸锌和硅酸锌铍荧光粉，但硅酸锌铍荧光粉逐渐被卤磷酸盐系列的荧光粉所代替。卤磷酸盐长期存在光效和显色性不能同时提高的矛盾，后来又出现了稀土三基色荧光粉，分别是红粉、绿粉、蓝粉按一定比例混合而成，这类材料具有耐高负荷、耐高温的优异性能，成为新一代灯用荧光粉材料。

### 2. 电致(场致)发光

电致发光是在直流或交流电场作用下，依靠电流和电场的激发使材料发光的现象，又称场致发光。这种发光材料称为电致发光材料或场致发光材料。场致发光机理分为本征式场致发光和注入式场致发光两种。

本征式场致发光就是用电场直接激励电子，电场反向后电子与中心(空穴)复合而发光的现象。本征式场致发光以硫化锌为代表，把电致发光粉ZnS:Cu,Cl或(Zn,Cd)S:Cu,Br混在有机介质中，然后把它夹在两片透明的电极之间并加上交变电场使之发光。在硫化锌中，导带电子在电场作用下具有较大的动能，同发光中心相碰而使之离化。当电场反向时这些因碰撞离化而被激发的电子又与中心复合而发光。实验已证明硫化锌中还存在类似耗尽层的高场区，能使通过其中的电子获得足够的动能而使发光中心激发。

注入式场致发光是由Ⅱ-Ⅳ族和Ⅲ-Ⅴ族化合物所制成的有pn结的二极管，注入载流子，然后在正向电压下电子和空穴分别由n区和p区注入结区并相互复合而发光的现象，又称pn结电致发光。具体原理如图10.7所示。pn结处于平衡时，存在一定的势垒区。阻碍电子和空

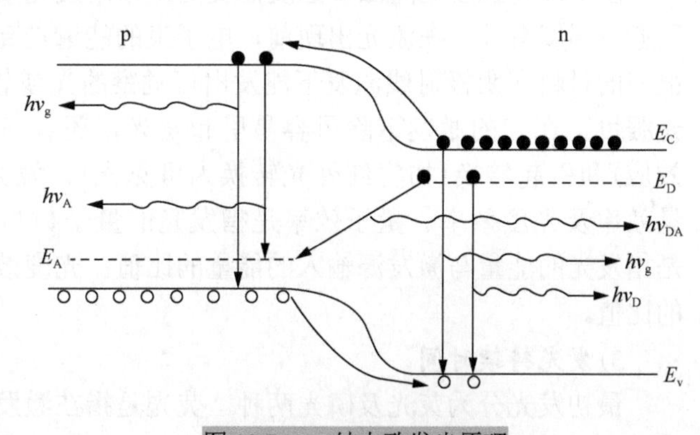

图10.7 pn结电致发光原理

穴的扩散，所以 n 区的电子到 p 区必须越过势垒，空穴从 p 区到 n 区也要越过势垒。当外加正向偏压时，势垒降低，耗尽层减薄，能量较大的电子和空穴分别注入 p 区或 n 区，同 p 区的空穴和 n 区的电子复合，同时以光的形式辐射出多余的能量。产生发光的跃迁种类包含带间跃迁(本征跃迁)的发光 $h\nu_g$ 、杂质能级与能带间跃迁产生的发光 $h\nu_D$ 和 $h\nu_A$ 、施主能级与受主能级之间跃迁产生的发光 $h\nu_{DA}$ 等。目前广泛使用的 GaAs 发光二极管和 GaP 发光二极管就是根据上述原理制造的。

常用的直流场致发光粉末材料有 ZnS:Mn,Cu，其他如 ZnS:Ag 可以发出蓝光，(Zn,Cd) S:Ag 可以发出绿光，改变化学配比，(Zn,Cd) S:Ag 可以发出红光。另外，还有一些在 CaS、SrS 等基质中掺杂稀土元素的材料[36]。常用的交流场致发光粉末材料以 ZnS 系列为代表，将 ZnS 粉末掺入铜氯、铜锰、铜铅、铜等激活剂后，与相对介电常数很高的有机介质相混合后制成。可以发出红、橙、黄、绿、蓝等各种颜色的光。此外，还有一些薄膜型电致发光材料，发光机理和粉末材料一样，只是它不需要介质，而且可以在高频电压下工作，亮度很高，发光效率也可达到几流明每瓦。pn 结型电致发光材料主要指发光二极管(LED)所用材料。发光二极管是一种在低电压下发光的器件，它使用单晶或单晶薄膜材料。发光颜色由材料的禁带宽度决定。要获得各种颜色的 LED，并具有高发光效率，LED 材料应具有三个条件：导电性能可控；对发射光透明；发光跃迁概率高。常见的半导体发光材料有 GaAs、GaP、GaN、InGaN、GaAsP、GaAlAs、ZnS、ZnSe 等。

### 10.4.3 发光的特性

**1) 颜色**

发光材料的发光颜色不同，有各自的特征。已有发光材料的种类很多，它们发光的颜色足可覆盖整个可见光的范围。材料的发光光谱(发射光谱)可分为下列三种类型：宽带，半高宽为 100nm，如 $CaWO_4$；窄带，半高宽为 50nm，如 $Sr_2(PO_4)Cl:Eu^{3+}$；线谱，半高宽为 0.1nm，如 $GdVO_4:Eu^{3+}$。材料发光光谱的类别既与基质有关，又与杂质有关。随着基质的改变，发光的颜色也可以改变。

**2) 强度**

由于发光强度是随激发强度而变的，常用发光效率来表征材料的发光能力。发光效率也同激发强度有关。在激光出现前，电子束的能量较高，强度也较大，所以一般不发光或发光很弱的材料在阴极射线激发下能发出可觉察的光或较强的光。激光出现后，由于其高的发光强度，在它的激发下除了容易引起发光，还容易出现非线性效应(包括双光子或多光子效应)和引起转换(如将红外光转换为可见光)。发光效率有三种表示方法：量子效率、能量效率及光度效率。量子效率是指发光的量子数与激发源输入的量子数的比值；能量效率是指发光的能量与激发源输入的能量的比值；光度效率是指发光的光度与激发源输入的能量的比值。

**3) 发光持续时间**

最初发光分为荧光及磷光两种。荧光是指在激发时发出的光，磷光是指在激发停止后发出的光。发光时间小于 $10^{-8}$s 为荧光，大于 $10^{-8}$s 为磷光。当时对发光持续时间很短的发光无法测量，才有这种说法。现在瞬态光谱技术已经把测量的范围缩小到 1ps ($10^{-12}$s) 以下，最快的脉冲光输出可达 fs($1fs=10^{-15}s$)量级。因此，荧光、磷光的时间界限已不清楚，但发光总是延迟于激发的[36]。

### 10.4.4 发光材料的应用

1. 照明

照明是发光现象最直接最主要的应用领域。例如，大家非常熟悉的日光灯(又称荧光灯)在低压汞灯中汞蒸气放电时将电能转换为紫外线，然后用紫外线激发管壁上的荧光粉发光。这一过程中电能转变为254nm和185nm的紫外线效率较高(50%以上)、光致发光材料发光的效率也较高(量子效率为 70%～80%)、光致发光的光谱分布较宽，从而得到近似日光的高效光源。它把气体放电发光与光致发光结合在一起，在发光效率、显色性、寿命等方面都有良好的特性。

近年来白光 LED 发展迅速，白光 LED 的半导体灯逐步取代白炽灯和荧光灯。它具有低压、低功耗、高可靠性和长寿命等一系列优点，是一种符合节能环保要求的绿色照明光源。LED 白光主要有三条产生途径。①将红、绿、蓝三色 LED 功率型芯片集成封装在单个器件之内，调节三基色的配比理论上可以获得各种颜色的光。通过调整三色 LED 芯片的工作电流可产生宽谱带白光。②采用高亮度的近紫外 LED(约 400nm)泵浦 RGB 三色荧光粉，产生红、绿、蓝三基色。通过调整三色荧光粉的配比可以形成白光。③以功率型 GaN 基蓝光 LED 为泵浦源，激发黄色无机荧光粉或黄色有机荧光染料，由激发获得的黄光与原有蓝光混合产生视觉效果的白光[5]。

新型白光 LED 材料与机理也是近年来的研究热点。南京理工大学曾海波课题组提出了一种新型的钙钛矿白光电致发光机制[55]：基于钙钛矿结构相变诱导的相变协同光电效应。在以往的研究中，钙钛矿 $CsPbI_3$ 通常表现出两种性能迥异的相：具有优异光学活性的黑相 $\alpha$-$CsPbI_3$ 和非光学活性的黄相 $\delta$-$CsPbI_3$。课题组发现，黑相和黄相共存时，会引发两相之间的光电协同效应，最终实现明亮高效的单层电致白光。电致白光新思路有望促进新一代照明显示白光电光源的发展，既促进对低成本、高性能等传统特征白光 LED 的研发，又促进对立体、透明、柔性照明显示等新一代白光电光源的探索。

2. 显示

在显示领域，随着发光材料、器件设计及制造技术的不断改进，显示器件在不断更新换代：从最初的阴极射线管(CRT)显示到后来的等离子体显示(PDP)、液晶显示(LCD)，以及现在的量子点显示(QLED)、有机电致发光显示(OLED)。

CRT 是利用高能电子束激励荧光粉发光的电子显示器件。CRT 所用的发光材料具有发光效率高和发射光谱宽等特点。这些光谱包括可见光区、紫外区和红外区。余辉特性有 $10^{-8}$～$10^{-7}$s 的超短余辉和几秒以及更长的极长余辉。它可以在几千伏到几万伏的高压下被电子束轰击发光，也可以在几十伏的低电压下被电子束轰击发光。PDP 是光致发光(PL)型显示器件，其发光原理与荧光灯相似。PDP 可以制备薄而大的显示器，视场角较广、颜色再现性较好，但 PDP 放电产生的紫外线的发光效率较低，功耗较大。这两种显示器已逐渐被市场淘汰。

LCD 基于光的偏振特性，上下两片栅栏互相垂直的偏光板之间充满液晶，再利用电场控制液晶分子转动，改变光的行进方向，如此一来，不同的电场大小就会形成不同灰阶亮度。

液晶显示的基本组成部分包括背光模组、偏光板、液晶、TFT、滤色器组件。液晶显示器的发光材料主要应用于背光源或滤色器中。例如，目前较热门的量子点显示器(QLED)就是将量子点发光材料薄层置入液晶显示器(LCD)的背光模组中，以期相较于传统液晶显示器，获得更佳的背光利用率及提升显示色域空间。

由于半导体工艺技术的发展，人们可以制造分辨率很高的集成化点矩阵显示器件，用分立的发光二极管可以组装成大尺寸的平板显示器。有机电致发光显示(OLED)是目前发展较好的LED显示器。有机电致发光是指发光层为有机材料，并且通过电场作用(即载流子注入)结型结构而发光的现象。发光材料既可以是小分子有机物，也可以是聚合物。前者适合蒸镀成膜，后者适合旋甩涂敷成膜。有机电致发光显示器与其他显示器相比具有许多优点：材料选择范围宽，驱动电压低，亮度和发光效率高，全固化的主动发光，视场角宽，响应速度快，制备过程简单，费用低，超薄膜，质量轻，可制作在柔软的衬底上，器件可弯曲、折叠。

除了背光QLED，近年来主动QLED也发展迅速。南京理工大学曾海波课题组在发光量子点合成及LED器件方面做了很多工作。他们发展了量子点激发态合成调控理论与方法，实现近极限效率光致发光。激发态可调的异质形核及室温析晶合成方法突破了传统方法的高温、气氛、密闭、注入四大局限，三基色量子效率超过90%，绿光量子效率接近100%，实现了高效稳定发光量子点的规模化合成与加工[56]。他们还创建了超纯色QLED新体系，拓展了显示色域极限，并构建了该体系红绿蓝发光二极管、背光LED、交流电LED，实现了20nm半高宽电致发光、150% NTSC色域[57]。此外，在超高清显示所迫切需求的Micro-LED技术路线方向上，独立开发出原位阵列化激光直写技术，实现阵列化的发光，目前达到了精度小于10μm的原位像素水平，为Micro-LED提供新的技术路线[58]。

3. 探测

发光是物质对外界作用的一种反应，根据发光的情况就可能推断外界作用的情况，这就是探测。这样的探测过程中，探测对象转换成了光。转换的好处如下：首先，光是我们肉眼能看见的，这使得探测变得很直观；其次，人们长期以来已经积累了丰富的测量光的经验，有很多现成而有效的测光手段，包括各种光敏器件和与之相配的电子学系统。

在实际应用中，常常利用发光来探测各种高能粒子。例如闪烁计数器，粒子打在发光材料上产生的闪光由光电倍增管接收并转换成电脉冲，再利用电子学设备来自动计数电脉冲，也就是粒子数。这样的系统包括发光材料、光电倍增管和电子学设备。闪烁计数器不但时间分辨率高，而且输出脉冲宽度与入射粒子在闪烁体中所损失的能量成比例，因此可以用来分析射线的性质，确定粒子的能量。闪烁计数器在辐射探测和原子核物理中占有重要的地位，在工业探伤等方面也得到了广泛的应用。

发光材料还可以应用于测量放射性辐射的剂量。射线的剂量即单位体积的物质中所吸收的放射性辐射的能量。放射性辐射会使有机体细胞的原子和分子发生电离，从而起到对生物的伤害作用。因此，必须对工作在放射环境中的人员所受到的射线剂量进行监控。射线剂量的测量还在宇宙化学、地球物理、气象学、海洋学、考古工作等很多领域有广泛的应用[53,54]。

此外，还有一些利用发光作为探测手段的例子，它们都把发光作为一种能量转换器，把本来不便进行观测的对象变为易于观测的可见光。例如，对于红外线的观测，人眼看不见红外线，因此在进行实验、调整光路时很不方便。如果将用上转换发光材料制作的屏放入光路，红外线打到屏上，就会呈现出可见光的发光斑，于是人们就可很直观地知道红外光束的位置和形状了。在紫外波段也有类似的例子，目前的探测器对紫外波段的探测性能不佳，因此人们设计在探测器前加装发光转换膜，将紫外线转换成可见光进行探测。南京理工大学 Wang 等基于机械拉伸法制备了可定向排列的 $CsPbBr_3$ 纳米线聚合物光谱转换薄膜，用该具有偏振选择特性的光谱转换薄膜实现了紫外偏振探测的增强。他们还演示了具有偏振选择性和高效紫外光谱转换特征的成像系统，实现了 266～520nm 发光波长的光谱转换[59]。

**4. 其他应用**

除了以上三种重要的应用，发光材料在生物标记、防伪、物质成分识别、化学分析等方面也有重要的应用。

发光材料可以应用于目标示踪。在生物研究中，生物学家为了跟踪某个细胞成分，就给它“挂”上一个发光的基因作为标记，紫外灯一照，根据发光基因特征性的发光，就可以知道它的下落。也有人在研究流体运动情况时，掺入发光液体，在紫外灯下就可清楚地显现出液体流动的情况。发光材料在防伪加密方面也有很重要的应用。发光防伪是众多防伪技术中最常见的方法之一，在保护高价值的商品、机密文件、抗癌药品和货币等方面应用极广，其中最典型的例子即钞票在紫外灯照射下显示防伪图案。

发光现象是一种很普遍的现象，又是很有特征性的现象，因此，发光现象提供了一种分析、识别物质成分的手段。对能发光的物质，为检测和分析它的存在，通常采用直接测量光致发光方法，这种方法有非常高的绝对灵敏度。对于没有荧光或荧光很弱的物质，则可以间接地利用发光现象来进行分析，大体上有两种方法：一种是通过系列化学反应后，能呈现出荧光，即待检测物与其他化合物结合，形成了新的发光化合物；另一种称为荧光猝灭法，是待检测物与加入的荧光物质发生某种反应后，使荧光物质变为不发光的产物。这些分析都是通过一些特征性的化学反应，使反应物与产物在发光性质上明显不同，依靠很灵敏的发光测量来判断这种特征的化学反应进行的情况，从而实现了对某一成分的检测[53,54]。

# 本 章 小 结

随着信息社会的发展，光学材料在军事、工业、民用、科研等领域越来越重要。本章主要介绍了各种光学材料及其应用，包括光纤材料、光色材料、红外材料和发光材料。光纤是一种利用全反射原理而实现光传导的工具，包括玻璃光纤、塑料光纤和晶体光纤。光纤通信具有传输频带宽、容量大、传输距离远、质量高、保密性好等优点，在通信、传感、医疗和军事等方面有着非常重要的应用。光色材料是指在不同光照条件下会呈现不同颜色的一类材料，包括光色玻璃、光色晶体、有机光色材料等。光色材料在信息存储、装饰和防护包装、照相、辐射剂量测试等方面有重要应用。红外材料是指与红外线的辐射、吸收、透过和探测相关的材料。红外透过材料在红外光学系统中透过红外线，红外探测材料用于红外探测器，红外辐射材料自身辐射红外线。红外材料在航空航天、军事探测、伪装隐身、热能利用、保温保健等方面有重要应用。发光材料是指能够以某种方式吸收能量，将其转化成光辐射(非平衡辐射)的物质材料。这个能量可以是物理能、化学能、生物能、机械能，相应的就有物理发光、化学发光、生物发光及机械发光。发光材料在照明、显示、探测、生物标记、防伪、物质成分识别、化学分析等方面有重要的应用。

## 思 考 题

10-1　光纤的基本结构是什么?
10-2　光纤传光的原理是什么?
10-3　光纤有哪些制备方法?
10-4　光纤除了通信，还有哪些重要应用?
10-5　光致变色的原理是什么?
10-6　光色材料有哪些?
10-7　光色材料有哪些应用?
10-8　光色材料用于光学存储的原理是什么?
10-9　红外线有哪些基本性质?
10-10　红外材料有哪些类型?
10-11　红外透过材料有哪些?
10-12　红外探测器的原理是什么?
10-13　发光经历的主要物理过程有哪些?
10-14　发光的分类有哪些?
10-15　光致发光的原理是什么?
10-16　二极管发光原理是什么?
10-17　实现白光 LED 有哪些途径?
10-18　发光材料在探测方面有哪些具体应用?

## 参 考 文 献

[1]　陈光, 崔崇, 徐锋. 新材料概论[M]. 北京: 国防工业出版社, 2013.
[2]　朱世国, 付克祥. 纤维光学原理及实验研究[M]. 成都: 四川大学出版社, 1992.
[3]　张国顺, 何家祥, 肖桂香. 光纤传感技术[M]. 北京: 水利电力出版社, 1988.
[4]　侯宏录. 光电子材料与器件[M]. 2 版. 北京: 北京航空航天大学出版社, 2018.
[5]　朱建国, 孙小松, 李卫. 电子与光电子材料[M]. 北京: 国防工业出版社, 2007.
[6]　苏君红, 张玉龙. 光纤材料技术[M]. 杭州: 浙江科学技术出版社, 2009.
[7]　陈海燕, 陈聪, 罗江华, 等. 光纤通信技术[M]. 北京: 国防工业出版社, 2016.
[8]　黎敏, 廖延彪. 光纤传感器及其应用技术[M]. 武汉: 武汉大学出版社, 2008.
[9]　栾桂冬. 传感器及其应用[M]. 2 版. 西安: 西安电子科技大学出版社, 2012.
[10]　饶云江. 光纤技术[M]. 北京: 科学出版社, 2006.
[11]　SHI J B, CUI K, WANG H L, et al. An interferometric optical fiber perimeter security system based on multi-domain feature fusion and SVM[J]. IEEE Sensors Journal, 2021, 21(7): 9194-9202.

[12] WAN Y, WEN J X, JIANG C, et al. Over 255mW single-frequency fiber laser with high slope efficiency and power stability based on an ultrashort Yb-doped crystal-derived silica fiber[J]. Photonics Research, 2021, 9(5): 649-656.

[13] CHEN J, XIONG Y, XU F, et al. Silica optical fiber integrated with two-dimensional materials: towards opto-electro-mechanical technology[J]. Light:Science & Applications, 2021, 10(78): 78-95.

[14] JAKUBOWSKI K, HUANG C S, BOESEL L F, et al. Recent advances in photoluminescent polymer optical fibers[J]. Current Opinion in Solid State &Materials Science, 2021, 25(3): 100912.

[15] LUO S Y, GU H, TANG X, et al. High-power yellow DSR pulses generated from a mode-locked Dy: ZBLAN fiber laser[J]. Optics Letters, 2022, 47(5):1157-1160.

[16] ELSHERIF M, HASSAN M U, YETISEN A K, et al. Hydrogel optical fibers for continuous glucose monitoring[J]. Biosensors & Bioelectronics, 2019, 137(15): 25-32.

[17] WANG W C, ZHOU B, XU S H, et al. Recent advances in soft optical glass fiber and fiber lasers[J]. Progress in Materials Science, 2019, 101(4): 90-171.

[18] 陈光, 崔崇. 新材料概论[M]. 北京: 科学出版社, 2003.

[19] 曹志峰. 特种光学玻璃[M]. 北京: 兵器工业出版社, 1993.

[20] 明亮. 有机光致变色材料及二芳乙烯基苯类荧光材料的合成与性能研究[D]. 上海: 上海交通大学, 2014.

[21] 马如璋. 功能材料学概论[M]. 北京: 冶金工业出版社, 1999.

[22] HE T, YAO J N. Photochromism in composite and hybrid materials based on transition-metal oxides and polyoxometalates[J]. Progress in Materials Science, 2006, 51(6):810-879.

[23] JIN Y H, HU Y H, YUAN L F, et al. Multifunctional near-infrared emitting $Cr^{3+}$-doped $Mg_4Ga_8Ge_2O_{20}$ particles with long persistent and photostimulated persistent luminescence, and photochromic properties[J]. Journal of Materials Chemistry C, 2016, 4(27):6614-6625.

[24] JIN Y H, HU Y H, FU Y R, et al. Reversible colorless-cyan photochromism in $Eu^{2+}$-doped $Sr_3YNa(PO_4)_3F$ powders[J]. Journal of Materials Chemistry C, 2015, 3(36):9435-9443.

[25] AKIYAMA M. Blue-green light photochromism in europium doped $BaMgSiO_4$[J]. Applied Physics Letters, 2010, 97(18):181905.

[26] KAMIMURA S, YAMADA H, XU C N. Purple photochromism in $Sr_2SnO_4$: $Eu^{3+}$ with layered perovskite-related structure[J]. Applied Physics Letters, 2013, 102(3): 031110.

[27] JU G F, HU Y H, CHEN L, et al. Photochromism of rare earth doped barium haloapatite[J]. Journal of Photochemistry and Photobiology A: Chemistry, 2013, 251(1):100-105.

[28] SUN H Q, LIU J, WANG X S, et al. (K, Na)$NbO_3$ ferroelectrics: A new class of solid-state photochromic materials with reversible luminescence switching behavior[J]. Journal of Materials Chemistry C, 2017, 5(35): 9080-9087.

[29] WANG M S, YANG C, WANG G E, et al. A room-temperature X-ray-induced photochromic material for X-ray detection[J]. Angewandte Chemie International Edition, 2012, 51(14): 3432-3435.

[30] WANG L H, LIU Y J, ZHAN X Y, et al. Photochromic transparent wood for photo-switchable smart window applications[J]. Journal of Materials Chemistry C, 2019, 7(48): 15382-15382.

[31] JIN Y H, LV Y, WANG C L, et al.Design and control of the coloration degree for photochromic $Sr_3GdNa(PO_4)_3F$: $Eu^{2+}$ via traps modulation by $Ln^{3+}$ (Ln= Y, La-Sm, Tb-Lu) co-doping[J]. Sensors and Actuators B: Chemical, 2017, 245(6): 256-262.

[32] LV Y, LI Z Z, JIN Y H, et al. A novel photochromic material based on halophosphate: Remote light-controlled reversible luminescence modulation and fluorescence lifetime regulation[J]. Ceramics International, 2019, 45(5): 5971-5980.

[33] WANG L H, LIU Y J, ZHAN X Y, et al. Photochromic transparent wood for photo-switchable smart window applications[J]. Journal of Materials Chemistry C, 2019, 7(28): 8649-8654.

[34] HUANG G X, XIA Q, HUANG W B, et al. Multiple anti-counterfeiting guarantees from a simple tetraphenylethylene derivative-high-contrasted and multi-state mechanochromism and photochromism[J]. Angewandte Chemie International Edition, 2019, 58(49): 17814-17819.

[35] 周方桥. 红外光学材料[M]. 武汉: 华中理工大学出版社, 1994.

[36] 焦宝祥. 功能与信息材料[M]. 上海: 华东理工大学出版社, 2000.

[37] BAI C, CHENG B L, ZHANG K W, et al. A new broad-band infrared window material $CdPbOCl_2$ with excellent comprehensive properties[J]. Dalton Transactions, 2021, 50(44): 16401-16405

[38] 韩刘洋, 董显林, 郭少波, 等. 非制冷红外探测用相变型热释电陶瓷材料的研究进展[C]. 常州: 红外、遥感技术与应用研讨会暨交叉学科论坛, 2016: 14-19.

[39] 文娇, 李介博, 孙井永, 等. 红外探测与红外隐身材料研究进展[J]. 航空材料学报, 2021, 41(3): 66-82.

[40] CHEN X L, LU X B, DENG B C, et al. Widely tunable black phosphorus mid-infrared photodetector[J]. Nature Communications, 2017, 8(11):1672-1678.

[41] GUO Q S, LI C, DENG B C, et al. Infrared nanophotonics based on graphene plasmonics[J]. ACS Photonics, 2017, 4(12): 2989-2999.

[42] YIN J B, TAN Z J, HONG H, et al. Ultrafast and highly sensitive infrared photodetectors based on two-dimensional oxyselenide crystals[J]. Nature Communications, 2018, 9(6): 3311-3317.

[43] YU X C, LI Y Y, HU X N, et al. Narrow bandgap oxide nanoparticles coupled with graphene for high performance mid-infrared photodetection[J]. Nature Communications, 2018, 9(10): 4299-4306.

[44] YU X C, YU P, WU D, et al. Atomically thin noble metal dichalcogenide: A broadband mid-infrared semiconductor[J]. Nature Communications, 2018, 9(4): 1545-1553.

[45] CAO F, CHEN J D, YU D J, et al. Bionic detectors based on low-bandgap inorganic perovskite for selective NIR-I photon detection and imaging[J]. Advanced Materials, 2020, 32(6): 1905362.

[46] WU Y, LI X M, WEI Y, et al. Perovskite photodetectors with both visible-infrared dual-mode response and super-narrowband characteristics towards photo-communication encryption application[J]. Nanoscale, 2018, 10(1): 359-365.

[47] 邓玲玲. 新型红外辐射材料的制备及其在 LED 中的应用[D]. 广州: 广东工业大学, 2013.

[48] 徐冰洁, 陈琦, 刘鹏飞, 等. 高发射率红外辐射材料的研究进展[J]. 功能材料, 2018, 49(12): 68-76.

[49] 戴龙泽. 红外辐射材料的研究进展及应用分析[J]. 科技资讯, 2017, 15(32): 227-227.

[50] 任晓辉, 张旭东, 何文, 等. 红外辐射材料的研究进展及应用[J]. 现代技术陶瓷, 2007, 28(2): 26-31.

[51] 王俊, 丁锡锋, 朱文亮, 等. Mn 掺杂对尖晶石型 $MgFe_2O_4$ 红外陶瓷的结构及红外性能的影响[J]. 功能材料, 2015, 46(17): 17014-17016.

[52] 祁康成. 发光原理与发光材料[M]. 成都: 电子科技大学出版社, 2012.

[53] 徐叙容, 楼立人. 科学家谈物理-发光及其应用[M]. 长沙: 湖南教育出版社, 1994.

[54] 徐叙瑢. 发光材料与显示技术[M]. 北京: 化学工业出版社, 2003.

[55] CHEN J W, WANG J A, XU X B, et al. Efficient and bright white light-emitting diodes based on single-layer heterophase halide perovskites[J]. Nature Photonics, 2021, 15(3): 238-244.

[56] LI X M, WU Y, ZHANG S L, et al. $CsPbX_3$ quantum dots for lighting and displays: Room-temperature synthesis, photoluminescence superiorities, underlying origins and white light-emitting diodes[J]. Advanced Functional Materials, 2016, 26(15): 2435-2445.

[57] SONG J Z, LI J H, LI X M, et al. Quantum dot light-emitting diodes based on inorganic perovskite cesium lead halides ($CsPbX_3$) [J]. Advanced Materials, 2015, 27(44): 7162-7167.

[58] CHEN J, WU Y, LI X M, et al. Simple and fast patterning process by laser direct writing for perovskite quantum dots[J]. Advanced Materials Technologies, 2017, 2(10): 1700132.

[59] WANG J X, ZHANG Y Z, CHEN J, et al. Strong polarized photoluminescence $CsPbBr_3$ nanowire composite films for UV spectral conversion polarization photodetector enhancement[J]. ACS Applied Materials & Interfaces, 2021, 13(30): 36147-36156.

# 第11章 智能材料

大体上说，智能材料是一类能感知外部刺激、能够判断并适当处理且自身可执行的新型功能材料。智能材料是高技术新材料领域正在形成的一门新分支学科，是21世纪的先进材料，也是当前工程学科发展的国际前沿。同时，智能材料也是一门交叉学科，涉及材料学、物理学等。本章内容涉及智能材料的基本概念以及三类典型的智能材料：形状记忆材料、压电材料和磁致伸缩材料。

## 11.1 智能材料的概念及特征

设想一下：如果有这样一种材料，其在升温时会产生大幅度形变，而在降温后其形状能够恢复。那么用这样一种材料制造的遮阳伞就能够自动地在阳光直射时打开，并在日落后收起。这种能够感知外部刺激(包括外力、电磁场、热、光等)、能够判断并适当处理且自身可执行的功能材料就是智能材料[1-6]。

智能材料概念是由美国和日本科学家首先提出的。1989年，日本高木俊宜将信息科学融于材料的特性和功能，提出了智能材料(intelligent materials)的概念。他认为：智能材料是对环境具有可感知、可响应等功能的新材料。同时，美国R. E. Newnhain也提出了与智能材料相似的概念——灵巧(smart)材料，即具有传感和执行功能的材料。

智能材料的基本特征是：①敏感于外部刺激或对外界信息敏感；②对外界刺激具有分析和判断能力；③可做出智能反应[1-6]。典型的智能材料如下。

(1)形状记忆材料。形状记忆材料是一类具有形状记忆效应的功能材料。其产生形状记忆效应的最根本原因是马氏体相变。如果形状记忆材料在马氏体态受力形变，那么利用外界刺激(如加热)使材料转变至母相奥氏体态，便可使材料的形状恢复。形状记忆效应指该材料能够“记住”其母相的形状。形状记忆材料种类繁多，典型的制备方法包括熔炼、铸造、冷/热加工等。由于形状记忆材料集自感知、自诊断和自适应功能于一体，故在传感器、处理器和驱动器等领域具有较高的应用价值。具体关于形状记忆材料的介绍详见11.2节。

(2)压电材料。压电材料是一类具有压电效应的材料。具有压电效应的电介质晶体在机械应力的作用下将产生极化并形成表面电荷，若将这类电介质晶体置于电场中，电场将引起电介质内部正负电荷中心发生相对位移而导致形变。由于压电材料具有上述特性，故可实现传感元件与致动元件的统一，从而使压电材料广泛地应用于智能材料与结构中，特别是可以有效地用于材料损伤自诊断自适应、减振与噪声控制等方面。常用的压电材料主要是压电陶瓷，按其组成又可分为单元系压电材料、二元系压电材料和三元系压电材料。最近发展的压电复合材料是将压电陶瓷与聚合物按一定的比例、连通方式和空间几何分布复合而成的，具有比常用压电陶瓷更优异的性能。具体关于压电材料的介绍详见 11.3 节。

(3) 磁致伸缩材料。磁致伸缩效应是指磁性物质在磁化过程中因外磁场条件的改变而发生几何尺寸可逆变化的效应。磁致伸缩材料特指具有较大磁致伸缩效应的材料，它们在电磁能/机械能相互转换方面具有较高的应用价值。具有较高磁致伸缩效应的材料主要有 Fe-Ga 和稀土-铁 ($RFe_2$) 超磁致伸缩合金两大类。它们具有机械响应快、功率密度大、耦合系数高的特点，已应用在声呐系统、大功率超声器件、精密定位控制、机械制动器、各种阀门和驱动器件等领域。具体关于磁致伸缩材料的介绍详见于 11.4 节。

除此以外，科学技术的不断发展也给智能材料注入了新的活力。科技工作者开始根据应用需要在所使用的材料中融入其他功能材料，以获得具有特定功能的智能器件或复相智能材料。总之，智能材料是正在兴起的学科，其发展有助于推动材料科学、物理学以及高新技术和应用的发展。

## 11.2 形状记忆材料

形状记忆材料是一种具有形状自恢复功能的机敏材料，无论将该材料拉伸或弯曲成何种复杂形状，只要通过热、光、电等物理刺激或化学刺激的处理又可恢复成初始形状。常见的形状记忆材料有形状记忆合金、形状记忆陶瓷、形状记忆聚合物[7-10]。

### 11.2.1 形状记忆合金

形状记忆合金 (shape memory alloys，SMA) 是一类具有热弹性马氏体相变的金属材料。其形状记忆效应源于该相变及其逆相变。形状记忆效应指的是若某一材料在其马氏体态被外应力诱导形变，加热该材料至奥氏体态，可使材料恢复至初始形状。迄今为止，人们发现具有形状记忆效应的合金有 50 多种。按照合金组成和相变特征，形状记忆合金可被分为三大系列：钛-镍系形状记忆合金、铜基系形状记忆合金和铁基系形状记忆合金。

#### 1. Ti-Ni 系形状记忆合金

Ti-Ni 形状记忆合金特指 Ti、Ni 原子分数接近 1∶1 的一类合金。其高温奥氏体相为 CsCl 结构的体心立方晶体 ($B_2$)，低温相是一种复杂的长周期堆垛结构 ($B_{19}$)，属单斜晶系。Ti-Ni 形状记忆合金具有优良的力学性能，抗疲劳、耐磨损、抗腐蚀，形状恢复率高，生物相容性好，是目前唯一用作生物医学材料的形状记忆合金。

在 Ti-Ni 合金中添加少量的第三元素，将会引起合金中马氏体内部显微组织的显著变化，同时可能导致马氏体晶体结构的改变，宏观上表现为相变温度的升高或降低。升高相变温度的元素有 Au、Pt、Pd、Hf 和 Zr 等；降低相变温度的元素有 Fe、Al、Cr、Co、Mn、V、Nb 和 Ce 等。例如，$Ni_{47}Ti_{44}Nb_9$ 热滞由 34℃增到 144℃，且 $A_s$ (奥氏体相变起始温度) 高于室温 (54℃)。Ti-Ni-Nb 宽滞后记忆合金在室温下既能存储又能工作，工程使用极为方便。近年来，由于高温热敏器件的大量应用，人们开发出 $TiNi_{1-x}R_x$ (R=Au、Pt、Pd 等) 和 $Ti_{1-x}NiM_x$ (M=Zr、$H_f$ 等) 系列高温记忆合金。例如，Ti-Ni-Nb 合金的 $M_s$ (马氏体相变起始温度) 可达 200～500℃，而 Ti-Ni-Pt 合金的 $M_s$ 可达 200～1000℃。

### 2. 铜基系形状记忆合金

在提出形状记忆效应概念之前，早在20世纪30年代，Greniger和Moorakin发现CuZn合金中马氏体随温度升降而呈现消长现象，这就是热弹性马氏体相变。50年代末，Kurdjumov在Cu-14.7Al-1.5Ni合金中证实了这类相变。铜基材料中的形状记忆效应大多在70年代以后发现。尽管铜基合金的某些特性不及Ni-Ti合金，但由于其加工容易，成本低廉(Ni-Ti合金的1/10)，依然受到大批研究者的青睐。

在已发现的形状记忆材料中铜基合金占的比例最多，它们的一个共同点是母相均为体心立方结构，特称为β相合金。铜基系形状记忆合金种类比较多，主要包括Cu-Zn-Al及Cu-Zn-Al-X(X=Mn、Ni)、Cu-Al-Ni及Cu-Al-Ni-X(X=Ti、Mn)和Cu-Zn-X(X=Si、Sn、Au)等系列。铜基系合金只有热弹性马氏体相变，比较单纯。在铜基系形状记忆合金中，以Cu-Zn-Al和Cu-Al-Ni合金的性能较好，近年来又发展了Cu-Al-Mn合金。

铜基系合金的形状记忆效应明显低于Ti-Ni合金，而且形状记忆稳定性差，表现出记忆性能衰退现象。这种衰退可能是马氏体转变过程中产生范性协调和局部马氏体变体产生稳定化所致。逆相变加热温度越高，衰退越快；载荷越大，衰退也越快。为了改善铜基系合金的循环特性，提高其记忆性能，可加入适量稀土和Ti、Mn、V、B等元素，以细化晶粒，提高滑移形变抗力；也可采用粉末冶金法和快速凝固法等以获得微晶铜基系形状记忆合金。通过变形处理，可得到有利的组织结构，提高记忆性能，避免铜基系形状记忆合金热弹性马氏体的稳定化。

目前，铜基系形状记忆合金已开发出一系列性能优越的新合金。与Cu-Zn-Al合金相比，Cu-Al-Ni合金热稳定性较好，有较大的回应力和较高的动作温度，但延性差，加工困难，不适合作为工业材料。为此在Cu-13.5～14.0Al-4Ni合金基础上，降Al加Mn并添加微量Ti，开发出Cu-Al-Ni-Mn-Ti合金。新合金的相变温度高，耐热性好，能满足高温环境的使用需求。Morawiec等报告，含0.27%～7.86%Nb的Cu-16.5～13.5Al-Nb三元合金$M_s$可达300℃以上，$A_f$(奥氏体相变结束温度)近400℃。含少量Nb(0.27%)时淬火态合金的恢复率$\eta$高达98%，随Nb含量增加，$\eta$降低，但Nb含量为7.86%时淬火态合金$\eta$仍有86%，高于二元Cu-13.5%Al合金($\eta$=72%)。此外，Nb含量增加大大改善延性，含Nb2.56%合金的伸长率可达16.7%。

### 3. 铁基系形状记忆合金

继钛镍系和铜基系合金之后，20世纪70年代以来，在许多铁基系合金中发现了形状记忆效应，这些合金的成分和性能见表11.1。铁基系形状记忆合金分为三类。第一类由面心立方γ→体心正方(四角)α′(薄片状马氏体)驱动，如Fe-Ni-C、Fe-Ni-Ti-Co和Fe-25%Pt(母相有序)；第二类经面心立方γ→密排六方ε马氏体呈现形状记忆效应，如Fe-Mn-Si；第三类通过γ→面心正方(四角)马氏体(薄片状)驱动，如Fe-Pd和Fe-Pt。

铁基系合金的形状记忆效应既可通过热弹性马氏体相变来获得，也可通过应力诱发ε-马氏体相变(非热弹性马氏体)而产生。例如，Fe-Mn-Si合金经淬火处理所得的马氏体为热非弹性马氏体，属应力诱导型记忆合金。在应力作用下马氏体不会发生再取向，其室温形状是通过在高于$M_s$的变形来形成的。在此过程中，发生应力诱导γ→ε马氏体相变，当加热到高于$A_f$时，发生ε→γ逆相变，从而实现形状记忆。据报道，Fe-Mn-Si形状记忆合金由于价廉及易加工性备受重视，虽然其相变热滞较大(100K)，双程记忆效应甚小(用于单程记忆效应)，但已成为铁基系形状记忆合金在工业应用上的首选材料。

Fe-Mn-Si 合金中加碳虽提高形状记忆效应，但使合金容易腐蚀。Fe-Mn-Si 合金中加 Cr 和 Ni 代替部分 Mn，使合金形状记忆效应改善并具有抗腐蚀性。此外，Fe-Mn-Si-Re 及 Fe-Mn-Si-Cr-N 两类新型合金值得给予重视；Fe-Mn-Si 合金中加入微量稀土元素提高马氏体逆相变量，显著改善形状记忆效应，因此 Fe-Mn-Si-Re 是值得推荐的新型 Fe-Mn-Si 基合金。降低 Fe-Mn-Si 合金中 Mn 含量(以 Cr 代替)，并加入剧烈强化奥氏体元素 N，能提高弹性模量和逆相变量，从而提高形状记忆效应，可认为 Fe-Mn-Si-Cr-N 是富有潜力待开发的新型形状记忆合金。

**表 11.1 铁基形状记忆合金的结构和性能**

| 合金 | 成分 | 马氏体晶体结构 | 相变特征 | 形状恢复率/% | $M_s$/K |
|---|---|---|---|---|---|
| Fe-Pt | 约 25%Pt | b.c.t(α′) | 热弹性 | 40～80 | 280 |
| Fe-Pt | 约 25%Pt | f.c.t | 热弹性 | — | — |
| Fe-Pd | 约 30%Pd | f.c.t | 热弹性 | 40～80 | 180～300 |
| Fe-Ni-Co-Ti | Fe33Ni10Co4Ti | b.c.t(α′) | 热弹性 | 80～100 | 约 150 |
| Fe-Ni-C | Fe31Ni0.4C | b.c.p(α′) | 非热弹性 | 50～85 | 77～150 |
| Fe-Cr-Ni | Fe19Cr10Ni | b.c.t(α′) | 非热弹性 | 25 | — |
| Fe-Mn-Si | Fe30MnSi | h.c.p(ε) | 非热弹性 | 30～300 | 200～390 |
| Fe-Mn-Si | Fe(28～33)Mn(4～6)Si | h.c.p(ε) | 非热弹性 | 30～100 | 200～390 |
| Fe-Mn-Si-Cr | Fe28Mn6Si5Cr | h.c.p(ε) | 非热弹性 | 100 | 300 |

## 4. 形状记忆合金的应用

形状记忆合金可制成单向形状恢复元件和双向形状恢复致动元件与拟弹性元件，在很多领域具有广泛的应用前景，其中部分已达到实用化的程度。表 11.2 列举了形状记忆合金的一些应用实例。

**表 11.2 形状记忆合金的应用实例**

| 工业上形状恢复的一次利用 | 工业上形状恢复的反复利用 | 医疗上形状恢复的利用 |
|---|---|---|
| 紧固件 | 温度传感器 | 消除凝固血栓过滤器 |
| 管接头 | 调节室内温度用恒温器 | 管椎矫正棍 |
| 宇宙飞行器用天线 | 温室窗开闭器 | 脑瘤手术用夹子 |
| 火灾报警器 | 汽车散热器风扇的离合器 | 人造心脏，人造肾的瓣膜 |
| 印刷电路板的结合 | 热能转变装置 | 骨折部位固定夹板 |
| 集成电路的焊接 | 热电继电器的控制元件 | 矫正牙排用拱形金属线 |
| 电路的连接器夹板 | 记录器用笔驱动装置 | 人造牙根 |
| 密封环 | 机械手，机器人 | |

### 1) 连接紧固件

利用 Ni-Ti 形状记忆合金优良的形状记忆效应，可制成各种连接紧固件，如管接头、紧固圈、连接套管和紧固铆钉等。形状记忆合金连接紧固件结构简单、重量轻、所占空间小，并且安全性高、拆卸方便、性能稳定可靠，已被广泛用于航天、航空、电子和机械工程领域。连接紧固件的基本原理是：在低温(形状记忆合金的马氏体态)利用外力扩张形状记忆合金，之后将其套在需要紧固的部件上，随后加热形状记忆合金；由于形状记忆效应的存在，形状记忆合金将缩小，进而牢靠地连接在需要紧固的部件上。

**2) 飞行器用天线**

形状记忆合金应用最典型的例子是制造人造卫星天线。由 Ti-Ni 合金板制成的天线能卷入卫星体内，当卫星进入轨道后，利用太阳能或其他热源加热就能在太空中展开。美国国家航空航天局(NASA)曾利用 Ti-Ni 合金加工制成半球状的月面天线，并加以形状记忆热处理，然后压成一团，由阿波罗宇宙飞船送上月球表面，小团天线受太阳照射加热引起形状记忆而恢复原状，即构成正常运行的半球状天线，可用于通信。

**3) 驱动元件**

利用形状记忆合金在加热时形状恢复的同时其恢复力可对外做功的特性，能够制成各种驱动元件。这种驱动机构结构简单，灵敏度高，可靠性好。图 11.1 为形状记忆合金驱动器的空间有用载荷释放机构，主要用于空间卫星相机的解锁。该机构由特殊缺口螺栓、圆柱形记忆合金驱动器和加热器组成。安装前，形状记忆合金驱动器被轴向压缩；释放时，加热形状记忆合金驱动器，驱动器恢复原长而产生足够的轴向拉力拉断缺口螺栓，使有用载荷释放。1994 年 2 月 3 日，美国在 Clementine 航天器上用该装置在 15s 内成功释放了 4 只太阳能板。

用作控温器件的形状记忆合金丝被制成圆柱形螺旋弹簧作为热敏驱动元件。其特点是利用形状记忆特性，在一定温度范围内，产生显著的位移或力的变化。再配以普通弹簧丝制成的偏压弹簧就可使阀门往返运动。也就是具有双向动作的功能。当升到一定温度时，形状记忆弹簧克服偏压弹簧的压力，产生位移打开阀门，当温度降低时，偏压弹簧压缩形状记忆弹簧，使阀门关闭，从而产生周而复始的循环(图 11.2)。目前，我国已在热水器等设备上装有 CuZnAl 记忆元件。

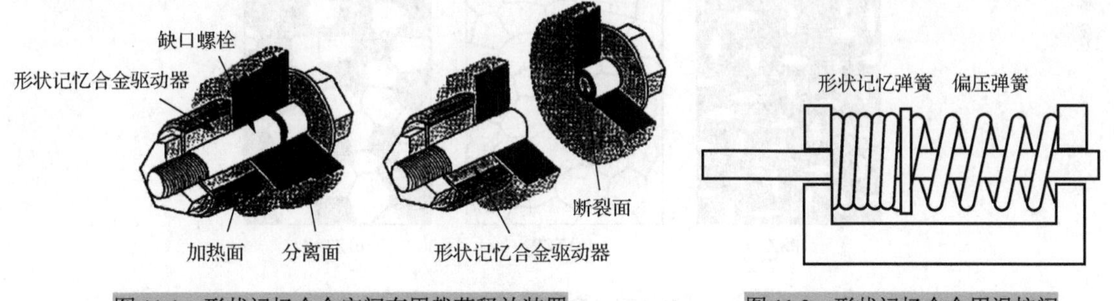


图 11.1 形状记忆合金空间有用载荷释放装置

图 11.2 形状记忆合金用温控阀

**4) 医学应用**

医学领域的形状记忆合金除了具备所需要的形状记忆或超弹性特性外，还必须满足化学和生物学等方面可靠性的要求，只有那种与生物体接触后会形成稳定性很强的钝化膜的合金才可以植入生物体内。在现有的实用形状记忆合金中，经过大量实验证实，仅 Ti-Ni 合金满足条件。因此 Ti-Ni 合金是目前医学上使用的唯一的形状记忆合金。我国率先于 20 世纪 80 年代初成功地将 Ti-Ni 形状记忆合金用于临床，最早在口腔和骨科得到应用，其后推广到医学各领域，临床应用在国际上处于领先水平。

在牙齿矫形手术中，传统使用的金属丝材料为不锈钢和 Co-Cr 合金丝，1978 年美国 Andreasen 等利用 Ti-Ni 合金加工硬化后所具有的超弹性开发了 Nitinol 丝，用来取代不锈钢丝并获得成功，目前 Ti-Ni 矫形丝已有商品生产。

## 11.2.2　形状记忆陶瓷

在陶瓷系统中已发现由两种机制产生的形状记忆效应：一种是黏弹性机制导致的形状恢复；另一种是和金属合金类似的与马氏体相变及其逆相变有关的形状记忆。其中的马氏体可以是热诱发的、应力诱发的或外电场(磁场)诱发的。这里着重讨论 $ZrO_2$ 陶瓷中与应力诱发 t→m 马氏体相变有关的形状记忆效应，不仅因为其可回复应变较大，而且应力诱发 t→m 马氏体相变能吸收裂纹尖端能量，具有显著的增韧作用，令许多材料科学工作者备感有趣。

**1. 氧化锆基陶瓷**

目前广泛研究的形状记忆陶瓷是以氧化锆为主要成分的形状记忆元件。氧化锆陶瓷中无论是应力还是热力学，由于相变塑性和韧化的存在，都能激发四方晶体(t)向单斜晶体(m)的转变，而且是可逆的变化，也是马氏体相变。例如，高温状态的 $ZrO_2$ 是立方结构，中温状态为四方结构，在较低温度下则是单斜结构。加热到 950℃及随后冷却就发生四方晶体(t)向单斜晶体(m)的转变；再加热至 1150℃，就会发生逆转变，意味着马氏体形状记忆效应的出现。此外，在 $BaTiO_3$、$KNbO_3$ 和 $PbTiO_3$ 等钙钛矿类氧化物陶瓷中所共有的立方晶体(c)向四方晶体(t)的转变均具有明显的马氏体相变，表现出形状记忆的特征。

研究表明，只要在 $ZrO_2$ 中加入适量的稳定剂，如 MgO、$Y_2O_3$、$CeO_2$、CaO 等，就可使部分立方相和四方相保留到室温，称为部分稳定的四方氧化锆(PSZ)，或全部四方相保留至室温，称为四方氧化锆多晶(TZP)。亦可把增韧的 $ZrO_2$ 均匀分散地加入其他陶瓷中(如 $Al_2O_3$)，构成复合相陶瓷，称为 $ZrO_2$ 增韧的 $Al_2O_3$ 陶瓷(ZTA)，或氧化锆弥散陶瓷(ZDC)。这三种是迄今具有 t→m 相变增韧作用的最典型的 $ZrO_2$ 基陶瓷。图 11.3 是它们的显微组织示意图。

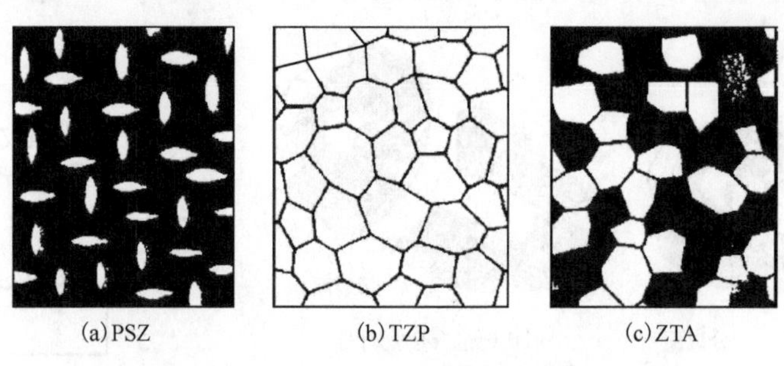

(a) PSZ　(b) TZP　(c) ZTA

图 11.3　三种增韧的 $ZrO_2$ 基陶瓷的显微组织示意图

1986 年，澳大利亚的 Swain 最先报道了在陶瓷中有形状记忆效应。他在对氧化镁部分稳定氧化锆(Mg-PSZ)试样进行四点弯曲热循环试验时观察到形状的回复，如图 11.4 所示。含 9.4%(摩尔分数)MgO 的 PSZ 经烧结后立方 $ZrO_2$ 基体中约含 35%的四方 $ZrO_2$ 沉淀相。一部分试样再经 1100℃×9h 的热处理。热循环试样为 3mm×4mm×40mm 的方梁，采用四点弯曲法，弯曲载荷使梁的外缘产生 200MPa 的拉应力。在此载荷下，试样以 100℃/h 的速率缓慢加热至 800℃保持 2h，再以同样速率冷却。烧结态试棒经如此循环，形状不发生变化，如图 11.4(a)所示，而经热处理的试棒则残留了弯曲变形，如图 11.4(b)所示。将该试棒在无载荷下再加热到 800℃，几乎完全回复至原来形状，见图 11.4(c)。对载荷下热循环后残留的永久变形，根据试样外缘的曲率半径 $\rho$ 和厚度 $t$，应用公式 $\varepsilon = t/(2\rho)$，计算得应变量为 0.42%。经再加热后冷却至室温，残留的非弹性变形量为 0.14%。

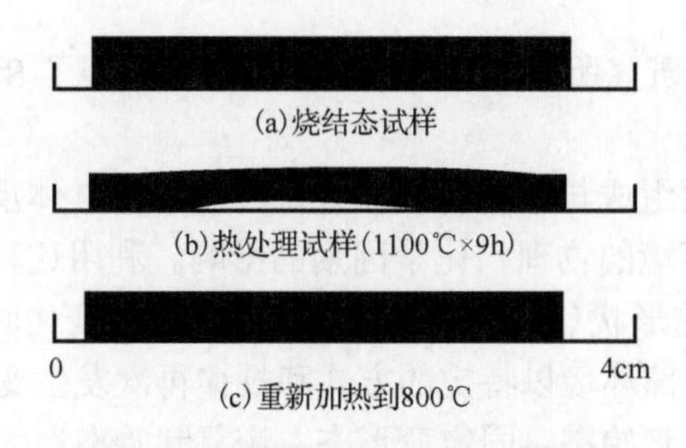


图 11.4 Mg-PSZ 的形状记忆效应示意图

总之，$ZrO_2$基陶瓷显示与金属合金类似的形状记忆效应，它是由应力诱发 t→m 相变所贡献的，然而对陶瓷中形状记忆效应的研究在深度和广度上还远不及金属。由于$ZrO_2$基陶瓷的回复温度高，陶瓷本身具有较高的强度和优越的抗腐蚀性，其应用前景引人注目。

**2. 形状记忆陶瓷的应用**

图 11.5 是一种新型闭锁继电器，它主要由一个机械速动开关和一个形状记忆陶瓷单体驱动元件组成。速动开关很容易被 50μm 的位移触动，且此位移具有机械双稳状态。单体用尺寸为 22mm×7mm×0.2mm 的两片 PNZST 陶瓷黏合而成。该继电器尺寸紧凑，仅为通常电磁继电器的 1/10，由脉冲电压操纵，节省能量。继电器在 350V 电压下 4ms 内接通，在−50V 关断。

图 11.6 是利用 20 层形状记忆材料制成的叠层驱动装置的机械夹持器，它可用于夹持显微试样。200V、4ms 的脉冲电压就能使 4mm 厚的叠层陶瓷产生 4μm 的位移，经杠杆放大，其尖端位移达 30μm。稳定的夹持可维持数小时。

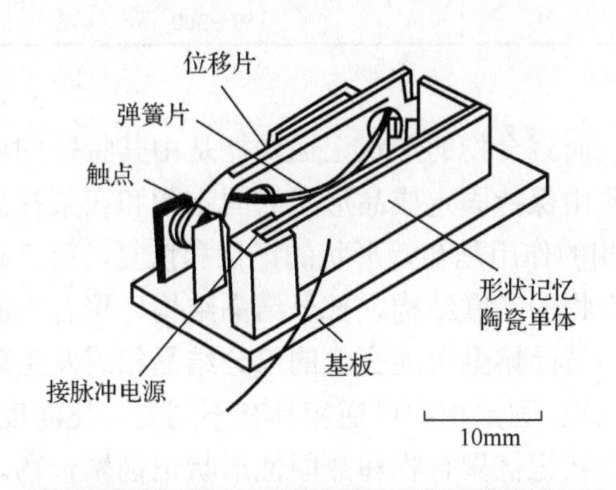


图 11.5 用 PNZST 陶瓷为驱动器的闭锁继电器

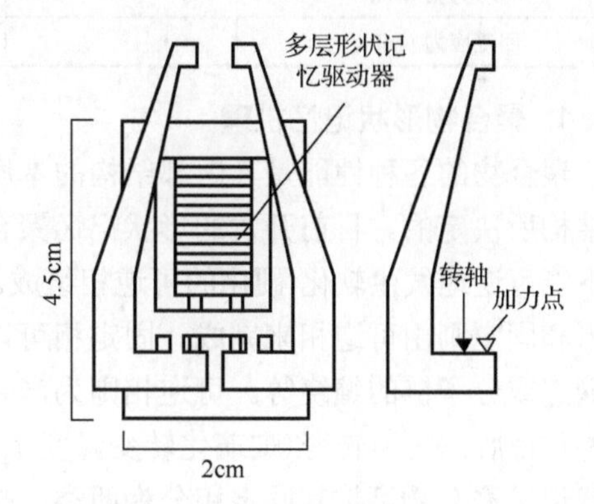


图 11.6 应用形状记忆叠层驱动装置的机械夹持器

## 11.2.3 形状记忆聚合物

形状记忆聚合物(shape memory polymers，SMP)或称形状记忆高分子，由固定相(或称硬相)和可逆相(或称软相)构成，通过可逆相的可逆变化而具有形状记忆效应。人们于 20 世纪 80 年代开始了对形状记忆聚合物的研究。1984 年法国 CDF 化学公司(现在的 ORKEM 公司)成功开发了世界上首例具有形状记忆功能的聚合物：聚降冰片烯。自此 SMP 在国外进入高速发展阶段，目前日本已拥有 4 种 SMP 工业化生产技术，即聚降冰片烯、聚氨酯、反式 1,4-聚异戊二烯及苯乙烯-丁二烯共聚物。其他品种的 SMP 还有聚烯烃、含氟树脂、聚乙酸内酯及聚酰胺等。中国科学院化学研究所和上海交通大学等单位开展了 SMP 的研究工作，并取得了可喜的进展。

材料的性能是其自身的组成与结构特征在外部环境中的具体反映。相对于无机材料，聚合物材料的性能易受外部环境的物理、化学因素的影响。利用这种敏感易变的特点，在一定条件下，SMP 被赋予一定的形状(起始态)，当外部条件发生变化时，它可相应地改变形状并将其固定(变形态)。如果外部环境以特定的方式和规律再次发生变化，SMP 便可逆地恢复至起始态。至此，完成“记忆起始态→固定变形态→恢复起始态”的循环。外部环境促使 SMP 完成上述循环的因素有热能、光能、电能和声能等物理因素以及酸碱度、螯合反应和相转变反应等化学因素。与形状记忆合金相比，形状记忆聚合物的优点是形变量大、形变加工方便、形状恢复温度易于调节、保温和绝缘性能好、易着色、不锈蚀、质轻和价廉；缺点是强度低、形变恢复驱动力小、刚性和硬度低、稳定性较差、易燃烧、耐热性差、易老化和使用寿命短。形状记忆聚合物是一种与形状记忆合金相互补充的主要形状记忆材料。表 11.3 列出了 SMP 与 SMA 一些物理性能的比较。

**表 11.3 SMP 与 SMA 物理性能的比较**

| 物理性质 | SMP | SMA |
| --- | --- | --- |
| 密度 / ($kg/dm^3$) | 0.9～1.1 | 6～8 |
| 变形量 / % | 250～800 | 6～7 |
| 恢复温度 / ℃ | 25～90 | -10～100 |
| 变形力 / MPa | 1～3 | 50～200 |
| 回复应力 / MPa | 1～3 | 150～300 |

### 1. 聚合物形状记忆机理

聚合物的各种性能是其内部结构的本质反映，而聚合物的形状记忆功能是由其特殊的内部结构所决定的。目前开发的形状记忆聚合物一般由保持固定成品形状的固定相和在某种温度下能可逆地发生软化-硬化的可逆相组成。固定相的作用是初始形状的记忆和恢复，第二次变形和固定则由可逆相来完成。固定相可以是聚合物的交联结构、部分结晶结构、聚合物的玻璃态或分子链的缠绕等。可逆相则为产生结晶与结晶熔融可逆变化的部分结晶相或发生玻璃态与橡胶态可逆转变(玻璃化转变温度 $T_g$)的相结构。固定相和可逆相具有不同的软化温度。形状记忆聚合物可按其固定相分为两类：热塑性形状记忆聚合物和热固性形状记忆聚合物。热塑性的固定相可以是聚合物的玻璃态、部分结晶结构或高分子链之间的缠结，热固性的固定相则是聚合物的交链结构。

聚合物通常借助热刺激产生形状记忆，其热刺激机理可以聚降冰片烯为例说明，具体过程如图 11.7 所示。聚降冰片烯相对分子质量达 300 万以上，$T_g$ 为 35℃，其固定相为高分子链的缠结交联，以玻璃态转变为可逆相，在黏流态的高温下进行加工一次成型，分子链间的相互缠绕使一次成型的形状固定下来。接着在低于 $T_f$ 高于 $T_g$ 的条件下施加外应力作用，分子链沿外应力方向取向而变形，并冷却至 $T_g$ 以下使可逆相硬化，强迫取向的分子链冻结，使二次成型的形状固定。二次成型的制品若再加热到 $T_g$ 以上进行热刺激，可逆相熔融软化，其分子链解除取向，并在固定相的恢复应力作用下逐渐达到热力学稳定状态，材料在宏观上表现为恢复到一次成型晶的形状。应该指出，不同的形状记忆聚合物的固定相和可逆相各不相同，因而热刺激的温度也不相同。

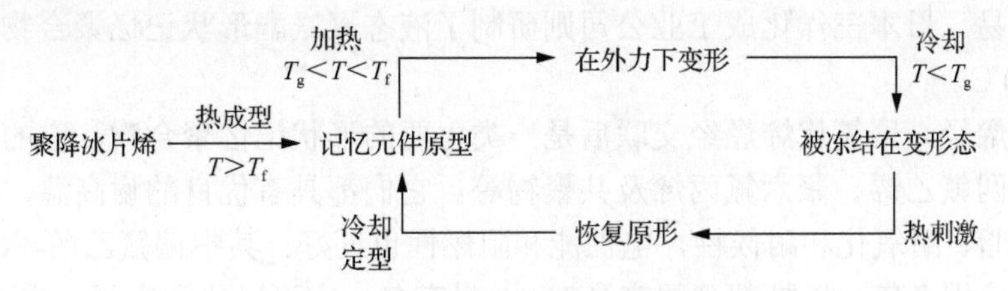


图 11.7 聚降冰片烯的形状记忆效应

除了热刺激方法产生形状记忆，通过光照、通电或用化学物质处理等方法也可产生形状记忆功能。

**2. 几种主要的形状记忆聚合物**

形状记忆聚合物的种类很多，有的是早期开发的，有的是 20 世纪 80 年代开发的，主要种类如下。

(1) 聚降冰片烯。法国 CDF 化学公司于 1984 年研制成聚降冰片烯，由乙烯和环戊二烯在 Dies-Aldeer 催化条件下合成降冰片烯，再开环聚合为聚降冰片烯。该聚合物相对分子质量达 300 万以上，固定相为高分子链的缠绕交联，以玻璃态与橡胶态可逆变化的结构为可逆相。聚降冰片烯属热塑性树脂，可通过压延、挤出、注塑等工艺加工成型；$T_g$为 35℃，接近人体温度，室温下为硬质，适于用作织物制品；强度高，有减振作用；具有较好的耐湿气性和滑动性。除聚降冰片烯外，降冰片烯与其烷基化、烷氧基化、羧酸衍生物等共聚得到的无定形或半结晶共聚物也有形状记忆功能。

(2) 苯乙烯-丁二烯共聚物。日本旭化成公司于 1988 年成功开发了由聚苯乙烯和结晶聚丁二烯组成的混合聚合物，商品名为阿斯玛。其固定相是高熔点(120℃)的聚苯乙烯单元，可逆相为低熔点(50℃)的聚丁二烯单元的结晶相。将它在 120℃以上加工成型，得到一次成型制品。然后在 60～90℃(高于聚丁二烯熔点)施加外力使其产生变形，并冷却至 40℃以下，以固定二次形变。当需要显示记忆性能时，只需加热到高于 60℃，使聚丁二烯结晶相熔化，在聚苯乙烯内应力作用下即可恢复一次成型时的形状。苯乙烯-丁二烯共聚物属热塑性 SMP，它的优点是形变量可高达 400%，形变恢复速度快，重复形变可达 200 次以上，耐酸碱性和着色性好，易溶于甲苯等溶剂，便于涂布和流延加工。缺点是恢复精度不够高。

(3) 反式 1,4-聚异戊二烯。1988 年日本可乐丽公司采用 $AlR_3$-$VCl_3$ 系 Ziegler 催化剂经溶液聚合制得反式 1,4-聚异戊二烯(TPI)。TPI 是结晶性聚合物，结晶度为 40%，熔点为 67℃，可通过硫黄或过氧化物进行交联，交联得到的网络结构为固定相，能进行熔化和结晶可逆变化的部分结晶相为可逆相。TPI 具有变形速度快、恢复力大、形变恢复率高等优点，但 TPI 属热固性树脂，不能再度加工成型，而且耐热性和耐候性较差。

(4) 聚氨酯。1988 年日本三菱重工业公司成功研制了形状记忆聚氨酯。聚氨酯是由异氰酸酯、多元醇和链增长剂等 3 种单体原料聚合而成的含有部分结晶的线性聚合物。该聚合物以其部分结晶相为固定相，在 $T_g$ 发生玻璃态与橡胶态可逆变化的聚氨酯软段为可逆相。形状恢复温度为-30～70℃，选择适宜的原料种类和配比就可以调节 $T_g$。目前已制得 $T_g$ 分别为 25℃、

35℃、45℃和55℃的形状记忆聚氨酯材料。聚氨酯系形状记忆材料可以制成热塑性的，也可以制成热固性的，前者形变量大，可达400%，重复形变效果和耐候性较好，而且质轻价廉，加工和着色容易。日本三洋化成工业公司则研制了液态聚氨酯形状记忆聚合物，其形状恢复温度为40～90℃。

(5) 聚氟代烯烃。聚氟代烯烃经交联后是一类主要的形状记忆聚合物，它的主要品种有聚偏氟乙烯、聚四氟乙烯、聚六氟丙烯及共聚物等。它们都具有优良的耐高温、耐老化、耐化学腐蚀、耐油脂、耐氧化和耐候性，电性能和阻燃性也良好。其中偏氟乙烯-六氟丙烯共聚物性能最好，已应用多年，以杜邦公司产品 Viton 最有名。它可以化学交联，也可以辐射交联，固定相是交联结构，可逆相是结晶的可逆变化部分。

除以上品种外，还有交联聚乙烯甲基醚、聚乙烯醇缩醛凝胶、聚乙酸内酯、聚酰胺、氟橡-塑共混弹性体和硅橡-塑共混弹性体等，只要具有固定相和可逆相两部分结构的聚合物就可能具有形状记忆效应。循此原则，还将不断开发出许多新品种。表 11.4 列出了几种形状记忆聚合物的一些性能。

**表 11.4　几种形状记忆聚合物的性能**

| 性能 | 聚降冰片烯 | 反式 1,4-聚异戊二烯 | 苯乙烯-丁二烯共聚物 | 聚氨酯 |
|---|---|---|---|---|
| 生产厂 | 法国 CDF 化学 | 可乐丽 | 旭化成 | 三菱重工 |
| 商品名 | NORSOREX | TPI | アスマー | MM-($T_g$)*00 |
| 颜色 | 白 | 白 | 白 | 透明 |
| 相对密度 | 0.96 | 0.96 | 0.97 | 1.04 |
| 平均相对分子质量 | ＞300 万 | 25 万 | 几十万 | — |
| 抗拉强度 / MPa | ＞34.3 | 28.6 | 9.8 | 34.3 ($T_g$ 以上) |
| 断裂伸长率 / % | ＞200 | 480 | 400 | 400 |
| 形状记忆温度 / % | ＞150 | — | ＞120 | 200 |
| 形状恢复温度 / % | 35 | 67 | 60～90 | -30～60 |
| 肖氏硬度(室温) | ＞100 | 50 | 43 | 70 ($T_g$ 以上) |

注：$T_g$ 用℃表示，如果 $T_g$=35℃，则商品名是 MM-3500。

### 3. 形状记忆聚合物的应用

#### 1) 应用领域

SMP 主要应用在医疗、包装材料、建筑、运动用品、玩具及传感元件等方面，已经应用和正在开发的一些主要领域如下：

(1) 土木建筑，用于固定铆钉、空隙密封和异径管连接等；

(2) 机械制造，用于自动启闭阀门、防声辊、防震器、连接装置、衬里和缓冲器等；

(3) 电子通信，用于电子集束管、电磁波屏蔽材料和光记录媒体等；

(4) 医疗卫生，用于夹板、矫形器、扩张血管器和固定器等；

(5) 印刷包装，用于热收缩膜和商标等；

(6) 智能材料，用于传感和执行元件等。

#### 2) 具体应用

(1) 异径管接合材料。目前，SMP 应用最多的是热收缩套管和热收缩膜材料，表 11.5 给出了各类热收缩套管的性能。先将 SMP 加热软化制成管状，趁热向内插入直径比该管子内径稍大的棒状物，以扩大口径，然后冷却成型，抽出棒状物，得到热收缩套管制品。使用时，将直径不同的金属管插入热收缩套管中，用热水或热风加热，套管收缩紧固，使各种异径的金属管或塑料管有机地结合，施工操作十分方便。这种热收缩套管广泛用于仪器内线路集合、线路终端的绝缘保护、通信电缆的接头防水、各种管路接头以及包装材料。

**表 11.5 各类热收缩套管的性能**

| 性能 | 聚氯乙烯 | 聚乙烯 | 聚烯烃(半硬型) | 聚烯烃(柔软型) | 聚酯 | 聚偏氟乙烯 |
|---|---|---|---|---|---|---|
| 收缩温度/℃ | >50 | >120 | >120 | >125 | 120～200 | 175 |
| 径向收缩率/% | >30 | 40～60 | 50 | 50 | 10～50 | 50 |
| 轴向收缩率/% | <20 | <8 | <10 | <10 | 10～50 | <10 |
| 透明度 | 任意 | 任意 | 透明 | — | 透明 | 透明 |
| 颜色 | 多种 | 黑 | 多种 | 黑 | 任意 | 乳白 |
| 相对密度 | 1.34 | 0.94 | 1.35 | 1.44 | 1.36 | 1.80 |
| 抗拉强度/MPa | 40 | 34 | 18 | 20 | 110～200 | 55 |
| 伸长率/% | 70 | 510 | 400 | 500 | 25～95 | 150 |
| 使用温度/℃ | −55～105 | −80～110 | 55～135 | −75～125 | −70～150 | −55～175 |
| 体积电阻率/(Ω·cm) | $>10^{14}$ | $>10^{17}$ | $>10^{14}$ | $10^{13}$ | $>10^{15}$ | $2\times10^{15}$ |
| 介电常数/(kV/mm) | >50 | 38 | 20 | 10～22 | >150 | 30～60 |
| 吸水率/% | — | 0.003 | <0.100 | 0.900 | — | 0.100 |
| 阻燃性 | 难燃 | 不阻燃 | 60s 内自熄 | 15s 内自熄 | — | 2s 内自熄 |
| 耐化学腐蚀性 | 较差 | 优 | 优 | 优 | — | 优 |
| 性能 | 聚全氟乙丙烯 | 聚四氟乙烯 | 氟橡胶 | 硅橡胶 | 改性硅橡胶 | |
| 收缩温度/℃ | 175 | 300 | 175 | 120～300 | >125 | |
| 径向收缩率/% | 20 | 20～50 | 50 | 50 | 50 | |
| 轴向收缩率/% | — | — | < 20 | — | <10 | |
| 透明度 | 透明 | 半透明 | 不透明 | 不透明 | 不透明 | |
| 颜色 | 乳白 | 乳白 | 黑 | 浅灰 | 红 | |
| 相对密度 | 2.12～2.17 | 2.13～2.20 | 1.9 | 1.23 | 1.20 | |
| 抗拉强度/MPa | 21 | >20 | 11 | >50 | 10 | |
| 伸长率/% | 250 | >150 | 300 | >300 | 400 | |
| 使用温度/℃ | −200～205 | 240～260 | −40～200 | −60～250 | −40～90 | |
| 体积电阻率/(Ω·cm) | $>10^{18}$ | $>10^{18}$ | $10^{11}$ | $>2\times10^{15}$ | $10^{14}$ | |
| 介电常数/(kV/mm) | 20～40 | >18 | 16 | >25 | 14 | |
| 吸水率/% | <0.001 | 0 | 0.200 | — | 0.400 | |
| 阻燃性 | 不燃 | 不燃 | 15 s 内自熄 | — | — | |
| 耐化学腐蚀性 | 优 | 优 | 优 | — | 优 | |

(2) 医疗器材。SMP 用作固定创伤部位的器具可替代传统的石膏绷扎，这是医用器材的典型事例。如图 11.8 所示，首先将 SMP 加工成创伤部位的形状，用热风加热使其软化，在外

力作用下变形为易装配的形状，冷却固化后装配到创伤部位，再加热便恢复原状起固定作用。取下时也极为方便，只需热风加热软化。这种固定器材质量轻，强度高，容易制成复杂的形状，操作简单，易于卸下。SMP 还用作牙齿矫正器、血管封闭材料、进食管、导尿管。可降解的 SMP 可作为外科手术缝合器材、止血钳、防止血管堵塞器等。

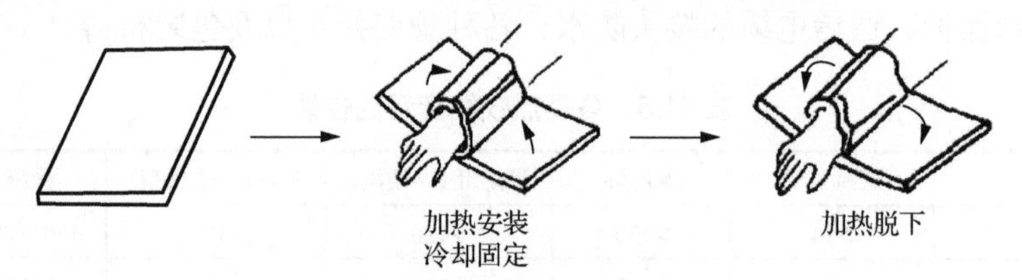


图 11.8　医疗固定器具示意图

(3) 缓冲材料。SMP 用于汽车的缓冲器、保险杠、安全帽等，当汽车突然受到冲撞保护装置变形后，只需加热就可恢复原状。SMP 用来制作火灾报警感温装置、自动开闭阀门、残疾人行动使用的感温轮椅等。采用分子设计和材料改性技术，提高 SMP 的综合性能，赋予 SMP 的优良特性，必将拓宽其应用领域。

总之，形状记忆材料从最初的合金已扩展到陶瓷和高分子材料，并且各种先进的生产工艺技术已被用到形状记忆材料的研究、开发和应用方面来，使形状记忆材料可能成为 21 世纪重点发展的新型材料。

## 11.3　压电材料

1880 年，居里兄弟在研究石英晶体时，发现当对石英外加机械力时，晶体表面会激发出电荷，他们将这一效应称为压电效应，将晶体所具有的这一性质称为压电性，将具有这一类性质的材料称为压电(智能)材料。压电材料的这种独特的机电耦合特性使得人们可以借助其实现传感元件与致动元件的统一，从而使压电材料广泛地应用于智能材料与结构中，特别是可以有效地应用于材料损伤自诊断、自适应，减振与噪声控制等方面。人们对其性质展开了广泛的研究，新的压电材料不断涌现更大的带宽、更高的机电响应频率、更高的能量转换效率等，使得压电材料可以应用于各种器件中，如电光调制器、红外探测器、滤波器、声表面波滤波器等，广泛应用于航空航天、通信、医疗、工程等各个领域。

### 11.3.1　压电效应与对称性

当对压电材料施加机械应力(压力、张力或切向力)时，晶体内部的正负电荷中心将分离从而产生与应力成正比的介质极化，使得晶体两端表面出现符号相反的束缚电荷，这种现象称为正压电效应。单位面积的极化电荷 $D$ 与应力 $T$ 之间的关系为

$$D = d \cdot T \tag{11-1}$$

式中，$d$ 为正压电系数，单位通常为 pC/N。

反之，若将压电材料置于电场中，则电场将引起材料内部正负电荷中心分离，从而导致材料发生形变，这种现象称为逆压电效应。应变 $S$ 与电场 $E$ 之间的关系为

$$S = d_t \cdot E \tag{11-2}$$

式中，$d_t$ 为逆压电系数。正、逆压电效应(或系数)统称为压电效应(或系数)。

由压电效应的定义可知，首先，压电晶体必须是不导电的(至少是半导体)，同时结构中必须带有正电荷和负电荷的离子或离子团，所以压电晶体一般是离子性晶体或由离子团组成的晶体。其次，形变能引起材料内部带电粒子的相对位移，这表明材料是否具有压电性，取决于晶体的结构对称性——无对称中心。

根据纽曼(Neumann)定理，晶体的任一宏观物理性质一定具有它所属点群的一切对称性。自然界中的所有晶体根据对称性可分为 32 个晶族，其中 11 个晶族具有对称中心，无压电效应；无对称中心的 21 个晶族中有 20 个(432 晶族无对称中心，但由于其对称性较高，依旧无压电效应)具有压电效应。

在这 20 个晶族中，10 种具有唯一单向极轴，即存在自发极化，因此称为极性晶体；因其自发极化强度随温度变化而变化，又称为热释电晶体。在热释电晶体中，有些晶体的自发极化方向能随外电场改变而改变，这类晶体称为铁电晶体。由此可见，具有铁电性的晶体必具有热释电性和压电性，具有热释电性的晶体必具有压电性，但不一定具有铁电性。压电晶体、热释电晶体、铁电晶体均属于电介质晶体。

## 11.3.2 压电材料的分类与发展

传统上，可以根据存在形式，将压电材料分为压电陶瓷、压电单晶、压电聚合物和压电复合材料等，如图 11.9 所示。根据组成，又可将其分为单元系、二元系和三元系等，如 $BaTiO_3$ 陶瓷、$PbTiO_3$ 陶瓷为单元系，而 $Pb(Zr_{1-x}Ti_x)O_3$ 基陶瓷则是二元系；根据晶体结构，又可分为钙钛矿型、钨青铜型、焦绿石型、铋层状等，其中钙钛矿结构的铁电材料具有极高的压电系数，是目前应用最广泛的压电材料，也是本章后续重点介绍的材料体系。接下来，将沿着历史脉络，逐一介绍各类压电材料，如图 11.10 所示。

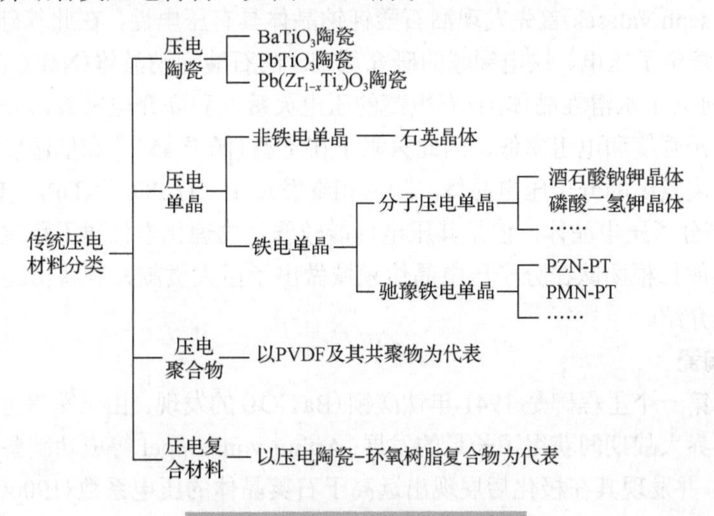


图 11.9 传统压电材料分类示意图

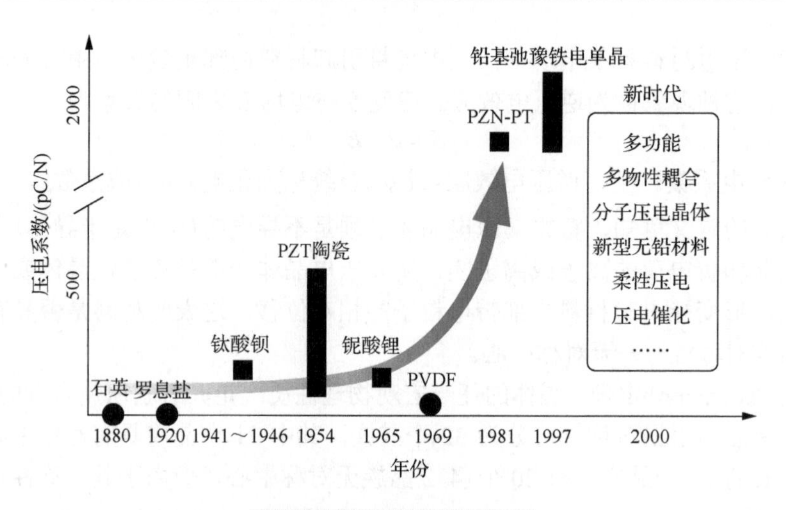


图 11.10　压电材料发展历程

### 1. 石英晶体

早在 1880 年，居里兄弟就在石英晶体上发现压电效应。石英晶体，即 $SiO_2$，分天然和人工培育两种，其压电系数仅为 2pC/N，但是具有极高的机械品质因数和温度稳定性，在几百摄氏度的温度范围内，压电系数几乎不随温度变化而变化。直到 575℃，才完全失去压电性。石英的密度为 $2.65\times10^3$kg/m$^3$，熔点为 1750℃，有很大的机械强度和稳定的力学性质，可承受高达(6.8～9.8)$\times10^7$Pa 的应力，在冲击力作用下漂移较小。此外，石英晶体还具有灵敏度低、没有热释电效应等特性，因此石英晶体主要用于较高压力或用于准确度、稳定性要求高的场合，以及制作标准传感器。

1917 年，法国科学家 Paul Langevin 基于石英晶体的压电性，发明了世界上第一台主动声呐，实现了对舰船的定位，并在第二次世界大战中发挥了巨大的作用，压电材料才真正走进大众视野，推动了人类对高性能压电材料的需求增长。

### 2. 酒石酸钾钠晶体

1920 年，Joseph Valasek 首先发现酒石酸钾钠晶体具有压电性，在此基础上，发现并提出铁电性的概念，奠定了压电、铁电领域的研究基础。酒石酸钾钠晶体($NaKC_4H_4O_6\cdot4H_2O$)，又名罗息盐，是一种人工水溶性晶体，具有很高的压电灵敏度和高介电常数，压电系数为 3pC/N，但是易受潮，机械强度和电阻率低，因此只限于在室温(低于 45℃)和低湿度环境下应用。罗息盐是第一种人类发现的分子压电晶体，随后相继发现了 $KH_2PO_4$ (KDP)、$PbHPO_4$(LHP)、$PbDPO_4$(LDP)等分子压电晶体，但是其压电性能较弱且物理化学性质不稳定，应用较少。21 世纪，东南大学熊仁根团队在分子压电晶体领域做出了巨大贡献，制备出高性能的分子压电晶体，将在后续介绍。

### 3. 钛酸钡陶瓷

压电材料的第一个里程碑是 1941 年钛酸钡($BaTiO_3$)的发现。由于军事方面的需要，铁电陶瓷在第二次世界大战期间获得了长足的发展。Arthur von Hippel 等成功制备了钙钛矿铁电材料 $BaTiO_3$ 陶瓷，并发现其在极化后展现出远高于石英晶体的压电系数(190pC/N)。$BaTiO_3$ 陶瓷的问世使得研究人员逐渐将目光聚焦于钙钛矿铁电材料之上。

如图 11.11 所示，$BaTiO_3$ 为典型的 $ABO_3$ 型钙钛矿结构，其中较大的 $Ba^{2+}$ 位于立方体的顶点，较小的 $Ti^{4+}$ 位于立方体的体心，而 $O^{2-}$ 则处于立方体的面心。在这种结构中，$[TiO_6]$ 八面体以顶角相连构成网络，形成 Ti—O—Ti 直线链，有利于偶极矩间力等远程力的相互作用，也有利于铁电性的产生。

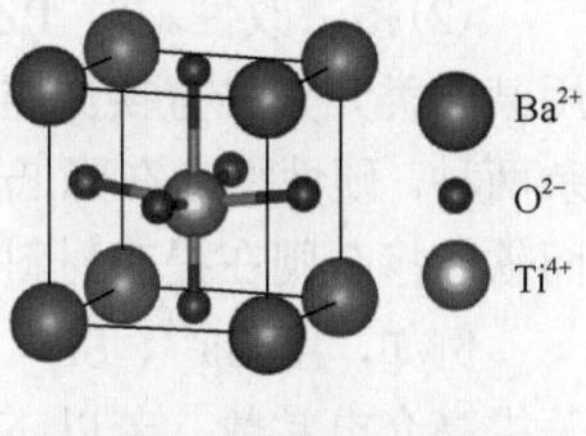

图 11.11　$BaTiO_3$ 结构示意图

$BaTiO_3$ 的熔点是 1618℃，在室温下为铁电体，其单晶的介电常数各向异性显著，沿极化轴方向的介电常数比垂直于极化轴方向小得多，但陶瓷的各向异性比单晶小得多。$BaTiO_3$ 单晶及陶瓷的主要性能见表 11.6。

表 11.6　$BaTiO_3$ 单晶和陶瓷的主要性能

| 材料 | $\varepsilon_3^T/\varepsilon_0$（未极化） | $\varepsilon_3^T/\varepsilon_0$ | $k_p$ | $k_{33}$ | $d_{33}$/(pC/N) | $g_{33}$/($10^{-3}$V·m/N) |
|---|---|---|---|---|---|---|
| 单晶 | — | 168 | — | 0.560 | 85.6 | 57.5 |
| 陶瓷 | 1400 | 1900 | 0.354 | 0.493 | 192 | 11.4 |

**4. 锆钛酸铅陶瓷**

压电材料的第二个里程碑是 1954 年锆钛酸铅（$Pb(Zr_{1-x}Ti_x)O_3$，PZT）陶瓷的发现。PZT 与 $BaTiO_3$ 相似，同为钙钛矿结构，只是 $Zr^{4+}$ 和 $Ti^{4+}$ 随机占据 B 位，但是优异的压电性能（压电系数为 300pC/N）使它快速取代了 $BaTiO_3$ 的地位。

**1）两个重要研究方向**

在工程技术领域，PZT 陶瓷由于其较低成本和优异可调控的性能，仍然占据主导地位；在学术科研领域，PZT 陶瓷为压电材料领域带来两个十分重要的研究方向[11]。

（1）准同型相界（morphotropic phase boundary，MPB）。PZT 陶瓷的两个组元分别是 $PbTiO_3$ 和 $PbZrO_3$，$PbTiO_3$ 的压电系数低于 100pC/N，而 $PbZrO_3$ 是反铁电材料不具有压电性，但是当两者固溶并在摩尔比接近 PZ∶PT=52∶48 时，PZT 陶瓷具有极高的压电系数，我们将相图上的这一边界称为 MPB，如图 11.12 所示[11]。目前，从热力学角度，普遍将 PZT 陶瓷在 MPB 处压电性能取极大值归因于多相共存或低对称性的相结构导致的更平滑的吉布斯自由能曲线[12]。

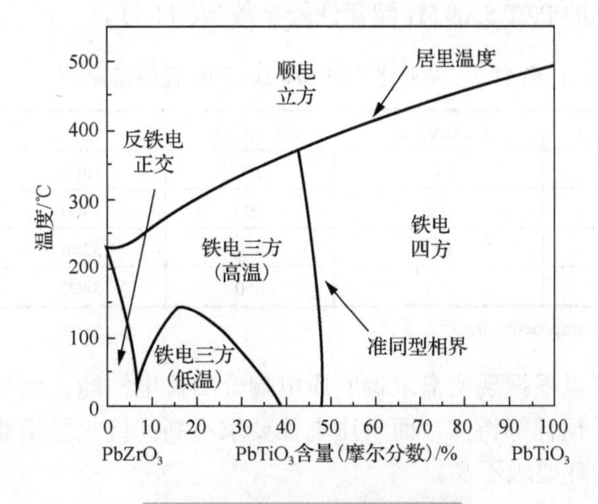


图 11.12　PZT 陶瓷相图示意图

(2) 掺杂改性。对 PZT 陶瓷进行微量掺杂，会使其具有截然不同的物性参数。掺杂是指用某一类元素去置换原组成元素或添加微量杂质。从应用的角度，可分为硬性掺杂和软性掺杂两种。硬性掺杂在降低压电材料的介电损耗和机械损耗的同时，一定程度上会降低压电性；而软性掺杂则在提高材料压电系数的同时，使得介电损耗、温度稳定性等性质变差。

例如，用 $Ba^{2+}$、$Sr^{2+}$、$Ca^{2+}$、$Mg^{2+}$等碱土金属离子适量置换 $Pb^{2+}$，会略微降低压电性但显著提高介电常数。若以 $Nb^{5+}$置换 $Ti^{4+}$，$La^{3+}$置换 $Pb^{2+}$，就会使得晶体内部产生阳离子空位，提高 PZT 陶瓷的压电系数、介电常数和介电损耗，降低矫顽场和机械品质因数。另外，若适量添加 $Cr_2O_3$、$MnO_2$、$Fe_2O_3$ 等氧化物，则可明显降低材料的介电常数、介电损耗、体积电阻率，并且提高材料的矫顽场和机械品质因数。

**2) 优质的陶瓷体**

在上述两种思路的指导下，在后续的几十年里，材料学家制备了各式各样的多元系 PZT 基陶瓷，并且发现通过将 PZT 与其他组元复合，可以改善压电陶瓷的烧结性能，降低烧结温度，可获得孔隙率小、密度高的均匀陶瓷体，并可提高材料的其他参数，如机电耦合系数、介电常数、机械品质因数等[13]。

(1) $Pb(Mg_{1/3}Nb_{2/3})O_3$-$PbZrO_3$-$PbTiO_3$ (PMN-PZT) 陶瓷。1965 年，由日本松下电器公司发明，定名为 PCM。PMN 的居里温度仅−15℃，室温下为顺电体，无铁电性，介电常数很大，故随着 PMN 含量的增加，固溶体的介电常数增大，居里温度降低，机电耦合系数减小。这类材料广泛地应用于拾音器、微音器、滤波器、变压器等方面。

(2) $Pb(Mn_{1/3}Sb_{2/3})O_3$-$PbZrO_3$-$PbTiO_3$ (PMS-PZT) 陶瓷。1969 年，由我国科研人员研制该陶瓷。该陶瓷的特点是机电耦合系数不高，但可以在较宽的范围内调节，并且其机械品质因数高，介电损耗小，具有优良的稳定性，在陶瓷滤波器和机械滤波器的换能器应用方面具有其独特的优势。

(3) $Pb(Sb_{1/2}Nb_{1/2})O_3$-$PbZrO_3$-$PbTiO_3$ (PSN-PZT) 陶瓷。该陶瓷的主要特点是谐振频率的温度稳定性好，受机械力和电气负荷影响小，抗老化性能优良，在大功率超声发生器、高电压发生装置以及其他机电换能器上应用较多，尤其适合恶劣环境中的应用。

最后，介绍商业化的 PZT 5A&5H 陶瓷性能参数(表 11.7)。

**表 11.7　商业化 PZT 5A&5H 陶瓷性能指标[14]**

| 编号 | $T_C$/℃ | $E_c$/(kV/cm) | $d_{33}$/(pC/N) | $\varepsilon_{33}/\varepsilon_0$ | $\tan\delta$/% | $k_{33}$ |
|---|---|---|---|---|---|---|
| 3195STD | 350 | 14.9 | 350 | 1800 | 1.8 | 0.70 |
| 3195HD | 350 | 12 | 390 | 1900 | 1.8 | 0.72 |
| 3203STD | 235 | 10.6 | 550 | 3250 | 2.0 | 0.73 |
| 3203HD | 225 | 8.0 | 650 | 3800 | 2.0 | 0.75 |

资料来源：CTS Electronic Components, Inc.产品手册。

这使得材料学家可以根据现实需求调制压电陶瓷的机电性能。例如，发射型换能器要求材料具有高灵敏度、低损耗等特点，而对压电性要求不高；接收型换能器则要求材料具有一定的温度稳定性，对损耗要求不高。

### 5. 铌酸锂晶体

1965 年，通过人工提拉法制成了铌酸锂($LiNbO_3$)的大晶块。铌酸锂压电单晶为无色或浅黄色。由于它是单晶，所以时间稳定性远比多晶体的压电陶瓷好。它是一种压电性能良好的电声换能材料，居里温度为1200℃左右，远比石英和压电陶瓷高，所以在耐高温领域有广泛的应用前景。在力学性能方面其各向异性很明显，与石英晶体相比很脆弱，而且抗热冲击性很差，所以在加工装配和使用中必须小心谨慎，避免用力过猛和急热急冷。

**6. 压电聚合物**

压电聚合物通常为非导电性高分子材料，从原理上讲它们不包含可移动电子电荷。然而，在某些特定条件下，带负电荷的引力中心可以被改变。不导电特性可以用两个重要的物理特性来描述：一个是介电常数，它描述了在电场中的极化性；另一个是自发极化强度矢量，它在无电场时存在。极化性可以通过机械压力或温度变化来改变，前者称为压电效应，后者称为热释电效应。较为典型的压电/热释电高分子材料是拉伸并极化的聚偏二氟乙烯(PVDF)及其共聚物(PVDF-TrFE)。这些材料在机械式传感器(如压力、加速度、振动和触觉传感器等)、声学和红外辐射传感器等领域应用广泛。具有高自发极化强度的非导电性材料称为驻极体，可以用于电容型声传感器(麦克风)。

纯 PVDF(β 相)压电系数较低，为 20pC/N。20 世纪 90 年代末，美国宾夕法尼亚州立大学章启明课题组通过电子束辐照改性技术，大幅度地提高铁电高分子共聚物 PVDF-TrFE 的各项物理性能，其中压电系数 $d_{33}$ 从 20pC/N 大幅度提升到 250pC/N，提升了一个数量级。电子束极化聚四氟乙烯(PTFE)是目前最好的高分子驻极体。由于具有高偶极矩的分子的吸附作用，或者由于膨胀，在许多高分子材料中可以探测到介电常数的变化。膨胀是一种纯几何效应，它可以由电容值的变化探测到。

压电聚合物可以分为非晶压电聚合物和半结晶压电聚合物两类。半结晶和非晶聚合物的压电效应具有不同的产生机理。虽然它们在很多方面都有着显著的差别，尤其是在极化稳定性上，但无论压电聚合物材料的形态如何(半结晶或非晶)，压电性能的产生对聚合物结构都有着五项基本的要求。

(1) 存在永久分子偶极(偶极距 $\mu$)。

(2) 单位体积中偶极的数量(偶极浓度 $N$)必须达到一定数值。

(3) 分子偶极取向排列的能力。

(4) 取向形成后保持取向排列的能力。

(5) 材料在受到机械应力作用时承受较大应变的能力。

刚性偶极模式的聚合物(假设其所有偶极都能按拉伸和极化场方向取向)的最终极化参数 $P \cdot u = N \cdot \mu$。介电松弛强度 $\Delta\varepsilon$ 表示聚合物在通过玻璃化转变温度前后材料介电常数的变化。

压电陶瓷的脆性限制了其在工程结构上的应用，大多数聚合物具有流动性好、成型方便、加工性好等优点，能够增强复合材料的黏接性、耐腐蚀性、加工性并可对其结构进行设计。缺点在于压电聚合物的压电性能普遍较低。为了提高聚合物的性能，科研人员通过选取合适的压电高分子与压电陶瓷复合来获得优异性能的压电复合材料。压电复合材料由于柔性聚合物相的加入，与压电陶瓷相比较具有更低的密度和声阻抗。同时介电常数的降低有助于复合材料的水声优值和机电耦合系数提高，从而使复合材料在水听器、生物医学成像、无损检测、传感器等方面有着更广泛的用途。压电复合材料的性能不仅取决于压电陶瓷材料和压电聚合物材料本身的性能，还与其制备工艺密切相关。

7. 弛豫铁电单晶

弛豫铁电单晶是继 PZT 基压电陶瓷之后，压电材料领域的第三次飞跃，其中的代表是铌锌酸铅-钛酸铅 ($Pb(Zn_{1/3}Nb_{2/3})O_3$-$x$$PbTiO_3$，PZN-PT) 和铌镁酸铅-钛酸铅 ($Pb(Mg_{1/3}Nb_{2/3})O_3$-$x$$PbTiO_3$，PMN-PT) 单晶，其具有远高于软性 PZT 陶瓷的压电性能 (压电系数>2000 pC/N)，同时又具有较高的机械品质因数 ($Q_m$≈100) 和机电耦合系数 ($k_{33}$>90%)。表 11.8 为目前商业化的<001>取向弛豫铁电单晶压电性能。

表 11.8　商用<001>取向弛豫铁电单晶压电性能[14]

| (公司) 材料 | $T_C$ /℃ | $T_{rt}$ /℃ | $d_{33}$ / (pC/N) | $\varepsilon_{33}/\varepsilon_0$ | $\tan\delta$ /% | $k_{33}$ |
|---|---|---|---|---|---|---|
| (HC) PMNT-B | — | 约 75 | 2000～3500 | 5500～6500 | 0.8 | 0.92～0.94 |
| (TRS) TRS-X2C | 160 | 75 | 2200～2700 | 6500～8500 | 1 | 0.92 |
| (IBLUE) Type IB | — | 88 | 1871 | 6502 | <1 | 0.91 |
| (Cerac.) PMN-30PT | 130 | 90 | 1500 | 5000 | <1 | 0.9 |
| (SICCAS) PMN-30PT | 130 | 90 | 2000 | 6000 | 0.5 | 0.92 |

注：$T_{rt}$ 为三方-四方相转变温度。

1981 年，Kuwata 等首次生长出高性能的位于 MPB 的 PZN-9PT 单晶，由于生长工艺限制，尽管该单晶具有极高的压电性，但是尺寸仅为数毫米，既难以开展完整的物性表征，也难以进行实际应用。从 20 世纪 90 年代初开始，受到高性能医用超声换能器和水声换能器的巨大应用前景刺激，美国、日本政府和公司纷纷投入大量资金与人力进行弛豫铁电单晶的研发。1997 年，美国宾夕法尼亚州立大学 Tom Shrout 和 Seung-Eek Park 获得了高质量、大尺寸的 PMN-PT 和 PZN-PT 弛豫铁电单晶，并基于工程畴结构理论解释了弛豫铁电单晶的高压电活性，推动了压电、铁电材料领域的理论发展。同期，中国科学院上海硅酸盐研究所、西安交通大学等单位也对弛豫铁电单晶开展研究，采用改进的坩埚下降法生长出了高质量的 PMN-PT 单晶。

国内外的专家学者针对弛豫铁电单晶展开了大量的研究，除了改进生长工艺、减少生长过程中晶体的偏析现象，还总结了一套切实可行的掺杂改性思路，同 PZT 陶瓷类似，弛豫铁电单晶的改性研究目的主要有以下三种。

(1) 更高的压电活性。以牺牲一定程度的温度稳定性为代价，提高单晶的压电性能。如 2019 年，西安交通大学李飞课题组制备了压电系数高达 4000 pC/N 的 Sm 掺杂 PMN-PT 单晶[15]。

(2) 更高的使用温度。通过往 PMN-PT 单晶中添加高温组元 $Pb(In_{1/2}Nb_{1/2})O_3$，成功制备出居里温度高达 180℃的三元系 PIN-PMN-PT 单晶。

(3) 更低的介电损耗。中国科学院上海硅酸盐研究所等单位通过硬性掺杂成功研制出具有极低损耗的 Mn 掺杂 PMN-PT 单晶和 Mn 掺杂 PIN-PMN-PT 单晶，可将损耗从 7%降至 0.05%。此外，随着单晶生长工艺的不断优化以及压电、铁电领域理论模型的不断完善，弛豫铁电单晶一定程度上避免了 PZT 陶瓷所面临的高压电性与低损耗不可兼得的局面，但是整体上依旧存在高压电性和高居里温度不可兼得的局限性。

### 11.3.3　新型压电材料

21 世纪，除了不断追求“更快、更强”的性能指标，信息革命也对压电材料提出了更多的要求。例如，传统的刚性材料已经难以满足生物电子医学、结构智能监测等领域的需求，PVDF 基压电聚合物尽管具有柔性，但是存在压电性能差、使用温度低的局限性；可持续发展的理念深入人心，各国政府都对进出口电子元器件内部的贵金属含量做出了限制，传统的 PZT 陶瓷和弛豫铁电单晶都是含铅材料，会对环境产生较大危害；手机芯片领域的小型化需求迫切而传统的压电陶瓷与单晶难以满足这一需求，需要新的材料体系和制备工艺以将压电材料集成到微机电系统(MEMS)中。

**1. 无机(柔性)压电薄膜**

压电薄膜材料是原子或原子团经过溅射的方法沉积在衬底上而形成的，根据使用需求，结构可以是非晶态、多晶、单晶。目前应用最广泛的压电薄膜材料有 ZnO、AlN、$BaTiO_3$ 和 PZT 等，其压电性良好，制备工艺相对简单，广泛地应用于各类 MEMS 中。

无机(柔性)压电薄膜的主要优点有两个。

(1)压电薄膜可以直接沉积在商业化硅衬底上，与半导体工艺相兼容，有利于器件的微型化。现在有越来越多的压电薄膜应用于人体植入式器件，如人工耳蜗、自供电传感器等。

(2)除了传统硬质 Si 衬底，压电薄膜还可以根据应用场景自由选择柔性衬底，如云母、金属薄片等，且相比传统 PVDF 基柔性压电材料，其使用温度高、压电性能优异，应用广阔。例如，南京理工大学汪尧进课题组成功在云母衬底上沉积了厚度为 1～3μm 的 **PZT 薄膜**，无论是压电性能还是温度稳定性都远超传统压电聚合物，在结构监测、电子皮肤、传感器等领域有广阔应用前景[16]。

**2. 高性能无铅压电材料**

无铅压电材料在 21 世纪迎来了快速发展。一方面，各国政府出台了一系列关于限制铅元素在电子产品中应用的法案，如 *The Restriction of the Use of Certain Hazardous Substances in Electrical and Electronic Equipment*(RoHS) 和 *Waste Electrical and Electronic Equipment* (WEEE)，对高性能无铅压电材料的需求日益迫切；另一方面，得益于弛豫铁电单晶的研发、表征手段和理论体系的不断完善，关于高压电性的机理探索有了长足的进步。除了 $BaTiO_3$ 基压电陶瓷，目前研究最广泛的无铅压电材料还有铌酸钾钠($K_{1/2}Na_{1/2}NbO_3$，KNN)基、钛酸铋钠($Bi_{1/2}Na_{1/2}TiO_3$，BNT)基和铁酸铋($BiFeO_3$，BFO)基等。

**3. 分子压电晶体**

在压电材料的发展过程中出现过许多分子基压电材料，如罗息盐、KDP、LHP 等，尽管其具有全液相合成(无需高温烧结)、结构灵活多变、绿色环保等优点，但是压电性能和化学稳定性不佳极大地限制了它们的应用。下面介绍一种新型的分子压电晶体——有机-无机杂化钙钛矿压电材料。

有机-无机杂化钙钛矿材料是一种通过有机阳离子和无机阴离子骨架自组装形成的钙钛矿或类钙钛矿结构的功能材料。其结构为 $ABX_3$，与全无机 $ABO_3$ 钙钛矿材料的结构类似，只是其中的 A 位原子替换成了一价有机阳离子，B 位原子为二价金属阳离子，O 位原子替换为卤素离子或者一些一价的多原子阴离子，如 $HCOO^-$、$N_3^-$ 和 $N(CN)_2^-$ 等。在该领域，东南大学有序物质科学研究中心熊仁根、游雨蒙团队构造出了具有极高压电性的分子晶体材料——三甲基氯甲基铵氯酸锰盐($TMCM-MnCl_3$)和三甲基氯甲基铵氯酸镉盐($TMCM-CdCl_3$)[17]。该种材料是一种多轴铁电体，具有类似 $BaTiO_3$ 的钙钛矿结构和相变特性。基于准静态法测量的

TMCM-$MnCl_3$和TMCM-$CdCl_3$的压电系数分别为185pC/N和220pC/N，接近$BaTiO_3$陶瓷。2019年，通过在分子铁电材料中构建MPB，制备出$d_{33}$高达1540pC/N的$(TMFM)_x(TMCM)_{1-x}CdCl_3$晶体[18]。相信在不久的将来，分子压电材料也能在工程技术领域占有重要地位。

## 11.3.4 压电材料的应用

### 1. 压电微电机

随着微型机械的发展，对精密的具有高力矩输出能力的微电机提出了更高的要求。特别是伴随着微型机械、特种加工技术和电子集成技术的发展，需要更多的超精密微型驱动器。由于压电电机采用块状功能陶瓷或陶瓷薄膜，而非电磁电机复杂的线绕式结构，这为其微型化带来极大方便。压电电机具有很高的能量密度，力矩输出是静电电机的3个数量级，是电磁电机的2个数量级，特别是压电微电机不会因为尺寸的减小而降低转换效率，这也为研制大力矩、高效的压电微电机提供了可能。近年来，国内外已在纯压电微电机方面开展了许多工作，某些纯压电微电机已经实用化。

1995年，Muralt等[19]研制出一种PZT压电微电机，该电机利用鳞片结构，将薄膜的表面振动转化为电机的旋转运动，如图11.13所示。电机的直径为4mm，使用溅射和溶胶-凝胶法在硅衬底表面沉积PZT薄膜，厚度为0.6μm，在1～3V的电压驱动下，由薄膜的逆压电效应产生驱动力，当薄膜向弹性鳞片移动时，鳞片压缩弯曲，由于摩擦力的作用，鳞片不会滑动，而是转子旋转以释放压力；当薄膜背向鳞片移动时，摩擦力减小，鳞片跟随转子向前移动。这种压电微电机转速可以达到约200r/min，产生的转矩远大于其他类型的微电机，并可在标准IC电池驱动下工作。经过进一步优化设计，这类微电机可望在微机器人、自动聚焦透镜系统、精密手表和精密定位器件方面得到重要应用。

### 2. 微型传感器

结合铁电材料的MEMS微型传感器由于在传感应用中的高灵敏性而受到广泛的关注。这里介绍一种利用压电材料来控制切割的手术工具。超声波白内障切除手术是十分常见的手术之一，在这种手术中，坚硬、浑浊的人眼角膜被锐利的超声波切割针分割。由于医生不能直接看清切割针下的变化，在角膜被分割时，其下面较软的组织有时会被无意识地破坏，手术的成功率全部依赖医生的技术和经验。在这种要求精确切除的手术中，为了可以提供给医生足够的信息、做出正确的判断，人们设计出一种压电微型传感器，结构如图11.14所示，将其置入切割针的尾部，当从硬到软的物质变化发生，实际上是从角膜到后部组织的变化发生时，传感器在这个时候可以提醒医生注意。这种微型传感器可以提高手术的成功率，降低手术风险。

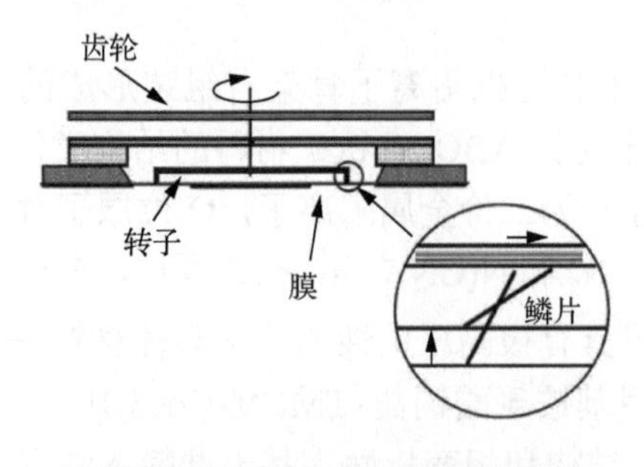

图11.13 PZT压电微电机示意图[19]

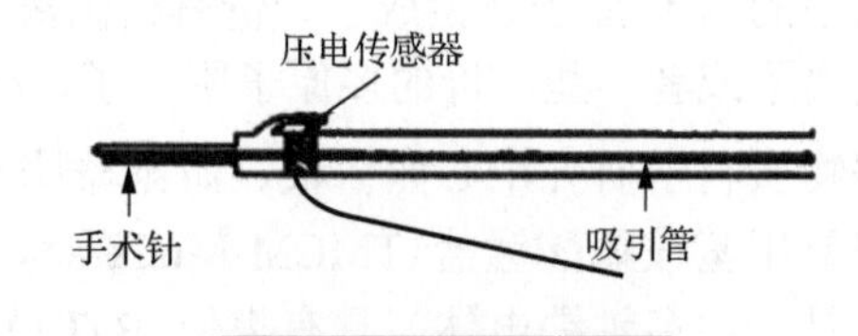

图11.14 切割针示意图

### 3. 可穿戴压电能量收集器

早在 20 世纪 60 年代，以色列的 Victor Parsonnet 医生就提出希望通过收集人体运动能量来为心脏起搏器供电，但受限于当时的材料水平，一直难以进展；1996 年，IBM 公司 Starner 提出利用压电效应来收集人体能量，以给个人便携式电脑充电，这在当时引起人们极大的研究兴趣。之后的十多年时间里，基于刚性结构的宏观压电器件发展迅猛；2009 年，王中林院士团队成功在柔性衬底上制备出 ZnO 纳米阵列，并基于此制备了柔性纳米发电机，开启了柔性压电能量收集器件的时代。2018 年，Wang 等[16]通过在柔性云母衬底上生长 PZT 薄膜，制备了柔性的压电能量收集器件。将该薄膜贴合在人体表面，当肌肉发生伸缩或振动时，压电薄膜便可以将机械能转化为电能，有望作为电源集成到电子皮肤、智能健康监测平台等设备中。

### 4. 结构健康监测

机械振动是工程结构损坏的主要来源，如桥梁、水坝、飞机和风力涡轮机。因此，结构健康监测通过提供与结构完整性有关的定量信息，可以作为一种快速状态筛查的诊断工具。常用技术包括接触式位移或应变传感器、压电振动传感器、光纤传感器等。南京理工大学汪尧进课题组基于高性能的柔性压电单晶阵列，通过压电-电致变色效应相耦合，提出一种全新的振动可视化结构健康监测新方法[20]。

### 5. 电子生物医学

随着高性能无铅压电材料与新型无机柔性压电材料等快速发展，压电材料在电子生物医学领域发挥着越来越大的作用。一方面，压电材料可以为可植入医学器件持续稳定地供能，有助于推动医疗器件的无源化；另一方面，电刺激可增强细胞迁移、生长和分化，从而促进组织修复，在疾病治疗等领域有相当大潜力。例如，Bhang 等[21]通过水热法制备了基于柔性 ZnO 纳米棒的压电创伤敷料。该创伤敷料可贴合在皮肤伤口处，在运动时产生压电信号，从而在伤口处诱发电场，通过电刺激加速细胞增殖，提高损伤响应，产生重要蛋白质和细胞因子的活性，从而促进伤口的自溶清创与愈合。

## 11.4 磁致伸缩材料

磁致伸缩指铁磁乃至亚铁磁材料在磁化过程中发生的几何尺寸变化。具有该效应的材料能够实现电磁能与机械能相互转换，在传感器、驱动器、探测器等领域具有很高的应用价值。磁致伸缩效应由 Joule 于 1842 年首次发现，随后研究者陆续在 Fe、Co、Ni 以及它们的合金中发现了磁致伸缩效应，但这些材料的应变一般不超过 50ppm。直至 1963 年，Legvold 以及 Clark 等在稀土元素单质 Tb 和 Dy 中发现了巨大的磁致伸缩效应。这些重稀土元素在某一晶向上的磁致伸缩效应达到了 Fe、Co、Ni 以及过渡金属合金的 100～10000 倍。然而，由于 Tb、Dy 的居里温度较低，它们的巨磁致伸缩效应难以在室温实现。为了获得室温的巨磁致伸缩效应，研究者于 1971 年陆续对稀土-过渡金属合金开展了研究并相继在具有 Laves 相的 $TbFe_2$ 等合金中获得了室温巨磁致伸缩效应。但由于 $TbFe_2$ 合金的磁晶各向异性较大，一般的小磁场难以饱和磁化该材料，这使其难以满足实际应用的需求。基于此，Dwight 以及 Clark 等利用稀土元素的磁晶各向异性补偿，于 1974 年开发了 $Tb_{1-x}Dy_xFe_2$ 合金(即商业的 Terfenol-D, $x$=0.73，“Ter”代表 Tb，“fe”代表 Fe，“nol”代表 Naval Ordnance Laboratory，“D”代表 Dy)，实现了驱动磁场的降低，并同时保存了室温巨磁致伸缩效应[22]。1999 年，磁致伸缩材料的研发获得了另一个突破。Clark 与 Guruswamy 于 Naval Surface Warfare Center 开发了无稀土的磁致伸缩材料 $Fe_{81}Ga_{19}$ 合金(又称为 Galfenol)[23]。虽然 Galfenol 相比于 Terfenol-D 来说磁致伸缩较小，但是其具有更低的驱动磁场、更小的磁滞损耗、更高的磁导率以及更好的力学和耐腐蚀性能。这无疑大幅度拓宽了磁致伸缩材料的可应用性。

本节以磁致伸缩材料的研发历程为主线，逐一介绍各类磁致伸缩材料。

## 11.4.1　磁致伸缩效应

铁磁材料随着温度的降低从高温顺磁态转变为低温铁磁态。该转变温度称为居里温度。在高温顺磁态，材料内的磁矩杂乱无章排列，磁化强度($M$)为零；在低温铁磁态，铁磁材料内部自发形成磁畴，磁畴内磁矩平行排列于某个易磁化方向，即发生自发磁化。

假设一个体积较小的二维晶体在顺磁态为球形(图 11.15(a))；当温度降低至铁磁态时，其具有单畴结构。伴随自发磁化的发生，该晶体将由球形转变为椭球形。如果该晶体的磁致伸缩为正($\lambda>0$，如铁)，则晶体沿磁化强度或磁矩方向伸长(图 11.15(b))；如果该晶体的磁致伸缩为负($\lambda<0$，如镍)，则晶体沿磁化强度或磁矩方向缩短(图 11.15(c))。也就是说自发磁化导致晶体沿磁化方向应变。这也是磁性材料的热膨胀曲线通常在居里温度(或奈尔温度)处表现出异常的本质原因。

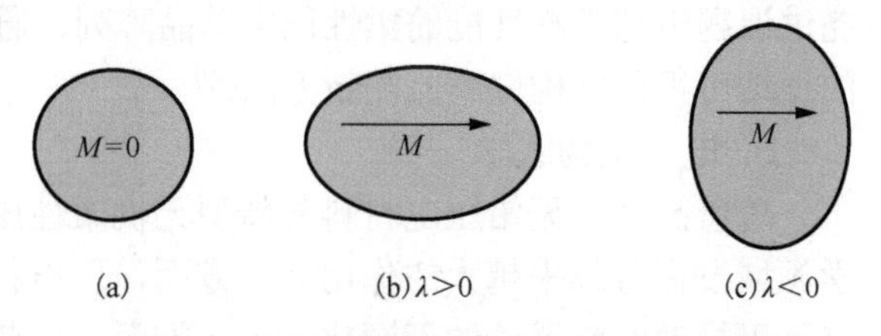

图 11.15　铁磁材料在自发磁化时产生的应变

这种自发磁化导致的应变可以通过高分辨同步辐射 X 射线衍射(synchrotron XRD)技术表征。图 11.16 为 $DyCo_2$ 在居里温度附近(约 143K)的高分辨同步辐射 X 射线衍射图谱[24]。从图

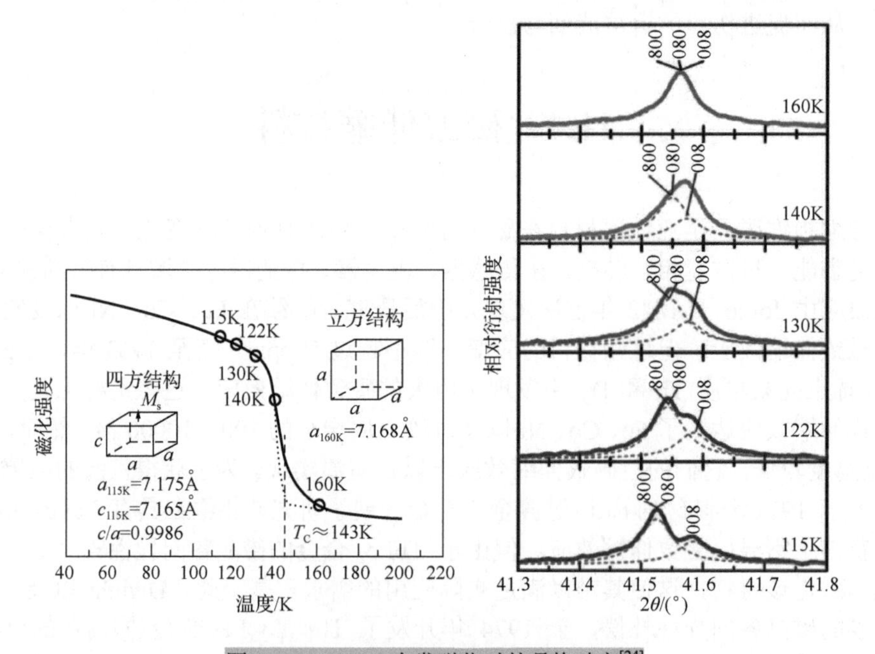

图 11.16　$DyCo_2$ 自发磁化时的晶格畸变[24]

中能够发现，$DyCo_2$ 在降温过程中{800}衍射峰发生了劈裂。这意味着 $DyCo_2$ 在其易磁化方向[100]发生了畸变，从立方结构转变为四方结构($c/a$ 由 1 转变为 0.9986)。这种应变源于磁有序的建立，其大小由自旋-轨道耦合和磁弹耦合联合决定。

铁磁体具有多畴结构，故可以认为铁磁体由众多如图 11.15(b)和(c)所示的椭球体组成。无磁场时，由于各畴的磁化强度杂乱无章分布，各畴内的应变也杂乱无章分布。当对铁磁体施加磁场时，各畴的磁化强度随磁场强度的增加逐渐转动至磁场方向，各畴内的应变也随磁矩的转动而汇集到磁场方向，进而使材料沿磁场方向伸长(缩短)，在垂直于磁场方向缩短(伸长)，总体积保持不变(图 11.17)。在磁化时这种磁场导致的应变源于磁畴或磁矩的转动，称为线磁致伸缩。也就是说，自发磁化是应变的起源，而磁场仅是将这些应变收集至单一方向的工具。在实际测量中，线磁致伸缩是材料在测量方向上的长度变化量，表示为

$$\frac{\Delta L}{L}=\frac{L(H)-L(0)}{L(0)} \tag{11-3}$$

其大小不仅与材料自发磁化时产生的应变有关，还与测量方向和磁场方向的相对关系有关。当材料被饱和磁化时，磁畴或磁矩的旋转不再发生，线磁致伸缩也不再变化。因此，线磁致伸缩曲线与材料的磁化曲线具有高度一致性。

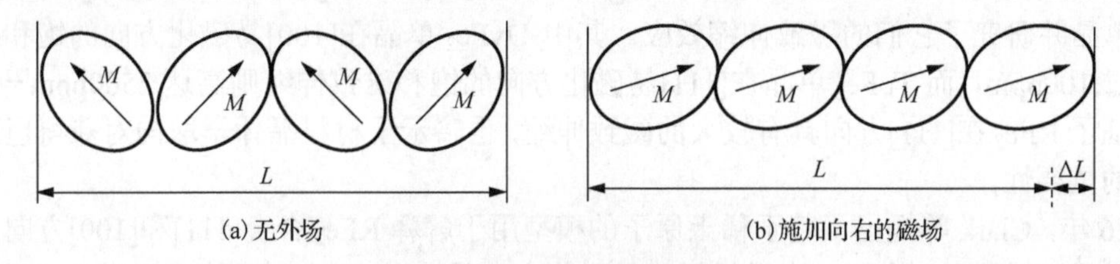


(a) 无外场　　(b) 施加向右的磁场

图 11.17　磁致伸缩效应的产生

在材料被饱和磁化后，材料的尺寸仍将随着磁场的增加而发生微小的变化，这种应变称为体磁致伸缩效应。由于其数值远小于线磁致伸缩，且基本无应用价值，本书不作过多介绍。若不加特殊说明，本书所述的磁致伸缩均为线磁致伸缩。

## 11.4.2　Laves 相 $RFe_2$ 巨磁致伸缩合金

1963 年，Legvold 以及 Clark 等率先在稀土元素单质 Tb 和 Dy 中发现了巨磁致伸缩效应。其中，单晶 Dy 在接近 0K 时的磁致伸缩达到了 $10^{-2}$ 的量级，远大于过渡金属元素的磁致伸缩。然而，由于 Tb 和 Dy 的居里温度较低，巨磁致伸缩效应仅能在低温实现。

为了实现室温的巨磁致伸缩效应，研究者考虑将过渡金属元素引入稀土元素，进而达到居里温度提升的目的。他们的研究主要集中于 $R_xT_{1-x}$(R=Sm, Tb, Dy, Ho, Er, Tm，T=Fe, Co, Ni)合金。研究发现，Ni 的引入只能将化合物的居里温度提高至 200K 左右，而 Co 的引入能够使某些化合物(如 $Tb_2Co_{17}$)的居里温度高达 1200K。在 $R_xT_{1-x}$ 中，Laves 相 $RFe_2$ 型合金具有相对较高的居里温度，例如，$TbFe_2$ 合金的居里温度超过 600K。表 11.9 给出了一些过渡金属、过渡金属氧化物以及一些 $R_xT_{1-x}$ 多晶的室温磁致伸缩效应。其中，$SmFe_2$ 和 $TbFe_2$ 展现了相对较大的室温磁致伸缩效应。值得注意的是，并不是所有的 $RFe_2$ 多晶都具有较大的室温磁致伸缩效应，$DyFe_2$、$HoFe_2$、$TmFe_2$、$YFe_2$、$GdFe_2$ 等化合物的磁致伸缩就相对较小。即使磁场达到

25kOe，它们的磁致伸缩也不足 300ppm。$DyFe_2$ 与 $TbFe_2$ 合金的差别在于：$DyFe_2$ 合金的易磁化方向是[100]，而 $TbFe_2$ 合金的易磁化方向是[111]。由此能够推测，$RFe_2$ 合金[111]方向的磁致伸缩远大于[100]方向。

**表 11.9 一些磁性材料多晶的室温磁致伸缩效应**[22]

| 化合物 | $\lambda_s$ /ppm | 化合物 | $\lambda_s$ /ppm |
|---|---|---|---|
| Ni | −33 | $SmFe_2$ | −1560 |
| Co | −62 | $TbFe_2$ | 1753 |
| Fe | −9 | $DyFe_2$ | 433 |
| $CoFe_2O_4$ | −110 | $HoFe_2$ | 80 |
| $Fe_3O_4$ | 40 | $ErFe_2$ | −299 |
| $Tb_2Ni_{17}$ | −4 | $TbFe_2$ | 352 |
| $Tb_2Co_{17}$ | 207 | $Er_6Fe_{23}$ | −36 |

注：$\lambda_s$（饱和磁致伸缩）$= 2(\lambda_{//} - \lambda_{\perp})/3$，$\lambda_{//} - \lambda_{\perp}$ 为材料沿磁场方向和垂直于磁场方向的磁致伸缩之差；稀土基化合物的数值是在 25kOe 外场下获得的。

1975～1978 年，Williams 等通过 Bridgman 法生长了 $TbFe_2$、$DyFe_2$、$HoFe_2$、$ErFe_2$ 以及 $TmFe_2$ 单晶并研究了它们的磁致伸缩效应。其中 $DyFe_2$ 单晶在[100]易磁化方向的饱和磁致伸缩不超过 100ppm，而 $TbFe_2$ 单晶在[111]易磁化方向的饱和磁致伸缩则高达 2500ppm[22]。这一方面印证了 $RFe_2$ 在[111]方向具有较大的磁致伸缩，也暗示了材料晶体学取向对获得巨磁致伸缩效应的重要性。

1976 年，Clark 等提出了基于稀土原子的模型用于解释 $RFe_2$ 合金[111]和[100]方向上磁致伸缩的差异。以 $TbFe_2$ 为例，由于材料的易磁化方向是[111]，Tb 原子的扁球形电子云(−e)垂直于[111]方向，如图 11.18(a)所示。A 或 A′代表占据(0,0,0)位置的稀土原子，而 B 或 B′代表占据(0.25,0.25,0.25)位置的稀土原子。当只考虑静电库仑相互作用时，A 原子的 4f 电子云与 B′原子的距离比与 B 原子的距离更近，进而使 A—B 键伸长，A—B′键缩短，即 $a$ 增大，$b$ 减小。由于 $a$ 的增大大于 $b$ 的减小，材料在[111]方向产生正应变。对于 Sm、Er 以及 Tm 等稀土元素，它们的 4f 电子云呈长椭球形，这将导致 $a$ 的减小大于 $b$ 的增大，进而使得材料在[111]方向产生负应变。这也是 $SmFe_2$ 等材料的磁致伸缩为负的主要原因。图 11.18(b)给出了易磁化方向为[100]时的情况，4f 电子云与各最近邻的稀土原子距离相等，所有 A—B 键等价，故材料在[100]方向不产生明显的应变。这也是具有[100]易磁化方向的 $RFe_2$ 合金磁致伸缩效应不大的本质原因。

虽然 $TbFe_2$ 具有室温的巨磁致伸缩效应，但它同时具有较大的磁晶各向异性，这导致普通实验室内的磁场难以饱和磁化 $TbFe_2$ 多晶。研究表明 $TbFe_2$ 的各向异性场超过 100kOe[22]，是 $TmFe_2$ 的 10 倍。从实际应用的角度看，材料需尽可能地在较低外场下具有更大的磁致伸缩。因此，$TbFe_2$ 合金需要在保持较大磁致伸缩的同时，显著降低磁晶各向异性。理论研究表明，$RFe_2$ 合金的磁致伸缩源于轨道角动量 $l$=2 的项，而磁晶各向异性源于 $l$=4 的项。因此，保持材料较大磁致伸缩，同时降低材料磁晶各向异性是可能实现的。表 11.10 列出了 $RFe_2$ 合金的磁致伸缩以及磁晶各向异性常数。如果将 $\lambda$ 同号且磁晶各向异性常数异号的合金等结构合金化，获得的伪二元合金有可能在低场下具有大的磁致伸缩效应，这种设计思路称为各向异性补偿。从表 11.10 中能够看出，对于 $TbFe_2$ 来说，引入 $DyFe_2$ 或 $PrFe_2$ 有望实现各向异性补偿。

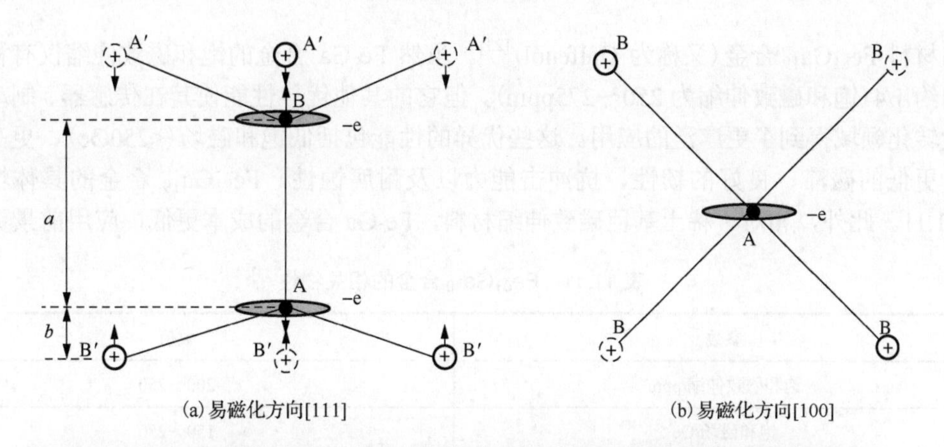


图 11.18 $RFe_2$ 的磁致伸缩模型(实线球表示在平面之上，虚线球表示在平面之下)

**表 11.10 $RFe_2$ 合金的磁致伸缩以及磁晶各向异性常数[22]**

| 参数 | $PrFe_2$ | $SmFe_2$ | $TbFe_2$ | $DyFe_2$ | $HoFe_2$ | $ErFe_2$ | $TmFe_2$ | $YbFe_2$ |
|---|---|---|---|---|---|---|---|---|
| $\lambda$ | + | − | + | + | + | − | − | − |
| $K^{\alpha,4}$ | + | − | − | + | + | − | − | + |
| $K^{\alpha,6}$ | − | 0 | + | − | + | − | + | − |

图 11.19(a)为 $Tb_{1-x}Dy_xFe_2$ 相图，随着 $x$ 的增加，体系的易磁化方向由[111]转变为[100]。300K 下，在 $x>0.8$ 时，体系的易磁化方向为[100]，此时合金磁致伸缩较小。在 $0.6<x<0.8$ 时，合金随着温度的降低发生易磁化方向由[111]到[100]的自旋重取向相变。图 11.19(b)为 $Tb_{1-x}Dy_xFe_2$ 多晶室温的磁致伸缩效应。在 $x = 0.7$ 附近，$Tb_{1-x}Dy_xFe_2$ 的磁致伸缩出现一个峰，这时体系的磁晶各向异性减至最小，较小的磁场即可饱和磁化合金，导致了较大的磁致伸缩。由于 $Tb_{1-x}Dy_xFe_2$ ($x$=0.73) 合金具有优异的低场巨磁致伸缩效应，其在 20 世纪 70 年代商业化，简称 Terfenol-D。

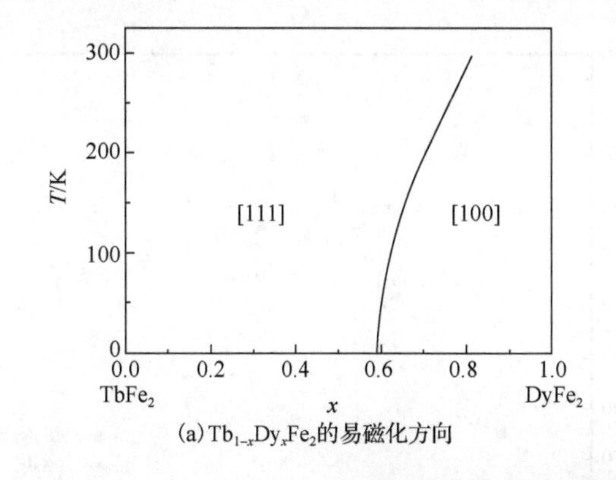


(a) $Tb_{1-x}Dy_xFe_2$的易磁化方向

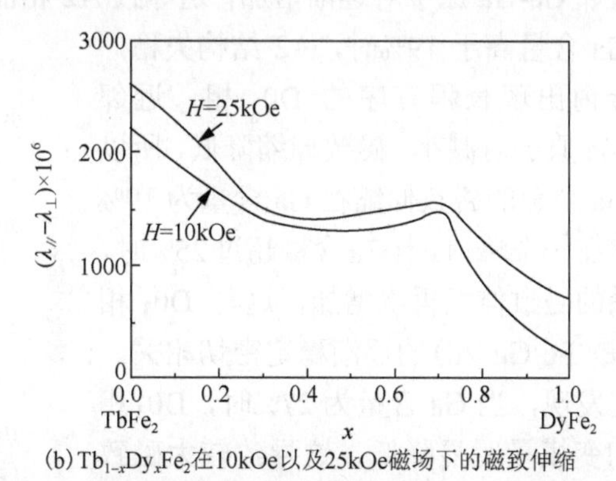


(b) $Tb_{1-x}Dy_xFe_2$在10kOe以及25kOe磁场下的磁致伸缩

图 11.19 $Tb_{1-x}Dy_xFe_2$ 的磁晶各向异性和磁致伸缩

## 11.4.3 Fe-Ga 合金

1999 年，Clark 与 Guruswamy 于 Naval Surface Warfare Center 开发了一种新型无稀土磁致

伸缩材料 $Fe_{81}Ga_{19}$ 合金(又称为 Galfenol)[23]。虽然 Fe-Ga 合金的饱和磁致伸缩仅有稀土基合金的约 1/4(饱和磁致伸缩为 250～275ppm)，但它的其他优异性能使其在传感器、制动器以及能量转化领域得到了更广泛的应用。这些优异的性能包括低饱和磁场(<250Oe)、更高的磁导率、更低的磁滞、良好的韧性、抗冲击能力以及耐腐蚀性。$Fe_{81}Ga_{19}$ 合金的具体性能详见表 11.11。此外，相对于稀土基巨磁致伸缩材料，Fe-Ga 合金的成本更低，应用前景更广泛。

**表 11.11　$Fe_{81}Ga_{19}$ 合金的相关物性[23]**

| 参数 | 数值 |
| --- | --- |
| 饱和磁致伸缩/ppm | 200～250 |
| 饱和磁场/Oe | 150～250 |
| 相对磁导率 | 75～100 |
| 磁滞/Oe | 10～15 |
| 压磁系数/(nm/A) | 15～30 |
| 居里温度/K | 约 950 |
| 抗拉强度/MPa | >500 |

2001 年，Clark 等首次通过定向凝固技术制备了[001]织构的 $Fe_{1-x}Ga_x$ 多晶，并发现 $Fe_{85}Ga_{15}$、$Fe_{80}Ga_{20}$、$Fe_{72.5}Ga_{27.5}$ 多晶在织构方向的饱和磁致伸缩分别为 170ppm、228ppm、259ppm，与单晶 $Fe_{83}Ga_{17}$ 相当[25]。[001]织构对于获得较大磁致伸缩效应尤为重要，在各向同性以及非[001]织构的 Fe-Ga 合金中，磁致伸缩通常较小。

2003 年，Clark 等首次给出了 Fe-Ga 合金磁致伸缩效应与 Ga 含量的关系。无论是淬火处理还是炉冷处理的 Fe-Ga 合金，磁致伸缩效应随 Ga 含量的关系曲线均在 Ga 含量为 19%和 27%处存在两个峰[23](图 11.20)。当 Ga 含量低于 19%时，合金具有 A2 结构，随着 Ga 含量的增加，最近邻 Ga-Ga 原子对逐渐增加，这导致 A2 相晶格在[001]方向产生应变，致使磁致伸缩增加。当 Ga 含量高于 19%时，A2 结构失稳，合金内出现长程有序的 $D0_3$ 相，近邻 Ga-Ga 原子对减小，磁致伸缩降低，所以 Fe-Ga 合金的磁致伸缩在 Ga 含量为 19%时存在一个峰值。当 Ga 含量超过 25%时，体系的磁致伸缩再次增加，这与 $D0_3$ 相(也是 $Fe_3Ga$ 相)的逐渐稳定密切相关。研究发现，当 Ga 含量为 27%时，$D0_3$ 相的切变模量明显降低，这导致较大磁致伸缩效应的出现。因此，Fe-Ga 合金在 Ga 含量为 27%时存在峰值。当 Ga 含量高于 27%时，合金内出现富 Ga 相，这将再次导致磁致伸缩的降低。值得注意的是，Fe-Ga 合金的相组成与热处理条件联

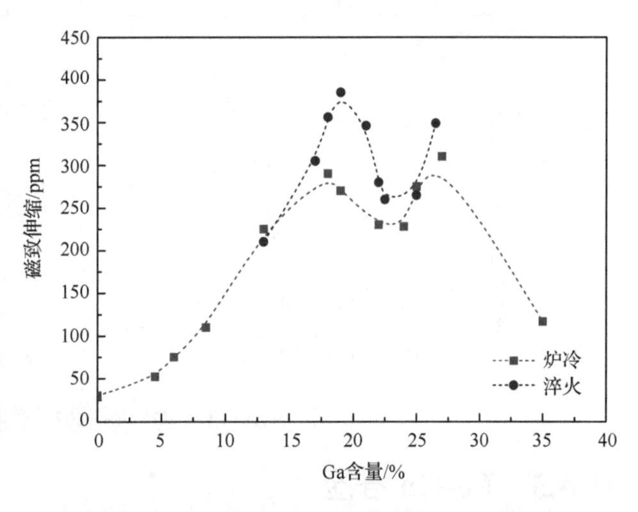


图 11.20　Fe-Ga 合金磁致伸缩效应与 Ga 含量的关系[23]

系紧密，因此磁致伸缩峰值对应的Ga含量易因热处理条件的不同而改变。同时，一些热处理方式也易导致其他相(如B2、$D0_{19}$、$L1_2$相)出现，这些相均会导致体系的磁致伸缩下降。

在Fe-Ga合金的研究中，研究者还尝试了利用C、V、Cr、Mn、Co、Ni、Zn、Mo、B、Sn、Rh、Al、Be掺杂提升体系的饱和磁致伸缩，但均未获得明显的效果[26,27]。

## 11.4.4 磁相变合金的磁致应变

不同于上述传统磁致伸缩材料，磁相变合金通过磁场诱导的相变使样品宏观尺寸发生变化。这些材料通常具有温度和磁场诱导的磁弹性相变或磁结构相变，且材料的晶格常数在相变过程中发生较大的变化。典型的材料如MnCoSi合金。

正交TiNiSi型MnCoSi合金具有特殊的螺旋反铁磁结构。其Mn原子的磁矩约$3\mu_B$，Co原子的磁矩约$0.6\mu_B$，Mn与Co的磁矩在*a-b*面内且沿*c*轴方向螺旋传播。研究发现，当有磁场作用时，MnCoSi合金表现出一种弱磁-强磁态的变磁性相变[28]，且温度越低，需要越大的磁场才能驱动这种变磁性相变发生(其磁化曲线如图11.21(a)所示)。更有趣的是，MnCoSi合金存在一个临界温度，当温度低于该临界温度时，变磁性相变伴随明显的磁滞，为一级相变；而当温度高于该临界温度时，变磁性相变不伴随磁滞，具有二级相变特征。无论是一级相变还是二级相变，MnCoSi的变磁性相变均伴随了巨大的晶格常数变化。这使该合金在磁场作用下展现了较大的磁致应变。2015年，Gong等[28]在取向MnCoSi合金中获得了高达4000ppm的室温磁致应变(图11.21(b))。

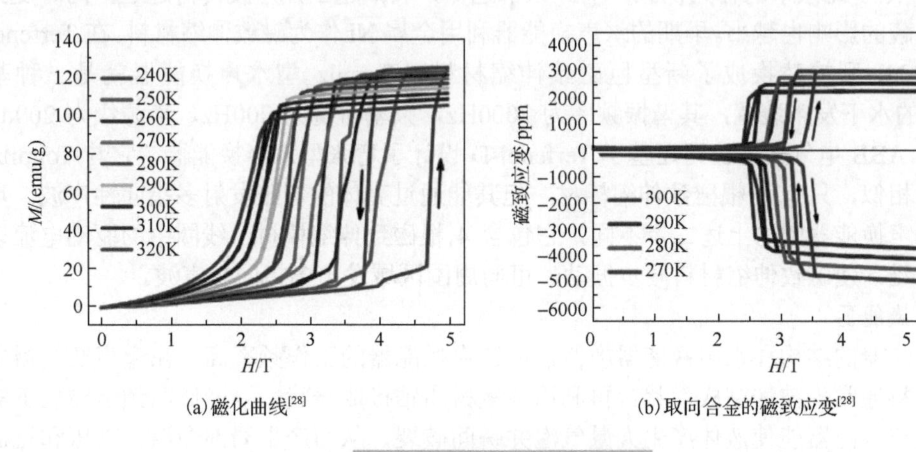

(a)磁化曲线[28]　　(b)取向合金的磁致应变[28]

图11.21 MnCoSi合金的磁性

2017年，Gong等[29]通过B元素掺杂，利用MnCoSi合金的磁致二级相变，在室温获得了无磁滞的可逆磁致应变(图11.22(a))。这克服了一级相变磁滞大、不可逆性高的不足。更重要的是，相比于正分MnCoSi合金，B掺杂导致了更低的相变驱动场，提升了该合金的可应用性。在此基础上，Liu等[30]进一步研究了掺杂MnCoSi合金的相变临界场和磁致应变(图11.22(b))，为在MnCoSi合金中获得室温、低场、可逆的较大磁致应变提供了指导。

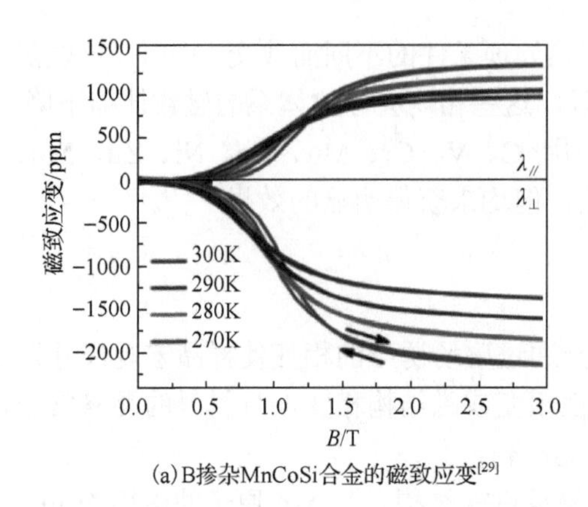


(a) B掺杂MnCoSi合金的磁致应变[29]

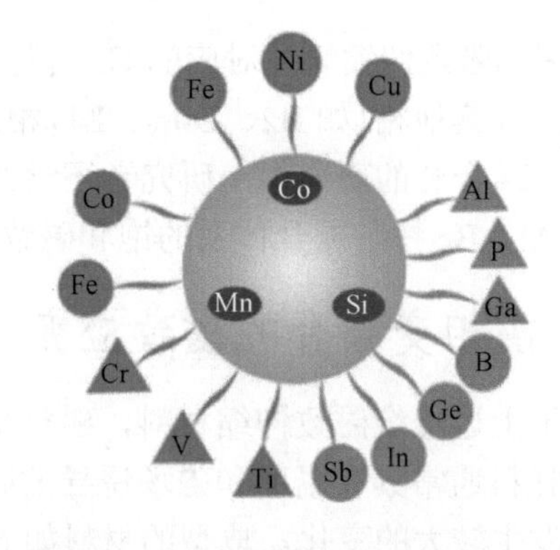


(b) 降低MnCoSi合金相变临界场的方法（其中将三角内元素掺入对应位置能够增加相变临界场，而将圆圈内元素掺入对应位置将降低相变临界场）[30]

图 11.22　MnCoSi 合金磁致伸缩性能的优化

## 11.4.5　磁致伸缩材料的应用

**1) 声呐**

由于电磁波在液体和固体中衰减很快，水下通信和探测主要利用机械波——声波。在水下发射声波的器件是水声换能器，它是声呐系统的核心部分。水声换能器主要利用磁性材料的磁致伸缩效应，将电磁能转化为机械波并发射出去。声呐系统中的声波发射频率一般在2kHz 以上，低于此频率的称为低频声呐。频率越低，衰减越小，声波传得越远，同时受到水下无回声屏蔽的影响也越小。早期的水声换能器利用金属 Ni 作为磁致伸缩材料。在 Terfenol-D 被发明后，Ni 则被替换成了新型巨磁致伸缩材料。Tonpilz 型水声换能器就是一种基于 Terfenol-D 的水下发声装置，其谐振频率为 2000Hz，频率带宽为 200Hz，声源级为 200dB。此外，瑞典 ABB 电气技术公司还基于 Terfenol-D 设计了弯张型水声换能器。它与 Tonpilz 型水声换能器相似，只有 1 根磁致伸缩棒材，但其能通过壳体的弯张发射多指向性声波。环形磁致伸缩水声换能器则与上述二者不同，它包含 4 根磁致伸缩棒材，线圈中的驱动电流以相同的位相激磁，使磁致伸缩材料同步振动，可向周围区域发出多指向性声波。

**2) 超声换能器**

超声换能器的结构和水声换能器类似，但超声换能器的工作频率高。在超声换能器中，磁致伸缩材料通常先被切割成片状，再利用环氧树脂粘接成棒状，以降低高频电磁场下的涡流损耗。超声换能器能使液体产生大量气泡并瞬间破裂，从而产生局部高温、高压和机械冲击。这能够用于清理物件表面的杂质、油污和锈迹。美国 Etrema 公司应用 Terfenol-D 研制了型号为 UTS-600 的超声换能器。器件的直径为 76mm，长度为 154mm，功率为 6kW，可在19.5～20.5kHz 的频率下工作。

# 本 章 小 结

智能材料的多功能性使其在众多领域具有很高的应用价值，是当前的前沿研究热点。本章对智能材料的概念、分类及功能进行了总结，并先后对三类智能材料——形状记忆材料、压电材料以及磁致伸缩材料进行了较为详细的概述。首先，本章归纳了各类形状记忆合金、陶瓷以及聚合物，详细介绍了它们形状记忆效应的起源及在各领域的潜在应用。其次，本章沿着压电材料的发展历程，介绍了不同结构特点、不同功能特性的压电材料，详细描述了压电效应及压电性的定义，总结与归纳了传统压电材料，列举了压电材料在生物电子医学、多物理场多功能耦合器件等领域的潜在应用。最后，本章以磁致伸缩材料的研发历程为主线，介绍各类磁致伸缩材料，诠释了磁致伸缩效应的定义以及巨磁致伸缩效应的起源，分析各类磁致伸缩材料的特点与优劣，列举了磁致伸缩材料在能量转换领域的潜在应用。

# 思考题

11-1 什么是智能材料？智能材料有哪些特性？

11-2 形状记忆合金的种类和特点有哪些？

11-3 什么是压电效应？材料具有压电性需要哪些晶体学条件？

11-4 通过学习，任选一个角度对压电材料进行分类。

11-5 基于机电转换特性的压电材料还可以在哪些领域大放异彩？

11-6 什么是磁致伸缩效应？

11-7 如果某铁磁材料在外加磁场下沿磁场方向伸长0.1%，那么其在垂直磁场方向的应变大约是多少？

11-8 为什么稀土基材料易具有较大的磁致伸缩？

11-9 对比Terfenol-D和Fe-Ga合金的综合性能，分析它们的优点与不足。

11-10 智能材料有哪些具体应用？

# 参考文献

[1] 姚康德, 成国祥. 智能材料[M]. 北京: 化学工业出版社, 2002.

[2] 杨大智. 智能材料与智能系统[M]. 天津: 天津大学出版社, 2000.

[3] 姜德生, CLAUS R O. 智能材料、器件、结构与应用[M]. 武汉: 武汉工业大学出版社, 2000.

[4] 杜彦良, 孙宝臣, 张光磊. 智能材料与结构健康监测[M]. 武汉: 华中科技大学出版社, 2011.

[5] 陶宝祺. 智能材料结构[M]. 北京: 国防工业出版社, 1997.

[6] 王守德, 刘福田, 程新. 智能材料及其应用进展[M]. 济南大学学报(自然科学版), 2002, 16(1): 97-100.

[7] 徐祖耀. 形状记忆材料[M]. 上海: 上海交通大学出版社, 2000.

[8] 杨杰, 吴月华. 形状记忆合金及其应用[M]. 合肥: 中国科学技术大学出版社, 1993.

[9] 黄晓华, 姜德生. 中国材料研究学会新型功能材料论文集[M]. 北京: 化学工业出版社, 1995.

[10] 陈光, 崔崇. 新材料概论[M]. 北京: 科学出版社, 2003.

[11] 李飞, 张树君, 徐卓. 压电效应——百岁铁电的守护者[J]. 物理学报, 2020, 69(21): 217703.

[12] 钟维烈. 铁电体物理学[M]. 北京: 科学出版社, 1996.

[13] 朱建国. 电子陶瓷材料[M]. 成都: 四川大学出版社, 2014.

[14] 曾洲. 弛豫铁电单晶在穿戴式压电能量收集器中应用的基础研究[D]. 上海: 中国科学院上海硅酸盐研究所, 2018.

[15] LI F, CABRAL M J, XU B, et al. Giant piezoelectricity of Sm-doped Pb ($Mg_{1/3}Nb_{2/3}$) $O_3$-$PbTiO_3$ single crystals[J]. Science, 2019, 364 (6437) : 264-268.

[16] WANG D, YUAN G L, HAO G Q, et al. All-inorganic flexible piezoelectric energy harvester enabled by two-dimensional mica[J]. Nano Energy, 2018, 43: 351-358.

[17] YOU Y M, LIAO W Q, ZHAO D W, et al. An organic-inorganic perovskite ferroelectric with large piezoelectric response[J]. Science, 2017, 357 (6348) : 306-309.

[18] LIAO W Q, ZHAO D, TANG Y Y, et al. A molecular perovskite solid solution with piezoelectricity stronger than lead zirconate titanate[J]. Science, 2019, 363 (6432) : 1206-1210.

[19] MURALT P. Ferroelectric thin films for micro-sensors and actuators: A review[J]. Journal of Micromechanics and Microengineering, 2000, 10 (2) : 136-146.

[20] CHEN X, LUO L H, ZENG Z, et al. Bio-inspired flexible vibration visualization sensor based on piezo-electrochromic effect[J]. Journal of Materiomics, 2020, 6 (4) : 643-650.

[21] BHANG S H, JANG W S, HAN J, et al. Zinc oxide nanorod-based piezoelectric dermal patch for wound healing[J]. Advanced Functional Materials, 2017, 27 (1) : 1603497.

[22] CLARK A E. Handbook of Magnetic Materials[M]. New York: North-Holland Publishing Company, 1980.

[23] WOHLFARTH E P. Handbook of Magnetic Materials[M]. New York: North-Holland Publishing Company, 2012.

[24] YANG S, REN X B. Noncubic crystallographic symmetry of a cubic ferromagnet: Simultaneous structural change at the ferromagnetic transition[J]. Physical Review B, 2008, 77: 014407.

[25] SRISUKHUMBOWORNCHAI N, GURUSWAMY S. Large magnetostriction in directionally solidified FeGa and FeGaAl alloys[J]. Journal of Applied Physics, 2001, 90 (11) : 5680-5688.

[26] CLARK A E, RESTORFF J B, WUN-FOGLE M, et al. Magnetostriction of ternary Fe-Ga-X (X = C, V, Cr, Mn, Co, Rh) alloys[J]. Journal of Applied Physics, 2007, 101 (9) : 09C507.

[27] RESTORFF J B, WUN-FOGLE M, CLARK A E, et al. Magnetostriction of ternary Fe-Ga-X alloys (X= Ni, Mo, Sn, Al) [J]. Journal of Applied Physics, 2002, 91 (10) : 8225-8227.

[28] GONG Y Y, WANG D H, CAO Q Q, et al. Textured, dense and giant magnetostrictive alloy from fissile polycrystal[J]. Acta Materialia, 2015, 98: 113-118.

[29] GONG Y Y, LIU J, XU G Z, et al. Large reversible magnetostriction in B-substituted MnCoSi alloy at room temperature[J]. Scripta Materialia, 2017, 127: 165-168.

[30] LIU J, GONG Y Y, ZHANG F Q, et al. Large, low-field and reversible magnetostrictive effect in MnCoSi-based metamagnet at room temperature[J]. Journal of Materials Science & Technology, 2021, 76: 104-110.

# 第 12 章　新能源材料

新能源包括太阳能、生物质能、核能、风能、地热能、海洋能等一次能源以及二次电源中的氢能等。新能源材料是指实现新能源的转化和利用以及发展新能源技术中所要用到的关键材料，它是发展新能源的核心和基础，在新能源系统中主要有以下作用。

(1) 把原来使用的能源变成新能源。例如，人类早就开始利用太阳能取暖、干燥等，在现代社会，半导体材料则可直接把太阳能有效地转变为电能；过去人类利用氢燃料燃烧获得高温，现在靠燃料电池中电极材料的电化学催化作用，使氢与氧反应而直接产生电能。

(2) 提高储能和能量转化效果。例如，镍氢电池、锂离子电池等都是靠电极材料的储能效果和能量转化功能而发展起来的新型二次电池。

新能源材料种类众多。为避免与其他章内容重复，本章将重点介绍二次电池材料、燃料电池材料、氢能材料以及生物质能材料。

## 12.1　二次电池材料

二次电池又称为充电电池或蓄电池，是指在电池放电后可通过充电的方式使活性物质激活而继续使用的电池，即利用化学反应的可逆性，可以组建一个新电池，即当一个化学反应转化为电能之后，还可以用电能使化学体系修复，再利用化学反应转化为电能。市场上主要的二次电池有镍氢电池、镍镉电池、铅酸(或铅蓄)电池、锂离子电池、聚合物锂离子电池等。

新型二次电池在发展电子信息、新能源及环境保护等技术领域具有举足轻重的地位和作用。表 12.1 中列出了几种新型二次电池材料及原理，它们都是 20 世纪 90 年代刚刚问世便获得迅猛发展的新型二次电池，由于不含或少含有毒物质，又称绿色电池。目前二次电池领域

**表 12.1　新型二次电池材料及原理**

| 电池系列 | 负极活性物质 | 正极活性物质 | 电池反应 | 电性能(理论值) | | |
|---|---|---|---|---|---|---|
| | | | | 电压/V | 比热容/(A·h/kg) | 比能/(W·h/kg) |
| 锌镍电池 | Zn | NiOOH | $Zn + 2NiOOH + 2H_2O = 2Ni(OH)_2 + Zn(OH)_2$ | 1.70 | 189 | 321.30 |
| 金属氢化物电池 | MH | NiOOH | $2MH + 2NiOOH = 2Ni(OH)_2 + 2M$ | 1.5 | 160 | 240.00 |
| 锂高温电池 | Li(Al) | FeS | $2Li(Al) + FeS = Li_2S + Fe + 2Al$ | 1.33 | 345 | 458.85 |
| 钠硫电池 | Na | S | $2Na + 3S = Na_2S_3$ | 2.1 | 377 | 791.70 |
| 锂离子电池 | $LiC_6$ | $CoO_2$ | $LiC_6 + CoO_2 = C_6 + LiCoO_2$ | 4.1 | 170 | 697.00 |

注：M 指金属元素。

的研究重点主要有：①储氢材料及金属氢化物镍电池；②锂离子嵌入材料及液态电解质锂离子电池；③薄膜型全固态锂电池材料及薄膜固态锂电池；④钠离子电池材料及液态电解质钠离子电池。

## 12.1.1　镍氢电池材料

镍氢(nickel-metal hydride)电池，简写为Ni/MH电池。1984年，人们利用储氢合金作为负极材料制造出首批Ni/MH电池[1]。其工作原理如图12.1所示。它利用氢的吸收和释放的电化学可逆反应，正极采用氧化镍，负极采用吸收氢的合金，电解质主要为KOH溶液。电解质不仅起离子迁移电荷作用，而且其中的$OH^-$和$H_2O$在充放电过程中都参与了电极反应。

正极：
$$Ni(OH)_2 + OH^- \longrightarrow NiOOH + H_2O + e^- \tag{12-1}$$

负极：
$$M + H_2O + e^- \longrightarrow MH + OH^- \tag{12-2}$$

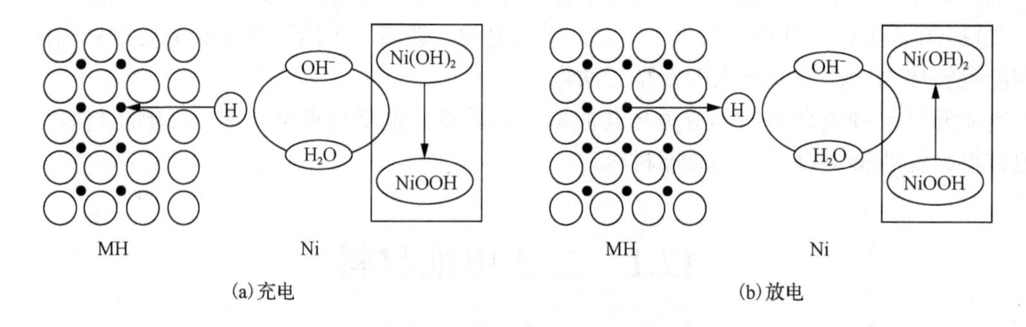


图12.1　Ni/MH电池充放电示意图

球形$Ni(OH)_2$是Ni/MH电池正极使用的活性物质。充电时$Ni(OH)_2$转变成NiOOH，$Ni^{2+}$被氧化成$Ni^{3+}$；放电时NiOOH逆变成$Ni(OH)_2$，$Ni^{3+}$被还原成$Ni^{2+}$。影响$Ni(OH)_2$性能的主要因素有化学组成、粒径大小及粒径分布等。

用于Ni/MH电池负极材料的储氢合金应满足下述条件：①电化学储氢容量高，在较宽的温度范围内不发生太大的变化；②在氢的阳极氧化电位范围内，储氢合金具有较强的抗阳极氧化能力；③在热碱电解质溶液中合金组分的化学性质相对稳定；④反复充放电过程中合金不易粉化，制成的电极能保持形状的稳定；⑤合金有良好的电和热的传导性；⑥原材料成本低廉。目前研究的储氢合金负极材料主要有$AB_5$型稀土镍系储氢合金、$AB_2$型Laves合金、AB型Ti-Ni系合金、$A_2B$型镁基储氢合金以及V基固溶体等类型。

## 12.1.2　锂离子电池材料

锂离子电池能量密度高(图12.2)，工作原理见图12.3。电池充电时，锂离子从正极中脱嵌，通过电解质和隔膜，嵌入负极中；电池放电时，锂离子由负极中脱嵌，通过电解质和隔膜，重新嵌入正极中。上述正、负极反应是一种典型的嵌入反应，因此锂离子电池又称为摇椅电池，意指电池工作时锂离子在正、负极之间可以摇来摇去。在正常充放电过程中，$Li^+$在层状结构的碳材料和金属氧化物的层间嵌入和脱嵌，一般只引起层面间距变化，不破坏晶体结构。由于锂离子在正、负极中有相对固定的空间和位置，因此电池充放电反应的可逆性很好，从而保证电池的长循环寿命和工作安全性[2]。

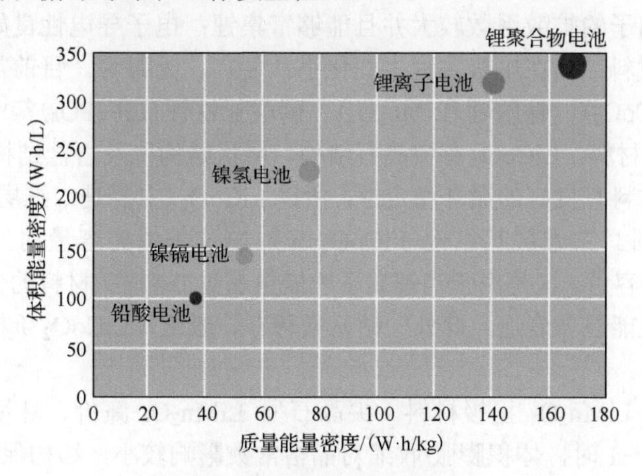


图 12.2　各类电池的能量密度

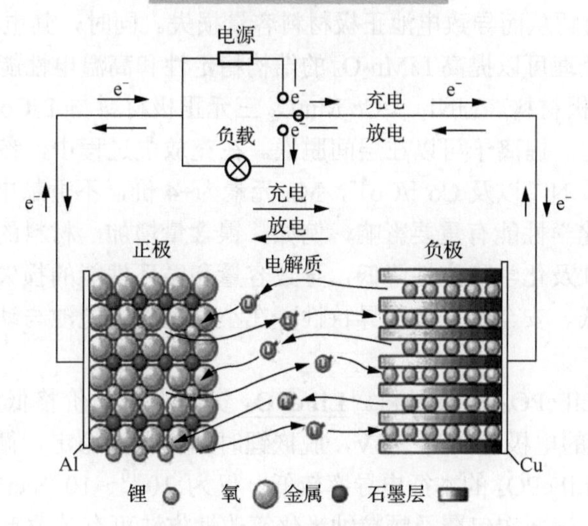


图 12.3　锂离子电池的工作原理

锂离子电池主要有圆柱形、方形、纽扣形等结构形式。锂离子电池的性能主要取决于所用电池内部材料的结构和性能，其中正、负极材料的选择和质量直接决定锂离子电池的性能与成本。表 12.2 为锂离子电池常用材料。

表 12.2　锂离子电池的常用材料

| 组成部分 | 常用材料 |
|---|---|
| 正极 | 钴酸锂、锰酸锂、三元材料和磷酸亚铁锂 |
| 负极 | 天然石墨、合成石墨、碳纤维、石墨化中间相碳微珠、金属氧化物 |
| 电解质 | 乙烯碳酸酯(EC)、丙烯碳酸酯(PC)、碳酸二甲酯(DMC)、碳酸二乙酯(DEC)、二甲氧基乙烷(DME) |
| 隔膜 | 聚乙烯或聚丙烯微孔膜 |

### 1. 正极材料

锂离子电池正极材料应满足如下要求：能提供较高输出电压并且输出电压稳定；相对于锂有较高电位；锂离子的扩散系数较大并且能够富集锂；电子导电性良好；材料物理、化学性质稳定且较轻；材料结构在电极过程中变化小；便宜、无毒等。目前常见的锂离子电池正极材料有钴酸锂($LiCoO_2$)、锰酸锂($LiMn_2O_4$)、磷酸亚铁锂($LiFePO_4$)等[3]。

(1) $LiCoO_2$ 正极材料。$LiCoO_2$ 有尖晶石结构、层状结构以及岩盐结构。$LiCoO_2$ 稳定的结构使得它作为正极材料有良好的循环稳定性，所以 $LiCoO_2$(主要是二维层状结构)是目前广泛应用的一种正极材料。二维层状结构 $LiCoO_2$ 充放电过程的比容量约为 140mA·h/g，小于 274mA·h/g 的理论比容量。这是由于当锂离子脱嵌量超过 0.5 时，材料的化学稳定性及结构稳定性降低，电化学性能显著衰退。此外，钴元素稀有、匮乏，$LiCoO_2$ 价格高且对环境产生较严重的污染。

(2) 尖晶石结构 $LiMn_2O_4$ 正极材料。尖晶石型 $LiMn_2O_4$ 廉价、环境相容性好等。对于 $Li_xMn_2O_4$，当 $x$ 为 0～1 时，体积膨胀/收缩对晶格常数影响较小，结构保持很好，具有 4V 的电压平台，理论放电比容量为 148 mA·h/g，实际放电比容量约为 110 mA·h/g。但该材料在使用过程中易发生 Mn 溶解从而导致电池正极材料容量损失。同时，其电导率远低于 $LiCoO_2$。通过元素掺杂和表面处理可以提高 $LiMn_2O_4$ 的结构稳定性和高温电性能。

(3) 三元或多元正极材料。$LiNi_{1-x-y}Co_xMn_yO_2$ 三元正极材料与 $LiCoO_2$ 正极材料具有相似的 α-$NaFeO_2$ 层状结构，锂离子可以在层间脱嵌。在充放电过程中，参与电化学反应的电对分别为 $Ni^{2+}/Ni^{3+}$、$Ni^{3+}/Ni^{4+}$ 以及 $Co^{3+}/Co^{4+}$，Mn 元素为+4 价，不贡献电化学容量。三种元素的摩尔比对材料的电化学性能有重要影响，例如，镍含量增加，材料的理论比容量增大，但同时材料的结构稳定性及化学稳定性降低，导致容量和循环性能的损失。总体而言，三元材料具有容量高、成本低、安全性好等优异特性，在小型锂离子电池与动力锂离子电池领域具产生良好的发展前景。

(4) 橄榄石结构 $LiFePO_4$ 正极材料。**$LiFePO_4$** 资源丰富，价格低廉，理论比容量可达 170mA·h/g；相对于锂的电极电位为 3.5V，脱嵌锂时结构保持稳定，循环性能良好，环境友好；唯一的不足就是 $LiFePO_4$ 的本征电导率较低，仅为 $10^{-10}$～$10^{-9}$S/cm，大电流放电能力比较差。采用离子掺杂、表面碳包覆及颗粒纳米化等改性方法可有效改善这一问题。

几类锂离子电池正极材料的主要性能见表 12.3。

表 12.3　锂离子电池正极材料的性能

| 性能 | $LiCoO_2$ | $LiMn_2O_4$ | $LiFePO_4$ | 三元材料 |
|---|---|---|---|---|
| 晶型 | α-$NaFeO_2$ | 尖晶石型 | 橄榄石型 | α-$NaFeO_2$ |
| 理论比容量/(mA·h/g) | 274 | 148 | 170 | 274 |
| 实际比容量/(mA·h/g) | <140 | ≈110 | <140 | >150 |
| 工作电压/V | 3.0～4.3 | 3.5～4.3 | 3.2～3.5 | 4.1 |
| 循环性 | 优 | 优 | 最优 | 优 |
| 过渡金属资源 | 贫乏 | 丰富 | 非常丰富 | 贫乏 |

### 2. 负极材料

理想的锂离子电池负极材料应具有如下特点：在电极材料的内部和表面，锂离子具有较大的扩散速率，以确保电极过程的动力学因素，从而使电池能以较高倍率充放电；为保证电池具有较高的能量密度和较小的容量损失，要求有较高的电化学容量和较高的充放电效率；具有较高的结构稳定性、化学稳定性和热稳定性，同时与电解质和黏合剂的兼容性好；保证电池具有较高且平稳的输出电压，在锂离子嵌-脱反应过程中自由能变化小，电极电位低，并接近金属锂；具有良好的电导率；电极的成型性能好；资源丰富，价格低廉，在空气中稳定，无毒。目前锂离子电池负极材料主要有碳负极材料(包括石墨、硬碳和软碳)和非碳负极材料(包括硅基、锡基和过渡金属氧化物)[4]。

**1) 碳材料**

由于碳材料具有原料较丰富、成本低廉、良好的电化学性能等优势，所以成为开发最早、应用最多的负极材料。主要有天然石墨、软碳、硬碳等。

(1) 石墨是锂离子电池碳材料中研究最多的一类。具有良好的层状结构，在较低电势下，锂离子能可逆地进入石墨层间形成石墨插层化合物。石墨分为天然石墨和改性石墨两种，天然石墨又分成无定形土状石墨与高度结晶的鳞片石墨两种。

(2) 软碳(易石墨化碳)是石油沥青在液相进行热解、缩聚和馏出低沸点馏分的同时，进行环化与芳构化反应得到的中间产物。这类材料必须经过 2000℃以上的高温石墨化处理后才能用作负极材料。

(3) 硬碳(难石墨化碳)在 2500℃以上的高温也难以石墨化，一般由前驱体经 500～1200℃热处理得来。常见的硬碳有树脂碳、有机聚合物热解碳、炭黑、生物质碳等四类。硬碳较大的层间距有利于锂离子的脱嵌过程，但其也具有首次不可逆容量高、电压平台滞后、压实密度低等缺点。

**2) 非碳材料**

由于碳材料具有电位滞后和首次不可逆容量损失等缺点，所以开展了非碳材料的研究。包括转化反应型、脱嵌反应型以及合金化反应型等负极材料。

(1) 合金化反应型负极材料。金属锂能和许多金属及非金属在室温下形成合金材料，使锂的存储方式从原子形式变成离子形式。同时，锂合金几乎不存在与有机溶剂共嵌的问题。考虑实际的体积比能量、容量，锂合金不仅优于嵌锂的碳电极，而且优于纯锂金属二次电极。但合金负极体积变化大，有明显脆性，在充放电循环过程中电化学性能衰减较快。

(2) 转化反应型负极材料，主要是过渡金属氧化物，包括锡基氧化物、钴基氧化物等。锡基氧化物是目前金属氧化物研究的主要方向，包括锡的氧化物和锡的复合氧化物两类。它们都具有较高的嵌锂比容量(＞500mA·h/g)，但是都存在充放电过程中容易发生形变、容易粉化的缺点。

(3) 脱嵌反应型负极材料。代表有 $Li_4Ti_5O_{12}$，其具有尖晶石结构，是一种嵌入式化合物，作为负极材料时体积变化很小，是零应变材料。尽管 $Li_4Ti_5O_{12}$ 的充放电循环性能较好，且充放电的电压平稳性较理想，效率接近 100%，但 $Li_4Ti_5O_{12}$ 的比容量较低，并且它的可逆比容量都小于首次放电比容量。

### 3. 电池隔膜材料

电池隔膜是指在锂离子电池正极与负极中间的聚合物隔膜，是锂离子电池最关键的部件之一，对电池安全性和成本有直接影响。其主要作用有：①隔离正、负极并使电池内的电子不能自由穿过；②让电解质溶液中的离子在正、负极间自由通过；③防止电池短路引起的爆炸，具有微孔自闭保护作用，对电池使用者和设备起到安全保护的作用。

锂离子电池研究开发初期便采用聚乙烯、聚丙烯微孔膜作为其隔膜材料，这是因为其具有较高的孔隙率、较低的电阻、较高的撕裂强度、较好的抗酸碱能力、良好的弹性及对非质子溶剂的保持性能。但是，聚乙烯、聚丙烯隔膜存在对电解质亲和性较差的缺点。为了应对这种普通隔膜缺陷，人们想出了多种方法提高隔膜性能，如隔膜表面改性、多层复合膜、聚合物电解质隔膜等。

### 12.1.3 薄膜型全固态锂电池材料

薄膜型全固态锂电池是在传统锂离子电池的基础上发展起来的一种新型结构的锂离子电池[5]。其基本工作原理与传统锂离子电池类似，即在充电过程中 $Li^+$ 从正极薄膜脱出，经过电解质在负极薄膜发生还原反应；放电过程则相反。如表 12.4 所示，薄膜型全固态锂电池在结构上使用固态电解质层取代了传统锂离子电池原有的电解质溶液和隔膜，由致密的正极、电解质、负极薄膜在衬底上叠加而成，并且在加工制备、电化学特性等方面有着显著的差异。在加工制备方面，商用锂离子电池多采用涂布、喷涂等方法，而薄膜型全固态锂电池通常使用磁控溅射、脉冲激光沉积、热蒸发等镀膜方法或者化学气相沉积、溶胶-凝胶等合成方法成膜。

表 12.4 薄膜型全固态锂电池与传统锂离子电池的特性对比[5]

| 类型 | 薄膜型全固态锂电池 | 传统锂离子电池 |
| --- | --- | --- |
| 电池结构 | 集流体<br>负极<br>固态电解质<br>正极<br>衬底+集流体 | 集流体<br>负极<br>电解质溶液<br>正极<br>集流体 |
| 电解质 | 无机固态电解质 | 有机电解质溶液 |
| 电极形态 | 致密薄膜 | 多孔膜 |
| 加工制备方法 | 磁控溅射、脉冲激光沉积、热蒸发等镀膜方法 | 涂布、喷涂、印刷等 |
| 优点 | 固-固界面电阻小、安全性较高、循环寿命较长、体积比能量高、可快速充放电、高低温性能好、自放电率低、形状尺寸不受限、柔性高 | 体系较成熟、已广泛应用于储能产品 |
| 缺点 | 单体电池容量有限 | 安全性差、能量密度受电压限制 |

基于以上制备工艺，薄膜型全固态锂电池的电极薄膜十分致密，电极材料的利用率更高。在性能方面，薄膜型全固态锂电池除具有提高电池能量密度、拓宽工作温度区间、延长使用寿命等固态电池的优点外，还具有以下特点：①电极材料更为致密，可实现更高的能量密度，

更低的自放电率[6]，并具有超长的循环寿命(最长达 40000 次，容量保持 95%)[7]；②电池可设计性更高，体积小，与半导体生产工艺匹配，可在电子芯片内集成。然而，由于受镀膜工艺的限制，目前薄膜电极厚度通常为微米级，存在单位面积比容量较低的缺点。

电极和电解质材料是决定薄膜型全固态锂电池电化学性能的关键，薄膜型全固态锂电池的关键材料主要包括正极薄膜、电解质薄膜以及负极薄膜(表 12.5)。

**表 12.5　薄膜型全固态锂电池的关键材料**

| 出现顺序 | 正极薄膜名称 | 薄膜特征及性能 | 结构 | 负极薄膜名称 | 薄膜特征及性能 |
|---|---|---|---|---|---|
| ↓ | $TiS_2$、$WO_3$、$MoO_3$、$V_2O_5$、尖晶石型 $LiMn_2O_4$、橄榄石型 $LiFePO_4$ | 以无锂正极为主，制备简单，循环性能较差 | 保护层 负极 电解质 正极 基底 集流体 | 金属 Li | 工艺制备简单，比容量高、电位低；但在空气中不稳定 |
| | 层状结构，如 $LiCoO_2$、$LiNiO_2$ | 电压平台较高，能量密度较第一代有极大提升，应用最广泛 | | 脱嵌反应型：$TiO_2$、$Nb_2O_5$、$Li_4Ti_5O_{12}$ 等 | 循环性能好；但比容量低，工作电位高 |
| | 高电压，如 $LiCoMnO_4$；高比容量，如富锂锰基材料 | 薄膜制备工艺复杂，电压平台更高，能量密度进一步提升 | | 合金化反应型：Sn、Si 等 | 比容量高；但体积变化大，循环性能差 |
| | | | | 转化反应型：SnO、$Sn_3N_4$ 等 | 比容量高；但体积变化大，循环性能差 |

| 参数与特征 | LiPON | 钙钛矿型 $Li_{3x}La_{2/3-x}TiO_3$ | 反钙钛矿型 $Li_3OX$ | NASICON $Li_{1+x}M_xTi_{2-x}(PO_4)_3$ | 石榴石型 $Li_7La_3Zr_2O_{12}$ |
|---|---|---|---|---|---|
| 离子电导率/(S/cm) | $6.4\times10^{-6}$ | $5.2\times10^{-5}$ | $2\times10^{-4}$ | $2.46\times10^{-5}$ | $1\times10^{-5}$ |
| 薄膜特征及性能 | 非晶态薄膜对金属 Li 稳定，电位窗口宽，综合性能优异，制备简单；但离子电导率较低 | 经热处理的非晶态薄膜离子电导率高；但薄膜对金属 Li 稳定性较差，靶材脆性大，制备困难 | 晶态薄膜离子电导率高，电位窗口宽，晶化温度较低；但靶材对潮湿空气敏感 | 晶态薄膜离子电导率高；但结构复杂，制备困难，对金属 Li 不稳定；靶材脆性大 | 晶态薄膜离子电导率高，空气稳定性好；但晶态薄膜需高温处理得到，与金属 Li 亲和性差 |

## 1. 电解质薄膜

在薄膜型全固态锂电池中，电解质起着至关重要的作用，直接影响电池的充放电倍率、循环寿命、自放电、安全性以及高低温性能。因此，电解质薄膜要求具有高的离子电导率、低的电子电导率、宽的电位窗口以及较好的化学和机械稳定性。

(1)非晶薄膜电解质材料。以锂磷氮氧化物(LiPON)为代表，该材料是以 $Li_3PO_4$ 为靶材在氮气气氛下利用磁控溅射方法制备的，室温离子电导率可达 $6.4\times10^{-6}$S/cm，电位窗口可达 5.5 V(vs. $Li/Li^+$)，可有效抑制锂枝晶的形成，并具有优良的循环稳定性。LiPON 薄膜同样具有较强的机械稳定性和致密性，不易造成短路，因此成为目前薄膜型全固态锂电池研究及应用的主要对象[8]。

(2) 结晶薄膜电解质材料。主要包括钙钛矿型 $Li_{3x}La_{2/3-x}TiO_3$、反钙钛矿型 $Li_3OCl$、NASICON 型 $Li_{1+x}Al_xTi_{2-x}(PO_4)_3$、石榴石型 $Li_7La_3Zr_2O_{12}$ 等。结晶薄膜电解质的室温离子电导率较高，一般可达 $10^{-5}$～$10^{-4}$S/cm，但其镀膜过程通常需要高温，导致电极材料与电解质材料界面处易发生反应，影响薄膜型全固态锂电池的性能。

**2. 正极薄膜**

薄膜型全固态锂电池最早使用的正极材料主要是无锂正极，包括 $TiS_2$、$MoO_3$ 和 $V_2O_5$ 等。然而，这类正极薄膜电位较低、循环性能较差，随后逐渐被含锂层状化合物 $LiCoO_2$、橄榄石结构的 $LiFePO_4$ 以及尖晶石结构的 $LiMn_2O_4$ 等高性能正极材料所取代。

**3. 负极薄膜**

最早应用在薄膜型全固态锂电池中的负极材料为金属 Li。金属 Li 具有电位低、理论比容量高(3860mA·h/g)、循环特性好等优点，因此大部分研究工作和电池开发均采用金属 Li 膜为负极。但是金属 Li 存在安全性差、熔点低(180℃)、对水汽和氧气敏感等问题，限制了其应用范围。代替金属 Li 的负极材料按反应机理可分为脱嵌反应型负极材料($TiO_2$、$Li_4Ti_5O_{12}$)、合金化反应型负极材料(Si、Sn)[9]以及转化反应型负极材料(过渡金属氧化物类)。

**4. 薄膜型全固态锂电池的特殊应用领域**

基于其独特的制备工艺及电化学性能，薄膜型全固态锂电池可广泛地应用于智能卡、电子标签、集成电路等领域，被认为是微电子系统电源供应中唯一可用的能源器件以及可穿戴电子设备的理想电源，还可以应用于可植入医疗器件、航空航天等特殊领域。

## 12.1.4 钠离子电池材料

随着锂离子电池在电动汽车领域被广泛地应用，对锂资源的需求量大大增加。然而，锂元素在地壳中的储量仅为 0.0017%，且目前仍无有效的锂资源回收技术，这显然满足不了大规模储能及电动汽车等领域日益发展的需求。因此，从能源的可持续发展和利用的角度来看，寻求低成本、高安全和长循环寿命的新型二次电池体系至关重要。从图 12.4 可以看出，钠元素在地壳中的储量约占 2.36%(质量分数)，远高于锂元素，而且钠元素分布广泛、成本低廉。同时，钠和锂属同一主族元素，在电池工作中均表现出相似的摇椅式电化学充放电行为。因此，开发高性能、低成本的钠离子电池技术对持续发展大规模储能及电动汽车等领域具有重要意义[10]。

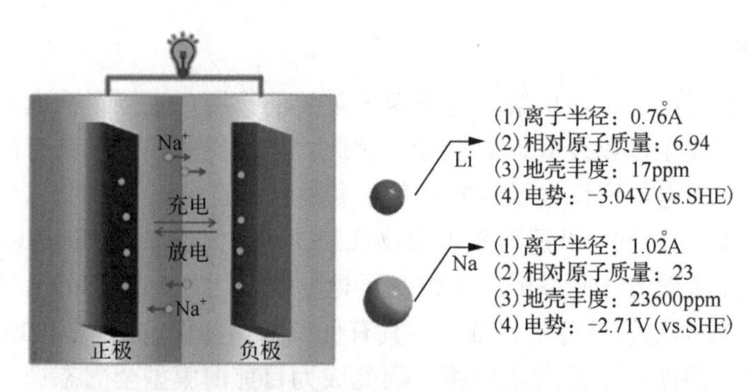


图 12.4 钠离子电池工作原理示意图及锂和钠的性质对比[11]

### 1. 正极材料

一般来说，无论是钠离子电池还是锂离子电池，它们的电池性能及成本很大程度上取决于正极材料，因而开发低成本、高性能的正极材料至关重要。目前，常见的钠离子电池正极材料主要包括层状过渡金属氧化物、隧道型过渡金属氧化物、普鲁士蓝类材料、橄榄石型 $NaFePO_4$ 等。

#### 1) 层状过渡金属氧化物正极材料

层状过渡金属氧化物 $Na_xMO_2$(M 代表过渡金属铁、锰、钒、铬、镍、钴等元素)是一种嵌入或插层型化合物。按照 $Na^+$在 $MO_6$ 过渡金属层间的排列方式对层状过渡金属氧化物进行分类，将 $Na_xMO_2$ 分为 O 相和 P 相两种。O 或 P 后面的数字代表氧元素的堆垛排列方式，其中 O 相 $Na_xMO_2$ 中 $Na^+$占据 $MO_6$ 夹层间的八面体间隙位置，而 P 相 $Na_xMO_2$ 中 $Na^+$占据 $MO_6$ 夹层间的三棱柱位置(图 12.5)。O 相 $Na_xMO_2$ 中 $Na^+$的扩散路径类似于 $LiCoO_2$，需要经历一个高能量态的四面体中间态，因此其循环稳定性不佳；而 P 相 $Na_xMO_2$ 中由于 $Na^+$在较大空间的三棱柱间直接传输，使得钠离子扩散相对容易，钠离子在层间穿梭时结构变化小，长循环过程中结构稳定性好，容量保持率高，但比容量较低[11, 12]。

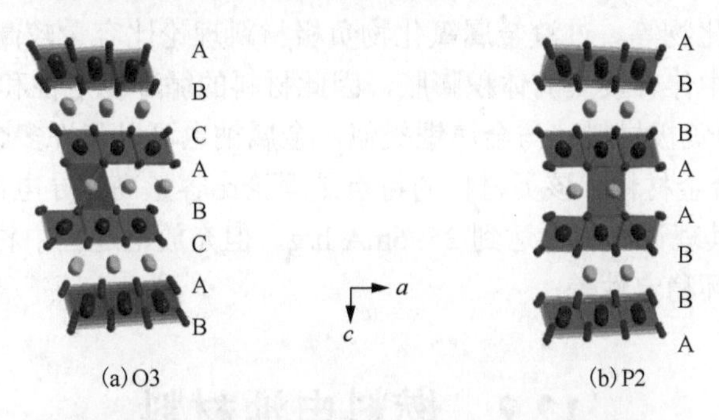


图 12.5　O3 相和 P2 相 $Na_xMO_2$ 的晶体结构示意图[11]

#### 2) 隧道型过渡金属氧化物正极材料

隧道型过渡金属氧化物材料以 $Na_{0.44}MnO_2$ 为代表，由 $MnO_6$ 八面体和四方锥形 $MnO_5$ 组成的较大的 S 形通道有利于 $Na^+$的脱嵌。其理论比容量为 121mA·h/g，具有出色的结构稳定性和循环性能。

#### 3) 普鲁士蓝类正极材料

普鲁士蓝类材料可以表示为 $Na_xMFe(CN)_6$(M 为 Fe、Co、Ni、Cu、Mn、Zn 等过渡金属元素)，该类材料比容量偏低，但具有出色的结构稳定性，同时由于其较大的隧道结构，有利于离子的快速脱嵌，可以实现较好的倍率性能。另外，普鲁士蓝类材料还具有成本低、制备工艺简单等优点，适用于规模化储能领域。

#### 4) 橄榄石型 $NaFePO_4$ 正极材料

橄榄石型 $NaFePO_4$ 理论比容量为 154mA·h/g，平均电压约 2.8V，但该材料导电性差，隧道结构的空间较小，不利于钠离子的脱嵌，因此实际比容量远低于理论比容量。

### 2. 负极材料

#### 1) 碳材料

碳材料具有原料来源及分布广泛、价格低廉、结构多样、嵌钠/脱钠稳定性好等系列特点。

根据碳材料的石墨化程度可以分为石墨类(天然石墨、类石墨等)和非石墨类(软碳、硬碳)材料。

(1)石墨。石墨目前被广泛用于商用锂离子电池的负极，然而由于钠离子半径较锂离子半径增加了34%，加之Na-C化合物的热力学不稳定性，石墨难以被用作钠离子电池的负极。

(2)软碳。软碳内部石墨微晶尺寸更大，且石墨微晶碳片层排列规整度好，呈现出一种短程有序、长程无序的堆积特点。也正因为这一特点，软碳具有更高的导电性但可提供的储钠位点相比较硬碳少。表现在电化学性能上，软碳的循环稳定性及倍率性能优异，但储钠比容量较硬碳低，一般为100～250 mA·h/g。

(3)硬碳。硬碳包含类石墨微晶、缺陷、微/介孔结构等，这也提供了相对于软碳更多的储钠位点。硬碳具有高比容量(＞300mA·h/g)和稳定的循环性能，且能与现有锂电池工业较好对接，这使得硬碳被认为是最具前景的钠离子电池负极材料。

**2)非碳材料**

非碳材料主要包括转化反应型以及合金化反应型等负极材料。

(1)转化反应型负极材料。主要为过渡金属氧化物材料，包括铁基氧化物、锡基氧化物、钴基氧化物、钼基氧化物等。过渡金属氧化物负极材料理论比容量较高，但其导电性较差，同时电化学反应过程中伴有较大的体积膨胀，因此材料的循环稳定性和倍率性能较差。

(2)合金化反应型负极材料。与金属锂类似，金属钠也可以和许多金属及非金属(P、Sb、Sn、Ge、In等)形成合金材料。该类材料的特点是理论比容量高，导电性好。例如，P可以与Na反应生成$Na_3P$，其理论比容量达到2596mA·h/g，但充放电过程中材料体积变化较大，极易发生粉化，导致循环稳定性差。

# 12.2　燃料电池材料

燃料电池是以电化学方式直接将化学能转化为电能的发电装置。由于无须经过燃烧等过程，能量损失较少，与传统的火力发电对燃料的利用率(30%～40%)相比，其能量转换效率高达60%。与此同时，在燃料电池工作过程中几乎不产生氮氧化物、硫氧化物排放。此外，燃料电池具备环境友好、结构稳定、燃料种类灵活多样等诸多优点，逐渐受到各国政府和产业部门的重视，被认为是21世纪最具潜力的新一代发电技术之一。

## 12.2.1　燃料电池的特点和分类

燃料电池是一种极具潜力的发电装置，相较于传统火力发电有许多优势。燃料电池的主要特点如下。

(1)能量转换效率高。燃料电池基于电化学反应，直接将化学能转化为电能，在其工作过程中不经过燃烧过程，因此不受卡诺循环限制，具有较高的能量转换效率，为普通内燃机的2～3倍。

(2)环境友好。燃料电池产物基本上都是$H_2O$和$CO_2$，而且$CO_2$排放量相比于传统火力发电要少，几乎不会产生$NO_x$、$SO_2$等有害气体，发电过程安静，无振动。

(3)工作温度较低，燃料灵活。燃料电池的温度相较于热机内燃料燃烧的温度要低得多，且可用$H_2$、CO、$CH_4$等碳氢化合物作为燃料发电。

(4)全固态结构，搬运安装灵活。全固态结构组装灵活，占地面积小，适合在各种场合应用。

(5)运行质量高。燃料电池在数秒内即可变换到额定功率，而且电厂离负荷可以很近，从而改善了地区频率偏移和电压波动，降低了现有变电设备和电流载波容量，减少了输变线路投资和线路损失。

根据电解质材料和工作温度范围，可将燃料电池分为六类，如表12.6所示。

**表12.6 燃料电池的分类**

| 燃料电池 | 电解质 | 工作温度/℃ | 电化学反应 | 载流子 |
|---|---|---|---|---|
| 碱性燃料电池(AFC) | KOH、NaOH等强碱性水溶液 | 80～250 | 阳极：$H_2+2OH^- \longrightarrow 2H_2O+2e^-$<br>阴极：$1/2O_2+H_2O+2e^- \longrightarrow 2OH^-$ | $OH^-$ |
| 质子交换膜燃料电池(PEMFC) | 固体有机膜 | 60～100 | 阳极：$H_2 \longrightarrow 2H^++2e^-$<br>阴极：$1/2O_2+2H^++2e^- \longrightarrow H_2O$ | $H^+$ |
| 磷酸型燃料电池(PAFC) | $H_3PO_4$ | 175～200 | 阳极：$H_2 \longrightarrow 2H^++2e^-$<br>阴极：$1/2O_2+2H^++2e^- \longrightarrow H_2O$ | $H^+$ |
| 熔融碳酸盐燃料电池(MCFC) | $(Li,Na,K)_2CO_3$ | 600～700 | 阳极：$H_2+CO_3^{2-} \longrightarrow H_2O+CO_2+2e^-$<br>阴极：$1/2O_2+CO_2+2e^- \longrightarrow CO_3^{2-}$ | $CO_3^{2-}$ |
| 固体氧化物燃料电池(SOFC) | YSZ(用$Y_2O_3$稳定的$ZrO_2$) | 600～1000 | 阳极：$H_2+1/2O^{2-} \longrightarrow H_2O+2e^-$<br>阴极：$1/2O_2+2e^- \longrightarrow O^{2-}$ | $O^{2-}$ |
| 质子导体燃料电池(PCFC) | $BaZr_{0.1}Ce_{0.7}Y_{0.1}Yb_{0.1}O_{3-\delta}$等 | 300～700 | 阳极：$2H_2+4e^- \longrightarrow 4H^+$<br>阴极：$4H^++O_2+4e^- \longrightarrow 2H_2O$ | $H^+$ |

半个世纪以来，燃料电池经历了碱性、磷酸、熔融碳酸盐、质子交换膜和固体氧化物等类型的发展阶段。磷酸型燃料电池(PAFC)是第一代燃料电池，是以磷酸为电解液传导氢离子，以催化剂(Pt或其合金)和载体(炭黑)组成的多孔材料作为燃料电极和空气电极。也是目前已经实现商业化和批量生产的燃料电池。其装机容量可达万千瓦级规模，电流密度超过200mA/cm$^2$。熔融碳酸盐燃料电池(MCFC)是第二代燃料电池，其电解质主要是熔融的碳酸盐，阴极主要是多孔陶瓷，阳极主要是多孔金属。该类电池工作温度较高(600～700℃)，因此无需贵金属作为催化剂，而且MCFC具有效率高(40%)、噪声低、无污染、燃料灵活、余热利用价值高和材料价廉等诸多优点。质子交换膜燃料电池(PEMFC)具有比容量高、环境友好、工作温度低等优点，受到越来越多的人关注。PEMFC单电池主要由阳极、阴极和质子交换膜组成，其工作原理相当于水电解的逆装置。阳极为氢燃料发生氧化的场所，阴极为氧化剂还原的场所，两极都含有加速电极电化学反应的催化剂，质子交换膜燃料作为电解质，可实现零排放或低排放。其输出功率密度比目前的汽油发动机输出功率密度高得多，可达1.4kW/kg或1.6kW/L。固体氧化物燃料电池(SOFC)以固体氧化物作为电解质得名，它目前最成熟的技术是使用氧离子导体YSZ作为固体电解质材料，钙钛矿型复合氧化物作为阴极材料，Ni混合YSZ 金属陶瓷(Ni-YSZ)为阳极材料。目前质子导体作为电解质的质子导体燃料电池(PCFC)也越来越被大家关注，由于质子具有较小的离子半径而具有高迁移率，因此质子传导活化能较低，可以在中低温燃料电池中得到应用[12]。

## 12.2.2　质子交换膜燃料电池材料

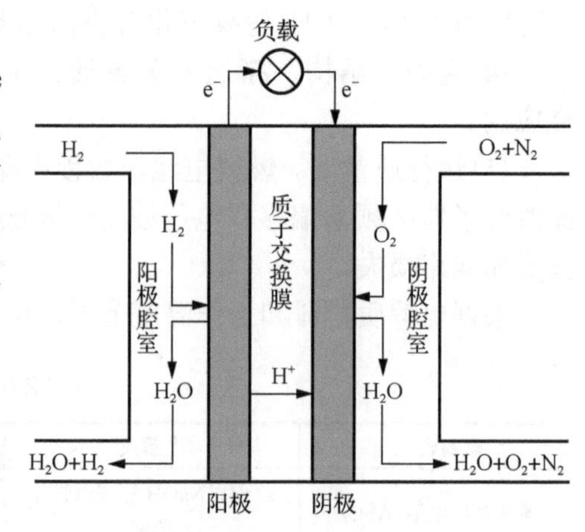


图 12.6　PEMFC 的工作原理

质子交换膜燃料电池(proton exchange membrane fuel cell，PEMFC)能够将氢的化学能直接转化为电能，是一种先进的清洁高效发电技术。PEMFC 具有发电效率高、无污染、无噪声、冷启动快以及比功率高等优点，在固定式发电、便携式移动电源和交通运输领域具有十分广泛的应用前景。

### 1. PEMFC 分类

根据所用燃料，PEMFC 可分为氢-氧燃料电池、直接甲醇燃料电池、直接乙醇燃料电池、直接甲酸燃料电池。PEMFC 的工作原理图如图 12.6 所示。

在氢-氧燃料电池中，阳极燃料为氢气，阳极催化层发生氢氧化反应：

$$H_2 + 2e^- \longrightarrow 2H^+ \tag{12-3}$$

氢气氧化产生的质子通过质子交换膜到达阴极催化层，与阴极的燃料(氧气或空气)发生氧还原反应生成水：

$$O_2 + 4H^+ + 4e^- \longrightarrow 2H_2O \tag{12-4}$$

总反应为

$$2H_2 + O_2 \longrightarrow 2H_2O \tag{12-5}$$

由反应(12-5)可以看出，氢-氧燃料电池的产物为水，清洁、无污染。此外，在燃料电池系统中，生成的水可以通过循环的方式重复利用，实现膜电极和反应气体的增湿。

直接甲醇燃料电池(direct methanol fuel cell，DMFC)是以甲醇为阳极活性物质的燃料电池，通过与氧结合产生电流，是质子交换膜燃料电池的一种。直接甲醇燃料电池的工作原理与质子交换膜燃料电池的工作原理基本相同，不同之处在于直接甲醇燃料电池的燃料为甲醇(气态或液态)，氧化剂仍为空气和纯氧。其阳极和阴极催化剂分别为 Pt-Ru/C(或 Pt-Ru 黑)和 Pt-C。直接以乙醇为燃料的燃料电池便称为直接乙醇燃料电池(DEFC)，作为燃料电池的一种类型，具有高效、环境友好的特点。甲酸也是一种较好的甲醇替代燃料，直接甲酸燃料电池(DFAFC)的研究备受瞩目。甲酸作为液体燃料的优势如下[13]：无毒、不易燃烧，储存和运输方便、安全；与甲醇相比，甲酸的电化学氧化催化活性更高等。阳极燃料甲酸存在的问题如下：液体甲酸容易挥发，产生有毒刺激性气体；高浓度甲酸溶液腐蚀性较强，需要针对燃料特性设计电池流场和对电池材料表面进行特殊处理。

### 2. PEMFC 结构

PEMFC 由膜电极(MEA)、双极板、端板等部件组成，其中**膜电极**是 PEMFC 最为核心的部件，是能量转换的多相物质传输和电化学反应场所，涉及三相界面反应、复杂的传质传热过程，直接决定了 PEMFC 的性能、寿命及成本。膜电极的结构主要包括质子交换膜(proton exchange membrane，PEM)、催化层(catalyst layer，CL)和气体扩散层(gas diffusion layer，GDL)[14]。

**1) 质子交换膜**

PEM 是 PEMFC 的核心部件。其作用如下。

(1) 分隔阳极和阴极，阻止燃料和空气直接混合发生化学反应。

(2) 传导质子，将阳极催化层产生的质子转移至阴极催化层，质子电导率越高，膜的内阻越小，燃料电池的效率越高。

(3) 电子绝缘体，阻止电子在膜内传导，迫使电子通过外电路传导，达到对外提供能量的目的。

从膜的结构来看，PEM 大致可分为三大类：磺化聚合物膜、复合膜、无机酸掺杂膜。目前研究的 PEM 材料主要是磺化聚合物，按照聚合物的氟含量可分为全氟磺酸质子交换膜、部分氟化质子交换膜以及非氟质子交换膜等。

目前，PEM 最常用的材料是以 Nafion 为代表的全氟磺酸膜，其具有机械强度高、化学稳定性好、质子电导率高(较大水含量时)等优点，但其成本高、甲醇渗透率大等缺点极大限制了 PEMFC 的应用，尤其是 DMFC 的应用。

**2) 催化层**

催化层主要由催化剂和离聚物构成，是电化学反应进行的地方。催化层的结构对电化学反应有显著影响。常见的催化层构筑方式包括两类，即在气体扩散电极上构筑催化层形成气体扩散电极(gas diffusion electrode，GDE)或在质子交换膜上构筑催化层形成催化剂涂膜(catalyst coated membrane，CCM)。PEMFC 要求载体有大量的三维互通中孔结构、丰富的表面活性位点、高导电性和稳定性等特点，同时能够大规模工业化生产。具有丰富中孔结构的高度石墨化碳气凝胶、改性碳气凝胶、三维结构石墨烯材料、高比表面积碳纳米管杂化材料等理论上满足大多数理想电催化剂载体的条件，性能较好，有望成为新一代 PEMFC 电催化剂载体。

**3) 气体扩散层**

在燃料电池中，气体扩散层位于催化层和气体流场之间，起到导通电流、支撑催化层、气体扩散和水管理的作用。它应具备以下特征：多孔性、导电性、疏水性、化学稳定性和可靠性。气体扩散层通常是疏水性的，这可以防止其内部孔道被液态水堵塞而阻碍气体扩散。气体扩散层又通常由碳纸/碳布和负载在其上的微孔层(microporous layer，MPL)组合而成。常用的支撑材料有碳纤维和聚四氟乙烯/碳膜组成的微孔层，其功能是提高对水的处理能力，这种平衡作用随碳纤维组分不同而有所差异。

**4) 双极板**

双极板的主要作用是通过表面的流场向膜电极输送反应气体，同时收集和传导电流并排出反应的热量及产物水。因此，双极板必须具备以下性能：隔离燃料电池单体；电导率良好；为阳极反应气体及阴极反应气体提供通道；在电池运行环境下耐腐蚀性良好；散热及排出反应物(水)。因此，PEMFC 的广泛应用要求双极板具有高电导率、高气密性、良好的力学性能、良好的耐腐蚀性、低成本等特点。目前，双极板材料主要分为三大类：金属双极板、石墨双极板以及复合双极板。石墨具有质量轻、耐腐蚀性好、导电性好等优点，但其脆性大、加工成本高；复合材料的质量轻，是双极板材料发展的趋势之一，但目前生产的复合双极板的成本高、耐腐蚀性差，不能满足双极板的要求。

#### 3. PEMFC 发展前景

PEMFC 是目前应用最广泛的燃料电池，但是基于其性能、寿命及成本，其商业化应用受到限制。未来，质子交换膜燃料电池将向低铂、非铂方向发展，以进一步降低成本，以有序化膜电极为代表的新型电极结构有望成为未来高催化剂利用率、低气体传质阻力膜电极的发展方向。

### 12.2.3 固体氧化物燃料电池材料

#### 1. 固体氧化物燃料电池

固体氧化物燃料电池(SOFC)是第三代燃料电池，是可将化学能直接转换成电能的发电装置，其工作温度为 500～1000℃。与其他燃料电池相比，固体氧化物燃料电池有许多优势：①全固态结构，避免液体电解质引起的腐蚀和流失问题，且搬运与安装方便；②排出的高温余热可以用于热电联供系统，能量利用率高达 70%；③燃料选择灵活，不仅可使用氢气作为燃料，还可以直接使用碳氢化合物(煤气、天然气和甲烷等)作为燃料。

美国西屋电气公司在 1962 年开发了以甲烷为燃料的固体氧化物燃料电池，并指出 SOFC 工作的两个基础过程是燃料的催化转化和电化学反应。21 世纪初期，加利福尼亚大学与西门子公司合作，成功研发了第一套由 SOFC 与气涡轮机联动的热电联供发动系统，进而将燃料电池的能量转换效率提高到 58%。2011 年，日本新能源开发机构(NEDO)自主研发了全球首套商业化的 SOFC 热电联供系统(ENE-FARMtypeS)，输出功率高达 700W，发电效率为 46.5%，资源利用率达 90%，在用作家庭基础电源的同时，废热还能供热水器和供暖等使用。

#### 2. SOFC 结构

固体氧化物燃料电池的基本工作原理是基于氢气和氧气的氧化还原反应，如图 12.7 所示。阳极又称为燃料电极，起催化燃料气被氧化的作用；阴极起氧还原的作用；电解质要求致密，起分隔氧气和氢气并传递氧离子的作用。当 SOFC 开始工作后，空气中的氧气在阴极部位被还原成氧离子($O^{2-}$)，并由电解质将氧离子传输至阳极侧，随后与燃料($H_2$、$CH_4$)发生氧化反应并释放出电子，释放出的电子经外电路传输回到阴极侧，至此则形成了回路。

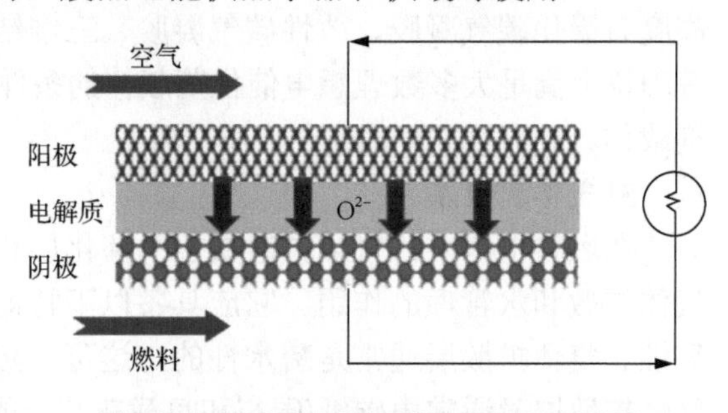

图 12.7 固体氧化物燃料电池的工作原理

固体氧化物燃料电池主要由阴极、电解质、阳极和连接体组成。

**1) 电解质材料**

在固体氧化物燃料电池结构中，电解质是不可或缺的部分，其主要是为了阻隔空气和燃料气体直接接触，保证电池稳定运行。电解质在传导离子和质子的同时还需阻止电子通过，以防电池短路。目前，$Y_2O_3$ 稳定 $ZrO_2$(YSZ)、Gd 或 Sm 掺杂的 $CeO_2$(GDC 或 SDC)以及 Sr 和 Mg 掺杂的 $LaGaO_3$ 电解质材料(LSGM)是传统 SOFC 使用较广泛的电解质材料。$ZrO_2$ 基固体电解质在室温下为不稳定的单斜相结构，离子电导率低，需要掺杂二价或三价氧化物(如 CaO、MgO、$Y_2O_3$ 和一些稀土元素氧化物等)来转变为稳定的立方相结构。一般来说，在较高温度下 YSZ 电解质具有良好的离子电导率，因此适用在 800～1000℃较高温度范围内。但在中低温条件下，其离子电导率显著下降。$CeO_2$ 基固体电解质是萤石型结构，结构稳定。但其离子电导率较低，研究人员通常掺杂 $Gd_2O_3$ 或 $Sm_2O_3$ 等来提高其离子导电性。在较高温度下，$CeO_2$ 基电解质中的 $Ce^{4+}$ 极易被还原成 $Ce^{3+}$，从而产生电子，导致电池短路。$LaGaO_3$ 基电解质为钙钛矿型结构 ($ABO_3$)，其结构稳定，电导率较高 (800℃下为 0.17S/cm)。但 $LaGaO_3$ 在高温下极易与电极发生反应产生杂相，从而影响电池的稳定性，而且 $LaGaO_3$ 的制备过程中易产生 $LaSrGaO_4$ 等杂相，因此其发展也受到了一定的限制。上述电解质都以氧离子传导为主，而在过去的十多年里，质子导体材料相对于氧离子导体材料引起了更多关注。

**2) 阳极材料**

固体氧化物燃料电池的阳极一般也称为燃料电极，燃料的催化氧化、与 $O^{2-}$ 发生的电化学反应产生电子等电化学反应过程都是在阳极发生的。因此，从燃料气体以及电极材料自身的性能分析，SOFC 阳极材料需满足以下要求：①催化活性高；②在保证电子电导率的同时也得有一定的离子电导率，以扩大三相界面的面积；③多孔结构，需保证燃料气体能扩散到反应界面；④结构稳定，在还原性气氛下仍能保持结构稳定，且在高温下不与电解质材料发生反应；⑤具有合适的热膨胀系数，在高温下与连接体和电解质不会出现开裂状况；⑥有较好的抗碳和硫毒化性能。在 SOFC 发展的早期，阳极材料普遍采用贵金属或过渡金属，但成本较高且寿命较短，在长期工作下容易出现脱落和团聚等现象，且热膨胀系数较大而易出现开裂，从而影响电池的性能。为了解决此类问题，金属陶瓷阳极材料逐渐成为研究重点。金属作为电子导电的通道，而陶瓷作为基本骨架，在一定程度上缓解热膨胀问题。

目前应用最广的阳极材料如下。

(1) 金属 Ni-陶瓷复合阳极。燃料气体的催化氧化反应发生在阳极，因此阳极中的金属一般采用对 $H_2$ 等具有较高催化活性的贵金属及过渡金属，如 Ni、Fe、Co 等，阳极的陶瓷骨架一般选择与电解质材料相同的成分，如 YSZ、SDC 和 GDC 等，目前商业应用最广泛的就是 Ni-YSZ。由于 NiO 与 YSZ 在高温下具有良好的化学相容性，因此可还原成多孔的金属陶瓷 Ni-YSZ。金属 Ni 可以为电子向外电路传输提供通道，而 YSZ 陶瓷材料主要起到支撑作用，也可阻止 Ni 在长期高温的工作条件下团聚。与此同时，大大提高该复合阴极与电解质的匹配性，增强了阳极在电解质上的附着性。但 Ni-YSZ 也存在一定的不足，其氧化还原的稳定性差，硫中毒和积碳效应明显，影响其长期使用。积碳问题出现的原因是 Ni 易与碳氢化合物发生反应，从而出现碳沉积。研究人员采用 Cu 来替代 Ni，在一定程度上解决积碳问题，但 Cu 的催化活性较低，因此该类阳极材料仍需完善。

(2) 氧化物阳极。由于金属陶瓷阳极稳定性较差，因此研究人员寻求氧化物作为新型阳极材料，特别是目前研究最为广泛的混合离子-电子导体材料 (MIECs)。混合离子-电子导体可以实现更大的三相界面面积和更好的抗硫中毒性能，更适合在还原性的阳极环境下使用，并可以直接使用天然气或者碳氢化合物作为燃料，对于发电厂的成本降低是十分显著的，可以省去燃料杂质去除的成本。掺杂的亚铬酸盐、钛酸盐基钙钛矿等材料在 SOFC 阳极工作条件下具有良好的稳定性。在 B 位上掺杂过渡金属阳离子可以改善性能，如 $Sr_2Mg_{1-x}Mn_xMoO_{6-\delta}$、$La_{1-x}Sr_xCr_{1-x}Fe_xO_{3-\delta}$ 等，这些材料通过高的氧空位浓度增强了氧离子电导，从而使燃料氧化的反应面积扩大而降低了极化电阻。最近，研究者开发出一种更先进、更有效的在阳极表面构筑纳米催化颗粒的方法。当钙钛矿氧化物的 B 位掺杂过渡金属或贵金属元素时，这些金属离子在还原气氛下可以从晶格中部分原位析出于阳极表面。还原析出的纳米粒子具有较大的比表面积，为燃料催化反应提供更多的活性位点。与湿法浸渍和化学沉积技术相比，原位析出方法更省时节能，同时析出的纳米粒子在阳极表面分散更均匀。此外，从晶格中脱溶析出的纳米粒子与氧化物基体之间依然保持相互作用，有效改善高温下晶粒粗化的问题[15]。

**3) 阴极材料**

阴极材料又称空气电极，在阴极上发生氧还原反应(oxygen reduction reaction，ORR)，即将氧气分子($O_2$)分解为氧离子($O^{2-}$)，也接受阳极传递来的电子并传导至外部回路。因此作为固体氧化物燃料电池的重要的电化学反应场所之一，阴极材料需要满足以下要求：①多孔结构，要保证空气中的氧气容易扩散到三相界面；②高氧还原催化活性；③高电子导电性或者具有混合离子-电子导电性(MIEC)；④良好的物理与化学相容性以及与电解质匹配的热膨胀系数；⑤良好的长期稳定性。在 SOFC 发展初期，一般会选择用贵金属 Pt 作为阴极材料，然而其成本较高，而且与电解质材料的相容性不好，所以低成本的钙钛矿阴极材料引起了广泛关注。目前，常见的阴极材料主要为钙钛矿氧化物及其衍生结构材料。

(1) $ABO_3$ 钙钛矿氧化物。钙钛矿氧化物可简记为 $ABO_3$，$ABO_3$ 由大半径的碱土金属阳离子 $A^{n+}$、小半径的过渡金属阳离子 $B^{(6-n)+}$和氧离子 $O^{2-}$组成。B 位阳离子处于 6 个氧离子中心(配位数=6)，A 位阳离子周围有 12 个配位的氧离子(配位数=12)。$ABO_3$ 钙钛矿氧化物大都是混合离子-电子导体，离子导电性表现在变价阳离子或异价阳离子掺杂使其成为氧离子导体，而电子导电性表现在不同过渡金属离子价态变化。其中，$Ln_{1-x}Sr_xCo_{1-y}Fe_yO_3$ (Ln=La, Pr, Nd, Sm, Gd，简称 LSCF) 在 800℃时电子电导率可达 $10^2$～$10^3$ S/cm，氧离子电导率达到 $10^{-1}$ S/cm，同时具有较高的催化活性，但 LSCF 热膨胀系数较大，与电解质材料(如 YSZ) 等热膨胀匹配性不佳。此外，其他类型的钙钛矿阴极材料也被大量研究。典型的阴极材料如 $Sr_{0.95}Co_{0.8}Nb_{0.1}Ta_{0.1}O_{3-\delta}$，通过 B 位离子有效掺杂使其立方结构更加稳定，同时采用化学缺陷调控、表面修饰等方法来调控阴极催化活性，并发现氧离子的运输特性与钙钛矿结构的关键离子半径及平均金属-氧键自由能之间存在密切关系，获得了具有高氧还原活性和 $CO_2$ 耐受性的 $Sr_{0.95}Co_{0.8}Nb_{0.1}Ta_{0.1}O_{3-\delta}$ 等钙钛矿氧化物阴极材料。

(2) $A_{n+1}B_nO_{3n+1}$ 层状钙钛矿氧化物。$A_{n+1}B_nO_{3n+1}$ 层状钙钛矿结构通过钙钛矿层 $ABO_3$ 和岩盐层 AO 在 Z 轴方向堆叠而成，具有二维特征。其中大半径的 A 位离子是 9 配位，而小半径的 B 位离子是 6 配位。在这种二维结构下，氧传递是通过晶格氧而不是氧空位实现的，同时由于大量晶格氧存在，$A_{n+1}B_nO_{3n+1}$ 层状钙钛矿结构偏离了理想化学计量从而形成非化学计量的氧化物。因此，该类钙钛矿材料在氧的扩散和表面交换以及电化学性能方面展现了突出优势，$A_{n+1}B_nO_{3n+1}$ 层状钙钛矿材料的氧扩散系数和表面交换系数比 $ABO_3$ 高出一个数量级，因此材料的电催化活性得到进一步提高。目前有关类钙钛矿结构镍酸盐氧化物的阴极材料报道较多，如 $La_{2-x}Sr_xNiO_4$、$Pr_{2-x}Sr_xNiO_4$ 等。

(3) $AA'B_2O_{5+\delta}$ 双层钙钛矿结构氧化物。双层钙钛矿结构氧化物的结构式一般为 $AA'B_2O_6$ 或者 $A_2BB'O_6$，其中 A 为稀土元素(La、Pr、Sm 等)，A′为碱土金属(Ba、Sr 等)，B 为二价或三价(通常为 Co)的过渡金属。最早发现的该类材料应用在磁性材料领域，但随着研究深入，人们发现双层钙钛矿结构碱土金属与稀土元素交替排列，削弱了氧与其他阳离子结合的能力，从而提高了氧传输能力。目前人们已针对 $A_2MMoO_6$ (A = Ca，Sr，Ba; M = Mn，Fe，Co，Ni，

Zn)展开了系列研究。但该材料具有较高的热膨胀系数，与电解质等其他材料存在热膨胀不匹配性，影响电池长期工作的稳定性。

## 12.2.4　质子导体燃料电池材料

### 1. 质子导体燃料电池

1981 年，Iwahara 等[16]发现，掺杂后的铈酸锶在中低温条件下具有较高的质子电导率。从那以后，质子导体的电解质材料受到越来越多的人关注。掺杂的铈酸钡的质子导体电解质材料在低于600℃时的质子电导率($10^{-2}$S/cm)高于Y掺杂$ZrO_2$(YSZ)，虽然仍低于掺杂的$CeO_2$电解质材料，但此时其电子电导率很低，几乎可以忽略不计，因此没有电子导电的问题。另外，质子传输的活化能(0.3～0.6eV)比氧离子传输的活化能(0.8eV)更低，因此，质子导体燃料电池更有希望在低温下获得更高的功率密度，实现固体氧化物燃料电池低温化的目标。

一般情况下，质子需要借助氧空位形成氢氧化物缺陷来进行传导。故而在湿润条件下钙钛矿材料会表现出更高的质子电导率。氢氧化物缺陷的形成过程如下。

在干燥$H_2$中，

$$H_2 + 2O_O^{\times} \longrightarrow 2OH_O^{\bullet} + 2e^- \tag{12-6}$$

然而，普遍认为形成质子缺陷的最重要的反应是水的解离吸附过程，在 Kröger-Vink 表示法中，该反应为

$$H_2O + V_O^{\bullet\bullet} + O_O^{\times} \longrightarrow 2OH_O^{\bullet} \tag{12-7}$$

质子传导的过程就相对比较复杂，且目前有多种理论去说明其机制。其中普遍被人接受的是 Grotthuss 跳跃机制，该跳跃机制主要包括两个阶段：①重定向阶段，位于氧离子上的质子快速旋转和重新定向；②质子转移阶段，质子通过向相邻氧离子跳跃从而实现转移。重定向阶段比质子转移阶段更快更容易，该阶段表现出低活化势垒，甚至氧离子周围形成质子时就可以无阻碍传输。根据复合氧化物中的 Grotthuss 跳跃机制，质子跃迁构成了决速步骤，质子迁移主要取决于质子和氧离子之间的键能，由于质子转移发生在氧离子波动的背景下，它受到氧亚晶格局部动力学的影响。质子通过晶格迁移的过程中，在两个平衡位置之间的传递速率取决于氧离子振动的难易程度。

### 2. PCFC 结构

质子导体燃料电池(PCFC)以质子导体为电解质，在电池的内部，以质子作为电荷输运载体，因而该电池的工作机制与传统氧离子导体固体氧化物燃料电池有所差别。如图 12.8 所示，$H_2$在阳极催化剂的作用下失去电子产生 $H^+$，$H^+$穿过电解质到达阴极与氧还原得到的 $O^{2-}$结合产生水。在这个过程中，阳极失去的电子从外电路到达阴极完成循环，并对负载供电。由于水产生于阴极，即不存在稀释燃料的问题，因而可以进一步提高燃料的利用率。

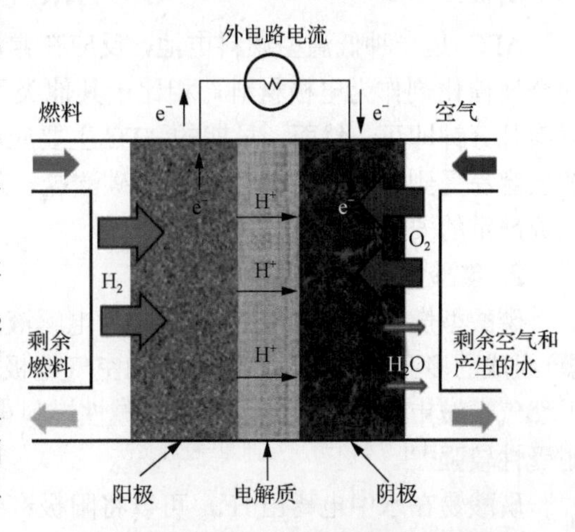


图 12.8　质子导体燃料电池工作原理

阳极： $$2H_2 + 4e^- \longrightarrow 4H^+ \quad (12\text{-}8)$$

阴极： $$4H^+ + O_2 + 4e^- \longrightarrow 2H_2O \quad (12\text{-}9)$$

总反应： $$2H_2 + O_2 \longrightarrow 2H_2O \quad (12\text{-}10)$$

当前质子导体燃料电池主要以 $BaZr_{0.1}Ce_{0.7}Y_{0.1}Yb_{0.1}O_{3-\delta}$(BZCYYb)为电解质，BZCYYb 是以 $BaCe_{0.8}Y_{0.2}O_{3-\delta}$(BCY)和 $BaZr_{0.8}Y_{0.2}O_{3-\delta}$ (BZY)为基础发展而来的最新一代质子导体电解质，$BaZr_{0.5}Ce_{0.4}Y_{0.1}O_{3-\delta}$ (BZCY)兼具 BCY 的高质子电导率和 BZY 的良好稳定性，而 Yb 的掺杂使 BZCY 的质子电导率和稳定性进一步加强。在阳极材料方面的研究较少，一般以 NiO+BZCYYb 为主，NiO 在高温 $H_2$ 条件下会被还原成金属 Ni，金属 Ni 具有较好的氢催化活性，BZCYYb 作为良好的质子传导载体将质子输运到电解质并穿过电解质到达阴极。由于 PCFC 运行过程中水产生于阴极，其中涉及质子传导，相较于氧离子导体固体氧化物燃料电池，其内部反应及电荷转移机理更加复杂，因而对于阴极材料的选择提出了更高的要求。优秀的质子导体燃料电池阴极应同时具有 $O^{2-}/e^-/H^+$三重导电性，以最大化扩展阴极的反应活性区域，提高阴极材料的催化活性。目前广泛采用的具有三重导电性的阴极材料包括 $ABO_3$ 型钙钛矿 $BaCo_{0.4}Fe_{0.4}Zr_{0.1}Y_{0.1}O_{3-\delta}$和 $A'AB_2O_6$ 型钙钛矿 $PrBa_{0.5}Sr_{0.5}Co_{1.5}Fe_{0.5}O_{6-\delta}$、$NdBa_{0.5}Sr_{0.5}Co_{1.5}Fe_{0.5}O_{6-\delta}$等。

### 12.2.5 其他燃料电池材料

**1. 碱性燃料电池**

20 世纪 60 年代，美国阿波罗宇宙飞船为实现登月计划需要一种不产生废料的大功率、高能量密度的电源，才使碱性燃料电池(AFC)最早研发并且被成功应用在航天飞行领域，但其昂贵的成本限制了其商业化应用。碱性燃料电池采用有限电解质溶液的措施来维持稳定的三相界面，电解质通常采用 KOH 或 NaOH 溶液，在工作过程中，电解质定向传输 $OH^-$，并且在阳极一侧生成产物，其化学反应如下。

阳极： $$2H_2 + 4OH^- \longrightarrow 4H_2O + 4e^- \quad (12\text{-}11)$$

阴极： $$O_2 + 2H_2O + 4e^- \longrightarrow 4OH^- \quad (12\text{-}12)$$

AFC 是一种低温型燃料电池，反应在常温常压的条件下即可以进行；一般使用相对廉价的金属催化剂作为电极材料，相比于其他类型电池，具有明显的成本优势；电池容易启动，只需几分钟即可。然而，早期的 AFC 主要应用在外太空中，但应用在地面上，碱性的液体电解质容易受到空气中 $CO_2$ 腐蚀形成碳酸盐，从而阻塞电极。此外，液体电解质也容易泄漏，造成严重的安全隐患[17]。

**2. 磷酸型燃料电池**

磷酸型燃料电池(PAFC)以磷酸为电解液传导氢离子，以催化剂(Pt 或其合金)和载体(炭黑)组成的多孔材料作为燃料电极和空气电极。它除以氢气为燃料外，还有可能直接利用甲醇、天然气、城市煤气等低廉燃料，与碱性燃料电池相比，最大的优点是其无需 $CO_2$，对杂质的耐受性较强[18]。

磷酸易在水中电离出 $H^+$，可以将阳极产生的 $H^+$运输到阴极。其主要反应如下。

阳极： $$2H_2 \longrightarrow 4H^+ + 4e^- \quad (12\text{-}13)$$

阴极： $$O_2 + 4H^+ + 4e^- \longrightarrow 2H_2O \quad (12\text{-}14)$$

PAFC 也是目前已经实现商业化的燃料电池。其装机容量可达到万千瓦级规模，电流密度超过 200mA/cm$^2$。磷酸型燃料电池的工作温度(150～200℃)要比质子交换膜燃料电池和碱性燃料电池的工作温度略高，但仍需电极催化剂来加速反应。其阳极和阴极上的反应与质子交换膜燃料电池相同，但由于其工作温度较高，所以其阴极上的反应速度要比质子交换膜燃料电池阴极快，但其效率比其他燃料电池低，约为 40%。

**3. 熔融碳酸盐燃料电池**

熔融碳酸盐燃料电池(MCFC)是以熔融的碳酸盐为电解质，阴极主要为多孔陶瓷，阳极主要为多孔金属。MCFC 的优点在于工作温度较高(600～700℃)，因此无需贵金属作为催化剂，反应速度加快；对燃料的纯度要求相对较低，可以对燃料进行电池内重整；不需贵金属催化剂，成本较低；采用液体电解质，较易操作。不足之处在于高温条件下液体电解质的管理较困难，长期操作过程中，腐蚀和渗漏现象严重，缩短了电池的寿命。熔融碳酸盐燃料电池主要反应如下。

阳极：
$$2H_2 + 2CO_3^{2-} \longrightarrow 2CO_2 + 2H_2O + 4e^- \tag{12-15}$$

阴极：
$$O_2 + 2CO_2 + 4e^- \longrightarrow 2CO_3^{2-} \tag{12-16}$$

熔融碳酸盐燃料电池可以通过电化学反应将各种燃料(如氢气、甲烷和沼气)直接转化为电能。MCFC 能够回收利用化石燃料发电厂中分离出的 $CO_2$，从而减少了温室气体排放。MCFC 具有效率高、噪声低、无污染、燃料灵活、余热利用价值高和材料价廉等诸多优点。另外，由于其运行温度高，燃料能量中有一半是废热，因此许多研究人员一直在研究基于高温燃料电池的混合动力系统，以提高 MCFC 的整体效率。但相对较低的功率密度仍然是限制 MCFC 广泛商业化的主要原因。

**4. 直接碳燃料电池**

直接碳燃料电池(DCFC)采用固体碳(如煤、石墨、活性炭、生物质炭等)为燃料，通过其直接电化学氧化反应来输出电能[19]。DCFC 的结构和工作原理类似于 SOFC 等高温燃料电池，它也是主要由三个关键部件组成：阳极、阴极和电解质。

在理想工作状态下，固体碳在阳极室被电化学氧化成 $CO_2$ 并产生电能，电池总反应为

$$C + O_2 \xlongequal{\quad} CO_2 \tag{12-17}$$

根据所用电解质，现阶段常见的 DCFC 主要分为四种类型，分别是熔融氢氧化物 DCFC、熔融碳酸盐 DCFC、固体氧化物 DCFC 和复合电解质 DCFC。DCFC 是唯一使用固体燃料的燃料电池，相比于其他种类的燃料电池和传统的火力发电，具有燃料来源丰富、排放量比燃煤电厂低、能量转换效率高等优点，燃料利用率几乎可以达到 100%，DCFC 是效率最高的能量转换技术之一，是缓解能源危机和环境污染的一种有效途径，在高效清洁利用煤发电和缓解能源紧张方面存在巨大的优势和潜力，但目前 DCFC 还仅处于实验室研究阶段，与商业化应用还有一段距离。

## 12.3 氢能材料

氢能作为一种高热值、多来源的绿色能源，是未来重要的能源载体。本节围绕制氢和储氢关键材料与技术的研究进展进行综述，总结制氢和储氢技术原理及发展现状。

## 12.3.1 制氢材料

### 1. 电解水制氢材料

电解水制氢主要分为碱性电解水制氢(AWE)、质子交换膜电解水制氢(PEM)、阴离子交换膜电解水制氢(AEM)和固体氧化物电解水制氢(SOEC)四种技术路线。碱性电解水制氢技术是目前市场化最成熟、制氢成本最低的技术；质子交换膜电解水制氢技术较为成熟，具有宽范围的运行电流密度，可以更好地适应可再生能源的波动性；固体氧化物电解水制氢技术是能耗最低、能量转换效率最高的电解水制氢技术，固体氧化物电解槽可在动态电力输出下工作，且不会有明显衰减。因此，固体氧化物电解水制氢技术有望实现大规模、低成本的氢气供应。

碱性电解水制氢是一项相对成熟的电解水制氢技术。碱性电解水制氢装置主要由碱性电解液以及多孔的阴极板、阳极板、隔膜、镍网构成。碱性电解水制氢最大的优势是阴、阳极板中不含贵金属，电解槽的成本相对较低。但其要求电力稳定可靠，不适合风光等间歇性电能。碱性电解水制氢技术的商业成熟度高，运行经验丰富，单槽电解水制氢量大，适用于电网电解水制氢[20]。

质子交换膜电解水制氢采用质子交换膜取代了石棉膜，$H_2O$ 在正极上发生电解，质子传递到质子交换膜内，在电能势差影响下通过质子交换膜到达负极，在负极得电子析出氢气。PEM 电解水制氢的优点在于：①气体纯度高，质子交换膜只允许 $H^+$通过，而氧气无法通过，氢气的纯度能达到 99.9%以上；②产出高压氢气，质子交换膜抗压强度高，可制成差压式制氢设备；③交换膜厚度可控制在 200μm 以下，减小电解质欧姆电阻。PEM 电解水制氢也有自身的局限性，水裂解时会在阳极侧产生大量 $H^+$，使阳极侧保持高酸性，对阳极材料抗腐蚀性能提出了较高要求，PEM 价格也比较高，使得电解池材料整体成本较高。

固体氧化物电解槽采用全固态的电解池设计，阴极材料选用多孔金属陶瓷 Ni/YSZ，阳极材料选用钙钛矿氧化物等非贵金属催化剂，常用电解质为 YSZ 基氧离子导体或 BZCY 基质子导体，工作温度可达 800℃以上，无需贵金属催化剂，有效降低了电解能耗[21]。但对材料高温条件下的化学稳定性、热机械稳定性以及高温密封等有较高要求，一定程度上也限制了该制氢技术的推广和应用。

### 2. 煤制氢材料

目前业内研究提出的制氢方式很多，但在工业上能够实现规模化、具有经济性、占据主导地位的制氢原料仍是煤和天然气等化石原料。利用我国现有的化石资源条件，研究开发工业上切实可行的制氢工艺技术，具有十分重要的现实意义。

煤气化制氢是工业大规模制氢的首选方式之一，其具体工艺过程是煤炭经过高温气化生成合成气($H_2$+CO)、CO 与水蒸气转变为 $H_2$ +$CO_2$、脱除酸性气体($CO_2$+$SO_2$)、氢气提纯等工艺环节，可以得到不同纯度的氢气。传统煤气化制氢工艺具有技术成熟、原料成本低、装置规模大等特点，但其设备结构复杂、运转周期相对短、配套装置多、装置投资成本大，而且气体分离成本高、产氢效率偏低、$CO_2$ 排放量大。与煤气化工艺一样，炼厂生产的石油焦也能作为气化制氢的原料，这是石油焦高附加值利用的重要途径之一。煤/石油焦制氢工艺还能与煤整体气化联合循环工艺有效结合，实现氢气、蒸汽、发电一体化生产，提升炼厂效益。

### 3. 太阳能制氢材料

1972 年，日本学者 Fujishima 和 Honda 首次报道了 $TiO_2$ 单晶电极光解水产生氢气的实验研究，开辟了光解水制氢的新途径，通过太阳能光解水制氢也被认为是未来绿氢制取的最佳途径[22]。光催化剂是光催化制氢过程中的重要材料，其中常见的光催化剂研究主要围绕二氧化钛($TiO_2$)、硫化镉(CdS)以及石墨化氮化碳(g-$C_3N_4$)展开，采取一系列改进方法提高光催化剂的稳定性以及制氢性能。金属氧化物光催化材料 $TiO_2$ 的 $E_g$ 较大，且对光的利用率较低。经过改进后的光催化材料 Cu-His-P25 大大提高了光催化剂的制氢速率和量子效率。过渡金属硫化物 CdS 的 $E_g$ 较小，不过 CdS 在光催化反应过程中易发生光腐蚀，降低了其光催化活性和稳定性。在非金属光催化剂方面，聚合物半导体 g-$C_3N_4$ 因类似石墨的层状结构，具有优异的热稳定性及化学稳定性，成为光催化制氢的研究热点，但由于光生电子与空穴的高复合率，其应用受到较大限制。

### 4. 生物质制氢材料

生物质制氢是通过制造气化反应条件，将生物质能转化为氢能的技术。生物质原料常见类型为农作物废弃物和能源作物，如稻草、农作物秸秆、杨树皮等。与传统能源生产过程相比，生物质制氢有原料来源广、清洁无污染、反应环境常温常压、生产费用低等优点。局限性主要在于生物质原料的预处理工艺复杂，且初产物杂质较多，氢气提纯难度高。

### 5. 核能制氢材料

核能制氢主要是热化学制氢，利用核反应堆产生的高温，使水温升高至 800～1000℃后，在催化剂的作用下进行热分解，生成氢气和氧气。与电解水相比，核能制氢效率较高，可达 50%～60%。理论上，水的热解离是最简单的水制氢反应，但是不能用于大规模制氢，其原因有两点：第一，需要 4000℃以上的高温；第二，要求发展能在高温下分离产物氢和氧的技术，避免气体混合物发生爆炸。这是在材料和工程上都极难解决的问题。

材料是发展核能制氢技术并实现商业利用所必须解决的关键问题之一，很多研究机构对硫碘循环和高温电解的材料进行了大量研究。硫碘循环体系的腐蚀性环境包括硫酸、氢碘酸、碘以及这些物料的混合物。在整个过程中，$H_2SO_4$ 在 400℃的沸腾蒸发是腐蚀最严重的步骤。日本原子能开发机构(JAEA)筛选了多种材料，包括 Fe-Si 合金、SiC、Si-SiC、$Si_3N_4$ 等；研究了它们在不同浓度的硫酸蒸发和气化条件下的抗腐蚀性能。含硅陶瓷材料如 SiC 等都表现出了良好的抗硫酸腐蚀性。对于 Fe-Si 合金，Si 含量对抗腐蚀性能起决定作用，但材料表面形成钝化层的临界硅含量随硫酸浓度而异。在较低温度的体系中，Bunsen 反应、两相纯化部分、HI 浓缩部分的材料可以采用钢衬玻璃或搪瓷、钢衬聚四氟乙烯等；硫酸浓缩部分的材料可以采用哈氏合金、合金 800；HI 分解部分的材料可以采用镍基合金 MAT21。

## 12.3.2 储氢材料

### 1. 物理储氢材料

物理储氢方式的主要工作原理是利用范德瓦耳斯力，在比表面积较大的多孔材料上进行氢气的吸附。利用多孔材料进行物理储氢的优点是吸氢-放氢速度较快、物理吸附活化能较小、氢气吸附量仅受储氢材料物理结构的影响。物理储氢材料主要包括碳基储氢材料、无机多孔材料、金属有机骨架(MOF)材料、共价有机化合物(COF)材料等。

**1) 碳基储氢材料**

碳基储氢材料因种类繁多、结构多变、来源广泛较早受到关注。鉴于碳基储氢材料与氢气之间的相互作用较弱，材料储氢性能主要依靠适宜的微观形状和孔结构。因此，提高碳基储氢材料的储氢性一般需要通过调节材料的比表面积、孔道尺寸和孔体积来实现。碳基储氢材料主要包括活性炭、纳米碳纤维和碳纳米管。

活性炭又称碳分子筛，是一种石墨微晶堆积的无定形碳材料，具有独特的结构特征，如比表面积较大、孔道结构多样、孔径尺寸可以在较宽的范围内调节等。活性炭来源广泛，包括高分子聚合物、生物质材料(木材、农作物、果壳)和矿物质材料(煤、焦油)等。不同来源的活性炭材料如果比表面积相似，在相同温度、压力条件下储氢量差异较小。Fierro 等[23]研究发现，在低温(77K)常压条件下，活性炭的储氢能力与它的物理结构密切相关，即比表面积越大，储氢量越大。常压条件下，孔径为 0.6～0.7 nm 的孔道对活性炭吸附氢的贡献最大，但在 6MPa 以上的高压条件下，只有孔径低于 1.5nm 的孔道才有利于氢气的吸附。

纳米碳纤维主要通过含碳化合物裂解的方法制备，比表面积较大，同时含有较多微孔。与传统的粒状活性炭相比，纳米碳纤维具有以下特点：①纤维的直径更小，与氢分子的接触面积更大，吸附概率更高；②与同质量的活性炭相比，纳米碳纤维的比表面积更大、微孔数目更多，所以氢气吸附量更大、吸附和脱附速率更快；③纳米碳纤维的孔径分布范围很窄，而颗粒状活性炭内部孔径分布非常不规则。

**2) 无机多孔材料**

无机多孔材料主要是具有微孔或介孔孔道结构的多孔材料，包括有序多孔材料(沸石分子筛或介孔分子筛)或无序多孔材料(天然矿石)。沸石分子筛材料和介孔分子筛材料具有规整的孔道结构和固定的孔道尺寸，结构上的差异会影响材料的比表面积和孔体积，进而影响材料的储氢性能。具有不同结构的沸石分子筛储氢性能虽有差异，但储氢量普遍较低。与沸石分子筛相比，介孔分子筛的孔道尺寸较大、比表面积和孔体积较大，更有利于氢气的吸附。

**3) MOF 材料**

MOF 材料是由金属氧化物与有机基团相互连接组成的一种规则多孔材料。MOF 材料因具有低密度、高比表面积、孔道结构多样等优点而受到了广泛关注。2003 年，Rosi 等[24]报道了一种命名为 MOF-5、结构为 $Zn_4O(BDC)_3$ 的有机金属框架材料的储氢性能，该材料在 77K、中等压力条件下的储氢量为 4.5%(质量分数)，但该材料在 298K、2MPa 条件下的储氢量仅为 1.0%(质量分数)。通过对 MOF-5 材料中有机配体的调节，材料的储氢性能得到了显著提高。MOF 家族中储氢能力最强的是 MOF-177，该材料在 77K、7MPa 条件下的储氢量可达 7.5%(质量分数)，但常压储氢量仅为 1.25%(质量分数)。改善 MOF 材料储氢性能的途径主要包括：①调整骨架结构；②掺杂低价态金属组分；③掺杂贵金属；④在有机骨架中引入特殊官能团。

**2. 化学储氢材料**

化学储氢材料的主要工作原理是氢以原子或离子形式与其他元素结合而实现储氢。化学储氢材料主要包括金属-合金储氢材料、氢化物储氢材料和液体有机氢化物储氢材料。

**1) 金属-合金储氢材料**

金属-合金储氢材料是研究较早的一类固体储氢材料，制备技术和制备工艺均已成熟。金属-合金储氢材料不仅具有超强的储氢性能，还具有操作安全、清洁无污染等优点。但金属或合金材料的氢化物通常过于稳定，与物理储氢材料相比，金属-合金储氢材料的储氢和放氢都只能在较高的温度条件下进行。金属-合金储氢材料可以分为镁系、钒系、稀土系、钛系、锆系、钙系等。金属镁的储氢性能早在 20 世纪 60 年代就已经被研究人员发现了。理论上，镁的储氢量可以达到 7.6%(质量分数)。但鉴于吸氢过程中金属原子需要从颗粒表面向颗粒内部扩散，金属材料的吸氢速率不可避免地受到颗粒尺寸的限制，粒径越小，吸氢速率越快[25]。由于单质镁吸放氢温度过高，镁系储氢材料多为含镁复合材料或镁系合金，其中，最有代表性的是 Mg-Ni 合金。$Mg_2Ni$ 合金的理论储氢量为 3.6%(质量分数)，吸氢温度为 473K 以上，放氢温度约 573 K。在 Mg-Ni 合金中添加第三种元素，可以在一定程度上改善材料的储氢性能，但同时也会降低它的储氢量。研究较多的钒基合金储氢材料包括 V-Ti-Cr、V-Ti-Fe、V-Ti-Mn、V-Ti-Ni 等。钒基合金作为储氢材料的优点是吸放氢速率快、平衡压适中、储氢密度大，缺点是表面易生成氧化膜，增加活化难度。稀土系储氢材料以 $AB_5$ 型合金为代表。1969 年，荷兰 Philips 实验室发现了 $LaNi_5$ 合金的储氢性能。该材料的理论储氢量为 1.38%(质量分数)，用作镍氢电池的负极材料实现了商业化应用。

**2) 氢化物储氢材料**

氢化物储氢材料主要包括配位铝氢化物、金属氮氢化物、金属硼氢化物和氨硼烷化合物。配位铝氢化物是一类非常重要的储氢材料，表达通式为 $M(AlH_4)_n$，其中，M 可以是碱金属或碱土金属。这类储氢材料中研究较多的是 $NaAlH_4$ 和 $Na_3AlH_6$。$NaAlH_4$ 的理论储氢量为 7.4%(质量分数)，但这种材料的吸放氢温度均较高。添加少量 Ti 元素以后，$NaAlH_4$ 的吸放氢温度可降低[26]。金属氮氢化物结构通式为 $M(NH_2)_n$，其中，M 以碱金属或碱土金属为主。最有代表性的金属氮氢化物储氢材料为 $LiNH_2$-LiH 和 $Mg(NH_2)_2$-LiH。$LiNH_2$-LiH 的吸放氢温度一般在 423K 以上，理论储氢量为 11.4%(质量分数)；$Mg(NH_2)_2$-LiH 的理论储氢量为 9.1%(质量分数)，但吸放氢温度低于 $LiNH_2$-LiH，且可以通过调节 $Mg(NH_2)_2$ 与 LiH 的比例来改善储氢性能。金属硼氢化物的结构通式为 $M(BH_4)_n$，理论储氢量一般超过 10%(质量分数)。有代表性的金属硼氢化物储氢材料为 $LiBH_4$ 和 $Mg(BH_4)_2$。

**3) 液体有机氢化物储氢材料**

不饱和液体有机物(包括烯烃、炔烃和芳烃)可以在加氢和脱氢的循环反应中实现吸氢和放氢。其中，储氢性能最好的是单环芳烃，苯和甲苯的理论储氢量都较大，是较有发展前景的储氢材料。研究人员发现，如果以氧化铝负载的金属镍为催化剂，可以将甲苯直接转化成环己烷[27]。与传统的固态储氢材料相比，液体有机氢化物储氢材料有以下优点：①液体有机氢化物的储存和运输简单，是所有储氢材料中最稳定、最安全的；②理论储氢量大，储氢密度也比较高；③液体有机氢化物的加氢和脱氢反应可逆，储氢材料可反复循环使用。

## 12.4　生物质能材料

生物质是指直接或间接利用大气、水、土地等通过光合作用而产生的各种有机体，广义而言，包括所有的植物、微生物以及以植物、微生物为食物的动物及其生产的废弃物；狭义而言，主要是指农林业生产过程中除粮食、果实以外的秸秆、树木等木质纤维素、农产品加工业下脚料、农林废弃物及畜牧业生产过程中的禽畜粪便和废弃物等物质。

生物质能是直接或间接地通过绿色植物的光合作用，把太阳能转化为化学能后，固定和贮藏在生物质体内的能源。通过复杂的光合作用，每年贮存在植物的枝、茎、叶、根中的太阳能相当于全世界每年消耗能量的几倍。生物质能是唯一可再生的碳源，具有可持续性，是减排 $CO_2$ 的最重要的途径。

生物质能材料主要指以绿色植物及其加工剩余物和动植物废弃物为原材料，通过直接利用或物理、化学和生物学技术手段进行加工，以有效获取生物质能的材料。

依据来源，可以将适合能源利用的生物质能材料分为以下几类：①林业资源，主要包括薪炭林、零散木材、残留的树枝、树叶、木屑、果壳和果核等；②农业资源，如农作物秸秆、农业生产过程中剩余的稻壳、草本能源作物、油料作物、制取碳氢化合物植物和水生植物等；③污水废水，城镇居民生活、商业和服务业的生活污水，以及工业有机废水；④固体废物，主要由城镇居民生活垃圾，商业、服务业垃圾和少量建筑业垃圾等固体废物构成；⑤畜禽粪便，主要包括畜禽排出的粪便、尿及其与垫草的混合物。生物质能原料丰富、低污染、可再生，利用形式多样，应用广泛；但是热值及热效率较低，生产过程复杂，资金投入往往较高。

### 12.4.1　生物质转化利用技术

人类对生物质能的利用已有悠久的历史，但多采用直接燃烧的方式，直到 21 世纪，特别是近 20 年来，生物质能的研究和应用才有了快速的发展。目前全球生物质能消费量仅次于煤、石油、天然气，居第四位，国内外已有的生物质转化利用技术主要有：①通过热化学转化技术将固体生物质转换成可燃气体焦油等；②通过生物转化技术将生物质在微生物的发酵作用下转化成沼气、乙醇等；③通过压块细密成型技术将生物质压缩成高密度固体燃料等(图 12.9)。

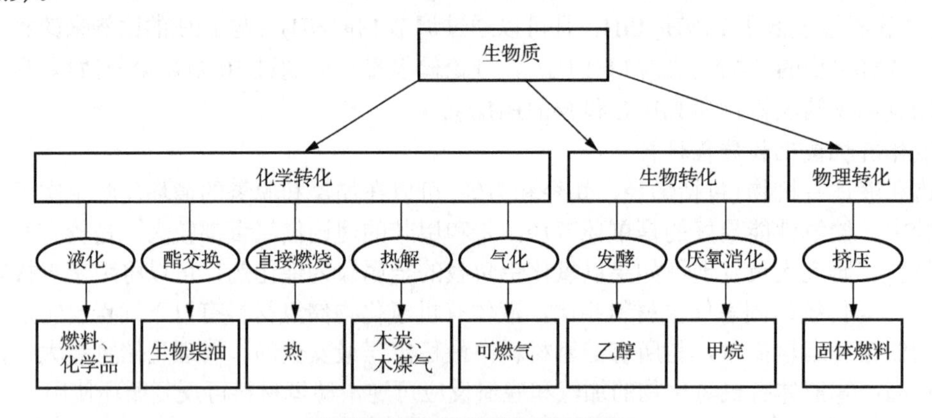


图 12.9　生物质的主要转化方式

#### 1. 物理转化技术

生物质的物理转化技术是指在一定温度和压力作用下，将各类生物质压制成密度较大的棒状、块状或颗粒状等成型饲料或成型燃料的技术[28]。成型燃料可以取代煤、燃气等作为民用燃料进行炊事取暖，也可用于工业供热发电等。物理转化技术可以解决秸秆资源浪费与焚烧问题，提高生物质资源利用效率，扩大应用范围，但目前成型燃料的压缩成本较高，不利于该技术的商品化。

**2. 化学转化技术**

(1) 直接燃烧。通过直接燃烧生物质而获得热能是生物质能利用最传统的方式。将生物质直接燃烧，并利用相应的设备将生物质能转化为热能、电能或机械能等形式，为烹饪取暖、工业生产和发电提供能量。这一方法可以最快速实现各种生物质资源的大规模无害化资源化利用，成本较低，因而具有良好的经济性和开发潜力。

(2) 热解。生物质热解是指生物质在隔绝或少量供给氧气的条件下，利用热能切断生物质大分子中碳氢化合物的化学键，使之转化为小分子物质的加热分解过程。热解工艺对产物有重要影响，根据工艺可将热解技术分为慢速热解(低温长时间热解，主要用于生成木炭)、常规热解(中等温度，可得到生物炭和生物油)及快速热解(超高加热速率，热解产物主要为生物油)。

(3) 液化。液化是指采用化学方法将生物质转换成液体产品的过程。液化主要分间接液化和直接液化两种。间接液化就是把生物质气化成气体后，更进一步合成为液体产品；直接液化是把木质生物质放在高压设备中，添加适宜的催化剂，在一定的工艺条件下反应制成小分子有机物。生物质液化产物主要是作为能源物质的液体燃料，此外还有胶黏剂、涂料树脂和可降解塑料等。

(4) 气化。气化是指生物质在高温条件下，与气化剂(空气、氧气、水蒸气或氢气等)经过热化学反应后得到的小分子可燃气体的过程。产生的小分子可燃气体主要为一氧化碳、氢气、甲烷和乙烯等。生物质转化为可燃气后利用效率高，用途广泛，既可供生产生活直接燃用，也可用来发电进行热电联产联供，从而实现生物质的高效清洁利用，是目前生物质能转化利用技术的重要方向。

(5) 酯交换。酯交换反应是动植物油脂在催化剂存在或超临界条件下，与低链醇类发生醇解反应生成脂肪酸单酯的反应过程。酯交换法生产生物柴油的工艺路线比较成熟，已有规模化生产，产物黏度与石化柴油接近，可以为交通运输、采矿业及发电厂等行业提供燃料。

**3. 生物转化技术**

(1) 发酵制乙醇。生产乙醇的发酵流程为先将生物质碾碎，通过催化剂作用将淀粉转化为糖，再用发酵剂将糖转化为乙醇，得到乙醇体积分数较低(10%～15%)的产物，通过蒸馏浓缩得到高纯度(95%)液体。

(2) 厌氧消化。厌氧消化是指在隔绝氧气的条件下，通过细菌作用进行生物质的分解。首先由厌氧发酵菌将复杂的有机物水解并发酵为有机酸、醇、氢气、二氧化碳等产物，然后由产氢产乙酸菌将有机酸和醇类分解为乙酸和氢，最后由产甲烷菌利用已产生的乙酸和氢气、二氧化碳等形成甲烷。

### 12.4.2　生物柴油材料

生物柴油是指以植物油脂、动物油脂以及废餐饮油等为原料油通过酯交换工艺制成的脂肪酸甲酯或脂肪酸乙酯燃料。生物柴油可以替代部分石油等化石资源，具有温室气体排放量少、排放物易于生物降解、闪点高、易于运输等特点。此外，与石化柴油相比，生物柴油具有更好的润滑性能，将生物柴油添加到传统柴油燃料中后，燃料油的润滑性得到显著改善，生物柴油的添加量达到 1%，其润滑性可以提高 30%。

制备生物柴油的原材料主要为各种油脂[29]，包括废弃的食用油脂，木本、草本类植物油脂，牛油、猪油等动物脂肪。植物油脂是最为丰富的生物柴油原料资源，占油脂总量的 70%以上，大豆油、菜籽油、椰子油和棕榈油等都是常用原料。另外，木本油料植物(如油茶、麻风树等)抗逆性强、易于管理、出油率高，具有较大的开发潜力和广阔的发展前景。我国餐饮业年产废弃食用油脂达数百万吨，若不妥善处理，容易产生食品安全隐患。将其作为原料进行加工，使生物柴油的生产成本大大降低，同时避免其回流餐桌造成危害。

### 12.4.3 生物乙醇材料

生物乙醇是指通过微生物的发酵将各种生物质转化为燃料乙醇，与普通食用酒精相比，其含水率低，不大于 0.5%。生物乙醇可以单独使用或与汽油混配制成乙醇汽油作为汽车燃料，是一种优良的燃油品质改善剂。生物乙醇具有较好的抗爆性能，辛烷值为 120 左右，作为提高汽油辛烷值的组分可以替代传统对地下水有污染的甲基叔丁基醚等添加剂。生物乙醇还是燃油氧化处理的增氧剂，能够使汽油氧含量提高，燃烧充分，从而降低 PM2.5，减少一氧化碳等污染物的排放，达到节能与环保目的。在石油危机的冲击下，生物乙醇作为一种高效清洁的可再生能源已成为各国科技工作者关注和研究的热点。

发酵法生产乙醇的原料主要包括淀粉质作物(玉米、小麦、高粱、木薯等)、含糖作物(甘蔗、甜高粱、甜菜等)和纤维质原料(秸秆、木屑、农作物壳皮等)。我国基于粮食淀粉的生物乙醇已基本实现规模化生产，但成本较高，同时大量利用淀粉生产乙醇可能会对粮食安全构成影响。纤维素生物质作为生产燃料乙醇的原料丰富而廉价，利用木质纤维制取燃料乙醇有望成为解决原料来源和降低成本的重要途径[30]。

利用木质纤维素制备生物乙醇的工艺可分为四个阶段：预处理、水解、发酵、脱水。木质纤维素由纤维素、半纤维素和木质素的混合物组成，它们之间存在着化学键、氢键等作用，预处理过程就是借助化学的、物理的方法，使纤维素与木质素、半纤维素分离，去除阻碍糖化和发酵的物质。水解过程的目的主要是破坏纤维素和半纤维素的氢键，使之转化为发酵用的糖。纤维素的水解工艺一般分为酸水解法和酶水解法。发酵过程是生物乙醇生产的核心步骤，利用酵母或细菌等微生物厌氧发酵将水解后的小分子转化为乙醇。经过预处理和发酵后得到的乙醇的浓度不符合生物乙醇的要求，后续还需脱水处理，最终得到生物乙醇。

## 本 章 小 结

现阶段全球范围内正进行着深刻的能源变革，处于从以化石燃料为主的能源结构向新型能源技术和可再生能源规模化利用的过渡时期。我国的核能、太阳能、风电、水电等技术领域都在快速发展。此外，二次电池凭借其高能量密度、长循环寿命、优异的充放电性能，在消费类电子、新能源汽车等领域已得到了广泛的应用。燃料电池技术有望在分布式供电/热和高性能动力电源方面发挥重要的作用。氢能是未来重要的能源载体，以光伏、风电等绿色新能源电力电解水制氢是实现“绿氢”生产的关键技术环节。生物质能与人们的生产生活有着密切的联系，生物质能的综合利用对于实现生态、资源、环境和经济社会的协调可持续发展也具有重要意义。

本章以新能源科学与技术为背景，结合其基本工作原理，主要介绍了能源转换和存储过程中所涉及的多种类型的核心关键材料及其应用领域，包括镍氢电池、锂离子电池、薄膜型全固态锂电池、钠离子电池等二次电池材料，质子交换膜燃料电池、固体氧化物燃料电池、质子导体燃料电池等燃料电池材料，制氢材料、储氢材料等氢能材料，以及生物质能转化技术与生物质能材料。新能源材料为新能源科学与技术的发展奠定了重要基础，正在不断地取得新的发展和进步，也将进一步推动新能源科技的发展。

# 思考题

12-1　简述锂离子电池的工作原理、特点与电池反应方程。
12-2　简述锂离子电池正极材料的类型及优缺点。
12-3　简述锂离子电池负极碳材料的类型及特点。
12-4　简述薄膜型全固态锂电池的特点及应用。
12-5　简述薄膜型全固态锂电池与传统锂离子电池的异同点。
12-6　简述燃料电池的特点与类型。
12-7　简述质子交换膜燃料电池的结构及各元件的作用。
12-8　固体氧化物燃料电池的主要部件和各自的功能有哪些？
12-9　燃料电池商业化面临的主要问题有哪些？
12-10　简述储氢合金的分类。
12-11　简述水电解制氢的工作原理。
12-12　简述碳基储氢材料中碳纳米管储氢的优缺点。
12-13　简述生物质转化利用技术及其特点。

# 参考文献

[1] 唐有根. 镍氢电池[M]. 北京：化学工业出版社, 2007.

[2] 程新群. 化学电源[M]. 2 版. 北京：化学工业出版社, 2019.

[3] 艾德生, 高喆. 新能源材料——基础与应用[M]. 北京：化学工业出版社, 2010.

[4] 曾蓉, 张爽, 邹淑芬, 等. 新型电化学能源材料[M]. 北京：化学工业出版社, 2019.

[5] 夏求应, 孙硕, 徐璟, 等. 薄膜型全固态锂电池[J]. 储能科学与技术, 2018, 7(4): 565-574.

[6] 陈牧, 颜悦, 刘伟明, 等. 全固态薄膜锂电池研究进展和产业化展望[J]. 航空材料学报, 2014, 34(6): 1-20.

[7] BATES J B, DUDNEY N J, NEUDECKER B, et al. Thin-film lithium and lithium-ion batteries[J]. Solid State Ionics, 2000, 135(1-4): 33-45.

[8] PUT B, VEREECKEN P M, MEERSSCHAUT J, et al. Electrical characterization of ultrathin RF-sputtered LiPON layers for nanoscale batteries[J]. ACS Applied Materials & Interface, 2016, 8(11): 7060-7069.

[9] GE M Y, RONG J P, FANG X, et al. Porous doped silicon nanowires for lithium ion battery anode with long cycle life[J]. Nano Letters, 2012, 12(5): 2318-2323.

[10] HWANG J Y, MYUNG S T, SUN Y K. Sodium-ion batteries: Present and future[J]. Chemical Society Reviews, 2017, 46(12): 3529-3614.

[11] 朱晓辉, 庄宇航, 赵旸, 等. 钠离子电池层状正极材料研究进展[J]. 储能科学与技术, 2020, 9(5): 1340-1349.

[12] YABUUCHI N, KAJIYAMA M, IWATATE J, et al. P2-type $Na_x[Fe_{1/2}Mn_{1/2}]O_2$ made from earth-abundant elements for rechargeable Na batteries[J]. Nature Materials, 2012, 11(6): 512-517.

[13] 吕艳卓, 郭文轩, 阙奕鹏. 直接甲醇燃料电池的研究进展[J]. 电池, 2013, 43(1): 54-56.

[14] 鲍冰, 刘锋, 段骁, 等. 质子交换膜燃料电池膜电极组件研究进展综述[J]. 贵金属, 2019, 40(2): 73-82.

[15] 李明泽. 钙钛矿型电极结构设计及电催化活性调控[D]. 南京: 南京理工大学, 2020.

[16] IWAHARA H, ESAKA T, UCHIDA H, et al. Proton conduction in sintered oxides and its application to steam electrolysis for hydrogen production[J]. Solid State Ionics, 1981, 3: 359-363.

[17] KACPRZAK A, KOBYLECKI R, WLODARCZYK R, et al. The effect of fuel type on the performance of a direct carbon fuel cell with molten alkaline electrolyte[J]. Journal of Power Sources, 2014, 255(1): 179-186.

[18] PACHAURI R K, CHAUHAN Y K. A study, analysis and power management schemes for fuel cells[J]. Renewable & Sustainable Energy Reviews, 2015, 43: 1301-1319.

[19] 刘国阳, 张亚婷, 蔡江涛, 等. 直接碳燃料电池燃料的研究进展[J]. 新型炭材料, 2015, 30(1): 12-18.

[20] KUMAR S S, HIMABINDU V. Hydrogen production by PEM water electrolysis-A review[J]. Materials Science for Energy Technologies, 2019, 2(3): 442-454.

[21] 牟树君, 林今, 邢学韬, 等. 高温固体氧化物电解水制氢储能技术及应用展望[J]. 电网技术, 2017, 41(10): 3385-3391.

[22] FUJISHIMA A, HONDA K. Electrochemical photolysis of water at a semiconductor electrode[J]. Nature, 1972, 238(5358): 37-38.

[23] FIERRO V, SZCZUREK A, ZLOTEA C, et al. Experimental evidence of an upper limit for hydrogen storage at 77K on activated carbons[J]. Carbon, 2010, 48(7): 1902-1911.

[24] ROSI N L, ECKERT J, EDDAOUDI M, et al. Hydrogen storage in microporous metal-organic frameworks[J]. Science, 2003, 300(5622): 1127-1129.

[25] HOU Q H, YANG X L, ZHANG J Q. Review on hydrogen storage performance of $MgH_2$: Development and trends[J]. Chemistry Select, 2021, 6(7): 1589-1606.

[26] 秦董礼, 赵晓宇, 张轲, 等. 组成对 Li-Mg-N-H 系统储氢性能的影响[J]. 稀有金属材料与工程, 2015, 44(2): 5.

[27] 陈进富. 基于汽车氢燃料的有机液体氢化物贮氢新技术研究[D]. 北京: 中国石油大学(北京), 1997.

[28] 吕文, 王春峰, 王国胜, 等. 中国林木生物质能源发展潜力研究(1)[J]. 中国能源, 2005, 27(11): 21-26.

[29] FUKUDA H, KONDO A, NODA H. Biodiesel fuel production by transesterification of oils[J]. Journal of Bioscience and Bioengineering, 2001, 92(5): 405-416.

[30] 王贤华, 周宏伟, 王德元, 等. 生物质能转化利用技术系统探讨[J]. 能源研究与利用, 2009, (2): 1-4.

# 第13章 环境材料

本章主要介绍环境材料的定义、研究内容、环境协调性评价、环境材料的分类等。面对日益恶化的生态环境，可持续发展成为世界的共识。从原材料的开采、提炼、生产、加工、使用一直到废弃的过程，无不以资源、能源的极大消耗和生态环境的严重污染为代价(表 13.1)。在这种背景下，20 世纪 90 年代初，国际上提出了“环境材料”(ecomaterials)的概念，标志着材料科学与工程的发展迈入了一个新的历史时期。研究环境材料可以用于治理环境污染，改善生态环境[1-3]。这是材料产业可持续发展的必经之路。

表 13.1 部分材料生产过程对环境的影响

| 材料 | 对大气的影响 | 对水资源的影响 | 对土壤/土地的影响 |
|---|---|---|---|
| 纸、纸浆 | 排放含 $SO_2$、$NO_x$、$CH_4$、$CO_2$、CO、$H_2S$、硫醇、氯化物、二噁英的废气 | (1) 水资源消耗；<br>(2) 排放悬浮性固体物、有机物、有机氯、二噁英 | — |
| 水泥、玻璃、陶瓷 | 排放含砷、钒、铅、铬、硅、碱、氟化物的粉尘及 $NO_x$、$CO_2$、$SO_2$、CO 等废气 | 排放含油、重金属离子的废水 | (1) 矿物资源及土地消耗；<br>(2) 排放固体废弃物 |
| 金属及矿物开采 | 排放各种粉尘及有害气体 | 排放含金属离子及有毒化学品的废水 | (1) 矿物资源及土地消耗；<br>(2) 土地退化 |
| 钢铁 | (1) 排放含铅、砷、镉、铬、铜、汞、镍、硒、锌的粉尘，以及含有机物、酸雾、$H_2S$、HCl 的废气；<br>(2) 紫外线辐射 | (1) 水资源消耗；<br>(2) 排放含无机物、有机物、油、悬浮性固体物、金属离子的废水 | (1) 矿物资源及土地消耗；<br>(2) 排放固体废弃物 |
| 有色金属 | 排放含铝、砷、镉、铜、锌、汞、镍、铅、镁、锰、炭黑、气溶胶、$SiO_2$ 的粉尘，以及含 $SO_2$、$NO_x$、CO、$H_2S$、氯化物、氟化物、有机物的废气 | 排放含重金属离子及有害化学品的废水 | (1) 排放固体废弃物；<br>(2) 土地退化 |

## 13.1 环境材料的定义和研究内容

环境材料是指同时具有满意的使用性能和优良的环境协调性，或者能改善环境的材料。其中的环境协调性是指对资源和能源的消耗小，对环境的污染少。

对环境材料的研究分为理论研究和实用研究两大部分。理论研究包括：①对材料的环境性能的评价。其中生命周期评估(life cycle assessment，LCA)已经成为这一领域的主流方法。LCA 是指采用数理方法和实验量化方法，评价某种过程、产品和事件的资源、能源消耗，废物排放等环境影响，并寻求改善的可能。②材料的可持续发展理论。研究资源的使用效率、生态设计理论。③材料流(materials flow)理论，生态加工、清洁生产理论，再循环、降解、废物处理理论。实用研究包括：①环境协调材料、传统材料的环境材料化。这是从人本的角度强调材料与环境的兼容与协调，使材料在完成特定使用功能的同时，减少资源和能源的用量，降低环境污染。例如，开发天然材料、绿色包装材料和绿色建筑材料等。②环境净化和修复材料，指各种积极地防止污染的材料，如分离、吸附、转化污染物的材料。③降解材料，指通过自身的分解减小对环境的污染的材料[1,4]。

## 13.2　传统材料的环境材料化

### 13.2.1　金属材料的环境材料化

在保证强度的前提下，金属的环境材料化的思路是：尽量少采用或者不采用稀缺的、环境负荷大的元素，多采用硅一类储量丰富、易于获得的元素；尽量采用同种元素或者简单元素组合制造材料。例如，采用铁素体-马氏体双相钢就是一种很有前途的发展方向，或者用钢纤维增强铁基超细粉形成 Fe-Fe 粉末冶金材料。

目前金属的环境材料化主要针对金属的加工过程，如熔融还原炼铁、冶金短流程工艺、金属材料制品的近尺寸加工(薄带连铸和喷射成型)、表面优化等技术。

**1. 熔融还原炼铁**

传统的高炉炼铁系统包括焦化、烧结、高炉熔炼，具有技术完善、生产量大、设备寿命长等特点，但其流程长、投资大、污染严重、灵活性差。

以 COREX 法为代表的熔融还原炼铁工艺是近年已趋成熟的新型炼铁方法和前沿技术。它能使用非炼焦煤直接炼铁，工艺流程短、投资省、成本低、污染少，铁水质量能与高炉铁水媲美，能够利用过程产生的煤气在竖炉中生产海绵铁，替代优质废钢供电炉炼钢。

COREX 工艺的熔融还原炼铁过程在两个反应器中完成，即上部的预还原竖炉将铁矿石还原成金属化率为 92%～93%的海绵铁，下部的熔融气化炉将海绵铁熔化成铁水，同时产生还原煤气。

COREX 工艺从矿石到炼出铁水仅需 10h，而高炉工艺需要 25h，前者比后者时间缩短一半以上。同时，设备重量减少一半，投资费用减少 20%，生产成本降低 10%～25%。

由于没有了炼焦过程，环境负担大大减轻，以高炉工艺排出的有害物质为 100%计，COREX 工艺熔融还原炼铁的排放量如表 13.2 所示。

**表 13.2　COREX 工艺熔融还原炼铁的排放量**

| 物质 | 排放量/% | 物质 | 排放量/% |
|---|---|---|---|
| 炉尘 | 10.7 | 氰化物 | 5.0 |
| $NO_2$ | 10.5 | 苯酚 | 0.04 |
| 硫化物 | 0.01 | 氨 | 8.2 |

COREX 法产生的煤气的热值约为 7500 kJ/m$^3$，($CO+H_2$)含量达 60%～65%，是极好的二次能源，可用来发电，生产海绵铁、化工产品或作为燃料。从煤气清洗回收的炉尘可在炉体

的一定位置返回熔融气化炉而被全部利用。可以认为，COREX 法是技术、经济与环境统一协调的钢铁材料生产生态化改造的范例。

2. 金属材料制品的近尺寸加工——喷射成型

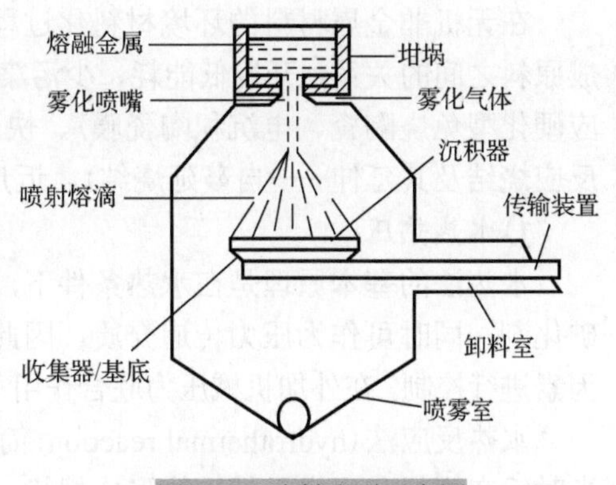

图 13.1　喷射成型示意图

喷射成型(spray forming)是典型的近尺寸加工技术。它既可以进行材料生产，也可用于发展新型材料。

喷射成型的基本过程是(图 13.1)：金属或合金的高温熔液从坩埚底部流出，经过雾化器时在雾化喷嘴出口处被高速惰性气流雾化，形成弥散的、具有一定分布特性和不同凝固状态的喷射熔滴。在高速气流的作用下加速，同时与气流进行强烈的热交换，最后撞击到水冷沉积器，在沉积器表面上沉积，凝固成密实的材料或制品。

喷射成型把液态金属雾化和沉积自然地结合起来，以最少的工序从液态金属直接制取接近零件形状的大块高性能沉积坯体。与粉末冶金工艺相比，它省去了包套、除气、热压或烧结等工艺，生产流程大大缩短，更加紧凑，是一种紧凑型粉末冶金流程。它可大幅度节约能源，降低环境负担，比粉末冶金法降低生产成本 40%以上。

由于喷射成型时金属雾化的冷却速率为 $10^3$～$10^6$ K/s，属于快凝固范畴，因此坯体具有组织均匀细小、偏析程度低等特点。其坯体致密度高，一般可达到理论密度的 95%，乃至 99%，在坯体的后续加工中很容易达到完全致密化。坯体的氧含量比粉末冶金低，材料的综合性能好。此工艺可用于制备多种合金和产品，已经用于几乎所有的金属材料，如镁基、铝基、钛基、铁基、高温合金、磁性合金及复合材料等，不仅可直接生产零部件，也可与其他工艺相结合制造板、管、棒、盘等形状的材料。

喷射成型技术尚处于工业化的初期，只有几个厂家生产棒坯和轧辊。但它是一项极有发展前途的环境协调技术，可将喷射成型用于 Al-Li 合金、超合金、TiAl 金属间化合物等新材料的研究。

20 世纪中期提出了“零排放，零废弃”，实现封闭式生产的目标。例如，高速钢中含有 17%左右的贵金属，因此研究开发了钢屑、氧化皮和磨屑废料等难以利用形式的循环再生技术。在对金属产业废弃物的处理中，除了要加强回收废旧金属材料和制品，也要加强对金属加工时的各种固态废弃物的研究。例如，钒渣可以制备钒钢，尾矿(我国超过 50 亿吨)可以制造建材、化肥和铺路，钢渣和高炉渣同样也可以制造各种建材。

## 13.2.2　无机非金属材料的环境材料化

无机非金属材料使用性能和环境协调性的矛盾十分突出[5]。首先，传统陶瓷来源广泛，加工容易，环境负担小，但性能不足；先进陶瓷就正好相反。其次，工艺中往往达到 1400℃以上的高温(碳石墨化的温度更是超过了 2500℃)，能耗惊人。再次，无机非金属材料废弃物很难分解，难以处理，也很难循环利用。将它粉碎，往往会产生更明显的能耗，带来更大的污染。此外，在无机非金属材料生产中大量有毒有害添加剂和废水、废气的排放也不容忽视。最后，多数无机非金属材料的生产要经过粉末阶段，产生的粉尘污染也很严重。

在无机非金属材料的环境材料化过程中，要合理地处理高纯化和复合化、天然原料和合成原料之间的关系，开发低能耗、少污染的制备加工技术，如免烧和低温固化(水热热压、反应硬化型免烧陶瓷、电沉积陶瓷膜)、快速烧结(微波烧结、爆炸烧结)、反应烧结(包括一般反应烧结及其延伸——自蔓延烧结)、近尺寸成型、可切削等技术。

**1) 水热热压**

水热法的基本原理是在水热条件下，水可作为一种化学组分参与反应。水既是溶剂又是矿化剂，同时可作为压力传递介质。因此，通过加速渗析反应并对反应过程中的物理、化学因素进行控制，在外加机械压力联合作用下，可以使无机非金属材料在低温发生固结和致密化。

水热反应法(hydrothermal reaction，简称水热法)在 19 世纪中叶由法国地质学家首先提出，当时旨在模拟和研究天然矿物形成规律，后来发展成为合成人工晶体的一种方法。目前，水热法广泛用于制备超细粉体。水热热压是在水热法基础上发展起来的，在水热反应的同时施加机械压力，能够使材料在低温(<300℃)固结致密化，具有低能耗、无污染的特点。

**2) 可切削**

传统的可切削无机非金属材料主要指可切削玻璃陶瓷和炭素、石墨类材料，但是这类材料力学性能较差，限制了其应用范围。日本大阪大学新原皓一团队在研究陶瓷纳米复合材料时发现，$Si_3N_4$/h-BN 纳米复合材料(制备过程见图 13.2)具有可切削性，同时保持了良好的力学性能。研究表明，当含有体积分数为 15%的纳米 h-BN 时，材料弯曲强度大于 1100 MPa，并能用普通硬质合金刀具车削和钻削加工。h-BN 易于解理，且具有良好的分散性，因此可对材料进行机械加工。由于是纳米级的 BN，解理仅发生于局域，远小于临界裂纹尺寸，使材料能够保持较高的强度。可见，通过巧妙的微观结构设计，能够将优良的力学性能和可切削性统一起来，这是未来开发可切削无机非金属材料的重要方向。

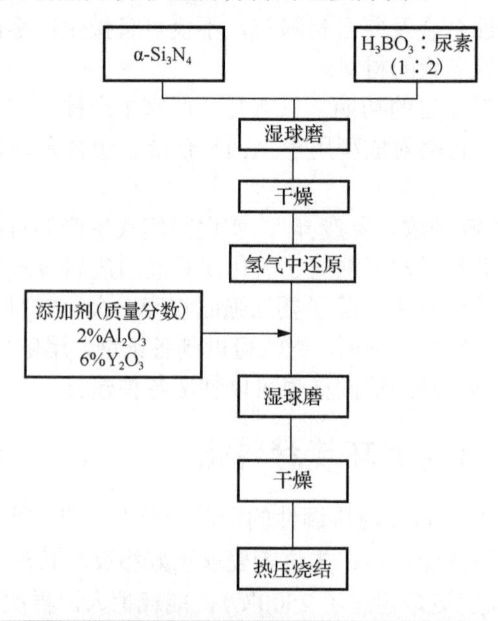


图 13.2　$Si_3N_4$/h-BN 可切削纳米复合材料制备工艺

在无机非金属材料废弃物中，排烟脱硫石膏可以制作砖，煤矸石、粉煤灰是最多的固体废弃物，可以制造各种建材，甚至制造高性能陶瓷。

### 13.2.3　高分子材料的环境材料化

目前，针对普通高分子材料环境材料化的努力主要是零排放、再生循环、可降解化和天然化等技术。下面讨论一个线性高分子材料废弃物共混再生循环利用实例。

像包装材料和一次性餐具之类的塑料制品的使用过程十分短暂，废弃时材料本身的性能并未遭到严重破坏，因此可与其他塑料一起混合利用。例如，①在难以分离的PE与其他聚烯烃的混杂塑料中添加30%的PET或PS，挤出拉成直径为10μm的纤维，此即废塑料纤维化；②将五颜六色的混杂废塑料粉碎成小颗粒后直接成型再生制品，或添加锯木粉后挤压成耐湿耐腐的塑料木材，或添加废纸混合后制成复合木材，或与其他材料混合制成地板等，此即废塑料木材化；③用废PP或HDPE制备防止滑坡塌方的土工隔栅，用废PP制备土筋，用废PVC或LDPE制造防漏或保水的土工膜，用废PVC加工成治理铁路基床翻浆冒泥的排水板，用废PVC和LDPE农膜加工软质地板等，此即废塑料土工制品化；④将废PS与其他材料共混，制成各种用途的井盖、建筑材料、涂料、黏结剂、防水材料、阻燃剂、涂饰剂、增塑剂等；⑤ PU、PF、不饱和聚酯、环氧树脂等热固性塑料可与其他材料混合使用，既可降低成本，又能提高某个方面的性能。总之，共混再生循环利用技术简便易行，几乎适用于任何一种废旧高分子材料。

## 13.3　绿色包装材料

包装材料是指制造包装容器、包装装潢、包装印刷、包装运输等满足产品包装要求所使用的材料，它既包括金属、塑料、玻璃、陶瓷、纸、竹本、野生蘑类、天然纤维、化学纤维、复合材料等主要包装材料，又包括捆扎带、装潢、印刷材料等辅助材料。绿色包装材料是指在材料的生产、使用、报废、回收等的过程中，能够节约能源，废弃后能够迅速自然降解或再利用，不会破坏生态平衡，而且来源广泛、耗能低，易回收且再生循环利用率高的材料或材料制品。

**1. 绿色包装材料的设计原则**

(1)减量化材料。在满足功能的前提下，采用新材料和新技术，尽量减少包装材料的用量，从而减少环境负担(过度包装本身还涉嫌欺诈行为)。

(2)可复用材料。采用和开发易于重复利用和回收再生的材料。通过再循环利用、生产再生制品、焚烧利用热能、综合利用废弃物等技术，减轻环境负担。

(3)可降解材料。避免固体废弃物的残留。

(4)无毒害材料。防止或减少包装材料中的有毒元素、卤素和重金属。

**2. 典型绿色包装材料**

(1)天然生物包装材料。如木材、竹材、纸、芦苇、麦秸、淀粉和甲壳素等，是良好的绿色包装材料和原料。特别是甲壳素，来源广泛，加工制备的包装材料具有良好的保护性、透气性、美观性、安全性、稳定性和可降解性，得到了广泛的应用。

(2)可食性包装材料。一般用人体可以消化吸收的蛋白质、淀粉、多糖、植物纤维等原料制成食品和药品的内膜，得到了广泛的应用。

(3) 绿色金属包装材料。一是以高强且薄的马口铁代替铝罐，节约材料用量，降低成本，还能减少废弃物的环境污染。二是降低马口铁的镀锡量。三是改进焊接工艺。据统计，人体内 14%的铅来自马口铁的锡焊材料。如果采用高频电阻焊，不仅减轻污染，焊接质量也得到提高。四是采用铝箔代替塑料和纸，这主要是基于铝箔的回收利用非常容易。

(4) 绿色玻璃包装材料。现在的主要发展方向是提高玻璃的强度，减小玻璃包装材料的厚度，提高玻璃瓶的重复利用次数。常有的啤酒瓶爆炸事故主要就是因为玻璃瓶多次周转后强度下降。

(5) 绿色塑料包装材料。主要致力于轻量高性能塑料、无氟泡沫塑料、可再生塑料和可降解塑料的开发研制。

## 13.4　绿 色 建 材

建材工业是国民经济中非常重要的基础性产业，也是消耗资源和能源最多、污染最大的行业之一。鼓励和倡导生产使用绿色建材，对保护环境、实现经济社会可持续发展是至关重要的。绿色建材是指采用清洁生产技术、少用天然资源和能源、大量使用工业或城市固态废物生产的无毒害、无污染、无放射性、有利于环境保护和人体健康的建筑材料[6]。绿色建材不是指单独的建材产品，而是对建材“健康、环保、安全”品性的评价。

### 1. 绿色建材的分类

(1) 天然型。除花岗岩、大理石具有放射性以外(其中的钍、铀元素会释放出放射性气体氡)，常见的木材、竹材等都是良好的自然绿色建材。

(2) 节能型。主要是指生产、使用过程中能明显降低能耗的绿色建材，如免烧、低温快烧等技术生产的建材。

(3) 废物利用型。将废料收集或清洁处理后可以再次使用的建材。

(4) 安全舒适型。具有防火、防水、调温、调湿、调光功能，赋予人们安全舒适感的建材。

(5) 保健型。具有消毒灭菌、防臭防霉等功能，促进人体健康的建材。

(6) 特殊环境型。能够适用于各种特殊恶劣环境的建材。

### 2. 生态水泥和生态混凝土

水泥和混凝土作为最主要的建筑材料，生产时环境负荷很高。目前改良的方法主要是大量掺入固体废弃物作为原料[7]，或者开发降低能耗的新工艺。总体而言，生态混凝土主要关注其中的孔洞，包括环境友好型生态混凝土和生物兼容型生态混凝土。环境友好型生态混凝土主要靠降低生产时的环境负担、延长使用寿命(相当于减少环境负担)和改善性能以减少对环境的影响。例如，通过控制孔隙特征赋予混凝土良好的透水性、吸声性、蓄热性、吸气性。生物兼容型生态混凝土是指能与动植物和谐共处的混凝土，包括可以种植植物的混凝土、适于生长水生动物的混凝土和净化水体水质的混凝土。

### 3. 环境功能玻璃

环境功能玻璃包括热反射玻璃、高性能隔热玻璃、自动调光玻璃、隔声隔热玻璃、电磁波屏蔽玻璃和抗菌自洁玻璃。

(1) 热反射玻璃。热反射玻璃是用喷雾法、溅射法在玻璃表面涂上金属膜、金属氮化物膜或金属氧化物膜制成的。这种玻璃能反射太阳光，可创造一个舒适的室内环境，同时在夏季能起到降低空调能耗的作用。此外，由于金属膜具有镜面效果，周围景观会呈现在玻璃上，为建筑物增添情趣，使之与自然达到和谐统一。

(2) 高性能隔热玻璃。一般的隔热玻璃是在玻璃夹层内充填热导率低的空气层而制成的，由于该玻璃的热贯流率约为单板玻璃的一半，故显示出良好的隔热效果。高性能隔热玻璃是在玻璃夹层内的一面涂上一层特殊的金属膜，由于该膜的作用，太阳光能照入室内，而室外的冷空气被阻挡在外，室内的热量不会流失。据介绍，采用这种玻璃后冬季取暖节能可达60%。

(3) 自动调光玻璃。自动调光玻璃有两种：一种是电致色调光玻璃；另一种是液晶调光玻璃。前者属于透过率可变型，其结构为两片相对的透明导电玻璃，一片上涂有还原状态发色的 $WO_3$ 层，另一片上涂有氧化状态下发色的普鲁士蓝层，两层同时着色、消色，通过改变电流方向可自由地调节光的透过率，调节范围达 15%～75%。后者属于透视性可变型，其结构为在两片相对的透明导电玻璃之间夹一层分散有液晶的聚合物。通常聚合物中的液晶分子处于无序状态，入射光被散射，玻璃为不透明；加上电场后，液晶分子轴按电场方向排布，结果得到透明的视野。

(4) 隔声隔热玻璃。隔声隔热玻璃将隔热玻璃夹层中的空气换成氦、氩或六氮化硫等气体并用不同厚度的玻璃制成，针对不同的噪声频段，在很宽的频道范围内隔音效果好。

(5) 电磁波屏蔽玻璃。电磁波屏蔽玻璃是在导电膜反射电磁波的性能上再加上电解质膜的干扰效应，在可见光透过率为50%、频率为1GHz的条件下，其屏蔽性能为35～60dB。

(6) 抗菌自洁玻璃。抗菌自洁玻璃是采用目前成熟的镀膜玻璃技术(如磁控浇注法、溶胶-凝胶法等)，在玻璃表面覆盖一层二氧化钛薄膜。这层二氧化钛薄膜在阳光下，特别是在紫外线的照射下，能自行分解出自由移动的电子，同时留下带正电的空穴。空穴能将空气中的氧激活变成活性氧，这种活性氧能把大多数病菌杀死；同时它能把许多有害的物质以及油污等有机污物分解成氢气和二氧化碳，从而实现了消毒和玻璃表面的自清洁。

**4. 装饰建材**

(1) 建筑涂料。传统建筑涂料大多是有机溶剂型涂料，在使用过程中释放出有机溶剂，有害于人体健康。因此，许多国家制定了标准对空气中的挥发性有机溶剂的总量加以限制，同时开发了一些非有机溶剂型涂料，如水性涂料、粉末涂料和辐射固化涂料等。此外，还开发出许多具有特殊功能的涂料，如防水、杀虫、防潮、防霉、防污、防震、防结露、可调温、高效保温、抗菌、防辐射等涂料。

(2) 壁纸墙布。传统壁纸墙布的功能单一，现在的壁纸墙布正向阻燃、防水、防霉、吸声等多功能方向发展。

(3) 建筑胶黏剂。传统建筑胶黏剂在使用过程中释放出甲醛等有害气体，现正向无毒、功能性胶黏剂发展，主要功能有耐热、耐低温、阻燃、绝缘、导热、导电等。

(4) 建筑卫生陶瓷。建筑卫生陶瓷方面近年来出现了具有抗菌、灭菌、防霉、除臭等功能的釉面砖、洁具。日本东陶公司研制出一种新型瓷砖，采用光催化剂，在瓷砖表面制作了一层起到抗菌作用的膜。这种保健型瓷砖特别适用于医院、食品厂、食品店以及浴室、厨房、卫生间等场所的装饰。中国建筑材料科学研究总院进行了稀土激活保健抗菌材料的研制工作，并成功地应用于陶瓷釉面砖的生产，制备出保健抗菌釉面砖。其特点是考虑到光催化、金属离子的激活作用以及复合盐的抗菌效果，采用了稀土离子和分子的激活催化手段，提高了多功能保健抗菌效果和空气净化效果。

## 13.5 环境净化材料

环境问题是当今社会发展所面临的三大类主要问题之一，人们在创造空前巨大的物质财富和前所未有的社会文明的同时，也在不断破坏其赖以生存的环境。从资源、能源和环境的角度考虑，材料的提取、制备、生产、使用和废弃的过程实际上是一个资源和能源消耗及环境污染的过程。材料一方面推动着人类社会物质文明的发展，另一方面大量消耗资源和能源，并在生产、使用和废弃过程中排放大量的污染物，危害和恶化人类赖以生存的空间。一方面，材料产业成为环境污染的主要来源之一；另一方面，环境的净化与修复在很大程度上都依赖于更高性能材料的开发。

环境净化材料就是能净化或吸附环境中有害物质的材料，主要起到环境中污染物去除的作用。环境净化材料研究体现了多学科的前沿交叉，其主要内容是开发高性能、低能耗、低污染的新材料，并对现有的材料进行环境协调性的改性。常见的环境净化材料有大气污染控制材料、水污染控制材料以及其他污染控制材料等[8]。大气污染控制材料一般有吸附、吸收和催化转化材料，水污染控制材料有沉淀、中和以及氧化还原材料，还有减少噪声污染的防噪、吸声材料，以及减少电磁波污染的防护材料等。

### 13.5.1 大气污染净化材料

大气污染控制技术主要是对大气污染物进行分离和转化，以环境净化材料为主体，通过不同的工艺治理大气污染。由于各类气态污染物的性质不同，每一种气态污染物的净化具有不同的特点，需要综合采用吸附剂、吸收剂和催化剂等不同的处理方式[9]。

**1. 吸附材料**

吸附剂是能有效地从气体或液体中吸附某些成分的固体物质。吸附剂一般有以下特点：①大的比表面积、适宜的孔结构及表面结构；②对吸附质有强烈的吸附能力；③一般不与吸附质和介质发生化学反应；④制造方便，容易再生；⑤有良好的机械强度等。吸附剂的种类很多，可分为无机吸附剂和有机吸附剂，天然吸附剂和合成吸附剂。天然矿产品如活性白土和硅藻土等经过适当的加工，就可以形成多孔结构，可直接作为吸附剂使用。合成无机吸附剂主要有活性炭、活性炭纤维、硅胶、活性氧化铝及沸石分子筛等。近年来研制出多种大孔吸附树脂，与活性炭相比，它具有选择性好、性能稳定、易于再生等优点。目前，工业上广泛采用的吸附剂主要有活性炭、活性氧化铝、硅胶、沸石分子筛等。

**1）活性炭**

活性炭又称活性炭黑，是黑色粉末状或颗粒状的无定形碳。在结构上，由于微晶碳不规则排列，在交叉连接之间有细孔，在活化时会产生组织缺陷，因此活性炭是一种多孔碳，堆积密度低，比表面积大。活性炭颗粒(GAC)作为碳含量高，同时耐酸、耐碱、疏水性的多孔物质，是一种应用广泛的吸附剂。大的比表面积和分布广泛的孔洞使活性炭能够吸附各种物质，但其选择性吸附较差。

活性炭能有效地去除色度、臭味，可去除二级处理出水中大多数有机污染物和某些无机物，包含某些有毒的重金属。活性炭也能有效吸附氯代烃、有机磷和氨基甲酸酯类杀虫剂，还能吸附苯醚、正硝基氯苯、乙烯、二甲苯酚、苯酚、DDT、艾氏剂、烷基苯磺酸及许多酯类和芳烃化合物。活性炭吸附法与其他处理方法联用，出现了臭氧-活性炭法、混凝-吸附活性炭法、Habberer 工艺、活性炭-硅藻土法等，使活性炭的吸附周期明显延长，用量减少，处理效果和范围大幅度提高。饱和吸附苯、甲苯等有害废气的活性炭属于危险废弃物，在紫外线的照射下，以悬浮或担载纳米锐钛矿相 $TiO_2$ 为催化剂，可以实现吸附饱和活性炭的再生[10]。

活性炭纤维(ACF)是由有机纤维经过炭化活化得到的，其超过 50%的碳原子位于内、外表面，构筑成独特的吸附结构，称为表面性固体。较大的比表面积和较窄的孔径分布使得它具有较快的吸附/脱附速度和较大的吸附容量，且它可方便地加工为毡、布、纸等形状，并具有耐酸碱、耐腐蚀特性，使得其一问世就得到人们广泛的关注和深入的研究。目前活性炭纤维已在环境保护、催化、医药、军工等领域得到广泛应用。

**2) 活性氧化铝**

活性氧化铝是指氧化铝加热脱水形成的多孔性、高分散度的固体材料，有很大的表面积，其微孔表面具备催化作用所要求的特性，如吸附性能、表面活性、优良的热稳定性等。它能吸附极性分子，无毒、机械强度大、不易膨胀。

活性氧化铝对气体、水蒸气和某些液体的水分有选择吸附性。吸附饱和后可在 175～315℃加热除去水而复活。吸附和复活可进行多次。除用作干燥剂外，还可从污染的氧、氢、二氧化碳、天然气等中吸附润滑油的蒸气。氧化铝的晶格构型分为 $\alpha$ 型、$\gamma$ 型和中间型，其中起吸附作用的主要是 $\gamma$ 型氧化铝。作为极性吸附剂，较大的比表面积和丰富的孔隙结构、较多的表面羟基以及表面带电性质使活性氧化铝对极性气体或蒸气(特别是水蒸气)具有良好的吸附性能，对空气的干燥能力优于硅胶。

**3) 硅胶**

硅胶又称硅橡胶，是一种高活性吸附材料，属非晶态物质，其化学分子式为 $m\mathrm{SiO_2}\cdot n\mathrm{H_2O}$，属于无定形结构，其中的基本结构质点为 Si-O 四面体相互堆积形成硅胶的骨架。硅胶不溶于水和任何溶剂，无毒无味，化学性质稳定，除强碱、氢氟酸外不与任何物质发生反应。各种型号的硅胶因其制造方法不同而形成不同的微孔结构。硅胶的化学组分和物理结构决定了它具有许多其他同类材料难以取代的特点：吸附性能高、热稳定性好、化学性质稳定、机械强度较高等。在工业上主要用于气体的干燥和从废气中回收烃类气体。

由于硅胶为多孔物质，而且表面的羟基具有一定程度的极性，故而硅胶优先吸附极性分子及不饱和的碳氢化合物。此外，硅胶对芳烃的 $\pi$ 键具有很强的选择性及很强的吸水性，因此，硅胶主要用于脱水及石油组分的分离。

**4) 沸石分子筛**

目前常用的分子筛系人工合成沸石，是强极性吸附剂，对极性、不饱和化合物和易极化分子(特别是水)有很大的亲和力，故可按照气体分子极性、不饱和度和空间结构对其进行分离。分子筛的热稳定性和化学稳定性高，又具有许多孔径均匀的微孔孔道和排列整齐的空腔，故其比表面积大（800～1000$m^2/g$），且只允许直径比其孔径小的分子进入微孔，从而使大小和形状不同的分子分开，起到了筛分分子的选择性吸附作用，因而称为分子筛。人工合成沸石是结晶硅铝酸盐的多水化合物，其化学通式为 $Me_{x/n}((AlO_2)_x(SiO_2)_y)\cdot mH_2O$，其中，Me 是正离子，主要是 $Na^+$、$K^+$和 $Ca^{2+}$等碱金属或碱土金属离子；$x/n$ 是价数为 $n$ 的可交换金属正离子 Me 的数目；$m$ 是结晶水的物质的量。根据分子筛孔径、化学组成、晶体结构以及 $SiO_2$ 与 $Al_2O_3$ 的物质的量之比，可将常用的分子筛分为 A、X、Y 和 AW 型四种。A、X 和 Y 型分子筛的晶体结构如图 13.3 所示，其中 X、Y 型都具有八面沸石结构，主要根据 $SiO_2$ 和 $Al_2O_3$ 的物质的量之比来区分。

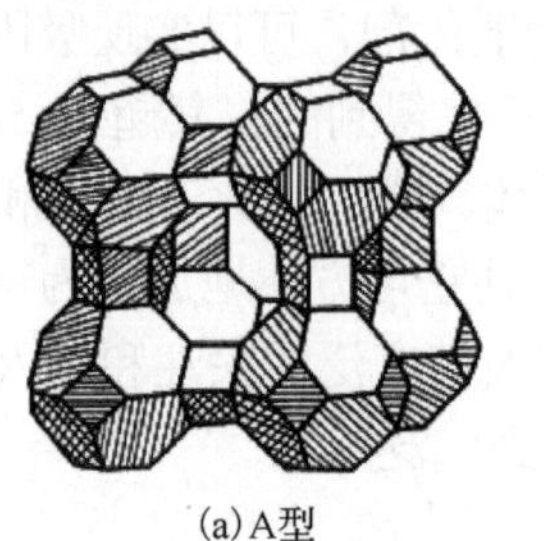

(a) A型

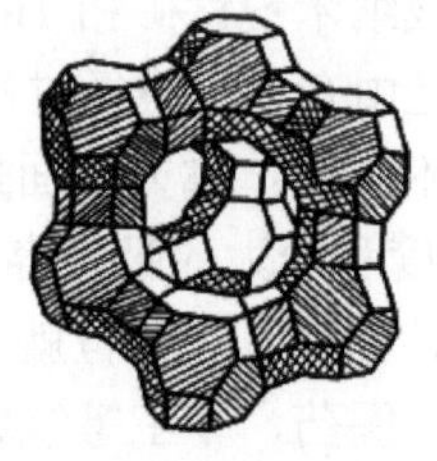

(b) X型，Y型

图 13.3　A、X 和 Y 型分子筛晶体结构

**5）其他吸附材料**

除了上面几种吸附剂，还有许多具备不同结构和功能的吸附材料，如硅藻土、吸附树脂、水滑石类材料等，这些材料都有着广泛的用途。

硅藻土是海洋或湖泊中生长的硅藻类残骸在水底沉积，经自然环境逐渐形成的一种以 $SiO_2$ 为主要成分还有少量的 $Al_2O_3$、$Fe_2O_3$、CaO、MgO 及一定量的有机质的非金属矿物。硅藻土是良好的天然吸附剂，有相当的比表面积和一定的孔结构，表面含有大量羟基，在中性水中表面带一定的负电荷，可用于吸附有机物、金属离子和某些气体。硅藻土具有孔结构丰富、微孔发达、堆积密度小、热导率低、活性好等优点，并且分布广泛，成本低廉，可用作废弃物的吸附剂、催化剂的载体、聚合物材料、涂料的填料和增强剂、化工的助滤剂、表面活性剂等。

吸附树脂是一类具有吸附能力的多孔高分子聚合物，对有机物有浓缩或分离的作用。树脂表面的化学性质、比表面积和孔径等参数决定了吸附树脂的吸附能力，不同表面性质的吸附树脂可有选择性地吸附不同物质。因此，可以通过选择适当的原理和合成工艺，制备不同性质的吸附树脂材料。

水滑石类材料（LDHs）是一种碱性固体层状材料，由水滑石、类水滑石以及柱撑水滑石组成，层板是带正电的阳离子，层间是带负电的阴离子。其中的代表如 $Mg_6Al_2(OH)_{16}CO_3\cdot 4H_2O$ 具有类似于水镁石的正八面体结构，中心为 $Mg^{2+}$，六个顶点为 $OH^-$。层板间的结合方式为静电力和氢键，且 $Mg^{2+}$可以被 $Al^{3+}$取代，使其带正电荷，层间有阴离子 $CO_3^{2-}$ 和结晶态水，在加热条件下消失[11]。水滑石类材料在密度、分布范围、储备和数量可调性等方面都比传统环境净化材料更有优势。水滑石类材料属于碱性材料，可吸附大量酸性气体，减少温室气体的排放，防止酸雨。

### 2. 吸收材料

吸收剂的作用是使混合气体中各成分在吸收剂中的溶解度不同，或与其发生化学反应从而将有害组分从混合气体中分离出来。吸收剂被广泛应用于净化含 $SO_2$、$NO_x$、HF、$H_2S$、HCl 等废气。

**1) 常用的吸收剂类型**

(1) 碱性吸收剂，包括碱金属和碱土金属的盐类、铵盐，它能与 $SO_2$、HF、HCl、$NO_x$ 等发生化学反应。

(2) 中性吸收剂，包括水，它可以吸收易溶于水的气体，如 $SO_2$、HF、$NH_3$、HCl 等。

(3) 酸性吸收剂，包括硫酸、硝酸，它能与 $SO_3$、$NO_x$ 等发生化学反应。

**2) 常用的气体吸收剂**

表 13.3 列出了一些常用的气体吸收剂。目前吸收剂的应用主要有对二氧化硫烟气、二氧化碳以及甲烷的吸收等。

表 13.3 常用气体吸收剂

| 气体名称 | 吸收剂名称 | 吸收剂浓度 |
|---|---|---|
| $CO_2$，$SO_2$，$H_2S$，$PH_3$ | 氢氧化钾(KOH) | 颗粒状固体或 30%～35%水溶液 |
| | 乙酸镉二水合物($Cd(CH_3COO)_2·2H_2O$) | 80 g 乙酸镉溶于 100 ml 水中，加入几滴冰乙酸 |
| $Cl_2$，酸性气体 | KOH | 80 g 乙酸镉溶于 100 ml 水中，加入几滴冰乙酸 |
| $Cl_2$ | 碘化钾(KI) | 1mol/L KI 溶液 |
| | 亚硫酸钠($Na_2SO_3$) | 1mol/L $Na_2SO_3$ 溶液 |
| HCl | KOH | 1mol/L $Na_2SO_3$ 溶液 |
| | 硝酸银($AgNO_3$) | 1mol/L $AgNO_3$ 溶液 |
| $H_2SO_4$，$SO_3$ | 玻璃棉 | — |
| HCN | KOH | 250 g KOH 溶于 800 ml 水中 |
| $H_2S$ | 硫酸铜($CuSO_4$) | 1% $CuSO_4$ 溶液 |
| | 乙酸镉二水合物($Cd(CH_3COO)_2·2H_2O$) | 1% $Cd(CH_3COO)_2$ 溶液 |
| $NH_3$ | 酸性溶液 | 0.1 mol/L HCl 溶液 |
| $AsH_3$ | 乙酸镉二水合物($Cd(CH_3COO)_2·2H_2O$) | 80 g 乙酸镉溶于 100 ml 水中，加入几滴冰乙酸 |
| NO | 高锰酸钾($KMnO_4$) | 0.1 mol/L $KMnO_4$ 溶液 |
| 不饱和烃 | 发烟硫酸($H_2SO_4$) | 含 20%～25% $SO_3$ 的 $H_2SO_4$ |
| | 溴溶液 | 5%～10% KBr 溶液用 $Br_2$ 饱和 |
| $O_2$ | 黄磷(P) | 固体 |
| $N_2$ | 钡、钙、锗、镁等金属 | 80～100 目的细粉 |

(1) 二氧化硫烟气的吸收。

烟气脱硫方法大致分为以下三类。

① 用各种液体和固体物料优先吸收或吸附二氧化硫。

② 在气流中将二氧化硫氧化为三氧化硫，再冷凝为硫酸。

③ 在气流中将二氧化硫还原为单质硫，再将单质硫冷凝分离出来。

石灰、石灰石干法脱硫是处理含硫烟气最早使用的方法之一。由于石灰石分布极广，成本低廉，在各种脱硫方法中是投资最少和操作费用最低的方法。在吸收过程中，$SO_2$ 与 $Ca(OH)_2$

反应生成亚硫酸钙，然后将亚硫酸钙氧化生成石膏，因此整个吸收过程主要分为吸收和氧化两个步骤。但干法脱硫的缺点是脱硫效率不高，钙基化合物的利用率低，甚至不到 50%，在一定程度上影响了该技术的推广应用。目前的改性工艺有添加易潮解盐和燃煤飞灰的再循环利用。实验结果表明，这些改性工艺可有效地提高干法脱硫的效率。

氧化锌和三氧化二铁是常见的中低温脱硫剂。另外，二氧化锰、氧化钙等金属氧化物用作中低温脱硫剂也有报道。氧化锡、硫化锡系列可用来进行高温脱硫。

稀土氧化物在烟气脱硫过程中显示出独特的吸收性能，是非常有应用前景的吸收剂材料。例如，二氧化铈吸收剂在很宽的温度范围内能和二氧化硫起反应，在适当的条件下可再生。二氧化铈可同时脱除烟气中的二氧化硫和氮氧化物，其脱氮脱硫的效率都大于 90%。

(2) 二氧化碳的吸收。

随着全球气温的不断升高，温室效应日趋严重，实现二氧化碳吸收、分离、固定和利用被全世界关注。$CO_2$ 捕集及其催化转化为高附加值化工产品是目前处理 $CO_2$ 的主要方法之一[12]。针对二氧化碳吸收处理开发的吸收陶瓷可以在 300℃以上反复使用，可吸收自身体积 520 倍的二氧化碳。吸收陶瓷采用锆酸锂材料，与二氧化碳产生可逆反应，在 500℃附近与氧化锂反应，700℃以上发生逆反应，分解出二氧化碳。吸收陶瓷可用于发电厂排放高温燃烧气体的吸收器材料，吸收装置可小型化，可以切换装置连续分离。

日本东芝公司和东芝陶瓷开发了一种新陶瓷——硅酸锂，它可在室温下吸收二氧化碳。硅酸锂比锆酸锂的吸收能力高 30 倍。在含有 20%二氧化碳的气体环境中，在 500℃下，1g 硅酸锂在 1min 内可吸收 62mg 二氧化碳，而锆酸锂只能吸收 1.8mg 二氧化碳。此外，硅的价格仅为锆的 15%，其重量比锆轻 70%。商用硅酸锂陶瓷可用于减少废气排放，装用这种陶瓷材料的滤筒在发电厂或其他工业设施上吸饱了二氧化碳后可以出售给需要二氧化碳的用户。例如，在农业工程中用于促进光合作用，在室温中用于促进植物生长。

(3) 甲烷的吸收。

以甲烷为主要成分的油气资源，如页岩气、可燃冰等化石能源，相比于传统的煤、天然气等材料具有燃烧充足、污染较少等优势，是值得期待的清洁能源。然而，甲烷的输运和储存依旧是较为复杂的问题。同时，甲烷作为温室气体，如果在输运使用过程中泄漏，也可能对环境造成不利的影响。因此，研究人员希望通过开发高效、可靠、低成本的甲烷吸附材料实现气体燃料的高效输运。

目前，炭质吸附材料作为甲烷吸附材料的技术已经相当成熟，金属有机骨架、沸石、分子筛、活性氧化铝等材料也属于可行的甲烷吸附材料。另外，使用水合物储存甲烷是近年来发展的新技术，它可在大气压下与天然气反应，形成气体水合物，达到固化甲烷气体的目的。还可以将水合物储存材料与多孔材料相结合，实现更高效率的甲烷吸附[13]。但水合物生成速率低，稳定性不佳，还需要进一步的研究才能进行商业化推广。

**3. 催化材料**

在化学反应里能改变其他物质的化学反应速率(既能提高也能降低)，而本身的质量和化学性质在化学反应前后都没有发生改变的物质称为催化剂(也称触媒)。选用催化剂的原则是：很好的活性和选择性、使用过程中不产生二次污染、足够的机械强度、良好的热稳定性和化学稳定性、抗毒性强、尽可能长的寿命以及经济性。净化气态污染物常用的催化剂及其组成见表 13.4。

**表 13.4　净化气态污染物常用的催化剂组成**

| 用途 | 主要活性物质 | 载体 |
|---|---|---|
| 有色冶炼烟气制酸，硫酸厂尾气回收制酸等 | $V_2O_5$(含量 6%～12%) | $SiO_2$ 助催化剂 $K_2O$ 或 $Na_2O$ |
| 硝酸生产及化工等工艺尾气 | Pt、Pd(含量 0.5%) | $Al_2O_3$-$SiO_2$ |
| | $CuCrO_2$ | $Al_2O_3$-MgO |
| 碳氢化合物的净化 | Pt、Pd、Rh | Ni、NiO、$Al_2O_3$ |
| | CuO、$Cr_2O_3$、$Mn_2O_3$ | $Al_2O_3$ |
| | 稀土金属氧化物 | |
| 汽车尾气净化 | Pt(含量 0.1%) | 硅铝小球，蜂窝陶瓷 |
| | 碱土、稀土和过渡金属氧化物 | $\alpha$-$Al_2O_3$、$\beta$-$Al_2O_3$ |

目前催化剂的应用主要分为三类：汽车尾气净化材料、烟气脱硫脱硝催化材料以及室内净化催化材料。

对于常见的汽车尾气的净化，催化剂通常采用铂、钯、铑等贵金属作为主要活性组分。由于这类贵金属资源稀缺，渐渐出现使用过渡金属代替贵金属的净化材料。近年发展起来的另一种工程材料是稀土类催化剂。稀土可以提高催化剂中氧化剂的储氧能力，增强活性金属颗粒界面的催化活性，显著提高催化剂的性能。

在钢铁、水泥、锅炉生产及火力发电时产生的烟气含有大量 $NO_x$ 和 $SO_2$，目前应用广泛的脱硫脱硝催化材料主要为稀土氧化物、纳米 $TiO_2$ 光催化材料及活性炭类材料等。活性炭和活性炭纤维在火电厂烟气脱硝脱硫中优势明显，活性炭在无催化剂环境下也能脱氮，与 $NO_x$ 反应产物为 $CO_2$ 和 $N_2$，不会对环境产生破坏[14]。目前针对大型燃煤电厂锅炉烟气脱硝，主要使用 $V_2O_5$-$WO_3$/$TiO_2$ 催化剂，它高效稳定，且在 320～400℃温度区间运行良好[15]。

室内有害气体主要为甲醛、甲硫醇、氨气等，二氧化锰因其较高的低温催化活性和低毒廉价优势，被广泛应用于甲醛的催化分解[16]；纳米 $TiO_2$ 催化材料也可以将吸附于表面的这些物质分解氧化，消除室内气体带来的污染。

## 13.5.2　水污染净化材料

水污染是指人为造成河流、湖泊、海洋等自然状态的水在物理、化学、生物等方面发生变化，使水的利用受到妨碍的现象。现代的废水处理技术按照废水处理的工艺过程一般可分为三级处理。

一级处理主要是去除废水中悬浮固体和漂浮物质，主要包括筛滤、沉淀等处理方法。同时通过中和、均衡等预处理对废水进行调节，以便排放进入二级处理装置。通过一级处理，一般废水的生化需氧量可降低 30%。

二级处理主要采用各种生物处理法，利用微生物的新陈代谢作用，将水中有机物转化为无机物或细胞物质，从而去除废水中胶体和溶解状态的有机污染物。这种方法可将废水的生化需氧量降低 90%以上，经过处理的水可以达到排放标准。

三级处理的对象是残留的污染物和富营养物质以及其他溶解物质，是在一级、二级处理的基础上，对难降解的有机物、磷、氮等富营养物质进一步处理。采用的方法有混凝、过滤、离子交换、反渗透、超滤、消毒等。

废水中的污染物组成相当复杂，往往需要采用若干方法的组合流程，才能达到处理要求。对于某种废水，采用哪几种处理方法进行组合，要根据废水的水质、水量、回收其中有用物质的可能性，经过技术和经济的比较后才能决定，必要时还需进行实验。下面介绍在水污染治理中常用的材料。

### 1. 沉淀分离材料

沉淀分离是利用水中悬浮颗粒与水密度的不同进行污染物分离的一种废水处理方法，其主要依据溶度积原理。该方法中所用的材料称为沉淀分离材料。沉淀分离法可以去除水中的砂粒、化学沉淀物，以及混凝处理形成的絮凝体和生物处理的污泥。

根据沉淀剂，沉淀分离法也可以分成用无机沉淀剂的分离法、用有机沉淀剂的分离法和共沉淀分离富集法。沉淀分离法和共沉淀分离法的区别主要是：沉淀分离法主要用于常量组分的分离(毫克量级以上)；而共沉淀分离法主要用于痕量组分的分离(小于 1mg/ml)。常见的无机沉淀剂有氢氧化物、硫化物等。常见的有机沉淀剂有草酸、铜试剂、铜铁试剂等。常见的共沉淀剂有氢氧化铁、氢氧化铝、辛可宁、次甲基蓝、惰性共沉淀剂等。

### 2. 中和材料

稀释中和处理指废水排放前，其 pH 超过排放标准，通过加入一些稀释中和剂，调节酸碱度，使废水水质的 pH 达到排放标准。稀释中和处理一般有三个目的：一是使废水在合适的 pH 范围内，减少对水生生物的影响；二是工业废水排入城市下水道系统前，通过调节酸碱度避免对管道系统造成腐蚀；三是在生物处理前，须将废水的 pH 维持在 6.5～8.5，以确保生物处理的最佳活性。

稀释中和处理一般分为酸性废水处理和碱性废水处理两类。在酸性废水处理中，常用材料有两类：一类是直接与废水进行中和反应的材料，如氢氧化钠、碳酸钠、电石渣、石灰石等；另一类是用于过滤中和处理的碱性滤料，如石灰石、大理石、白云石等。

### 3. 氧化还原材料

用氧化还原处理污水的材料包括氧化剂、还原剂及催化剂等。常用的氧化材料有活泼非金属材料(如臭氧、氯气等)、含氧酸盐(如高氯酸盐、高锰酸盐等)；常用的还原材料有活泼金属原子或离子；常用的催化剂有活性炭、黏土、金属氧化物及高能射线等。

除了通过这些氧化剂、还原剂处理污水，通过紫外线、放射线等高能射线进行光催化氧化，也是处理有机废水的一种有效方法。高能射线与污水中有机污染物的作用可分为直接作用和间接作用两种。直接作用是用高能射线直接照射水中的污染物，通过电离、激发、分解等过程，使污染物氧化分解。由于照射的效率等因素，直接作用法在污水处理中应用较少，更多的是将高能射线用于辅助增强氧化剂的化学处理过程，强化废水的氧化过程。提高氧化剂效率，减少药剂消耗量。高能射线可提高化学氧化剂产生各种活性基的效率，通过这些活性基使氧化过程得以加强。

如图 13.4 所示，二氧化钛光催化剂在污水处理中被广泛使用[17]。二氧化钛光催化的机理主要是利用其半导体的性质，在光的照射下激发产生电子和空穴，利用空穴夺取污染物分子中的电子，使污染物被分解或降解，与之类似的还有氧化锌等半导体光催化材料[18]。半导体的 $\lambda_g$ (nm)与带宽能量 $E_g$ (eV)有如下关系：$\lambda_g = 1240 / E_g$。

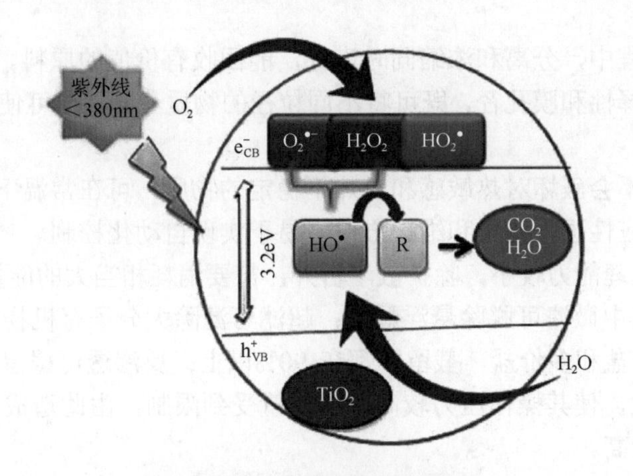


图13.4 二氧化钛光催化原理

$TiO_2$是一种锐钛型半导体结构。其带宽能量约为3.2eV。由公式计算可知，当用波长小于或等于387.5nm的光线照射时，价带的电子获得光子的能量跃迁到导带，形成了光电子($e^-$)，价带中则相应地形成了光生空穴($h^+$)。一般情况下，光生空穴的电子捕获能力很强，即具有强氧化性，可夺取半导体颗粒表面被吸附物质或溶剂中的电子，使原本不吸收光的物质被活化氧化，从而达到分解有害污染物的目的。

**4. 吸附材料**

吸附材料在污水治理中同样应用广泛，目前常用的吸附材料包括活性炭、硅藻土、蒙脱石、环糊精聚合物、纳米材料，以及某些特定废弃物如稻壳灰[19]等，下面将介绍其中较为有代表性的几种。

活性炭按照原料、形状、制造工艺等特点分类众多。处理的水质不同，选用的活性炭品种也不同，主要特点就是发达的微孔和比表面积。活性炭在水处理中的吸附是一个很复杂的过程，利用了活性炭的物理吸附、化学吸附及氧化、催化氧化、还原等性能，还可以作为微生物的固定化载体。因此活性炭能够除去的成分包括游离氯/三氯酸盐等盐离子系列溶剂、有机盐离子化合物、TOC、COD、色度与着色成分、重金属等。

沸石是沸石族矿物的总称，是一簇多孔含水的碱或碱土金属架状结构铝硅酸盐矿物，是当今世界各国十分重视的新兴矿产资源，常见的有丝光沸石、斜发沸石和钠沸石等。沸石在污水处理中的优点有储量丰富、造价低、制备简单、化学和生物稳定性较高、作用范围广和易再生等。沸石的主要处理对象有氨氮、极性有机物、色度、铅、氟，以及细菌等，有着很高的污水治理应用前景。

蒙脱石分子式为$(Na,Ca)_{0.33}(Al,Mg)_2[Si_4O_{10}](OH)_2\cdot nH_2O$，是由颗粒极细的含水铝硅酸盐构成的层状矿物。蒙脱石储量丰富、价格低廉，具有较高的吸水膨胀能力，吸水后体积膨胀可达几倍至十几倍，具有很强的吸附力和阳离子交换性能，常作为吸附材料用于水环境修复。但未经处理的蒙脱石对有机物和阴离子类污染物亲和力极差，需要进行改性处理。

**5. 膜分离材料**

在水处理中，利用膜分离可以去除水中各种悬浮物、细菌、有毒金属和有害有机物等。利用膜过滤技术可净化饮用水。膜分离法的主要优点如下。

(1) 在膜分离过程中，不发生相变化，能量的转化效率高。

(2) 一般不需要投加其他物质，可以节省原材料和化学药剂。

(3) 在膜分离过程中，分离和浓缩同时进行，能回收有价值的原料。

(4) 根据膜的选择性和膜孔径，既可将不同粒径的物质分开，也可使物质得到纯化，且不改变其原有的属性。

(5) 膜分离过程不会破坏对热敏感和对热不稳定的物质，可在常温下得到分离。

(6) 膜分离法适应性强，操作和维护方便，易于实现自动化控制。

但是膜分离法处理能力较小，除扩散渗析外，需要消耗相当大的能量。图 13.5 是几种常见膜分离示意图，其中微滤可脱除悬浮颗粒；超滤可滤除大分子有机物；纳滤可截留糖类等小分子有机物及二价盐和多价盐，截留率都在 90%以上；反渗透可截留几乎所有的离子，对离子的截留无选择性，使其操作压力较高，膜通量受到限制，由此造成设备投资成本、操作和维持的费用等都较高。

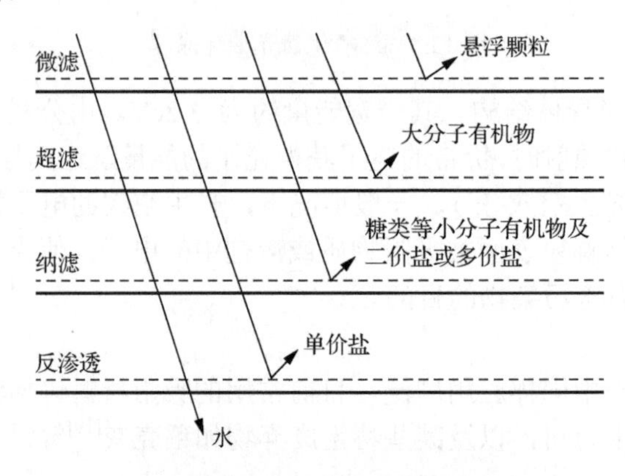


图 13.5　几种常见的膜分离示意图

除了图 13.5 中的四种膜分离方法，常用的膜分离方法还有渗析和电渗析。渗析的推动力是膜两侧浓度差，通过溶质扩散截留水中溶剂相对分子质量大于 1000 的物质，属于非对称的离子交换膜；而电渗析由电位差推动，选择性透过电解质离子，截留下非电解质大分子，也属于离子交换膜。目前膜分离技术发展很快，已经在污水处理、医疗、生化等领域有广泛应用。

**6. 离子交换树脂**

离子交换树脂是带有官能团(有交换离子的活性基团)、具有网状结构、不溶性的高分子化合物，通常是球形颗粒物。离子交换树脂的全名称由分类名称、骨架(或基因)名称、基本名称组成。孔隙结构分凝胶型和大孔型两种，凡具有物理孔结构的称大孔型离子交换树脂，在全名称前加“大孔”。分类属酸性的在全名称前加“阳”，分类属碱性的在全名称前加“阴”。例如，大孔强酸性苯乙烯系阳离子交换树脂。离子交换树脂还可以根据其基体的种类分为苯乙烯系离子交换树脂和丙烯酸系离子交换树脂。树脂中化学活性基团的种类决定了离子交换树脂的主要性质和类别。首先区分为阳离子交换树脂和阴离子交换树脂两大类，它们可分别与溶液中的阳离子和阴离子进行离子交换。阳离子交换树脂又分为强酸性阳离子交换树脂和弱酸性阳离子交换树脂，阴离子交换树脂又分为强碱性阴离子交换树脂和弱碱性阴离子交换树脂。

阳离子交换树脂内的活性基团是酸性的，它能够与溶液中的阳离子进行交换。例如 R-$SO_3H$ 活性基团上的 $H^+$可以电离，能与其他阳离子进行等量的离子交换。阴离子交换树脂内的活性基团是碱性的，它能够与溶液中的阴离子进行交换。例如，$R\text{-}NH_2$ 活性基团水合后形成可离解的 $OH^-$，$OH^-$可以与其他阴离子进行等量交换。

根据活性基团酸性的强弱，可将其分为强酸性($R\text{-}SO_3H$)、弱酸性(R-COOH)、强碱性(R4-NOH)、弱碱性($R\text{-}NH_3OH$、$R{=}NH_7OH$、R3-NHOH)四类。活性基团中的 $H^+$、$OH^-$可分别用 $Na^+$、$Cl^-$代替，因此，阳离子交换树脂有氢型和钠型之分；阴离子交换树脂有氢氧型和氯型之分。

## 13.5.3 噪声污染控制材料

噪声通常是指那些难听的、令人厌烦的声音。噪声在空气中传播不会产生有害物质，对环境的影响不持久，没有累积效应，但是噪声能对人们的生产生活产生严重的影响。环境噪声的来源主要有：由机械振动、摩擦、撞击和气流扰动而产生的工业噪声，由汽车、火车、飞机、拖拉机、摩托车等行驶过程中产生的交通噪声，以及由街道或建筑物内部各种生活设施、人群活动产生的生活噪声等。噪声污染是指所产生的环境噪声超过国家规定的环境噪声排放标准，并干扰他人正常生活、工作和学习的现象。

噪声系统通常由噪声源、传递途径、接受体三个部分组成。控制噪声的途径也从这三个方面考虑。只要噪声源停止发声，噪声就会停止。因此，降低噪声源的发声强度是控制噪声一个重要措施。控制噪声的另一个措施就是阻碍噪声的传递途径，从而减小噪声的危害。常用的噪声控制材料有吸声材料、隔声材料、消声材料、阻尼降噪材料。

**1. 吸声材料**

吸声材料是具有较强的吸收声能、降低噪声性能的材料，借自身的多孔性、薄膜作用或共振作用而对入射声能具有吸收作用，是超声学检查设备的元件之一[20]。吸声材料要与周围传声介质的声特性阻抗匹配，使声能无反射地进入吸声材料，并使入射声能绝大部分被吸收。吸声材料在应用方式上通常采用共振吸声结构或渐变过渡层结构。为了提高材料的内损耗，一般在材料中混入含有大量气泡的填料或增加金属微珠等。

吸声材料按其选材的物理特性和外观主要分为有机纤维材料、无机纤维材料、金属吸声材料、泡沫吸声材料和水泥基复合吸声材料五类。

(1)有机纤维材料。早期使用的有机纤维材料主要为植物纤维制品，如棉麻纤维、木质纤维、毛毡、甘蔗纤维板、木丝板以及稻草板等天然纤维材料。有机纤维材料主要是化学纤维，如腈纶棉、涤纶棉等。这些材料的优点是成本低，且在高频范围内均具有良好的吸声性能，但防火、防腐、防潮等性能差，使得该类材料在环境稍微恶劣的地方使用受到限制。为了克服有机纤维材料的缺陷，添加无机材料与之复合而成的复合吸声材料是目前研究的重点。

(2)无机纤维材料。无机纤维材料主要有玻璃丝、玻璃棉、岩棉和矿渣棉及其制品等。玻璃棉分为短棉、超细玻璃棉以及中级纤维棉三种，其中超细玻璃棉是最常用的吸声材料，它具有不燃、密度小、防蛀、耐蚀、耐热、抗冻、隔热等优点。经过硅油处理的超细玻璃棉还具有防火、防水和防潮的特点。矿渣棉具有热导率低、防火、耐蚀、价廉等特点。岩棉能隔热、耐高温(700℃)，且易于成型。无机纤维材料的缺点是在施工安装的过程中因纤维性脆，容易折断形成粉尘散逸而污染环境、影响呼吸、刺痒皮肤，且受潮后吸声性能急剧下降。因无机纤维材料具有软性结构，表面需有保护层，构造比较复杂，体积大，储存和运输复杂。

(3) 金属吸声材料。金属吸声材料是一种新型实用工程材料，于 20 世纪 70 年代后期出现于发达工业国家。如今比较典型的金属吸声材料是铝纤维吸声板和变截面金属纤维材料。

铝纤维吸声板具有如下特点：①超薄轻质，吸声性能优异；②强度高，加工安装方便；③耐高温性能好；④不含有机黏结剂，可回收利用。

铝纤维吸声板在国外的使用已很普遍，较多用在音乐厅、展览馆、教室、高架公路底面等处。铝纤维吸声板的不足之处就是生产成本高，目前上海已经有生产铝纤维吸声板的企业，但原材料必须依赖进口。由于铝纤维吸声板具有突出优点，今后将在我国噪声环境改善和噪声控制中发挥重要的作用。

(4) 泡沫吸声材料。泡沫吸声材料是一类开孔型泡沫材料，泡沫孔相互连通，如吸声泡沫塑料、吸声泡沫玻璃、吸声陶瓷、吸声泡沫混凝土等。

传统的多孔吸声材料，如有机和无机纤维材料，由于性脆易断、受潮后吸声性能下降严重等原因，适用范围受到很大的限制。金属吸声材料虽然性能优越，但由于制作成本高，在国内还有待进一步发展。多孔吸声材料中的泡沫吸声材料的发展处于高速阶段。该类材料的高孔隙率和气孔的立体均布性赋予其良好的声学性能，不仅吸声系数高、适用频带范围宽，还具有易加工、无污染、耐尘、耐潮湿和良好的装饰效果等特点。泡沫吸声材料的研究已经涉及金属材料、高分子材料、无机材料和有机无机复合材料等学科，它们各具特色和实用价值，许多新产品和新工艺不断涌现。因此，要想进一步提高多孔吸声材料的综合性能，还应该走复合材料的发展道路。除此之外，如何降低生产成本，使生产规模化、产品优质化，也应是今后该领域的研究重点。

(5) 水泥基吸声材料。水泥基吸声材料是以水泥为主要胶凝材料基体，复合轻质多孔材料以及其他辅助原材料加工制备的复合吸声材料[21]。水泥基吸声材料防火、防潮、防腐蚀，不污染环境，寿命长，生产工艺简单，成本低，具有广阔的应用前景。在水泥基体中加入轻质多孔骨料、纤维、发泡剂、憎水剂等成分，可以使水泥材料构成多孔吸声材料的结构，获得吸声能力。

水泥基吸声材料可以应用于铁路、公路、地铁、隧道、体育场馆等领域。例如，北京地铁工程中，水泥吸声板已经得到了规模化的应用。另外，将喷射混凝土技术应用于水泥基吸声材料，也可以直接喷涂进行施工，大大缩短了材料的施工周期。但目前，水泥基吸声材料的力学性能和吸声性能还存在着此消彼长的关系。如何解决这一矛盾将会是未来科研人员的研究重点。

**2. 隔声材料**

隔声材料是指把空气中传播的噪声隔绝、隔断、分离的一种材料、构件或结构。对于隔声材料，要减弱透射声能，阻挡声音的传播，就不能如同吸声材料那样多孔、疏松、透气，

相反，它的材质应该是重而密实的，如钢板、铅板、砖墙等一类材料。对隔声材料材质的要求是密实、无孔隙或缝隙，有较大的重量。由于隔声材料密实，难以吸收和透过声能而反射性能强，所以它的吸声性能差。隔声材料五花八门，比较常见的有实心砖块、钢筋混凝土墙、木板、石膏板、铁板、隔声毡、纤维板等。

严格意义上说，几乎所有的材料都具有隔声作用，其区别就是不同材料间隔声量的不同。同一种材料由于面密度不同，其隔声量存在比较大的变化。隔声量遵循质量定律原则，隔声材料的面密度越大，隔声量就越大，面密度与隔声量成正比。隔声材料在物理上有一定弹性，

当声波入射时便激发振动在隔层内传播。当声波不是垂直入射，而是与隔层呈角度$\theta$入射时，声波波前依次到达隔层表面，先到隔层的声波激发隔层内弯曲振动波沿隔层横向传播，若弯曲波传播速度与空气中声波渐次到达隔层表面的行进速度一致，声波便加强弯曲波的振动，这一现象称为吻合效应。这时弯曲波振动的幅度特别大，向另一面空气中辐射声波的能量也特别大，从而降低隔声效果。

目前常用的隔声墙材料和构件主要有五大类，它们的隔声状况大体如下。

(1)混凝土墙。200mm 以上厚度的现浇实心钢筋混凝土墙的隔声量与 240mm 厚黏土砖墙的隔声量接近，150～180mm 厚混凝土墙的隔声量为 47～48dB，但面密度为 200kg/m$^2$ 的钢筋混凝土多孔板的隔声量在 45dB 以下。

(2)砌块墙。砌块品种较多，按功能划分有承重砌块和非承重砌块。常用砌块主要有陶粒、粉煤灰、炉渣、砂石等混凝土空心和实心砌块，石膏、硅酸钙等砌块。砌块墙的隔声量随着墙体的重量与厚度的不同而不同。面密度与黏土砖墙相近的承重砌块墙的隔声性能与黏土砖墙接近。水泥砂浆抹灰轻质砌块填充隔墙的隔声性能在很大程度上取决于墙体表面抹灰层的厚度。两面各抹 15～20mm 厚水泥砂浆后的隔声量为 43～48dB，面密度小于 80kg/m$^2$ 的轻质砌块墙的隔声量通常在 40dB 以下。

(3)条板墙。条板墙通常厚度为 60～120mm，面密度一般小于 80kg/m$^2$，具备质轻、施工方便等优点。条板墙可再细划为两类：一类是用无机胶凝材料与集料制成的实心或多孔条板，如(增强)轻集料混凝土条板、蒸压加气混凝土条板、钢丝网陶粒混凝土条板、石膏条板等，这类单层轻质条板墙的隔声量通常为 32～40dB；另一类是由密实面层材料与轻质芯材在生产厂预复合成的预制夹芯条板，如混凝土岩棉或聚苯夹芯条板、纤维水泥轻质夹芯板等。预制夹芯条板墙的隔声量通常为 35～44dB。

(4)薄板复合墙。薄板复合墙是在施工现场将薄板固定在龙骨的两侧而构成的轻质墙体。薄板的厚度一般为 6～12mm，薄板用作墙体面层板，墙龙骨之间填充岩棉或玻璃棉。薄板品种有纸面石膏板、纤维石膏板、纤维水泥板、硅钙板、钙镁板等。薄板本身隔声量并不高，单层板的隔声量为 26～30dB，它们和轻钢龙骨、岩棉(或玻璃棉)组成的双层中空填棉复合墙体却能获得较好的隔声效果。它们的隔声量通常为 40～49dB。增加薄板层数，墙的隔声量可大于 50dB。

(5)现场喷水泥砂浆面层的芯材板墙。该类隔墙是在施工现场安装成品芯材板后，再在芯材板两面喷水泥砂浆面层。常用芯材板有钢丝网架聚苯板、钢丝网架岩棉板、塑料中空内模板。这类墙体的隔声量与芯材类型及水泥砂浆面层厚度有关，它们的隔声量通常为 35～42dB。

除采用砖、石、混凝土等隔声材料外，近年来开发出了许多新型复合隔声材料，如无机-有机复合隔声材料，可广泛用于道路声屏障、建筑弓形装饰屋顶等场合。玻璃纤维织物/聚氯乙烯复合隔声材料是采用常压浇注工艺制备的一种超薄、轻量、柔韧的复合隔声材料，其隔声性能优于单一隔声材料。钢渣粉填充聚氯乙烯基隔声材料是运用玻璃纤维织物的高吸声性以及钢渣的高密度特点，将钢渣粉填充到玻璃纤维织物/聚氯乙烯复合材料中制备的隔声材料。

### 3. 消声材料

消声器是阻止声音传播而允许气流通过的一种器件，是消除空气动力性噪声的重要措施。消声器是安装在空气动力设备(如鼓风机、空压机)的气流通道上或进、排气系统中的降低噪

声的装置。消声器能够阻挡声波的传播，允许气流通过，是控制噪声的有效工具。消声器的种类很多，根据消声机理，又可以把它们分为六种主要的类型，即阻性消声器、抗性消声器、阻抗复合式消声器、微穿孔板消声器、小孔消声器和有源消声器。

4. 阻尼降噪材料

阻尼材料也称为黏弹性材料，或黏弹性高阻尼材料。它在一定受力状态下同时具有某些黏性液体能够消耗能量的特性以及弹性固体材料存储能量的特性。当它产生动态应力或应变时，有一部分能量被转换为热能而耗散掉，而另一部分能量以势能的形式储备起来。大多数结构材料，如钢、铁、铜、铝、玻璃和木材等，都只有很小的阻尼；而塑料、橡胶和沥青等高分子材料的阻尼要比金属材料高得多，甚至高出4～5个数量级。阻尼降噪材料主要可以分为高分子阻尼降噪材料、金属类阻尼降噪材料和复合型阻尼降噪材料等。目前，阻尼降噪材料在工程机械、建筑、航空航天、运输交通等领域得到了十分广泛的应用。

### 13.5.4　电磁波屏蔽和吸收材料

随着信息技术的发展，电磁波对人类生存环境的污染引起了人们的重视。这里所谈的电磁波污染主要指由电磁波引起的对人体健康的不良影响，不包括电磁波对电子线路、电子设备的干扰。常见的电磁波污染源有计算机设备、微波炉、电视机、移动通信设备等。这些电子器件通过机壳和屏幕向空间发射电磁波，从而污染环境。电磁波污染控制材料目前主要有两类：一类是屏蔽材料；另一类是吸波材料。其原理都是尽量将电磁波屏蔽在机内，最大限度地减少电磁波的机外辐射。

1. 电磁波屏蔽材料

目前有效抑制电磁波辐射、泄漏、干扰和改善电磁环境的途径以电磁波屏蔽为主。电磁波屏蔽是利用屏蔽体阻止或减少电磁能量传输的一种措施，能有效抑制空间中传播的各种电磁干扰。电子设备的高精密度发展要求反射回来的电磁波应尽可能少，以免影响设备的正常工作，因此研究高吸收低反射的电磁波屏蔽材料是当前研究的重点，也是难点。目前主要有表面导电材料、填充复合型屏蔽材料、电磁波屏蔽织物及其他新型材料等。

**1）表面导电材料**

表面导电材料的开发和应用已取得一定的进展，尤其是导电涂料以其低成本和中等屏蔽效果、简单实用且适用面广等优点，目前仍占据电磁波屏蔽材料的主要市场。

导电涂料是一种流体材料，由合成树脂、导电填料、溶剂配制而成，可以喷涂在塑料等基材表面上，形成电磁波屏蔽导电层，从而使塑料达到屏蔽电磁波的目的。导电涂料作为电磁波屏蔽材料的最大优点是成本低、简单实用且适用面广。目前常用的导电涂料主要是以复合法制得的，是以高分子材料为基体，加入各种导电物质，经过分散复合、层压复合等方法处理后而具有导电功能的多相复合体，一般由树脂、稀释剂、添加剂以及导电填料等组成。这种复合体既具有导电功能，又具有高分子材料的许多优异性。

金属敷层屏蔽材料通过化学镀金、金属熔融喷射、真空喷镀和贴金属箔等方法，使高分子绝缘材料的表面获得很薄的导电金属层，从而达到电磁波屏蔽目的。

**2）填充复合型屏蔽材料**

填充复合型屏蔽材料由电绝缘性较好的合成树脂和具有优良导电性能的导电填料及其他

添加剂组成，经注射成型或挤出成型等方法加工成各种电磁波屏蔽材料制品，其中常用的合成树脂有聚苯醚、聚碳酸酯、ABS 树脂、尼龙和热塑性聚酯等。导电填料一般选用大尺寸的纤维状与片状材料，常用的有金属纤维、金属片等，此外还有碳纤维、超导炭黑、金属合金填料等。填充复合型屏蔽材料是继表面导电材料之后推入市场的新型材料，大有后来居上之势。

**3) 电磁波屏蔽织物**

与薄膜、板材等电磁波屏蔽材料相比，电磁波屏蔽织物更贴近人们的生活。国内外现已研制出用涂层法、电镀法及复合纺丝法制造电磁波屏蔽织物，共混纺丝法正处于研制阶段，这些技术在电磁波屏蔽织物领域将得到越来越广泛的应用。电磁波屏蔽织物制成的服装、包装袋、装饰材料等既满足人们日常生活的需要，又起到防护的作用。

最早的电磁波屏蔽织物主要是普通布化学镀金属化合物织物、普通布电镀金属化合物织物、普通化纤络合铜纤维织物、碳纤维与普通纤维混纺织物及金属纤维无纺布等。20 世纪 90 年代，主要采用混有导电纤维的电化学织物。上述纤维织物由于诸多因素的制约，存在许多技术缺陷：怕揉搓、拉伸、洗涤，或屏蔽性能不能持久等。因此复合织物越来越受到人们的重视，碳纤维由于具有相对密度小、比强度高、导电性良好等特点被广泛地用于电磁波屏蔽织物中。

**4) 其他新型材料**

(1) 泡沫金属类屏蔽材料是一种由金属基体和气孔组成的新型多孔复合材料，属于多孔材料的一个分支，一般是指孔隙率为 40%～98%的多孔金属。原子结构中含有未成对电子的金属具有铁磁性，制成发泡金属后仍保留这种性质，因此发泡金属具有电磁波屏蔽性。

(2) 纳米材料。纳米材料的特殊结构导致奇异的表面效应和体积效应，使其具有特殊的抗紫外线、抗老化、抗菌消臭以及良好的导电性能和静电磁波屏蔽效应。将具有这些特殊功能的纳米材料与纺织原料进行复合可以制备各种具有电磁波屏蔽功能的纤维。

(3) 导电玻璃纤维是镀金属技术与纤维表面处理相结合的产物。镀金属玻璃纤维的强度高、导电性好、易成型、成本低，具有很好的应用前景。玻璃纤维/Ni、玻璃纤维/Cu 都具有较好的导电性能，但易被氧化形成氧化层，影响导电性。玻璃纤维/Cu/Ni-Cu-P 采用双镀层结构，把 Cu 的高导电性和 Ni-Cu-P 镀层优良的抗氧化性及热稳定性结合起来，因而具有良好的导电性、抗氧化性和热稳定性。导电玻璃纤维可以制成不同形式的屏蔽材料，如导电填料、导电板材、导电玻璃纤维纸等。

(4) 非晶态合金材料强度高、硬度高、延展性高、耐腐蚀性好，还具有较好的催化及储氢特性，抗辐照能力强，可以形成一系列性能优良的软磁材料。俄罗斯中央黑色冶金研究院最早研制出非晶软磁合金电磁波屏蔽材料。

**2. 电磁波吸收材料(吸波材料)**

吸波材料按其成型工艺和承载能力，可分为涂敷型吸波材料和结构型吸波材料两大类。涂敷型吸波材料是将吸收剂与黏结剂混合后涂敷于目标表面形成吸波涂层；而结构型吸波材料是将吸收剂分散在由特种纤维(如石英纤维、玻璃纤维等)增强的结构材料中所形成的结构复合材料，它具有承载和吸收电磁波的双重功能。

**1) 涂敷型吸波材料**

涂敷型吸波材料是将吸波涂料分散在有机高分子材料的黏结剂中，同时加入附加物，采用涂刷或喷涂方法加工，经常温固化形成涂层结构。该涂层适用于复杂曲面形体，且耐候性及综合力学性能良好。涂敷型吸波材料以其工艺简单、使用方便、容易调节而受到各国的重视，并已取得长足进展，正向质地轻薄、宽频带吸波、可喷涂、热性能及稳定性能良好的方向发展。

(1) 铁氧体吸波材料。铁氧体吸波材料是人们最早着手研究的吸波材料，一般是把铁氧体分散在有机高分子材料的黏结剂中，同时加入附加物。铁氧体吸波材料的成分主要是磁性三氧化二铁，通常有平板型、网格型和双层复合型三类市售铁氧体吸波材料。平板型铁氧体吸波材料适用频率范围为 30～450MHz；网格型铁氧体吸波材料适用频率范围为 30～750MHz，当加厚到 0.5m 时，可使工作频率扩展到 1GHz 以上；双层复合型铁氧体吸波材料正常可用于工作频率为 30MHz～2GHz 下的电磁波屏蔽，若加上 25cm 的吸波尖劈，工作频率可扩展至 30GHz。另外，铁氧体粉末可添加在表面材料中，作为一般环境下的电磁波屏蔽层。

由于铁氧体既是磁介质又是电介质，它具有磁吸收和电吸收两种功能，是性能极佳的吸波材料。同其他吸波材料相比，它还具有体积小、吸波效果好、成本低的特点。但它也具有密度大、高温性差等缺点。

(2) 超微磁性金属粉吸波材料。磁性金属、合金粉末具有温度稳定性好，磁导率、介电常数大，电磁损耗大，有利于达到阻抗匹配和展宽吸收频带等优点，使其成为吸波材料的主要发展方向。超微磁性金属粉由超细磁性金属粉末与高分子黏结剂复合而成，可以通过多相超微磁性金属粉的混合比例等调节电磁参数，达到较为理想的吸波效果。

超微磁性金属粉吸波材料主要有两类：一类是羰基金属粉吸波材料；另一类是通过蒸发、还原、有机醇盐等工艺得到的超微磁性金属粉吸波材料。超微磁性金属粉吸波材料具有微波磁导率较高、温度稳定性好等优点。其缺点在于抗氧化、耐酸碱能力差，介电常数较大且频谱特性差，低频段吸收性能差，密度较大。

(3) 手征吸波材料。手征是指一种物质与其镜像不存在几何对称，且不能通过任何操作使其与镜像重合。手征吸波材料是在基体树脂中掺和一种或多种具有不同特征参数的手征介质构成的材料。手征吸波材料具有双(对偶)各向同性(异性)的特性，其电场与磁场相互耦合。与一般吸波材料相比，它具有吸波频率高、吸收频带宽的优点。

在实际应用中主要有两类手征物体：本征手征物体和结构手征物体。本征手征物体本身的几何形状即具有手征，如螺旋线等。目前研究的手征吸波材料是在基体材料中掺杂手征结构物质形成的结构手征材料。

**2) 结构型吸波材料**

近年来，在涂覆型吸波材料基础上发展起来了结构型吸波材料。它既有高的结构强度，又有好的吸波性能，而且在一定条件下缓冲了厚度与重量上的矛盾和限制，正获得越来越广泛的应用。主要包括混杂纱吸波复合材料、陶瓷型吸波材料和碳-碳吸波材料。

(1) 混杂纱吸波复合材料。混杂纱吸波复合材料是通过增强纤维之间一定的混杂比例和结构设计形式制成的、满足特殊性能要求或综合性能较好的复合材料。这种材料具有优良的吸透波性能，兼具复合材料重量轻、强度大、韧性好等特点。用它来制造隐身飞机机身、机翼和导弹壳体等部件，能大大减小隐身飞行器雷达散射截面。混杂纱吸波复合材料是一类很有发展前途的结构型吸波材料，被广泛用于飞机制造中。

(2) 陶瓷型吸波材料。陶瓷型吸波材料具有优良的力学性能和热物理性能，特别是耐高温、强度高、蠕变低、热膨胀系数小、耐腐蚀性强和化学稳定性好，同时具有吸波功能，能满足隐身的要求，因此被广泛用作吸波剂。陶瓷型吸波材料主要有碳化硅吸波材料、碳化硅复合吸波材料。

(3) 碳-碳吸波材料。碳-碳材料也是一种优良的结构吸波材料，能很好地减少红外信号和雷达信号。它具有极稳定的化学键，抗高温烧蚀性能好、强度高、韧性大，还具有优良的吸波性能。碳-碳吸波材料的最大缺点是抗氧化性差，在氧化气氛下只能耐 400℃，涂有 SiC 抗氧化涂层的碳-碳吸波材料抗氧化性能大大提高。

现有的电磁波吸收材料已经无法满足越发严苛的电磁防护条件需求，目前应用较为广泛的铁氧体吸波材料和石墨烯代表的碳系电磁波吸收材料都存在一定的缺陷，从而限制其实际应用。下面介绍几种较为新颖的电磁波吸收材料。

和石墨烯、二硫化钼等纳米材料性能类似的二硫化钨可能是电磁波吸收领域极具应用前景的新型材料。二硫化钨本身具备较好的吸波性能且稳定性相比二硫化钼更好，还具有良好的耐受性。然而，二硫化钨纳米片层表面惰性较强，不易进行修饰，还需进一步研究其修饰材料和方法才能得到满足电磁波吸收材料应用要求的新型材料。

虽然石墨烯材料生产工艺复杂，成本过高，难以大规模生产，但其在电磁波吸收领域的性能足够优秀，许多基于石墨烯材料的多层复合材料也是不错的吸波材料。例如，引入聚吡咯、磁性材料镍、聚苯胺等具有特殊电学性质的材料[22, 23]，对复合材料的吸波性能都有一定影响，可以拓宽吸波频带，增强电磁波的吸收。还可以利用石墨烯对传统的铁氧体吸波材料进行改性，通过改变系统参数得到一系列性能可调的纳米复合材料[22]。

**3. 电磁波屏蔽和吸收材料的应用**

(1) 军用。隐身技术是当今世界主要军事强国重视的重点技术。雷达隐身是隐身技术的重中之重。针对雷达探测的电磁波吸收材料则是这项研究的关键核心技术之一。通过改良材料和外形技术，可以将雷达散射截面(RCS)减小至 0.01m$^2$ 以下。同时，若只应用于旧机体的改造，则亦可以将 RCS 减小至 0.5～2m$^2$。目前，各国仍然在大力发展更加先进的军用电磁波吸收材料。图 13.6 中展示的歼 20 隐身战机是典型的应用实例之一。

图 13.6 歼 20 隐身战机

(2) 电子仪器保护。电子电气设备对电磁波的干扰十分敏感，足够的电磁波干扰可导致电子仪器运行出错、信息泄露。同时，多个细致排列的印刷电路也有可能互相干扰自身的运行。这个问题常称为电磁兼容问题。因此，使用电磁波吸收材料解决电磁兼容问题，是常见的技术手段之一。

(3) 个人防护。较强的电磁波对人体有所损害，一些操作电子仪器的工人需要采取电磁防护措施，减少电磁波给其带来的损害。最常见的防护措施是电磁波屏蔽织物，即将电磁波吸收材料结合于普通衣物中，有效保护人体。

# 13.6　环境降解材料

近年来，高分子材料的应用得到了极快的增长。应用于包装领域的高分子材料由于用量巨大、应用广泛但使用周期非常短，产生了相当规模的生活垃圾，对人类生存的环境造成了难以恢复的破坏。这些高分子废弃物的回收处理成为巨大的难题，被随意丢弃在环境中的高分子材料严重污染了海洋、河流等水环境，给水中生物带来了巨大的影响，又通过食物链影响了人类的生存发展。人类对环境问题也愈加重视，更多的科学家聚焦于环境降解材料，用来代替目前许多的不可降解材料。

环境降解材料一般是指在适当且一定期限的自然环境条件下，可以被环境自然吸收、消化、分解，不产生固体废弃物的材料。一些天然材料及其提取物往往属于环境降解材料。人工合成的环境降解材料目前主要有两大类：一类是生物降解磷酸盐陶瓷材料；另一类是生物降解塑料。其中降解塑料减少了“白色污染”，有着显著的经济效益和环保意义。

## 13.6.1　降解塑料的分类与特性

降解塑料主要包括光降解塑料、生物降解塑料、化学降解塑料和组合降解塑料。具有完全降解特性的生物降解塑料和光-生物降解塑料是目前的重点研究和发展方向。

**1) 光降解塑料**

光降解塑料主要由光敏剂、光降解聚合物、光降解调节剂组成，在一定的光照条件下会发生裂化分解反应，塑料失去物理强度脆化，再受到自然界的剥蚀(风、雨)变为粉末进入土壤被分解。光降解塑料的研究应用已经较为成熟，具有工艺简单、低成本的优点，缺点则是受环境因素影响较大，失去光照降解过程就会中止。

**2) 生物降解塑料**

生物降解塑料是指能在自然界微生物或酶的作用下分解成二氧化碳、水及其他低分子化合物的塑料。目前研究的热点是微生物聚酯。生物降解塑料可分为完全生物降解塑料和生物破坏性塑料。完全生物降解塑料包括微生物合成材料(如聚 3-羟基丁酸酯和某些水溶性多糖)、人工合成材料(如聚乙内酯和聚乳酸)、天然高分子(如纤维素、甲壳素、淀粉、蛋白质等)。生物破坏性塑料包括淀粉基塑料、纤维素基塑料和蛋白质基塑料。生物破坏性塑料中的淀粉基塑料拥有工艺简单、价格低廉、优秀的可降解性和可再生性等优点，受到人们的关注，应用较为广泛。

**3) 光-生物降解塑料**

光-生物降解塑料属于组合降解塑料的一种，是利用光降解机理和生物降解机理相结合生产的一种较为理想的塑料，规避了受环境限制大、降解不彻底、加工复杂、成本高等问题，是近些年发展较快的热门方向。光-生物降解塑料按照选用制造材料分为两大类：一类是在不能生物降解的合成高分子材料中加入添加剂制成的崩坏型双降解塑料；另一类是在完全生物降解材料中添加光敏添加剂等制备的完全双降解塑料。

## 13.6.2 典型生物降解塑料

生物降解材料是目前降解材料中研究的热点，用来替代不可降解材料。本节介绍典型的生物降解材料：聚乳酸(PLA)、聚羟基烷酸酯(PHA)、聚己内酯(PCL)等[24]。

**1) PLA**

聚乳酸(PLA)是目前十分热门的生物降解材料之一，相比于传统塑料，PLA 可从可再生资源如玉米或其他碳水化合物中获得。良好的生物降解性和可再生性使 PLA 被看作替代石油基高分子材料的候选材料之一。目前限制 PLA 应用的是其热稳定性和韧性还不够优秀，成本也较其他常规高分子材料更为昂贵[25-27]。但综合而言，PLA 具备良好的力学性能和热塑性，是一种用途广泛的可降解高分子材料。

**2) PHA**

聚羟基烷酸酯(PHA)是由微生物通过各种碳源发酵合成的一种具有不同结构的胞内聚酯，具有类似合成塑料的物化特性，同时具备良好的生物可降解性、生物相容性、光学活性、压电性等优秀性能，有着重要的学术、科学、商业价值，是最有前途的生物降解材料之一。PHA 在可生物降解的包装材料、组织工程材料、缓释材料、电学材料以及医疗材料等方面都有广阔的应用前景，缺陷是目前的生产成本过高，需要通过研究降低成本才可能投入大规模使用。

**3) PCL**

聚己内酯(PCL)是一种绿色无毒的全生物降解脂肪族聚酯，广泛应用于生物医学、智能材料、农业生活等诸多领域，是一种常见的塑料产品。PCL 具有良好的溶解性、共混兼容性、形状记忆温控性、生物相容性及力学性能：与生物细胞相容性很好，细胞可在其基架上正常生长；在土壤和水环境中经过 6～12 个月可完全分解为 $CO_2$ 和 $H_2O$；与多种常规塑料(包括PP、PE、PVB、PVE、天然橡胶等)很好地互容；可溶于芳香化合物、酮类和极性溶剂中；十分柔软，延展性良好且可低温成型[28]。但其水溶性较差，成本较高，降解速度慢，没有可利用的功能基团，导致应用领域受到了限制。

**4) $CO_2$ 共聚物**

$CO_2$ 共聚物是一种新兴的合成材料，它以 $CO_2$ 为单体原料，与一些环醚聚合生成具有重复碳酸根主链的脂肪族聚碳酸酯，常见的如聚乙烯碳酸酯(PEC)、聚丁烯碳酸酯(PBC)、聚碳酸丙烯碳酸酯(PPC)等[29]。这类材料在控制碳排放、缓解温室效应方面有突出优势。

## 13.6.3 降解材料的应用与发展

降解塑料在北美洲以每年 17%的速度增长，在欧洲则以每年 59%的速度增长。其中光降解塑料应用广泛，且产品成本增加较少，因而显著增长。光-生物降解塑料由于具有双重功能，对于解决环境污染问题有较佳的适应性，故近年来增长速度最快。生物降解塑料成本较高且使用有一定条件，售价较高，产品性能受限，需要进一步对降低成本、提高性价比等问题进行研究方能更广泛地应用。

**1. 降解材料的应用**

如今降解材料的应用十分广泛，在医学、农业、包装等许多领域都有长足的发展。

(1) 工农业生产资料。涉及农用薄膜，如林业用材、土壤/沙漠绿化保水材料；水产用材，如渔具、渔网；建筑薄膜；纸代用品，如纸张薄膜；农药、化肥缓释性材料。在农业生产中，薄膜和保鲜膜被大量使用，使用不可降解材料必然对环境造成一定的污染。使用降解塑料可以很好地保护土壤环境，优化并改善农业环境。目前已有生物降解塑料膜在农业生产中得到应用，这种材料在使用完毕后可降解，且在降解后不仅对环境无害，还可以作为植物吸收的营养物质，充分实现了保护环境这一目标。

(2) 生活领域。用来制作包装袋、包装箱、饮料瓶、休闲用品(野外旅行用品等)。由于塑料袋在生活中太过常见，在大多数食品、日用品乃至化妆品的包装中都有使用，目前虽然采取了一定限量措施(如塑料袋收费、不主动提供塑料袋等)，但不能从根本上解决塑料袋使用造成的环境污染问题。如果能够将包装袋、饮料瓶等换成降解材料，既在材料源头保护了环境，又可以大大降低目前用于回收塑料等污染物的环保成本。

(3) 医用材料。医用材料主要包括手术缝合线、外用脱脂棉、绷带、骨科用固定材料、生理卫生用品、药品缓释控制材料等。骨内固定材料是降解材料在医学中常见的应用：在骨头损伤恢复的过程中，使用降解材料制成的骨夹板和螺钉等进行固定。目前使用的固定材料多半是金属，虽然金属应用广泛且效果较好，但可能需要二次手术去除金属植入物。使用生物降解材料作固定材料，在治疗初期也可以保证一定强度，在患者痊愈的过程中材料会慢慢降解。降解材料作为外科手术缝合线和药物缓释控制材料也有着很大的优势。外科手术中常用的缝合线十分重要，关系着术后患者的恢复，而目前往往需要术后单独拆除缝合线，可能增加患者的痛苦，也占用了更多的资源。降解材料的缝合线就可以免除这种工作，目前已经在肠线及更多的外科手术中应用，使用的降解材料种类越来越多，性能需求也呈多样性。在一些药物控制释放领域，合适的降解材料(如聚己内酯、聚乳酸等)能够帮助人们更好地选择药物释放的时机和地点，提高了药物的效果，在该领域得到了很好的应用。美国 Warner-Lambert 药物公司研究了一种完全以淀粉制成的新型树脂，其组成为 70%支链淀粉和 30%线形淀粉。该树脂可以造粒，能用各种方法加工成型，可以替代正在农业和医药领域使用的各种生物降解材料，因而被认为是材料科学领域的重大进展。

**2. 降解材料的问题和发展前景**

根据有关资料的报道，目前全世界降解塑料的生产规模已经超过 25 万 t。降解塑料的应用已经扩大到卫生用品、日用杂货、户外用品、农林业用材和医用材料等。但是降解塑料的综合性能不及如今广泛使用的塑料，还不能得到大面积的推广使用，且完全生物降解高分子材料价格过高，目前只在部分高附加值产品的行业使用，要更好地推广降解塑料，还需要提高性能、降低成本。

未来材料的降解工作将会集中在以下方面：①利用分子设计、精细合成技术合成生物降解塑料；②采用生物基因工程，利用绿色天然物质(如纤维素、菜油、桐油、松香等)制造降解高分子材料；③通过对微生物的培养获得生物降解塑料；④提高材料生物降解性和降低材料的成本，并拓宽应用；⑤建立降解高分子材料的统一评价方法，明晰降解机理；⑥控制降解速度。据报道，英国科学家培育出一种能生产完全生物降解塑料的油菜。他们采用基因遗传技术将三种能产生聚合物的生物基因成功地植入油菜籽，使这种油菜的种子和叶片均含有大量的聚合物。将这种聚合物提炼后，即可加工成各种家用塑料制品及塑料管道。如果这种油菜能大面积种植，就会极大地降低降解塑料的生产成本，人们会乐意使用降解塑料，而为子孙后代留下优美的环境。

# 本章小结

本章介绍了环境材料的主要分类及各自的性能特点和应用。从环境材料的定义和环境协调性评价展开，对目前几种特点显著的环境材料进行了系统阐述，包括绿色包装材料、绿色建材、环境净化材料和环境降解材料。根据不同环境材料的发展情况，有序介绍了各大类中较为典型的材料特点，探讨了生态水泥、生态混凝土、降解塑料等热点研究的现状和应用前景。对于范围广泛的环境净化材料，系统阐述了材料各自净化原理和应用领域，以及性能特点和优缺点。作为如今时代发展不可或缺的一环，环境材料在社会发展中应运而生。特别在日常民用和土木建筑等大规模应用的领域，环境材料成为各类生产制造的首选。为了协调人与自然的友好关系，环境材料的种类和应用只会越来越多，随着科学技术的进步，许多环境材料的不足也将被克服，得到性能更加贴合时代需求的材料，成为建设现代化和谐社会的基石。

# 思考题

13-1 什么是吸收剂？它可以分为哪几类？

13-2 什么是吸附材料？它可以分为哪几类？

13-3 在处理水污染时常用的净化材料有哪几种？它们分别有什么特点？

13-4 吸声材料有哪几类？它们各自有什么特点？

13-5 简述吸声和隔声的区别。

13-6 什么是阻尼降噪材料？它可以分哪几类？各自有什么特点？

13-7 电磁波有哪些危害？简述电磁波屏蔽、电磁波吸收的机理。

13-8 电磁波屏蔽材料可以分为哪几类？各自有什么特点？

13-9 电磁吸波材料可以分为哪几类？各自有什么特点？

13-10 结合本章，谈谈你对环境净化材料的了解。

13-11 环境材料的定义是什么？它有什么实际意义？

13-12 如今常用的环境性协调性评价方法是什么？具体的流程是什么？

13-13 绿色包装材料是什么？其设计原则是什么？

13-14 简述环境功能玻璃的主要分类及各自特点。

13-15 简述降解塑料的主要分类和特点，列举几种典型降解塑料。

# 参 考 文 献

[1] 翁端, 冉锐, 王蕾. 环境材料学[M]. 2 版. 北京: 清华大学出版社, 2011.

[2] 冯玉杰. 环境功能材料[M]. 北京: 化学工业出版社, 2010.

[3] 左铁镛, 聂祚仁. 环境材料基础[M]. 北京: 科学出版社, 2003.

[4] ALLENBY B R. 工业生态学: 政策框架与实施[M]. 翁端, 译. 北京: 清华大学出版社, 2005.

[5] 冯奇, 马放, 冯玉杰, 等. 环境材料概论[M]. 北京: 化学工业出版社, 2007.

[6] 刘培桐, 薛纪渝, 王华东. 环境学概论[M]. 2 版. 北京: 高等教育出版社, 1995.

[7] 黄连磊. 固废制备轻骨料及其对混凝土性能和梁的抗弯性能的影响[D]. 南京: 南京理工大学, 2020.

[8] 陈光, 崔崇. 新材料概论[M]. 北京: 科学出版社, 2003.

[9] 黄占斌. 环境材料学[M]. 北京: 冶金工业出版社, 2017.

[10] 秦亚菲, 陈杰, 刘瑶, 等. 活性炭负载 I-$TiO_2$ 对气体中甲苯的吸附[J]. 环境工程学报, 2016, 10(12): 7147-7155.

[11] 沙宇, 张诚, 王显妮, 等. 水滑石类材料在污染治理中的应用及研究进展[J]. 材料导报, 2007, 21(7): 86-89.

[12] 丁杰, 韩爱哲, 钟秦, 等. 燃煤电厂烟气中 $CO_2$ 捕集及其催化转化为短链烯烃研究进展[J]. 电力科技与环保, 2021, 37(6): 8-17.

[13] 翟玲玲, 张永发, 张静, 等. 天然气吸附材料研制及水合物技术进展[J]. 现代化工, 2015, 35(3): 30-33.

[14] 陈弓, 钟秦. 大气污染中化石燃料燃烧烟气脱硫脱硝方法研究[J]. 化学工程师, 2019, 33(9):47-51, 85.

[15] 黄贤明. 中低温烟气催化脱硝及其机理研究[D]. 南京: 南京理工大学, 2016.

[16] 曾小珊, 单传家, 孙铭第, 等. 二氧化锰催化分解室内空气中甲醛的研究[J]. 化学进展, 2021, 33(12): 2245-2258.

[17] 李梦悦, 房国丽, 张刚, 等. $TiO_2$/AC 复合材料的吸附性与光催化性能[J]. 河北大学学报(自然科学版), 2018, 38(5): 480-489.

[18] 朱秋蓉, 何世颖, 赵晓蕾, 等. AgCl/ZnO/GO 光催化降解甲基橙的性能研究[J]. 环境科学研究, 2020, 33(4): 969-977.

[19] 陈婷婷. 稻壳灰及改性稻壳灰吸附性能研究[D]. 南京: 南京理工大学, 2013.

[20] 徐传友, 苟凤祥, 杜鑫, 等. 吸声材料研究的进展[J]. 砖瓦, 2008, (9): 11-14.

[21] 高汉青, 于大第, 杨晓光, 等. 水泥基多孔吸声材料研究进展[J]. 混凝土与水泥制品, 2016, (5): 77-79.

[22] 赖雅茹, 史传梅, 王彦平, 等. Fe-Ni/RGO 纳米复合吸波材料的制备及微波吸收性能研究[J]. 磁性材料及器件, 2015, 46(2): 14-20.

[23] 韩素娟. 基于镍/石墨烯复合材料的制备及其电磁波吸收性能研究[D]. 南京: 南京理工大学, 2019.

[24] SASHIWA H, FUKUDA R, OKURA T, et al. Microbial degradation behavior in seawater of polyester blends containing poly (3-hydroxybutyrate-co-3-hydroxy hexanoate) (PHBHHx) [J]. Marine Drugs, 2018, 16(1): 34-40.

[25] VALERIO O, PIN J M, MISRA M, et al. Synthesis of glycerol-based biopolyesters as toughness enhancers for polylactic acid bioplastic through reactive extrusion[J]. ACS Omega, 2016, 1(6): 1284-1295.

[26] GENTRIC C, SAULEAU P. An eco-friendly strategy using flax/polylactide composite to tackle the marine invasive sponge celtodoryxciocalyptoides[J]. Oceanologia, 2019, 61(2): 218-226.

[27] COATIVY G, MISRA M, MOHANTY A K. Microwave synthesis and melt blending of glycerol based toughening agent with poly (lactic acid) [J]. ACS Sustainable Chemistry & Engineering, 2016, 4(4): 2142-2149.

[28] 邓浩, 刘彤, 张吉润. PP、PCL、PAL/BF 复合材料现状及发展[J]. 塑料, 2020, 49(3): 119-122.

[29] WANG W, HAN C Y, WANG X H, et al. Enhanced rheological properties and heat resistance of poly (propylene carbonate) composites with carbon fiber[J]. Composites Communications, 2020, 21: 100422.

# 第 14 章　生物医用材料

生物医用材料可用于生物系统的疾病诊断、治疗、修复，或替换生物体组织或器官，增进或恢复其功能，其又称生物材料。这里所说的生物系统既包括体内的生理环境，如血液、组织和细胞等，也包括体外的生理环境，如细胞培养盘和生物反应器中的细胞/培养液系统[1, 2]。生物材料能够以一种安全、可靠、经济且生理相容的方式在结构或功能上代替身体部分组织或器官的功能。它既包括由化学或物理方法合成或改性的材料本身，也包括由材料制作加工成的制品。生物材料的特征之一是生物功能性，即能够对生物体进行诊断、替代或修复；其二是生物相容性，即不引起生物体组织、血液等的不良反应。生物医用材料这一领域交叉渗透了材料科学领域正在发展的多种学科，其研究内容涉及材料科学、生命科学、化学、生物学、解剖学、病理学、临床医学、药物学等学科，同时涉及工程技术和管理科学的范畴。现代医学的进步与生物材料的发展密不可分，如各种介入诊断和治疗导管、药物传递控释系统、创伤和烧伤敷料、血管内支架、人工关节与功能性假体等已得到广泛的应用。鉴于生物材料的发展直接关系到人类的生命与健康，故与此有关的研究与开发具有重要的科学意义和巨大的社会经济效益。

## 14.1　生物医用材料的类别及功能

### 14.1.1　生物医用材料的分类

生物材料及其制品种类繁多，通常情况下可根据材料属性、功能、来源、使用部位、使用要求进行分类。

1. 按材料属性分类

(1) 医用金属材料。金属材料是最早应用在医学领域的材料之一，主要包括不锈钢、钴基合金、钛及其合金、钽及其合金等，广泛应用于人工假体、人工关节、医疗器械、内固定材料等。由于金属材料在组成上与人体组织成分相距甚远，因此其与生物组织的亲和力较差，通常情况下植入生物组织后，以异物的形式被生物组织所包裹，使之与正常组织隔绝。组织反应一般根据植入物周围所形成的包膜厚度及细胞浸润数来评价，美国材料与试验学会标准规定：金属材料埋植 6 个月后，纤维包膜厚度＜0.03mm 为合格。

(2) 医用无机材料。无机材料虽然发展历史久远，但是还是在近 30 年才广泛应用在医学领域，也称生物陶瓷材料，主要包括氧化物陶瓷、磷酸盐陶瓷、生物玻璃、碳等。根据在生物机体中引起的组织反应和材料反应，分为生物惰性陶瓷(如氧化铝生物陶瓷)、生物活性陶瓷(如羟基磷灰石生物陶瓷)、可降解生物陶瓷(如 β-磷酸三钙陶瓷等)。

(3) 医用高分子材料。高分子材料是生物材料领域发展最为活跃的领域，自 20 世纪 40 年代高分子学说建立以来，高分子材料得到迅速发展，并以其优良的物理化学性能，应用到医学的各个领域。按其来源分为天然高分子材料和合成高分子材料，天然高分子材料如多糖类、蛋白类等，合成高分子材料如聚氨酯、聚乙烯、聚乳酸、聚四氟乙烯、聚甲基丙烯酸系列等，主要用于制作**人体器官**、组织、关节、药物载体等。

(4) 医用复合材料。复合材料是将不同种材料混合或结合，克服单一材料的缺点，以获得更优性能的材料。

(5) 生物衍生材料。生物衍生材料是由经过特殊处理的天然生物组织形成的生物材料，也称为生物再生材料。所用生物组织主要取自动物体，经过的特殊处理包括维持组织原有构型，仅消除其免疫排斥反应的较轻微的处理，如经戊二醛处理定型的猪心脏瓣膜、牛心包、牛颈动脉、人脐动脉及冻干的骨片等；以及拆散原有构型重建而成新物理形态的处理，如再生胶原、弹性蛋白、透明质酸、硫酸软骨素和壳聚糖等构成的粉体、纤维、膜、海绵体等。生物衍生材料主要用于人工心脏瓣膜、血管修复体、皮肤敷膜、纤维蛋白制品、骨修复体、软膜修复体、鼻软骨种植体、血液透析膜等。经过处理的生物组织已失去生命力，因此生物衍生材料是一类无生命的材料。

**2. 按材料功能分类**

(1) 硬组织相容性材料。硬组织是生物体内通过生物矿化而形成的组织(如骨骼、牙齿等)，是介于无机物和有机物之间的特殊物质。硬组织相容性材料即主要用于生物机体的关节、牙齿及其他骨组织的置换和修复的材料，包括钛及其合金、钴铬合金、生物陶瓷、生物玻璃、碳纤维、聚乙烯等。

(2) 软组织相容性材料。对于与生物机体组织非结合性的材料，如软性接触镜片，要求材料对周围组织无刺激性和毒副作用；对于与生物机体组织结合性的材料，如人工食道，要求材料与周围组织有一定黏结性，不产生毒副反应。此类材料主要用于人体的皮肤、皮下组织、肌肉、肌腱、韧带、关节囊、滑膜囊等软组织的修补。

(3) 血液相容性材料。一切与血液接触的材料要求在植入人体后不引起血液凝聚，不破坏血液成分，也不改变血液生理环境，即不引起凝血、溶血、血小板消耗和血小板变性。血液相容性材料主要包括聚氨酯/聚二甲基硅氧烷、聚苯乙烯/聚甲基丙烯酸羟乙酯、含聚氧乙烯链的聚合物、肝素化材料、尿酶固定化材料、骨胶原材料等，应用于人工血管、人工心脏、血浆分离膜、血液灌流用吸附剂、细胞培养基材等。

(4) 生物降解材料。生物降解材料是一类植入在生物机体中，在体液及其酸、核酸作用下，不断降解被机体吸收，或排出体外，最终完全被新生组织取代的天然或合成的生物材料，包括多肽、聚氨基酸、聚酯、聚乳酸、甲壳素、骨胶原/明胶等高分子材料和 β-磷酸三钙等可降解陶瓷材料，主要用于吸收型缝合线、药物载体、愈合材料、黏合剂以及组织缺损用修复材料。

(5) 高分子药物。高分子药物是一类本身具有药理活性的高分子化合物，其可以从生物机体组织中提取，也可以通过人工合成、基因重组等技术获得天然生物高分子的类似物，如多肽、多糖类免疫增强剂、胰岛素、人工合成疫苗等，用于治疗糖尿病、心血管病、癌症以及炎症等疾病。

**3. 按材料来源分类**

(1) 自体组织，如人体听骨、血管等替代组织。

(2) 同种异体器官及组织，如不同人体之间的器官移植。

(3) 异种器官及组织，如动物骨、肾替换人体器官。

(4) 天然生物材料，如动物骨胶原、甲壳素、纤维素、珊瑚等。

(5) 人工合成材料，如聚乳酸、聚己内酯、聚乙二醇、聚甲基丙烯酸甲酯等。

## 14.1.2　生物医用材料的性能

图 14.1 为生物医用材料在人体中的应用。由于生物医用材料直接作用于人体组织，其必须满足使用时的各种要求，具有不同于一般材料的物理、化学和生物学性能。

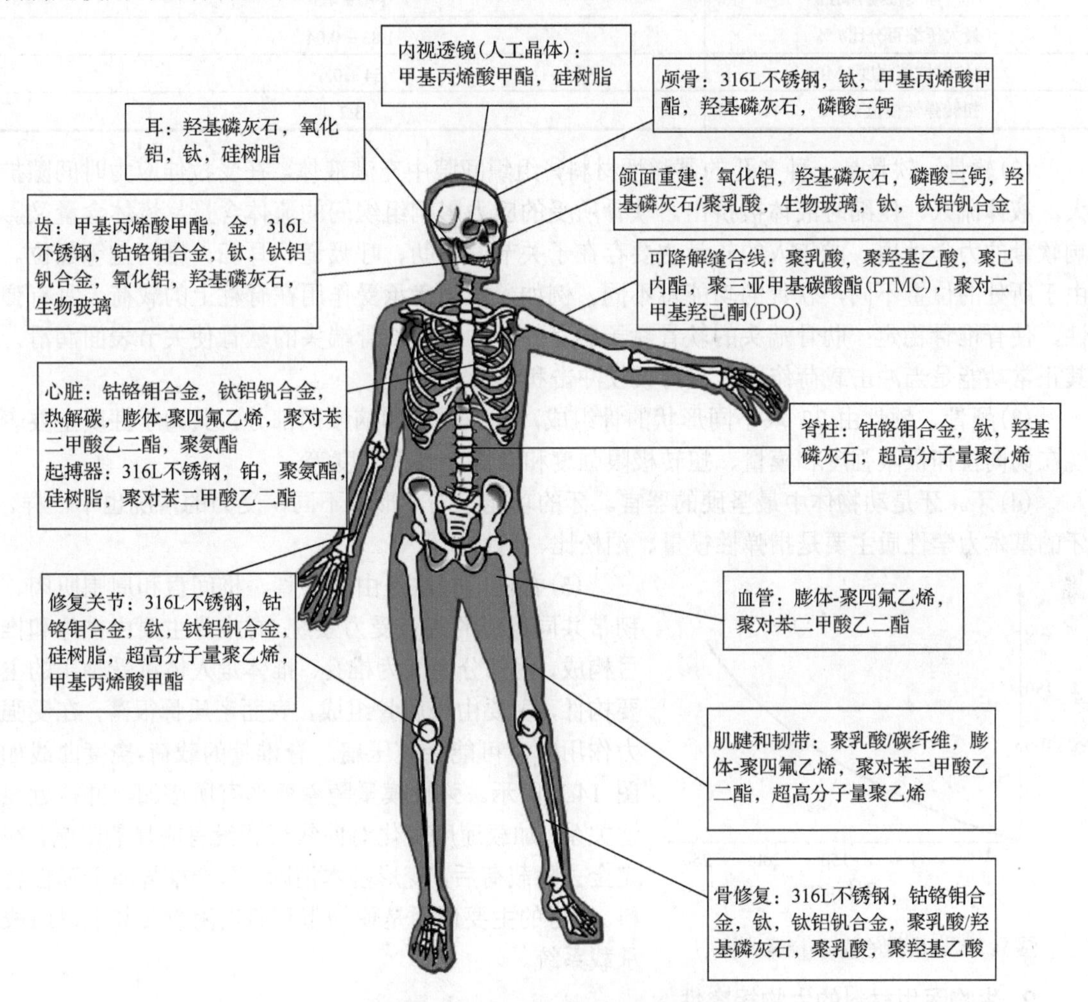


图 14.1　生物医用材料在人体中的应用

### 1. 人体组织的生物力学性能

人体各组织以及器官间存在多种相互作用，植入生物体内的材料要满足力学性能要求。人体硬组织主要器官的力学性能简要介绍如下。

(1) 骨骼。人体中共有 206 块骨。骨是最理想的等强度优化结构，不仅在某些不变的外力环境下显示出其承力的优越性，而且在外力环境发生变化时，能通过内部调整，以新结构形式适应新的外力环境。骨的力学性质主要表现在拉伸、压缩和剪切状态下的极限强度、极限应变及本构关系。表 14.1 为湿的密质骨在拉伸、压缩和扭转下的力学性能。

**表 14.1　湿的密质骨在拉伸、压缩和扭转下的力学性能**

| 力学性能 | 股骨 | 胫骨 | 肱骨 | 桡骨 |
|---|---|---|---|---|
| 抗拉强度极限 / MPa | 124 ± 1.1 | 174 ± 1.2 | 125 ± 0.8 | 152 ± 1.4 |
| 最大伸长百分比 / % | 1.41 | 1.50 | 1.43 | 1.50 |
| 拉伸时弹性模量 / GPa | 17.6 | 18.4 | 17.5 | 18.9 |
| 抗压强度极限 / MPa | 170 ± 4.3 | | | |
| 最大压缩百分比 / % | 1.85 ± 0.04 | | | |
| 拉伸时抗剪强度 / MPa | 54 ± 0.6 | | | |
| 扭转弹性模量 / GPa | 3.2 | | | |

(2) 软骨。软骨是一种多孔的黏弹性材料，组织间隙中充满液体。在受拉伸应力时间隙扩大，液体流入，压缩时液体被挤出。软骨所受的应力影响组织间的流体含量，流体含量又影响软骨的力学性质。成年人的软骨主要存在于关节、胸肋、呼吸道、耳郭、椎间盘等部位。由于所处的位置不同，软骨的功能也不同。例如，椎间盘承受作用在脊柱上的载荷，具有弹性，使脊椎骨稳定；肋骨端头的软骨赋予肋骨的活动度；长骨端头的软骨使关节表面润滑，其正常功能是当冲击载荷作用时，可吸收冲击和承受载荷。

(3) 颅骨。颅骨由 23 块不同形状的骨组成，分成面颅和脑颅两部分，其力学性质主要表现在切向拉伸极限强度和模量、扭转极限强度和模量、维氏硬度等。

(4) 牙。牙是动物体中最坚硬的器官。牙的功能不同，形状不同，受力的情况也不一样。牙的基本力学性质主要是指弹性模量、泊松比、剪切模量等。

(5) 脊柱。脊柱是由脊椎骨、椎间盘和周围肌肉、韧带共同组成的综合受力系统。脊椎骨主要由椎体和椎弓构成，两部分中间为椎孔。椎体是人体承受轴压的主要构件，主要由松质骨组成，表面密质骨很薄，在受强力作用时，可能会被压扁。脊椎骨的载荷-挠度曲线如图 14.2 所示。弹性模量随着变形有所增加，并接近线性关系，加载速度变化对曲线形状没有明显的影响，在完全去除载荷后，变形基本消除，即脊椎骨属于弹性材料。椎弓的主要作用是使韧带和肌肉附着在其上以组成承载系统。

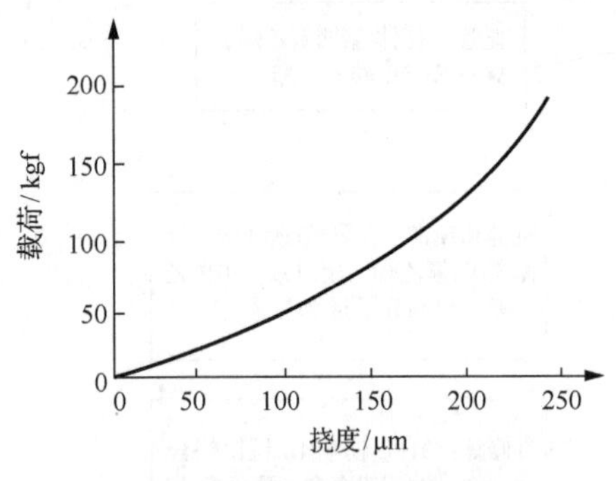


图 14.2　脊椎骨的载荷-挠度曲线

### 2. 生物医用材料的生物相容性

任何一种生物医用材料除了应具有必要的理化性能，还需要满足在生理环境下工作的生物学要求，即有良好的生物相容性。这也是生物医用材料区别于其他材料的基本特征。

生物医用材料的生物相容性是指在生理环境中，生物体对植入的生物材料的反应和产生有效作用的能力，用以表征材料在特定应用中与生物机体相互作用的生物学行为[2,3]。生物材料的生物相容性具体包括血液相容性、组织相容性和力学相容性。血液相容性针对心血管系统与血液直接接触的材料，考察材料与血液的相互作用；组织相容性针对与心血管系统以外的组织或器官接触的材料，考察材料与组织的相互作用；力学相容性考察植入体内承受负荷，以及要求其弹性形变和植入部位的组织的弹性形变相协调的生物材料的力学性能。因此，生物材料的生物相容性取决于材料及生物系统两个方面：在材料方面，影响因素有材料的类型、制品的形态及表面状态、材料的组成、物理化学性质以及力学性质、使用环境等；在生物系统方面，影响因素有生物机体种类、植入部位、生理环境、材料存留时间、材料对生物机体免疫系统的作用等。生物相容性主要表现为宿主反应和材料反应。

**1) 宿主反应**

宿主反应是生物机体对植入材料的反应。宿主反应的发生是由于生理环境的作用，其导致构成材料的组分原子、分子以及颗粒、碎片等代谢产物进入机体组织。

宿主反应通常分为五类，即局部组织反应、全身毒性反应、过敏反应、致癌/致畸/致突变反应和适应性反应。局部组织反应是指机体组织对植入手术创伤的一种急性或炎性反应，是最早的宿主反应，其反应程度取决于创伤的性质、轻重和组织反应的能力，并受患者年龄、体质、防御系统的损伤程度、药物应用与体内维生素缺乏程度等因素的影响；全身毒性反应通常是由于植入材料或器件在加工和消毒过程中吸收或形成的低分子量产物在机体内渗出或因生理降解所产生的毒性物质所引发的一种反应；过敏反应比较少见，是由于材料降解所产生的毒物造成的；致癌/致畸/致突变反应一般属于慢性反应，其中致癌反应是因材料中含有致癌物质或材料在体内降解中产生的致癌物质所致；适应性反应属于慢性和长期性反应，其中包括机械力对组织与材料相互作用的影响。

**2) 材料反应**

材料反应是材料对生物机体作用产生的反应，材料反应的结果可导致材料结构破坏和性质改变，主要包括生理腐蚀、吸收、降解与失效等反应。生理腐蚀是材料在生理环境作用下受到化学侵蚀作用，致使材料产生离解、氧化等现象，导致过敏反应产生。生理腐蚀对医用金属材料的作用尤为显著，因为人体体液是由质量分数约 1%的氯化钠和少量其他盐类及有机化合物组成的电解质溶液，在 37℃体温下对于金属材料是一个相当强的腐蚀环境，生理腐蚀过程中产生的金属离子和腐蚀产物会引起局部组织反应或全身毒性反应。吸收是指材料在体液或血液中吸收某些成分而改变其性能的过程，这种吸收过程是慢性和远期反应。降解与失效是材料在生理环境作用下发生结构破坏与性质蜕变，从而走向失效的一个过程。在生理环境中能发生降解的材料包括硫酸钙、β-磷酸三钙等可降解生物陶瓷和天然的蛋白质(或聚肽)、交联明胶等可降解高分子材料，它们作为生物降解材料的基本条件是降解产物应对机体无毒性，能参与体内的代谢循环。机体组织修复的替代材料则要求在生理环境中能保持长期的化学稳定性，不希望其发生降解或吸收。

一种理想的生物材料要求引起的宿主反应能够被机体接受，且材料不发生破坏，即保持良好的生物相容性。生物相容性评价试验包括体外试验和动物体内试验。体外试验包括材料溶出物测定、溶血试验、细胞毒性试验等；体外试验的结果用于分析、研究材料性能以便筛选。动物体内试验包括急性全身毒性试验、刺激试验、致突变试验、肌肉埋植试验、致敏试验、长期体内试验等。

### 14.1.3 生物医用材料的发展

人类将天然物质和材料用于医学已有很长的历史。公元前 5000 年，古代人就使用黄金修复失牙。公元前 3500 年，埃及人用棉花纤维、马鬃等缝合伤口。在公元前 2500 年的中国和埃及人墓葬中就已发现假手、假鼻、假耳等人工假体。我国在隋末唐初就发明了补牙用的银膏，成分是银、锡、汞，与现代龋齿充填材料汞齐合金相类似。最先应用于临床实践的金属材料是金、银、铂等贵重金属，原因是它们都具有良好的化学稳定性和易加工性能。1829 年通过对多种金属的系统动物试验，人们得出金属铂对机体组织的刺激性最小的结论。1851 年天然橡胶的硫化法发明后，天然高分子硬橡木制作的人工牙托和颚骨开始被用于临床治疗。1892 年硫酸钙被用于充填骨缺损，这是陶瓷材料植入人体的最早实例。

生物医用材料取得实质性进展则始于 20 世纪 20 年代。1926 年含 18%铬和 8%镍的不锈钢首先用于骨科治疗，随后研制出高铬低镍单相组织的 AISI302 和 304 不锈钢，使不锈钢在体内生理环境下的耐腐蚀性能明显提高，到 60 年代又研制出 AISI306L 和 317L 超低碳不锈钢并制定了相应的国际标准；在不锈钢发展的同时，钴基合金作为生物医用材料也取得很大进展，最先在口腔中得到应用的是铸造钴铬钼合金，随后其被用于制作接骨板、骨钉等内固定器械和人工髋关节，60 年代研制出锻造钴铬钨镍合金和锻造钴铬钼合金，70 年代又研制出锻造钴铬钼钨铁合金和具有多相组织的钴铬钼镍合金，并在临床中得到应用；金属钛具有优异的耐蚀性和生物相容性，且密度低，从而引起广泛注意，其在 40 年代用于制作外科植入体，50 年代用纯钛制作的接骨板与骨钉已用于临床，随后 Ti6Al4V 合金研制成功，有力地促进了钛的广泛应用，70 年代随着形状记忆合金的发展，以 NiTi 系为代表的形状记忆合金逐渐地在骨科和口腔科得到应用，并成为医用金属材料的重要组成部分。

生物陶瓷作为生物材料的研究与开发始于 20 世纪 60 年代初。1963 年和 1964 年，多晶氧化铝陶瓷分别应用于骨矫形和牙种植。1967 年，低温各向同性碳成功地应用于临床，1971 年，羟基磷灰石陶瓷获得了临床应用，从此开始了生物活性陶瓷发展的新纪元。80 年代，人们对生物陶瓷复合材料进行了大量研究，以便在保持生物陶瓷良好生物相容性的条件下，提高其韧性与抗疲劳性能，改善其脆性。90 年代，生物陶瓷的一个重要研究方向是与生物技术相结合，在生物陶瓷构架中引入活体细胞或生长因子，使生物陶瓷具有生物学功能。

高分子材料作为生物材料取得广泛应用则始于 50 年代有机硅聚合物的发展。60 年代初，聚甲基丙烯酸甲酯(又称骨水泥)开始用于髋关节的修复，有力地促进了医用高分子材料的发展。70 年代，医用高分子材料逐渐地成为生物材料发展中最活跃的领域。一些重要的医疗器械与器材，如人工心脏瓣膜、人工血管、人工肾用透析膜、心脏起搏器、植入型完全人工心脏、人工肝、人工肾、人工胰、人工膀胱、人工皮肤、人工骨、接触镜、人工角膜、人工晶体、手术缝合线等相继研制成功，并得到了广泛应用，有力地促进了临床医学的发展。

人体绝大多数组织的结构均可视为复合材料，采用单一的医用金属材料、医用高分子材料或生物陶瓷材料来修复人体组织常难以满足临床使用的要求，由此人们推动了医用复合材料的研究与开发，使其成为生物医用材料发展中最活跃的领域之一。20 世纪 90 年代后，随着生物技术与基因工程的发展，生物材料的研究已由无生命的材料领域扩展到具有生物学功能的材料领域。当人体器官或组织因疾病或外伤受到损坏时，迫切需要器官移植。很少的情况下自体器官可以满足移植需要，采用同种异体移植或异种移植，往往具有排异反应，严重时会导致移植失败。因此，人们设想利用生物材料来修复或替代受损组织或器官。即利用生物技术，通过生物化处理及分子设计使表面结构具有有序性、特定分子间的可识别性和运动性，构建新型生物材料。

将组织细胞、生长因子、官能团等引入生物材料中，可以提高生物材料的诸多生物学功能，包括抗凝血性能、与抗体结合的活性以及对生长因子和细胞的黏附性能等。人们研究了细胞基质与环境相互作用机制，这对生物材料的发展具有极大的意义。脊椎动物活体组织存在多种通过特定信号分子使细胞和环境进行信息传达的相互作用机制。这种相互作用的原理是配体和其相应受体之间发生黏合作用，由此导致各种细胞内外应答反应的产生[4]。生长因子和激素都可以调节细胞生长和表型表达，将基质材料负载各种生长因子或激素，向种子细胞定量、持续释放，将有利于细胞的生长和分化。

纳米技术与生物、医学和材料科学的结合开启了纳米生物医用材料的新时代。纳米复合生物活性材料具有优异的生物学性能，可用于软、硬组织的修复和替代。纳米微粒作为药物载体，可在其表面固定蛋白质、靶向基团、酶及 DNA 等，同时定向作用于多个病灶区的靶细胞或直接进入靶细胞缓释药物，可与目标细胞如肿瘤细胞特异性结合，达到杀死肿瘤细胞或使肿瘤细胞发生基因转染的目的。纳米微粒可以在血液中自由运行，在血液净化、有毒物质吸附、免疫疾病治疗等方面有奇特的作用。纳米口腔材料独特的性能更符合口腔生物学状况，能阻止口腔受到过高和过低的温度刺激。

智能材料可随外界条件的变化而进行有意识的自主调节、修饰和修复。智能材料包括智能金属材料、智能无机非金属材料和智能高分子材料等。广义上的智能材料也应包括生命材料。智能材料的构想来源于仿生，它的目标就是想研制出一种材料，使它成为具有类似于生物的各种功能的“活”的材料。因此智能材料必须具备感知、驱动和控制这三个基本要素。智能材料一般由两种或两种以上的材料复合构成一个智能材料系统。这就使得智能材料的设计、制造、加工和性能、结构特征均涉及材料学的最前沿领域，使智能材料代表了材料科学的最活跃方面和最先进发展方向。其中具有形状记忆功能的高分子材料将在实际应用中发挥重要作用。

当前生物材料研究的主要趋势是深入研究材料的组织相容性、血液相容性、生理力学性能和耐生物老化性，并建立它们的标准和评价方法，加强材料表面修饰和生物化处理方法的研究，以使材料与活体表面的接触面形成相容性好的过渡层；注重材料结构与性能关系的研究，积累数据资料，逐步发展生物材料的分子设计，在改性和分子设计基础上合成新的生物材料。

## 14.2　硬组织相容性材料

用于硬组织修复与替换的材料首推金属与合金，其次是生物陶瓷、聚合物、复合材料及人和动物的骨骼衍生物等。在骨和关节系统复杂的应力条件下，不仅要求修复材料无毒副作用、有生物安全性，还要求其必须有足够的力学强度并能与原骨牢固地结合。硬组织相容性材料是生物医用材料中发展最早、最成熟的领域。这不仅表现在临床上被广泛接受与使用，更表现在形成了“生物活性”的核心概念，即有利于植入体与活体组织形成键合的特性，而非生物活性的材料在植入体与活体组织界面处则会形成非黏附的纤维组织层[5-7]。Hench 于 1969 年在对生物玻璃研究中首次发现了生物玻璃与骨组织的键性结合，而后提出了“生物活性”的概念。硬组织相容性材料的需求量大，它的应用研究发展较快，下面主要介绍几种常用的硬组织相容性材料。

## 14.2.1　医用金属材料

医用金属材料常作为受力器件在人体内“服役”，如人工关节、人工椎体、骨折内固定钢板、螺钉、骨钉、骨针、牙种植体等。某些受力状态是相当恶劣的，如人工髋关节，在静止状态承受体重的1/2，水平步行时承受的重量为静止时的3.3倍，跑步时承受的重量为静止时的4倍以上。此外，每年要经受约$2.5\times10^7$次(以每日1万步计)可能数倍于体重的载荷冲击和磨损。若要使人工髋关节的使用寿命保持在15年以上，则材料必须具有优良的力学性能和耐磨损性。人体骨的强度虽然并不是很高，如股骨头的抗压强度仅为143MPa，但具有较低的弹性模量，股骨头纵向弹性模量约为13.8GPa，径向弹性模量为纵向的1/3，因此允许较大的应变，其断裂韧性较高。此外，健康骨骼还具有自行调节能力，不易损坏或断裂。与人体骨相反，医用金属材料通常具有较高的弹性模量，一般高出人体骨一个数量级，即使模量较低的钛合金也高出人体骨的4～5倍，加之材料不能自行调节状态，因此，材料可能在冲击载荷下发生断裂，如人工髋关节柄部折断。要避免断裂发生，通常要求材料的强度高于人体骨的3倍以上。此外，还应有较高的疲劳强度和断裂韧性。

### 1. 奥氏体不锈钢

不锈钢按其组织相的特点可分为马氏体不锈钢、铁素体不锈钢、沉淀硬化不锈钢和奥氏体不锈钢，后者因具有良好的耐蚀性能和综合力学性能而得到广泛的临床应用。常用的医用奥氏体不锈钢的组成与性能见表14.2。其中应用最多的是316L和317L奥氏体超低碳不锈钢。

表14.2　几种主要医用奥氏体不锈钢的组成与性能

| 名称 | Cr含量/% | Ni含量/% | Mo含量/% | C含量/% | Fe含量/% | $\sigma_b$/MPa | $\delta$/% |
|---|---|---|---|---|---|---|---|
| AISI 302 | 17～19 | 8～10 | — | ≤ 0.15 | 余量 | 530 | 68 |
| AISI 304 | 18～29 | 8～10.5 | — | ≤ 0.08 | 余量 | 590 | 65 |
| AISI 316 | 16～18 | 10～14 | 2～3 | ≤ 0.08 | 余量 | 590 | 65 |
| AISI 317 | 18～20 | 11～13 | 3～4 | ≤ 0.08 | 余量 | 620 | 65 |
| AISI 316L | 16～18 | 12～15 | 2～3 | ≤ 0.03 | 余量 | 590 | 50 |
| AISI 317L | 18～20 | 12～15 | 3～4 | ≤ 0.03 | 余量 | 620 | 60 |

通常采用两种工艺生产医用不锈钢。低纯度医用不锈钢一般采用惰性气体保护，真空或非真空熔炼工艺生产。高纯度医用不锈钢一般先通过真空熔炼，再用真空电弧炉重熔或电渣重熔除去杂质，使其纯化。临床应用较多的高纯度医用不锈钢通常先后经热加工、冷加工和机械加工制作成各种医疗器件。冷加工可大幅度提高医用不锈钢的强度，但并不引起塑性、韧性的明显降低。采用机械抛光或电解抛光，可提高器件表面光洁度，有助于消除材料表面易腐蚀及应力集中隐患，提高不锈钢植入器件的使用寿命。

不锈钢中的铬(Cr)可形成氧化铬钝化膜，改善抗腐蚀能力；镍(Ni)和Cr可起到稳定奥氏体结构的作用，不锈钢中镍含量为12%～14%时，可得到单相奥氏体组织，以防形成其他性能不佳的结构。此外，降低不锈钢中的Si、Mn等杂质元素及非金属夹杂物含量，可进一步提高材料的抗腐蚀能力。不锈钢器件植入体内后，其合金元素会通过生理腐蚀和磨蚀而导致金属离子溶出，后者进入组织液会引起机体的一些不良反应。在一般情况下，人体组织只能容忍微量金属离子存在，因此必须严格控制医用不锈钢在体内的金属离子溶出。医用不锈钢的合金元素种类较多，且有强的负电性，其电子价态能够变化，并与体内的有机和无机物质形成复杂的化合物。在铁、镍、铬、钼、钒等主要合金元素中，对机体组织影响比较明确的是铁，它与血红蛋白结合可形成含铁血黄素；铬能与机体内的丝蛋白结合；过量富集镍有可能诱发肿瘤的形成；钒具有很强的细胞毒性早已被试验所证实。通常医用不锈钢的小量腐蚀不会引起组织的明显变化，但腐蚀量较大时会引起水肿、感染、组织坏死或过敏反应。

医用不锈钢的临床应用比较广泛。在骨科中常用来制作各种人工关节和骨折内固定器，如人工髋关节、膝关节、肩关节、肘关节、腕关节、踝关节与指关节；各种规格的截骨连接器、加压板、鹅头骨螺钉；各种规格的皮质骨与松质骨加压螺钉、行椎钉、哈氏棒、鲁氏棒、人工椎体和颅骨板等，亦用于骨折修复、关节置换、脊椎矫形等。在口腔科中医用不锈钢广泛应用于镶牙、矫形和牙根种植等各种器件的制造，如各种牙冠、牙桥、固定器、卡环、基托、正畸丝、义齿、颌面修复件等。

## 2. 钴基合金

最早开发的医用钴基合金为钴铬钼(CoCrMo)合金，其结构为奥氏体，以其优良的力学性能和较好的生物相容性(尤其是优良的耐蚀、耐磨和铸造性能)得到广泛应用，其耐蚀性比不锈钢强数十倍，硬度比不锈钢高 1/3。因此，适合制作人工关节、义齿等磨蚀较大的医用器件。由于铸造退火钴铬钼合金的力学性能有限，随后相继开发了锻造钴铬钨镍合金和锻造钴铬钼合金；为了改善钴铬钼合金的疲劳破坏问题，20 世纪 70 年代又开发出具有良好抗疲劳性能的锻造钴镍铬钼钨铁合金和具有多相组织的钴镍铬钼合金。表 14.3 分别给出了典型钴基合金的性能，目前应用最多的是铸造钴铬钨合金。

**表 14.3　典型钴基合金的性能**

| 元素与性能 | 状态 | 屈服强度/MPa | 抗拉强度/MPa | 伸长率/% | 疲劳强度/MPa |
|---|---|---|---|---|---|
| CoCrMo | 铸态 | 515 | 725 | 9 | 250 |
| | 固溶退火 | 533 | 1143 | 15 | 280 |
| | 锻造 | 962 | 1507 | 28 | 897 |
| | 退火(ASTM) | 450 | 665 | 8 | — |
| CoCrWNi | 退火 | 350 | 862 | 60 | 345 |
| | 冷加工 | 1310 | 1510 | 12 | 586 |
| | 退火(ASTM) | 310 | 860 | 10 | — |
| CoNiCrMo | 退火 | 240 | 795 | 5 | 333 |
| | 冷加工 | 1206 | 1276 | 10 | 533 |
| | 冷加工加时效 | 1586 | 1793 | 8 | 850 |
| | 退火(ISO) | 300 | 800 | 40 | — |
| CoNiCrMoWFe | 退火 | 275 | 600 | 50 | — |
| | 冷加工 | 828 | 1000 | 18 | — |
| | 退火(ISO) | 276 | 600 | 50 | — |

钴基合金在人体内多保持钝化状态，很少见腐蚀现象，与不锈钢相比，其钝化膜更稳定，耐蚀性更好。从耐磨性看，它也是所有医用金属材料中最好的，一般认为植入人体后没有明

显的组织学反应。但是用**钴基合金**制作的人工髋关节在体内的松动率较高，其原因是金属磨损腐蚀造成 Co、Ni 等离子溶出，在体内引起巨细胞及细胞和组织坏死，从而导致患者疼痛以及关节的松动与下沉。钴、镍、铬还可产生皮肤过敏反应，其中以钴最为严重。

**3. 钛合金**

20 世纪 40 年代以来，随着钛冶炼工艺的完善，以及钛良好的生物相容性得到证实，钛合金逐渐在临床医学中获得应用。钛合金的密度较小，为 4.5g/cm$^3$，几乎仅为铁基和钴基合金的一半，其比强度高，弹性模量低，生物相容性、耐腐蚀性和抗疲劳性能都优于不锈钢和钴基合金。因此从 70 年代中期开始，钛合金获得广泛的医学应用，成为最有发展前景的医用材料之一。

钛是一种化学活泼元素，极易与空气中的氧、氢、氮反应形成化合物，影响其性能。纯钛在低于 882℃时为密排六方晶格的 $\alpha$ 相单相组织，力学性能较低，屈服强度为 170～485 MPa，抗拉强度为 240～550 MPa，伸长率为 15%～24%。氧是一种强的 $\alpha$ 相稳定剂，具有一定的固溶强化作用。随着组织中氧含量增大，纯钛的强度有所提高，而塑性有所降低。凝胶状态的 $TiO_2$ 膜甚至具有诱导体液中钙、磷离子沉积生成磷灰石的能力，表现出一定的生物活性和骨性结合能力，尤其适合骨内埋植。钛合金按其组织结构分为 $\alpha$ 相、$\beta$ 相和 $\alpha+\beta$ 双相合金等 3 类。最常用的为 TC4 (Ti6Al4V) 合金，在室温下具有 $\alpha+\beta$ 两相混合组织，通过固溶处理和时效处理，可使其强度等力学性能显著提高。表 14.4 为 Ti6Al4V 合金的成分性能表。为了进一步改善钛合金疲劳和断裂韧性不理想、弹性模量偏高、含有毒性元素钒(V)等问题，国内外又新近开发出许多具有更好生物相容性和综合力学性能的新型医用钛合金。

**表 14.4　Ti6Al4V 合金成分与性能(退火)**

| Al 含量/% | V 含量/% | Fe 含量/% | O 含量/% | N 含量/% | C 含量/% | H 含量/% | Ti 含量/% | 弹性模量/GPa | 抗拉强度/MPa | 屈服强度/MPa | 伸长率/% |
|---|---|---|---|---|---|---|---|---|---|---|---|
| 5.5～6.75 | 3.4～4.5 | < 0.3 | < 0.2 | < 0.05 | < 0.08 | 0.015 | 余量 | 110 | 860 | 780 | 12.5 |

与其他医用金属材料相比，医用钛合金的主要性能特点是密度较低、弹性模量小(约为其他医用金属材料的一半)，与人体硬组织的弹性模量比较匹配。纯钛与钛合金表面能形成一层稳定的氧化膜，具有很强的耐腐蚀性。在生理环境下，钛与钛合金的均匀腐蚀甚微，也不会发生点蚀、缝隙腐蚀与晶间腐蚀。当发生电偶腐蚀时，通常是与钛合金形成偶对的金属被腐蚀。但是，钛与钛合金的磨损与应力腐蚀较明显。若磨损发生，首先将会导致氧化膜破坏，随后磨损的腐蚀产物颗粒进入生物组织，尤其是 Ti6Al4V 合金中含有毒性的钒(V)可导致植入物的失效。为了改善钛及钛合金的耐磨性能，可将钛制品表面进行高温离子氮化及离子注入技术处理，通过引起晶格畸变，使制品表面呈压应力状态，从而提高硬度和耐磨性。离子氮化后的纯钛及钛合金硬度分别提高 7 倍和 2 倍，纯钛的磨损率降低到原来的 1/2，钛合金降低到原来的 1/6；氮化后钛材的年腐蚀率是非氮化的 1/3。动物试验表明组织对表面渗氮钛材反应轻微，材料无毒性。此外，利用离子注入技术，可在钛及钛合金表面注入氮离子，使其表面生成氮化钛陶瓷涂层，大大提高钛制品的耐磨、耐蚀性能，如 TC4 氮化前后，制品在模拟体液中的年腐蚀率降低至原来的 1/3。为了改善钛及钛合金与骨组织的结合性，可采用等离子喷涂和烧结法在钛合金基材表面上涂多孔纯钛或 Ti6Al4V 合金涂层，有利于新骨组织长入，

形成机械性结合。20 世纪 80 年代又开发了钛合金表面等离子喷涂羟基磷灰石陶瓷涂层的技术，使钛合金表面具有生物活性，成功用于钛种植牙根和人工关节柄部(图 14.3)，提高了植入物与骨组织的结合强度。近年来又开展了在钛合金表面等离子喷涂生物活性梯度涂层的研究，在基体与羟基磷灰石涂层之间形成一个化学组成梯度变化的过渡区域，大大降低了界面处的应力梯度，若再将涂层在真空下进行热处理，可使涂层晶化程度大大提高。其原理是涂层与过渡层及基体间发生复杂的化学反应，生成新相，形成化学键结合，大大提高涂层与基体的结合强度，增强涂层的抗侵蚀能力(图 14.4)。激光熔覆涂层技术也是近来发展出的一种新的表面处理技术。它以等离子喷涂等涂层方法制得的涂层为预置涂层，利用大功率的激光器对预置涂层进行快速熔化和凝固，从而在界面处发生适当的物理和化学反应，达到使基体与涂层结合更牢固的目的。研究表明相比于未作处理的等离子喷涂涂层，采用激光熔覆的等离子喷涂涂层的热循环寿命成倍提高。

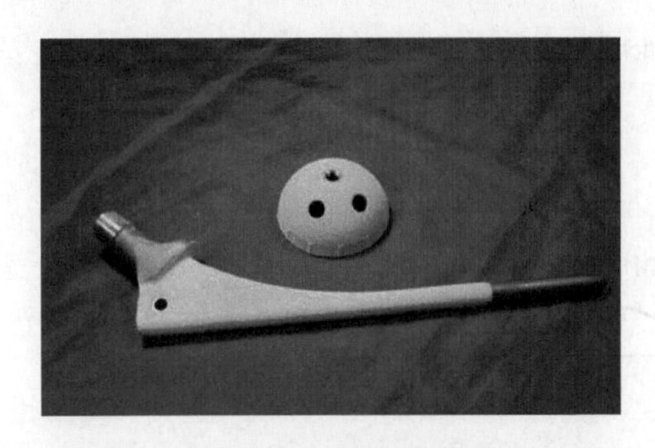

图 14.3　钛合金表面等离子喷涂羟基磷灰石陶瓷涂层人工髋关节

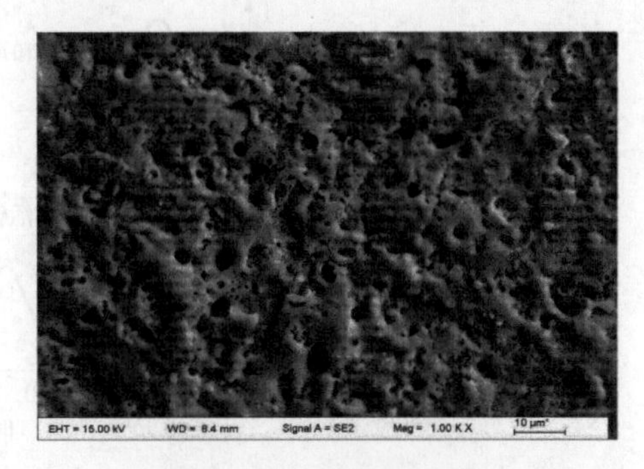


图 14.4　生物活性涂层形貌

钛和钛合金主要应用于整形外科，尤其是四肢骨和颅骨整复，是目前应用最多的医用金属材料。在骨外科中，用于制作各种骨折内固定器械和人工关节；在口腔及颌面外科中，用于制作牙根种植体、义齿、牙床、托环、牙桥与牙冠等；在颅脑外科中，作为骨头托架已用于颚骨再造手术，用微孔钛网可修复损坏的头盖骨和硬膜，能有效地保护脑髓液系统。图 14.5 为网格状钛镍合金超弹性食道支架。食道支架的最佳支撑强度为 10～12kPa，既保留足够大的支撑力，使食管狭窄部分保证被撑开，又能够使患者在支架置入后无胀痛感和异物感，并且长时间在人体内不松弛。另外，钛镍合金拉簧和推簧被广泛使用于拉尖牙向远中、推磨牙向远中、关闭拔牙间隙、局部牙列拥挤的间隙开拓，甚至用于颌间牵引。图 14.6 为使用钛镍合金拉簧和推簧对牙齿进行治疗的效果。

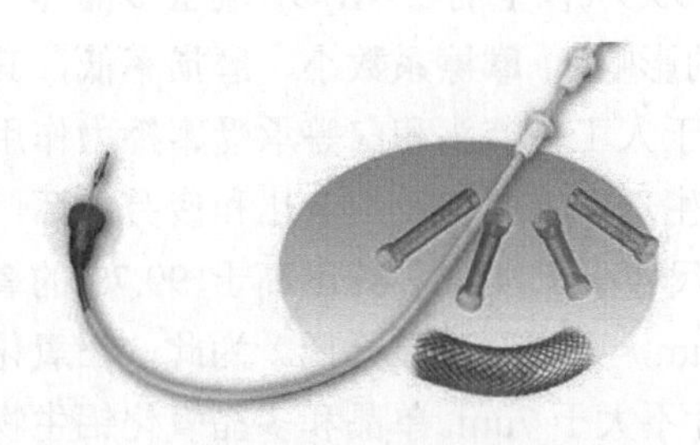

图 14.5　网格状钛镍合金超弹性食道支架

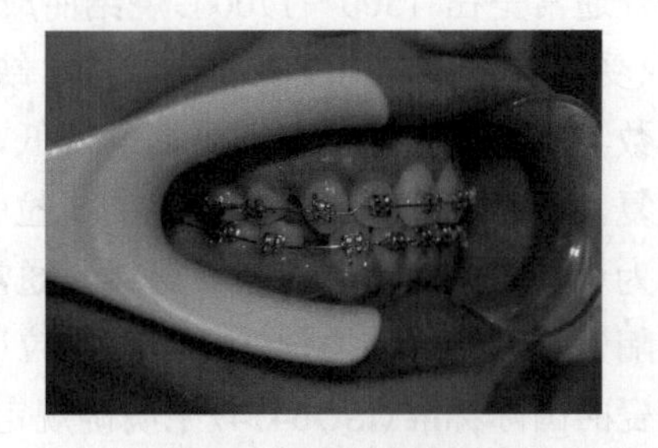

图 14.6　超弹性牙弓丝

## 14.2.2 生物陶瓷材料

生物陶瓷材料根据其化学稳定性(活性)，可分为生物惰性陶瓷、生物活性陶瓷、可吸收和可降解生物陶瓷(图 14.7)。生物惰性陶瓷在生理环境下能长期保持化学稳定性，包括氧化铝、氧化锆等氧化物生物陶瓷，以及 $Si_3N_4$、钛酸钡等非氧化物生物陶瓷等。生物活性陶瓷在生理环境中可通过其表面发生的生物化学反应与组织形成化学键性结合，起到适合新生骨沉积的生理支架作用，也就是骨引导和骨传导作用，包括羟基磷灰石等磷酸钙基生物陶瓷和 $SiO_2$-CaO-MgO-$P_2O_5$ 生物微晶玻璃等材料。可吸收和可降解生物陶瓷是一类在生理环境作用下能逐渐被降解和吸收的生物陶瓷[8,9]。

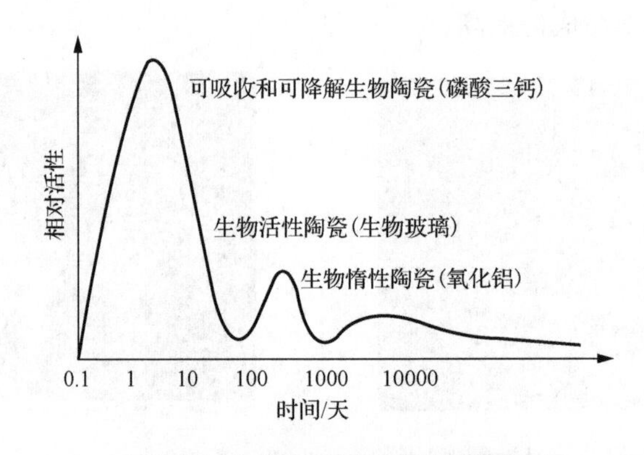


图 14.7　生物陶瓷材料按活性分类

### 1. 氧化铝

氧化铝生物陶瓷是一类暴露于生物环境中几乎不发生化学变化的惰性生物陶瓷，它在体内能耐氧化、耐腐蚀，不降解，不变性，也不参与体内代谢过程，不会与骨组织产生化学结合，而是被纤维结缔组织膜包围，形成纤维骨性结合界面。从材料结构上看，此类材料比较稳定，分子中的化学结合力比较强，具有较高的机械强度和耐磨损性能。

氧化铝生物陶瓷包括高铝瓷和单晶氧化铝。单晶氧化铝采用纯度为 99.99%的 $\gamma$-$Al_2O_3$ 为原料，借助火焰熔融法或气相生长法、导模法、提拉法制备而成，俗称宝石。单晶氧化铝结构完整，无脆弱的晶界相，在应力作用下不易出现微裂纹和裂纹扩展，因而表现出很高的强度和良好的耐酸性、生物相容性，在骨折内固定和齿科方面的应用已引起世界各国的重视。高铝瓷通常是在 1500～1700℃烧结而成的高纯(含 99.9%以上的 $\alpha$-$Al_2O_3$)刚玉多晶体，其硬度高(受晶粒大小、纯度、气孔状态、缺陷等因素的影响)，摩擦系数小、磨损率低，其中摩擦系数与磨损率随水蒸气压升高而降低，故最适用于人工关节头和臼等承受摩擦力作用部位的修复。但是，氧化铝生物陶瓷的抗拉强度低，在生理环境中会发生老化和疲劳破坏，故不宜作为承受复杂应力的骨替换材料。通常平均晶粒尺寸小于 4μm、纯度高于 99.7%的氧化铝生物陶瓷具有良好的力学性能。若晶粒尺寸大于 7μm，则强度明显降低。为此，在氧化铝生物陶瓷的国际标准(ISO6474)中明确规定了晶粒尺寸不大于 7μm。单晶和多晶氧化铝生物陶瓷的主要性能见表 14.5。

表 14.5　单晶和多晶氧化铝生物陶瓷的主要性能

| 性能 | 单晶体 | 多晶体 |
|---|---|---|
| 外观 | 无色透明 | 白色(黄白色) |
| 抗压强度/MPa | 5000 | 5000 |
| 抗拉强度/MPa | 650 | 250 |
| 抗弯强度/MPa | 1300 | 500 |
| 弹性模量/GPa | 400 | 380 |
| 硬度/HV | 2100 | 1800 |
| 冲击强度/(MPa·cm) | 7.6 | 5.4 |
| 影响机械强度的因素 | 晶格缺陷、表面伤痕、裂纹 | 纯度、密度、晶粒大小 |
| 加工性 | 直线状、棒状 | 可加工成任意形状 |

氧化铝生物陶瓷在生理环境中基本上不发生腐蚀和溶解，具有良好的生物相容性。致密的氧化铝生物陶瓷与机体组织之间的结合属于形态性结合，即依靠组织长入材料表面凹凸不平的位置而实现的一种机械锁合。因此，氧化铝生物陶瓷植入体内时应与骨紧密配合。如果植入体与骨界面发生松动，将会导致其表面纤维膜增厚到几百微米，从而造成植入失败。多孔氧化铝生物陶瓷在植入体内后与组织的结合属于生物性结合。新生组织长入多孔陶瓷表面交联贯通的孔隙，必然会提高生物陶瓷与机体组织之间的结合强度，故生物性结合应优于形态性结合。但是，生物性结合要避免界面滑动，以防止因切断长入陶瓷孔隙中的血管等组织而引起孔隙内的组织坏死，出现炎症，导致植入失败。

氧化铝陶瓷用作生物材料是从 20 世纪 70 年代初期开始的。1971～1972 年美国 Hulbert 开始用氧化铝陶瓷做动物试验，1972 年 Boutin 在法国临床应用氧化铝陶瓷人工关节。此后德国、瑞士、荷兰、中国都在广泛使用 $Al_2O_3$ 陶瓷制作假牙、人工关节和人工骨。氧化铝生物陶瓷还成功地应用于牙槽嵴扩建、颌面骨缺损重建、五官矫形与修复等。

**2. 羟基磷灰石**

羟基磷灰石(HAp)是人体和动物骨骼的主要无机成分，它能与机体组织在界面上实现化学键性结合，其在体内有一定的溶解度，会释放对机体无害的离子，能参与体内代谢，对骨质增生有刺激或诱导作用，能促进缺损组织的修复，显示出生物活性。

羟基磷灰石研究的历史很长，早在 1790 年，Werner 用希腊文字将这种材料命名为磷灰石；1926 年，Bassett 用 X 射线衍射方法对人骨和牙齿的矿物成分进行分析，认为其无机矿物很像磷灰石；从 1937 年开始，McConnell 发表了大量磷灰石复合物晶体化学方面的文章；1958 年，Posner 和他的同事对羟基磷灰石的晶体结构进行了细致的分析；1967～1975 年，Moriwaki 和他的合作者用 X 射线衍射技术研究了骨骼和牙釉质中碳酸羟基磷灰石的结晶性和晶格变形；1972 年，日本 Aoki 成功合成羟基磷灰石并烧结成陶瓷，不久，Aoki 等发现烧成的羟基磷灰石陶瓷具有很好的生物相容性。自此以后，世界各国都对羟基磷灰石材料进行了全方位的基础研究和临床应用研究。我国于 20 世纪 80 年代开始研究羟基磷灰石，成功地研制出羟基磷灰石陶瓷，并进行了许多临床应用研究。

羟基磷灰石的化学式为 $Ca_{10}(PO_4)_6(OH)_2$，简称 HA，其晶体结构属于六方晶系，Ca 与 P 原子比为 1.67。HA 生物活性陶瓷在 1250℃以上稳定，易溶于酸，难溶于水、醇，是构成骨

与牙齿的主要无机质，具有良好的生物相容性。HA 生物活性陶瓷的制备通常是将 Ca 与 P 原子比为 1.67 的 HA 粉成型(发泡)后，在 1250℃左右和含水的氧气氛中烧结而成。HA 生物活性陶瓷可分为致密 HA 生物活性陶瓷与多孔 HA 生物活性陶瓷两种，致密 HA 生物活性陶瓷的抗压强度可达 400～917MPa，但抗弯强度较低，仅 80～195MPa。多孔 HA 生物活性陶瓷的力学性能与孔隙率有关，其强度随孔隙率的提高而呈指数下降。致密 HA 生物活性陶瓷在体内能保持化学稳定，而多孔 HA 生物活性陶瓷在体内则呈现出一定程度的溶解。HA 生物活性陶瓷具有传导成骨功能，能与新生骨形成骨键合，植入肌肉、韧带和皮下后能与组织密合，无明显炎症或其他不良反应(图 14.8)。

羟基磷灰石烧结体的强度和弹性模量都比较高，但断裂韧性小，随烧结条件的不同，力学性能波动很大，并且会在烧结后的加工过程中出现很大程度的降低。因此，最初只是利用其生物活性，将它用于一些不受力的部位。例如，将致密烧结 HAp 制成颗粒用于齿槽骨的填充或制作成多孔状的材料用于颗骨、鼻软骨的支撑，以促进它们的功能恢复，以上应用都得到良好的临床效果。另外，致密烧结 HAp 也用于人工听小骨(图 14.9)，得到与生物玻璃相同的效果。通过与氧化铝听小骨的临床对比发现，植入氧化铝听小骨后，患者的听力在整个语言频率区提高的幅度小于植入羟基磷灰石听小骨的情况，且随着音频的提高，氧化铝听小骨系统提高听力的能力衰减幅度远远大于羟基磷灰石听小骨系统，在音频大于 2000Hz 时，氧化铝听小骨系统提高听力的能力开始出现较大的衰减，而羟基磷灰石听小骨系统一般在 4000 Hz 以上才开始明显衰减。

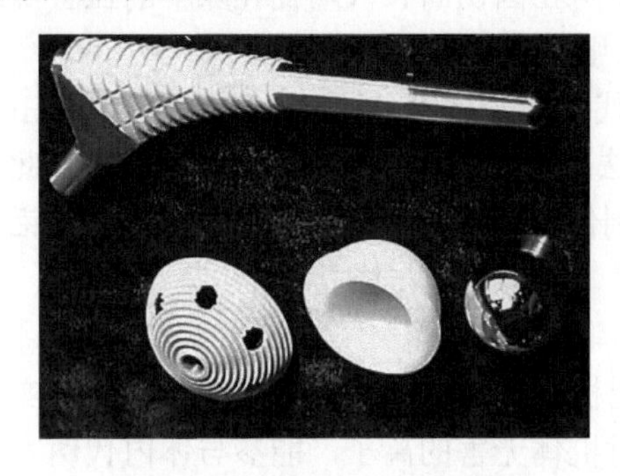

图 14.8　HAp 涂层人工髋关节

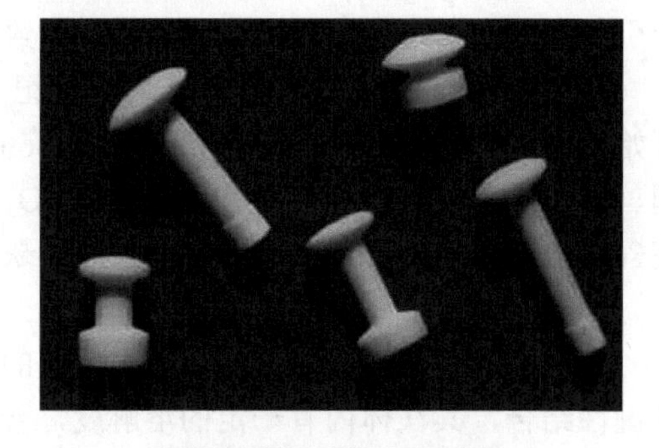

图 14.9　HAp 人工听小骨

## 3. 生物玻璃

生物玻璃是经特别设计的化学组成可诱发生物活性的含氧化硅化合物。一般把原料粉末按成分要求配比混合均匀，将粉末在高温炉内熔化，再将熔化好的玻璃浇注成型(板、条、块等形状)，在适当温度进行退火处理(消除应力)，即可得到成品玻璃。如果将某些玻璃在适当的高温进行晶化处理，则玻璃中可析出大量微小晶体，这样的玻璃称为微晶玻璃、结晶化玻璃或玻璃陶瓷。生物玻璃也可大致分为两类：非活性/近似惰性生物玻璃和活性生物玻璃。活性生物玻璃通常要求 $SiO_2$ 含量低于 60%，同时含有 $Na_2O$ 以及 CaO、$P_2O_5$。这种材料生物相容性好，植入体内后能在界面上通过一系列离子交换和溶解-沉淀反应，在其表面形成磷灰石晶体，残留下的玻璃被巨噬细胞侵蚀。植入后玻璃表面被基质类物质覆盖，玻璃附近的软骨芽细胞和造骨细胞的增殖趋于活跃，不久就会形成骨胶原纤维和磷灰石结晶，从而和软组织及组织成骨键合，骨组织和软组织很容易在其表面生长，其生物活性主要与化学组成相关。

这种材料强度低，断裂韧性差，主要用于非承力的骨、牙齿等，也可作为钛合金牙种植体的表面涂层。

### 14.2.3　医用高分子材料

进入 20 世纪，高分子科学迅速发展起来，新的合成高分子材料不断涌现。高分子科学的发展为其在医学领域的应用创造了条件。1936 年发明有机玻璃(聚甲基丙烯酸甲酯)后，其很快应用于牙体缺损的修复。随着研究的深入，其性能得到不断提高，至今仍广泛应用于临床，在一定程度上取代了常用的银汞合金。1950 年，有机玻璃开始用于制作人工股骨。20 世纪 50 年代，有机硅聚合物用于医学领域，使人工器官的应用范围大幅扩大，包括硬组织替代等诸多方面。进入 60 年代，人们开始针对生物医学应用的客观需要设计合成新型高分子材料，医用高分子材料开始进入一个崭新的发展时期。其间发展了血液相容性高分子材料，用于血液接触的人工器官制造。从 70 年代开始，医用高分子材料快速发展，逐渐地成为生物材料研究中最活跃的领域，超高分子量聚乙烯人工骨、人工软骨等相继研制成功，有力地促进了临床医学的发展。进入 80 年代，医用高分子复合材料产业化速度加快，基本形成了一个崭新的生物材料产业。

### 14.2.4　生物矿化材料

天然的生物矿化材料由简单的“原材料”即活的有机体合成，性能大大优于利用高科技手段生产出来的人工合成物。受此启发，通过仿生方法合成的有机/无机复合体可以作为优异的人体组织修复材料，如骨修复材料、牙齿修复材料等。其中，模板诱导矿化是合成生物矿化材料的一个主要途径。模板诱导矿化的过程是将生物矿化的机理引入无机材料的合成中，以有机大分子的组装体为模板控制无机物的形成，在模板上制备具有优异物理化学性能和独特显微结构特点的生物矿化材料。目前，模板诱导矿化在生物矿化材料领域已经有了广泛的应用，特别是骨修复材料和牙齿再矿化体系的研究，为治疗缺损的骨和牙齿提供了基础。

## 14.3　软组织相容性材料

软组织修复与重建是指应用生命科学与工程原理及方法构建一个生物装置来维护、增进人体细胞和组织的生长，以恢复受损组织或器官的功能。在这一多学科交叉的新领域中，人们梦寐以求的组织与器官的修复和再建有了实现的可能，其基本原理和方法是：将体外培养的组织细胞吸附扩增于一种生物相容性良好并可被人体逐步降解吸收的生物材料上，形成细胞-生物材料复合物。该生物材料为细胞提供一个生存的三维空间，有利于细胞获得足够的营养物质，进行营养物交换，并且能排出废物，使细胞能按照预制设计的三维形状支架生长。然后将此细胞-生物材料复合体植入机体组织病损部位。种植的细胞在生物支架逐步降解吸收过程中继续增殖并分泌基质，形成新的与自身功能和形态相对应的组织和器官[10-12]。这种具有生命力的活体组织能对病损组织进行形态、结构和功能的重建并达到永久性替代。软组织相容性材料有两类：一类是非结合性的，如接触式镜片材料，要求材料对周围组织无刺激性和毒副作用；另一类是结合性的，如人工皮肤、人工心脏等，要求材料与周围组织有一定黏结性，并且不产生毒副反应。

## 14.3.1　人工皮肤

皮肤是人身体上最大的器官，人工皮肤作为一种皮肤创伤修复材料和损伤皮肤的替代品，可以使皮肤大面积和深度烧伤的患者在自体皮不够的情况下，进行修复治疗并使之恢复因皮肤创伤丧失的生理功能。根据对皮肤在人体中作用的认识，理想的皮肤修复材料应具有如下特性：无毒、无刺激、不会引起免疫反应；具有相容性以及类似天然皮肤的透湿性、柔软性和润湿性；既能与创面组织紧贴，起到防止创面的水分、体液损失和吸收创面渗出液的作用，又易于在皮肤愈合后自动脱落，并且易于消毒。

**1. 早期的人工皮肤**

最早的人工皮肤是由创伤敷料发展而来的，按其功能可分为吸收敷料、不粘敷料、封闭和半封闭敷料、水凝胶敷料和含药敷料等。

(1) 吸收敷料。能够保护创面和吸收体液，以便创伤不受细菌的感染和进一步恶化。这种材料大多为天然材料，如甲壳素、壳聚糖、藻酸盐、果酸、明胶、羧甲基纤维素、卡拉胶、淀粉等，它们都可在人体内降解并被人体吸收。

(2) 不粘敷料。通常采用经过石蜡、石油浸泡过的纱布，其不粘创面能够防止创面干燥和病原菌进入创伤，一般由穿孔的不粘膜层加吸收衬垫组成，这种材料大多用天然或人工膜材料作外层，用吸收衬垫作吸收敷料，是吸收敷料的改进品种。

(3) 封闭和半封闭敷料。这类材料为半透过性材料，其目的为清洁创伤、减少体液渗出，促进创伤修复。1987 年 Alvarez 等和 1989 年 Grussing 等分别采用聚乙烯膜、聚氨酯作为半透膜，效果比不用的对照组愈合率提高了 18%～31%。临床效果比较好的是复合层人工皮肤，其内层为网状聚氨酯海绵，能吸收创面体液并促使渗出的血液凝固，外层是微孔聚丙烯薄膜，能透过气体和水汽，细菌不能进入，这种人工皮肤来源广、无抗原性，缺点是弹性差。

(4) 水凝胶敷料。此类水凝胶吸水溶胀后在创面形成闭合吸收敷料，以防菌防毒，并在创伤修复后易于除去，该类材料成分为瓜尔胶、羧甲基纤维素钠盐、聚乙烯、吡咯烷酮(PVP)等，其愈合率比不用的对照组提高 30%～36%。水凝胶类人工皮肤又称冻胶，是亲水性聚合物或水溶胀性聚合物，其黏附性能较好。例如，氧化乙烯-氧化丙烯的共聚物凝胶可先制成溶液；将溶液涂在创面上于体温下固化为人工皮肤。这种凝胶含水量达 80%，能帮助维持体液平衡，加入抗生素和维生素等药物后还能促进创面愈合。

(5) 含药敷料。即在敷料中加入使上皮再生和消炎的药物，以及抗生素等材料，其效果比不用的对照组愈合率提高 16%～37%。

**2. 可替代损伤皮肤的材料**

在创伤敷料的基础上发展出一种可替代损伤皮肤的材料，用于大面积烧伤的皮肤修复。其主要使用的材料如下。

(1) 合成高分子材料。一种是合成纤维织物，大多采用尼龙、聚酯、聚丙烯等合成纤维织成丝绒状表面以利于人体组织的长入和固定，同时织物的基底层涂布硅橡胶或聚氨基酸。聚氨基酸涂层具有优异的透湿性，特别是氧化聚蛋氨酸具有优异的组织相容性而无抗原性。另一种是聚乙烯醇、聚氨酯、硅橡胶、聚乙烯、聚四氟乙烯多孔薄膜，其性能优异，厚度为 20μm 的硅橡胶薄膜水蒸气透过性为 4～7mg/(cm$^2$·h)。它与创面密合性良好，可有效地防止细菌侵入引起感染。Gourlay 还证明了硅橡胶膜有促进组织自然再生的作用。拉伸加工后的聚四氟乙烯有极细的连续气孔，气孔率可达 70%～80%，具有良好的透气性、吸湿性，在创面贴敷柔软，利于创面的生长愈合。

(2)生物高分子材料。一类是同种异体或异种组织，如人或动物的羊膜、腹膜和皮肤，其中以同种异体皮最好，但来源困难；异种皮中较理想的是猪皮，其结构近似人皮，但使用制备工作较复杂，且有免疫反应。另一类是胶原蛋白。胶原是蛋白质，广泛存在于哺乳类动物体内，如皮肤、肌腱、韧带等。胶原作为人工皮肤使用时，关键是要将胶原的抗原基团去除。胶原蛋白对组织有良好的亲和性，与创面贴附好，能被消化吸收，抗原性微弱，对组织修复有促进作用，又是上皮细胞生长良好的基底。以胶原蛋白制造的人工皮肤有胶原膜、胶原海绵、胶原泡沫及纤维蛋白膜等。

实际上临床应用效果较好的人工皮肤大多是复合结构(图 14.10)，外层材料多选用硅橡胶、聚氨酯、聚乙烯醇等薄膜，其表面微孔较小，具有屏障作用，可防止蛋白质、电解质的丢失和细菌的侵入，并可控制水分的蒸发；内层材料多选用各种胶原蛋白薄膜或绒片、尼龙或涤纶纤维织物，其表面较粗糙，微孔较大，有利于创面肉芽组织、成纤维细胞的长入，可增加贴附力，防止皮下积液。胶原蛋白能增加对组织的贴附性，又可降解吸收。

随着组织工程学科的出现和发展，人工皮肤的研究已从原来单纯的创伤敷料和人工皮肤向活性人工皮肤的方向发展(图 14.11)。活性人工皮肤不仅包覆在创伤表面，保护创面，防毒、杀菌，促进皮肤的恢复和生长，而且组织支架材料中的活性细胞能诱导分化细胞，使活性人工皮肤能完全永久地代替已损伤和丧失的皮肤。今天，科学家已研究出可以永久真正替代人皮肤的活性人工皮肤，并已应用到临床。目前，人们选用的细胞生长活性材料不仅限于明胶、胶原等蛋白类，还选用丝素和合成蛋白或改性蛋白，以及改性甲壳素、蛋白多糖和糖蛋白等天然和合成材料。是无论天然还是合成都应选用可降解材料，如聚乳酸、聚己内酯等。它们都可降解，有一定的生物活性，并可在皮肤修复后被人体降解吸收；同时要求在制备成型后有一定的降解速度并与组织生长速度相匹配[13, 14]。

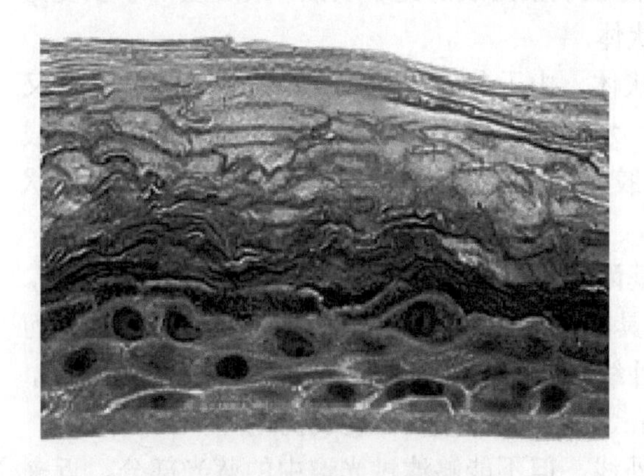

图 14.10　人工皮肤的复合结构

图 14.11　在胶原蛋白模皮上植入皮肤细胞，经体外培养得到人工皮肤

## 14.3.2　人工晶状体

人工晶状体(IOL)是一种植入眼内的人工透镜，起到取代天然晶状体的作用。人工晶状体通常由一个圆形光学部和周边的支撑袢组成，光学部的直径一般为5.5～6mm。这是因为在夜间或暗光下，人的瞳孔会放大，直径可以达到6mm左右，而过大的人工晶状体在制造或者手术中都有一定的困难。支撑袢的作用是固定人工状晶体，通常是两个C形的线状支撑。

人工晶状体材料主要由线性的多聚物和交联剂组成，通过改变多聚物的化学组成，可以改变人工晶状体的折射率、硬度等。按照硬度可以分为硬质人工晶状体和软性人工晶状体，后者又可以分为丙烯酸类晶状体和硅凝胶类晶状体。最先出现的是硬质人工晶状体，这种晶状体不能折叠，手术时需要一个与晶状体光学部大小相同的切口(6mm左右)，才能将晶状体植入眼内；20世纪80年代末90年代初，随着白内障超声乳化手术技术迅速发展，医生已经可以仅仅使用3.2mm甚至更小的切口清除白内障，但在安放人工晶状体的时候还需要扩大切口才能植入。为了适应手术的进步，人工晶状体材料逐步改进，制备出可折叠的人工晶状体，一个光学部直径为6mm的人工晶状体可以对折，甚至卷曲起来，通过植入器将其植入，进入眼内后折叠的人工晶状体自动展开，支撑在指定的位置。

最经典的人工晶状体材料是聚甲基丙烯酸甲酯(PMMA)。这种材料是疏水性丙烯酸酯，只能生产硬性人工晶状体。英国医生Harold Ridley观察了第二次世界大战期间一名被飞机座舱盖碎片溅入眼内的飞行员，发现用PMMA制成的舱盖碎片在眼内没有发生异物反应，它与人体组织有非常好的相容性，因而此材料很适合用于制造人工晶状体，这为人工晶状体植入奠定了基础。聚甲基丙烯酸甲酯材料稳定、质轻、透明度好，屈光指数大，生物相容性好，且不会被机体的生物氧化反应所降解。它在组织内的稳定性也相当好，不仅是由于其本身的理化惰性，还因为其对机体的生物反应较轻，对老化及环境中其他变化的抵抗力也很强，其折射率约为1.491。它能透过较宽范围的波长(300～700nm)，包括紫外光谱，所以植入人工晶状体后的眼与无晶状体眼一样，感受颜色更亮、更饱和，昼光下会有蓝视现象，但红视不多见。PMMA的主要缺点是不能耐受高温高压消毒。至今PMMA仍然是制造硬质人工晶状体的首选材料。为了克服PMMA人工晶状体不能吸收紫外线的光学缺点，最近发明了以复方羟苯基并三唑为材料的可吸收紫外线的人工晶状体。

近年来人们也用硅胶和水凝胶制造人工晶状体。由于其质软，具有充足的柔韧性，故又称为软性人工晶状体，可通过小切口植入眼内。水凝胶根据聚合体中含水率和其性质，分成聚甲基丙烯酸羟乙酯(PHEMA)和高含水率水凝胶。目前在临床上使用最广泛的软性人工晶状体是硅胶，其次是PHEMA。

丙烯酸酯是由苯乙基丙烯酸酯和苯乙基甲基丙烯酸组成的共聚体。它属于PMMA系列，具有与PMMA相当的光学和生物学特性，但又具柔软性，而且折叠后的人工晶状体能轻柔而缓慢地展开。这种材料的人工晶状体可吸收紫外线(波长为398～400nm)，屈光指数为1.55，光学部直径为55mm，人工晶状体全长为125mm，适于植入晶状体囊袋内。

大多数人工晶状体可以阻挡太阳光中的紫外线，但不能够滤过光谱中的蓝光部分。近来有学者提出，这一部分光线对于视网膜特别是黄斑区有损伤作用。为了解决这一问题。新研制出蓝光滤过型人工晶状体，它在丙烯酸酯材料中增加了黄色载色基团，可以滤过有害的蓝光，是目前最接近人眼生理状态的人工晶状体。

人工晶状体的生物相容性关系到术后长期的视功能，其临床体现的主要指标有后囊膜混浊、前囊膜混浊、囊膜皱缩、前房闪辉、人工晶状体前细胞沉积[8-10]。后囊膜混浊是最重要的指标，其与人工晶状体的材料和设计有关。近年来认为方形边缘设计能阻止晶状体上皮细胞的迁移，减少后囊膜混浊的发生。在材料方面，同是方形边缘设计的疏水性丙烯酸酯和硅凝胶人工晶状体在术后 1 年和 3 年的观察中后发障发生率均较低，两者无差异。硅凝胶和疏水性丙烯酸酯人工晶状体后囊膜混浊发生率均较低，而水凝胶和聚甲基丙烯酸甲酯人工晶状体的后囊膜混浊发生率较高。人工晶状体前细胞沉积现象中沉积的细胞有小圆细胞、晶状体上皮细胞、纤维样细胞和异物巨细胞。不同类型细胞在丙烯酸酯、水凝胶和硅凝胶人工晶状体表面的沉积情况也有差异。术后 180 天巨细胞在各种人工晶状体表面的沉积均较少，差异无显著性；术后 180 天上皮样细胞在丙烯酸酯人工晶状体上的沉积多于硅凝胶人工晶状体和水凝胶人工晶状体；纤维样细胞在术后各人工晶状体表面沉积无明显差异；沉积的晶状体上皮细胞在术后 30 天达到高峰，然后下降，术后 30 天晶状体上皮细胞在硅凝胶人工晶状体表面的沉积变化较大，这种细胞在不同人工晶状体表面的沉积反应差异不明显。

### 14.3.3　人工脂肪

人体脂肪的缺失是癌症和整形外科上的常见病例。在整形外科手术中，因乳腺肿瘤而切除乳房组织的病例比较常见。目前，全球每年平均有 130 万人新患乳腺肿瘤；2019 年美国有 8.6 万人因乳腺肿瘤而被迫切除单乳或双乳；在我国，乳腺肿瘤已成为对女性健康威胁最大的疾病，发病率居城市女性肿瘤的第一位，增长速度高出高发国家 1～2 个百分点，且呈明显年轻化趋势。乳房的缺失和局部软组织的畸形给患者带来了巨大的身心伤害。目前临床上主要采用自体脂肪移植技术来进行乳房再造，该方法能在短期内一定程度上缓解患者的痛苦，但其最大的缺陷是移植脂肪不易存活而形成再吸收，难以达到预期的修复功能和美容效果。采用组织工程技术有望克服这一缺陷，脂肪的组织工程化构建可为临床治疗提供一种全新的治疗手段，这方面的研究成果具有重大的科学技术价值和社会需求[12-14]。

脂肪的组织工程化构建强烈地依赖于具有特定微结构和高度细胞相容性的支架材料。正常的脂肪细胞必须贴附于细胞外基质上才能生长与功能分化，支架材料为细胞提供了赖以附着的物质基础，同时支持和促进细胞的生长，调控和诱导细胞与组织的分化等，并可控制组织在宏观上按要求的形状再生。水凝胶细胞支架是亲水性聚合物交联网络经水溶胀形成的一种材料形态，其类似体内环境的特质更有利于细胞的分化和功能表达，从而实现组织的再生。从临床使用的角度考虑，水凝胶支架可通过注射的方法植入所需部位，在一定条件下原位形成三维支撑体，避免了创伤性的外科手术，降低了手术难度，更容易被患者所接受。用于临床治疗时，可将细胞悬浮于液态支架前驱体组分中，混合后直接注射到缺损部位，支架在体温下可快速原位成型。此外，水凝胶尤其适合填补任意形状的缺损，其物理形态和人体脂肪亦比较接近，因此特别适用于脂肪组织的修复。

目前，脂肪干细胞(ASCs)是脂肪等软组织工程的主要种子细胞来源。ASCs 是从脂肪组织中分离得到的一种具有多向分化潜能的干细胞，具备向脂肪细胞、成骨细胞、软骨细胞、成肌细胞、内皮细胞、心肌细胞和神经细胞分化的能力。ASCs 具有很多其他种子细胞不能比拟的优点：来源广泛、取材容易，脂肪容易再生，可以反复进行吸脂术获得；对患者机体损伤小，可以避免从脑部和骨髓获取细胞所造成的损伤；在体外增殖速度快且衰亡率低，不必进行永生化处理就能获得足够的细胞用于移植，少量组织即可获取大量细胞，适宜大规模培养。水凝胶支架材料不仅需要为ASCs的生长提供基本的支持作用，还需要诱导ASCs增殖和分化，因此需要将生物活性因子导入支架。目前已经使用的 ASCs 生长和分化因子主要包括胰岛素、类胰岛素生长因子 1(IGF-1)、地塞米松、环磷酸腺苷(cAMP)、环格列酮和异丁基甲基黄嘌呤(IBMX)等。例如，美国匹兹堡大学的 Marra 和 Rubin 等将胰岛素和地塞米松负载于 PLGA 微球中并与脂肪干细胞体外共培养(图 14.12)，结果表明负载药物的 PLGA 微球能显著诱导 ASCs 向脂肪成体细胞分化[14, 15]。

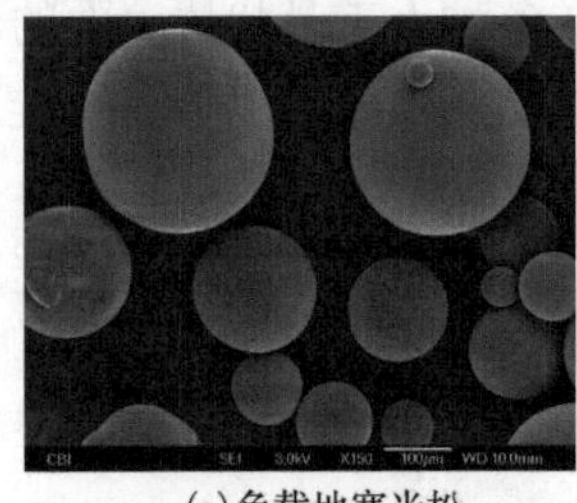

(a)负载地塞米松

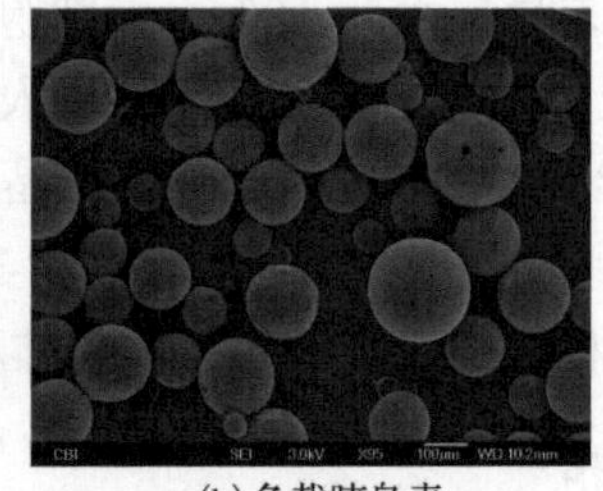

(b)负载胰岛素

图 14.12　负载地塞米松和胰岛素的 PLGA 微球材料

脂肪的组织工程化构建仍存在不少问题，其中再生脂肪的血管化问题已逐步引起重视。理想的再生脂肪需要一定数量的动、静脉以及足够的微循环结构以提供足够的营养和氧气，同时带走代谢产物。在脂肪生成期间，若营养成分单纯依靠扩散作用提供给支架体系，细胞往往得不到足够的营养成分而凋亡，所以早期血管化对于避免再生脂肪再吸收、提高脂肪的存活率具有十分重要的作用。血管化已成为再生脂肪走向临床应用的关键。促血管生成生长因子在血管化过程中起着重要作用。应用促血管生成生长因子促进再生脂肪血管化是目前最常用的方法。在这类生长因子中最重要的是血管内皮生长因子(VEGF)，它的应用可有效地刺激血管新生及加强血流。VEGF 是一种糖蛋白，特异性作用于血管内皮细胞，刺激体外培养的内皮细胞增殖、迁移，诱导体内血管形成；维护血管正常状态；增加血管内皮的通透性。其他促血管生成的生长因子还有成纤维细胞生长因子家族(FGFs)、血小板源生长因子(PDGF)、转化生长因子(TGF)、血管形成素(angiogenin)等，被广泛应用于创伤修复以及诱导血管再生方面的研究。在前期的体内研究证明，负载地塞米松和胰岛素的 PLGA 微球及可注射支架在体外能有效促进 ASCs 的脂肪分化，在裸鼠体内试验中能够有效诱导脂肪生成，而负载 VEGF 的 PLGA 微球用于在体外细胞培养和**裸鼠体内试验**，结果表明能够一定程度地诱导脂肪再生及少量血管生成。

## 14.4　血液相容性材料

一切在应用中与血液接触的材料，除具备特定用途所要求的性能外，还必须有良好的血液相容性。自 20 世纪 60 年代起，人们为解释材料结构与抗凝血性能之间的关系，提出了各种假说，其中具有代表性的有两个。一种假说认为，调整两者界面达到适宜的极性与非极性分配比时，可抑制血栓形成。另一种假说则强调界面自由能的影响，认为当血液与材料的界面自由能处于最低时，不易发生相互作用。在这些假说的指导下，发展了一些具有微相分离结构的材料和表面接枝亲水性链段或基团的材料，且均表现出良好的血液相容性。血液相容性材料主要包括聚氨酯/聚二甲基硅氧烷、聚苯乙烯/聚甲基丙烯酸羟乙酯、含聚氧乙烯链的聚合物、肝素化材料、尿酶固定化材料、骨胶原材料等。这类材料主要应用于人工血管、人工心脏、血浆分离膜、血液灌流用吸附剂、细胞培养基材等。

## 14.4.1　人工心脏

心脏是人体血液循环系统中的动力器官，经过心脏与肺的协同工作，使血液不断地氧合更新，并在全身不断循环将新鲜血液送到各个器官，从而保证人体正常的生命活动。人工心脏是推动血液循环完全替代或部分替代人体心脏功能的机械心脏。在人体心脏因疾患而严重衰竭时，植入人工心脏暂时辅助或永久替代人体心脏的功能，推动血液循环。人工心脏分为辅助人工心脏和完全人工心脏。辅助人工心脏有左心室辅助、右心室辅助和双心室辅助，按辅助时间又分为一时性辅助人工心脏(两周以内)及永久性辅助人工心脏(两年)两种。完全人工心脏包括一时性完全人工心脏(以辅助等待心脏移植)及永久性完全人工心脏。

最早的人工心脏是 1953 年 Gibbons 的心肺机，其利用滚动泵挤压泵管将血液泵出，犹如人的心脏搏血功能，进行体外循环。1969 年美国 Cooley 首次将完全人工心脏用于临床，为一名心肌梗死并发室壁瘤患者移植了人工心脏，以等待供体进行心脏移植。虽因并发症死亡，但这是世界上第一个利用完全人工心脏维持循环的病例。1982 年美国犹他大学医学中心 Devries 首次为 6l 岁患严重心脏衰竭的克拉克成功地进行了人工心脏移植。靠这颗重 300g 的 Jarvik-7 型人工心脏，他生活了 112 天，成为世界医学史上的一个重要的里程碑。

人工心脏的关键是血泵，从结构原理上可分为膜式血泵、囊式血泵、管形血泵、摆形血泵、螺形血泵五种。由于后三类血泵血流动力学效果不好，现已很少使用。膜式和囊式血泵系由血液流入道、血液流出道、人工心脏瓣膜、血泵外壳和内含弹性驱动膜或高分子弹性体制成的弹性内囊组成。在气动、液动、电磁或机械力的驱动下促使血泵的收缩与舒张，由驱动装置及监控系统调节心律、驱动压、吸引压、收缩期和舒张期比。血泵的好坏和使用时间长短除与血泵的血流动力学和结构设计有关外，主要和血泵材料的种类和性能有关。血泵内囊与驱动膜材料要求具有优异的血液相容性与组织相容性，即无毒、无菌、无热源、不致敏、不致畸变、不致癌、不溶血、不引起血栓形成、不引起机体的不良反应。此外，要求材料有优异的耐曲挠性能、疲劳强度和抗血栓性。若以一般成年人的心脏每分钟平均搏动 72 次为例，每日搏动高达 10 万次以上，当从事体力劳动时，还会成倍增加，一年就要搏动 3650 多万次。因此，作为永久性人工心脏的材料要考虑到足够的安全系数。在实际应用中采用的血泵材料有加成型硅橡胶、甲基硅橡酸、嵌段硅橡胶、聚氨酯、聚醚氨酯、聚四氟乙烯织物、聚酯织物复合物、聚烯烃橡胶、生物高分子材料以及高分子复合材料，其中聚氨酯性能最好。临床应用以聚氨酯材料为主。但聚氨酯长期植入后血液中钙沉积易引起泵体损伤的问题尚未得到彻底的解决。目前，组织工程正在研究使用仿生材料解决这一问题。我国有关学者在这一领域的发展中做出了卓越贡献。北京大学在聚醚聚氨酯和表面接枝的聚氨酯方面、南开大学在血液灌流吸附剂方面、暨南大学在改性甲壳素方面均取得了不少成果。当前，在惰性高分子材料的表面接枝长链亲水基团，如聚氧乙烯、肝素、聚甲基丙烯酸烷基酯磺酸盐等，或涂覆亲水/疏水嵌段高分子化合物，是血液相容性材料的重要发展方向。

### 14.4.2　人工心脏瓣膜

人工心脏瓣膜是指能使心脏血液单向流动而不反流，具有人体心脏瓣膜功能的人工器官。主要针对心脏瓣膜病变，不能通过简单的手术或治疗恢复和改善瓣膜功能的患者，用人工心脏瓣膜替代病损心脏瓣膜。人工心脏瓣膜主要有两类：机械瓣和生物瓣(图 14.13)。机械瓣中最早使用的是笼架球瓣，其基本结构是在一金属笼架内有一球型阻塞体(阀体)。当心肌舒张时阀体下降，瓣口开放血液可从心房流入心室，心脏收缩时阀体上升阻塞瓣口，血液不能反流回心房，而通过主动脉瓣流入主动脉至体循环。生物瓣是全部或部分使用生物组织，经特殊处理而制成的人工心脏瓣膜。由于 20 世纪 60 年代的机械瓣存在诸如血流不畅、易形成血栓等缺点，探索生物瓣的工作得到发展。目前根据取材来源，生物瓣可分为自体、同种异体、异体三类。若按形态来分类，则有如下两类：一是将异体或异种主动脉瓣固定在支架上；二是使用片状组织材料(如心包或硬脑膜包裹在三个支柱的金属架上)，经处理固定在关闭位。生物瓣的支架通常采用金属合金或塑料支架，外层包绕涤纶编织物。生物材料主要用作瓣叶。由于长期植入体内并在血液中承受一定的压力，生物瓣材料会发生组织退化、变性与磨损。生物瓣材料中的蛋白成分也会在体内引起免疫排异反应，从而降低材料的强度。为解决这些问题，虽采用过深冷、环氧乙烷、甲醛、丙内酯处理等，但效果很差，直至采用甘油浸泡处理才大大提高生物瓣的强度。

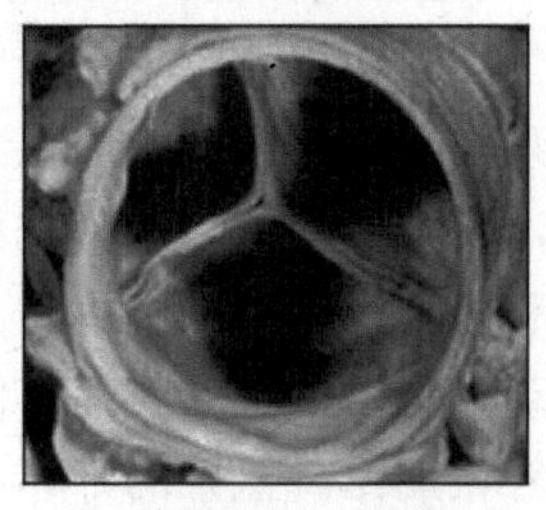
(a) 正常的主动脉瓣

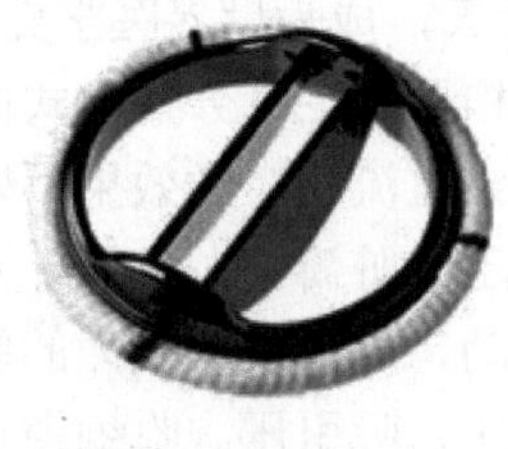
(b) 机械瓣

(c) 生物瓣

图 14.13　心脏瓣膜与人工心脏瓣膜

医用炭素材料是指作为生物医学使用的各种炭素及其复合材料。它具有极好的抗血栓性，作为生物医学材料使用的主要有三种：玻璃碳、低温各向同性热解碳和超低温各向同性热解碳。这三种碳在生理环境中化学性质稳定，也不发生疲劳破坏，是生物相容性非常好的一类惰性材料。它的最大优点是血液相容性好，具有不可渗透性，以及优良的力学性能，这使其在医学上得到广泛使用。主要用于制造心血管修复体、人工骨、人工牙根、肌腱和人工韧带等，还可用于人工软骨、人工中耳、人工关节的运动磨损表面作为减磨涂层和血液净化材料等。正是由于其较高的抗血栓、耐磨、低密度和长期使用不劣化等性能，炭素材料成为可选用的人工心脏瓣膜材料。医用炭素材料的组织相容性良好，且具有极佳的血液相容性，不会引起凝血和溶血反应，对血液的其他组分也不产生不良影响，它还具有良好的不可渗透性，再加上优良的力学性能，使其成为制作心血管系统修复装置的主要材料。至今世界上有近百万患者植入了低温热解(LTI)碳涂层的人工心脏瓣膜，有效地延长了心脏病患者的生命。

低温各向同性热解碳自 20 世纪 70 年代末应用于人工心脏瓣膜以来，一直是国际公认的抗凝血性最好的材料，但是全热解碳双叶机械瓣的血液相容性仍显不足，不能完全满足临床性能要求。西南交通大学材料系生物材料研究室进行了 Ti-O 系人工心脏瓣膜材料的合成及优化，成功研究出了血液相容性显著优于热解碳且具有优异的力学耐久性的新型人工心脏瓣膜材料，可拓展应用于其他人工器官，如血管内支撑、人工心脏、左心辅助泵等。

### 14.4.3　人工肾脏

1943 年，荷兰医生科尔夫制成了第一个人工肾脏，首次以机器代替人体的重要器官。患者的血液流过机内一个槽，内有一个用胶膜包着木框制成的过滤器的水槽。血液内的有毒物质能透过胶膜渗滤过去，血细胞和蛋白质则不能通过。这台机器可暂时代替人体肾脏，让损坏的肾脏康复。1960 年，美国外科医生斯克里布纳发明了一种塑料的连接器，可以永久装进患者前臂，连接动脉和静脉；人造肾脏极易与之相连且不会损伤血管。这样，患者可进行长期定时血液透析治疗。几年之内，千万名肾病患者利用人工肾脏进行透析治疗，每周三次，每次 10～12h，赖以维持生命。很多患者接受训练后，可在家进行透析。人工肾脏是代替部分肾脏功能的体外血液透析装置，是肾脏移植准备时的重要医疗器械。

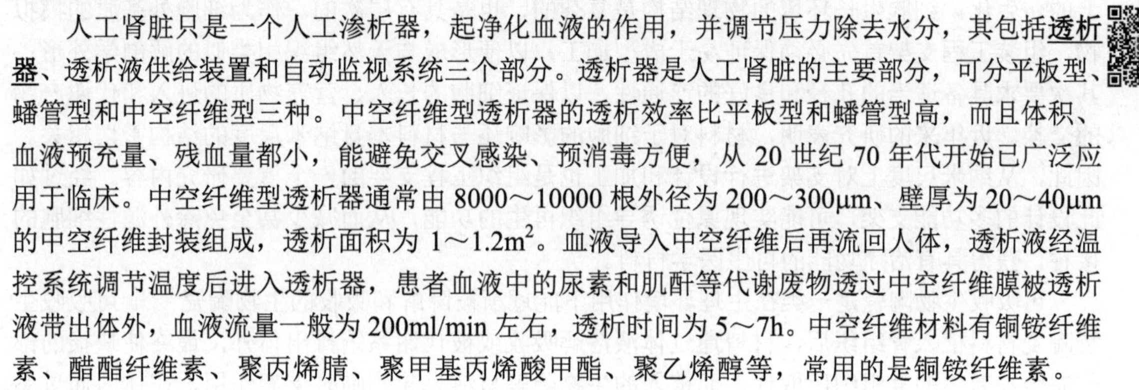

人工肾脏只是一个人工渗析器，起净化血液的作用，并调节压力除去水分，其包括透析器、透析液供给装置和自动监视系统三个部分。透析器是人工肾脏的主要部分，可分平板型、蟠管型和中空纤维型三种。中空纤维型透析器的透析效率比平板型和蟠管型高，而且体积、血液预充量、残血量都小，能避免交叉感染、预消毒方便，从 20 世纪 70 年代开始已广泛应用于临床。中空纤维型透析器通常由 8000～10000 根外径为 200～300μm、壁厚为 20～40μm 的中空纤维封装组成，透析面积为 1～1.2m$^2$。血液导入中空纤维后再流回人体，透析液经温控系统调节温度后进入透析器，患者血液中的尿素和肌酐等代谢废物透过中空纤维膜被透析液带出体外，血液流量一般为 200ml/min 左右，透析时间为 5～7h。中空纤维材料有铜铵纤维素、醋酯纤维素、聚丙烯腈、聚甲基丙烯酸甲酯、聚乙烯醇等，常用的是铜铵纤维素。

## 14.5　生物降解材料

在医学领域，基于某些特定用途，要求生物医用材料在体内的存在是暂时性的，于是人们便研制了许多生物降解材料，多种聚酯、聚氨基酸、交联白蛋白、骨胶原、明胶等已经商品化。生物降解材料可用作药物缓释基材、导向药物载体、吸收型缝合线、黏合剂以及愈合材料等。最近，关于诱导组织自修复的材料的研究正引人瞩目[16-19]。组织器官重建过程中使用生物降解材料，在损伤部位得到修复之前，可使材料保持一定的强度和功能；随着组织的逐渐生长，材料不断降解并被肌体吸收，最终所植入的材料完全被新生组织取代。因此，要求材料的降解速度必须与组织生长速度一致，同时材料本身及其降解碎片对肌体无毒副作用。这也是当前人们全力研究的目标。

### 14.5.1 生物降解支架

作为细胞、组织或器官再生的支架与模板，生物医用材料在组织工程研究中起着不可或缺的重要作用。支架与模板材料为细胞的增殖提供了赖以附着的物质基础，同时支持和促进细胞与组织的生长，调控和诱导细胞与组织的分化等，并可控制组织工程化组织或器官在宏观上按要求的形状再生。随着干细胞生物学、分子生物学和基因工程的发展，新一代生物医用材料的设计理念已逐渐浮现，即从分子水平上控制材料与细胞间的相互作用，从而引发特异性的细胞反应，如实现可控的细胞黏附、增殖、分化、凋亡及细胞外基质的重建。

近年来组织工程支架制备研究出现了一些新的热点，值得关注。一是不同材料间的复合，以期模拟细胞外基质的结构。天然的组织和器官均不是由单一的化学物质构成，而是一个由蛋白质、多糖、水、无机盐以及细胞等构成的复杂而有序的整体。使用单一的材料去模拟细胞外基质，存在着先天的不足。有机材料/无机材料、天然材料/合成材料、天然材料/天然材料的相互复合，以及对复合物微观结构的控制，是组织工程材料的一个发展趋势。二是生长因子的引入。这是由于在人工合成的高分子和大部分天然高分子材料中缺乏这些生长因子或者在材料制备过程中大部分生长因子遭到了破坏。将生长因子负载到组织工程支架上，或将表达生长因子的基因片段负载到支架上进行基因治疗将是非常有意义的工作。三是物理结构上的仿生化。细胞生长环境的物理结构是复杂的，也是具有层次的。作为细胞外基质的模拟物，组装工程支架首先必须保证易于成型加工，以便形成与天然组织相类似的解剖学外形；其次要求具备适当的孔径和良好的连通性，以保证细胞的长入、营养物质的进入和代谢产物的交换。近年来的研究表明，材料对于细胞的影响还与材料本身纳米尺度的结构密切相关。因此，从纳米尺度上对支架进行设计和加工也是组织工程支架的一个重要研究内容。经过如此设计的多功能支架，可能实现原位诱导组织再生的功能，从而减少甚至免除外源性细胞的接种，获得具有治疗功能的再生医学材料。

可吸收生物陶瓷是一类在生理环境作用下能逐渐被降解和吸收的生物陶瓷[8, 9]。可吸收生物陶瓷材料植入骨组织后，材料通过体液溶解吸收或被代谢系统排出体外，最终使缺损的部位完全被新生的骨组织所取代，而植入的生物降解材料只起到临时支架作用，在体内通过系列的生化反应一部分排出体外，另一部分参与新骨的形成。属于可吸收生物陶瓷的主要有 β-磷酸三钙和硫酸钙生物陶瓷等。Driskell 等在 1972 年研制出多孔 β-TCP 材料；1977 年用 β-TCP 制成了骨移植材料；1978 年 β-TCP 开始用于骨填充的临床试验；deGroot 在 1981 年用 β-TCP 进行了骨再生实验。近来由于组织工程在生物材料领域的开展，人们发现 β-TCP 是组织工程中很好的支架材料，这使其成为可吸收生物陶瓷的典型代表。

根据使用要求，β-TCP 材料可制成多孔型和致密型两种产品，每种产品又可加工成颗粒状和块状制品；而 β-TCP 可吸收生物陶瓷主要是指多孔型与颗粒状陶瓷制品。β-TCP 可吸收生物陶瓷具有良好的生物相容性，植入体内后血液中的钙与磷能保持正常水平，且无明显的毒副作用，其强度取决于孔隙度、晶粒度与杂质等因素。致密型 β-TCP 可吸收生物陶瓷的抗弯强度与断裂韧性虽略高于 HA 生物活性陶瓷，但仅为 $Al_2O_3$ 陶瓷的 1/5～1/3，钛合金的 1/70～

1/40，故不适用于承力体位的修复，在临床中主要用于骨缺损修复、牙槽嵴增高、耳听骨替换和药物运达与缓释载体。

多孔型 β-TCP 可吸收生物陶瓷在体内的降解主要有两个途径：体液的溶解和细胞(主要是破骨细胞和巨噬细胞)的吞噬和吸收。溶解过程是指材料在体液作用下，黏结剂发生水解，使材料分离成颗粒、分子或离子。解体形成的小颗粒不断地被细胞吞噬、吸收，其代谢产物可参与新骨形成，从而完成了由无生命材料转变为有生命组织的一部分的过程。图 14.14 和图 14.15 分别为 β-TCP 陶瓷的体内降解模型和微粒形貌。

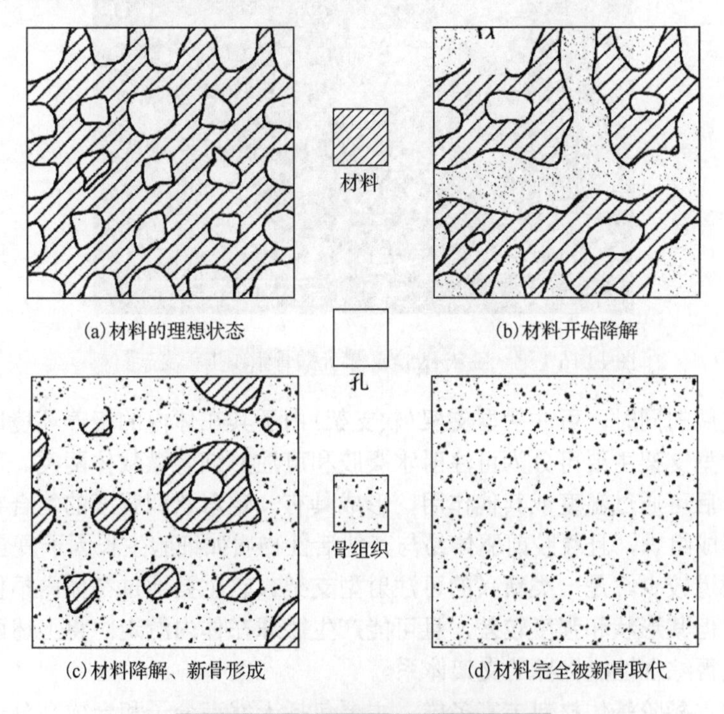


图 14.14　β-TCP 陶瓷的体内降解模型

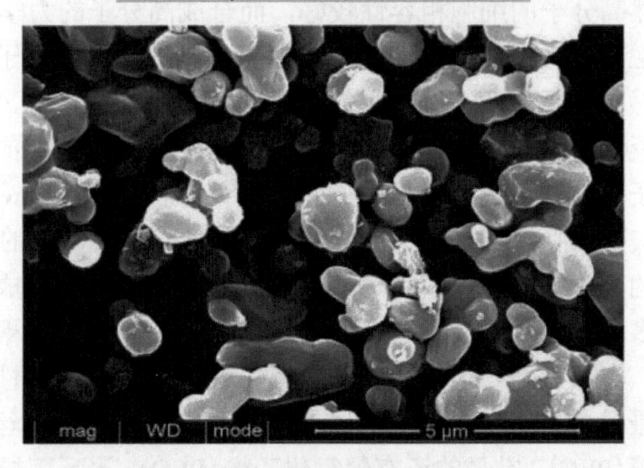


图 14.15　β-TCP 陶瓷的微观形貌

合成生物材料具有良好的力学强度和可控的降解速率，但是大部分合成材料缺乏细胞识别的位点，不能支持细胞在材料表面的黏附、增殖、分化以及细胞外基质的分泌，通过天然材料与合成材料复合，可以在保持支架材料的力学强度以及降解行为不变的前提下获得具有生物活性的表面。纳米磷灰石/胶原/聚乳酸复合物(图 14.16)是一类在组成成分和微观结构上与天然骨十分相似的纳米复合物，是骨组织工程良好的支架材料，在大段骨缺损治疗方面有很好的临床应用前景。

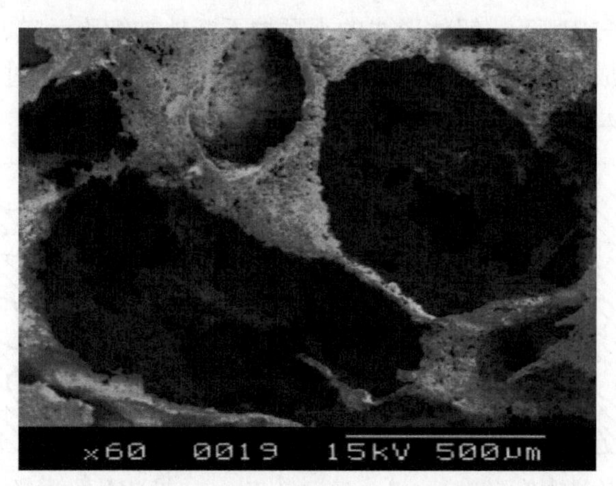


图 14.16　纳米磷灰石/胶原/聚乳酸骨组织工程支架材料

在硬支架发展的同时，可注射型支架(软支架)由于其在体内的培养环境以及微创性而备受关注。可注射型支架主要可分为可注射水凝胶和可注射细胞微载体两类。可注射水凝胶前驱体与细胞复合后可通过温度或其他作用，形成具有一定形状和强度的复合物，细胞可在凝胶内部生长和形成组织，且凝胶前驱体易与其他活性物质如细胞生长因子复合[20, 21]。可注射细胞微载体的报道较少，是一类新兴的可注射型支架。它主要通过在体内损伤部位的三维堆砌而形成支架。但其形状和强度较差，且可能产生微球在体内游走。将上述两类可注射型支架结合，有望获得综合性能优异的支架体系。

医用可降解水凝胶基体材料丰富多样，主要包括天然高分子和合成高分子。这两类材料各有优缺点，通常天然高分子的细胞相容性较好，而合成高分子的力学性能较好。

天然高分子是由生物体内提取或自然环境中直接得到的一类大分子，具有良好的生物相容性和可降解性。天然高分子一般不具备足够的力学性能和加工性能，某些蛋白类材料还会在体内引起异体免疫反应，因而在医学中应用更多的是经过化学改性的衍生物或与其他材料的复合物。天然高分子材料往往具有良好的生物安全性和生物相容性，但是天然高分子材料的降解速率一般都太快，而且因其来源不同，结构与性能存在批次间的差异。

用于制备水凝胶的天然高分子材料为动物体的细胞外基质的主要成分以及其他一些生物体的提取物，主要为多聚糖和蛋白类材料，此外还包括一些生物合成聚酯。多聚糖材料主要包括甲壳素、壳聚糖、海藻酸盐、透明质酸、肝素、硫酸软骨素、改性纤维素、琼脂、淀粉及葡聚糖衍生物等。蛋白类材料主要包括胶原、明胶、血纤蛋白和蚕丝蛋白。合成高分子中研究最多的是聚乙二醇(PEG)，常见的还有聚氧化乙烯(PEO)、聚反丁烯二酸丙二醇酯(PPF)、聚乳酸和聚己内酯等的嵌段共聚物。

水凝胶是采用合适的物理或化学方法，将前驱物或大分子单体在较短的时间内交联固化成的三维材料。表 14.6 中列举了部分近来报道较多的医用可降解水凝胶材料。

表 14.6　医用可降解水凝胶材料的交联机制

| 交联类型 | 固化机理 | 基体材料 |
| --- | --- | --- |
| 物理交联 | 离子交联 | 海藻酸钠 |
| | 碱基配对(氢键作用) | 壳聚糖、海藻酸钠、纤维素、聚乙二醇 |
| | 热致相转变 | 明胶、琼脂糖、聚乙二醇-聚乳酸嵌段共聚物 |
| | 分子特异性识别 | 海藻酸钠、葡聚糖、透明质酸、肝素、聚乙二醇 |
| 化学(共价)交联 | 希夫碱反应 | 海藻酸钠、透明质酸、葡聚糖、硫酸软骨素、纤维素 |
| | 第尔斯-阿尔德反应 | 壳聚糖、透明质酸、聚乙二醇 |
| | 迈克尔加成反应 | 透明质酸、肝素、聚乙二醇 |
| | 点击化学 | 壳聚糖、透明质酸、硫酸软骨素、海藻酸钠、聚乙二醇 |
| | 自由基聚合(光、热引发) | 明胶、海藻酸钠、透明质酸、壳聚糖、硫酸软骨素、聚乙二醇 |
| | 酶交联 | 血纤蛋白原、明胶、肝素、壳聚糖 |
| | 化学交联(戊二醛、京尼平) | 明胶、壳聚糖、聚乙二醇 |

用于临床治疗时，水凝胶既可以直接植入体内作为组织的替代材料，也可在水凝胶交联之前将细胞悬浮于液态前驱体组分中，混合后直接注射到缺损部位，然后在体温下快速原位交联成型。所需营养由体液交换提供，细胞可渗透其中进行生长，最终修复受损的组织。图 14.17 为可注射水凝胶材料作为细胞支架在组织工程中的应用示意图[17]。

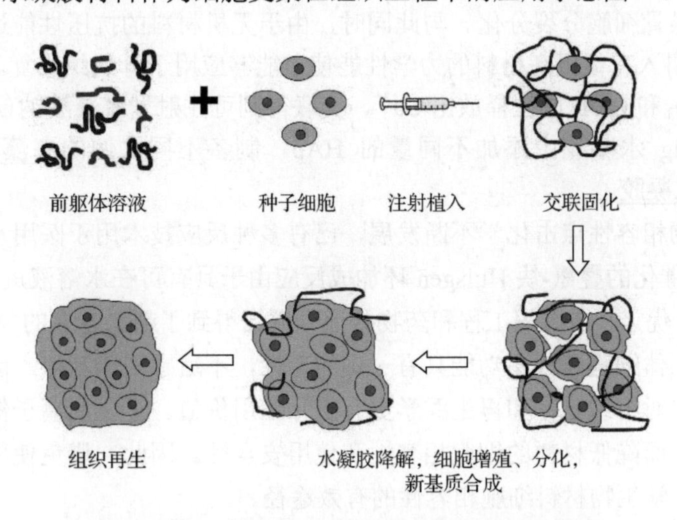


图 14.17　可注射水凝胶在组织工程中的应用示意图[17]

海藻酸钠是一种天然的带负电基团的(—COO—)亲水多聚糖，是由α-*L*-甘露糖醛酸(M 单元)与β-*D*-古罗糖醛酸(G 单元)依靠 1,4-糖苷键连接而形成的共聚物。海藻酸钠低热、无毒、无臭，无免疫原性，吸湿性强，具有良好的生物相容性和生物降解性，已被广泛应用于伤口敷料、牙齿修复、药物传递和组织工程等方面。在众多的海藻酸钠水凝胶制备方法中，离子交联形成的水凝胶具有反应条件温和、操作简单、可注射和可原位形成凝胶等优点。海藻酸钠易与二价阳离子如 $Ca^{2+}$、$Mg^{2+}$、$Fe^{2+}$、$Ba^{2+}$、$Sr^{2+}$等离子交联形成水凝胶，属于离子包埋型水凝胶，其中 $Ca^{2+}$是最常用的一种，一般由氯化钙提供[22-24]。

海藻酸钠水凝胶简单易得，是最早应用于药物传递和组织工程的可注射型支架，也是最早用于骨和软骨组织工程的水凝胶材料。例如，用 $Ca^{2+}$交联的海藻酸钠水凝胶起到三维可降解支架作用，作为鼠骨髓细胞增殖的基质，体内软骨细胞试验表明包覆软骨细胞的快速降解水凝胶在 12 周后形成具一定强度和弹性的新生组织，并存在大量的Ⅱ型胶原和硫酸黏多糖(GAG)。将软骨细胞与海藻酸钠复合注射到裸鼠背部皮下，在 $CaCl_2$ 作用下交联凝胶，结果表明有Ⅱ型胶原和硫酸黏多糖的分泌，证明透明软骨的生成，并进一步证明软骨的生成与海藻酸钠浓度和 $CaCl_2$ 浓度关系不密切，而与种子细胞密度有关。动物试验结果显示，包埋软骨细胞的海藻酸钠水凝胶在移植四周后，软骨细胞能够成活并合成与天然软骨一致的细胞外基质蛋白；然而，生成的类似软骨体在力学性能上表现较弱，压缩模量仅为天然软骨的 15%～30%。目前普遍采用的方法是将海藻酸钠与其他天然多聚糖(如透明质酸和硫酸软骨素等)复合使用，能更好地促进软骨细胞增殖和蛋白多糖的分泌。

骨和软骨组织工程支架要求水凝胶具有良好的生物活性和生物相容性，同时必须具备较好的力学强度，以保障材料在治愈过程中承受压力而不被破坏。然而，仅凭借单一海藻酸钠制备的水凝胶支架无法同时实现以上两点目标。利用两种或两种以上不同性质的材料构建复合支架有望解决这个问题。羟基磷灰石(HAp)是骨中无机成分的主要物质，属六方晶系，以其良好的细胞相容性、骨细胞诱导性和优良的力学性能等特点，已经成为应用于骨损伤修复的主要材料之一。由于海藻酸钠分子与骨细胞结合效果不佳，HAp 的加入能够有效地提高细胞相容性从而诱导骨细胞分裂分化。与此同时，由于无机材料的抗压性能远优于柔软的高分子材料，HAp 的引入有望提高材料的力学性能使之能够应用于骨组织修复。首先采用原位释放法，利用 $CaCO_3$ 和 GDL 原位释放出 $Ca^{2+}$，交联得到可注射型海藻酸钠(Alg)水凝胶材料；然后，通过向 Alg 水凝胶中添加不同量的 HAp，制备不同比例的**海藻酸钠/羟基磷灰石(Alg/HAp)复合水凝胶**。

近年来，生物相容性点击化学不断发展，已有多种反应技术用于医用水凝胶材料的开发与应用[25-27]。$Cu^{+}$催化的叠氮-炔 Huisgen 环加成反应由于具有可在水溶液进行、速度快、无副产物、产物稳定等优点，在组织工程和药物传递领域已得到了越来越多的关注。$Cu^{+}$本身属于重金属离子，对人体细胞和代谢功能具有一定的毒性，不适宜临床治疗。因此，发展无铜催化的点击化学技术对组织工程和再生医学更有实际应用价值。重金属离子催化剂的使用容易造成试剂残留，从而降低材料的细胞相容性和使用安全性。因此，避免使用有毒的金属催化剂，是提高点击化学生物材料细胞相容性的有效途径。

基于自由基引发的叠氮-二烯点击环加成反应是一类很有前途的无铜催化电极交联技术。例如，以多功能团的壳聚糖和透明质酸为基体材料，通过接枝改性技术，分别在壳聚糖和透明质酸侧链与 7-氧杂二环庚-2,5 二烯和 11-叠氮-3,6,9-三乙醚-1-胺搅拌反应，透析冻干后即得到反应前驱体——二烯化壳聚糖和叠氮化海藻酸钠。这两种前驱体溶液可在生理条件下发生叠氮-二烯点击环加成反应，且无须添加 $Cu^{+}$催化，非常适用于活性蛋白药物与细胞的包埋。这种叠氮-二烯点击环加成反应是典型的耦合反应，因此二烯化壳聚糖与叠氮化透明质酸的配比对水凝胶的形成及性能具有重要影响。37℃下的实验结果表明，当两种溶液的浓度相同(质量分数为 2%)，两者体积比相等时凝胶时间最短，大约为 23min，比较适宜注射操作。这是因为在这个条件下，二环庚二烯的量与叠氮量达到理论等物质的量，有利于反应的充分进行，此时水凝胶反应最为迅速。

为了直观了解无铜催化水凝胶的生物活性，将脂肪干细胞种植于水凝胶中，并与铜催化水凝胶对比。通过荧光染色后，对脂肪干细胞在两种水凝胶表面的生存状态及微观形貌进行观察。铜催化水凝胶在短时间内的表面细胞黏附性依然较好，并能促进软骨细胞的短期(1～3天)增殖。激光共聚焦结果表明，经过长期细胞培养，如种植 21 天后，无铜催化水凝胶的细胞存活率超过 95%，活性保持良好(图 14.18(a))，而铜催化水凝胶则出现大量细胞死亡，存活极少(图 14.18(b))；扫描电镜观测显示，脂肪干细胞在铜催化水凝胶中分别培养 7 天和 21 天后始终保持正常的表型形貌，即直径为 10 μm 左右的球形状态(图 14.18(c)和(d))，表明这种交联机制的多聚糖水凝胶本身即具有较高的细胞相容性，避免了 $Cu^+$对细胞的毒性，其生活状态接近于天然脂肪细胞外基质，有利于细胞的增殖与分化。

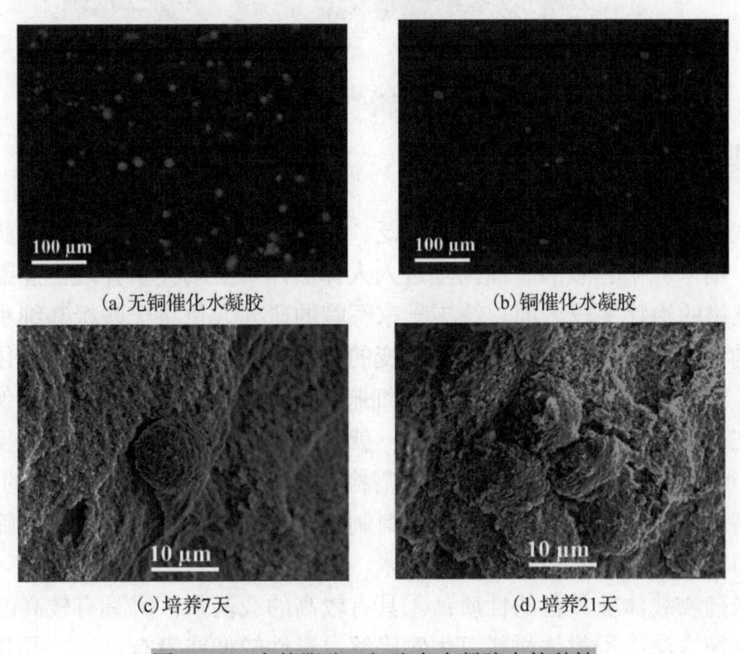


(a)无铜催化水凝胶　(b)铜催化水凝胶

(c)培养7天　(d)培养21天

图 14.18　人体脂肪干细胞在水凝胶中的种植

为了验证水凝胶的体内成胶性和生物相容性，将二烯化壳聚糖/叠氮化透明质酸溶液混合后通过注射器直接注射到小鼠背部两侧皮下，每侧注射量为 1ml。如图 14.19(a)所示，该溶液在注射 1h 后能形成隆起的三维支架材料，体现出较好的注射操控性，实现了原位凝胶化。培养 7 天之后，可观察到水凝胶明显存在于小鼠皮下，未发生明显收缩现象，这表明该水凝胶在体内稳定性好。采用组织切片染色分析该凝胶在体内的炎症反应，结果在水凝胶中及与其接触的周围组织均未发现恶性感染、组织坏死等炎症反应，表明该水凝胶具有很好的组织相容性。此外，整个体内研究过程中，小鼠注射部位没有出现任何红肿、流脓以及恶性感染等情况。这些结果进一步说明该类水凝胶生物性能优异，适宜体内治疗，有望作为细胞支架材料用于组织工程和器官修复。

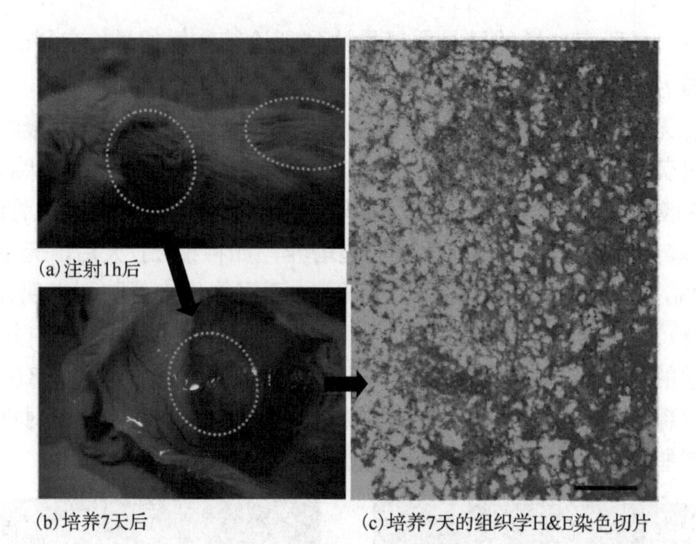

图 14.19　水凝胶的小鼠体内研究

## 14.5.2　纳米药物载体

纳米药物载体在医学领域的应用极为广泛。在医药领域，纳米级粒子使药物在人体内的传输更为方便，纳米粒子包裹的智能药物进入人体后，可主动搜索并攻击癌细胞或修补损伤组织[10,11]。在抗癌的治疗手段方面，德国一家医院的研究人员将一些极其细小的氧化铁纳米颗粒注入患者的肿瘤里，然后将患者置于可变的磁场中，使患者肿瘤里的氧化铁纳米颗粒升温到45～47℃，这么高的温度足以烧毁肿瘤细胞，而周围健康组织不会受到伤害。在人工器官移植领域，在人工器官外面涂上纳米粒子，就可预防人工器官移植的排异反应。在医学检验学领域，使用纳米技术的新型诊断仪器，只需检测少量血液，就能通过其中的蛋白质和DNA诊断出各种疾病。在膜技术方面，用纳米材料制成独特的纳米膜，能过滤、筛去制剂的有害成分，消除因药剂产生的污染，从而保护人体。

理想的纳米药物载体应具备的性质：①具有较高的载药量；②具有较高的包封率；③有适宜的制备及提纯方法；④载体材料可生物降解，毒性较低或没有毒性；⑤具有适当的粒径与粒形；⑥具有较长的体内循环时间。延长纳米粒在体内的循环时间，能使所载的有效成分在中央室的浓度增大且循环时间延长，这样药物能更好地发挥全身治疗或诊断作用，增强药物在病灶部位的疗效。例如，肿瘤等病变部位的上皮细胞处于一种渗漏状态，由于纳米粒在体内长时间循环，其装载的药物进入肿瘤等病变部位的机会增多。因此，长时间循环纳米粒降低了药物对网状内皮系统(RES)的靶向性，实际上增加了对病变部位的靶向性，可在宏观上明显改善疗效。

**1. 纳米脂质体**

早在40年前，纳米脂质体的概念被首次提出。脂质体技术是被喻为“生物导弹”的第四代靶向给药技术，该技术利用脂质体的独有特性，将毒副作用大、在血液中稳定性差、降解快的药物包裹在脂质体内，由于人体病灶部位血管内皮细胞间隙较大，脂质体药物可透过此间隙到达病灶部位，在病灶部堆积释放，从而达到定向给药的目的。脂质体主要辅料为磷脂，而磷脂在血液中消除极为缓慢，因此脂质体药物在血液循环系统保留时间长，使病灶部位取得充分的治疗效果。利用该技术可将一大批已知高毒性活性药物安全有效地应用于临床治疗，其中有抗癌药、抗生素类药、抗真菌类药、抗寄生虫类药、蛋白质或多肽类药，极大地提高了临床治疗水平，减轻了患者的病痛。同时可将单克隆抗体连接到脂质体上，借助于抗原与抗体的特异反应，将载药脂质体定向送入；也可以将基因载入脂质体中，利用脂质体特殊的运载功能，实现基因修补。

纳米脂质体是人们设计的较为理想的纳米药物载体模式。纳米脂质体用作药物载体具有以下优点：①主要由天然磷脂和胆固醇组成，体内可降解，并且降解产物与人体相容；②可包埋两亲性药物，药物从脂质体中释放无突释现象，药物持续时间长，药效高；③可以通过细胞内吞和融合作用，直接将药物送入癌细胞内，也可在脂质体表面进行靶向基团功能化修饰，药物利用率高，可降低对其他组织的毒副作用。

纳米粒子将使药物在人体内的传输更为方便。对脂质体表面进行修饰，如将对特定细胞具有选择性或亲和性的各种配体组装于脂质体表面，可达到寻靶目的。以肝脏为例，纳米药物可通过被动和主动两种方式起到靶向作用：该药物被Kupffer细胞捕捉吞噬，使药物在肝脏内聚集，再逐步降解释放入血液循环，使肝脏药物浓度增加，对其他脏器的副作用减少；当纳米粒子尺寸足够小(达到100～150nm)且表层覆以特殊包被后，便可以逃过Kupffer细胞的吞噬。

目前已有多种基于纳米脂质体的抗癌药物运输载体被研制，并在临床医疗中得到应用。基于脂质体的药物载体包括脂质体微粒、固体脂质体微球等，与最初研制的脂质体微粒相比，固体脂质体微球具有毒性更低、载药量更高、生物稳定性更好等特点。尽管脂质体药物载体在极大程度上改善了抗癌药物作用于体内的药效，对肿瘤细胞具有靶向定位功能，在体内可以缓慢释放，为抗癌药物在临床治疗方面奠定了基础，但是脂质体药物载体也存在着自身的局限，如稳定性差、载药效率低、药物易渗漏、易在体内沉降富集、储存期短、组织靶向性差和易被网状内皮系统迅速清除等。

**2. 磁性纳米颗粒**

当前药物载体的研究热点之一是磁性纳米颗粒，顺磁性的纳米铁氧体颗粒在外加磁场的作用下，可达到杀死肿瘤的目的。含铁磁性晶体的玻璃陶瓷可用于癌症的热治疗。当加热到43℃时，癌细胞被杀死而正常细胞则不会受到损害。肿瘤比正常组织更容易被加热，肿瘤里的神经和血管系统没有完全展开，因而高温是一种副作用小而治疗效果好的方法。然而很难找到在肿瘤部位加热的办法，特别是深部肿瘤。当在肿瘤周围植入铁磁性材料并加上交替磁场后，就可通过磁滞的损失达到加热肿瘤的目的，即使肿瘤在很深的部位。在玻璃陶瓷中，铁磁相可以存在于具有生物活性或生物相容性的基质内。对于生物活性基质，铁磁性玻璃陶瓷能与骨形成键合，在表面层形成磷灰石层，稳定地固定在肿瘤周围。有些含锂铁氧体玻璃陶瓷粉也用于可注射药物支架，在交替磁场下作用 50min 即可完全杀死植入的骨肿瘤细胞。磁性纳米粒子可治疗肝癌，磁性阿霉素白蛋白纳米粒子具有高效磁靶向性，在大鼠移植肝肿瘤中的聚集明显增加，而且对移植性肿瘤有很好的疗效。另外，葡聚糖包覆的氧化铁纳米颗粒作为基因载体，可以在肝癌早期就发现肿瘤细胞并治疗。近年来，采用碱基配对交联技术成功制备了一种磁性多聚糖纳米凝胶材料，通过分别对肝素与壳聚糖的化学接枝改性，采用

反相乳液技术，实现了纳米凝胶的静电吸附和碱基配对双重交联，得到了结构稳定的肝素-壳聚糖纳米凝胶材料[28, 29]，并在纳米凝胶中引入磁性四氧化三铁纳米颗粒，从而提供了一种活性包埋和靶向控释细胞生长因子的新手段。

3. 碳纳米管

碳纳米管(CNTs)作为新型的一维碳纳米材料，于 1991 年发现以来，因其独特的结构及优异的理化性质而备受关注。随着纳米材料的深入研究，它们独特的生物医学效应逐渐被重视，吸引了研究者的极大兴趣。探索研究纳米材料的生物学应用迅速增多，并成为一个新的研究热点。碳纳米管在生物医学领域的应用研究也取得了骄人的研究成果。最初研究是将其与生物蛋白质相互作用，期望能成功地开发制备出高效生物传感器。后来的研究应用中逐步发现碳纳米管可以有效地结合生物蛋白质、核酸和药物等活性分子，且能将这些活性分子载运到特定的细胞内部，为其在药物载运系统的研究应用开辟了道路。此外，为了更好地应用于生物医学领域，还需提高碳纳米管的水溶性及生物相容性。近期研究表明，有效利用共价键或非共价键方式对碳纳米管表面进行改性修饰，能够提高分散性，降低其在生物体系中的细胞毒性，为下一步应用于药物载体的研究提供了有力的理论支持。

碳纳米管具有较大的比表面积，在管壁及两端能容纳及承载药物和生物特异性分子，通过表面吸附或偶联作用，能有效承载一些细胞穿透性较差的生物大分子(蛋白质、核酸等)及药物到达细胞内部。碳纳米管进出细胞的机理主要有与能量无关的主动插入扩散过程[10]、与能量有关的细胞内吞过程[11]等。近年来，利用电子能量损失谱成像技术、能量过滤透射电子显微镜及共聚焦显微镜多重技术分析后发现，碳纳米管进入细胞的两种方式都有可能存在，其产生差异的原因是碳纳米管的功能化方式、表面的修饰基团或者在细胞内部的分布等不同。作为新型药物载运系统的碳纳米管主要包括三个部分：功能化碳纳米管、肿瘤靶向配体和抗癌药物。碳纳米管是一种具有很好特征的容器材料，一般通过化学方法将药物引入碳纳米管腔，药物能够保留自己的结构。与传统药物载体脂质体相比较，功能化碳纳米管负载的药物更多，并有更高的药物负载率，在特定环境下可以实现有效释放，其药物传递和治疗效率得到显著提高。

## 本章小结

本章主要介绍了生物医用材料的历史、分类、应用及发展趋势。随着生物医用材料的不断发展，其概念的内涵也在不断地丰富和完善。目前生物医用材料通常指能直接与生理系统接触并发生相互作用，能对细胞、组织和器官进行诊断治疗、替换修复或诱导再生的一类天然或人工合成的特殊功能材料。因此，生物医用材料与人类生命和健康密切相关，其研究与开发既具有重要的科学和技术价值，又具有重大的社会需求和巨大的经济效益。生物医用材料涉及材料、生物、医学、化学以及物理等诸多学科领域，其使用又与生理系统相接触，因此该材料的研究与开发具有相当大的难度和挑战性。生物医用材料的研究与开发近十年来得到了飞跃发展，已被许多国家列为高技术新材料发展计划，并迅速成为国际高技术的制高点之一。我国生物医用材料与医疗器械产业的发展起步晚、水平低，其在临床应用方面还远未达到国际平均水平。因此，大力发展生物医用材料，尽快实现国产化，满足国内市场需求，已是刻不容缓的大事。

# 思　考　题

14-1　什么是生物医用材料的生物相容性？它主要表现在哪些方面？

14-2　生物医用材料是如何分类的？

14-3　举例说明典型的硬组织相容性材料及其应用。

14-4　如何通过工艺改进提高钛合金人造关节表面的耐磨性和生物相容性？

14-5　生物陶瓷材料依据其化学稳定性可分为哪几类？

14-6　结合实例说明羟基磷灰石的应用。

14-7　人工皮肤的复合结构是如何构成的？临床采用的生物材料有哪些？

14-8　人工晶体材料 PMMA 有哪些优缺点？

14-9　典型的血液相容性材料有哪些？

14-10　理想的纳米药物载体应具备哪些性质？并举例说明典型纳米药物载体的作用。

14-11　什么是组织工程？

14-12　软支架的特点有哪些？

14-13　可降解水凝胶的交联方式有哪些？

# 参 考 文 献


[1] 师昌绪. 材料科学与工程手册(下卷): 第 12 篇生物医用材料篇[M]. 北京: 化学工业出版社, 2004.

[2] CHEN X Y, FAN M, TAN H P, et al. Magnetic and self-healing chitosan-alginate hydrogel encapsulated gelatin microspheres via covalent cross-linking for drug delivery[J]. Materials Science & Engineering C-Materials for Biological Applications, 2019, 101: 619-629.

[3] 郑玉峰, 李莉. 生物医用材料学[M]. 西安: 西北工业大学出版社, 2009.

[4] PALMESE L L, FAN M, SCOTT R A, et al. Multi-stimuli-responsive, liposome-crosslinked poly(ethylene glycol) hydrogels for drug delivery[J]. Journal of Biomaterials Science-Polymer Edition, 2021, 32(5): 635-656.

[5] REN B W, CHEN X Y, DU S K, et al. Injectable polysaccharide hydrogel embedded with hydroxyapatite and calcium carbonate for drug delivery and bone tissue engineering[J]. International Journal of Biological Macromolecules, 2018, 118: 1257-1266.

[6] 俞耀庭. 生物医用材料[M]. 天津: 天津大学出版社, 2000.

[7] POTIWIPUT S, TAN H P, YUAN G L, et al. Dual-crosslinked alginate/carboxymethyl chitosan hydrogel containing in situ synthesized calcium phosphate particles for drug delivery application[J]. Materials Chemistry and Physics, 2020, 241: 1223-1234.

[8] 郑楠, 郑玉斌. 纳米抗癌药物载体的研究进展[J]. 高分子通报, 2011, (9): 176-183.

[9] QIAN S B, YAN Z L, XU Y J, et al. Carbon nanotubes as electrophysiological building blocks for a bioactive cell scaffold through biological assembly to induce osteogenesis[J]. RSC Advances, 2019, 9(21): 12001-12009.

[10] 周国强, 陈春英, 李玉锋, 等. 纳米材料生物效应研究进展[J]. 生物化学与生物物理进展, 2008, 35(9): 998-1006.

[11] 高志贤. 纳米生物医药[M]. 北京: 化学工业出版社, 2007.

[12] 高长有, 马列. 医用高分子材料[M]. 北京: 化学工业出版社, 2006.

[13] 谈华平. 医用可降解水凝胶材料[M]. 北京: 科学出版社, 2017.

[14] KELMENDI-DOKO A, MARRA K G, VIDIC N, et al. Adipogenic factor-loaded microspheres increase retention of transplanted adipose tissue[J]. Tissue Engineering Part A, 2014, 20(17-18): 2283-2290.

[15] KELMENDI-DOKO A, RUBIN J P, KLETT K, et al. Controlled dexamethasone delivery via double-walled microspheres to enhance long-term adipose tissue retention[J]. Journal of Biomaterials and Tissue Engineering, 2017, 8: 1-10.

[16] 高长有, 陈红, 徐福建, 等. 自适应性生物材料[M]. 北京: 科学出版社, 2021.

[17] TAN H P, MARRA K G. Injectable, biodegradable hydrogels for tissue engineering applications[J]. Materials, 2010, 3: 1746-1767.

[18] TAN H P, XIAO C, SUN J C, et al. Biological self-assembly of injectable hydrogel as cell scaffold via specific nucleobase pairing[J]. Chemical Communications, 2012, 48(83): 10289-10291.

[19] TAN H P, SHEN Q, JIA X J, et al. Injectable nanohybrid scaffold for biopharmaceuticals delivery and soft tissue engineering[J]. Macromolecular Rapid Communications, 2012, 33(23): 2015-2022.

[20] TAN H P, GAO X, SUN J C, et al. Doubly stimulus-induced stem cell aggregation during differentiation on biopolymer hydrogel substrate[J]. Chemical Communications, 2013, 49(98): 11554-11556.

[21] TAN H P, FAN M, MA Y, et al. Injectable gel scaffold based on biopolymer microspheres via an enzymatic reaction[J]. Advanced Healthcare Materials, 2014, 3(11): 1769-1775.

[22] FAN M, YAN J X, TAN H P, et al. Nanostructured gel scaffolds for osteogenesis through biological assembly of biopolymers via specific nucleobase pairing[J]. Macromolecular Bioscience, 2014, 14(11): 1521-1527.

[23] TAN H P, CHU C R, PAYNE K A, et al.Injectable in situ forming biodegradable chitosan-hyaluronic acid-based hydrogels for cartilage tissue engineering[J]. Biomaterials, 2009, 30(13): 2499-2506.

[24] SUN J C, TAN H P. Alginate-based biomaterials for regenerative medicine applications[J]. Materials, 2013, 6(4): 1285-1309.

[25] TAN H P, HU X H. Injectable in situ forming glucose-responsive dextran-based hydrogels to deliver adipogenic factor for adipose tissue engineering[J].Journal of Applied Polymer Science, 2012, 126: 180-187.

[26] HU X H, LI D, ZHOU F, et al. Biological hydrogel synthesized from hyaluronic acid, gelatin and chondroitin sulfate by click chemistry[J]. Acta Biomaterialia, 2011, 7(4): 1618-1626.

[27] FAN M, MA Y, MAO J H, et al. Cytocompatible in situ forming chitosan/hyaluronan hydrogels via a metal-free click chemistry for soft tissue engineering[J].Acta Biomaterialia, 2015, 20: 60-68.

[28] TAKAHASHI A, SUZUKI Y, SUHARA T, et al. In situ cross-linkable hydrogel of hyaluronan produced via copper-free click chemistry[J]. Biomacromolecules, 2013, 14(10): 3581-3588.

[29] FAN M, YAN J X, TAN H P, et al. Magnetic biopolymer nanogels via biological assembly for vectoring delivery of biopharmaceuticals[J]. Journal of Materials Chemistry B, 2014, 2(47): 8399-8405.

# 第15章 热电材料

随着全球范围内的能源和环境问题日益突出，适用于21世纪绿色环保主题的热电材料引起材料研究者的广泛重视。热电材料是利用固体中载流子运动和声子输运及其相互作用来实现热能和电能直接相互转换的功能材料。本章从热电材料的特性出发，重点介绍 $Bi_2Te_3$ 基合金、PbX 化合物等典型的热电材料，阐述纳米复合和超晶格等低维热电材料，以及热电材料在航天、军事、能源、电子等领域的广泛应用。

## 15.1 热电材料的特性

用热电材料制造的温差发电装置和半导体制冷装置具有无需传动部件、运行安静、尺寸小、无污染、无磨损、可靠性高等诸多突出优点，在温差发电和便携式制冷等领域有重要应用前景。热电效应主要有三种：塞贝克效应(Seebeck effect)、帕尔贴效应(Peltier effect)和汤姆逊效应(Thomson effect)。

### 15.1.1 热电效应

**1. 塞贝克效应**

1821年德国物理学家T. J. Seebeck在将两种不同类型的金属导线焊接在一起构成闭合的通路时(图15.1)，意外发现，如果对其中一个导线连接头进行加热，而另一端温度保持不变，两端产生$\Delta T$的温度梯度，此时回路周围会产生磁场。后来普鲁士科学学会发现实际是闭合回路产生了电流，由此形成了磁场，相应形成的电势差 $V_{AB}$ 和相对的温度梯度呈现线性关系，即 $V_{AB}=S_{AB}\Delta T$，它们的比值 $S_{AB}$ 被定义为A、B导体之间的具有方向性的相对塞贝克系数。这种现象称为塞贝克效应，也称为第一热电效应，这种由于温度梯度所产生的电动势又称温差电动势。

塞贝克效应的成因可以用温度梯度作用下导体内电荷分布变化来解释。对于两端尚未建立起温差的孤立导体，电荷在其内部均匀分布。当温度梯度建立后，热端的载流子具有较大的动能，趋于向冷端扩散并在冷端堆积，使得冷端的载流子浓度高于热端。电荷在冷端的积累导致在内部建立一个内电场，在内电场的作用下产生一个反向漂移电流，以阻止热端载流子进一步扩散至冷端。这样当导体达到平衡时，在导体两端形成稳定的温差电动势$\Delta V$。在稳定的温度梯度下，会在导体内部建立起稳定的温差电动势，从而源源不断地将热能转化成电能。对这一过程的描述，可以定义出材料在温度$T$时的绝对塞贝克系数：

$$S = \lim_{\Delta T \to 0} \frac{\Delta V}{\Delta T} \tag{15-1}$$

绝对塞贝克系数是材料固有的属性，与温度场方向无关。利用塞贝克系数的正负可判断半导体的导电类型。p 型半导体的温差电动势方向是从低温端指向高温端，塞贝克系数为正；n 型半导体的温差电动势方向是从高温端指向低温端，塞贝克系数为负。半导体的塞贝克效应显著，塞贝克系数可达到几百微伏每开，因此可用作温差发电器。金属的塞贝克系数很小，一般仅为 0～10 μV/K，不过在一定条件下还是可以有效利用，如检测高温用的金属热电偶就是利用了金属的塞贝克效应。

**2. 帕尔贴效应**

1834 年法国科学家 J.C.A. Peltier 在一次试验中机缘巧合地发现，当不同类型的两个导体形成闭合的通路，同时有直流电流通过时，在导体之间的连接处会产生温度降低(吸热)和温度升高(放热)现象，这种现象称为帕尔贴效应(图 15.2)，又称为第二热电效应。其中，闭合回路中的电流与导体接头处吸热速率 $q$ 成正比，可表示为

$$q_{\mathrm{PN}} = \pi_{\mathrm{PN}} I \tag{15-2}$$

式中，$\pi_{\mathrm{PN}}$ 为帕尔贴系数。如图 15.2 所示，当直流电流从 n 型传输的半导体流入 p 型传输的半导体时，在结点处吸热，温度降低。帕尔贴效应可以简单理解为在电场驱动下，载流子在从低能级跃迁到高能级时，需要吸收相应能级差的能量，从而吸热；同时，从高能级到低能级会释放能量，从而放热。也就是外加电场作用下，电子定向移动引起内能转移。帕尔贴效应与塞贝克效应互为逆效应，一个是从热能直接转换为电能，而另一个则是再次通过电能实现热的分布改变。半导体制冷器，也称热电制冷器，就是利用了帕尔贴效应。

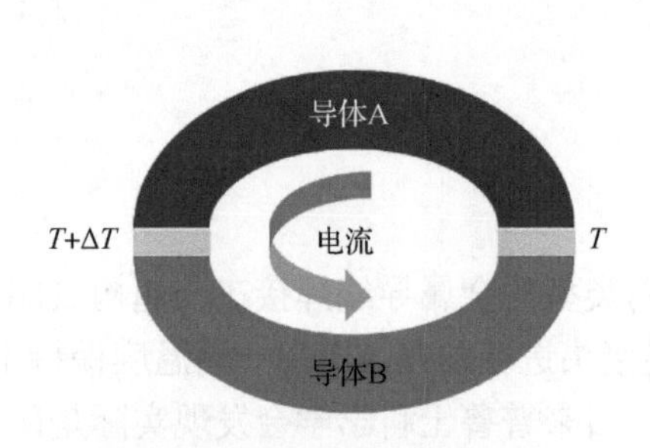

图 15.1　塞贝克效应原理示意图

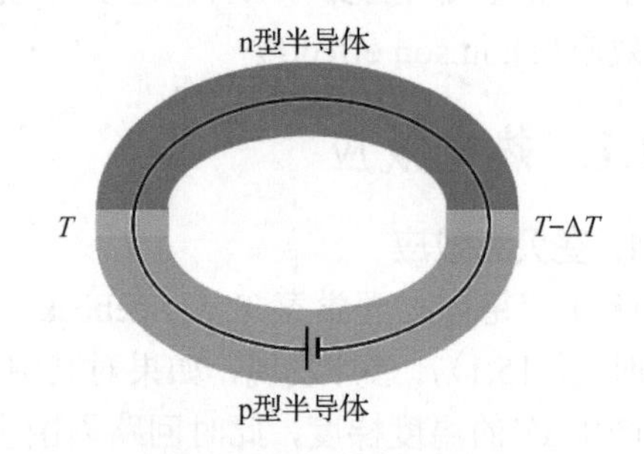

图 15.2　帕尔贴效应示意图

**3. 汤姆逊效应**

塞贝克效应和帕尔贴效应存在于由两种不同导体串联组成的回路中，汤姆逊效应则是存在于单一均匀导体中的热电转换现象。1854 年英国科学家 W. Thomson 将一根通有恒定电流的均匀导体局部加热，并产生稳定的温度梯度，发现在这个导体上，除了其自身由于电阻产生的发热外，还会出现额外的温度升高/降低现象(吸/放热热交换)，这种情况称为汤姆逊效应。汤姆逊效应的产生主要是因为当导体中温度不均匀时，由于载流子的热运动效应，高温区的载流子具有更大的动能，并且向低温区不断运动，从而在低温区聚集并产生电场。汤姆逊热与电流 $I$ 和施加于电流方向上的温差 $\Delta T$ 成正比：

$$\mathrm{d}Q_{\mathrm{t}} = \beta I \Delta T \mathrm{d}t \tag{15-3}$$

式中，$\beta$ 为汤姆逊系数，当电流方向与温度梯度方向一致时，若导体吸热，则汤姆逊系数为正，反之为负。汤姆逊热非常小，目前仍无实际应用。

### 15.1.2 热电材料基本性质

温差发电的最大转化效率$\eta$可以表示为

$$\eta=\frac{W}{Q_{\mathrm{h}}}=\frac{T_{\mathrm{H}}-T_{\mathrm{C}}}{T_{\mathrm{H}}}\frac{(1+\mathrm{ZT}_{\mathrm{ave}})^{1/2}-1}{(1+\mathrm{ZT}_{\mathrm{ave}})^{1/2}+\dfrac{T_{\mathrm{H}}}{T_{\mathrm{C}}}} \tag{15-4}$$

最高热电制冷效率由性能系数COP可以表示为

$$\mathrm{COP}=\frac{Q_{\mathrm{c}}}{P}=\frac{T_{\mathrm{C}}}{T_{\mathrm{H}}-T_{\mathrm{C}}}\frac{(1+\mathrm{ZT}_{\mathrm{ave}})^{1/2}-\dfrac{T_{\mathrm{H}}}{T_{\mathrm{C}}}}{(1+\mathrm{ZT}_{\mathrm{ave}})^{1/2}+1} \tag{15-5}$$

式中，$W$为输出功率；$Q_{\mathrm{h}}$为热端的吸热量；$Q_{\mathrm{c}}$为冷端的吸热量(制冷量)；$P$为输入的电能；$T_{\mathrm{C}}$和$T_{\mathrm{H}}$分别为冷热端的温度；$\mathrm{ZT}_{\mathrm{ave}}$为平均ZT，计算公式为

$$\mathrm{ZT}_{\mathrm{avg}}=\frac{1}{T_{\mathrm{H}}-T_{\mathrm{C}}}\int_{T_{\mathrm{C}}}^{T_{\mathrm{H}}}\mathrm{ZT}\mathrm{d}T \tag{15-6}$$

因此，热电器件的性能与ZT直接相关。ZT称为热电优值，又称品质因数，是一个无量纲参数，用以评估热电材料的性能，其中$\mathrm{ZT}=S^2\sigma T/\kappa$，ZT越高，热电性能越好。材料的热电性能与塞贝克系数$S$、电导率$\sigma$以及热导率$\kappa$三个物理量直接相关，一个性能优异的热电材料应该具备大的塞贝克系数和高的电导率，以保证其良好的电输运性能；同时具有尽可能低的热导率，以维持材料两端的温差。本质上讲，这三个物理量取决于材料内部载流子和声子的传输及相互作用。理想的热电材料具有声子玻璃-电子晶体的特性，既具有晶体那样优异的电导率，又像玻璃那样拥有低的热导率。

然而，由于塞贝克系数$S$、电导率$\sigma$以及热导率$\kappa$之间存在强烈的耦合关系，想要同时获得三者的理想值并非易事。简单举例来说，电导率主要受载流子浓度的影响，载流子浓度越高，电导率越高，但载流子浓度的提高会降低塞贝克系数和提高载流子热导率。相较而言，式中的$S^2\sigma$更能整体体现材料的电性能情况，$S^2\sigma$又称为功率因子，主要取决于载流子的有效质量和迁移率并与材料能带结构息息相关，典型的能带工程，如能带集聚和引入共振能级的策略，目的就是优化费米面附近的态密度有效质量，提高材料的塞贝克系数和功率因子。热导率由载流子热导率(也称电子热导率)和晶格热导率(也称声子热导率)两部分组成。载流子热导率和电导率成正比，而晶格热导率是相对独立的物理量，它由声子传输过程决定。晶体结构较复杂的材料可以获得较低的本征晶格热导率。此外，通过引入各种微结构设计，加强声子在输运过程中的各种散射，包括声子与声子、声子与晶界、声子与载流子、声子与纳米相、声子与各类晶格缺陷之间的散射等，来降低声子的平均自由程，可以有效降低晶格热导率。

## 15.2 典型的热电材料

根据不同热电材料最佳性能所在的温度区间，可以将其分为近室温热电材料(300℃以下)、中温热电材料(300～600℃)和高温热电材料(600～1000℃)。下面介绍几个使用温度范围不同的热电材料体系。

### 15.2.1 $Bi_2Te_3$基合金

$Bi_2Te_3$ 是最早被开发出来的热电材料，帕尔贴效应最初就是通过在铋和锑的交界处将水滴冻结成冰来证明的。经过 60 年的发展，$Bi_2Te_3$ 基热电材料由于优异的近室温热电性能，为热电制冷实现商业化提供了有力支撑，是商业化应用最广泛的热电材料体系。$Bi_2Te_3$ 属于三方晶系，空间群为 $R\bar{3}m$，在单个晶胞中，沿 $c$ 轴方向以 $Te^1$-Bi-$Te^2$-Bi-$Te^1$ 顺序排布(图 15.3)，其中，Bi 原子与 Te 原子以共价键结合，两个晶胞间相邻 Te 原子层以范德瓦耳斯力相互作用，因此沿 $c$ 轴方向可视为层状结构，容易产生层间解理。同时，这种层状结构使材料沿解理面和垂直于解理面表现出各向异性。未掺杂的 $Bi_2Te_3$ 材料在 585℃的熔点附近出现轻微的富 Bi 组分偏析，过量的 Bi 在晶格中占据 Te 原子位置后形成材料的受主掺杂，成为 p 型半导体。可以通过引入掺杂剂调控材料的极性，例如，掺杂 Pb、Cd、Sn 等使 $Bi_2Te_3$ 材料呈现 p 型导电特性；掺杂 I、Br、Se、Li、Al 等元素或 $SbI_3$、AgI、CuBr、CuI、$BiI_3$ 等卤化物使 $Bi_2Te_3$ 材料呈现 n 型导电特性。

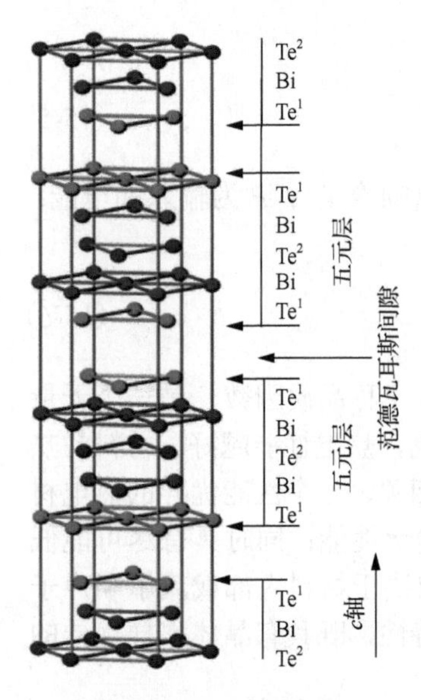


图 15.3　$Bi_2Te_3$ 结构图[1]

在优化 $Bi_2Te_3$ 材料性能时，可采用 $Sb_2Te_3$ 和 $Bi_2Se_3$ 合金化的方法。由于 $Bi_2Te_3$、$Sb_2Te_3$ 和 $Bi_2Se_3$ 同属六方结构，易与 $Bi_2Te_3$ 形成固溶体合金，可以直接将 $Sb_2Te_3$ 和 $Bi_2Se_3$ 固溶到 $Bi_2Te_3$ 体系中来调控材料性能。Sb、Se 元素掺杂可以提高材料载流子浓度，并调节材料的能带结构，优化 $Bi_2Te_3$ 材料电性能。同时，利用 $Sb_2Te_3$ 和 $Bi_2Se_3$ 合金化所引起的晶格点缺陷增强对短波长声子的散射，有效降低晶格热导率，进而优化 $Bi_2Te_3$ 材料热电性能。通过定向凝固法制备 p 型 $Bi_{0.5}Sb_{1.5}Te_3$，以及掺杂 I、Te 和 CuBr 的 n 型 $Bi_2(Te_{0.94}Se_{0.06})_3$，并通过退火优化载流子浓度，p 型材料峰值 ZT 为 1.41，n 型材料峰值 ZT 为 1.13。采用球磨结合热压烧结法制备 p 型 $Bi_xSb_{2-x}Te_3$ 材料，由于晶格热导率大幅度降低，其 ZT 值在 373K 时达到 1.4。采用两步 SPS 方法制备 n 型 $Bi_2Te_3$ 材料，在第二步烧结过程中增强 $Bi_2Te_3$ 晶粒的取向性，进一步提升了该材料的电导率。同时，随着热锻温度的增加，该材料的赛贝克系数增加。其 ZT 值在 423K 时达到 1.18。通过甩带法制备 p 型 $Bi_{0.52}Sb_{1.48}Te_3$，在基体中引入纳米晶结构优化材料热电性能，获得 1.56 的高 ZT 值。材料低维化也是调控材料热电性能的有效手段，p 型 $Bi_2Te_3/Sb_2Te_3$ 超晶格在 300K 时将材料 ZT 值提高至 2.4[2]。

$Bi_2Te_3$ 基热电材料室温附近的热电性能最优，但发电效率仍需进一步提高。目前，基于 $Bi_2Te_3$ 材料的热电发电模块更多的是利用帕尔贴效应进行微环境冷却和局部精确温度控制，如芯片冷却等，在温差发电领域仍需要进一步拓展。

### 15.2.2 PbX 化合物(X=S, Se, Te)

PbX(X=S, Se, Te)化合物都是面心立方结构，空间群为 $Fm\bar{3}m$，具有较高的晶体对称性(图 15.4)，因此能带简并度较高，室温下，PbTe、PbSe 和 PbS 的禁带宽度分别约为 0.31 eV、0.27 eV 和 0.44 eV。PbX 化合物的力学性能较差，低温时容易沿着(100)晶面解理，不过这一特性都会随着温度升高逐渐减弱直至消失。

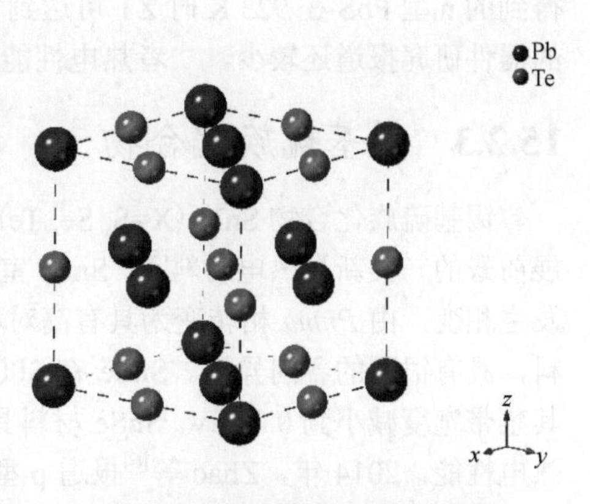

图 15.4 PbX(X=S, Se, Te)结构图

PbTe 是一种经典的中温热电材料，早在 20 世纪 50 年代就受到了广泛关注，是最早用作温差发电器电偶臂的热电材料，也是目前性能最佳的中温热电材料之一。通过调控 PbX 化合物的化学计量比或者施主、受主的掺杂可以得到 p 型和 n 型的热电材料。Jeffrey Snyder 等通过能带调控的手段，在 PbTe-PbSe 固溶体中实现了能带集聚效应，最终使得 ZT 值在 823 K 时达到 1.8。M. G. Kanatzidis 等在 PbTe 材料中提出经典的多尺度结构优化策略，用以散射各个频率段的声子，大幅降低材料的晶格热导率，得到的 p 型 PbTe 在 915 K 时 ZT 值优化到 2.2[3]。近来的一些报道中，在微结构的调控与能带工程的协同作用下，p 型 PbTe 基材料 ZT 值能达到 2.5 以上(图 15.5)。n 型 PbTe 的性能提升工作也取得了很大进展，缩小了一直以来与 p 型 PbTe 材料之间的性能差距。制备的 n 型 PbTe-4%InSb 材料 773 K 时 ZT 值可以高达 1.83。Bi 掺杂 n 型 PbTe/$Ag_2Te$ 纳米复合材料 ZT 值在 800 K 时可到 2 左右。

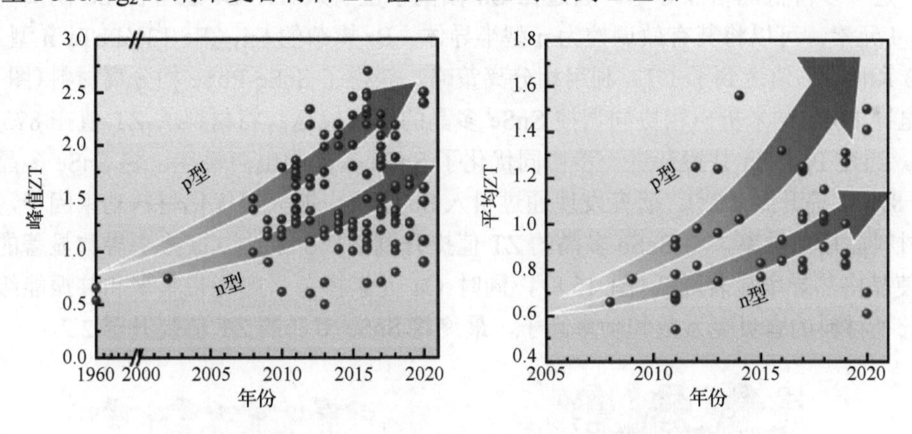

图 15.5 n 型和 p 型 PbTe 基热电材料的峰值 ZT 和平均 ZT[4]

PbSe 也是目前中温区热电材料中的研究热点，Se 元素含量比 Te 元素更为丰富，因此 PbSe 的价格更为低廉。对于 PbSe 热电材料性能的改善，同样可以通过合金化调节载流子浓度、能带结构调控以及微结构设计等策略实现。通过合金化在 PbSe 中引入 15%的 PbTe 和 3%的 Cd 调节材料的能带结构，使 p 型 PbSe 的 ZT 在 900 K 达到了 1.7。此外，引入 Al、Sn、Sb、Cu 等元素都可以获得性能较好的 n 型 PbSe，例如，$Pb_{1-x}Sb_{2x/3}Se$ 固溶体 ZT 值在 900 K 时可达到 1.65。

PbS 中 S 元素的含量丰富，因此也是具有发展潜力的一类材料。不过 PbS 材料有较高的热导率和较低的功率因子，热电性能还需进一步提升。引入 SrS 和 CaS 纳米相可以有效降低晶格热导率，p 型 PbS 的 ZT 值在 923 K 时均可达到 1。利用 Sn 合金化缩小 PbS 的禁带宽度，得到的 n 型 PbS 在 923 K 时 ZT 可达到 1.3。与 PbTe 成熟的器件应用相比，目前 PbSe 和 PbS 的器件研究报道还较少，二者热电性能的提升以及实际器件的设计都是未来发展的方向。

### 15.2.3　锡基硫族化合物

锡基硫族化合物 SnX (X=S, Se, Te)具有元素无毒、来源丰富、低成本等优势，是极具发展前景的一类新型热电材料[5]。SnSe 室温下是正交晶系，属于 *Pnma* 空间群，750～800 K 会发生相变，由 *Pnma* 相转变为具有高对称性的 *Cmcm* 相(图 15.6)。SnSe 是典型的层状结构材料，具有很强的各向异性。SnSe 在 300 K 时的禁带宽度约为 0.61 eV，转变成 *Cmcm* 相后，其禁带宽度减小到 0.39 eV。SnSe 材料具有较强的晶格非简谐性，使材料呈现低热导率和优异热电性能，2014 年，Zhao 等[6]报道 p 型单晶 SnSe 在 923 K 时沿 *b* 轴方向 ZT 值达到 2.6，自发现 p 型 SnSe 单晶具有高热电性能以来，SnSe 材料受到广泛关注。Bi 掺杂制备的 n 型 SnSe 单晶 773 K 时 ZT 值可以达到 2.2。新近报道的 n 型 SnSe 单晶 ZT 值高达 2.8。而后在空穴掺杂的 SnSe 单晶中，在冷端 300 K、热端 773 K 的温差条件下，其理论转换效率高达 16.7%。SnSe 单晶由于复杂的晶体生长条件和较差的力学性能等因素而限制其大规模生产应用。SnSe 多晶具有制备工艺简单、生产成本低、力学性能稳定等突出优点，具有广阔应用前景。然而，相较于 SnSe 单晶，SnSe 多晶热电性能仍然较低。对于 SnSe 热电性能的优化，一方面通过提高载流子浓度，优化电性能；另一方面通过构建不同的声子散射中心，如点缺陷、位错、纳米相等，进一步降低晶格热导率。通过在 Sn 阳离子位引入 Ti、Bi 或者在 Se 阴离子位引入 Cl、Br、I 元素，可以将其有效调控为 n 型半导体。Br 掺杂的 $Sn_{1.08}Se$-13%PbTe n 型 SnSe 多晶在 793 K 时 ZT 值达到了 1.7。利用相分离策略，获得了 SnSe-PbSe 相分离材料(图 15.7)，利用高电导 PbSe 纳米析出相协同调控 SnSe 多晶的电声输运，将材料的 ZT 值在 873 K 提升到 1.7[7]。通过 Pb、Zn 共掺杂进一步协同优化了 SnSe 多晶的电声输运，将 SnSe 多晶材料的 ZT 值在 873 K 提升到 2.2[8]。研究发现通过引入 Sn 空位，能大幅优化材料功率因子，同时有效抑制材料晶格热导率，将 SnSe 多晶的 ZT 值提升到 2.1[9]。通过 Ga 掺杂导致显著的晶格应变[10]，使晶格热导率显著降低(图 15.8)，同时 Ga 元素掺杂引起能带集聚和共振能级效应，有效提升了材料的塞贝克系数和功率因子，最终将 SnSe 多晶的 ZT 值提升至 2.2。

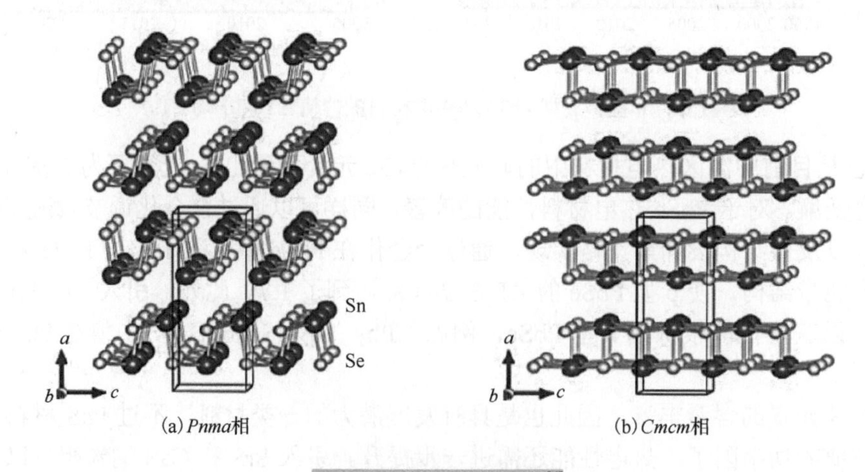

(a) *Pnma*相　(b) *Cmcm*相

图 15.6　SnSe 晶体结构[6]

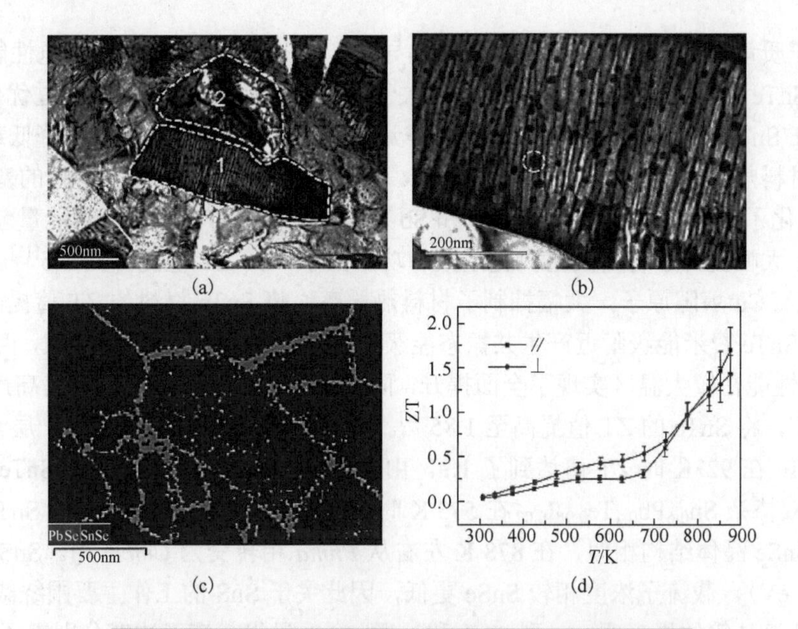

(a) (b)
(c) (d)

图 15.7 SnSe-PbSe 纳米复合材料的微观结构和热电优值[7]

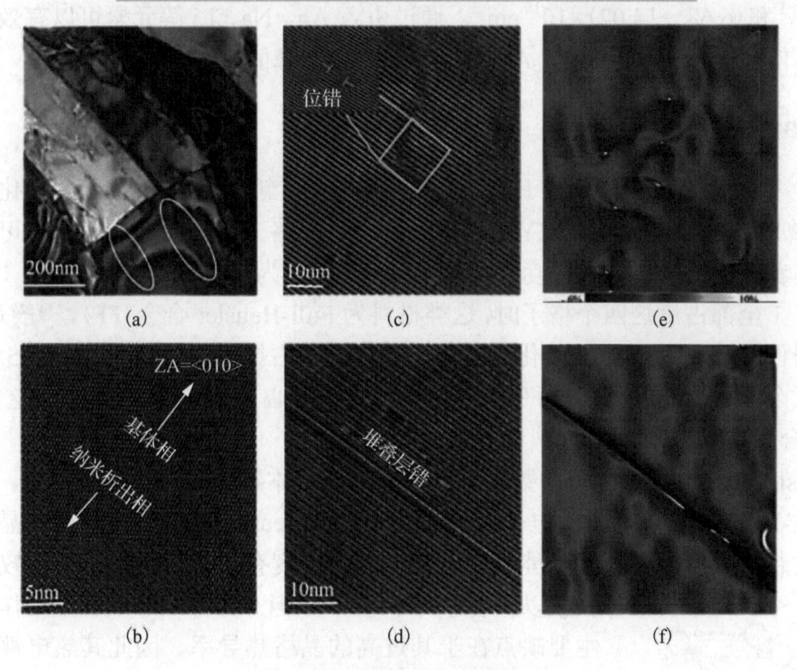

(a) (c) (e)
(b) (d) (f)

图 15.8 SnSe 中晶格应变[9]

PbTe 热电材料由于其优异的性能在军事和航空航天领域得到广泛应用，但其有一个致命缺点——含有铅元素，对环境不友好。SnTe 有望替代 PbTe，成为一类环境友好型中温区热电材料。SnTe 的晶体结构与同为Ⅳ-Ⅵ族的 PbTe 热电材料相似，都是面心立方的 NaCl 结构，空间群为 $Fm\overline{3}m$。SnTe 是窄禁带半导体，禁带宽度仅为 0.18 eV，由于本征 SnTe 有高浓度的 Sn 空位，其空穴载流子浓度极高(约 $10^{21}cm^{-3}$)，而且轻价带(L)和重价带(Σ)之间存在较大的能量差(300 K 时约为 0.35 eV)，使其具有低塞贝克系数和较小的功率因子。同时，相比于 PbTe，其较低的原子质量使其具有相对较高的晶格热导率，因此，本征 SnTe 的热电性能相对较低，严重阻碍了 SnTe 热电材料的广泛应用。近年关于 SnTe 的研究发展迅速，通过优化 SnTe 载流子浓度，如在 Sn 位自补偿或者引入 Sb、Bi 等元素，在 Te 位引入 I 元素，降低载流子浓度，有效提高了材料热电性能。通过引入 Mg、Ca、Cd、Hg、In 等元素提升材料的塞贝克系数和功率因子，优化了材料热电性能。通过 Ge 和 Sb 双掺杂减少 SnTe 轻/重价带能量差，促使 SnTe 的价带收敛，大幅提升了材料的塞贝克系数和功率因子，其 ZT 值提升到 1.5[11]。通过 Mn、Cu 双掺杂引入 Cu 填隙原子，大幅抑制了材料热导率，将 SnTe 材料的 ZT 值提升到 1.6。利用 In 掺杂在 SnTe 费米能级附近产生共振态能级，结合 Ca 掺杂导致价带收敛，两者协同作用使 SnTe 的电性能在较大温区实现了全面提升，同时 $Cu_2Te$ 共格纳米析出相提高声子散射，抑制晶格热导率，将 SnTe 的 ZT 值提高至 1.85[12]。新近，在 SnTe 晶界上包覆一层 CdTe 制备得到的 p 型 SnTe 在 923K 时 ZT 值达到了 1.9。由于本征的高空穴浓度，n 型 SnTe 的制备较为困难。Pb、I 双掺杂 $Sn_{0.6}Pb_{0.4}Te_{0.98}I_{0.02}$ 在 573 K 时 ZT 值约为 0.8，为目前 n 型 SnTe 较高水平。

SnS 与 SnSe 晶体结构相似，在 878 K 左右从 *Pnma* 相转变为 *Cmcm* 相。SnS 的禁带宽度较大(约 1.09 eV)，载流子浓度相较 SnSe 更低，因此关于 SnS 的工作主要围绕载流子浓度的优化展开，理论计算结果表明，p 型 SnS 和 n 型 SnS 最优载流子浓度分别需要达到(2.75～8.01)$\times10^{19}$ cm$^{-3}$ 和(6.68～14.02)$\times10^{19}$ cm$^{-3}$。通过引入 Ag、Na、Li 等元素可以有效提升载流子浓度，提升热电性能，例如，$Sn_{0.995}Ag_{0.005}S$ 在 877 K 时峰值 ZT 达到了 1.1。

## 15.2.4　Half-Heusler 合金

1903 年，德国化学家 Friedrich Heusler 将发现的具有新型结构的 $MnCu_2Al$ 化合物命名为 Heusler 化合物，这种三元化合物(XYZ)由四个面心立方格子套构而成，其中 X 可以是过渡金属、贵金属或者稀土元素，Y 为过渡金属或者贵金属，Z 为主族元素。当 X∶Y∶Z 按照化学计量比 1∶2∶1 全部占满这四个格子时，这类材料为 Full-Heusler 合金(FF)，一般是铁磁金属，可用作自旋器件；当 X∶Y∶Z 按照化学计量比 1∶1∶1 占据(0, 0, 0)、(0.25, 0.25, 0.25)、(0.5, 0.5, 0.5)这三个面心立方格子，而(0.75, 0.75, 0.75)面心立方格子为空时，这类材料称为 Half-Heusler 合金(图 15.9)。

Half-Heusler 合金中，价电子的数目决定了材料的基本物理性能与能带结构，用于热电材料研究的 Half-Heusler 合金通常价电子数目为 18。Half-Heusler 合金高度对称的晶体结构使其具有较大的能带简并度，结合费米能级附近较高的态密度有效质量，因此具有较高的塞贝克系数以及功率因子[13, 14]。但 Half-Heusler 合金用作热电材料的主要缺点在于其过高的晶格热导率。因此其热电性能的调控重点主要在降低晶格热导率，常见的策略有合金固溶、纳米复合等。目前热电材料中研究最多的 Half-Heusler 合金包括 n 型 MNiSn 基、MCoSb 基材料(M=Ti, Zr, Hf)以及 p 型 XFeSb 基材料(N=V, Nb, Ta)。在 MNiSn 基和 MCoSb 基材料中，通过在 M 位固溶 Ti、Zr、Hf 等元素降低晶格热导率，并在 Sn 位引入 Sb 元素掺杂调控载流子浓度优化。$Hf_{0.44}Zr_{0.44}Ti_{0.12}CoSb_{0.8}Sn_{0.2}$ 在 1073 K 时 ZT 可达 1 以上。对于 p 型 XFeSb 基材料，早期的研

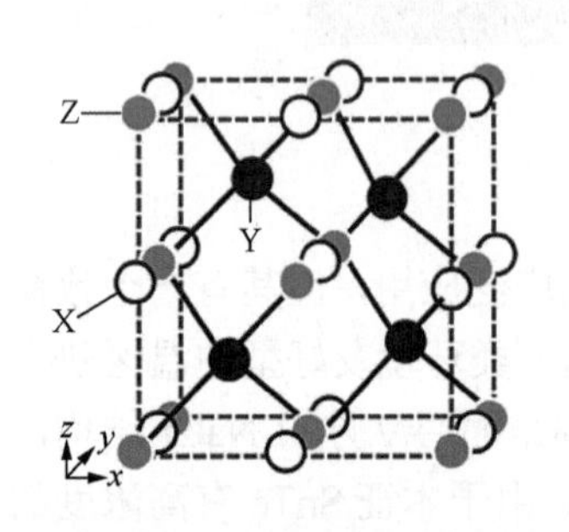

图 15.9　Half-Heusler 晶体结构[13]

究工作以 VFeSb 材料为主，目前对 NbFeSb 材料的关注度较高，高性能的 NbFeSb 材料(如 $(Nb_{0.6}Ta_{0.4})_{0.8}Ti_{0.2}FeSb$)在 1200 K 时的 ZT 已经达到 1.6。Half-Heusler 合金在高温下具有良好的热力学稳定性和优异的力学性能，有望在高温环境获得热电应用。

### 15.2.5 方钴矿与填充方钴矿

方钴矿类热电材料作为很有前景的热电材料之一近年来被广泛研究。20 世纪 90 年代，Slack 提出一种新的热电材料设计理念，即声子玻璃-电子晶体型材料，这类材料同时具备晶体的电子输运特性以及玻璃的声子输运特性[15]。方钴矿与填充方钴矿材料是具有开放结构的笼状化合物，是声子玻璃-电子晶体型材料的典型代表。二元方钴矿具有体心立方结构，空间群为 $Im\overline{3}m$，其通式为 $AB_3$(其中 A 是金属元素，如 Ir、Co、Rh、Fe 等；B 是Ⅴ族元素，如 As、Sb、P 等)。方钴矿类热电材料具有较大的载流子迁移率、较高的电导率和塞贝克系数，同时该类材料具有较复杂的晶胞，晶格内有较大的空位，足以容纳外来原子形成振荡，用以增强声子的散射，有效降低晶格热导率。在方钴矿材料的孔隙中填入其他金属原子，如稀土、碱金属和碱土金属原子，就形成了填充方钴矿结构材料。在方钴矿晶胞的孔隙中填入直径较大的稀土原子，其热导率大幅度降低。1996 年，T. M. Tritt 在 *Science* 上发表了有关填充方钴矿的实验结果，这种材料在未经优化的情况下高温 ZT 值大于 1，并且计算表明优化材料的 ZT 值可以达到 1.4，使得这类材料成为十分有潜力的热电材料之一[16]。由于方钴矿材料的晶胞孔隙内可以填充不同的元素，如 La、Sm、Nd、Ce 等，材料的热导率可以进行较大幅度的降低。G. S. Nolas 的实验表明，当方钴矿的孔隙被 La 或 Ce 填充时，其热导率可以降至未填充材料的 1/7～1/6，在合适的掺杂元素部分填充方钴矿中的孔隙时，其热导率甚至降低至原来的1/20～1/10。研究人员相继在 $La_{0.9}Fe_3CoSb_{12}$、$Ce_{0.9}Fe_3CoSb_{12}$、$Yb_xCo_4Sb_{12}$ 和 $Ce_yFe_xCo_{4-x}Sb_{12}$ 等方钴矿材料中报道了大于 1 的 ZT 值。目前，针对填充方钴矿化合物热电性能的提升，主要有以下三种方法：①形成填充方钴矿材料的固溶体；②形成多填充方钴矿化合物；③纳米结构化。经优化后的该材料的 ZT 值可达到 1.4 以上。

### 15.2.6 氧化物热电材料

氧化物热电材料具有使用温度高、抗氧化、无污染、使用寿命长、制备方便、化学及热稳定性良好等优点，因此在高温热电发电领域的应用潜力很大。1997 年，大阪大学 Terasaki 在研究超导材料时，发现 $Na_xCo_2O_4$ 具有优良的热电性能，从而掀起了氧化物热电材料研究的浪潮。具有代表性的氧化物热电材料包括层状钴基氧化物、钙钛矿结构氧化物和 BiCuSeO 氧化物热电材料。

层状钴基氧化物 $Na_xCoO_2$ 材料具有层状结构，无规则排列的 Na 原子层和规则排列的 $CoO_2$ 层沿 *c* 轴方向交替叠加，$CoO_2$ 层主要起导电作用，而无规则排列的 Na 原子层对声子起到很好的散射作用。这种声子玻璃-电子晶体特点导致该材料具有很好的热电性能。自旋熵是 $Na_xCoO_2$ 材料的高塞贝克系数的重要来源。为提高 $Na_xCo_2O_4$ 的 ZT 值，阳离子置换是一种很有效的方法。阳离子置换包括两种方式：一种是 Na 位置换；另一种是 Co 位置换。Na 位置换主要包括在 Na 位掺入 Li、Bi、Ca、Ba、La、Ag、K、Sr、Y、Nd、Sm、Yb 等元素或改变

Na 的化学计量比来调控其热电性能。2006 年，Lee 等对 $Na_xCoO_2$ 中的 Na 含量改变进行了细致的研究。他们发现当 Na 含量 $x>0.75$ 时，热电势急剧增加，最大为 350 μV/K(100 K)。当 Na 含量约为 0.85 时，其 80 K 的 ZT 值相对于 Na 含量约为 0.71 的样品提高了 40 倍。这个研究表明 $Na_xCoO_2$ 材料在低温领域有着广阔的应用前景。Co 位掺杂主要集中在 3d、4d、5d 过渡金属元素，Co 位掺杂包括 Cu、Fe、Ni、Zn、Cr、Mn、Rh、Ru、Pd、Ti 等元素掺杂。$Ca_3Co_4O_{9+\delta}$材料属于单斜晶系，具有失配型层状结构。$Ca_3Co_4O_{9+\delta}$由具有岩盐型结构的$[Ca_2CoO_3]$层和 $CdI_2$ 型结构的$[CoO_2]$层沿着 $c$ 轴交叠而成。在$[Ca_2CoO_3]$层中，Ca—O 和 Co—O 都以离子键形式结合，不能提供导电离子，因此该层作为绝热层以降低材料的热导率。$[CoO_2]$层则作为导电层，$[CoO_2]$层为八面体结构，Co 原子位于八面体中心，O 原子位于八面体的阵点上，多个八面体之间以共棱方式连接，这一层与 $Na_xCo_2O_4$ 的$[CoO_2]$层的结构相同。这种结构具有理想的声子玻璃-电子晶体的设计理念。Shikano 等研究了 $Ca_3Co_4O_{9+\delta}$单晶的热电性能，发现其峰值 ZT 在 973 K 为 0.87[17]。对于 $Ca_3Co_4O_{9+\delta}$体系，人们主要研究了其 Ca 位掺杂、Co 位掺杂、氧计量比对 $Ca_3Co_4O_{9+\delta}$多晶热电性能的影响。Ca 位掺杂包括 Dy、Gd、Eu、La、Nd、Y、Pr、Yb、Ho、Er、Ba、Sr、Na、Bi 等元素掺杂，Co 位掺杂包括 Cr、Mn、Fe、Cu、Ni、Ti 等元素掺杂。其中，Na 和 Bi 双掺使得该材料的电导率和塞贝克系数同时增加，并有效地降低了其热导率，使其 ZT 值在 1000 K 达到 0.32。另外，在 $Ca_3Co_4O_{9+\delta}$体系中引入过渡金属磁性 Ni 离子和 4f 稀土离子，利用其含有非成对自旋来调控电子自旋数目，引入自旋熵来提高塞贝克系数，使其热电优值相比于未掺杂材料提高了一个数量级[18]。

BiCuSeO 是氧化物材料中热电性能最高的体系。BiCuSeO 是一种属于四方晶型、具有层状 ZrCuSiAs 结构的氧化物，晶格常数 $a = b = 3.9273$ Å，$c = 8.9293$Å，$Z = 2$，空间群为 $P4/nmm$，像其他所有 LnCuChO(Ln = 镧系元素，Ch = S、Se 或 Te)型物质一样，BiCuSeO 具有二维(2D)的层状结构，由类似萤石结构的 $Bi_2O_2$ 层和 $Cu_2Se_2$ 层沿 $c$ 轴交替堆积而成。BiCuSeO 为 p 型半导体，禁带宽度约为 0.8 eV，是一种宽带隙的氧化物半导体热电材料。其导电层为 $Cu_2Se_2$，绝缘层为 $Bi_2O_2$。这种层状结构使得 BiCuSeO 具有较低的热导率，在室温下约为 0.60 W/(m·K)。但较低的载流子浓度($10^{18}$ $cm^{-3}$)和较低的载流子迁移率(22 $cm^2$/(V·s))导致其电导率也相对较低，在室温下约为 1.12 S/cm。优化 BiCuSeO 电性能最常规的方法是受主掺杂，受主掺杂可以提高空穴的浓度，从而有效地提高电导率，同时减小热导率。通过掺杂+1 价($Na^+$、$K^+$和 $Ag^+$等)和+2 价($Mg^{2+}$、$Ca^{2+}$、$Sr^{2+}$、$Ba^{2+}$、$Pb^{2+}$、$Cd^{2+}$和 $Sn^{2+}$等)的元素优化载流子浓度，提升热电性能。其中，通过在 Bi 位掺杂 Pb 元素，载流子浓度得到极大的提高，从而提升了 Pb 掺杂 BiCuSeO 的电导率，8% Pb 掺杂的 BiCuSeO 在室温下的电导率达到 600 S/cm，Pb 掺杂的 BiCuSeO 在 823 K 的 ZT 提高到 1.12[19]。此外，考虑到 BiCuSeO 材料具有天然超晶格结构，这种层状结构为自旋熵的传输提供了有利条件，通过引入过渡金属磁性 Ni 离子，利用电子自旋调控提高自旋熵的贡献，可以提高 BiCuSeO 材料的塞贝克系数和功率因子，将 BiCuSeO 材料 923 K 时的 ZT 提高到 0.97。使用煅烧的方法制备 Ba 掺杂的 BiCuSeO，样品中产生织构，热电优值提高到 1.4。Pb 和 Fe 双掺的 BiCuSeO 在 873 K 时 ZT 达到 1.5，是目前报道的 BiCuSeO 氧化物热电材料的最高 ZT 值。

除上述几种氧化物热电材料，还有一些其他类型的氧化物热电材料，如钙钛矿结构氧化物热电材料。钙钛矿结构氧化物热电材料有 $SrTiO_3$、$CaMnO_3$ 等，其分子式通常用 $ABO_3$ 表示。

然而，目前这种氧化物热电材料的 ZT 值较低，仍存在较大的发展空间，例如，采用固相烧结法制备的 La、Dy 共掺杂的 $SrTiO_3$ 材料在 1076 K 时 ZT 值约为 0.36[20]。

## 15.2.7 硅基热电材料

### 1. SiGe 合金

SiGe 合金是研究较为成熟的一种高温热电材料，它适用于制造由放射性同位素供热的温差发电器。SiGe 热电器件是目前空间核电源中应用最成熟的热电转换器件。1965 年，SiGe 合金热电器件首次运用在美国 NASA 的航天器中，1977 年旅行者号太空探测器的放射性同位素电源采用 SiGe 合金作为温差发电材料，此后 NASA 的空间计划中，SiGe 差不多完全取代 PbTe 材料广泛应用于空间核电源的热电转换系统中。SiGe 合金晶体为金刚石结构。单质 Si 和 Ge 作为半导体材料已被广泛用于晶体管的制造，虽然拥有高的功率因子，但热导率也较高，所以不被认为是好的热电材料。但是单质 Si 和 Ge 形成合金后，热导率会显著降低，而此时迁移率的下降幅度远不如热导率明显，因此获得了优异的热电性能。Si 和 Ge 可形成连续固溶体合金，SiGe 合金的密度、熔点、晶格常数、禁带宽度等物理性能会随着组分变化在两个单质的数值间变化。目前在实际应用中，一般选择 Si 含量较高的 SiGe 合金，主要原因是：①Si 含量较高时，合金具有较高的熔点和较大的禁带宽度，密度小且抗氧化性强，适用于高温环境。②对 SiGe 合金进行元素掺杂性能优化时，许多掺杂原子在 Si 中的固溶度更大，有利于制备重掺杂的半导体。③Si 元素的成本较 Ge 元素更低。p 型 SiGe 合金和 n 型 SiGe 合金最优载流子浓度范围分别为 $10^{20}$ $cm^{-3}$ 和 $10^{21}$ $cm^{-3}$，在掺杂调控载流子浓度时，常用的施主杂质有 P、As 等Ⅴ族元素，常用的受主杂质为 B、Ga 等Ⅲ族元素。NASA 最初开发的 p 型和 n 型 $Si_{80}Ge_{20}$ 合金温差发电器峰值 ZT 分别为 0.5 和 0.93(900～950℃)。后来，利用晶粒纳米化的策略，已分别将 p 型和型 SiGe 合金峰值 ZT 分别提升到了 1.2 和 1.5。

### 2. 过渡金属硅化物

过渡金属硅化物如 $FeSi_2$、$MnSi_{1.7}$、$CrSi_2$、CoSi 等拥有较好的热电材料性能，其中研究较多的是高锰硅化合物和 β-$FeSi_2$。

高锰硅化合物是一种 p 型硅化物热电材料。Mn 和 Si 在不同的比例下会形成众多化合物，当 Si 与 Mn 的原子比为 1.72～1.75 时形成的一系列化合物功率因子较高，是具有潜力的中温热电材料。由于此时 Mn 处于最高价态，因而这类化合物称为高锰硅(higher manganese silicide，HMS)化合物。目前已知的 HMS 化合物由四个相组成：$Mn_4Si_7$、$Mn_{11}Si_{19}$、$Mn_{15}Si_{26}$、$Mn_{27}Si_{47}$，这四个相的构造原则一致，由结构示意图(图 15.10)可以看到，Mn 原子形成烟囱状四方亚晶胞，Si 原子占据四方亚晶胞的间隙位置，犹如螺旋上升的“梯子”，这种结构也称为 Nowotny chimney ladder(NCL)结构。早期对 HMS 化合物的研究集中在制备单晶材料，不过单晶生长过程中非常容易析出 MnSi 相，对热电性能不利，因此目前的研究多集中在多晶材料的制备与掺杂优化上。可通过掺杂元素取代 Mn 位或 Si 位优化热电性能，利用 Al 取代 HMS 化合物 Si 位，能提升材料载流子浓度，最终 ZT 值达到 0.65。另外，采用高温熔炼和淬火的工艺，再经过等离子烧结制得 p 型 $Re_{0.165}Mn_{0.835}Si_{1.75}$，发现 Re 掺杂显著提升了材料性能，其 ZT 值在 920 K 可以达到 1.04。

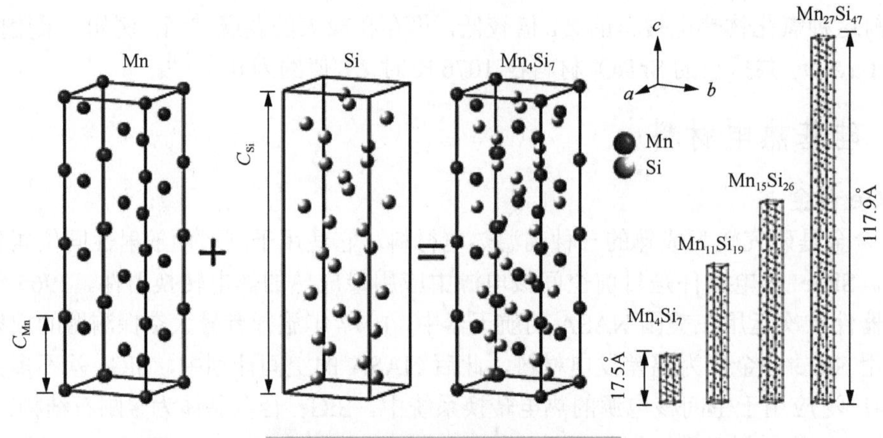

图 15.10　高锰硅化合物晶体结构[21]

β-$FeSi_2$ 则是一种高温热电材料，Fe-Si 可以形成多种中间相，其中只有 β-$FeSi_2$ 相属于半导体相，可用作热电材料研究。β-$FeSi_2$ 属于正交晶系，空间群为 *Cmca*。在 Fe 上引入 Mn、Al、Cr、V、Ti 等元素可以得到 p 型半导体，引入 Co、Ni、Pt、B 等元素可以得到 n 型半导体。β-$FeSi_2$ 的热导率较高，电导率较低，对其性能提高优化难度较大。用 Co 掺杂的 n 型 β-$FeSi_2$ 700 K 时 ZT 值为 0.4，Ru 和 Cr 掺杂的 p 型 $Fe_{0.92}Ru_{0.05}Cr_{0.03}Si_2$ 750 K 时 ZT 为 0.26。β-$FeSi_2$ 的热电性能较低，但由于其具有良好的抗氧化性、无毒和成本低廉等优势，依然存在潜在的研究和应用价值。

## 15.2.8　镁基热电材料

**1) $Mg_3Sb_2$**

$Mg_3Sb_2$ 基热电材料因其组成元素储量丰富和优异的中低温热电性能受到广泛关注。$Mg_3Sb_2$ 合金包含立方铁锰矿和六面体两种结构，用于热电性能研究的一般是六面体结构的 $Mg_3Sb_2$ 基 Zintl 相，空间群为 $P\overline{3}m1$。$Mg_3Sb_2$ 晶体中存在两种位置的 Mg 原子，分别用 $Mg^1$ 和 $Mg^2$ 来表示(图 15.11)。其中 $Mg^1$ 在晶格的(0,0,0)位置，呈现离子性，$Mg^2$ 在晶格的(1/3,2/3,0.634)位置，呈现共价性。$Mg_3Sb_2$ 基 Zintl 相具有典型的声子玻璃-电子晶体特征，使得它呈现出较高的热电性能。

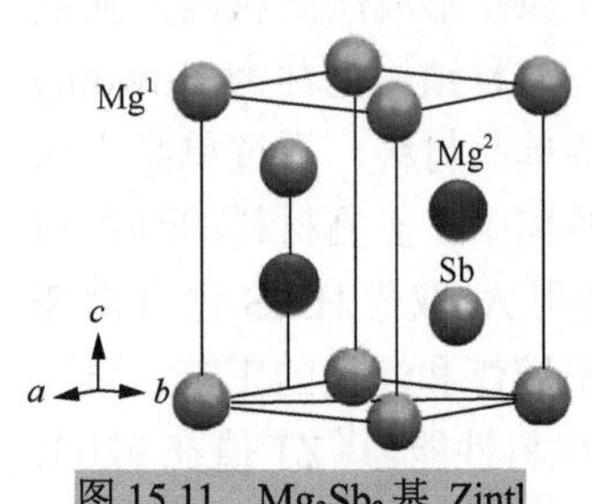

图 15.11　$Mg_3Sb_2$ 基 Zintl 相晶体结构

$Mg_3Sb_2$ 在制备过程中 Mg 容易挥发形成 Mg 空位，因此本征的 $Mg_3Sb_2$ 为 p 型材料，不过 p 型 $Mg_3Sb_2$ 的性能优化并不理想，在 Mg 位引入 Cu 和 Ag 元素共同掺杂得到的 p 型 $Mg_3Sb_2$ 在 673 K 时 ZT 值为 0.76，是目前报道的最高值。在 Mg 位上通过 Mg 的过量补偿或者引入 Nb、Bi 等元素的方式，在 Sb 位引入硫族元素 S、Se、Te 都可以使其转变为 n 型材料，n 型 $Mg_3Sb_2$ 基材料因其高热电性能有很大的应用潜力。2016 年，Tamaki 等在 Sb 位共同掺杂 Bi 和 Te，同时在 Mg 位加入过量 Mg 得到的 n 型 $Mg_{3.2}Sb_{1.5}Bi_{0.49}Te_{0.01}$ 的 ZT 值在 723 K 达到了 1.5。利用元素掺杂、Sb 和 Bi 比例调控以及微结构设计等策略，n 型 $Mg_3Sb_2$ 在 700 K 以上的 ZT 值被广泛报道提升到 1.5 以上，最高可达 1.8。此外，Snyder 等通过调节 $Mg_3Sb_2$ 基热电材料中 Sb 和 Bi 的比例，得到的 n 型 $Mg_3Sb_{0.6}Bi_{1.4}$ 在 400～500 K 时 ZT 值达到了 1.2，可与传统的商用 $Bi_2Te_3$ 材料相媲美，表明其在近室温区也显示出优异的热电性能，应用潜力广阔。

**2) $Mg_2X$(X = Si, Ge, Sn)化合物**

$Mg_2X$(X = Si, Ge, Sn)化合物组成元素储量丰富、价格低廉且绿色环保，是一类具有应用前景的中温热电材料。$Mg_2X$(X = Si, Ge, Sn)化合物具有反萤石立方结构，其中ⅣA 族的 Si、Ge、Sn 原子构成面心立方结构，占据着立方体的八个顶点和六个面心位置，Mg 原子位于其构成的八个四面体间隙的中心，空间群为 $Fm\overline{3}m$。$Mg_2Si$、$Mg_2Ge$ 和 $Mg_2Sn$ 这三种化合物两两之间都可形成固溶体，其中 $Mg_2Si$ 和 $Mg_2Ge$ 之间还可以形成连续固溶体。

$Mg_2X$(X = Si, Ge, Sn)化合物这一热电材料体系早在 20 世纪 50 年代被发现并研究，不过一直未有突破性进展。2006 年，Zaitsev 等报道的 Sb 掺杂的 n 型 $Mg_2$(Si, Sn)合金在 800 K 时 ZT 值达到了 1.1。目前，n 型 $Mg_2X$ 基材料，尤其是 $Mg_2$(Si, Sn)材料体系的热电优值已优化至 1.5，其中的热电输运机制也得到较为深入的研究。不过由于 $Mg_2X$ 材料本征的电子迁移率比空穴迁移率高得多，所以 p 型 $Mg_2X$ 基材料所报道的性能还不能和 n 型材料相匹配，Li 元素作为最有效的 p 型掺杂剂，将 $Mg_2$(Si, Sn)合金在 675 K 的 ZT 优化到了 0.7。

## 15.3 纳米复合与低维热电材料

20 世纪 90 年代，Hicks 和 Dresselhaus[22-24]通过理论计算预测，当材料的尺度降低到纳米量级时，其热电输运性能调控有望实现新的突破。21 世纪以来，随着纳米结构及超晶格薄膜等低维材料的深入研究，越来越多的实验证实了热电材料纳米结构化和低维化是提高材料热电性能非常有效的方法，成为热电材料研究的新趋势。热电材料纳米结构化主要包括纳米晶与纳米复合材料两种策略。纳米晶是指块体材料的晶粒尺寸达到或接近纳米尺度；纳米复合材料是通过化学或物理方法使制备得到的块体材料中分散分布着纳米尺寸的第二相。低维材料是指维数小于三的材料，包括二维(如量子阱)、一维(如量子线)和零维(如量子点)三种结构，通过纳米技术，可以制成二维纳米薄膜、一维纳米线或零维量子点等具有特殊结构的热电材料。这些与传统热电材料微结构不同的新型热电材料的热电优值远高于传统的块体材料，表现出了良好的热电性能及独特的应用特性。

材料的低维化能够显著改变其载流子传输状态。低维材料比表面积大，表面对声子的散射比对电子的散射更强，可以降低声子的传播维度，有效抑制晶格热导率，并且低维结构能引起费米面附近电子能态密度提高，有利于提高材料塞贝克系数，从而获得高的热电优值。

### 15.3.1 纳米复合热电材料

纳米复合热电材料是指在热电材料中掺入纳米尺寸的第二相，按掺杂途径可分为两种：一种是从材料外部引入，称为外部掺入型纳米复合热电材料；另一种是从材料内部原位生成，称为原位生成型纳米复合热电材料。纳米复合可以显著影响材料的热传导过程，纳米复合材料中均匀分散的纳米颗粒第二相使得材料中晶界、相界密度大幅度提高，有效散射声子，降低材料晶格热导率。同时，纳米结构可导致能量过滤效应，只允许高能量载流子通过，过滤掉低能量载流子，在能量过滤作用下，可以提高材料的塞贝克系数，优化材料电输运过程。因此，材料纳米结构化能实现材料电、声输运的协同调控，有效提升材料的热电性能。

通过在 PbTe 基体中复合纳米尺寸的 SrTe 第二相设计得到了多尺度结构[3](图 15.12)，利用多尺度结构散射不同波长声子，显著降低材料晶格热导率，其峰值 ZT 达到 2.2。在 $Bi_2Te_3$ 中复合纳米 SiC 颗粒，调控材料晶粒尺度，抑制材料晶格热导率，提升材料热电性能，同时增强材料的力学性能，有利于其热电应用。通过在 MnTe 基体中引入 SnTe 纳米晶[25]，实现高效声子散射，显著降低晶格热导率，同时 SnTe 引入促使 MnTe 材料能带收敛，提高载流子浓度，有效提高功率因子，通过解耦电子和声子传输，可以将 MnTe 材料 ZT 值提高到 1.4。在 $Bi_2Te_3$ 中复合纳米 SiC 颗粒[26]，SiC 作为纳米第二相增强声子散射，抑制晶格热导率，提升了 $Bi_2Te_3$ 的热电性能，并且 SiC 的引入增强了材料的力学性能，这对于其在实际应用中十分有利。外部掺入法有很多优点，其方法简单、可选颗粒成分多、粒度可控、不容易与基体反应、晶体结构稳定，适合多种体系的热电材料。但也存在着一些缺点，如掺入颗粒不易在基体中均匀分布，而是容易形成团聚体且尺寸不易控制，进一步带来其他结构缺陷，如残余应力、应变等，因此有时材料需进一步处理；材料制备与器件制备相容性不易确定等。

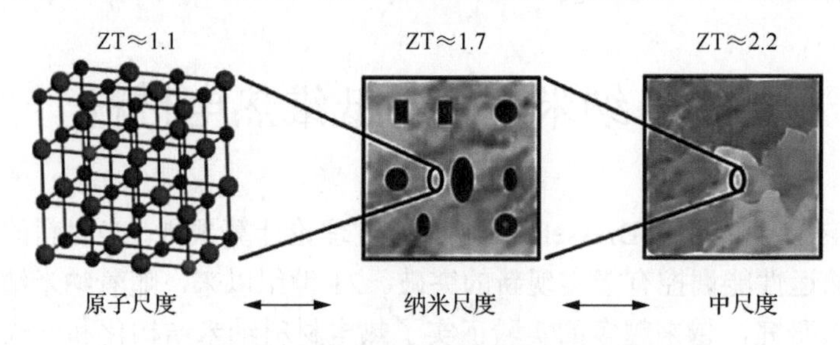


图 15.12　PbTe 多尺度结构设计示意图[25]

通过在材料内部原位析出纳米第二相，可以获得均匀分布的纳米分散相，这一策略具有工艺简单、成本低廉、纳米颗粒可以有效均匀分散且尺寸可控等优点，适用于多成分体系，可显著提高材料的热电性能，近年来该方法被广泛应用于热电材料性能优化。采用相分离策略，制备相分离 $PbTe_{0.7}S_{0.3}$ 纳米复合热电材料[27]，基体中形成了丰富的纳米析出相，与原子缺陷、中尺度界面等构成多尺度结构(图 15.13)，大幅抑制了材料晶格热导率，使 PbTe 的峰值 ZT 在 673～923 K 均超过 2.0，均值 ZT 高达 1.56，理论转换效率达到 20.7%。在 GeTe 材料中，通过重含量 Cu 掺杂，在基体中析出 $Cu_2Te$ 纳米晶，有效抑制晶格热导率，同时利用 In 掺杂在 GeTe 费米能级附近产生共振态能级，优化材料电性能，借助 $Cu_2Te$ 纳米晶和共振能级协同优化材料电声输运(图 15.14)，大幅提升了 GeTe 材料热电性能[28]。

共格纳米析出相是指在材料晶粒内部析出的纳米第二相，其晶格和基体相晶格是连续有序的。通常来说，普通的纳米相不仅会散射声子导致其晶格热导率降低，也会散射载流子造成电性能的恶化，而共格纳米析出相和基体相晶格之间的有序结构对材料的载流子迁移率和功率因子的抑制作用很小，其声子散射的弛豫时间比其他声子散射更短，能更强烈散射声子，对降低晶格热导率作用显著，因此该方法既能保持原有功率因子，又对抑制晶格热导率十分有效。在 PbTe 材料中通过引入 SrTe 共格纳米析出相，明显抑制材料晶格热导率的同时使电导率和功率因子保持在较高水平，最终使材料表现出优异的热电性能，在 815 K 峰值 ZT 达到 1.7[29]。

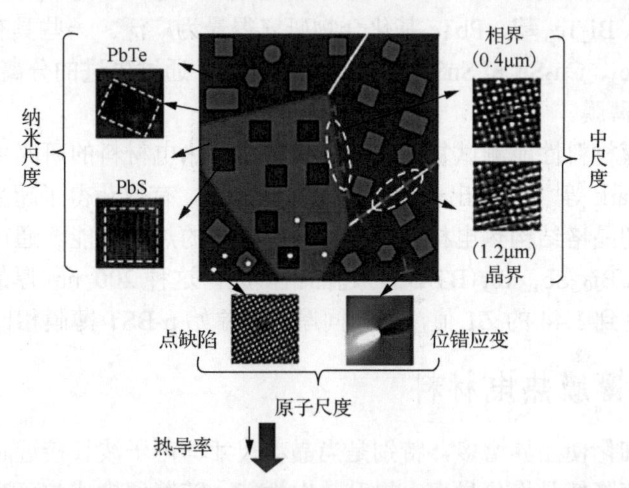


图 15.13　相分离 $PbTe_{0.7}S_{0.3}$ 声子散射作用机制多尺度结构示意图[27]

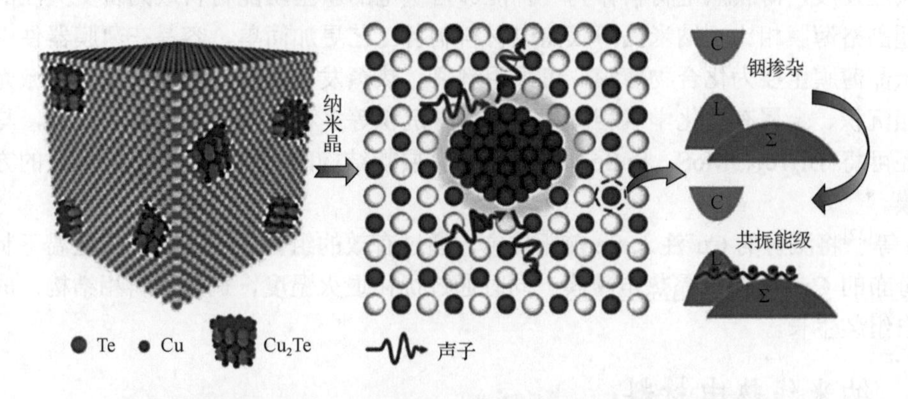


图 15.14　GeTe 中 $Cu_2Te$ 纳米晶第二相及 In 掺杂作用机制示意图[28]

磁性纳米粒子复合可以在纳米和介观尺度(晶界)上有效优化电子和声子传输，从而提高材料热电性能。在 $Ba_{0.3}In_{0.3}Co_4Sb_{12}$ 基质中引入磁性 Co 纳米粒子[30]，其均匀分散在基体内且附着在晶界处，材料晶格热导率大幅降低，塞贝克系数提升，ZT 值提升至 1.7。

## 15.3.2　超晶格热电材料

超晶格是由两种或两种以上薄膜材料周期性地交替生长的多层异质结构，每层材料的厚度为几到几十纳米。超晶格热电材料区别于块体热电材料的两个重要特性是：多界面性和结构的周期性。超晶格材料在垂直界面方向上电子、声子的输运受到周期界面的限制，这种高界面密度有助于增强声子散射，同时量子限域效应、能量过滤效应等可优化材料的电导率和塞贝克系数。超晶格材料在垂直界面方向上电子、声子的输运受到周期界面的限制，导致其呈现显著的各向异性热电性能。

2001 年 Venkatasubramanian 等[2]在国际顶级刊物 *Nature* 上首次报道了 $Bi_2Te_3/Sb_2Te_3$ 超晶格薄膜材料，其热电优值在室温下高达 2.4，成为低维热电材料发展的里程碑。超晶格热电材料的研究主要集中在Ⅴ-Ⅴ族的 Bi/Sb，Ⅴ-Ⅵ族的 $Bi_2Te_3$ 与 $Bi_2Te_3/Sb_2Te_3$，Ⅳ-Ⅵ族的 PbTe/PbSe，以及 Si/Ge 体系，以 $Bi_2Te_3$ 基、PbTe 基化合物研究得最为广泛。一些具有典型层状结构的先进热电材料(如 $Bi_2Te_3$、$Cu_2Se$ 和 SnSe)可以作为原材料，通过先进的分离技术(如锂嵌入和剥离)来制造单层热电薄膜。

然而，由于薄膜材料性能测试复杂，对超晶格结构热电材料的研究主要集中在面内的性能调控。2019 年，Park 等[31]开发出一种新型的测试方法，有效获得了超晶格薄膜面外的热电参数，结果表明，超晶格结构热电材料面外也具有良好的热电性能。通过沉积和磁控溅射的方法生成 p 型 $Bi_2Ti_3/Bi_{0.5}Sb_{1.5}Te_3$(BT/BST)超晶格薄膜，这种 200 nm 厚的 p 型 BT/BST 超晶格薄膜在 400 K 下达到 1.44 的 ZT 值，与相同厚度的原始 p-BST 薄膜相比，增强了 43%。

### 15.3.3　纳米晶薄膜热电材料

纳米晶中晶粒细化使晶界增多，特别是当晶粒尺寸与声子波长接近时，其对声子的散射作用明显加强，显著降低晶格热导率，提升热电性能。随着便携式与可穿戴电子产品及微型设备的快速发展，薄膜热电材料作为一种能够自供电的新型功能材料成为备受关注的明星材料。与超晶格薄膜相比，纳米晶薄膜热电材料制备工艺更加简单，容易在薄膜器件中获得应用。纳米晶薄膜主要为化合物薄膜，可采用剥离、热蒸发、溅射、闪蒸发、脉冲激光沉积、化学气相沉积、金属有机化学气相沉积、电化学沉积等多种方法进行制备。此外，与石墨烯类似，还可将 $Bi_2Te_3$、MoS、SnSe、$WS_2$ 等具有层状结构的材料通过剥离或分散的方法制成热电薄膜。

Fan 等[32]将溅射的 $Cu^+$注入 Se 前驱体中，通过有效的组合反应方法，在室温下制备了元素均匀分布的 **$Cu_2Se$ 纳米晶热电薄膜**。同时通过优化退火温度，调控材料相结构，成功实现了薄膜自组装生长。

### 15.3.4　纳米线热电材料

纳米线是典型的纳米晶体，直径通常为几到几十纳米。由于其具有许多独特的性质，理论研究与实验均表明，相比二维材料，纳米线材料具有更高的功率因子($PF = S^2\sigma$)，且功率因子随纳米线直径的减小而增大，而热导率随纳米线直径的减小而迅速降低，有利于材料得到高热电优值和热电转换效率。合成 Si、Ge、C、ZnO、$Bi_2Te_3$ 纳米线热电材料是当前一维热电材料研究的热点。结合微纳加工和材料成型工艺，纳米线可以在微型器件中发挥重要作用，也可以作为增强体与其他热电材料基体组成复合材料，优化热电性能。

## 15.4　热电材料应用

热电材料的应用主要有温差发电和热电制冷。基于热电效应可以制备热能与电能之间直接转换的热电器件。实用的热电器件一般由多个热电单元串联而成。热电器件具有无须使用传动部件、系统体积小、适用温度范围广、工作时无噪声无污染的优点，因此，热电器件在航天、军事、能源、电子、生物和日常生活等领域都有着广泛的用途。

1947年，第一台温差发电器件问世，其效率为5%。最初，温差发电器件主要在太空探索等一些特殊领域被应用。20世纪60～70年代，美国、俄罗斯等国家研究和开发了铅-碲系中温热电偶臂以及硅-锗系高温热电偶臂，并将其用作太空飞行器、微波无人中继站和地震仪等特殊电源。核电池通过热电转化技术将核辐射释放的热量转化为电能，为太空飞行器提供能源，1962年，美国首次将核电池制成的热电发电机应用于卫星上，开创了研制长效远距离、无人维护的热电发电站的新纪元。此后，美国相继在其阿波罗号、先驱者号、海盗号、旅行者号、伽利略号和尤利西斯号宇宙飞船上使用以各种放射性同位素为热源的温差发电装置，使得作为空间电源的放射性同位素温差电池已成为热电发电器件最典型的应用。对于远离太阳的深空探测器，光照不足且环境温度过低，使得锂离子蓄电池和太阳能电池的使用受到限制，利用放射性同位素或核反应堆供热的温差发电为其提供了理想的电源选择[33]。

温差发电的另一个重要应用是废热的再利用。统计调查显示，2015年有六万多兆亿焦能量主要以热形式被浪费，随着能源供应的日益紧张，利用低品位能源和废热进行发电对解决环境和能源问题的重要性日益显现。美国、日本等发达国家的相关部门都将热电技术列入中长期能源开发计划。20世纪80年代初，美国完成了500～1000 W军用温差发电机的研制。而后，日本研发利用太阳能发电的光电-热电复合发电系统，而且建立了利用垃圾焚烧余热发电的500 W级示范系统[34]。近年来，人们相继开发了利用汽车尾气发电的小型温差发电机。

近几年，温差发电在物联网和生物热源供电装置的自供电电源等方向得到了迅速发展。随着物联网市场迅速扩张，其节点数已经超过了人口数量。由于缺乏可持续、免维护的供电模式，物联网市场进一步扩张的速度放缓。为了替代有线供电和电池供电模式，研究如何从环境获取能量用以发电得到了极大的关注。此外，植入式设备和可穿戴设备已成为人们当代生活中不可或缺的部分。由于这类装置额定功率较低，仅为微瓦到毫瓦级别，利用生物热源作为热端的温差发电装置即可满足功率要求。其中，基于植入式设备制造的医疗器械用来替代或增强人体某特定器官或组织，如心脏起搏器、心房除颤器等，在临床医学中发挥了重要作用。较植入式设备而言，可穿戴设备作为体质监测、健康管理等领域的重要装备，在日常生活中十分普遍。由于热电发电机无需额外电源即可实现持续供电，对可穿戴设备而言更具灵活性和可操作性。其中，有机聚合物材料因具有低热导率和原料来源丰富等优势而引起了关注，其无序和无定形的性质导致热导率显著降低而更利于热电性能的提升。同时，有机聚合物因其结构和工艺具有可调性，可以实现传统无机材料无法做到的性能优化。此外，这些材料可以在合成和加工过程中呈现液态化，使新的制造技术(如印刷)具有高产量和低成本的特性，有机聚合物材料的成膜特性也为柔性可穿戴的电子产品提供了广阔的发展空间。

热电制冷是利用Peltier效应来实现的。与常规的压缩制冷机相比，热电制冷具有多方面优势：无运动部件，几乎无噪声，无需制冷剂，环保性能好；寿命较长且可灵活转换冷、热端；调节温度精确迅速；微型化能力较好等。因此，热电制冷在众多领域占有无法被传统制冷技术替代的重要地位。在军事领域，热电制冷器在潜艇、雷达、导弹等方面得到了广泛的应用，在制冷装置所形成的低温环境下，军事装备的热感性能能够得到显著的提升，响应时间缩短，敏感度提升，背景噪声降低，“增管电流”增强。与此同时，半导体在恒温环境下能够减小信号漂移频率，延长寿命，增强输入和输出功率。在夜视跟踪系统中，半导体制冷装置能够帮助夜视系统提高电导型和光伏型元器件的工作性能，降低误差出现概率，增强军事装备的作战能力。在民用领域，各种热电制冷产品层出不穷，如日本东芝公司制成电子冷却枕，其产量已达 100 万只。类似的设计有冰凉帽、冷暖两用壶、带制冷功能的摩托车头盔等。其中温差电制冷冰箱是最为大众所熟知的应用，可用于存放冷饮和食品。此外，热电空调座椅、小型空调器、饮水机、红酒柜等也都是典型的应用。热电制冷技术在电子技术领域应用普遍。在电子元件制造与研制的过程中，电子元件(如石英晶体、晶体管、电感、电容、电阻等)对温度的敏感程度与使用条件的要求较为严格，必须在低温或恒温的环境下才能工作，半导体制冷装置能够帮助电子元件将工作环境维持在恒定的温度范围内，提升工作的运转效率，如通信机的振荡器和恒温器、红外探测器、去湿器、激光二极管、露点测试仪、冰点仪等。此外，随着芯片集成度的增大和工作频率的提高，芯片的功耗也持续增大，因此，依靠增加散热器的换热面积和提高气流速度的方法将难以满足器件的冷却需求，热电制冷器件为集成电路、电子设备系统制冷提供了有效的解决办法。

热电制冷易于实现点制冷和精确控温，已在生物学和医学上得到广泛应用。其中医用热电冷却装置形式多样，如冷冻手术刀、切片机冷冻台、生物反应器、显微镜冷冻台、医用低温床垫等[35]。其中采用热电制冷技术的冷冻手术刀无须使用压缩机或液氮，与传统冷冻手术刀相比，体积更小，更灵活，同时刀头温度可达到-50℃左右，非常适用于表皮和眼部手术。总的来说，在医疗和生物制药领域，热电制冷装置的反应速度快、制冷效率高，能够缩短作业时间，提升工作质量；并且操作容易、方法简便、对人体没有副作用，可以存储各类器官及生物组织，使生物细胞发挥应有的医疗研发功能。

热电技术作为一种传统能量转换技术的替代性技术，优势明显，发展潜力巨大。热电转换技术以分散型、小功率、低能量转换密度为特征，其适用领域由其自身的特点决定。与既存的技术相比较，热电转换效率不高。另外，热电器件技术还面临诸多的技术问题亟待解决，如高可靠低损耗的电极制备技术开发、苛刻环境下服役衰减和失效等，这些因素使得热电技术的规模化工业应用面临重要挑战。近年来，新型高性能热电材料层出不穷，热电器件的转换效率正在逐步提高，热电器件技术不断取得新突破，热电转换技术在未来将发挥不可替代的作用。

# 本 章 小 结

近年来，热电材料作为一种新型能源转换材料受到了广泛关注，许多具有优异性能的先进热电材料被发现。本章介绍了热电效应，热电材料的基本性质，$Bi_2Te_3$ 基合金、PbX 化合物(X=S, Se, Te)、锡基硫族化合物、Half-Heusler 合金、方钴矿与填充方钴矿、氧化物热电材料、硅基热电材料、镁基热电材料等典型热电材料体系，以及纳米复合与低维热电材料的基本性质与研究进展。

20 世纪 90 年代以来，热电材料的研究获得迅猛发展，迄今为止，诸如 $Bi_2Te_3$、PbTe、Half-Heusler 合金、硅基热电材料和方钴矿等材料及其器件被设计成许多新型热电装置，如微型、柔性发电机和冷却器等，被广泛应用于玻璃窗、处理器芯片冷却器和直接从人体收集热量供个人使用的可穿戴电子设备充电器。此外，许多具有发展潜力的热电材料(如锡基硫族化合物、镁基热电材料、氧化物热电材料等)被开发出来，热电优值不断攀升。同时，通过微结构调控等手段优化材料热电性能也是当前热电材料研究领域的重点方向，低维材料由于其尺度效应表现出独特的电声输运性能，通过纳米技术制备纳米结构复合热电材料，从而将纳米结构和块状材料结合起来进行热电应用，显示出优异的热电性能，纳米复合与低维热电材料也成为了近些年来热电材料领域又一主流方向。经过半个世纪的发展，适用于诸多领域的热电器件被开发出来，如可执行深空任务的微型发电机、便携式冰箱等。

然而，应当指出的是，热电材料的发展仍面临巨大挑战，特别是在热电发电技术领域，一直进展缓慢。针对局域高精度控温、工业余热回收利用等重大需求，开发稳定性良好的适用于多样化器件的热电材料是当前热电材料研究的关键问题。

# 思考题

15-1 什么是热电材料？热电材料都有哪些优点？

15-2 热电效应分为哪几个效应？分别有什么应用？

15-3 热电材料的性能取决于哪些因素？它们之间有什么关联？

15-4 如何衡量热电材料性能的好坏？

15-5 典型中温热电材料有哪些？

15-6 目前氧化物热电材料中性能最优的是什么体系？

15-7 纳米复合为什么能提升热电材料性能？

15-8 简述热电材料的主要应用。

15-9 分析热电材料的发展前景。

# 参考文献

[1] TEWELDEBRHAN D, GOYAL V, BALANDIN A A. Exfoliation and characterization of bismuth telluride atomic quintuples and quasi-two-dimensional crystals[J]. Nano Letters, 2010, 10(4): 1209-1218.

[2] VENKATASUBRAMANIAN R, SIIVOLA E, COLPITTS T, et al. Thin-film thermoelectric devices with high room-temperature figures of merit[J]. Nature, 2001, 413(6856): 597-602.

[3] BISWAS K, He J Q, BLUM I D, et al. High-performance bulk thermoelectrics with all-scale hierarchical architectures[J]. Nature, 2012, 489(7416): 414-418.

[4] ZHONG Y, TANG J, LIU H T, et al. Optimized strategies for advancing n-type PbTe thermoelectrics: a review[J]. ACS Applied Materials & Interfaces, 2020, 12(44): 49323-49334.

[5] LI S, LI X F, REN Z F, et al. Recent progress towards high performance of tin chalcogenide thermoelectric materials[J]. Journal of Materials Chemistry A, 2018, 6(6): 2432-2448.

[6] ZHAO L D, LO S H, ZHANG Y S, et al. Ultralow thermal conductivity and high thermoelectric figure of merit in SnSe crystals[J]. Nature, 2014, 508(7496): 373-377.

[7] TANG G D, WEI W, ZHANG J A, et al. Realizing high figure of merit in phase-separated polycrystalline $Sn_{1-x}Pb_xSe$[J]. Journal of the American Chemical Society, 2016, 138(41): 13647-13654.

[8] LIU J, WANG P, WANG M Y, et al. Achieving high thermoelectric performance with Pb and Zn codoped polycrystalline SnSe via phase separation and nanostructuring strategies[J]. Nano Energy, 2018, 53: 683-689.

[9] WEI W, CHANG C, YANG T, et al. Achieving high thermoelectric figure of merit in polycrystalline SnSe via introducing Sn

vacancies[J]. Journal of the American Chemical Society, 2018, 140(1): 499-505.

[10] LOU X N, Li S A, CHEN X A, et al. Lattice strain leads to high thermoelectric performance in polycrystalline SnSe[J]. ACS Nano, 2021, 15(5): 8204-8215.

[11] LI X T, LIU J Z, LI S, et al. Synergistic band convergence and endotaxial nanostructuring: Achieving ultralow lattice thermal conductivity and high figure of merit in eco-friendly SnTe[J]. Nano Energy, 2020, 67: 104261.

[12] HUSSAIN T, LI X T, DANISH M H, et al. Realizing high thermoelectric performance in eco-friendly SnTe via synergistic resonance levels, band convergence and endotaxial nanostructuring with $Cu_2Te$[J]. Nano Energy, 2020, 73: 104832.

[13] CHEN S, REN Z F. Recent progress of half-heusler for moderate temperature thermoelectric applications[J]. Materials Today, 2013, 16(10): 387-395.

[14] YAN X, LIU W, CHEN S, et al. T Thermoelectric property study of nanostructured p-type half-heuslers (Hf,Zr,Ti) $CoSb_{0.8}Sn_{0.2}$[J]. Advanced Energy Materials, 2013, 3(9): 1195-1200.

[15] ROWE D M. CRC handbook of thermoelectrics[M]. Boca Raton: CRC Press, 1995.

[16] TRITT T M. Thermoelectrics run hot and cold[J]. Science, 1996, 272(5266): 1276-1277.

[17] SHIKANO M, FUNAHASHI R. Electrical and thermal properties of single-crystalline $(Ca_2CoO_3)_{0.7}CoO_2$ with a $Ca_3Co_4O_9$ structure[J]. Applied Physics Letters, 2003, 82(12): 1851-1853.

[18] TANG G D, YANG W C, He Y, et al. Enhanced thermoelectric properties of $Ca_3Co_4O_{9+\delta}$ by Ni, Ce co-doping[J]. Ceramics International, 2015, 41(5): 7115-7118.

[19] LAN J L, LIU Y C, ZHAN B, et al. Enhanced thermoelectric properties of Pb-doped BiCuSeO ceramics[J]. Advanced Materials, 2013, 96(6): 2710-2713.

[20] WANG H C, WANG C L, SU W B, et al. Doping effect of La and Dy on the thermoelectric properties of $SrTiO_3$[J]. Journal of the American Ceramic Society, 2011, 94(3): 838-842.

[21] LIU W D, CHEN Z G, ZOU J. Eco-friendly higher manganese silicide thermoelectric materials: progress and future challenges[J]. Advanced Energy Materials, 2018, 8(19): 1800056.

[22] HICKS L D, HARMAN T C, DRESSELHAUS M S. Use of quantum-well superlattices to obtain a high figure of merit from nonconventional thermoelectric materials[J]. Applied Physics Letters, 1993, 63(23): 3230-3232.

[23] HICKS L D, DRESSELHAUS M S. Thermoelectric figure of merit of a one-dimensional conductor[J]. Physical Review B, 1993, 47(24): 16631-16634.

[24] HICKS L D, DRESSELHAUS M S. Effect of quantum-well structures on the thermoelectric figure of merit[J]. Physical Review B, 1993, 47(19): 12727-12731.

[25] DENG H Q, LOU X N, LU W Q, et al. High-performance eco-friendly MnTe thermoelectrics through introducing SnTe nanocrystals and manipulating band structure[J]. Nano Energy, 2021, 81: 105649.

[26] ZHAO L D, ZHANG B P, LI J F, et al. Thermoelectric and mechanical properties of nano-SiC-dispersed $Bi_2Te_3$ fabricated by mechanical alloying and spark plasma sintering[J]. Journal of Alloys and Compounds, 2008, 455(1-2): 259-264.

[27] WU H J, ZHAO L D, ZHENG F S, et al. Broad temperature plateau for thermoelectric figure of merit ZT>2 in phase-separated $PbTe_{0.7}S_{0.3}$[J]. Nature Communications, 2014, 5(1): 1-9.

[28] ZHANG Q T, TI Z Y, ZHU Y L, et al. Achieving ultralow lattice thermal conductivity and high thermoelectric performance in GeTe alloys via introducing $Cu_2Te$ nanocrystals and resonant level doping[J]. ACS Nano, 2021, 15(12): 19345-19356.

[29] BISWAS K, HE J Q, ZHANG Q C, et al. Strained endotaxial nanostructures with high thermoelectric figure of merit[J]. Nature Chemistry, 2011, 3(2): 160-166.

[30] ZHAO W Y, LIU Z Y, SUN Z G, et al. Superparamagnetic enhancement of thermoelectric performance[J]. Nature, 2017, 549(7671): 247-251.

[31] PARK N W, LEE W Y, YOON Y S, et al. Achieving out-of-plane thermoelectric figure of merit ZT=1.44 in a p-type $Bi_2Te_3/Bi_{0.5}Sb_{1.5}Te_3$ superlattice film with low interfacial resistance[J]. ACS Applied Materials & Interfaces, 2019, 11(41): 38247-38254.

[32] FAN P, HUANG X L, CHEN T B, et al. Alpha-$Cu_2Se$ thermoelectric thin films prepared by copper sputtering into selenium precursor layers[J]. Chemical Engineering Journal, 2021, 410: 128444.

[33] 李洪涛, 朱志秀, 吴益文, 等. 热电材料的应用和研究进展[J]. 材料导报, 2012, 26(15): 57-61.

[34] 徐洪振, 王荣彬. 热电材料在节能减排中的应用[J]. 改革与开放, 2020, (Z1): 28-34.

[35] 陈立东, 刘睿恒, 史讯. 热电材料与器件[M]. 北京: 科学出版社, 2018.

# 第16章 纳米材料

纳米材料是21世纪最具有发展前景的先进材料之一，也是目前最热门的应用研究领域之一。什么是纳米材料？其魅力何在？本章首先从纳米材料的基本概念入手，介绍纳米材料及其特异效应，包括纳米结构材料与纳米功能材料最新进展。介绍视角不仅限于当今耳熟能详的纳米结构材料，如纳米钢、纳米金属玻璃等，还将聚焦于富勒烯、碳纳米管、魔角石墨烯、纳米金属有机框架等从零维到三维纳米功能材料上的新奇发现。

## 16.1 纳米材料的特异效应和性质

### 16.1.1 从纳米结构到纳米材料

纳米是英文nanometer的音译，记作“nm”，是一个物理学上尺寸或大小的度量单位，其中“nano”来源于希腊语“侏儒”，代表着十亿分之一($10^{-9}$)。将纳米与米(m)相比较，各尺度可以表示为：千米($10^{3}$)→米($10^{0}$)→毫米($10^{-3}$)→微米($10^{-6}$)→纳米($10^{-9}$)。因此，1nm是1m的十亿分之一，相当于45个原子排列起来的长度、万分之一头发丝的直径。假如你的身高为一米八零，则可以说成是18亿nm的“巨人”了。与毫米、微米一样，纳米是一个尺度概念，其自身并没有特定物理内涵。

纳米结构、纳米物质与纳米材料都是在纳米概念的基础上定义并紧密联系的。从范围上说，纳米尺度的独特结构单元是形成纳米物质的基础，而纳米材料则是人类通过深入研究纳米结构概念成功制备的、具有纳米尺度结构与独特功能的纳米物质产品。通过上面的分析我们已经知道，纳米只是一个度量单位，最早由日本在1974年底把这个术语用到技术上，但是纳米材料的命名则发生在20世纪80年代，即把颗粒尺寸限制在1～100nm的材料定义为纳米材料。在理解并定义了纳米结构内涵的基础上，不妨先让我们回到自然界，在我们身边早就存在着具有纳米结构的天然纳米物质。

动物体内存在着具有独特功能的纳米构造。例如，蜜蜂体内存在磁性纳米粒子，这种磁性纳米粒子具有罗盘的作用，可以为蜜蜂的活动导航。又如，壁虎能在垂直的墙面或建筑物的天花板上奔走，研究发现这得益于其脚掌上的多分级纤维状黏附系统[1](图16.1(a))。壁虎的每个脚趾生有数百万根细小刚毛，每根刚毛的长度为30～130μm，直径为数微米，约为人类头发直径的1/10。刚毛的末端又分叉形成数百根更细小的铲状绒毛(100～1000根)，每根绒毛长度及宽度方向的尺寸约为200nm，厚度约为5nm，结构非常精细、复杂。

自然界中的颜色主要通过色素来产生，但孔雀羽毛的颜色则靠纳米结构产生，即依靠自然光与波长尺度相似的纳米结构相互作用而产生颜色[2]（图 16.1（b）），这为人们取代传统染料，实现更加环保与节能的染色提供了思路。脱氧核糖核酸（DNA）结构[3]（图 16.1（c））由生物界经过亿年的适应性和变异性的自然选择、遗传进化而来，这一过程同样得益于纳米结构的精密编排。科学家从事纳米科学技术研究的灵感很大程度上归功于对这种源于自然造化的感应和启发。

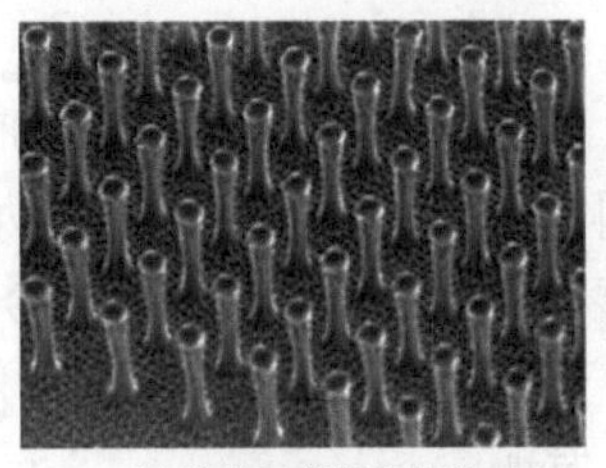
(a) 壁虎吸盘微观结构

(b) 孔雀羽毛微观结构

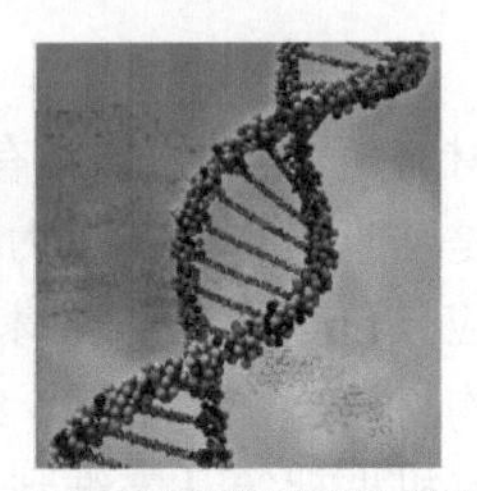
(c) DNA双螺旋结构示意图

图 16.1　自然界的纳米物质

现在我们往往广义地将纳米材料视作由纳米尺度基本单元构成的材料，与块体材料相比，它们的性能表现出明显的差异。当材料进入纳米尺度时，材料的电子结构、声学、磁学、光学、热力学和力学性能等均将发生明显的变化。纳米材料根据维数、组成基本单元可分为以下几种：①一维，指在空间沿一维方向延伸，另两维方向处于纳米尺度，如纳米线、纳米棒、纳米纤维、纳米管等（图 16.2（a）为 ZnO 纳米线[4]）；②二维，指在空间沿二维方向延伸，另一维方向处于纳米尺度，如二维薄膜、多层膜和超晶格等（图 16.2（b）为氧化锑示意图[5]）；③三维，指在空间沿三维方向延伸，但仍处于纳米尺度，如纳米团簇和原子团簇等（图 16.2（c）为银纳米团簇[6]）；④零维，指纳米颗粒或纳米孔洞等（图 16.2（d）为多级纳米颗粒[7]）；⑤分数维，指纳米尺度的材料自相似性的排列，如具有纳米颗粒多重分数维结构的准晶物质（图 16.2（e）[8]）。

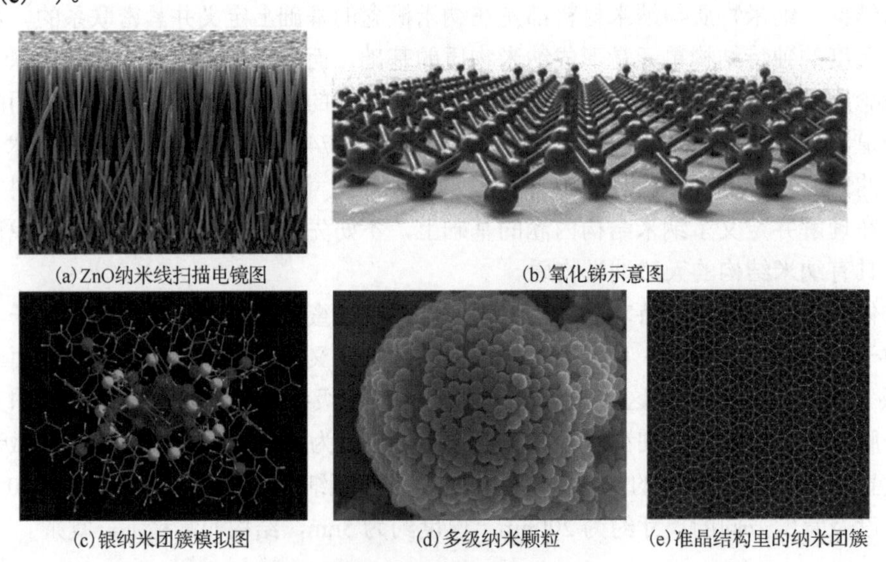
(a) ZnO纳米线扫描电镜图　(b) 氧化锑示意图

(c) 银纳米团簇模拟图　(d) 多级纳米颗粒　(e) 准晶结构里的纳米团簇

图 16.2　各维度纳米材料形貌图

## 16.1.2 纳米材料的特异效应

一般来说，微米尺度的材料大多表现出与宏观块体材料相同的物理性质。然而，纳米尺度的材料也可能表现出与块体材料截然不同的物理特性。

(1)体积效应。当微粒尺寸与光波长、德布罗意波长以及超导态的相干长度或磁场穿透深度等物理特征尺寸相当或更小时，晶体周期性的边界条件将被破坏，非晶态纳米颗粒的颗粒表面层附近原子密度减小，比表面积显著增大，导致材料的声、光、电、磁、热、力学、化学活性、催化特性及熔点等与普通颗粒相比发生显著变化，这就是纳米颗粒的体积效应(或小尺寸效应)。

(2)表面效应。纳米颗粒的表面原子数与总原子数之比随着粒径的减小而急剧地增加，颗粒的表面能及表面张力也随之增加，从而引起纳米颗粒物理化学性质的显著变化，此即纳米颗粒的表面效应。纳米颗粒的表面能高，随着粒子尺寸的减小，比表面积急剧增大，表面原子所占比例迅速增加(图16.3)[9]。由于表面原子数增多，原子配位不足，存在未饱和键，使得这些表面原子处于裸露状态，因而具有很高的活性，极不稳定，很容易吸附其他原子或与其他原子结合而稳定下来。这种表面原子的超强活性不但引起纳米粒子表面输运和构型发生变化，还引起表面电子的自旋、构象及能谱等发生变化。

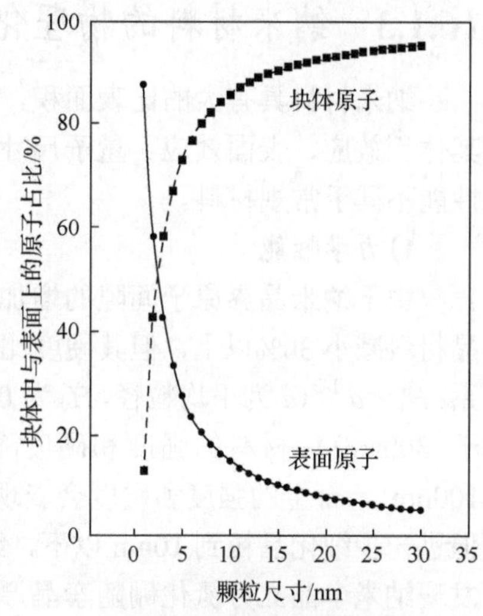


图16.3 表面效应示意图

块体与表面原子占比和颗粒尺寸的关系

(3)量子尺寸效应。当粒子尺寸下降到某一值时，温度为0K时金属能带中充满电子的最高能级——费米能级附近的电子能级由准连续态变为离散态的现象，以及纳米半导体微粒存在不连续的最高占据分子轨道和最低未占分子轨道能级间距变宽的现象，均称为量子尺寸效应。早在20世纪60年代，久保(Kubo)采用电子模型给出了能级间距与颗粒直径之间的关系。宏观物体因含有无限多个原子，其导电电子数无限大，能级间距几乎为零；而纳米颗粒因所含原子数有限，总导电电子数很小，这就使能级间距有一定的值，即能级发生了分裂。当能级间距大于热能、磁能、静磁能、静电能、光子能量或超导态的凝聚能时，纳米颗粒的光、热、磁、声、电及超导电性和宏观特性发生显著变化。

(4)宏观量子隧道效应。量子隧道效应是从量子力学的粒子具有波粒二象性的观点出发，解释粒子能够穿越比总能量高的势垒，这是一种微观现象。微观粒子具有贯穿势垒的能力，这称为隧道效应。近年来，人们发现一些宏观量(如微粒的磁化强度和量子相干器件中的磁通量等)也具有隧道效应，称其为宏观量子隧道效应。量子尺寸效应、宏观量子隧道效应是微电子、光电子器件的基础，确立了现存微电子器件进一步微型化的极限。例如，在制造半导体集成电路时，当电路的尺寸接近电子波长时，电子就通过隧道效应而溢出器件，使器件无法正常工作。

(5)介电限域效应。在半导体纳米材料表面修饰一层某种介电常数(真空中原外加电场与最终介质中电场的比值)较小的介质时，相比于裸露纳米材料，其光学性质有较大的变化，这就是介电限域效应。当纳米材料与介质的介电常数相差较大时，将产生明显的介电限域效应。此时，带电粒子间的库仑作用力增强，结果增强了电子-空穴对之间的结合能和振子强度(表征原子吸收或发射强度的参数)，减弱了产生量子尺寸效应的主要因素的作用：电子-空穴对之间的空间限域能，即此时表面效应引起的能量变化大于空间效应引起的能量变化，从而使能带间隙减小，反映在光学性质上就是吸收光谱出现明显的红移现象(即相同吸收强度下的吸收光谱波长变长)。

## 16.1.3　纳米材料的物理化学性质

纳米材料具有大的比表面积，表面原子数、表面能和表面张力随粒径的下降急剧增加，其体积效应、表面效应、量子尺寸效应及宏观量子隧道效应等导致纳米颗粒的热、磁、光等性能不同于常规材料。

**1) 力学性能**

由于纳米晶界原子间隙的增加和自由体积的存在，纳米材料的弹性模量比传统同成分粗晶材料减小 30%以上，但其硬度比传统同成分粗晶材料高 4～5 倍。根据经典的 Hall-Petch 关系：$H_v \propto d^{-1/2}$ ($d$ 为平均粒径，$H_v$ 为 0.2%屈服强度或硬度)，一般合金晶粒减小到亚微米级别(大于 300nm)，材料的强度和硬度随粒径的减小而增大。继续细化晶粒(大于 10nm 且小于 100nm)，合金的强度和硬度会表现为反 Hall-Petch 关系，即材料的性能随晶粒细化而下降。但进一步细化晶粒到 10nm 以下，纳米材料又可能重新遵从 Hall-Petch 关系。例如，田永君等发现纳米孪晶立方氮化硼随孪晶厚度减小能够持续硬化到 3.8nm，突破了人们熟知的材料硬化的尺寸下限(约 10nm)。

纳米材料不仅具有高强度和硬度，而且具有良好的塑性和韧性。普通陶瓷只有在 1000℃以上、应变速率小于 $10^{-4}s^{-1}$ 时才能表现出塑性，而许多纳米陶瓷在室温下就可发生塑性变形。纳米 $TiO_2$ 在 180℃时的塑性变形可达 100%，带预裂纹的试样在 180℃弯曲时不发生裂纹扩展。随着粒径的减小，纳米陶瓷的应变速率敏感率迅速增大，纳米 $TiO_2$ 在室温下的应变速率敏感率可达 0.04，已接近软金属铅的 1/4。

**2) 热学性能**

纳米材料的熔点、开始烧结温度和晶化温度均比常规粉体低得多。由于颗粒尺寸小，纳米材料的表面能高、表面原子数多。这些表面原子近邻配位不全、活性大且体积远小于大块金属的纳米粒子熔化时所需增加的内能小得多，这就使得纳米材料熔点急剧下降。例如，大块 Pb 的熔点为 600K，而 20nm 球形的颗粒 Pb 的熔点降低 288K；纳米颗粒 Ag 在低于 373K 开始熔化，常规 Ag 的熔点为 1173K 左右。

烧结温度是指把粉末先用高压压制成型，再在低于熔点的温度下使这些粉末互相结合成块，密度接近常规材料的最低加热温度。纳米颗粒尺寸小，表面能高，压制成块材后的界面具有高能量，在烧结中高的界面能成为原子运动的驱动力，有利于界面中的孔洞收缩和空位湮没，因此在较低的温度下烧结就能达到致密化的目的，即烧结温度降低。例如，常规 $Al_2O_3$ 的烧结温度为 2073～2173K，在一定条件下，纳米 $Al_2O_3$ 可在 1423～1773K 烧结，致密度可达 99.7%。常规 $Si_3N_4$ 的烧结温度高于 2273K，纳米氮化硅的烧结温度降低了 673～773K。纳

米 $TiO_2$ 在 773K 加热呈现出明显的致密化，而晶粒仅有微小的增加，致使纳米颗粒 $TiO_2$ 在比大晶粒样品低 873K 的温度下烧结就能达到类似的硬度。

**3) 磁学性能**

金属材料中的原子间距会随其粒径的减小而变小，因此当金属晶粒处于纳米范畴时，其密度随之增加。这样，金属中自由电子的平均自由程将会减小，导致电导率的降低。由于电导率按 $\sigma \propto d^3$($d$ 为粒径)规律急剧下降，因此原来的金属良导体实际上已完全转变成为绝缘体，这种现象称为尺寸诱导的金属-绝缘体转变。

纳米材料与粗晶材料在磁结构上也有很大的差异。通常磁性材料的磁结构是由许多磁畴构成的。畴间由畴壁分隔开，通过畴壁运动实现磁化。在纳米材料中，当粒径小于某一临界值时，每个晶粒都呈现单磁畴结构，而矫顽力显著增长。例如，纳米 Fe 和 $Fe_3O_4$ 单磁畴的临界尺寸分别为 12nm 和 40nm。随着纳米晶粒尺寸的减小，磁性材料的磁有序状态也将发生根本的改变。当粒径小于某一临界值时，粗晶状态下为铁磁性的材料可以转变为超顺磁状态，如 $\alpha$-Fe、$Fe_3O_4$ 和 $\alpha$-$Fe_2O_3$ 粒径分别为 5nm、16nm 和 20nm 时转变为顺磁体。纳米材料的这些磁学特性是其成为永久性磁体材料、磁流体和磁记录材料的基本依据。

**4) 光学性能**

纳米材料的一个最重要的标志是尺寸与物理的特征量相差不多，例如，当纳米材料的粒径与超导相干波长、玻尔半径以及电子的德布罗意波长相当时，量子尺寸效应将十分显著。与此同时，大的比表面积使处于表面态的原子、电子与处于小颗粒内部的原子、电子的行为有很大的差别，这种表面效应和量子尺寸效应对纳米材料的光学特性有很大的影响，甚至使纳米材料具有同样材质的宏观大块物体不具备的新的光学特性，主要表现为如下几方面。

(1) 宽频带强吸收。大块金属具有不同颜色的光泽，这表明它们对可见光范围各种颜色(波长)的反射和吸收能力不同。当尺寸减小到纳米级时各种金属纳米颗粒几乎都呈黑色。它们对可见光的反射率极低，例如，铂纳米粒子的反射率为 1%，金纳米粒子的反射率小于 10%。这种对可见光低反射率、强吸收率的特性导致粒子变黑。

(2) 蓝移和红移现象。与大块材料相比，纳米材料的吸收带普遍存在蓝移现象，即吸收带移向短波长方向。例如，纳米 SiC 材料和大块 SiC 固体的峰值红外吸收频率分别是 $814cm^{-1}$ 和 $794cm^{-1}$，纳米 SiC 的红外吸收频率较大块 SiC 固体蓝移了 $20cm^{-1}$。对纳米材料吸收带蓝移的解释有几种说法，归纳起来有两个方面：一是量子尺寸效应，由于颗粒尺寸减小，能隙变宽，这就导致光吸收带移向短波长方向；二是表面效应，由于纳米颗粒尺寸小，大的表面张力使晶格畸变，晶格常数变小。对纳米氧化物和氮化物粒子的研究表明，第一近邻和第二近邻的距离变短。键长的缩短导致纳米颗粒的键本征振动频率增大，结果使红外光吸收带移向了高波数。

在一些情况下，粒径减小至纳米级时，可以观察到光吸收带相对粗晶材料呈现红移现象，即吸收带移向长波长。这是因为光吸收带的位置是由影响峰位的蓝移因素和红移因素共同作用的结果，如果前者的影响大于后者，吸收带蓝移，反之，吸收带红移。随着粒径的减小，量子尺寸效应会导致吸收带的蓝移，但是粒径减小的同时，颗粒内部的内应力会增加，导致能带结构变化，电子波函数重叠加大，结果带隙、能级间距变窄，这就导致电子由低能级向高能级及半导体电子由价带到导带跃迁引起的光吸收带和吸收边发生红移。

**5) 化学与催化性能**

纳米材料由于粒径小，表面原子数所占比例很大，吸附能力强，因而具有较高的化学反应活性。许多金属纳米材料室温下在空气中就会被强烈氧化而燃烧，将纳米 Er 和纳米 Cu 在室温下进行压结就能够反应形成 CuEr 金属间化合物。即使是耐热、耐腐蚀的氮化物纳米材料也变得不稳定，例如，纳米 TiN 的平均粒径为 45nm 时，在空气中加热便燃烧成为白色的纳米 $TiO_2$。暴露在大气中的无机纳米材料会吸附气体，形成吸附层，因此可以利用纳米材料的气体吸附性制成气敏元件，以便对不同气体进行检测。

20 世纪 50 年代，人们就对金属纳米材料的催化性能进行了系统的研究，发现其在适当的条件下可以催化断裂 H—H、C—C、C—H 和 C—O 键。这主要是由于其比表面积大，出现在表面上的活性中心数增多所致。纳米材料作为催化剂具有无细孔、无其他成分、能自由选择组分、使用条件温和以及使用方便等优点，从而避免了常规催化剂所引起的反应物向其内孔缓慢扩散带来的某些副产物的生成，并且这类催化剂不必附在惰性载体上使用，可直接放入液相反应体系中，反应产生的热量会随着反应液流动而不断向周围扩散，从而保证不会因局部过热导致催化剂结构破坏而失去活性。例如，将平均粒径为 3～13nm 的 Ni 均匀分散到 $SiO_2$ 多孔基体中，所得催化剂对一些有机物的氢化反应或分解反应具有催化作用，其催化效率与 Ni 的粒径有关。研究表明，粒径为 30nm 的 Ni 可以使加氢或脱氢反应速度提高 15 倍。又如，当金红石结构的 $TiO_2$ 纳米材料的比表面积由 $2.5m^2/g$(粒径约为 400nm)变为 $76m^2/g$(粒径约为 12nm)时，它对 $H_2S$ 气体分解反应的催化效率可以提高 8 倍以上。

# 16.2 纳米结构材料

## 16.2.1 纳米金属

### 1. 纳米钢

纳米钢(nano steel)指的是纳米结构的钢铁合金。纳米钢在环境温度下具有很好的延展性，普通高强度钢在环境温度下非常脆，纳米钢拥有高强度钢所没有的冷成型(cold-forming)属性。基于新发现的纳米结构形成机理，纳米钢可消除钢材料的脆性，使用了传统的生产工艺并避免了使用特殊的合金材料。纳米钢材料旨在使汽车制造商实现汽车轻量化，从而在保持安全性的同时降低燃料消耗。

不锈钢在汽车、建筑、核能等领域大量使用。2017 年，全球不锈钢及耐热钢总产量高达 4808 万吨。然而，不锈钢的强度偏低，通常为数百兆帕。制备高强不锈钢可节约大量能源、资源，进一步可降低环境污染，具有重大的经济和社会效益。与普通的粗晶粒金属相比，纳米晶金属更强、更抗辐照。然而，纳米晶金属的热稳定性通常较差，致使其高温加工成型及应用受到很大的限制。

针对上述问题，Gao 等[10]通过异质结构和间隙介导的温轧加工，开发超强(2.15GPa)低碳纳米钢。该纳米晶奥氏体钢屈服强度高达 2500MPa，远超粗晶 304L 奥氏体钢数百兆帕的屈服强度。纳米钢薄片(厚度约 17.8 nm)通过两种机制制备而成：①通过调节温轧温度提高双相异质结构的变形相容性；②将碳原子分离到薄片边界以稳定纳米薄片。其微观结构如图 16.4

所示。从图中可以看出，冷轧和温轧都产生了纳米层状结构(图 16.4(a)和(b))。然而，在同样的轧制下，90%的温轧压下量产生的平均厚度为 17.8nm ± 8.8nm(图 16.4(b)和(c))，这比冷轧产生的薄得多(54.6nm ± 25nm，图 16.4(a))。在热轧样品中，纳米层状结构均匀分布。高分辨率透射电子显微镜(TEM)图像(图 16.4(d))显示了三个不同纳米钢薄片区域(标记为Ⅰ、Ⅱ和Ⅲ)中的晶格结构，它们由高角边界隔开，通过快速傅里叶变换获得的衍射图案(图 16.4(e)和(f))分析，Ⅰ为$[0\bar{1}\bar{2}]$方向，而Ⅱ为$[\bar{1}11]$方向，Ⅰ和Ⅱ之间的夹角为 39°。测量片层内的位错密度高达 $8.74\times10^{16}m^{-2}$(图 16.4(g))。该纳米钢在低碳钢类别中具有创纪录的 2.05GPa 屈服强度和 2.15GPa 的极限强度。

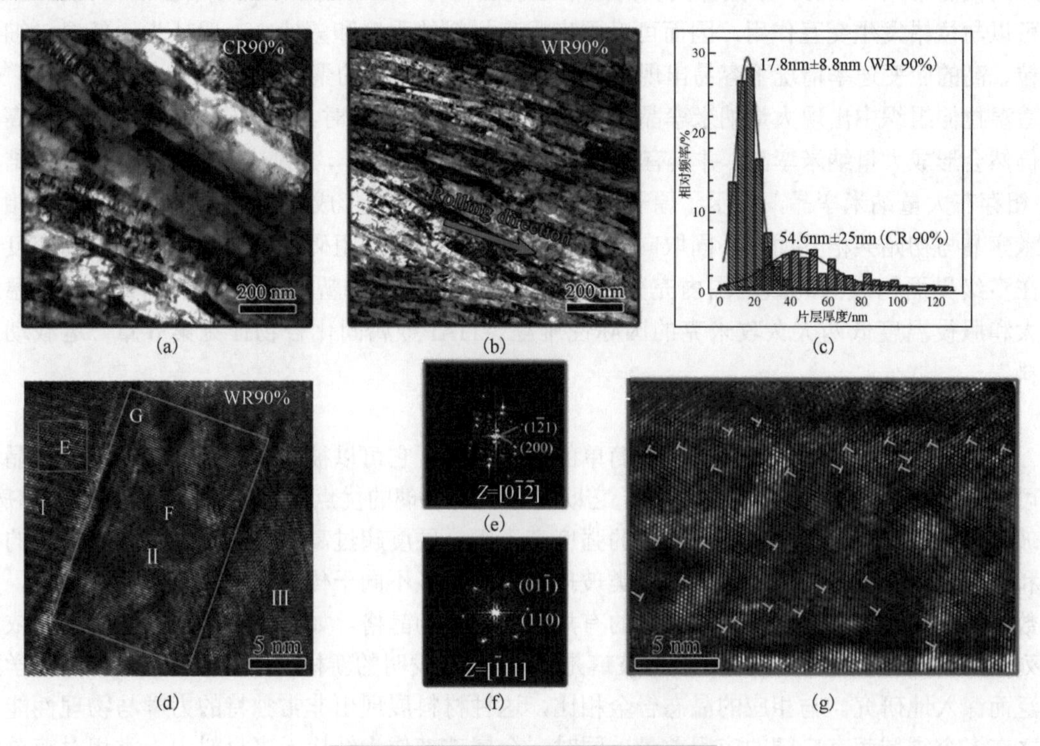


图 16.4 超强低碳纳米钢微观结构表征

传统超高强度钢存在发展现状的许多问题，如焊接性能差、塑性与韧性差、生产工艺受限制以及生产成本高等，随着科学研究的进行，已经提出了新型超高强度纳米钢的设计理念，并创造性地利用复合析出强化技术，即利用纳米碳化物、纳米金属间化合物和纳米团簇进行复合强化，结合固溶强化和晶界强化，成功地开发了纳米强化超高强度钢。

陈光等通过合金成分和热处理工艺设计，使不溶于 Cu 的 Ni、Mn、Cr、Mo 等微合金元素调控 Cu 相形核、长大全过程，在形核初期与 Cu 共同富集，降低晶格畸变和形核能垒，提高形核率，在长大过程中被排挤到 Cu 相周围形成金属间化合物，降低界面能并阻碍原子扩散，降低长大速率，获得了 Cu 纳米相为核心、金属间化合物为壳层的壳核结构富 Cu 纳米相。不溶于 Cu 且扩散速率低的合金元素产生溶质拖曳效应，具有高键能稳定共价键的金属间化合物壳层阻碍原子扩散，减小 Cu 相与 Fe 基体之间的畸变能和界面能，因此壳核结构纳米相较单一结构 Cu 相具有更高的热稳定性和更显著的强化效果。所开发的超高强度(1500MPa)纳米钢有焊接性能与塑性、韧性良好，且成本低廉的显著优点，适用于汽车、桥梁、船舶和其他重要工程。纳米相强化高强钢详见第 2 章“金属材料”。

**2. 纳米孪晶强化 TiAl 金属间化合物**

金属间化合物(intermetallic compound)是金属与金属或类金属元素按一定原子比组成的化合物。TiAl 金属间化合物基本组成相包括$\gamma$-TiAl 和$\alpha_2$-$Ti_3Al$，兼具低密度、高比强度和比刚度、优良的抗蠕变和抗氧化等性能，在航空航天等领域具有重要应用价值。然而，室温脆性大和服役能力低两大国际性难题限制了 TiAl 金属间化合物重大工程应用。纳米孪晶是一种特殊的低能态共格晶界，孪晶界两侧的晶格呈镜面对称，由于纳米孪晶既可以阻碍位错运动，又可以与位错发生交互作用，因而可以同步提高材料的强度和塑性。一般认为，低温、细小晶粒、高的应变速率情况下容易出现纳米孪晶。陈光等研制的聚片孪生 TiAl 单晶在 $2\times10^{-4}s^{-1}$ 的室温拉伸组织中出现大量纳米孪晶，厚度为 10～20nm。同时，他们发现$\gamma$相在 900℃高温下仍然会形成大量纳米孪晶，并具有优异的热稳定性。2021 年，他们发现高温变形 HCP 结构$\alpha_2$相存在大量纳米孪晶，揭示了原子重排与交换是$\alpha_2$孪晶形成的主要原因。$\alpha_2$相和$\gamma$相中纳米孪晶与初始共格界面呈不同取向分布，可以从不同方向阻碍位错运动，实现了高密度位错在多级界面构成的局域范围内充分运动，同步提高强度和塑性，解决了 TiAl 多晶室温脆性大和服役温度低两大久攻未克的国际性难题。TiAl 金属间化合物详见第 6 章“运载动力材料”。

**3. 纳米金属玻璃**

金属玻璃又称非晶态合金，是最简单的非晶物质，它可以被看作原子堆积而成的非晶，即可以看作硬球无序堆积而成的物质。它既有金属和玻璃的优点，又克服了它们各自的弊病，如玻璃易碎、没有延展性。金属玻璃的强度高于钢，硬度超过高硬工具钢，且具有一定的韧性和刚性。金属玻璃是性能独特的一类玻璃，具有很多不同于传统玻璃材料的独特性能。大多数金属冷却时就结晶，原子排列成的有规则形式称为晶格。如果不发生结晶并且原子依然排列不规则，就形成金属玻璃。金属玻璃是 1960 年被发明的新材料，多年以来被各国科学家广泛而深入地研究。与相应的晶态合金相比，这种材料展现出非常独特的力学与物理性能，使之在多个领域都有广阔的应用前景。同时，金属玻璃作为结构无序材料中一类相对简单的代表体系，是研究非晶态物理的一个比较理想的材料模型。H. Gleiter 在 1989 年提出非晶固体纳米玻璃，由具有非晶结构的玻璃/玻璃界面连接的纳米级玻璃区域组成。在过去的 20 年里，纳米玻璃由于其独特的微观结构，呈现出吸引人的物理性能、显著的生物相容性和优异的力学性能。

在纳米玻璃设计与制备的基础上，人们研究了一系列金属基纳米玻璃的原子结构与电子结构，并发现了在纳米玻璃内部这些结构存在的差异，从而验证了纳米玻璃的结构模型。图 16.5[11]展示了上述研究中推导而来的纳米玻璃结构模型，进一步阐述了纳米玻璃新型结构的形成机理。首先玻璃态团簇之间的界面会发生自由体积(即可供原子自由运动的空隙)的局部富集。在各团簇互相连接形成纳米玻璃之前，这些界面区的原子会发生弛豫，脱离它们位于团簇中的初始位点(图 16.5(a))。这种弛豫过程使富集的自由体积得到扩散，并拓宽了界面区，因此纳米玻璃的原子结构与电子结构发生了改变，最终形成了图 16.5(b)中的玻璃态区域(1～4 区域)与界面区(*AA* 和 *BB* 区域)的二组元结构。

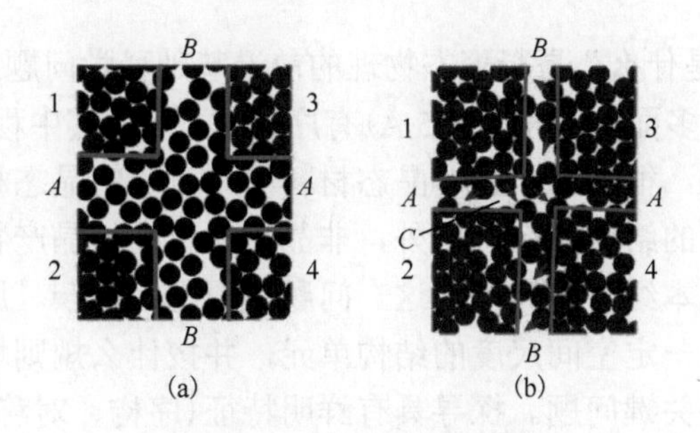


图 16.5 纳米玻璃结构模型

此外还有研究发现，这一弛豫过程使纳米玻璃中所有界面均演变为同一种自由能最低的原子结构(界面区穆斯堡尔谱图均相同)。相比于同成分的铸态玻璃，该过程有望提高纳米玻璃的热稳定性与中程结构有序性。例如。在一种 $Au_{52}Ag_5Pd_2Cu_{25}Si_{10}Al_6$ 纳米金属玻璃中，玻璃化转变温度与结晶温度均高于对应的条带，且具有更大的过冷液相区间。同时根据径向分布函数分析，$Fe_{90}Sc_{10}$ 纳米金属玻璃的中程有序结构扩展的范围也大于相应条带，超越了玻璃态团簇的平均尺寸。近期，人们还提出了加热过程中类液态结构向类固态结构的转变机制。如图 16.6(a)[12]所示，电沉积法制备的 $Ni_{82}P_{18}$ 纳米金属玻璃结晶温度明显高于对应的金属玻璃，且在玻璃化转变温度前存在放热现象，这表明在加热过程中发生了结构转变，提高了纳米金属玻璃的热稳定性。图 16.6(b)为此纳米金属玻璃的扫描电镜透射模式暗场像，表现了纳米尺度上的微观结构波动，图 16.6(c)和(d)分别为图 16.6(b)中深色与亮色区域的高分辨透射电镜图像。此外 X 射线能谱表明纳米尺度上并未出现成分的波动(图 16.6(e))。

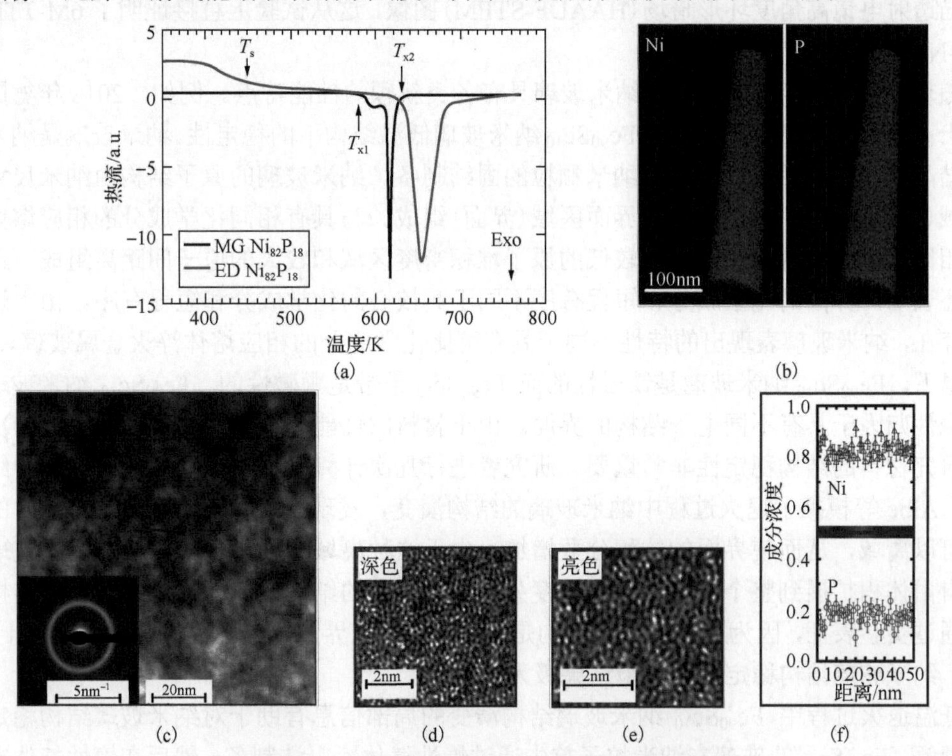

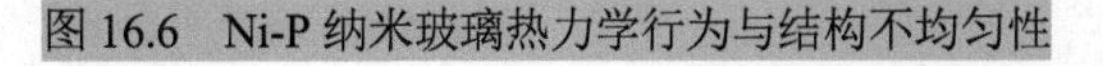
图 16.6 Ni-P 纳米玻璃热力学行为与结构不均匀性

“非晶态物质的本质是什么”是凝聚态物理的前沿基础科学问题之一。非晶态材料中存在原子尺度规则或半规则的多面体短程(2～5 Å)有序结构，然而其中程尺度(5～20 Å)结构仍然难以通过实验观测。因此，很难确定在非晶态材料与其对应的晶态材料之间是否存在某种处于中程或更大长度范围内的结构联系。另外，非晶态材料的结晶产物往往在成分上区别于前驱体，具有截然不同的基本结构单元，使这一问题变得更为复杂。厘清非晶态的本质需要先回答非晶态物质是否存在一定空间尺度的结构单元，并按什么规则堆积形成局域有序、长程无序的无定形态结构这些关键问题。探寻具有鲜明特征(序构、对称性等)的中程有序结构的构筑特征，对于解决一系列与非晶态本质有关的科学问题具有重要意义[13]。

为解开非晶态合金的结构秘密，受纳米玻璃的结构模型启发，科研工作者成功在 Pd-Ni-P 体系中捕获了中间亚稳态立方相，并且利用原位同步辐射、小角中子散射等先进手段，揭示了这种非晶态合金中的中程有序结构(图 16.7[13])：一种尺度为 12.5 Å 的手性六元三帽三棱柱团簇(six-membered tricapped trigonal prism cluster，6M-TTP)。此外，6M-TTP 可以在一定温度区间周期性地堆积到几十纳米，并形成亚稳态立方相，同时该结构基元可以无序排列形成类似纳米玻璃的非晶态合金。因此，研究者提出，在完全非晶态结构中可能存在中程有序的基本结构单元。如图 16.7(a)所示，立方相的晶胞由两个不同的团簇构成。较大的中程有序结构单元(6M-TTP)通过占据其顶点形成单位单元格的“骨架”，而较小的结构单元通过占据边缘和面心来填充间隙，并充当连接较大团簇的黏合剂，且小团簇呈以 P 为中心的短程有序。图 16.7(b)中可以看到，六个三帽三棱柱(TTP)短程序通过共边连接的模式构成了尺度约为 12.5Å 的大团簇 6M-TTP，并且每个 TTP 的两个共用边之间成 60° 异面角。图 16.7(c)～(g)为扫描透射电镜高角度环形暗场(HAADF-STEM)图像，这从试验上直接证明了 6M-TTP 存在于 Pd-Ni-P 合金的非晶态结构中。

归功于结构与能量的特性，纳米玻璃具有各类新颖的性能特点。例如，2018 年德国科学院院士 Gleiter 和 Hahn 等证明了 $Fe_{90}Sc_{10}$ 纳米玻璃低温结构下的稳定性。纳米玻璃是纳米结构的非结晶材料，最常通过玻璃状纳米颗粒的固结制备。纳米玻璃的原子结构由纳米尺寸的玻璃区域(玻璃核心)和它们之间的界面区域(界面)组成。与具有相同化学成分的相应熔体淬火玻璃相比，纳米玻璃内的界面由较低的原子堆积密度区域和较大的原子间距离组成。最近的研究还表明，界面的化学成分和短程有序不同于其核心的化学成分和短程有序。由于这些界面的存在，纳米玻璃表现出的特性不同于具有可比化学成分的相应熔体淬火金属玻璃。例如，在室温下，$Fe_{90}Sc_{10}$ 纳米玻璃是铁磁性的而 $Fe_{90}Sc_{10}$ 条带是顺磁性的。$Fe_{90}Sc_{10}$ 纳米玻璃的室温铁磁性归因于具有不同电子结构的界面。由于材料的性能由其原子结构和微观结构决定，因此研究材料的结构稳定性非常重要。研究者进行几次计算机模拟来研究纳米玻璃的结构稳定性。Albe 等模拟了退火过程中纳米玻璃的结构演变，发现所制备的纳米玻璃界面内的自由体积可以离域，从而使界面的体积分数增加。由于这种离域过程，最初定位在纳米玻璃界面中的自由体积扩展到整个样品，形成密度分布几乎均匀的结构。然而，纳米玻璃的结构演化很难通过实验表征，因为界面的原子结构是无序的，并且界面的厚度仅在几纳米到几十纳米。因此，纳米玻璃结构稳定性的实验结果极为少见。

低温退火过程中 $Fe_{90}Sc_{10}$ 纳米玻璃结构演变的局部信息有助于对纳米玻璃结构稳定性的更好理解。$Fe_{90}Sc_{10}$ 的玻璃态纳米粒子首先通过惰性气体冷凝法制备，然后在惰性气体冷凝装置中以 2GPa 固化成盘状纳米玻璃颗粒，最后使用高压扭转装置在 6GPa 下进行固结步骤得到纳米块体。图 16.8[14]为原位退火 $Fe_{90}Sc_{10}$ 纳米玻璃薄片的扫描透射电子显微镜图像，在低温退火过程中记录 $Fe_{90}Sc_{10}$ 纳米玻璃结构演变的局部信息，其实验结果可以提供对纳米玻璃结构稳定性的更好理解。图 16.8(a)显示，样品保持其颗粒状外观，并且在退火过程中没有发现纳米晶粒的尺寸变化，这表明 $Fe_{90}Sc_{10}$ 样品纳米结构稳定。图 16.8(b)为在低温退火过程中 $Fe_{90}Sc_{10}$ 纳米玻璃的结构演变示意图，其中 A 为制备的 $Fe_{90}Sc_{10}$ 纳米玻璃，B 为在 150℃下退火一段时间后的 $Fe_{90}Sc_{10}$ 纳米玻璃，C 为在 200℃下退火一段时间后的 $Fe_{90}Sc_{10}$ 纳米玻璃，D 为在 250℃下退火一段时间后的 $Fe_{90}Sc_{10}$ 纳米玻璃。A 和 B 中球体代表 $Fe_{90}Sc_{10}$ 纳米玻璃内的玻璃核，基底背景代表 $Fe_{90}Sc_{10}$ 纳米玻璃内的界面。C 和 D 中球体代表 BCC-Fe(Sc)纳米晶(晶核)，基底背景代表 BCC-Fe(Sc)纳米晶内的界面。C 中球体边界处的短线条切片代表亚稳态 α-Sc 纳米晶。其实验结果表明，$Fe_{90}Sc_{10}$ 纳米玻璃的纳米结构在低温下非常稳定。研究揭示了 $Fe_{90}Sc_{10}$ 纳米玻璃主要由 BCC-Fe 类簇组成，$Fe_{90}Sc_{10}$ 纳米玻璃的低温结晶过程是将 BCC-Fe 类簇的原子重新排列形成纳米晶 BCC-Fe(Sc)。

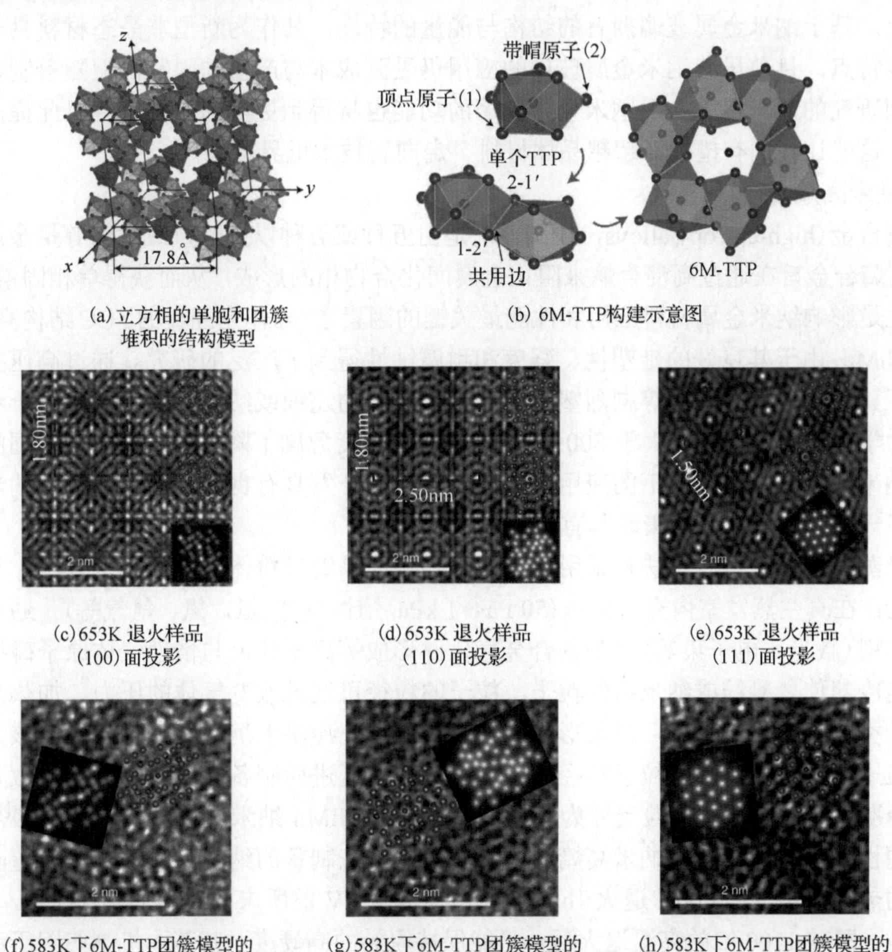


(a)立方相的单胞和团簇堆积的结构模型　(b) 6M-TTP构建示意图

(c)653K 退火样品(100)面投影　(d)653K 退火样品(110)面投影　(e)653K 退火样品(111)面投影

(f) 583K下6M-TTP团簇模型的Pd-Ni-P非晶合金的(100)面投影　(g) 583K下6M-TTP团簇模型的Pd-Ni-P非晶合金的(110)面投影　(h) 583K下6M-TTP团簇模型的Pd-Ni-P非晶合金的(111)面投影

图 16.7 立方体相及其主干基元的堆积示意图

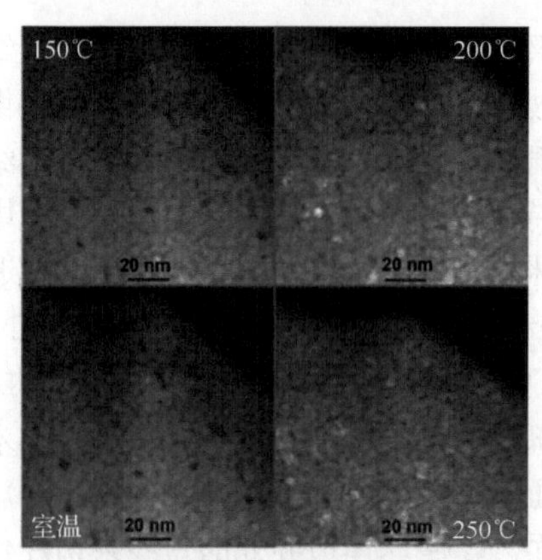


(a)扫描透射电子显微镜图像及其在低温退火过程中的结构演变示意图

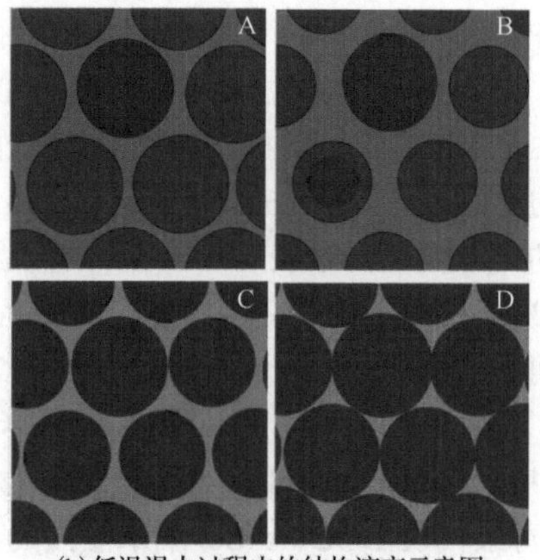


(b)低温退火过程中的结构演变示意图

图 16.8　原位退火 $Fe_{90}Sc_{10}$ 纳米玻璃薄片的表征及其结构演变示意图

综上，基于纳米金属玻璃拥有的结构与能量的特性，其作为新型非晶态材料具有各类新颖的性能特点。目前虽然纳米金属玻璃的应用仍受到成本与产量的限制，但随着制备工艺与结构机制研究的进一步深入，纳米金属玻璃的功能也将得到更多的发掘，并以此提高其技术吸引力。这就让我们有望打开超越晶体材料、走向新技术世界的大门。

**4. 纳米高熵合金**

高熵合金(high-entropy alloys，HEAs)，是由五种或五种以上等量或大约等量金属形成的合金。高熵合金旨在通过高混合熵来阻止金属间化合物相的形成，从而获得单相固溶体组织。热稳定性是影响纳米金属材料应用和性能最关键的因素之一。作为经典的FCC结构高熵合金，CoCrFeNiMn 由于其良好的延塑性、强度和耐腐蚀性得到了广泛的研究。通过高压扭转、等通道角压、旋转压铸和轧制等剧烈塑性变形方法制备的超细或纳米晶高熵合金进一步表现出优异的力学强度。但是，在大于 800 ℃热处理后其强度急剧下降到与铸态合金相同的水平，限制了纳米高熵合金在高温下的应用。因此，寻找并开发具有良好高温稳定性的纳米高熵合金作为下一代高性能合金的策略具有重要意义。

激光蒸发惰性气体冷凝法是采用物理方法制备非晶纳米粉体的一种典型方法。其制备过程大致为：在真空蒸发室内充入低压(50 Pa～1 kPa)惰性气体(氦、氢、氩气等)，通过蒸发源的加热作用(激光、电子束等)使制备合金气化并形成等离子体，与惰性气体原子碰撞失去能量，快速冷却使之凝结成纳米粉体粒子，粒子的粒径可通过改变气体的压力、加热温度、惰性气体种类等因素进行控制。凝聚形成的纳米粒子将在冷阱上沉积起来并收集。该方法制备的纳米粒子表面清洁，纳米粒子粒径可控，可原位加压进而制备纳米块体。利用激光蒸发惰性气体冷凝法制备的平均晶粒尺寸为 25nm 的 CoCrFeNiMn 纳米高熵合金如图 16.9[15]所示。与剧烈塑性变形方法制备的纳米高熵合金不同，该方法制备的纳米高熵合金具有超高的硬度和极佳的热稳定性。在 600℃退火 1h 后，硬度从 484 HV 前所未有地增加到 791 HV。更令人兴奋的是，即使 1100 ℃的高温退火后，仍能保持原始的高硬度。其基本机制归因于激光蒸发惰性气体冷凝法制备高熵合金独特的微观结构。

(a)原始粉末的透射电镜(TEM)图　(b)块体的透射电镜(TEM)图

(c)在高温(700～1200℃)下，CoCrFeNiMn和HfNbTaTiZr HEAs的晶粒尺寸比较　(d)EBSD平面图

图 16.9　激光蒸发惰性气体冷凝法制备的纳米高熵合金的微观结构和硬度

上述研究首次通过激光蒸发惰性气体冷凝法制备了 CoCrFeNiMn 纳米高熵合金。与铸态样品和用其他方法制备的 CoCrFeNiMn 纳米高熵合金相比，该合金具有极高的硬度和热稳定性能。从其 TEM 图中可以看到，激光蒸发惰性气体冷凝法制备的纳米原始粉末具有极细的粒径(图 16.9(a))，图 16.9(b)为用纳米粉末压制成块体的透射电镜图像。如图 16.9(c)所示，在高温下，激光蒸发惰性气体冷凝法制备的 CoCrFeNiMn 和 HfNbTaTiZr HEAs 的晶粒尺寸较小。激光蒸发惰性气体冷凝法制备的合金的这种优异性能是由于其复杂的微观结构和多种强化机制的结合。特别是该合金在高温退火后仍能保持较高的硬度，高温退火不仅涉及析出相硬化，还涉及孪晶的生成和异质结构组织引起的背应力强化。这提供了一种新的纳米结构合金制备技术——激光蒸发惰性气体冷凝法，其具有广阔的应用前景。

## 16.2.2　纳米陶瓷

传统陶瓷即为黏土或其他物质经粉碎、成型、烧结等一系列工艺所得到的产品。后经过不断发展，其材料范围已从硅酸盐延伸到无机非金属材料。但是脆性大、强度差、难加工等缺点极大地制约了传统陶瓷的应用和发展。纳米陶瓷的晶界宽度、晶粒尺寸、缺陷尺寸和第二相分布都在纳米量级上，其尺寸的纳米化大大提升了晶界数量，使材料的超塑性和力学性能大为提高，极为有效地克服了传统陶瓷的弊端。

纳米陶瓷制备工艺流程为：首先通过一定的物理或化学方法得到纳米级粉体，然后对其进行加压成型，最后通过某种烧结方式使其变致密。其中每个过程都影响最终成体的品质，而纳米陶瓷粉末的制备直接关乎最终纳米陶瓷成品的质量。影响纳米陶瓷粉末的因素包括尺寸大小、尺寸分布、形貌、表面特性和团聚度等。目前合成纳米陶瓷粉末的方法有物理方法和化学方法，或根据合成时的条件不同，分为固相法、液相法和气相法。

纳米陶瓷的力学性能主要体现在硬度、抗弯强度、延展性和断裂韧性等。就硬度而言，纳米陶瓷是普通陶瓷的 5 倍甚至更高。在 100℃下，纳米 $TiO_2$ 陶瓷的硬度为 1.3GPa，而普通 $TiO_2$ 陶瓷则为 0.1GPa 左右。Sun 等[16]制备的纳米 $Al_2O_3$ 陶瓷具有 97.6%的理论密度和 1.1 μm 的平均粒度，其硬度高达 23GPa，远远高于普通 $Al_2O_3$ 陶瓷(图 16.10[16])。纳米陶瓷有高于普通陶瓷的韧性，这是其最大的优点之一。由于纳米陶瓷具有较大的晶界界面，在界面上原子排列无序，在外界应力的作用下很容易发生迁移，因此展现出优于普通陶瓷的延展性与韧性。通常认为，颗粒增强、裂纹偏转和晶粒拔出是最主要的增韧机制。为获得更强的断裂韧性，人们尝试在陶瓷中添加不同的物质来形成复合物。Nekouee 等通过放电等离子体烧结(SPS)方法制备了完全致密的 β-SiAlON/TiN 复合材料，纳米粉体具有低于 155nm 的平均粒度。力学性能测试表明，通过添加微尺寸 $TiO_2$，纳米陶瓷复合物获得了 14.6GPa 的硬度和 63MPa/m$^2$ 的断裂韧性这一最佳力学性能。

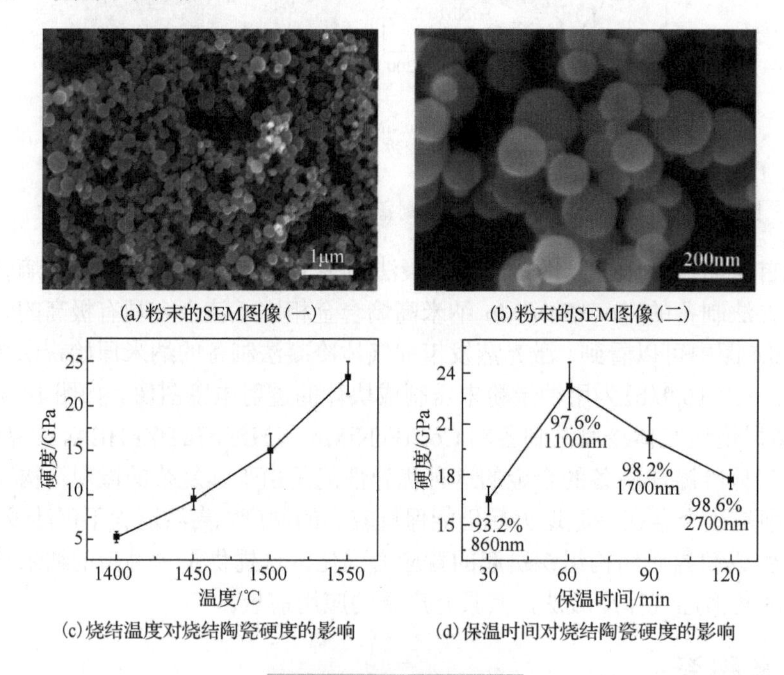

(a)粉末的SEM图像(一)　(b)粉末的SEM图像(二)

(c)烧结温度对烧结陶瓷硬度的影响　(d)保温时间对烧结陶瓷硬度的影响

图 16.10　纳米 $Al_2O_3$ 陶瓷

普通陶瓷是一种脆性材料，在常温下没有超塑性，很难发生形变，原因是其内部滑移系统少，位错运动困难，位错密度小。只有达到 1000℃以上，陶瓷才具有一定的塑性。一般认为，陶瓷材料若想具有超塑性，则需要有较小的粒径和快速的扩散途径。纳米陶瓷不但粒径较小，且界面的原子排列较为复杂、混乱，又含有众多的不饱和键。因此原子在变形作用下很容易发生移动，从而表现出较好的延展性和韧性。Wananuruksawong 等在 1300 ℃、300MPa 下，通过放电等离子体烧结(SPS)成功地制备了致密的纳米晶氮化硅($Si_3N_4$)样品。该纳米陶瓷样品在 $10^{-3}$～$10^{-2}$ $s^{-1}$ 的高应变速率下表现出超塑性变形，在变形样品中未观察到显著的显微结构变化，且在大变形后没有损坏。Zhang 等经过拉伸负载分子动力学模拟，显示纳米晶 SiC 不仅具有韧性，在室温下，当晶粒尺寸减小到接近 2 nm 时，会表现出超塑性变形。计算的应变速率灵敏度为 0.67，说明在室温和典型应变速率($10^{-2}$ $s^{-1}$)下能达到 1000%的应变。他们认为，超塑性的实现与在 $d$=2nm 时的滑移速率异常上升到 $10^6s^{-1}$ 有关。

除了力学性能，陶瓷的晶体尺寸也会直接影响其铁电性能。随着晶粒尺寸的减小，其铁电性能会逐渐降低。当其尺寸小到一定值时，材料的铁电性能会消失。

现阶段，纳米陶瓷最广泛地应用在涂层与包覆材料方面。因为纳米陶瓷具有极小的热导率和特殊的电磁性能，所以人们常通过一定的物理和化学方法，将其均匀地包覆在物体表面，用作隔热、抗氧化、耐磨、生物、压电和吸波涂层。例如，纳米陶瓷的韧性优良，能极好地抵抗冲击。将纳米陶瓷引入坦克装甲材料中，可以有效提高坦克的抗弹能力；将其引入炮筒和枪管等表面，可以提高其抗冲击力和抗烧蚀性；由纳米陶瓷和碳纳米管制成的防弹衣具有极优的抗弹效果。纳米陶瓷在生物医学方面同样发挥着重要作用。例如，在纳米陶瓷微粒中掺杂可以放射出 β 射线的化学元素，将它们制成 β 射线源材料，植入到标的物附近，即可在人体内对癌变组织进行精准治疗。纳米陶瓷在化学、力学、光吸收、磁性等方面具有卓越的性质，因此，在今后的特殊材料与特殊技术方面都将会起到极其重要的作用，其应用范围将会越来越广。

## 16.3 纳米功能材料

近年来，纳米功能材料一直是科技创新的前沿领域，从 20 世纪 90 年代陆续发现的富勒烯和 MOF，到 2018 年的魔角石墨烯，纳米功能材料家族形成了从零维到三维完整的体系，优秀的物理和化学性能使其在各个领域大放异彩。本节将从维度的角度逐一介绍纳米功能材料。

### 16.3.1 零维纳米功能材料

空间上的三维都是在纳米尺度上具有原子簇和原子束结构的纳米材料即零维纳米功能材料，如富勒烯和碳量子点。

**1. 富勒烯**

富勒烯是一种典型的零维纳米功能材料。富勒烯(fullerene)是20世纪80年代Kroto等在大功率脉冲激光蒸发石墨的气相实验中发现的一种会自发形成稳定的、由60个碳原子组成的全碳分子$C_{60}$，并把它命名为“巴基球”(buckminsterfullerene)。$C_{60}$的发现使人们认识到一个全新的碳世界，并立即引起了全世界科学家的广泛关注。随着Krätschmer等制备出克量级的$C_{60}$，$C_{60}$再次成为各领域科学家关注的热点，并由此掀起对一系列全碳笼状分子——富勒烯的研究热潮。

事实上，$C_{60}$ 只是全碳笼状结构中的一种，这类结构在我国被广泛接受的名称是富勒烯，它们是一类由五元环和六元环组成的全碳中空笼状分子 $C_n$($n$≥20，除 22 外的偶数)，每个碳原子都处在截顶多面体的顶点，服从多面体 Euler 定律，含有 $3n/2$ 条棱、$(n-20)/2$ 个六边形和 12 个五边形。由此可见，如果单纯基于拓扑学，富勒烯异构体的数目是巨大的，若再引入四元环或七元环，其异构体的数目将呈数量级增长。然而大多数富勒烯异构体具有极高的反应活性，在空气中不能稳定存在，到目前为止能够被合成/稳定并分离得到的富勒烯结构仅 60 余种，其中最著名的、也最为常见的就是 $I_h^{-\#1812}C_{60}$ 和 $D_{5h}^{-\#8149}C_{70}$（图 16.11）。

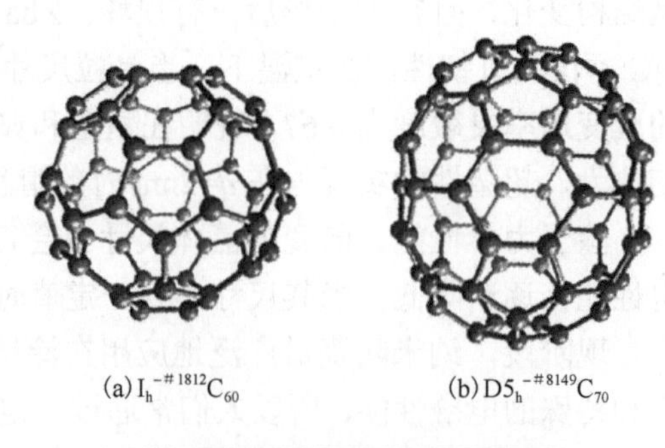


图 16.11　常见富勒烯分子结构

$C_{60}$ 为黑色粉末，密度为(1.65±0.5) g/cm$^3$，熔点＞700℃。$C_{60}$ 分子是非极性、含有大 π 键的球形分子，易溶于含有大 π 键的芳香性溶剂中，如 $CS_2$、苯、甲苯等。$C_{60}$ 在不裂解情况下能升华，$C_{60}$ 的生成热为 2280kJ/mol，电离势为 2161eV，电子亲和势为 216～218eV。

$C_{60}$ 分子的球形中空结构使其具有芳香性，能够进行一般的稠环芳烃所进行的反应，如能够发生烷基化、进行还原生成氢化物等。芳烃一般表现出富电子反应，易与亲电试剂发生亲电取代反应。但 $C_{60}$ 表现出缺电子化合物的反应性，即倾向于得到电子，它难与亲电试剂发生反应，而易与亲核试剂如 $NH_3$ 及金属反应。$C_{60}$ 的球形中空结构使得它能在球的内外表面都进行反应，得到各种功能的 $C_{60}$ 衍生物。其中金属包含于 $C_{60}$ 笼内部的用 M@$C_{60}$ 表示，金属和 $C_{60}$ 在球外表面起反应的用 Mn$C_{60}$ 表示。已知一些 $C_{60}$ 的化学反应得到了较好的表征，其中包括和金属反应生成内包含化合物、卤化反应、自由基反应等。

$C_{60}$ 的结构特点决定着它具有特殊的物理化学性能，使其在众多学科中都具有广泛的用途。例如，碱金属原子可以与 $C_{60}$ 键合成离子型化合物而表现出良好的超导性能，过渡金属富勒烯 $C_{60}$ 化合物表现出较好的氧化还原性能。在高压下 $C_{60}$ 可转变为金刚石，开辟了金刚石的新来源。$C_{60}$ 与环糊精、环芳烃形成的水溶性主客体复合物将在超分子化学、仿生化学领域发挥重要作用。$C_{60}$ 有区分地吸收气体的性质可能被应用于除去天然气中的杂质气体。$C_{60}$ 离子束轰击重氢靶有望运用于分子束诱发核聚变技术。$C_{60}$ 和 $C_{70}$ 溶液具有光限幅性，可作为数字处理器中的光阈值器件和强光保护器；用 $C_{60}$ 和 $C_{70}$ 的混合物掺杂 PVK 呈现非常好的光电导性能，用于静电印刷。

综上所述，有关富勒烯的研究已经几乎深入到科学研究的各个领域。随着研究的不断深入，相信不久的将来，富勒烯将会给人类作出巨大贡献。

### 2. 碳量子点

作为新型功能材料，碳量子点(carbon dots，CDs 或 CQDs)是一种含大量氧和氢的纳米结构材料。它们最初是在 2004 年 Xu 等采用电弧放电法制备单壁碳纳米管时发现的。后来，Sun 等采用激光销蚀法制备出一种能够发出明亮的荧光的碳纳米颗粒，命名为“碳点”。从那时起，人们就开始关注这种新兴的碳纳米材料。

CDs 是一种粒径介于 2～10 nm 的纳米颗粒，主要由 sp$^2$ 杂化共轭碳和有机官能团(如 N—H、C—O、—OH、—COOH、C—N 等)或聚合物聚集体组成。与传统的半导体量子点和有机染料相比，CDs 具有高水溶性、强化学惰性、易改性和抗光漂白等优点。其优越的生物学特性，如低毒性和良好的生物相容性，使 CDs 在生物成像、生物传感和生物药物载体中具有潜在的应用。CDs 作为电子给体和受体的优异电化学性能导致化学发光和电化学发光，使它们在光电、催化、传感等领域具有广阔的应用前景。CDs 的光致发光(PL)和光化学性能也使它们成为有效的催化剂，例如，Xu 等[17]将具有增强光子捕获能力的 CDs 设计为太阳能光敏剂，与 ZnO 纳米棒阵列(NRAs)光阳极相结合，以扩展光谱响应范围并提高光电化学(PEC)水分解的光转换效率，与纯 ZnO 相比，**ZnO@CDs** 光阳极的光转换效率提高了 6 倍以上，其析氢速率优越且稳定，显示出用于太阳能转换的功能化 CDs 的广阔前景。

## 16.3.2 一维纳米功能材料

空间结构上有两维是纳米尺度且具有纤维结构的纳米材料即一维纳米功能材料，下面以碳纳米管为典型代表进行介绍。**碳纳米管**(carbon nanotubes，CNTs)又名巴基管，是一种具有特殊结构(径向尺寸为纳米量级、轴向尺寸为微米量级、管子两端基本上都封口)的一维量子材料，可看作由片状石墨卷成的无缝中空的纳米级同轴圆柱体，两端由富勒烯半球封帽而成。按片状石墨层数，可分为单壁碳纳米管和多壁碳纳米管。单壁碳纳米管可看作由单层片状石墨卷曲而成，而多壁碳纳米管可理解为不同直径的单壁碳纳米管套装而成，层与层之间距离约 0.34nm。

碳纳米管具有最简单的化学组成及原子结合形态，却展现了最丰富多彩的结构以及与之相关的物理、化学性能。由于它可看作片状石墨卷成的圆筒，因此必然具有石墨优良的本征特性，如耐热、耐腐蚀、耐热冲击、传热和导电性好、有自润滑性和生物体相容性等一系列综合性能。但纳米碳管的尺度、结构、拓扑学因素和碳原子相结合又赋予了碳纳米管极为独特而有广阔应用前景的性能，其最为突出的特性主要有三个。①纳米尺寸的微结构。碳纳米管的直径处于纳米级，长度则可达数微米至数毫米，因而具有很大的长径比，是准一维的量子线。利用这种一维中空的结构作模板，对其进行填充、包裹和空间限制反应可合成其他一维纳米结构的材料。②特殊的电学性质。碳纳米管与石墨一样，碳原子之间是 $sp^2$ 杂化，每个碳原子有一个未成对电子位于垂直于层片的 π 轨道上，由于其具有的大比表面积，电荷容易在其表面聚集和定向移动，且碳纳米管的直径是纳米级，隧道效应显著，有利于释放自身携带的电荷，因此碳纳米管具有优良的导电性能。根据卷曲情况的不同，碳纳米管的电学特性可表现为金属型或半导体型。③超强的力学性能。碳纳米管由自然界最强的价键之一 $sp^2$ 杂化形成的 C═C 共价键组成，因此碳纳米管是所有已知最结实、刚度最高的材料之一。它的弹性模量大于 1TPa，能承受大于 40%的张力应变而不会呈现脆性行为、塑性变形或键断裂。

碳纳米管独特的结构及与之相关的力学、电子特性及化学性能必然决定了它在物理、化学、信息技术、环境科学、材料科学、能源技术、生命及医药科学等领域均具有广阔的应用前景。例如，在力学方面，清华大学魏飞和张如范团队以实验形式测试了厘米级长度单根碳纳米管的超耐疲劳性能，发现了碳纳米管展现出惊人的超耐疲劳特性。在大应变循环拉伸测试条件下，单根碳纳米管可以被连续拉伸上亿次而不发生断裂，并且在去掉载荷后，其依然能保持初始的超高抗拉强度，耐疲劳性优于目前所有工程纤维材料。又如，在电子器件方面，MIT 的 Gage Hills 等利用 14000 多个碳纳米管晶体管制造出一个 16 位微处理器，证明可以完全由碳纳米管场效应晶体管(CNFET)打造超越硅的微处理器，有望为先进微电子装置中的硅带来一种高效能的替代品。北京大学彭练矛突破了长期以来阻碍碳纳米管电子学发展的瓶颈，在10cm的硅片上制备出排列整齐、每微米100～200个CNTs的密度可调的CNT阵列。同时在CNT阵列上制备的顶栅场效应晶体管(FETs)显示出比栅极长度相近的商用硅氧化物半导体FET更好的性能，为推进碳基集成电路的实用化发展奠定了基础。

在复合材料方面，如改性聚合物黏合剂、烟火药耦合、燃烧催化剂载体、金属燃料的复合和催化材料等领域，碳纳米管同样有着广泛的应用(图16.12)。Guo等[18]通过将$KNO_3$填充至碳纳米管中制备成一种能量引发剂并研究了引发剂在电容器放电下的电爆性能(图16.12(a))，与传统引发剂Cu薄膜微桥相比，$KNO_3$@CNTs爆炸输入能量较低、输出能量较高，说明碳纳米管优异的电导率和热导率以及$KNO_3$@CNTs纳米能量材料的化学反应有利于电烟火的小型化；基于碳纳米管的界面蒸发材料是太阳能海水淡化最具潜力的材料之一，Hou等[19]使用分子动力学模拟研究了具有不同亲水和疏水化学改性表面的CNT膜的蒸发速率(图16.12(b))，发现界面处水分子之间的氢键密度是提高蒸发速率的关键因素，并探索出蒸发膜的最佳厚度，为优化基于CNT的海水淡化系统设计提供新思路；碳纳米管同样可用于开发低成本且高效的电催化剂，Wu等通过简单的水热法和随后的硫化处理制备了支撑在导电镍泡沫上的自支撑空心氢氧化钴/硫化镍钴杂化($Co(OH)_2$/Ni-Co-S)纳米管阵列(图16.12(c)[20])，得益于丰富的活性位点和高比表面积，所获得的空心氢氧化钴/硫化镍钴杂化纳米管阵列对析氢反应(HER)和析氧反应(OER)均表现出优异的电催化性能。

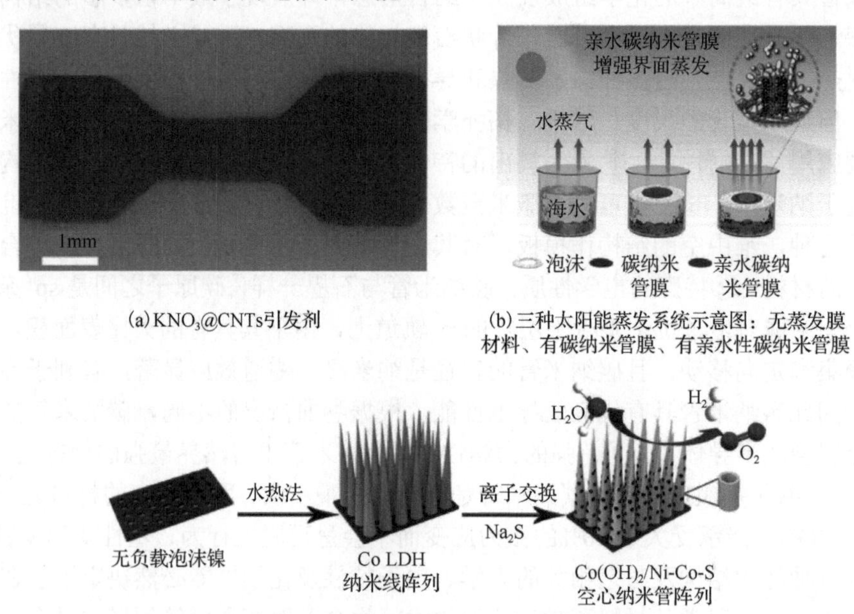


(a) $KNO_3$@CNTs引发剂

(b) 三种太阳能蒸发系统示意图：无蒸发膜材料、有碳纳米管膜、有亲水性碳纳米管膜

(c) 空心$Co(OH)_2$/Ni-Co-S纳米管阵列制备示意图

图16.12 碳纳米管应用举例

## 16.3.3 二维纳米功能材料

在三维空间内有一维是纳米尺度且具有层状结构的纳米材料即二维纳米功能材料。石墨烯是一种典型的二维纳米功能材料。石墨烯是单原子层蜂窝状碳原子构成的二维材料，碳原

子为 $sp^2$ 杂化，碳原子 p 轨道上剩余的一个电子共同构成大 π 键。由碳原子 $sp^2$ 键构成的 σ 键使石墨烯具有结构稳定性和柔性。理论研究表明，热扰动会破坏长程有序的二维晶格，因此很长一段时间内石墨烯的结构都被认为不可能实际存在。微观结构表征表明，石墨烯存在弹性褶皱，这些弹性褶皱通过调控键长来抵抗热扰动，从而保证了宏观二维石墨烯的稳定存在。石墨烯边缘分为锯齿形边缘和扶手椅形边缘。锯齿形石墨烯纳米条带呈金属型，而扶手椅形石墨烯纳米条带既可以呈金属型也可以呈半导体型。研究发现锯齿形边缘更为稳定。当相邻的晶畴取向不同时会形成石墨烯晶界。由于晶界的结构与晶片内不同，晶界会改变石墨烯的性能。多晶石墨烯的缺陷密度和强度受晶界夹角影响。同小夹角样品相比，具有大夹角晶界的石墨烯具有更高的强度，与初始石墨烯相近。

单层石墨烯是由厚度只有一个原子的碳原子层组成蜂巢晶格的二维碳纳米材料(图 16.13(a))，而双层石墨烯是通常以特定方式堆叠在一起的两层石墨烯。2018 年，Cao 等[21]首次发现将双层石墨烯的排列方向以一个魔角扭转时原始双层石墨烯中的 Mott 绝缘体态。他们继而发现在 Mott 绝缘体态情况下加入少量电荷载流子，就可以成功转变为超导态。魔角石墨烯的成功制备激发了石墨烯研究领域的重要后续成果。随后，Jarillo-Herrero 团队又设计了魔角三层石墨烯结构，搭建起魔角石墨烯家族(图 16.13(b))。结果显示，魔角三层石墨烯的三明治结构比双层石墨烯更强，能在更高温度下保持超导性，并且能够在强度大约是传统自旋单线态超导体所能承受的 3 倍磁场强度——10T 磁场下超导。因此，魔角三层石墨烯可能极大改进磁共振成像(MRI)等技术。MRI 通过在磁场下使用超导导线与生物组织共振并成像。相关机器目前只能在 1～3T 的磁场范围内工作。如果可以用自旋三重态超导体制造，MRI 就可以在更高磁场下运行，产生更清晰、更深的人体图像。

(a) 单层石墨烯

(b) 魔角扭曲多层石墨烯

图 16.13 多种石墨烯结构

石墨烯优异的力学、电学及光学性能使其可以用于制造高性能纳米器件。例如，在力学性能方面，石墨烯具有较高的机械强度，因此可制成复合材料应用于航空航天和汽车领域，同时可用于实现柔性光电探测器、柔性场效应晶体管及柔性电极。在电学及热学性能方面，石墨烯在室温下的迁移率可达 15000 $cm^2/(V \cdot s)$，并且具有较高的热导率(5000W/(m·K))，有利于提高纳米器件的传输性能及散热能力，因此可作为电极材料、沟道材料等。Wan 等[22]通过 ZnO 纳米盘模板和随后的 $H_2O_2$ 处理合成了具有三维多尺度多孔结构的高度填充的氧化石墨烯基电极，这种电极能够在超级电容器(SCs)设备中提供高体积能量密度和功率密度。将功能性石墨烯纳米片(FGNs)和硫化钴($Co_{1-x}S$)纳米粒子通过溶胶-凝胶法，可制备得到 $Co_{1-x}S$/FGN 纳米复合材料，其作为钠离子电池(SIB)阳极可提供 466mA·h/g 的大且可逆比容量，并有出色的循环稳定性。光学性能方面，石墨烯对光的响应波长范围可达 0.75～30 μm，

是实现高性能太赫兹光电探测器的重要材料。在复合材料制备方面，Guo 等[23]提出了一种在室温条件下以微米级精度对石墨烯的层状固体进行成型的**水塑性成型**方法，他们利用溶剂能够削弱石墨烯这种二维材料的层间吸引力并激活块滑移导致其接近固态的塑性状态这种特性，对氧化石墨烯纸(GOPs)进行成型和微压印工艺，获得了具有精细结构的二维组件，为石墨烯的结构设计提供了新的可能性。

然而，由于石墨烯的导带和价带关于狄拉克点对称并且其能带间隙几乎为零，这使得基于石墨烯的场效应晶体管很难具有器件的开关状态。此外，由于石墨烯具有超高的光学透明度，单层石墨烯对光的吸收仅达 2.3%，并且无间隙的能带结构导致光生载流子的寿命极短，从而极大地限制了其在新型功能性纳米光电器件方面的应用。尽管利用石墨烯制造功能性纳米器件存在上述两个方面明显的缺点，但石墨烯仍可以作为器件的电极材料或封装材料，同时也可与其他二维材料形成范德瓦耳斯异质结构(vdWHs)作为 FET 的沟道材料，进而充分发挥石墨烯的性能优势，提高器件性能。

### 16.3.4　三维纳米功能材料

由零维、一维、二维纳米材料中的一种或多种作为基本结构单元复合使得晶粒尺寸在三个空间方向都在纳米范围内的结构纳米材料即三维纳米功能材料。MOF和纳米生物佐剂都是典型的三维纳米功能材料。

#### 1. 纳米金属有机骨架(MOF)材料

煤、石油、天然气等不可再生资源的大量消耗使得当今社会急需开发清洁型可再生新能源来缓解能源危机，因此储能装置在构建存储系统和可持续的能源改造中发挥着重要的作用。在这个大背景下，20 世纪 90 年代，Yaghi 提出了一种新型的三维纳米多孔材料——金属有机骨架(MOF)材料。它由金属 $Zn^{2+}$与对苯二甲酸在 DMF 中反应得到。在该晶体结构中，4 个金属 $Zn^{2+}$首先与 $O^{2-}$配位形成 $Zn_4O$ 结构单元，然后每个 $Zn_4O$ 结构单元与 8 个对苯二甲酸的羧基配位形成了具有立方体 $\alpha$ -Po 拓扑的多孔结构，该材料的孔隙直径大约为 0.8nm，而比表面积高达 $2900m^2/g$。该化合物的出现具有里程碑意义，开创了金属有机骨架研究的新局面。

MOF 材料是由无机金属离子或者金属族与有机配体通过配位键作用而连接起来的具有无限网络结构的聚合物多孔材料，又称为配位聚合物或无机有机杂化材料。由于 MOF 材料可以通过变换金属离子与不同的有机配体进行配位，进而设计合成出不同孔径、不同结构的多孔材料，因此这种材料与传统的无机多孔材料如无机沸石、多孔碳等相比，具有比表面积大、材料密度低、结构可设计性和孔隙可裁剪性等优点。另外，MOF 材料还具有很强的化学稳定性和热稳定性。

MOF 材料由金属离子与有机配体络合而成。金属离子及有机配体的种类、配体链长、配体上的官能团、溶剂的去质子化能力等均会影响其结构及性能。配体的种类决定聚合物的拓扑结构，配体上官能团的种类影响 MOF 材料孔隙结构及孔表面的物化性质，有机配体分子链越长，孔径越大。例如，以 1,4-苯二甲酸、4.4′-联苯二甲酸以及 4,4′-三联苯二甲酸为配体分别与 $Zn^{2+}$络合，可得到孔径分别为 1.12nm、1.54nm 和 1.91nm 3 种 MOF。此外，通过改变反应物浓度、金属离子与有机配体比例、反应时间、温度等也可调节 MOF 材料的结构及性能。制备 MOF 材料的方法有溶剂热法、机械合成法、超声波合成法、微波合成法、扩散法及离子交换法等。其中，溶剂热法是合成MOF材料常用的一种较成熟工艺。

优异的物理、化学性能使得MOF材料在气体的吸附分离、气体储存、有机催化、光学、化学传感等领域都显示出了非常诱人的应用前景。例如，在有机催化领域，Jin等[24]通过简单地调节两种有机连接物的摩尔比，得到了一系列具有连续可调分级孔隙率的Ti-MOF，提高了除甲苯性能；中国科学院曹荣团队选取由吡唑基金属卟啉与$NiO_x$簇构筑的PCN-601作为光催化剂，实现在$CO_2$和水蒸气的气固相体系中的光催化$CO_2$全还原反应，其$CO_2$至$CH_4$的产率达到已报道的室温光催化$CO_2$全还原体系的水平。在气体的吸附分离领域，上海交通大学王如竹和李廷贤等开发了基于MOF的新型复合吸附材料，应用在空气取水装置中，实现了从空气中吸附收集液态饮用水，具有效率高、零耗能、循环稳定性好等优势。除此之外，将MOF材料应用于电分析领域或者制备出基于MOF的光、电化学传感器，结合MOF的结构优势和光、电分析的优点，有可能制作出性能更为优异的化学传感器。

**2. 纳米生物佐剂**

纳米生物佐剂是一种可以递送抗原、增强抗原免疫原性并防止抗原提前降解的纳米颗粒，其尺寸为1～1000nm，具有特定的物理化学性质，能够刺激免疫反应。根据其特性可分为无机纳米生物材料和有机纳米生物材料两大类。

无机纳米材料具有特殊的理化性质而广泛用于化工、生物、医药等领域。无机纳米材料的迁移、靶向行为和佐剂活性在很大程度上取决于其大小、形状、表面修饰和给药途径。无机纳米材料主要包括金属纳米颗粒、碳纳米颗粒和硅纳米颗粒等。功能化的金、银和铂材料均能够作为递送病毒疫苗的佐剂，其中金纳米颗粒是杰出且应用广泛的佐剂之一，在口蹄疫病毒样颗粒疫苗的生产中，金纳米颗粒作为佐剂有效地促进了免疫应答，提高了幼年叙利亚地鼠肾细胞(BHK-21细胞)中手足口病病毒样颗粒的摄取。银纳米颗粒(AgNPs)辅助疫苗可通过诱导支气管相关淋巴组织(BALT)和IgA介导的黏膜免疫来预防流感病毒感染，同时Sanchez-Guzman等[25]利用AgNPs的靶向行为将其与聚多巴胺(PDA)纳米粒子相结合，制备出一种生物相容性多糖水凝胶，这种凝胶通过静电力、范德瓦耳斯力和疏水相互作用与细菌相互作用，非选择性地捕获和杀死部分革兰阳性菌和革兰阴性菌，具有优秀的抗菌作用。无机纳米生物材料可以在大小和结构上进行调控，能够有效提高疫苗的效力，体液免疫反应强，比其他佐剂更安全，对微血管无破坏作用。

与无机纳米材料相比，有机纳米材料具有易降解、无细胞毒性等特性。常见的有机纳米材料包括脂质体、壳聚糖和病毒样颗粒(virus-like particles，VLPs)。脂质体以其高负载能力、靶向递送、试剂保护、良好的生物相容性、多功能的结构修饰等特性而被广泛用作运输抗原的载体。由于VLPs是20～100 nm大小的纳米颗粒，能够更快速地通过组织屏障到达引流淋巴结，更能有效地激活免疫应答。目前主要有两个重要的VLPs疫苗应用于临床，即乙肝病毒重组疫苗和人乳头瘤病毒(HPV)疫苗。除此之外，聚合物纳米材料由于其良好的生物安全性和生物可降解性且可保护抗原免受降解等优势同样在生物药物研究过程中备受关注，例如Feng等[26]通过半乳糖(Gal)与胶束表面的非共价连接制备了一种新型的肝癌靶向纳米胶束系统。Gal功能化胶束通过去唾液酸糖蛋白受体（ASGPR)介导的内吞作用进入肝癌细胞，从胶束中释放阿霉素(DOX)，从而有效地抑制肝癌细胞增殖，为促进肝癌靶向药物的开发提供了新的路径。

虽然纳米生物材料作为疫苗佐剂已经有很长的历史，但是在体内无法代谢与长期积累的缺点让纳米材料作为抗病毒疫苗佐剂的广泛临床应用面临很大的挑战。此外，还需要探索更多的纳米颗粒与生物体的作用机制，构建更多的体内模型去解决这一问题。相信纳米生物材料作为佐剂的应用能为更好地开发高效低毒的抗病毒疫苗提供广阔的前景。

# 本章小结

自 20 世纪末开启了纳米材料新时代以来，纳米材料结构的内涵正被一步步地揭示与扩展，一大批性能优异的纳米材料在航空航天、汽车制造、光电传感、半导体、超导、气体储存、生物科技和环境保护等领域发挥着重要作用，提高了人类生活质量，同时也为研究者提供了探索世界的新视角。然而，目前纳米材料在应用过程中存在诸多不足，如纳米材料的制备大多还处在实验室阶段，存在制备工艺复杂、材料成本高昂、生产率低下等问题。因此，高产量、低成本地大批量制备出高质量纳米材料仍然面临巨大的挑战。随着基础研究与应用实践双管齐下，纳米材料领域必将涌现更多的新理论、新技术和新产品，造福于人类文明的各个方面。

# 思考题

16-1　什么是纳米？

16-2　简述纳米材料发展的条件与背景。

16-3　简述纳米材料的分类。

16-4　什么是纳米金属玻璃？它与传统金属玻璃和金属晶体材料的区别是什么？

16-5　什么是纳米钢？它与传统钢铁材料有什么区别？

16-6　什么是魔角石墨烯？它与传统石墨烯的异同点是什么？

16-7　什么是金属有机骨架材料？分析它的主要性能与应用。

16-8　简述抗病毒纳米生物佐剂的作用机制。

16-9　分析纳米材料从研究向生产力转化的效率与其原因。

16-10　分析纳米材料的发展前景。

# 参考文献

[1] AUTUMN K, GRAVISH N. Gecko adhesion: Evolutionary nanotechnology[J]. Philosophical Transactions, 2008, 366(1870): 1575-1590.

[2] 龚奕, 卢永凯, 王红凤, 等. 孔雀羽毛的纳米结构生色机理及其仿生结构器件的应用初探[J]. 北京大学学报(自然科学版), 2010, 46(5): 859-862.

[3] FAREED Z. Biotechnology revolution unlocks riches[N]. Toronto Star, 2012-06-21.

[4] XU C K, WU J M, DESAI U V, et al. Multilayer assembly of nanowire arrays for dye-sensitized solar cells[J]. Journal of the American Chemical Society, 2011, 133(21): 8122-8125.

[5] ZHANG S L, ZHOU W H, MA Y D, et al. Antimonene Oxides: Emerging tunable direct bandgap semiconductor and novel topological insulator[J]. Nano Letters, 2017, 17(6): 3434-3440.

[6] HE L Z, YUAN J Y, XIA N, et al. Kernel tuning and nonuniform influence on optical and electrochemical gaps of bimetal nanoclusters[J]. Journal of the American Chemical Society, 2018, 140(10): 3487-3490.

[7] 钱昆, 徐伟. 一种透明质酸修饰的多级纳米颗粒及其制备与应用: CN106807332B[P]. 2019-05-14.

[8] MA H K, HE Z B, LI H A, et al. Novel kind of decagonal ordering in $Al_{74}Cr_{15}Fe_{11}$[J]. Nature Communications, 2020, 11(1):6209.

[9] KLABUNDE K J, STARK J, KOPER O, et al. Nanocrystals as stoichiometric reagents with unique surface chemistry[J]. The Journal of Physical Chemistry, 1996, 100(30): 12142-12153.

[10] GAO B, LAI Q, CAO Y, et al. Ultrastrong low-carbon nanosteel produced by heterostructure and interstitial mediated warm rolling[J]. Science Advances, 2020, 6(39): 8169-8192.

[11] GLEITER H. Nanoglasses: A new kind of noncrystalline material and the way to an age of new technologies?[J]. Small, 2016, 12(16): 2225-2233.

[12] LAN S, GUO C Y, ZHOU W Z, et al. Engineering medium-range order and polyamorphism in a nanostructured amorphous alloy[J]. Communications Physics, 2019, 2: 117.

[13] LAN S, ZHU L, WU Z D, et al. A medium-range structure motif linking amorphous and crystalline states[J]. Nature Materials, 2021, 20(10): 1347-1352.

[14] WANG C M, TENG T ,WANG D , et al. Low temperature structural stability of $Fe_{90}Sc_{10}$ nanoglasses[J]. Materials Research Letters, 2018, 6(3): 178-183.

[15] WANG J J, WU S S, FU S, et al. Ultrahigh hardness with exceptional thermal stability of a nanocrystalline CoCrFeNiMn high-entropy alloy prepared by inert gas condensation[J]. Scripta Materialia, 2020, 187: 335-339.

[16] SUN Z Q, LI B Q, HU P, et al. Alumina ceramics with uniform grains prepared from $Al_2O_3$ nanospheres[J]. Journal of Alloys and Compounds, 2016, 688: 933-938.

[17] XU X Y, BAO Z J, TANG W S, et al. Surface states engineering carbon dots as multi-band light active sensitizers for ZnO nanowire array photoanode to boost solar water splitting[J]. Carbon, 2017, 121: 201-208.

[18] GUO R, HU Y, SHEN R Q, et al. Electro-explosion performance of $KNO_3$-filled carbon nanotubes initiator[J]. Journal of Applied Physics, 2014, 115(17): 174901.

[19] HOU Y Q, WANG Q X, WANG S L, et al. Hydrophilic carbon nanotube membrane enhanced interfacial evaporation for desalination[J]. Chinese Chemical Letters, 2022, 33(4): 2155-2158.

[20] WU F, GUO X X, HAO G Z, et al. Self-supported hollow $Co(OH)_2$/NiCo sulfide hybrid nanotube arrays as efficient electrocatalysts for overall water splitting[J]. Journal of Solid State Electrochemistry, 2019, 23(9): 2627-2637.

[21] CAO Y A, FATEMI V, FANG S A, et al. Unconventional superconductivity in magic-angle graphene superlattices[J]. Nature, 2018, 556(7699): 43-50.

[22] WAN L M, SUN S, ZHAI T, et al. Multiscale porous graphene oxide network with high packing density for asymmetric supercapacitors[J]. Journal of Materials Research, 2018, 33(9): 1155-1166.

[23] GUO F, WANG Y E, JIANG Y Q, et al. Hydroplastic micromolding of 2D sheets[J]. Advanced Materials, 2021, 33(25): 2008116.

[24] JIN J E, LI P, GHUN D H, et al. Defect dominated hierarchical Ti-metal-organic frameworks via a linker competitive coordination strategy for toluene removal[J]. Advanced Functional Materials, 2021, 31(32): 2102511.

[25] SANCHEZ-GUZMAN D, LE GUEN P, VILLERET B, et al. Silver nanoparticle-adjuvanted vaccine protects against lethal influenza infection through inducing BALT and IgA-mediated mucosal immunity[J]. Biomaterials, 2019, 217: 119308.

[26] FENG L D, YU H, LIU Y C, et al. Construction of efficacious hepatoma-targeted nanomicelles non-covalently functionalized with galactose for drug delivery[J]. Polymer Chemistry, 2014, 5(24): 7121-7130.